Springer Collected Works in Mathematics

More information about this series at http://www.springer.com/series/11104

Henri Cartan 1945

Henri Cartan

Oeuvres - Collected Works I

Editors
Reinhold Remmert
Jean-Pierre Serre

Reprint of the 1979 Edition

Springer

Author
Henri Cartan (1904 – 2008)

Editors
Reinhold Remmert
Mathematical Institute
University of Münster
Germany

Jean-Pierre Serre
Collège de France
Paris
France

ISSN 2194-9875
Springer Collected Works in Mathematics
ISBN 978-3-662-46872-2 (Softcover)
978-3-540-09189-9 (Hardcover)
DOI 10.1007/978-3-662-46873-9
Springer Heidelberg New York Dordrecht London

Library of Congress Control Number: 2012954381

Mathematical Subject Classification (2010): 09.0X, 09.1X, 32.00, 01A70

Printed on acid-free paper

Springer-Verlag GmbH Berlin Heidelberg is part of Springer Science+Business Media
(www.springer.com)

HENRI CARTAN

ŒUVRES
Collected Works

VOLUME I

Edited by
R. Remmert and J-P. Serre

SPRINGER-VERLAG
BERLIN · HEIDELBERG · NEW YORK 1979

ISBN 3-540-09189-0 Springer-Verlag Berlin Heidelberg New York
ISBN 0-387-09189-0 Springer-Verlag New York Heidelberg Berlin

CIP-Kurztitelaufnahme der Deutschen Bibliothek
Cartan, Henri:
[Sammlung]
Œuvres-Collected Works / Henri Cartan. Ed. by R. Remmert ; J-P. Serre. – Berlin, Heidelberg, New York : Springer.
ISBN 3-540-09189-0 (Berlin, Heidelberg, New York)
ISBN 0-387-09189-0 (New York, Heidelberg, Berlin)
Vol. 1. – 1979.

Printing: Julius Beltz, Hemsbach/Bergstr. Binding: Konrad Triltsch, Würzburg
2140/3130-5 4 3 2 1

Preface

We are happy to present the Collected Works of Henri Cartan.

There are three volumes. The first one contains a curriculum vitae, a «Brève Analyse des Travaux» and a list of publications, including books and seminars. In addition the volume contains all papers of H. Cartan on analytic functions published before 1939. The other papers on analytic functions, e.g. those on Stein manifolds and coherent sheaves, make up the second volume. The third volume contains, with a few exceptions, all further papers of H. Cartan; among them is a reproduction of exposés 2 to 11 of his 1954/55 Seminar on Eilenberg-MacLane algebras. Each volume ist arranged in chronological order.

The reader should be aware that these volumes do not fully reflect H. Cartan's work, a large part of which is also contained in his fifteen ENS-Seminars (1948–1964) and in his book "Homological Algebra" with S. Eilenberg. In particular one cannot appreciate the importance of Cartan's contributions to sheaf theory, Stein manifolds and analytic spaces without studying his 1950/51, 1951/52 and 1953/54 Seminars.

Still, we trust that mathematicians throughout the world will welcome the availability of the "Oeuvres" of a mathematician whose writing and teaching has had such an influence on our generation.

Reinhold Remmert　　Jean-Pierre Serre

Curriculum Vitae

1904 (8 juillet)	Né à Nancy
1923–26	Elève à l'Ecole Normale Supérieure
1926	Agrégé de mathématiques
1928	Docteur ès Sciences mathématiques
1928–29	Professeur au Lycée Malherbe à Caen
1929–31	Chargé de cours à la Faculté des Sciences de Lille
1931–35	Chargé de cours, puis maître de conférences à la Faculté des Sciences de Strasbourg
1936–40	Professeur à la Faculté des Sciences de Strasbourg
1940–49	Maître de conférences à la Faculté des Sciences de Paris
1945–47	Détaché pour deux ans à la Faculté des Sciences de Strasbourg
1949–69	Professeur à la Faculté des Sciences de Paris
1940–65	Chargé de l'enseignement des mathématiques à l'Ecole Normale Supérieure
1969–75	Professeur à la Faculté des Sciences d'Orsay, puis à l'Université de Paris-Sud
1967–70	Président de l'Union Mathématique Internationale
	Professeur honoraire à la Faculté des Sciences de Strasbourg, puis à l'Université Louis Pasteur
	Professeur honoraire à l'Université de Paris-Sud.

Foreign Honorary Member of the American Academy (Boston), 1950
Foreign Honorary Member of the London Mathematical Society, 1959
Membre de l'Académie Royale des Sciences et des Lettres du Danemark, 1962
Membre correspondant de l'Académie des Sciences (Institut de France), 1965
Associé étranger de l'Academia di Scienze, Lettere et Arti di Palermo, 1967
Honorary Member of the Cambridge Philosophical Society, 1969
Foreign Member of the Royal Society of London, 1971
Membre correspondant de l'Académie des Sciences de Göttingen, 1971
Membre correspondant de l'Académie des Sciences de Madrid, 1971
Foreign Associate of the National Academy of Sciences (USA), 1972
Membre de l'Académie des Sciences (Institut de France), 1974
Membre correspondant de l'Académie Bavaroise des Sciences, 1974
Membre associé de l'Académie Royale de Belgique (classe des Sciences), 1978
Médaille d'or du Centre National de la Recherche Scientifique, 1976.
Docteur honoris causa de l'Ecole Polytechnique Fédérale de Zürich (1955), des Universités de Münster (1952), Oslo (1961), Sussex (1969), Cambridge (1969), Stockholm (1978).

Brève analyse des travaux*

I. Fonctions analytiques

1) Fonctions d'une variable complexe

C'est à elles que sont consacrés mes tout premiers travaux. Quelques Notes aux Comptes Rendus se rapportent à la fonction de croissance de Nevanlinna et à la répartition des valeurs des fonctions méromorphes. Dans ma Thèse [3], j'ai réussi à prouver, en la précisant, une inégalité conjecturée par André BLOCH: pour tout nombre réel $h>0$, les points du plan complexe où un polynôme unitaire de degré n est, en valeur absolue, au plus égal à h^n peuvent être enfermés dans des disques dont la somme des rayons est au plus égale à $2\,eh$ ($e=$ base des logarithmes népériens). J'ai montré de plus que l'on peut considérablement généraliser ce résultat; cette généralisation a été ensuite reprise et utilisée par Ahlfors. L'inégalité de Bloch s'est révélée un instrument précieux dans l'étude de la répartition des valeurs d'une fonction analytique.

Dans [25], j'ai étudié la croissance d'un système de fonctions holomorphes, c'est-à-dire, en fait, d'une application holomorphe dans un espace projectif, généralisant à cette situation les théorèmes de NEVANLINNA. Cette étude a été reprise, d'une façon indépendante, par Hermann et Joachim WEYL.

C'est dans ma Thèse [3] que j'ai étudié les familles normales d'applications holomorphes d'un disque dans l'espace projectif $P_n(\mathbb{C})$ privé de $n+2$ hyperplans en position générique. Ce sujet semble redevenu d'actualité à la suite de quelques travaux récents (notamment de P. KIERNAN et S. KOBAYASHI, Nagoya Math. J. 1973).

2) Problèmes d'itération et de limite pour les fonctions holomorphes de plusieurs variables complexes ([14], [24], [29])

J'ai notamment prouvé le résultat suivant: soit D un domaine borné de $\mathbb{C}^n$, et soit f une application holomorphe $D \to D$. Si, dans l'adhérence de la suite des itérées f^k, il existe une transformation dont le Jacobien n'est pas identiquement nul, f est nécessairement un *automorphisme* de D. Ce résultat est susceptible de nombreuses applications; M. HERVÉ l'a utilisé avec succès à diverses occasions. En voici une application immédiate [24]: pour $n=1$, s'il existe un point a du plan complexe $\mathbb{C}$, hors de D, et une courbe fermée de D dont l'indice par rapport

* écrite par H. Cartan en 1973.

à a soit non nul, si de plus f transforme cette courbe en une courbe dont l'indice est non nul, alors f est nécessairement un automorphisme de D. Autre application: pour n quelconque, si f: D→D possède un point fixe en lequel le Jacobien est de valeur absolue égale à 1, f est un automorphisme de D.

3) Automorphismes des domaines bornés ([13], [20], [33])

Que peut-on dire du groupe de tous les automorphismes holomorphes d'un domaine *borné* D de $\mathbb{C}^n$? (Cf. aussi *4)* ci-dessous). Soit G(a) le groupe d'isotropie d'un point $a \in$ D, c'est-à-dire le sous-groupe formé des automorphismes qui laissent fixe le point a. Un premier résultat est le suivant: l'application qui, à chaque élément de G(a), associe la transformation linéaire tangente en a, est un isomorphisme de G(a) sur un sous-groupe (compact) du groupe linéaire GL(n,$\mathbb{C}$). J'ai prouvé cela à partir d'un lemme très simple, qui dit que si une transformation holomorphe f de D dans D (non supposée bijective) laisse fixe un point $a \in$ D et est tangente à l'identité en a, c'est l'application identique. Ce lemme est aussi valable pour les groupes formels (cf. le livre classique de Bochner et Martin). Il a aussi l'avantage de pouvoir s'appliquer tel quel aux fonctions holomorphes dans un espace de Banach complexe de dimension infinie, beaucoup étudiées aujourd'hui.

Le résultat précédent m'a conduit à une démonstration très simple du théorème suivant: soient D et D′ deux domaines *cerclés* dont l'un au moins est supposé borné (un domaine D est dit cerclé s'il est stable par toute homothétie de rapport λ tel que $|\lambda| = 1$ et s'il contient l'origine); alors tout isomorphisme holomorphe f: D→D′ qui transforme l'origine en l'origine est nécessairement *linéaire*. Ce théorème était auparavant connu dans des cas particuliers, ou sous des hypothèses restrictives relatives à la frontière (Behnke). Il est, lui aussi, valable dans un espace de Banach.

L'article [13] contient beaucoup d'autres résultats, notamment sur l'existence de développements en séries de types particuliers.

La détermination du groupe de *tous* les automorphismes d'un domaine cerclé borné a été faite complètement pour le cas de deux variables dans [20]. A part quelques types spéciaux de domaines cerclés (qui sont explicités), le groupe de tous les automorphismes se réduit au groupe d'isotropie de l'origine.

4) Groupes de transformations holomorphes en général

Le groupe des automorphismes holomorphes d'un domaine borné D de $\mathbb{C}^n$ est *localement compact:* c'est un résultat nullement évident que j'ai prouvé dans [24]. La question se posait ensuite de savoir si c'est un *groupe de Lie.* Ce problème ne doit pas être confondu avec le fameux cinquième problème de Hilbert, qui du reste n'était pas encore résolu à l'époque (1935). Dans [32], j'ai démontré le théorème fondamental suivant: tout «noyau» compact de groupe de transformations holomorphes, dans $\mathbb{C}^n$, est un noyau de groupe de Lie. Il en résulte d'une part que le groupe des automorphismes holomorphes d'un domaine borné est un groupe de Lie (à paramètres réels); d'autre part que le groupe des automorphismes d'une variété analytique complexe *compacte* est un groupe de Lie, comme BOCHNER l'a montré plus tard. Quant au théorème fondamental ci-dessus, publié en 1935, il fut retrouvé huit ans plus tard par MONTGOMERY sous une forme plus générale, valable pour les groupes de transformations différentiables; la méthode de Montgomery est essentiellement la même, mais en utilisant le théorème de Baire il réussit à l'appliquer au cas différentiable.

5) Domaines d'holomorphie et convexité ([16], [23])

La notion de «domaine d'holomorphie» est bien connue aujourd' hui. Dans l'article [16], j'ai pour la première fois montré qu'un domaine d'holomorphie possède certaines propriétés de «convexité» par rapport aux fonctions holomorphes. Cette notion de «convexité» s'est, depuis lors, montrée féconde et elle est devenue classique. Dans [16], j'ai prouvé que la «convexité» est non seulement nécessaire pour que D soit un domaine d'holomorphie, mais qu'elle est suffisante pour certains domaines d'un type particulier (par exemple les domaines cerclés). Qu'elle soit suffisante dans le cas général a été démontré peu après par P. THULLEN. En mettant en commun nos idées, Thullen et moi avons écrit le mémoire [23] consacré à la théorie des domaines d'holomorphie. La notion de convexité holomorphe s'introduit aussi dans les problèmes d'approximation.

6) Problèmes de Cousin

Le premier problème de Cousin (ou problème *additif* de Cousin) consiste à trouver une fonction méromorphe dont on se donne les parties principales (polaires). Le deuxième problème de Cousin (ou problème *multiplicatif*) consiste à trouver une fonction méromorphe admettant un «diviseur» donné (variété des zéros et des pôles avec leurs ordres de multiplicité). On sait aujourd'hui que le problème additif est toujours résoluble pour un domaine d'holomorphie, et plus généralement pour une «variété de Stein». Ce résultat a été prouvé pour la première fois par K. OKA. Avant Oka, j'avais vu (cf. [31]) que le problème additif pouvait se résoudre en utilisant l'intégrale d'André WEIL, mais comme à cette époque il manquait certaines techniques permettant d'appliquer l'intégrale de Weil au cas général des domaines d'holomorphie, je renonçai à publier ma démonstration. Par ailleurs, je savais que, dans le cas de deux variables, le premier problème de Cousin n'a pas toujours de solution pour un domaine qui n'est pas un domaine d'holomorphie. En revanche, pour trois variables, j'ai donné le premier exemple (cf. [34]) d'ouvert qui n'est pas domaine d'holomorphie et dans lequel cependant le problème additif de Cousin est toujours résoluble; il s'agit de $\mathbb{C}^3$ privé de l'origine. Ma méthode de démonstration pour ce cas particulier (utilisation des séries de Laurent) a été utilisée plusieurs fois depuis dans des cas plus généraux, notamment par FRENKEL dans sa Thèse.

Aujourd'hui, les problèmes de Cousin trouvent leur solution naturelle dans le cadre de la théorie des faisceaux analytiques cohérents (voir ci-dessous, 7)).

7) Théorie des faisceaux sur une variété analytique complexe

L'étude des problèmes globaux relatifs aux idéaux et modules de fonctions holomorphes m'a occupé plusieurs années, en partant des travaux d'OKA. Dès 1940, j'avais vu qu'un certain lemme sur les matrices holomorphes inversibles joue un rôle décisif dans ces questions. Ce lemme est énoncé et démontré en 1940 dans [35]; dans ce même travail, j'en fais diverses applications, et je prouve notamment que si des fonctions f_i (en nombre fini), holomorphes dans un domaine d'holomorphie D, n'ont aucun zéro commun dans D, il existe une relation $\Sigma c_i f_i = 1$ à coefficients c_i holomorphes dans D. Dans [36], j'introduis la notion de «cohérence» d'un système d'idéaux et je tente de démontrer les théorèmes fondamentaux de ce qui deviendra la théorie des faisceaux analytiques cohérents sur une variété de Stein; mais je n'y parviens pas dans le cas le plus général, faute de réussir à prouver une conjecture que K. OKA démontrera plus tard (1950) et qui, en langage d'aujourd'hui, exprime que le faisceau des germes de fonctions holomorphes est *cohérent.* Sitôt que j'eus connaissance de ce théorème d'OKA (publié avec beaucoup d'autres dans le volume 78 du Bulletin de la Société mathématique de France), je repris l'ensemble de la question dans [38], en introduisant systématiquement la notion de *faisceau* (introduite alors par LERAY en Topologie) et celle de faisceau cohérent (mais pas encore dans le sens plus général et définitif qui sera celui de mon Séminaire 1951–52). Il s'agit essentiellement de ce qu'on appelle aujourd'hui les «théorèmes A et B». Cependant, la formulation cohomologique générale du théorème B ne viendra que dans le Séminaire cité, à la suite de discussions avec J.-P. SERRE. La conférence [41] est consacrée à une exposition d'ensemble de ces questions (sans démonstrations), avec indications sur les diverses applications qui en découlent pour la théorie globale des variétés de Stein, et en particulier pour les problèmes de Cousin.

8) Un théorème de finitude pour la cohomologie

Il s'agit du résultat suivant, obtenu en collaboration avec J.-P. SERRE (cf. [42], ainsi que mon Séminaire 1953–54): si X est une variété analytique complexe *compacte,* et F un faisceau analytique cohérent, les espaces de cohomologie $H^q(X,F)$ sont des $\mathbb{C}$-espaces vectoriels de dimension finie. Le même résultat vaut, plus généralement, si X est un espace analytique compact.

Ce théorème n'est aujourd'hui que le point de départ du fameux théorème de GRAUERT qui dit que les images directes d'un faisceau analytique cohérent par une application holomorphe et propre sont des faisceaux cohérents.

9) La notion générale d'espace analytique

C'est après 1950 qu'apparaît la nécessité de généraliser la notion de variété analytique complexe, pour y inclure des singularités d'un type particulier, comme on le fait en Géométrie algébrique. Par exemple, le quotient d'une variété analytique complexe par un groupe proprement discontinu d'automorphismes n'est pas une variété analytique en général (s'il y a des points fixes), mais c'est un espace analytique (cf. [43]). Dès 1951, BEHNKE et STEIN tentaient d'introduire une notion d'espace analytique en prenant comme modèles locaux des «revêtements ramifiés» d'ouverts de $\mathbb{C}^n$; mais leur définition était assez peu maniable. Ma première tentative date de mon Séminaire 1951–52 (Exposé XIII); j'ai repris cette définition des espaces analytiques dans mon Séminaire de 1953–54 en introduisant la notion générale d'*espace annelé,* qui a ensuite été popularisée par SERRE, puis par GRAUERT et GROTHENDIECK. En 1953–54, ma définition conduisait aux espaces analytiques *normaux* (c'est-à-dire tels que l'anneau associé à chaque point soit intégralement clos). C'est SERRE qui, le premier, attira l'attention sur l'utilité d'abandonner la condition restrictive de normalité. Ensuite GRAUERT puis GROTHENDIECK introduisirent la catégorie plus générale des espaces annelés dans lesquels l'anneau attaché à un point n'est plus nécessairement un anneau de germes de fonctions mais peut admettre des éléments nilpotents.

J'ai démontré dans [48] un théorème de «prolongement» des espaces analytiques normaux, suggéré par des travaux de W. L. BAILY, et qui s'applique à la compactification de SATAKE dans la théorie des fonctions automorphes.

10) Quotients d'espaces analytiques ([43], [51], et Séminaire 1953–54)

Tout quotient d'un espace annelé X est canoniquement muni d'une structure d'espace annelé (ayant une propriété universelle aisée à formuler). Le problème suivant se pose: lorsque X est un espace analytique, trouver des critères permettant d'affirmer que l'espace annelé quotient est aussi un espace analytique. J'ai montré que lorsque la relation d'équivalence est définie par un groupe proprement discontinu d'automorphismes de X, le quotient est toujours un espace analytique. Puis, dans [51], j'ai donné un critère valable pour toutes les relations d'équivalence «propres» et j'ai étendu au cas des espaces analytiques généraux un théorème prouvé (par une autre méthode) par K. STEIN dans le cas des variétés sans singularités, et que voici: si f: X→Y est une application holomorphe, et si les composantes connexes des fibres de f sont compactes, le quotient de X par la relation d'équivalence dont les classes sont les composantes connexes des fibres est un espace analytique. D'autres applications du critère sont données dans [51].

11) Fonctions automorphes et plongements

Ayant défini le quotient d'un espace analytique X par un groupe G proprement discontinu d'automorphismes, il s'agissait de réaliser dans certains cas cet espace quotient comme sous-espace analytique d'espaces d'un type simple. Le premier cas que j'ai traité est celui où X est un ouvert borné de $\mathbb{C}^n$ et où X/G est compact: en m'appuyant sur des résultats de M. HERVÉ (repris dans [47]), j'ai prouvé dans [43] que les formes automorphes d'un poids convenable fournissent un plongement de X/G comme sous-espace analytique (fermé) d'un espace projectif. Donc X/G s'identifie à l'espace analytique sous-jacent à une «variété *algébrique* projective». Au même moment, ce résultat était démontré tout autrement par KODAIRA, mais seulement dans le cas où G opère sans point fixe (la variété algébrique étant alors sans singularité). C'est par ma méthode que, plus tard, W. L. BAILY prouva la possibilité de réaliser dans l'espace projectif le compactifié de SATAKE du quotient X/G dans le cas où G est le groupe modulaire de SIEGEL; X/G est alors isomorphe à un ouvert de ZARISKI d'une variété algébrique projective. J'ai moi-même repris la question dans mon Séminaire 1957–58 et prouvé la réalisation projective de X/G non seulement pour le groupe modulaire, mais pour tous les groupes qui lui sont «commensurables».

12) Fibrés holomorphes

Les premières indications relatives à l'utilisation de la théorie des faisceaux pour l'étude des fibrés holomorphes remontent à une conférence que j'ai faite au Séminaire BOURBAKI (décembre 1950). Ma contribution à la théorie a ensuite simplement consisté en une mise au point, au Colloque de Mexico (1956), des théorèmes fondamentaux de GRAUERT sur les espaces fibrés principaux dont la base est une variété de Stein, théorèmes dont la démonstration n'était pas encore publiée mais dont les grandes lignes m'avaient été communiquées par l'auteur. Dans la rédaction [49], j'ai donné des démonstrations complètes.

13) Variétés analytiques réelles ([44], [45], [46])

L'un des buts de [44] était de prouver l'analogue des théorèmes A et B pour les variétés analytiques réelles, dénombrables à l'infini. A cette époque le théorème de plongement de GRAUERT n'était pas encore connu; il a pour conséquence que les théorèmes que j'ai énoncés pour les variétés plongeables sont, en fait, toujours vrais. A partir de là on obtient, par les procédés usuels de passage du local au global, une série de résultats de caractère global; par exemple, une sous-variété analytique fermée d'une variété analytique réelle (dénombrable à l'infini) peut être définie globalement par un nombre fini d'équations analytiques. Toutefois, il est une propriété (d'ailleurs de caractère local) qui différencie le cas réel du cas complexe: le faisceau d'idéaux défini par un sous-ensemble analytique réel n'est pas toujours cohérent, contrairement à ce qui se passe dans le cas complexe; j'en donne des contre-exemples dans [44], et je donne aussi un exemple d'un sous-ensemble analytique A de $\mathbb{R}^3$, de codimension un, tel que toute fonction analytique dans $\mathbb{R}^3$ qui s'annule identiquement sur A soit identiquement nulle. D'autres situations pathologiques sont étudiées dans les Notes [45] et [46], écrites en collaboration avec F. Bruhat.

II. Topologie algébrique

1) Fibrés et groupes d'homotopie

Dans les Notes [89] et [90], en collaboration avec J.-P. Serre, nous introduisons l'opération qui consiste à «tuer» les groupes d'homotopie d'un espace X «par le bas», c'est-à-dire à construire un espace Y et une application *f*: Y→X de manière que les groupes d'homotopie $\pi_i(Y)$ soient nuls pour $i \leqq n$ (*n* entier donné), et que $\pi_i(Y) \to \pi_i(X)$ soit un isomorphisme pour $i > n$. L'on peut choisir pour *f* une application fibrée (en construisant avec Serre des espaces de chemins), et l'on a donc une suite spectrale reliant les homologies de X, de Y et de la fibre. Cette méthode permet le calcul (partiel) des groupes d'homotopie d'un espace à partir de ses groupes d'homologie.

2) Détermination des algèbres d'Eilenberg-MacLane $H_*(\Pi, n)$ ([91], [92], [93])

Rappelons que $K(\Pi, n)$ désigne un espace dont tous les groupes d'homotopie sont nuls, sauf π_n qui est isomorphe à une groupe abélien donné Π. Un tel espace est un espace de Hopf et par suite ses groupes d'homologie forment une algèbre graduée $H_*(\Pi, n)$. Le problème du calcul explicite de ces algèbres avait été posé par Eilenberg et MacLane. Je suis parvenu à ce calcul par des méthodes purement algébriques, basées sur la notion de «construction», et qui permettent un calcul explicite. Les résultats s'énoncent particulièrement bien lorsqu'on prend comme anneau de coefficients le corps $\mathbb{F}_p$ à *p éléments* (*p* premier). Le cas où $p = 2$ et où le groupe Π est cyclique avait été entièrement résolu par J.-P. Serre, par une méthode un peu différente. A l'occasion de ces calculs j'ai été amené à introduire la notion d'algèbre graduée *à puissances divisées;* l'algèbre d'Eilenberg-MacLane possède de telles «puissances divisées». C'est une notion qui s'est avérée utile dans d'autres domaines, et notamment dans la théorie des groupes formels (Dieudonné, Cartier).

3) Suite spectrale d'un espace où opère un groupe discret ([82], [83])

On considère un groupe G opérant sans point fixe, de façon proprement discontinue, dans un espace topologique X. Dans une Note commune, J. Leray et moi avions envisagé le cas où le groupe est fini. J'ai étudié ensuite le cas général, qui a de nombreuses applications. On trouve une exposition de cette question au Chapitre XVI de mon livre «Homological Algebra» écrit en collaboration avec S. Eilenberg.

4) Cohomologie des espaces homogènes de groupes de Lie ([86], [87])

Il s'agit de la cohomologie à coefficients réels d'un espace homogène G/*g*, G étant un groupe de Lie compact connexe et *g* un sous-groupe fermé connexe de G. La méthode utilisée est celle de l'«algèbre de Weil» d'une algèbre de Lie. J'obtiens pour la première fois une détermination complète de la cohomologie réelle de G/*g*; il suffit de connaître la «transgression» dans l'algèbre de Lie de G, et l'homomorphisme $I(G) \to I(g)$ (où I(G) désigne l'algèbre des polynômes sur l'algèbre de Lie de G, invariants par le groupe adjoint; de même pour I(*g*)). Ces résultats ont été ensuite repris par A. BOREL qui les a en partie étendus au cas plus difficile de la cohomologie à coefficients dans $\mathbb{F}_p$. A ce sujet, on peut consulter le rapport de BOREL dans le Bulletin de l'A.M.S. (vol. 61, 1955, p. 397–432).

5) Opérations de STEENROD

La première démonstration de la formule du produit pour les «carrés de Steenrod», improprement appelée «Cartan formula» puisque c'est WU-WEN-TSÜN qui m'avait proposé de prouver cette formule, se trouve donnée dans la Note [85]. Son seul mérite est d'avoir suggéré à STEENROD une démonstration de la formule analogue $\mathscr{P}^k_p(xy) = \sum_{i+j=k} \mathscr{P}^i_p(x)\, \mathscr{P}^j_p(y)$ pour les opérations de Steenrod modulo p (p premier impair). Aujourd'hui on a de meilleures démonstrations de ces relations.

Dans [94], je détermine explicitement les relations multiplicatives existant entre les générateurs St^i_p de l'algèbre de Steenrod pour p premier impair (le cas $p = 2$ avait été traité par J. ADEM; le cas où p est impair a ensuite été traité indépendamment par J. Adem au moyen d'une méthode différente de la mienne).

6) Cohomologie à coefficients dans un faisceau

Cette notion maintenant fondamentale, aussi bien en Topologie qu'en Analyse, avait été introduite par J. LERAY d'une façon relativement compliquée. Dans mon Séminaire de 1950–51 j'en donne la première exposition axiomatique, qui est aujourd'hui adoptée (voir par exemple le livre classique de R. GODEMENT). Cette présentation a permis ultérieurement de faire rentrer la théorie des faisceaux (de groupes abéliens) dans celle des «catégories abéliennes» et de lui appliquer les méthodes de l'Algèbre homologique (foncteurs dérivés, etc. ...). D'autre part, c'est dans le cadre de la cohomologie à valeurs dans un faisceau que j'ai placé le théorème de DE RHAM (relatif au calcul de la cohomologie réelle d'une variété différentiable au moyen des formes différentielles), ainsi que la «dualité» de POINCARÉ des variétés topologiques, triangulables ou non. Ces idées sont devenues courantes; elles ont permis à P. DOLBEAULT d'étudier le complexe de d''-cohomologie d'une variété analytique complexe.

III. Théorie du potentiel ([70], [71], [72], [73], [74], [75], [84])

C'est sous l'influence de M. BRELOT que je me suis intéressé pendant la guerre aux problèmes de la théorie du potentiel (potentiel newtonien et généralisations diverses). J'ai utilisé d'une manière systématique la notion d'*énergie,* en commençant par prouver le théorème suivant: l'espace des distributions positives d'énergie finie, muni de la norme déduite de l'énergie, est *complet.* Ce fut l'occasion d'employer la méthode de projection sur un sous-ensemble convexe et complet (dans un espace fonctionnel). Le théorème précédent suggéra à J. DENY d'introduire en théorie du potentiel les distributions de SCHWARTZ; il prouva que l'espace vectoriel de toutes les distributions d'énergie finie (et plus seulement les distributions positives) est complet.

J'ai aussi introduit la notion de *topologie fine* (la moins fine rendant continues les fonctions surharmoniques), qui s'est avérée utile notamment dans les questions d'effilement à la frontière, et, plus récemment, dans les nouveaux développements axiomatiques de la théorie du potentiel en relation avec les Probabilités.

J'ai donné la première démonstration d'un théorème que désirait BRELOT, et qui se formule ainsi: la limite d'une suite décroissante (ou, plus généralement, d'un ensemble filtrant décroissant) de fonctions surharmoniques, si elle n'est pas identiquement $-\infty$, ne diffère d'une fonction surharmonique que sur un ensemble de capacité extérieure nulle.

Enfin, je crois avoir été le premier à introduire une théorie du potentiel dans les espaces homogènes [71].

IV. Algèbre homologique

Ecrit entre 1950 et 1953, paru seulement en 1956, le livre «Homological Algebra» est dû à une longue collaboration avec Samuel EILENBERG. On y expose pour la première fois une théorie qui englobe diverses théories particulières (homologie des groupes, homologie des algèbres associatives, homologie des algèbres de Lie, syzygies de HILBERT, etc. ...), en les plaçant dans le cadre général des foncteurs additifs et de leurs foncteurs «dérivés». Les foncteurs $\mathrm{Tor}_n(A,B)$ (foncteurs dérivés gauches du produit tensoriel $A \otimes B$) sont introduits dans cet ouvrage, ainsi que les foncteurs $\mathrm{Ext}^n(A,B)$ (foncteurs dérivés droits du foncteur $\mathrm{Hom}(A,B)$). Auparavant, seul le foncteur $\mathrm{Ext}^1(A,B)$ avait été explicitement considéré dans la littérature (Eilenberg-MacLane). On montre notamment le rôle qu'ils jouent dans la «formule de Künneth», qui est pour la première fois énoncée en termes invariants.

Cet ouvrage de 400 pages semble avoir servi de catalyseur: il a été à l'origine de rapides développements tant en Algèbre pure qu'en Géométrie algébrique et en Géométrie analytique. Le terme lui-même d'«algèbre homologique», donné comme titre à notre livre, a fait fortune. Dans ce livre nous avions traité le cas des modules sur un anneau; mais l'exposition avait été conduite de telle sorte qu'elle pouvait immédiatement se transposer à d'autres cas, comme il était d'ailleurs indiqué dans l'Appendice à notre livre écrit par D. BUCHSBAUM. Il devait revenir à GROTHENDIECK d'introduire et d'étudier systématiquement les «catégories abéliennes», ce qui permit aussitôt, par exemple, d'intégrer dans l'Algèbre homologique la théorie de la cohomologie d'un espace à coefficients dans un faisceau de groupes abéliens. C'est aussi GROTHENDIECK qui, à la suite de SERRE, introduisit systématiquement l'Algèbre homologique comme un nouvel outil puissant en Géométrie algébrique et en Géométrie analytique. Faut-il mentionner, à ce sujet, l'immense ouvrage de DIEUDONNÉ et GROTHENDIECK, les fameux E.G.A. (Éléments de Géométrie Algébrique)? Les élèves de GROTHENDIECK (et, pour n'en citer qu'un, Pierre DELIGNE) ont montré tout le parti que l'on peut tirer des méthodes d'Algèbre homologique, non seulement pour explorer de nouveaux domaines, mais aussi pour résoudre des problèmes anciens et justement réputés difficiles.

V. Divers

1) Théorie des filtres

J'ai introduit en 1937 la notion de filtre dans deux Notes aux Comptes Rendus ([61], [62]). Cette notion est devenue d'un usage courant en Topologie générale, ainsi que celle d'ultrafiltre qui lui est liée. Cette dernière intervient aussi dans certaines théories logiques.

2) Théorie de Galois des corps non commutatifs ([79])

La théorie a ensuite été étendue aux anneaux simples, notamment par DIEUDONNÉ.

3) Analyse harmonique

Il s'agit d'un article écrit en collaboration avec R. GODEMENT [80]. C'est l'une des premières présentations «modernes» de la transformation de Fourier dans le cadre général des groupes abéliens localement compacts, sans faire appel à la théorie «classique».

4) Classes de fonctions indéfiniment dérivables ([63] à [68])

J'ai établi par voie élémentaire de nouvelles inégalités entre les dérivées successives d'une fonction d'une variable réelle. Puis, en collaboration avec S. MANDELBROJT, nous les avons appliquées à la solution définitive du problème de l'équivalence de deux classes de fonctions (chacune des classes étant définies par des majorations données des dérivées successives).

5) Extension et simplification d'un théorème de RADO ([40])

J'ai formulé ce théorème de la manière suivante: une fonction continue f qui est holomorphe en tout point z où $f(z) \neq 0$ est holomorphe aussi aux points où $f(z) = 0$. La démonstration que j'en ai donnée est très simple et basée sur la théorie du potentiel. De là on déduit le théorème de RADO sous sa forme usuelle (i.e.: une fonction holomorphe qui tend vers zéro à la frontière est identiquement nulle, sous des hypothèses convenables relatives à la frontière). De plus, sous la forme où je l'énonce, le théorème s'étend trivialement aux fonctions d'un nombre quelconque de variables, et même aux fonctions dans un ouvert d'un espace de Banach.

VI. Collaboration au Traité de N. BOURBAKI

Pendant vingt ans, de 1935 à 1954, j'ai participé au travail collectif d'élaboration des «Eléments de mathématique» de Nicolas BOURBAKI. Ceci doit être mentionné dans cette Notice, non pour évoquer ma contribution personnelle qu'il est d'ailleurs bien difficile d'évaluer, mais pour dire tout l'enrichissement que j'en ai retiré. Ce travail en commun avec des hommes de caractères très divers, à la forte personnalité, mus par une commune exigence de perfection, m'a beaucoup appris, et je dois à ces amis une grande partie de ma culture mathématique.

Liste des travaux

Reproduits dans les Œuvres:

Volume I

1. Sur quelques théorèmes de Nevanlinna
2. Sur un théorème d'André Bloch
3. Sur les systèmes de fonctions holomorphes à variétés linéaires lacunaires (Thèse)
4. Un nouveau théorème d'unicité relatif aux fonctions méromorphes
5. Sur la croissance des fonctions méromorphes d'une ou plusieurs variables complexes
6. Sur la fonction de croissance attachée à une fonction méromorphe de deux variables et ses applications aux fonctions méromorphes d'une variable
7. Sur la dérivée par rapport à log *r* de la fonction de croissance $T(r;f)$
8. Sur les zéros des combinaisons linéaires de *p* fonctions entières données
9. Sur les fonctions de deux variables complexes
10. Les fonctions de deux variables complexes et les domaines cerclés de M. Carathéodory
11. Les transformations analytiques des domaines cerclés les uns dans les autres
12. Sur les valeurs exceptionnelles d'une fonction méromorphe dans tout le plan
13. Les fonctions de deux variables complexes et le problème de la représentation analytique
14. Sur les fonctions de deux variables complexes: les transformations d'un domaine borné D en un domaine intérieur à D
15. Sur les variétés définies par une relation entière
16. Sur les domaines d'existence des fonctions de plusieurs variables complexes
17. Les transformations analytiques et les domaines convexes
18. (avec E. Cartan) Les transformations des domaines cerclés bornés
19. Les transformations des domaines semi-cerclés bornés
20. Sur les transformations analytiques des domaines cerclés et semi-cerclés bornés
21. Sur une classe remarquable de domaines
22. Sur les transformations pseudo-conformes des domaines cerclés bornés
23. (avec P. Thullen) Zur Theorie des Singularitäten der Funktionen mehrerer komplexen Veränderlichen
24. Sur les fonctions de plusieurs variables complexes. L'itération des transformations intérieures d'un domaine borné
25. Sur les zéros des combinaisons linéaires de *p* fonctions holomorphes données
26. Détermination des points exceptionnels d'un système de *p* fonctions analytiques de *n* variables complexes
27. Sur les groupes de transformations pseudo-conformes
28. Sur les groupes de transformations pseudo-conformes
29. Sur l'itération des transformations conformes ou pseudo-conformes
30. Sur les transformations pseudo-conformes du produit topologique de deux domaines
31. Les problèmes de Poincaré et de Cousin pour les fonctions de plusieurs variables complexes
32. Sur les groupes de transformations analytiques
33. Sur les fonctions de *n* variables complexes: les transformations du produit topologique de deux domaines bornés
34. Sur le premier problème de Cousin

Volume II

Volume III

81. Sur la notion de carapace en topologie algébrique
82. Sur la cohomologie des espaces où opère un groupe, notions algébriques préliminaires
83. Sur la cohomologie des espaces où opère un groupe, étude d'un anneau différentiel où opère un groupe
84. (avec J. Deny) Le principe du maximum en théorie du potentiel et la notion de fonction surharmonique
85. Une théorie axiomatique des carrés de Steenrod
86. Notions d'algèbre différentielle; application aux groupes de Lie et aux variétés où opère un groupe de Lie
87. La transgression dans un groupe de Lie et dans un espace fibré principal
88. Extension du théorème des «chaînes de syzygies»
89. (avec J.-P. Serre) Espaces fibrés et groupes d'homotopie. I. Constructions générales
90. (avec J.-P. Serre) Espaces fibrés et groupes d'homotopie. II. Applications
91. Sur les groupes d'Eilenberg-MacLane $H(\Pi, n)$: I. Méthode des constructions
92. Sur les groupes d'Eilenberg-MacLane. II
93. Algèbres d'Eilenberg-MacLane
94. Sur l'itération des opérations de Steenrod
95. Sur la notion de dimension
96. Réflexions sur les rapports d'Aarhus et Dubrovnik
97. Emil Artin
98. Structural stability of differentiable mappings
99. Les travaux de Georges de Rham sur les variétés différentiables
100. Théories cohomologiques

Non reproduits dans les Œuvres:

Séminaires de l'Ecole Normale Supérieure

(publiés par le Secr. Math., 11 rue P. et M. Curie, 75005 PARIS, et par W. A. Benjamin, ed., New York, 1967)

1948–49 Topologie algébrique
1949–50 Espaces fibrés et homotopie
1950–51 Cohomologie des groupes, suites spectrales, faisceaux
1951–52 Fonctions analytiques de plusieurs variables complexes
1953–54 Fonctions automorphes et espaces analytiques
1954–55 Algèbres d'Eilenberg-MacLane et homotopie
1955–56 (avec C. Chevalley) Géométrie algébrique
1956–57 Quelques questions de Topologie
1957–58 (avec R. Godement et I. Satake) Fonctions automorphes
1958–59 Invariant de Hopf et opérations cohomologiques secondaires
1959–60 (avec J. C. Moore) Périodicité des groupes d'homotopie stables des groupes classiques, d'après Bott
1960–61 (avec A. Grothendieck) Familles d'espaces complexes et fondements de la géométrie analytique
1961–62 Topologie différentielle
1962–63 Topologie différentielle
1963–64 (avec L. Schwartz) Théorème d'Atiyah-Singer sur l'indice d'un opérateur différentiel elliptique

Livres

(avec S. Eilenberg) Homological Algebra, Princeton Univ. Press, Math. Series, n°19, 1966 – traduit en russe.
Théorie élémentaire des fonctions analytiques, Paris, Hermann, 1961 – traduit en allemand, anglais, espagnol, japonais, russe.
Calcul différentiel; formes différentielles, Paris, Hermann, 1967 – traduit en anglais et en russe.

Divers

Sur la possibilité d'étendre aux fonctions de plusieurs variables complexes la théorie des fonctions univalentes, Annexe aux «Leçons sur les fonctions univalentes ou multivalentes» de P. Montel, Paris, Gauthier-Villars (1933), 129–155.
(avec J. Dieudonné) Notes de tératopologie. III, Rev. Sci., 77 (1939), 413–414.
Un théorème sur les groupes ordonnés, Bull. Sci. Math., 63 (1939), 201–205.
Sur le fondement logique des mathématiques, Rev. Sci., 81 (1943), 2–11.
(avec J. Leray) Relations entre anneaux d'homologie et groupes de Poincaré, Topologie Algébrique, Coll. Intern. C.N.R.S. n°12 (1949), 83–85.
Nombres réels et mesure des grandeurs, Bull. Ass. Prof. Math., 34 (1954), 29–35.
Structures algébriques, Bull. Ass. Prof. Math., 36 (1956), 288–298.
(avec S. Eilenberg) Foundations of fibre bundles, Symp. Intern. Top. Alg., Mexico (1956), 16–23.
Volume des polyèdres, Bull. Ass. Prof. Math., 38 (1958), 1–12.
Nicolas Bourbaki und die heutige Mathematik, Arbeits. für Forschung des Landes Nordrhein-Westfalen, Heft 76, Köln (1959).
Notice nécrologique sur Arnaud Denjoy, C. R. Acad. Sci. Paris, 279 (1974), Vie Académique, 49–52 (= Astérisque 28–29, S.M.F., 1975, 14–18).

Exposés au Séminaire Bourbaki

(Les numéros renvoient à la numérotation globale du Séminaire)
1,8,12. Les travaux de Koszul (1948–49)
34. Espaces fibrés analytiques complexes (1950)
73. Mémoire de Gleason sur le 5e problème de Hilbert (1953)
84. Fonctions et variétés algébroïdes, d'après F. Hirzebruch (1953)
115. Sur un mémoire inédit de H. Grauert: »Zur Theorie der analytisch vollständigen Räume« (1955)
125. Théorie spectrale des C-algèbres commutatives, d'après L. Waelbroeck (1956)
137. Espaces fibrés analytiques, d'après H. Grauert (1956)
296. Thèse de Douady (1965)
337. Travaux de Karoubi sur la K-théorie (1968)
354. Sous-ensembles analytiques d'une variété banachique complexe, d'après J.-P. Ramis (1969)

Table des Matières

Volume I

Volume II

Volume III

1.

Sur quelques théorèmes de Nevanlinna

Comptes Rendus de l'Académie des Sciences de Paris, 185, 1253–1255 (1927)

1. Soit $f(x)$ une fonction uniforme et méromorphe dans tout le plan. Désignons par $E(a)$ l'ensemble des racines de l'équation $f(x)=a$, chaque racine étant prise autant de fois que l'exige son ordre de multiplicité (a peut d'ailleurs être infini).

I. *a, b, c, d étant quatre nombres complexes distincts, il existe au plus une fonction $f(x)$ non constante pour laquelle* $E(a)$, $E(b)$, $E(c)$, $E(d)$ *coïncident respectivement avec quatre ensembles donnés.* Il y a un *cas d'exception*, où il existe *deux* fonctions distinctes $f(x)$ et $g(x)$; c'est le cas où a, b, c, d forment une *division harmonique*, soit $(a, b, c, d)=-1$, et où l'on a $(f, g, c, d)=-1$, ce qui exige que $f(x)$ et $g(x)$ admettent a et b comme *valeurs exceptionnelles*.

Ce théorème a été démontré par M. Nevanlinna (¹); on peut le compléter de la manière suivante : convenons de regarder comme identiques au sens large deux ensembles qui ne diffèrent que par un nombre fini de points.

I *bis*. *Il existe au plus une fonction $f(x)$ non rationnelle pour laquelle* $E(a)$, $E(b)$, $E(c)$, $E(d)$ *coïncident au sens large avec quatre ensembles donnés*. Le cas d'exception est toujours le même, et $f(x)$ et $g(x)$ admettent alors a et b comme valeurs exceptionnelles au sens large.

Nous allons maintenant ne faire intervenir que *trois* valeurs a, b, c.

II et II *bis*. *Il existe au plus* DEUX *fonctions $f(x)$ et $g(x)$ non constantes (ou non rationnelles) pour lesquelles* $E(a)$, $E(b)$, $E(c)$ *coïncident au sens strict (ou large) avec trois ensembles donnés*. Il n'y a aucun cas d'exception; un exemple du cas où il existe deux fonctions distinctes, n'ayant d'ailleurs

---

(¹) *Acta mathematica*, **48**, 1926, p. 367-391; voir aussi *Comptes rendus*, **181**, 1925, p. 92.

aucune valeur exceptionnelle, est donné par

$$f(x) = \frac{1 - e^{5x}}{1 - e^{2x}}, \qquad g(x) = \frac{1 - e^{-5x}}{1 - e^{-2x}}$$

relativement aux valeurs $a = 0$, $b = 1$, $c = \infty$.

Certains cas particuliers du théorème II ont été démontrés par M. Nevanlinna.

2. Le principe de la démonstration de tous ces théorèmes repose sur la proposition suivante, conséquence immédiate d'un théorème de M. Borel (¹) : l'identité

$$\sum_i R_i(x) e^{G_i(x)} = 0.$$

où les $R_i(x)$ désignent des fonctions rationnelles non identiquement nulles, et les $G_i(x)$ des fonctions entières, exige que tous les G_i ne diffèrent que par une constante, si toutefois l'identité ne se décompose pas en plusieurs identités partielles. Dans le cas des théorèmes I et I *bis*, l'existence de deux fonctions $f(x)$ et $g(x)$ satisfaisant aux conditions de l'énoncé conduit à une identité de cette forme; de même, pour les théorèmes II et II *bis*, l'existence de trois fonctions $f(x)$, $g(x)$, $h(x)$. Dans tous les cas la considération de cette identité permet de conclure.

3. *Quelques remarques.* — Il n'existe pas en général de fonction $f(x)$ pour laquelle $E(a)$, $E(b)$, $E(c)$ coïncident au sens strict avec trois ensembles donnés. Cela résulte du théorème II *bis*; car s'il existe une telle fonction pour trois ensembles particuliers, il suffit de changer un nombre fini de points de ces ensembles pour qu'il n'en existe plus.

Les théorèmes I et II sont susceptibles de généralisations parallèles à celles du théorème de M. Borel. Par exemple deux ensembles d'ordre fini μ pourront être regardés comme identiques, en un sens très large, s'ils ne diffèrent que par un ensemble d'ordre inférieur à μ (il s'agit de l'*ordre* de la suite des points de l'ensemble rangés par ordre de modules croissants). De même pour deux ensembles d'ordre infini qui ne diffèrent que par un ensemble d'ordre fini.

Les théorèmes I *bis* et II *bis*, et leurs généralisations, s'appliquent également aux fonctions uniformes et méromorphes au voisinage d'un point singulier essentiel isolé, en vertu d'un théorème général (²).

(¹) E. Borel, *Sur les zéros des fonctions entières* (*Acta mathematica*, 20, 1897, p. 357-396.

(²) Voir, par exemple, André Bloch, *Mémorial des Sciences mathématiques*, fasc. XX, p. 17.

J'ajouterai, en terminant, que le théorème II, par exemple, peut être complété par des théorèmes analogues à ceux de Schottky et de M. Landau relativement au théorème de M. Picard. Il est également la source d'un critère de familles complexes normales, qui permettra de préciser sa portée en ce qui concerne les fonctions méromorphes.

2.

Sur un théorème d'André Bloch

Comptes Rendus de l'Académie des Sciences de Paris 186, 624–626 (1928)

1. M. A. Bloch [1] a énoncé le théorème suivant, qui semble devoir jouer un certain rôle en théorie des fonctions, et qui est resté, à ma connaissance, sans démonstration : *Soit*

$$g(x) = (x - \alpha_1)(x - \alpha_2) \dots (x - \alpha_n)$$

un polynome de degré n dont tous les zéros sont intérieurs au cercle-unité. A tout nombre positif $r < 1$ *et à tout nombre positif* γ, *si petit soit-il, on peut faire correspondre un nombre* H *dépendant uniquement de* r *et de* γ (*nullement des* α *ni de* n), *tel que l'inégalité*

$$|g(x)| > e^{-Hn}$$

soit vérifiée pour toute valeur de x *inférieure à* r *en module, sauf peut-être pour celles comprises dans des contours de longueur totale au plus égale à* γ.

2. Je suis parvenu à trouver une démonstration élémentaire qui donne effectivement une valeur pour H, et qui montre qu'il est inutile de supposer les α inférieurs à 1 en module, ni x inférieur à r en module. Voici la forme précise que l'on peut donner au théorème :

Soient dans le plan des points $P_1, P_2, \dots P_n$, *distincts ou non, dont le nombre n et la position sont absolument quelconques; soit de plus k un nombre positif arbitraire. Les points* M *du plan pour lesquels on a l'inégalité*

$$MP_1 \times MP_2 \times \dots \times MP_n < k^n$$

peuvent être enfermés à l'intérieur de circonférences en nombre au plus égal

[1] *Ann. Éc. Norm.*, 3ᵉ série, 43, 1926, p. 321.

à n, et dont la somme des rayons est au plus égale à $2\,ek$ (e désigne la base des logarithmes népériens).

Sous cette forme, le théorème se généralise immédiatement pour un nombre quelconque de dimensions, les circonférences étant remplacées par des hypersphères dont la somme des rayons est au plus égale à $2\,ek$.

3. Je me propose maintenant de compléter les théorèmes d'unicité énoncés dans une Note précédente ([1]). J'ai indiqué ([2]) qu'il est impossible de trouver trois fonctions distinctes $f(x)$, $g(x)$, $h(x)$ de la variable complexe x, méromorphes dans tout le plan, et prenant ensemble la valeur a, ensemble la valeur b, et ensemble la valeur c (avec les mêmes ordres de multiplicité). Nous dirons désormais, pour abréger : « prenant ensemble trois valeurs a, b, c ».

La démonstration de ce théorème reposait sur un théorème de M. Borel, qu'on peut énoncer ainsi : lorsqu'on a une identité

$$\sum_i \mathrm{F}_i(x) \equiv 0.$$

où les F_i désignent des fonctions entières sans zéro, les F_i se partagent en un certain nombre de groupes (il peut n'y avoir qu'un groupe), et les rapports mutuels dedeux fonctions d'un même groupe sont des constantes.

4. J'ai pu démontrer un théorème plus précis : *Étant donnée une identité*

$$\sum_i \mathrm{F}_i(x) \equiv 0,$$

où les F_i *désignent des fonctions méromorphes dans tout le plan, s'il est possible de trouver une infinité de couronnes homothétiques s'éloignant à l'infini, à l'intérieur desquelles les* F_i *n'aient ni pôle ni zéro, les* F_i *se partagent en groupes, et les rapports mutuels de deux fonctions d'un même groupe sont des constantes ou des fonctions d'ordre nul.*

5. A son tour ce théorème permet d'en démontrer un qui touche directement aux questions d'unicité :

Étant données trois fonctions méromorphes distinctes $f(x)$, $g(x)$, $h(x)$ *dont une au plus est d'ordre nul, et une suite infinie quelconque de couronnes homothétiques s'éloignant à l'infini, il existe au plus deux valeurs* a *et* b *qu*

([1]) *Comptes rendus*, **185**, 1927, p. 1253. Voir aussi à ce sujet une Note récente de M. R. Nevanlinna, *Comptes rendus*, **186**, 1928, p. 289.

([2]) Théorème II de la première Note citée.

soient toujours prises ensemble par les trois fonctions dans toutes ces couronnes.

De ce théorème on déduit un autre en renversant l'énoncé.

Bien entendu, dans les énoncés précédents, on peut remplacer « fonctions méromorphes dans tout le plan » par « fonctions méromorphes au voisinage du point à l'infini ».

3.

Sur les systèmes de fonctions holomorphes à variétés linéaires lacunaires (Thèse)

Annales Scientifiques de l'Ecole Normale Supérieure 45, 255–346 (1928)

Introduction.

1. Émile Borel a démontré [B] (¹) en 1897 l'impossibilité d'une identité

$$X_1(x) + X_2(x) + \ldots + X_p(x) \equiv 0,$$

entre des fonctions entières, sans zéros, de la variable complexe x. Voici, plus précisément, la forme que l'on peut donner à son théorème : *Si l'on a une telle identité, ou bien les rapports mutuels des fonctions sont des constantes, — ou bien les fonctions se partagent en plusieurs groupes, la somme des fonctions d'un même groupe est identiquement nulle, et leurs rapports mutuels sont des constantes.*

Lorsque $p = 3$, ce théorème équivaut (²) au théorème de E. Picard : « une fonction entière ne peut admettre deux valeurs exceptionnelles finies ». Or, on a complété le théorème de Picard en le « *traduisant en*

(¹) Les lettres placées entre crochets renvoient à l'Index bibliographique.

(²) En effet, si l'on avait

$$X_1 + X_2 + X_3 \equiv 0,$$

la fonction $-\dfrac{X_1}{X_3}$, par exemple, serait entière et ne prendrait aucune des valeurs *zéro* et *un*.

termes finis », suivant une expression de A. Bloch, c'est-à-dire en établissant des propositions relatives aux fonctions holomorphes qui admettent deux valeurs exceptionnelles, et sont définies non plus dans tout le plan, mais dans le cercle-unité : je veux parler principalement du théorème de Schottky et du théorème de Landau. Ces derniers peuvent être établis, soit en partant de la fonction modulaire, soit en s'appuyant, conformément au point de vue de E. Borel, sur la théorie de la croissance des fonctions. Enfin P. Montel a démontré qu'une famille de fonctions holomorphes, admettant deux valeurs exceptionnelles fixes finies, est *normale* (¹); ce théorème, d'où peuvent se déduire tous les précédents, au moins du point de vue qualitatif, sera désigné, au cours de ce travail, sous le nom de *critère de P. Montel.*

2. La « traduction en termes finis » du théorème de E. Borel, dans le cas d'un nombre quelconque de fonctions, a été abordée en 1926 par A. Bloch dans un Mémoire paru dans les *Annales de l'École Normale supérieure* [A]. Ce géomètre est arrivé à vaincre en grande partie les réelles difficultés que présente cette question, et il a obtenu un théorème qui est une généralisation immédiate du théorème de Schottky, mais qui se complique du fait de l'existence de *cas singuliers;* ces derniers n'ont été que partiellement éclaircis. Voici du moins le théorème obtenu par A. Bloch si l'on fait abstraction des cas singuliers (²) : *Soient*

$$f(x)=a_0+a_1x+\ldots;\quad g(x)=b_0+b_1x+\ldots;\quad \ldots;\quad k(x)=e_0+e_1x+\ldots,$$

n fonctions d'une variable x, holomorphes dans le cercle $|x|<1$, *ne s'y annulant pas, et dont la somme n'y devient pas égale à l'unité. Les termes constants* $a_0, b_0, \ldots, e_0$ *sont supposés différents de l'unité. et tels*

(¹) Rappelons qu'une famille de fonctions holomorphes dans un domaine D est dite *normale* dans ce domaine, si, de toute suite infinie de fonctions de la famille, on peut extraire une suite infinie qui converge uniformément dans tout domaine fermé intérieur à D, la fonction limite étant, soit une fonction holomorphe, soit la constante infinie.

(²) [A], théorème VIII, p. 309.

que la somme d'un nombre quelconque d'entre eux diffère de zéro et de l'unité. Alors les coefficients $a_1, b_1, \ldots, e_1$ *(et, d'une manière générale, les coefficients des termes de degré* i, $a_i, b_i, \ldots, e_i$*) admettent une borne supérieure dépendant uniquement de* $a_0, b_0, \ldots, e_0$ *(et de* i*).*

Cette proposition est d'ailleurs une conséquence du fait suivant, qui constitue, à proprement parler, la généralisation du théorème de Schottky : dans tout cercle $|x| < \rho$, les fonctions admettent une borne supérieure qui dépend uniquement de ρ, $a_0, b_0, \ldots, e_0$.

3. Après ces travaux de A. Bloch, il manquait encore, dans le cas d'une identité de Borel (¹) à p termes, un théorème analogue au critère de P. Montel dans le cas d'une identité à trois termes. C'est un théorème de ce genre que j'ai cherché à établir, sans d'ailleurs m'appuyer sur les résultats de A. Bloch, qui ne me paraissaient pas démontrés de façon certaine. J'ai jugé utile de reprendre la question dès le début. Si je n'ai pas fait subir de grandes modifications à la marche générale des idées, qui était, en quelque sorte, conforme à la nature des choses, j'ai par contre orienté ma démonstration dans un sens un peu différent, puisque A. Bloch s'était borné à considérer des systèmes de p fonctions *prenant des valeurs données à l'origine*. En m'affranchissant de cette restriction, j'ai obtenu une sorte de *critère de famille complexe normale* (²), qui laisse encore des questions en suspens lorsque $p > 4$; au contraire, le cas $p = 4$ se trouve complètement éclairci (³).

Ce n'est là, bien entendu, qu'un résultat d'ordre purement qualitatif, obtenu en somme grâce à une étude de la croissance des fonctions envisagées. Pour arriver à des résultats d'ordre quantitatif, il faudrait construire certains systèmes de fonctions automorphes de plu-

---

(¹) Je nomme ainsi une identité de la forme

$$X_1 + X_2 + \ldots + X_p \equiv 0,$$

entre des fonctions holomorphes dans un certain domaine, sans zéros dans ce domaine.

(²) P. Montel nomme *famille complexe* une famille de systèmes de k fonctions f_1^α, $f_2^\alpha, \ldots, f_k^\alpha$, le symbole α servant à désigner le système de la famille considéré. La famille complexe est dite *normale* si chacune des k familles $f_1^\alpha, f_2^\alpha, \ldots, f_k^\alpha$ est normale.

(³) *Voir* Chap. IV, § 42.

sieurs variables, généralisant convenablement la fonction modulaire, et l'on n'en a pas encore trouvé [1].

4. Dans le Chapitre premier, je rappelle brièvement quelques points fondamentaux de la théorie des fonctions méromorphes, et je fais une première étude de la croissance des fonctions satisfaisant à une identité de Borel, en vue de la démonstration future du critère de famille complexe normale. Ce Chapitre ne contient rien d'essentiellement nouveau.

Dans le Chapitre II, j'établis un lemme énoncé sans démonstration par A. Bloch; il convenait de le démontrer, d'autant plus qu'il joue ensuite un rôle capital. Il est susceptible de diverses généralisations.

Le Chapitre III contient la démonstration du résultat fondamental : l'existence du critère de famille complexe normale dont j'ai déjà parlé. Dans le Chapitre suivant, je donne quelques exemples des applications dont il est susceptible.

Enfin, le Chapitre V est consacré à la résolution de divers problèmes d'unicité dans la théorie des fonctions méromorphes; cette résolution est étroitement liée à l'étude de certaines identités de Borel. J'indique, en terminant, une application du critère de famille complexe normale aux questions d'unicité.

Qu'il me soit permis de remercier M. Paul Montel de l'intérêt qu'il m'a toujours témoigné; j'espère avoir tiré profit, dans la rédaction de ce travail, de ses conseils et de ses critiques amicales, et je lui exprime ici toute ma respectueuse reconnaissance.

Index bibliographique.

[A]. A. Bloch. — Sur les systèmes de fonctions holomorphes à variétés linéaires lacunaires (*Ann. de l'École Normale*, 3e série, t. **43**, 1926, p. 309-362).

[B]. E. Borel. — Sur les zéros des fonctions entières (*Acta mathematica*, t. **20**, 1897, p. 357-396).

[C]. G. Julia. — *a.* Sur les familles de fonctions analytiques de plusieurs variables (*Acta mathematica*, t. **47**, 1926, p. 53-115).

---

(1) Ce problème semble lié à celui de l'uniformisation pour les systèmes de p fonctions de p variables complexes.

b. Sur quelques propriétés nouvelles des fonctions entières ou méromorphes (*Ann. de l'École Normale*, 3e série, t. **36**, 1919, p. 93, et t. **37**, 1920, p. 165).

[D]. S. MANDELBROJT. — Les suites de fonctions holomorphes. Fonctions entières (*C. R. de l'Acad. des Sc.*, t. **185**, 1927, p. 1098).

[E]. P. MONTEL. — *Leçons sur les familles normales de fonctions analytiques et leurs applications* (Paris, Gauthier-Villars, 1927).

[F]. ROLF NEVANLINNA. — *a.* Zur Theorie der meromorphen Funktionen (*Acta mathematica*, t. **46**, 1925, p. 1-99).

b. Einige Eindeutigkeitssätze in der Theorie der meromorphen Funktionen (*Acta mathematica*, t. **48**, 1926, p. 367-391).

c. Sur les valeurs exceptionnelles des fonctions méromorphes dans un cercle (*Bul. de la Soc. math. de France*, t. 55, 1927, p. 92).

d. Un théorème d'unicité relatif aux fonctions uniformes dans le voisinage d'un point singulier essentiel (*C. R. de l'Acad. des Sc.*, t. **181**, 1925, p. 92).

[G]. G. PÓLYA. — Bestimmung einer ganzen Funktion endlichen Geschlechts durch viererlei Stellen (*Mat. Tidsskrift* B, Copenhague, 1921, p. 16-21).

[H]. G. VALIRON. — *Lectures on the general theory of integral functions* (Toulouse, 1923).

CHAPITRE I.

PRÉLIMINAIRES.

I. — Rappel de quelques propositions fondamentales.

5. Nous aurons constamment à utiliser les résultats fondamentaux de la théorie des valeurs moyennes logarithmiques, fondée par F. et R. Nevanlinna ([1]). Rappelons-les brièvement.

Soit $f(x)$ une fonction méromorphe dans le cercle $|x|<1$. La formule de Jensen s'écrit

$$(1)\qquad \log|f(0)| = \frac{1}{2\pi}\int_0^{2\pi}\log|f(re^{i\theta})|\,d\theta - \sum_{\nu}\log\frac{r}{|a_\nu|} + \sum_{\mu}\log\frac{r}{|b_\mu|},$$

en supposant $f(0)$ fini et différent de zéro; le premier terme du

([1]) *Voir*, par exemple, l'exposé complet de la théorie dans [F, *a*].

second membre représente la valeur moyenne de $\log|f(x)|$ sur la circonférence, de rayon $r < 1$, ayant pour centre l'origine. Quant aux sommes qui figurent au second membre, elles sont étendues, respectivement, aux zéros a_ν et aux pôles b_μ de modules inférieurs à r, chaque zéro et chaque pôle étant compté autant de fois qu'il y a d'unités dans son ordre de multiplicité.

Si l'on pose [1]

$$m(r, f) = \frac{1}{2\pi}\int_0^{2\pi} \overset{+}{\log}|f(re^{i\theta})|\, d\theta,$$

$$N(r, f) = \sum_\mu \log\frac{r}{|b_\mu|},$$

la relation (1) peut s'écrire

$$m(r, f) + N(r, f) = m\left(r, \frac{1}{f}\right) + N\left(r, \frac{1}{f}\right) + \log|f(0)|, \tag{2}$$

ou encore

$$T(r, f) = T\left(r, \frac{1}{f}\right) + \log|f(0)|, \tag{2'}$$

après avoir posé

$$T(r, f) = m(r, f) + N(r, f).$$

La quantité $T(r, f)$ caractérise la croissance de la fonction $f(x)$. On montre que c'est une fonction convexe de $\log r$, et, par suite [2], une fonction croissante de r.

6. F. et R. Nevanlinna ont démontré la relation suivante, qui géné-

---

(1) a étant un nombre positif, on pose

$$\overset{+}{\log} a = \log a \quad \text{si } a \geqq 1,$$
$$\overset{+}{\log} a = 0 \quad \text{si } a \leqq 1.$$

(2) Car si une fonction $\varphi(r)$, définie pour $r \geqq 0$, est finie pour $r = 0$, et convexe en $\log r$, elle est croissante. Soit en effet $0 < r_1 < r_2$, et prenons r_0 compris entre 0 et r_1. On a par hypothèse

$$\begin{vmatrix} \varphi(r_0) & \log r_0 & 1 \\ \varphi(r_1) & \log r_1 & 1 \\ \varphi(r_2) & \log r_2 & 1 \end{vmatrix} \leqq 0.$$

Il suffit de faire tendre r_0 vers zéro pour conclure

$$\varphi(r_1) \leqq \varphi(r_2).$$

ralise la relation (1):

$$(3)\qquad \log f(x) = \frac{1}{2\pi}\int_0^{2\pi} \log|f(re^{i\theta})| \frac{re^{i\theta}+x}{re^{i\theta}-x}d\theta - \sum_\nu \log\frac{r^2-\overline{a_\nu}x}{r(x-a_\nu)} + \sum_\mu \log\frac{r^2-\overline{b_\mu}x}{r(x-b_\mu)} + i\times\text{const.}$$

Cette nouvelle formule, qu'ils ont appelée *formule de Poisson-Jensen*, est valable pour tout nombre x de module inférieur à r. Selon l'usage, $\overline{a_\nu}$ désigne le nombre complexe conjugué de a_ν.

On peut en tirer l'inégalité (*cf.* [A], Lemme 4, p. 320)

$$(4)\qquad \log|f(x)| \leqq \frac{r+\rho}{r-\rho}m(r,f) - \frac{r-\rho}{r+\rho}m\left(r,\frac{1}{f}\right) - \sum_\nu \log\left|\frac{r^2-\overline{a_\nu}x}{r(x-a_\nu)}\right| + \sum_\mu \log\left|\frac{r^2-\overline{b_\mu}x}{r(x-b_\mu)}\right|.$$

$$(|x| = \rho < r)$$

Pour l'obtenir, il suffit de remplacer, dans la relation (3), x par $\rho e^{i\varphi}$, et de prendre les parties réelles des deux membres; il vient

$$(5)\qquad \log|f(\rho e^{i\varphi})| = \frac{1}{2\pi}\int_0^{2\pi} \log|f(re^{i\theta})| \frac{r^2-\rho^2}{r^2+\rho^2-2r\rho\cos(\theta-\varphi)}d\theta - \sum_\nu \log\left|\frac{r^2-\overline{a_\nu}x}{r(x-a_\nu)}\right| + \sum_\mu \log\left|\frac{r^2-\overline{b_\mu}x}{r(x-b_\mu)}\right|,$$

et cette relation conduit à l'inégalité (4). Les logarithmes qui figurent au second membre de (4) et (5) sont tous positifs, puisque $|x|$, $|a_\nu|$ et $|b_\mu|$ sont inférieurs à r.

Si, en particulier, $f(x)$ est holomorphe, le terme $\sum_\mu \log\left|\frac{r^2-\overline{b_\mu}x}{r(x-b_\mu)}\right|$ disparaît, et l'on tire de (4)

$$(6)\qquad m\left(r,\frac{1}{f}\right) \leqq \left(\frac{r+\rho}{r-\rho}\right)^2 m(r,f) - \frac{r+\rho}{r-\rho}\log|f(x)|,$$

et *a fortiori*

$$(6')\qquad m\left(r,\frac{1}{f}\right) \leqq \left(\frac{r+\rho}{r-\rho}\right)^2 m(r,f) + \frac{r+\rho}{r-\rho}\overset{+}{\log}\left|\frac{1}{f(x)}\right|.$$

7. *Limitation de* $m\left(r,\frac{f^{(n)}}{f}\right)$. — Supposons $f(x)$ holomorphe et sans

zéros. La relation (3) se simplifie; si on la différentie, on trouve

$$\frac{f'(x)}{f(x)} = \frac{1}{2\pi}\int_0^{2\pi} \log|f(re^{i\theta})| \frac{2re^{i\theta}d\theta}{(re^{i\theta}-x)^2},$$

et, d'une façon générale,

$$\frac{d^{n-1}}{dx^{n-1}}\left(\frac{f'(x)}{f(x)}\right) = \frac{n!}{2\pi}\int_0^{2\pi} \log|f(re^{i\theta})| \frac{2re^{i\theta}d\theta}{(re^{i\theta}-x)^{n+1}};$$

par suite, en posant $|x| = \rho$,

$$\left|\frac{f'(x)}{f(x)}\right| \leqq \frac{2r}{(r-\rho)^2}\left[m(r,f) + m\left(r, \frac{1}{f}\right)\right],$$

$$\left|\frac{d^{n-1}}{dx^{n-1}}\left[\frac{f'(x)}{f(x)}\right]\right| \leqq \frac{n!\,2r}{(r-\rho)^{n+1}}\left[m(r,f) + m\left(r, \frac{1}{f}\right)\right].$$

En développant le premier membre de cette dernière inégalité, et en posant, pour abréger,

$$m(r,f) + m\left(r, \frac{1}{f}\right) = \mathrm{X}(r,f),$$

on trouve immédiatement, par récurrence, une inégalité de la forme

$$(7) \qquad \left|\frac{f^{(n)}(x)}{f(x)}\right| \leqq \mathrm{P}_n\left[r, \frac{1}{r-\rho}, \mathrm{X}(r,f)\right],$$

P_n étant un polynome de trois arguments, dont les coefficients sont des constantes positives ne dépendant que de n.

8. Rappelons enfin le théorème fondamental suivant :

Une famille de fonctions $f(x)$, holomorphes dans le cercle $|x| < 1$, et pour laquelle $m(r, f)$ est inférieur à un nombre fixe M *quel que soit le nombre positif r inférieur à un, et quelle que soit la fonction f de la famille, est normale.*

P. Montel [1] a donné de ce théorème une démonstration basée sur la propriété que possèdent ces fonctions de pouvoir se mettre sous la forme du quotient de deux fonctions bornées [2] (Nevanlinna).

---

[1] [E], p. 44.

[2] On sait qu'une famille de fonctions bornées est normale.

Plaçons-nous *dans le cas où les fonctions n'ont pas de zéros;* c'est précisément le cas où nous nous servirons du théorème. Nous allons indiquer effectivement une borne supérieure de $|f(x)|$. Désignons en effet par $m(1, f)$ la limite vers laquelle tend $m(r, f)$ lorsque r tend vers *un*; cette limite existe, puisque $m(r, f)$ croît avec r en restant borné. Appliquons l'inégalité (4). en y permutant les lettres r et ρ, puis en faisant tendre ρ vers *un*; il vient à la limite

$$\log|f(x)| \leqq \frac{1+r}{1-r} m(1, f) - \frac{1-r}{1+r} m\left(1, \frac{1}{f}\right);$$

r désigne $|x|$.

Remplaçons f par $\frac{1}{f}$; il vient

$$\log|f(x)| \geqq \frac{1-r}{1+r} m(1, f) - \frac{1+r}{1-r} m\left(1, \frac{1}{f}\right).$$

Puisque $N(r, f)$ et $N\left(r, \frac{1}{f}\right)$ sont nuls, la relation (2) permet d'écrire, après un passage à la limite,

$$m\left(1, \frac{1}{f}\right) = m(1, f) - \log|f(0)|.$$

Il vient en définitive

$$\begin{aligned}(8)\qquad & -\frac{4r}{1-r^2} m(1, f) + \frac{1+r}{1-r}\log|f(0)| \\ & \leqq \log|f(x)| \leqq \frac{4r}{1-r^2} m(1, f) + \frac{1-r}{1+r}\log|f(0)|,\end{aligned}$$

et, si $m(1, f)$ est inférieur au nombre fixe M,

$$-\frac{4r}{1-r^2}\mathrm{M} + \frac{1+r}{1-r}\log|f(0)| \leqq \log|f(x)| \leqq \frac{4r}{1-r^2}\mathrm{M} + \frac{1-r}{1+r}\log|f(0)|.$$

On en déduit que les fonctions $f(x)$ forment une famille normale. En effet, si $|f(0)|$ admet une borne supérieure valable pour toutes les fonctions de la famille, l'inégalité de droite montre que $|f(x)|$ admet une borne supérieure qui ne dépend que de r; dans le cas contraire, on peut extraire de la famille une suite infinie de fonctions, telle que les valeurs à l'origine des fonctions de cette suite tendent vers l'infini, et l'inégalité de gauche montre alors que ces fonctions convergent uniformément vers l'infini dans tout cercle $|x| < r_0$, quel que soit le nombre positif r_0 inférieur à *un*.

Si $f(0) = 1$, l'inégalité (8) prend la forme suivante :

$$|\log|f(x)|| \leq \frac{4r}{1-r^2} m(1, f);$$

on obtient ainsi, pour $\log|f(x)|$, une limitation intéressante, car elle est effectivement atteinte avec la fonction

$$f(x) = e^{\frac{4x}{1-x^2}};$$

un calcul facile montre en effet que l'on a

$$m(1, f) = 1$$

pour cette fonction.

II. — Étude de la croissance de p fonctions holomorphes, sans zéros, dont la somme est identique à un.

9. L'étude que nous allons faire ici servira ensuite à la démonstration du critère de famille complexe normale exposée au Chapitre III.

Soient, dans le cercle-unité, p fonctions $F_1(x)$, $F_2(x)$, ..., $F_p(x)$, holomorphes, sans zéros, vérifiant l'identité

$$F_1 + F_2 + \ldots + F_p \equiv 1. \tag{9}$$

Reprenant une méthode de démonstration ([1]) qui, dans le cas où les fonctions F_i sont définies dans tout le plan, conduit au théorème de E. Borel (*cf.* § 1), mais l'appliquant à des fonctions définies seulement dans le cercle-unité, nous trouverons une borne supérieure pour $m(r, F_i)$.

([1]) Je m'inspirerai d'une démonstration du théorème de E. Borel donnée par R. Nevanlinna ([F, *b*], p. 381)

Supposons que l'on ait

$$D(x) \equiv \begin{vmatrix} F_1 & F_2 & \dots & F_p \\ \frac{dF_1}{dx} & \frac{dF_2}{dx} & \dots & \frac{dF_p}{dx} \\ \dots & \dots & \dots & \dots \\ \frac{d^{p-1}F_1}{dx^{p-1}} & \frac{d^{p-1}F_2}{dx^{p-1}} & \dots & \frac{d^{p-1}F_p}{dx^{p-1}} \end{vmatrix} \not\equiv 0;$$

autrement dit, supposons que les fonctions $F_1, F_2, \ldots, F_p$ ne soient liées par aucune relation linéaire homogène à coefficients constants non tous nuls ([1]).

Différentions $p-1$ fois l'identité (9); nous obtenons un système de relations qu'on peut écrire

$$\begin{array}{l} F_1 + F_2 + \ldots + F_p \equiv 1, \\ \frac{F_1'}{F_1} F_1 + \frac{F_2'}{F_2} F_2 + \ldots + \frac{F_p'}{F_p} F_p \equiv 0, \\ \ldots\ldots\ldots\ldots\ldots\ldots\ldots\ldots\ldots\ldots\ldots, \\ \frac{F_1^{(p-1)}}{F_1} F_1 + \frac{F_2^{(p-1)}}{F_2} F_2 + \ldots + \frac{F_p^{(p-1)}}{F_p} F_p \equiv 0, \end{array}$$

et qu'on peut considérer comme un système de p équations linéaires par rapport aux p inconnues $F_1, F_2, \ldots, F_p$. Le déterminant des coefficients n'est autre que

$$\Delta(x) \equiv \begin{vmatrix} 1 & 1 & \dots & 1 \\ \frac{F_1'}{F_1} & \frac{F_2'}{F_2} & \dots & \frac{F_p'}{F_p} \\ \dots & \dots & \dots & \dots \\ \frac{F_1^{(p-1)}}{F_1} & \frac{F_2^{(p-1)}}{F_2} & \dots & \frac{F_p^{(p-1)}}{F_p} \end{vmatrix} \equiv \frac{D}{F_1 F_2 \ldots F_p}.$$

En appliquant la règle de Cramer, on trouve

$$F_i(x) = \frac{\Delta_i(x)}{\Delta(x)},$$

en désignant par $\Delta_i(x)$ le mineur du déterminant Δ, relatif au $i^{\text{ième}}$ élément de la première ligne.

([1]) Si $D(x)$ était identiquement nul, on se ramènerait à une identité, de la même forme que (9), entre un nombre moindre de fonctions.

Or, a et b étant deux nombres positifs, on a l'inégalité évidente

$$\overset{+}{\log}(ab) \leq \overset{+}{\log} a + \overset{+}{\log} b.$$

Par suite, $f_1(x)$ et $f_2(x)$ étant deux fonctions méromorphes, on a

$$\overset{+}{\log} |f_1(x) f_2(x)| \leq \overset{+}{\log} |f_1(x)| + \overset{+}{\log} |f_2(x)|,$$

et, en prenant la valeur moyenne sur la circonférence $|x| = r$,

$$m(r, f_1 f_2) \leq m(r, f_1) + m(r, f_2).$$

On a donc ici

$$m(r, F_i) \leq m(r, \Delta_i) + m\left(r, \frac{1}{\Delta}\right).$$

Faisons successivement $i = 1, 2, \ldots, p$, et ajoutons membre à membre; il vient

$$\sum_{i=1}^{p} m(r, F_i) \leq \sum_{i=1}^{p} m(r, \Delta_i) + pm\left(r, \frac{1}{\Delta}\right),$$

et, en désignant, pour chaque valeur de r, la plus grande des p quantités $m(r, F_i)$ par $m(r)$,

(10) $$m(r) \leq \sum_{1}^{p} m(r, \Delta_i) + pm\left(r, \frac{1}{\Delta}\right).$$

Cette inégalité va permettre de limiter $m(r)$. L'idée de la démonstration est, en gros, de faire voir que le second membre est comparable à $\overset{+}{\log} m(r)$.

10. Une difficulté provient d'abord de la présence de $m\left(r, \frac{1}{\Delta}\right)$, au lieu de $m(r, \Delta)$. Mais appliquons la relation (2) à la fonction $\Delta(x)$; comme elle est holomorphe, on a

$$N(r, \Delta) = 0,$$

et, par suite, *si* $\Delta(0)$ *n'est pas nul*,

$$m(r, \Delta) = m\left(r, \frac{1}{\Delta}\right) + N\left(r, \frac{1}{\Delta}\right) + \log |\Delta(0)|.$$

On en déduit, puisque $N\left(r, \frac{1}{\Delta}\right)$ est positif ou nul,

$$(11) \qquad m\left(r, \frac{1}{\Delta}\right) \leqq m(r, \Delta) - \log|\Delta(0)|,$$

et, en portant dans (10),

$$(12) \qquad m(r) \leqq \sum_i m(r, \Delta_i) + pm(r, \Delta) - p\log|\Delta(0)|.$$

$\Delta_i(x)$ et $\Delta(x)$ sont des polynomes en $\frac{F'_h}{F_h}, \frac{F''_h}{F_h}, \ldots, \frac{F_h^{(p-1)}}{F_h}$, h prenant les valeurs $1, 2, \ldots, p$; d'autre part, nous pouvons appliquer l'inégalité (7) à $\left|\frac{F'_h}{F_h}\right|, \ldots, \left|\frac{F_h^{(p-1)}}{F_h}\right|$; de sorte que, désignant $|x|$ par r, et permutant dans l'inégalité (7) les lettres r et ρ, nous trouvons des inégalités de la forme

$$|\Delta_i(x)| \leqq Q_i\left[\rho, \frac{1}{\rho - r}, X(\rho, F_1), \ldots, X(\rho, F_p)\right],$$
$$|\Delta(x)| \leqq R\left[\rho, \frac{1}{\rho - r}, X(\rho, F_1), \ldots, X(\rho, F_p)\right],$$

Q_i et R désignant des polynomes de $p+2$ arguments, dont les coefficients sont des constantes positives ne dépendant que de p.

Prenons les $\overset{+}{\log}$ des deux membres dans chacune des inégalités précédentes, et servons-nous de l'inégalité presque évidente

$$(13) \qquad \overset{+}{\log}(a_1 + a_2 + \ldots + a_\lambda) \leqq \overset{+}{\log} a_1 + \overset{+}{\log} a_2 + \ldots + \overset{+}{\log} a_\lambda + \log\lambda,$$

les a_i étant positifs. On trouve

$$\overset{+}{\log}|\Delta_i(x)| \leqq U_i\left[\overset{+}{\log}\rho, \overset{+}{\log}\frac{1}{\rho - r}, \overset{+}{\log}X(\rho, F_1), \ldots, \overset{+}{\log}X(\rho, F_p)\right],$$
$$\overset{+}{\log}|\Delta(x)| \leqq V\left[\overset{+}{\log}\rho, \overset{+}{\log}\frac{1}{\rho - r}, \overset{+}{\log}X(\rho, F_1), \ldots, \overset{+}{\log}X(\rho, F_p)\right],$$

U_i et V désignant des fonctions linéaires de $p+2$ arguments, dont les coefficients sont des constantes positives ne dépendant que de p. On peut d'ailleurs supprimer le terme en $\overset{+}{\log}\rho$ qui est nul, ρ étant plus petit que *un*; on a, en outre,

$$\overset{+}{\log}\frac{1}{\rho - r} = \log\frac{1}{\rho - r}.$$

Prenons enfin la valeur moyenne sur la circonférence $|x| = r$, et revenons à (12); il vient

$$(14) \qquad m(r) \leqq a + b\log\frac{1}{\rho - r} + c\sum_i \overset{+}{\log} X(\rho, F_i) - p\log|\Delta(0)|,$$

a, *b* et *c* étant des constantes positives qui dépendent seulement de l'entier *p*.

Mais on a

$$X(\rho, F_i) = m(\rho, F_i) + m\left(\rho, \frac{1}{F_i}\right),$$

et, en vertu de la relation (2),

$$(15) \qquad X(\rho, F_i) = 2m(\rho, F_i) - \log|F_i(0)|,$$

de sorte que l'inégalité (14) prend la forme

$$m(r) \leqq a' + b\log\frac{1}{\rho - r} + c\sum_i \overset{+}{\log}\left[m(\rho, F_i) - \frac{1}{2}\log|F_i(0)|\right] - p\log|\Delta(0)|.$$

C'est au moyen de cette inégalité qu'il faut conclure. Or, nous sommes gênés par la présence, au second membre, de $\Delta(0)$ et de $F_i(0)$.

Soit alors α un nombre positif fixe inférieur à $|\Delta(0)|$ et à chacune des quantités $|F_i(0)|$. L'inégalité précédente peut s'écrire, en faisant usage de l'inégalité (13),

$$m(r) \leqq a'' + b\log\frac{1}{\rho - r} + c\sum_i \overset{+}{\log} m(\rho, F_i),$$

a'' dépendant de *p* et de α seulement. On a donc en définitive

$$(16) \qquad m(r) \leqq A + B\log\frac{1}{\rho - r} + C\overset{+}{\log} m(\rho),$$

B et C ne dépendant que de *p*, et A dépendant de *p* et de α.

11. Il reste maintenant à introduire, au second membre, $m(r)$ au lieu de $m(\rho)$. On y arrive grâce à une méthode classique de E. Borel, qui s'applique aux fonctions croissantes d'une variable réelle, en particulier à $m(r)$. On vérifie aisément la proposition suivante :

Les valeurs de r, supérieures à R, *pour lesquelles on a, h étant un nombre positif, l'inégalité*

$$m\left[r+e^{-\frac{m(r)}{h}}\right] > m(r) + h\log 2,$$

peuvent être enfermées dans des intervalles, en nombre fini ou en infinité dénombrable, dont la somme des longueurs est au plus égale à $2e^{-\frac{m(\mathrm{R})}{h}}$.

Si donc on a ici, R étant plus petit que *un*,

$$2e^{-\frac{m(\mathrm{R})}{h}} < 1 - \mathrm{R},$$

c'est-à-dire

$$m(\mathrm{R}) > h \log \frac{2}{1-\mathrm{R}},$$

il existe certainement une valeur de r, comprise entre R et 1, pour laquelle on a

$$m\left[r+e^{-\frac{m(r)}{h}}\right] \leqq m(r) + h\log 2.$$

Prenons alors

$$\rho = r + e^{-\frac{m(r)}{h}},$$

et portons dans (16). Il vient

$$m(r) \leqq \mathrm{A}' + \frac{\mathrm{B}}{h} m(r) + \mathrm{C} \overset{+}{\log} m(r),$$

A′ dépendant de h. On peut choisir h assez grand pour que $\frac{\mathrm{B}}{h}$ soit plus petit que *un*; ce choix de h dépend uniquement de l'entier p, puisque B est une constante qui ne dépend que de p. On peut alors écrire

$$m(r) \leqq \mathrm{A}'' + \mathrm{C}'' \overset{+}{\log} m(r),$$

d'où l'on conclut aisément

$$m(r) \leqq \mathrm{M},$$

M étant un nombre positif, qui ne dépend que de A″ et C″, donc de p

et α seulement. Puisque R est inférieur à r, on a *a fortiori*

$$m(R) \leqq M.$$

De l'étude précédente, il résulte finalement que l'une des deux inégalités suivantes est vérifiée

$$(17) \qquad \begin{cases} m(R) \leqq M, \\ m(R) \leqq h \log \dfrac{2}{1-R}, \end{cases}$$

quel que soit le nombre R inférieur à *un*.

12. Nous en tirons deux propositions fondamentales, correspondant respectivement au cas d'un système unique de p fonctions F_i, et au cas d'une famille de tels systèmes.

THÉORÈME I. — *Étant donné un système de p fonctions* F_i, *on a*

$$\overline{\lim_{(r \to 1)}} \frac{m(r)}{\log \dfrac{1}{1-r}} \leqq \lambda,$$

λ *étant une constante positive fixe qui ne dépend que de p.*

En effet, $h \log \dfrac{2}{1-r}$ finit par être supérieur à M lorsque r tend vers 1. On a donc, d'après (17), si r est assez voisin de *un*,

$$m(r) \leqq h \log \frac{2}{1-r},$$

h étant une constante positive fixe qui ne dépend que de p; on en déduit immédiatement le théorème ([1]).

Rappelons que, pour établir ce théorème, on a supposé $\Delta \not\equiv 0$ et $\Delta(0) \neq 0$. Nous verrons dans un instant qu'on peut s'affranchir de cette dernière hypothèse.

([1]) Dans le cas $p = 2$ (fonctions holomorphes ayant deux valeurs exceptionnelles *zéro* et *un*), l'emploi de la fonction modulaire permet de montrer [F, *c*] que l'on a $\overline{\lim} \dfrac{m(r)}{\log \dfrac{1}{1-r}} \leqq 1$; il existe en outre des fonctions pour lesquelles on a $\lim \dfrac{m(r)}{\log \dfrac{1}{1-r}} = 1$.

THÉORÈME II. — *Étant donnée une famille de systèmes de p fonctions* F_i, *si* $\Delta(0)$ *et les* $F_i(0)$ *sont supérieurs en module à un nombre positif fixe* α, *valable pour tous les systèmes de la famille, les fonctions* F_i *forment une famille complexe normale*, ce qui veut dire que toutes les fonctions F_i de même indice i forment une famille normale. D'ailleurs, les fonctions F_i, prises dans leur ensemble, forment aussi une famille normale.

En effet, $m(r)$ est inférieur au plus grand des deux nombres M et $h \log \frac{2}{1-r}$, et, par suite, admet une borne supérieure qui ne dépend que de r. Donc (*cf.* § 8) la famille est normale dans tout cercle de centre origine et de rayon r inférieur à *un*; dans ces conditions, elle est normale dans le cercle-unité, comme on le voit en appliquant le procédé diagonal classique.

13. Cherchons à élargir un peu les hypothèses restrictives faites jusqu'ici, mais en conservant toujours la condition $\Delta \not\equiv 0$.

On peut s'affranchir de l'hypothèse $\Delta(0) \neq 0$. Il existe en effet un point x_0 ($|x_0| < r_1 < 1$), tel que $\Delta(x_0) \neq 0$. On peut écrire, en vertu de (6'),

$$m\left(r, \frac{1}{\Delta}\right) \leqq \left(\frac{r+r_1}{r-r_1}\right)^2 m(r, \Delta) + \frac{r+r_1}{r-r_1} \overset{+}{\log} \frac{1}{|\Delta(x_0)|},$$

et, si r est supérieur à un nombre fixe r_2, compris entre r_1 et *un*,

$$m\left(r, \frac{1}{\Delta}\right) \leqq \left(\frac{r_2+r_1}{r_2-r_1}\right)^2 m(r, \Delta) + \frac{r_2+r_1}{r_2-r_1} \overset{+}{\log} \frac{1}{|\Delta(x_0)|},$$

c'est-à-dire

$$m\left(r, \frac{1}{\Delta}\right) < K\left[m(r, \Delta) + \overset{+}{\log} \frac{1}{|\Delta(x_0)|}\right],$$

K étant un nombre positif qui ne dépend que de r_1 et r_2.

Cette inégalité remplacera l'inégalité (11) au cours de la démonstration précédente, qui subsiste ainsi avec ce léger changement. Le théorème I reste donc vrai.

Ce qui précède montre de plus que, dans l'énoncé du théorème II, on peut remplacer l'hypothèse

$$|\Delta(0)| > \alpha$$

par la suivante : *pour chacun des systèmes de la famille il existe, à l'in-*

térieur d'un cercle de rayon fixe r_1, ayant pour centre l'origine, un point où $|\Delta(x)| > \alpha$, ce point pouvant bien entendu changer avec le système considéré; α et r_1 sont les mêmes pour tous les systèmes de fonctions de la famille.

On peut également remplacer l'hypothèse relative aux $F_i(0)$ par la suivante :

Quelle que soit la fonction F_i *appartenant à l'un quelconque des systèmes de la famille, il existe, à l'intérieur d'un cercle de rayon fixe r_1, ayant pour centre l'origine, un point où* $|F_i(x)| > \alpha$.

Il suffit en effet, dans cette dernière hypothèse, de remplacer, au cours de la démonstration précédente, l'égalité (15) par une inégalité de la forme

$$X(\rho, F_i) \leq K\left[m(\rho, F_i) + \overset{+}{\log}\frac{1}{\alpha}\right].$$

Nous désignerons dans la suite par THÉORÈME II *bis*, le théorème II ainsi complété.

Ces perfectionnements viennent d'être obtenus au moyen de l'inégalité (6'), qui se déduit de (4) lorsque $f(x)$ est holomorphe. Nous aurons besoin, plus loin, d'appliquer l'inégalité (4) à une fonction $f(x)$ ayant des pôles, et de savoir comparer les valeurs d'une expression telle que $\sum_\mu \log\left|\frac{r^2 - \bar{b}_\mu x}{r(x - b_\mu)}\right|$ pour deux valeurs différentes de x. C'est précisément ce que nous apprendrons à faire au Chapitre suivant.

CHAPITRE II.

AUTOUR D'UN LEMME DE A. BLOCH.

I. — Généralisation d'un théorème de Boutroux; diverses propositions qui s'y rattachent.

14. Dans son Mémoire des *Annales de l'École Normale*, A. Bloch énonce et utilise le théorème suivant [1], extension au domaine com-

---

[1] [A], Lemme 5, p. 321.

plexe d'un théorème de P. Boutroux ([1]) s'appliquant aux polynomes d'une variable réelle : *Soit*

$$g(x) = (x-\alpha_1)(x-\alpha_2)\ldots(x-\alpha_n)$$

un polynome de degré n dont tous les zéros sont intérieurs au cercle-unité. A tout nombre positif $r < 1$ *et à tout nombre positif* γ, *si petit soit-il, on peut faire correspondre un nombre* H *dépendant uniquement de r et de* γ (*nullement des* α *ni de n*), *tel que l'inégalité*

$$|g(x)| > e^{-Hn}$$

soit vérifiée pour toute valeur de x *inférieure à r en module, sauf peut-être pour celles comprises dans des contours de longueur totale au plus égale à* γ.

A. Bloch ne semble pas être parvenu à démontrer cette proposition. Je vais en donner ici une démonstration élémentaire, qui fournit effectivement une valeur pour H; nous n'aurons pas à supposer les α_i inférieurs à *un* en module, ni x inférieur à r en module. Voici la forme précise qu'on peut donner au théorème ([2]) :

Théorème III. — *Soient, dans le plan, des points* $P_1, P_2, \ldots, P_n$, *distincts ou non, dont le nombre n et la position sont quelconques; soit de plus h un nombre positif arbitraire. Les points* M *du plan pour lesquels on a l'inégalité*

$$\text{produit } MP_1 \times MP_2 \times \ldots \times MP_n \leqq h^n$$

peuvent être enfermés à l'intérieur de circonférences, en nombre au plus égal à n, dont la somme des rayons est égale à $2eh$ (e désigne la base des logarithmes népériens).

15. Supposons en effet donnée une distribution de points P_i, en nombre n, et soit k un nombre positif arbitraire. Je vais tracer des cercles, en nombre au plus égal à n, dont la somme des rayons sera égale à $2k$, de façon que, M étant un point quelconque, assujetti seu-

([1]) G. Valiron en a donné une démonstration : [H], p. 78-79.

([2]) J'ai indiqué cet énoncé dans une Note aux *Comptes rendus de l'Académie des Sciences*, t. 186, 1928, p. 624.

lement à n'être intérieur à aucun de ces cercles, on ait l'inégalité

$$\frac{1}{n}\sum_i \log\frac{1}{MP_i} < 1 - \log k. \tag{18}$$

Je suppose d'abord qu'il existe un cercle C, de rayon k, qui contienne les n points P_i à son intérieur. Je trace alors le cercle Γ de même centre et de rayon double. Il est clair que, si M n'est pas intérieur à Γ, on a

$$MP_i > k,$$

et par suite

$$\frac{1}{n}\sum_i \log\frac{1}{MP_i} < \log\frac{1}{k};$$

a fortiori l'inégalité (18) a lieu.

Si, au contraire, il est impossible de trouver un cercle de rayon k qui contienne les n points, je regarde si l'on peut trouver un cercle de rayon $(n-1)\frac{k}{n}$ qui contienne $n-1$ points. D'une façon générale, soit λ_1 le plus grand entier tel qu il existe un cercle C_1, de rayon $\lambda_1\frac{k}{n}$, qui contienne λ_1 points P_i; ne considérons dorénavant, parmi les points P_i, que les points non intérieurs à C_1. Soit ensuite $\lambda_2 \leqq \lambda_1$ le plus grand entier tel qu'il existe un cercle C_2, de rayon $\lambda_2\frac{k}{n}$, qui contienne λ_2 des points restants; cessons désormais de considérer ces λ_2 points (nous dirons qu'ils « appartiennent » au cercle C_2); et ainsi de suite. A la fin des opérations, on aura peut-être à envisager un ou plusieurs cercles de rayon $\frac{k}{n}$, contenant un seul des points restants.

On est ainsi conduit à envisager successivement p cercles C_1, C_2, ..., C_p, de rayons non croissants, et chaque point P_i « appartient » à l'un d'eux et à un seulement. Ces cercles sont donc en nombre au plus égal à n; d'ailleurs la somme de leurs rayons est égale à $\frac{k}{n}(\lambda_1+\lambda_2+\ldots+\lambda_p) = k$. En outre, λ étant un entier quelconque inférieur ou égal à n, s'il existe quelque part un cercle S, de rayon $\lambda\frac{k}{n}$, qui contienne $\mu \geqq \lambda$ points parmi les n points P_i, l'un au moins de ces μ points « appartient » à un cercle C_j de rayon supérieur ou égal à $\lambda\frac{k}{n}$.

Ce fait résulte immédiatement du procédé suivi pour définir les cercles $C_1, C_2, \ldots, C_p$.

Cela posé, traçons les cercles $\Gamma_1, \Gamma_2, \ldots, \Gamma_p$ respectivement concentriques aux cercles $C_1, C_2, \ldots, C_p$, et de rayons doubles. La somme des rayons des p cercles ainsi tracés est égale à $2k$. Soit maintenant M un point quelconque du plan, assujetti seulement à n'être intérieur à aucun des cercles $\Gamma_1, \Gamma_2, \ldots, \Gamma_p$. Nous allons chercher une limite supérieure de $\frac{1}{n}\sum_i \log\frac{1}{\mathrm{MP}_i}$.

λ étant un entier quelconque inférieur ou égal à n, je dis que *le cercle* S_λ, *de centre* M *et de rayon* $\lambda\frac{k}{n}$, *contient au plus* $\lambda - 1$ *points* P_i.

Supposons en effet qu'un des points P_i soit intérieur à S_λ, et soit C_j le cercle auquel il « appartient ». Désignons, pour un instant, par R le rayon de S_λ, par r le rayon de C_j, et par d la distance des centres des cercles S_λ et C_j. Ces deux cercles se coupent, puisqu'il existe un point intérieur à la fois à S_λ et C_j. On a donc

$$d < \mathrm{R} + r.$$

Mais, par hypothèse, le point M, centre de S_λ, n'est pas intérieur à Γ_j, concentrique à C_j et de rayon double ; on a donc

$$2r \leqq d.$$

On déduit de là

$$r < \mathrm{R}.$$

Ainsi le rayon de C_j est plus petit que $\lambda\frac{k}{n}\cdot$ D'après la remarque faite plus haut, le cercle S_λ ne peut contenir $\mu \geqq \lambda$ points P_i, et par suite en contient au plus $\lambda - 1$.

Par conséquent, il n'y a aucun point P_i à l'intérieur du cercle S_1, de centre M et de rayon $\frac{k}{n}$; il y en a un au plus à l'intérieur du cercle S_2 de rayon $2\frac{k}{n}, \ldots, \lambda - 1$ au plus à l'intérieur du cercle S_λ de rayon $\lambda\frac{k}{n}, \ldots,$ $n - 1$ au plus à l'intérieur du cercle S_n de rayon k.

Nous majorerons donc $\sum_i \log\frac{1}{\mathrm{MP}_i}$, en supposant qu'il y ait un point P_i à la distance $\frac{k}{n}$ du point M, un point à la distance $2\frac{k}{n}, \ldots,$ un point à la distance $\lambda\frac{k}{n}$, ..., enfin un point à la distance k; cela fait bien n points en tout. On peut ainsi écrire

$$\frac{1}{n}\sum_i \log\frac{1}{MP_i} \leqq -\frac{1}{n}\left(\log\frac{k}{n}+\log\frac{2k}{n}+\ldots+\log\frac{\lambda k}{n}+\ldots+\log k\right)$$
$$< -\int_0^1 \log kt\,dt = 1-\log k.$$

La démonstration s'achève aussitôt; il suffit, en effet, de poser

$$\frac{k}{e}=h$$

pour retrouver l'énoncé du théorème III. La méthode utilisée a l'avantage d'indiquer comment on peut s'y prendre pour tracer effectivement les circonférences Γ; il importe de remarquer qu'il faut commencer par les plus grandes; la démonstration n'a pu se faire que grâce à cette précaution.

16. Mais cette méthode est susceptible d'être généralisée. Observons que, jusqu'ici, nous avons trouvé une limite supérieure de

$$\frac{1}{n}\sum_i \log\frac{1}{MP_i},$$

valable pour tout point M situé à l'extérieur de certains cercles, ou sur la circonférence de l'un quelconque de ces cercles. Si la démonstration a pu être menée jusqu'au bout, c'est *grâce à la convergence de l'intégrale* $\int_0 \log\frac{1}{r}\,dr$.

Soit maintenant $f(r)$ une fonction quelconque, définie, positive et continue pour r positif, croissante avec $\frac{1}{r}$, et infinie pour $r=0$. Je vais indiquer une limite supérieure de $\frac{1}{n}\sum_i f(MP_i)$, valable encore pour tout point M extérieur à certains cercles, ou situé sur la circonférence de l'un d'entre eux. Je ne suppose même pas que l'intégrale

$$\int_0 f(r)\,dr$$

soit convergente, mais j'introduis une fonction $\varphi(r)$, définie, positive et continue pour r positif, et telle que l'intégrale

$$\int_0 f(r)\varphi(r)\,dr$$

soit convergente. L'intégrale $\int_0 \varphi(r)dr$ est convergente *a fortiori*; posons

$$\Phi(r)=\int_0^r \varphi(r)\,dr;$$

$\Phi(r)$ est une fonction définie pour r positif, positive et croissante, nulle pour $r=0$. Elle possède donc une fonction inverse, soit

$$r=\Psi(t),$$

nulle pour $t=0$, définie pour t positif et assez petit (1); la fonction $\Psi(t)$ est elle-même continue, positive et croissante.

k désignant un nombre positif arbitraire, je vais établir le théorème suivant :

THÉORÈME III *bis*. — *Les points* M *du plan pour lesquels on a l'inégalité*

$$\frac{1}{n}\sum_i f(\mathrm{MP}_i) \geqq \frac{\int_0^k f(t)\varphi(t)\,dt}{\int_0^k \varphi(t)\,dt} = \frac{\int_0^k f(t)\varphi(t)\,dt}{\Phi(k)}$$

peuvent être enfermés à l'intérieur de circonférences, en nombre p au plus égal à n, et de rayons $\rho_1, \rho_2, \ldots, \rho_p$, *vérifiant la relation*

$$\sum_{j=1}^{p} \Phi\left(\frac{\rho_j}{2}\right) = \Phi(k).$$

Il suffit, pour s'en convaincre, de reprendre la démonstration du théorème III, en considérant cette fois, au lieu des cercles de rayons $\lambda\frac{k}{n}$

(1) D'une manière précise, si $\Phi(r)$ augmente indéfiniment pour r infini, la fonction $\Psi(t)$ est définie pour toutes les valeurs positives de t; si au contraire $\Phi(r)$ tend vers une limite l lorsque r augmente indéfiniment, $\Psi(t)$ est définie pour $0 \leqq t < l$.

qui contiennent λ points, les cercles de rayons $\Psi\left[\frac{\lambda}{n}\Phi(k)\right]$ qui contiennent λ points. Ils sont en nombre p inférieur ou égal à n. Si l'on trace encore les cercles concentriques aux précédents, et de rayons doubles, leurs rayons ρ_j vérifient la relation

$$\sum_{j=1}^{p}\Phi\left(\frac{\rho_j}{2}\right)=\sum_{j=1}^{p}\frac{\lambda_j}{n}\Phi(k)=\Phi(k),$$

et l'on a, pour tout point M assujetti à n'être intérieur à aucun de ces cercles,

$$\begin{aligned}\frac{1}{n}\sum_i f(\mathrm{MP}_i)\leqq \frac{1}{n}\Big\{ & f\left[\Psi\left(\frac{1}{n}\Phi(k)\right)\right]+f\left[\Psi\left(\frac{2}{n}\Phi(k)\right)\right]+\ldots \\ & +f\left[\Psi\left(\frac{\lambda}{n}\Phi(k)\right)\right]+\ldots+f\left[\Psi(\Phi(k))\right]\Big\} \\ & <\int_0^1 f[\Psi(t\Phi(k))]\,dt.\end{aligned}$$

En posant

$$\Psi[t\Phi(k)]=u,$$

on trouve enfin la limitation indiquée dans l'énoncé du théorème III *bis*.

Il est clair que *les théorèmes III et III bis restent vrais pour un système de points placés dans un espace à un nombre quelconque de dimensions; il suffit de remplacer le mot « cercles » par « hypersphères »*.

17. Appliquons le théorème III *bis* à deux cas particuliers.

1° *Cas où* $f(r)=\log\frac{1}{r}$. — C'est le cas examiné au début. Mais nous allons obtenir une proposition plus générale que le théorème III, qui correspond au cas où l'on prendrait $\varphi(r)=1$. Prenons cette fois

$$\varphi(r)=r^{\alpha-1},$$

α étant un nombre positif quelconque. On a

$$\Phi(r)=\frac{1}{\alpha}r^{\alpha},$$

$$\int_0^k r^{\alpha-1}\log\frac{1}{r}\,dr=\frac{1}{\alpha}k^{\alpha}\left(\frac{1}{\alpha}-\log k\right).$$

On a donc l'inégalité

$$\frac{1}{n}\sum_i \log\frac{1}{MP_i} < \frac{1}{\alpha} - \log k,$$

sauf pour des points M qui peuvent être enfermés à l'intérieur de cercles de rayons ρ_j, tels que

$$\sum_j (\rho_j)^\alpha = (2k)^\alpha.$$

Si l'on pose

$$k = he^{\frac{1}{\alpha}},$$

le théorème prend la forme suivante : *Les points* M *du plan pour lesquels on a*

$$\prod_{i=1}^{n} MP_i \leqq h^n$$

peuvent être enfermés à l'intérieur de circonférences, en nombre au plus égal à n, dont la somme des puissances $\alpha^{\text{ièmes}}$ des rayons est au plus égale à $e\times(2h)^\alpha$, quel que soit le nombre positif α.

Bien entendu, les cercles à tracer dépendent de α.

2° *Cas où* $f(r) = \frac{1}{r^\lambda}$. — Ce cas est intéressant quand λ est entier et positif; car si l'on se place dans un espace à $\lambda + 2$ dimensions, $f(r)$ est une fonction harmonique. Prenons

$$\varphi(r) = r^\lambda;$$

on a

$$\Phi(r) = \frac{r^{\lambda+1}}{\lambda+1},$$

$$\int_0^k \frac{1}{r^\lambda} r^\lambda \, dr = k.$$

On a donc l'inégalité

$$\frac{1}{n}\sum_i \frac{1}{(MP_i)^\lambda} < \frac{\lambda+1}{k^\lambda},$$

sauf en des points intérieurs à des hypersphères de rayons ρ_j, tels que

$$\sum_j (\rho_j)^{\lambda+1} = (2k)^{\lambda+1}.$$

En particulier, le cas $\lambda = 1$ est le cas du potentiel créé par des masses électriques distribuées dans l'espace à trois dimensions; c'est la *surface* totale des sphères exceptionnelles qui est bornée, résultat pressenti par A. Bloch ([1]).

18. Voyons maintenant ce que deviennent les théorèmes III et III *bis*, lorsqu'on passe d'une distribution discontinue de points P_i, en nombre fini, à une *distribution continue*. Nous remplaçons l'expression

$$\frac{1}{n}\sum_i f(MP_i),$$

par l'intégrale

$$\int \mu(P) f(MP)\, d\sigma_P,$$

étendue à tout le plan (ou plus généralement à tout l'espace); l'intégration se fait par rapport au point variable P, et $d\sigma_P$ désigne l'élément d'aire dans le cas du plan, l'élément de volume dans le cas de l'espace. L'intégrale est une fonction du point M. La fonction $\mu(P)$ est une *densité* continue, positive ou nulle, telle que l'intégrale

$$\int \mu(P)\, d\sigma_P$$

soit convergente et égale à *un*. Il est clair que si la seconde intégrale est convergente, la première l'est aussi; car, en vertu des hypothèses faites sur la fonction $f(r)$, $f(MP)$ reste bornée lorsque, M restant fixe, P s'éloigne indéfiniment.

Plaçons-nous tout de suite dans le cas général, où interviennent les fonctions φ, Φ et Ψ. Au lieu de considérer les valeurs de l'entier λ pour lesquelles il existe un cercle de rayon $\Psi\left[\frac{\lambda}{n}\Phi(k)\right]$ qui contient λ points, considérons cette fois les valeurs de u, pour lesquelles il existe ([2]) un cercle de rayon u, jouissant de la propriété suivante : l'intégrale $\int \mu(P)\, d\sigma_P$, étendue à ce cercle, est égale à $\frac{\Phi(u)}{\Phi(k)}$.

([1]) [A], p. 356.

([2]) Il se peut d'ailleurs qu'il n'y ait point de telles valeurs de u. Dans ce cas, il n'y aura aucun cercle à tracer.

Plus précisément, u étant une variable continue qui va décroitre de k à zéro, soit u_1 la plus grande valeur de u jouissant de la propriété précédente; il existe donc un cercle C_1, de rayon u_1, tel que l'intégrale $\int \mu(P)\, d\sigma_P$, étendue à ce cercle, soit égale à $\frac{\Phi(u_1)}{\Phi(k)}$. Remplaçons désormais $\mu(P)$ par *zéro* en tout point du cercle C_1. Soit ensuite u_2 la plus grande valeur de u qui jouisse de la même propriété, etc. Le procédé est général. Mais, cette fois, on peut être amené à envisager une suite infinie de circonférences $C_1, C_2, \ldots, C_n, \ldots$, correspondant à des valeurs $u_1, u_2, \ldots, u_n \ldots$. Traçons les circonférences $\Gamma_1, \Gamma_2, \ldots$, concentriques aux précédentes et de rayons doubles. Si le point M n'est intérieur à aucune de ces dernières, on trouve pour l'intégrale

$$\int \mu(P) f(MP)\, d\sigma_P,$$

étendue à tout le plan, *la même limitation* que celle trouvée tout à l'heure pour $\frac{1}{n} \Sigma f(MP_i)$.

Soient d'ailleurs $\rho_1, \rho_2, \ldots, \rho_n, \ldots$ les rayons des cercles Γ_1, $\Gamma_2, \ldots, \Gamma_n, \ldots$; on a $\rho_n = 2u_n$, et par suite

$$\sum_j \Phi\left(\frac{\rho_j}{2}\right) \leq \Phi(k),$$

le premier membre étant une somme ordinaire ou une série.

Par exemple, *étant donnée, dans l'espace à trois dimensions, une distribution de charges électriques positives, de masse totale égale à un, les points de l'espace où le potentiel est supérieur à $\frac{1}{k}$ peuvent être enfermés dans des sphères de surface totale* $64\pi k^2$.

19. Revenons au cas général. On a été amené à considérer des cercles Γ_j, ou plus généralement des hypersphères Γ_j, en nombre nul, fini ou infini. Mais, si l'on connait une borne supérieure A de $\mu(P)$ valable dans tout l'espace, on peut indiquer une *limite supérieure du nombre n des cercles ou des hypersphères* Γ_j, au moins sous certaines conditions qui seront précisées dans un instant. Cette limite dépend de A, de k, et aussi du nombre des dimensions de l'espace; c'est la première fois qu'intervient ce dernier.

Par exemple, si l'intégrale $\int_0 f(r)\,dr$ est convergente, et si l'on prend $\varphi(r) = 1$, on a

$$n \leqq [\mathrm{AU}(k)]^{\frac{1}{\mu-1}},$$

$\mathrm{U}(k)$ désignant le volume de l'hypersphère de rayon k dans l'espace à μ dimensions, dans lequel nous nous plaçons par hypothèse.

En effet, s'il existe une hypersphère de rayon tk, telle que l'intégrale $\int \mu(\mathrm{P})\,d\sigma_{\mathrm{P}}$ étendue à cette hypersphère soit égale à t, comme cette intégrale est, d'autre part, inférieure ou égale à

$$\mathrm{AU}(tk) = \mathrm{A}t^{\mu}\mathrm{U}(k),$$

on a

$$t \leqq \mathrm{A}\,t^{\mu}\,\mathrm{U}(k)$$

ou

$$\frac{1}{t} \leqq [\mathrm{A\,U}(k)]^{\frac{1}{\mu-1}},$$

d'où l'on déduit le résultat annoncé.

La limite supérieure de n se calcule d'une manière analogue dans le cas général, *à condition que* $\frac{\Phi(r)}{r^{\mu}}$ *augmente indéfiniment lorsque r tend vers zéro*, μ désignant toujours le nombre de dimensions de l'espace. Il en est bien ainsi dans le cas du potentiel harmonique.

II. — Application à l'étude de $\mathrm{N}_x(r, f)$.

20. Revenons aux pôles b_μ, de modules inférieurs à $r < 1$, d'une fonction $f(x)$ méromorphe dans le cercle-unité, et posons, pour $|x| < r$,

$$\sum_{\mu} \log\left|\frac{r^2 - \overline{b_\mu}x}{r(x - b_\mu)}\right| = \mathrm{N}_x(r, f);$$

$\mathrm{N}_x(r, f)$ se réduit à $\mathrm{N}(r, f)$ pour $x = 0$. Rappelons que les logarithmes qui figurent au premier membre sont tous positifs; par suite $\mathrm{N}_x(r, f)$ est une quantité positive.

L'inégalité (4) s'écrit alors, en rétablissant $|x|$ à la place de ρ,

$$\log|f(x)| \leqq \frac{r + |x|}{r - |x|}\,m(r, f) - \frac{r - |x|}{r + |x|}\,m\left(r, \frac{1}{f}\right) - \mathrm{N}_x\left(r, \frac{1}{f}\right) + \mathrm{N}_x(r, f). \tag{18}$$

Nous poserons également

$$T_x(r, f) = m(r, f) + N_x(r, f);$$

$T_x(r, f)$ se réduit à $T(r, f)$ pour $x = 0$.

Nous avons vu (§ 9) que l'on a

$$m(r, f_1 f_2) \leqq m(r, f_1) + m(r, f_2);$$

comme on a évidemment

$$N_x(r, f_1 f_2) \leqq N_x(r, f_1) + N_x(r, f_2),$$

on a aussi

$$T_x(r, f_1 f_2) \leqq T_x(r, f_1) + T_x(r, f_2). \tag{19}$$

Ces inégalités se généralisent pour un nombre quelconque de fonctions.

Nous allons chercher à comparer les valeurs d'une expression telle que $N_x(r, f)$, pour deux valeurs différentes de x. Pour simplifier, supposons d'abord $r = 1$, et, changeant un peu les notations, considérons l'expression

$$\sum_i \log \left| \frac{1 - \bar{t}_i x}{x - t_i} \right|,$$

les t_i étant des nombres complexes, de modules inférieurs à *un*, en nombre fini.

Cherchons une limite supérieure du quotient (¹)

$$\frac{\displaystyle\sum_i \log \left| \frac{1 - \bar{t}_i x}{x - t_i} \right|}{\displaystyle\sum_i \log \left| \frac{1 - \bar{t}_i y}{y - t_i} \right|},$$

x et y étant deux nombres de modules inférieurs à $\rho < 1$.

21. Partons de la double inégalité

$$\left| \frac{|x| - |t|}{1 - |t| . |x|} \right| \leqq \left| \frac{x - t}{1 - tx} \right| \leqq \frac{|x| + |t|}{1 + |t| . |x|},$$

qui s'établit aisément par des considérations géométriques : en effet,

(¹) *Cf.* [A]. p. 321-322.

t étant l'affixe d'un point quelconque, fixe, intérieur au cercle-unité, la transformation homographique

$$y = \frac{x-t}{1-tx},$$

appliquée à x, transforme la circonférence ayant son centre à l'origine, et $|x|$ pour rayon, en une autre circonférence, dont un diamètre est sur la droite joignant l'origine au point d'affixe t. Il suffit d'écrire que la distance de l'origine à un point quelconque M de cette dernière circonférence atteint son maximum et son minimum lorsque M vient respectivement aux deux extrémités de ce diamètre, pour obtenir l'inégalité précédente.

Partageons les points t_i en deux catégories, suivant que $|t_i|$ est supérieur ou inférieur à $\frac{1+\rho}{2}$.

1° *Cas où* $|t| > \frac{1+\rho}{2}$. — On a

$$\log\left|\frac{1-\bar{t}x}{x-t}\right| \leqq \log\frac{1-|t|.|x|}{|t|-|x|} = \log\left[1+(1-|t|)\frac{1+|x|}{|t|-|x|}\right]$$
$$< (1-|t|)\frac{1+|x|}{|t|-|x|} < \frac{4}{1-\rho}(1-|t|)$$

et

$$\log\left|\frac{y-t}{1-\bar{t}y}\right| \leqq \log\frac{|y|+|t|}{1+|t|.|y|} = \log\left[1-(1-|t|)\frac{1-|y|}{1+|t|.|y|}\right]$$
$$< -(1-|t|)\frac{1-|y|}{1+|t|.|y|},$$

d'où

$$\log\left|\frac{1-\bar{t}y}{y-t}\right| > (1-|t|)\frac{1-|y|}{1+|t|.|y|} > \frac{1-\rho}{2}(1-|t|).$$

On en déduit

$$(20) \qquad \log\left|\frac{1-\bar{t}x}{x-t}\right| < \frac{8}{(1-\rho)^2}\log\left|\frac{1-\bar{t}y}{y-t}\right|.$$

2° *Cas où* $t \leqq \frac{1+\rho}{2}$. — On a

$$\left|\frac{y-t}{1-\bar{t}y}\right| \leqq \frac{|y|+|t|}{1+|t|.|y|},$$

et le maximum du second membre a lieu pour $|y| = \rho$, $|t| = \frac{1+\rho}{2}$.

On trouve alors immédiatement

$$\left|\frac{y-t}{1-\bar{t}y}\right| \leqq 1 - \frac{(1-\rho)^2}{4},$$

d'où

$$\log\left|\frac{1-\bar{t}y}{y-t}\right| > \frac{(1-\rho)^2}{4}.$$

Soit n le nombre des points t_i de modules inférieurs ou égaux à $\frac{1+\rho}{2}$. On a, d'après ce qui précède,

$$\sum \log\left|\frac{1-\bar{t}_i y}{y-t_i}\right| > n\frac{(1-\rho)^2}{4}, \tag{21}$$

la somme qui figure au premier membre étant étendue à ces points t_i. Mais on a évidemment

$$\sum \log\left|\frac{1-\bar{t}_i x}{x-t_i}\right| < \sum \log \frac{2}{|x-t_i|}, \tag{22}$$

les sommes étant toujours étendues aux mêmes points t_i.

Si k est un nombre positif arbitraire, on peut, en vertu du théorème III, tracer des cercles dont la somme des rayons soit égale à $4ek$, et tels que l'on ait l'inégalité ([1])

$$\sum \log \frac{2}{|x-t_i|} < n \log \frac{1}{k}, \tag{23}$$

sauf peut-être lorsque le point x est intérieur aux cercles précédents.

Des inégalités (21), (22) et (23), on déduit

$$\sum \log\left|\frac{1-\bar{t}_i x}{x-t_i}\right| < \frac{4}{(1-\rho)^2} \log \frac{1}{k} \sum \log\left|\frac{1-\bar{t}_i y}{y-t_i}\right|.$$

Dans cette inégalité les sommes sont étendues aux points t_i de modules inférieurs ou égaux à $\frac{1+\rho}{2}$. Pour tout point t de module supérieur à $\frac{1+\rho}{2}$, on a l'inégalité (20). On a donc, en étendant cette fois les

([1]) On suppose évidemment $4ek < 1$; donc $\log \frac{1}{k}$ est positif, et même plus grand que 2.

sommes à tous les points t_i,

$$\sum_i \log\left|\frac{1-\bar{t}_i x}{x-t_i}\right| < M\sum_i \log\left|\frac{1-\bar{t}_i y}{y-t_i}\right|, \tag{24'}$$

M désignant le plus grand ([1]) des deux nombres

$$\frac{8}{(1-\rho)^2} \quad \text{et} \quad \frac{4}{(1-\rho)^2}\log\frac{1}{k}.$$

En définitive, *l'inégalité* (24) *est vraie pour tout couple de points* x *et* y, *intérieurs au cercle de rayon* ρ *ayant pour centre l'origine, exception faite peut-être pour des points* x *qu'on peut enfermer à l'intérieur de circonférences dont la somme des rayons est égale à* $4ek$.

Il suffit de remplacer, dans l'inégalité (24), x par $\frac{x}{r}$, y par $\frac{y}{r}$, et t_i par $\frac{b_\mu}{r}$, pour trouver l'inégalité

$$N_x(r, f) < MN_y(r, f), \tag{25}$$

M désignant cette fois le plus grand des nombres

$$\frac{8r^2}{(r-\rho)^2} \quad \text{et} \quad \frac{4r^2}{(r-\rho)^2}\log\frac{1}{k};$$

cette inégalité est valable pour tout couple de points x et y, intérieurs au cercle de rayon $\rho < r$ ayant pour centre l'origine, exception faite peut-être pour des points x qu'on peut enfermer à l'intérieur de circonférences dont la somme des rayons est égale à $4erk$, et *a fortiori* inférieure à $4ek$.

L'inégalité (25) entraine la suivante

$$T_x(r, f) < MT_y(r, f). \tag{25'}$$

22. Ce point étant acquis, nous pouvons établir quelques théorèmes qui, si compliqués qu'ils puissent paraître, rendront ensuite de grands services.

([1]) Pratiquement, on peut prendre $M = \frac{4}{(1-\rho)^2}\log\frac{1}{k}$, puisque $\log\frac{1}{k}$ est plus grand que 2.

THÉORÈME IV. — *Soit $f(x)$ une fonction holomorphe dans le cercle-unité, et soient r_0, ρ, γ et α des nombres positifs fixés une fois pour toutes ($\rho < r_0 < 1$). Supposons que l'inégalité*

$$|f(x)| > \alpha$$

soit vérifiée en un point x intérieur au cercle C_ρ de rayon ρ ayant pour centre l'origine; r ayant une valeur positive quelconque comprise entre r_0 et un, on a, pour tout point y intérieur au cercle C_ρ, l'inégalité

$$T_y\left(r, \frac{1}{f}\right) < K + K m(r, f),$$

sauf peut-être pour des points qu'on peut enfermer à l'intérieur de circonférences (¹) *dont la somme des rayons est égale à γ. La lettre K désigne une constante positive* (²), *qui dépend seulement de r_0, ρ, γ et α.*

En effet, l'inégalité (18) permet d'écrire, puisque $N_x(r, f) = 0$,

$$m\left(r, \frac{1}{f}\right) + \frac{r+|x|}{r-|x|} N_x\left(r, \frac{1}{f}\right) \leq \left(\frac{r+|x|}{r-|x|}\right)^2 m(r, f) - \frac{r+|x|}{r-|x|} \log|f(x)|.$$

D'ailleurs,

$$-\log|f(x)| \leq \overset{+}{\log} \frac{1}{|f(x)|},$$

et, puisque

$$r > r_0, \qquad |x| < \rho,$$

on a *a fortiori*

$$m\left(r, \frac{1}{f}\right) + N_x\left(r, \frac{1}{f}\right) \leq \left(\frac{r_0+\rho}{r_0-\rho}\right)^2 m(r, f) + \frac{r_0+\rho}{r_0-\rho} \overset{+}{\log} \frac{1}{|f(x)|},$$

d'où

$$T_x\left(r, \frac{1}{f}\right) \leq \left(\frac{r_0+\rho}{r_0-\rho}\right)^2 m(r, f) + \frac{r_0+\rho}{r_0-\rho} \overset{+}{\log} \frac{1}{\alpha}.$$

Il suffit de joindre à cette inégalité l'inégalité (25′) dans laquelle on aurait permuté les lettres x et y, et remplacé f par $\frac{1}{f}$, pour établir le théorème IV.

(¹) Ces circonférences dépendent de la valeur de r considérée.

(²) Nous aurions pu écrire $A + B m(r, f)$, mais l'introduction de la lettre unique K est aussi simple.

Théorème IV *bis*. — *Soit $f(x)$ une fonction méromorphe dans le cercle-unité. Si les points x, intérieurs au cercle de rayon ρ ayant pour centre l'origine, pour lesquels on a*

$$|f(x)| > \alpha, \tag{26}$$

ne peuvent pas être enfermés à l'intérieur de circonférences dont la somme des rayons soit égale à γ, on a, pour tout point y intérieur au cercle de rayon ρ ayant pour centre l'origine, et sans exception cette fois,

$$m\left(r, \frac{1}{f}\right) < K + KT_y(r, f) \qquad (r > r_0).$$

Les notations du théorème précédent sont conservées.

En effet, l'inégalité (18), traitée comme tout à l'heure, permet d'écrire

$$m\left(r, \frac{1}{f}\right) \leqq \left(\frac{r_0+\rho}{r_0-\rho}\right)^2 T_x(r, f) + \frac{r_0+\rho}{r_0-\rho} \overset{+}{\log} \frac{1}{|f(x)|},$$

et, d'après l'hypothèse de l'énoncé, on peut choisir x de façon que les inégalités (25') et (26) soient valables toutes deux, ce qui démontre le théorème.

Théorème IV *ter*. — *Les conditions du théorème IV bis étant maintenues, on a*

$$T_y\left(r, \frac{1}{f}\right) < K + KT_y(r, f) \qquad (r > r_0),$$

sauf peut-être pour des points qu'on peut enfermer à l'intérieur de circonférences dont la somme des rayons est égale à γ.

En effet, l'inégalité (18) permet d'écrire

$$T_x\left(r, \frac{1}{f}\right) \leqq \left(\frac{r_0+\rho}{r_0-\rho}\right)^2 T_x(r, f) + \frac{r_0+\rho}{r_0-\rho} \overset{+}{\log} \frac{1}{|f(x)|},$$

et l'on peut choisir x de façon que l'inégalité (26) soit vérifiée en même temps que la suivante

$$T_x(r, f) < MT_y(r, f),$$

quel que soit y de module inférieur à ρ.

Mais l'on a, pour tout point d'affixe y inférieure à ρ, sauf peut-être pour des points qu'on peut enfermer à l'intérieur de circonférences dont la somme des rayons est égale à γ, l'inégalité

$$T_y\left(r, \frac{1}{f}\right) < MT_x\left(r, \frac{1}{f}\right),$$

ce qui démontre le théorème.

23. Avant de terminer ce genre de considérations, indiquons, en passant, comment l'inégalité (25) permet de compléter un théorème de S. Mandelbrojt [D]. On peut donner au théorème primitif la forme suivante :

Soit $f(x)$ une fonction holomorphe, sans zéros, et de module inférieur à un dans le cercle-unité; x et y étant deux points quelconques du cercle de rayon $\rho < 1$ ayant pour centre l'origine, le quotient

$$\frac{\log|f(x)|}{\log|f(y)|}$$

admet des bornes supérieure et inférieure ne dépendant que de ρ.

Il est d'ailleurs facile de trouver leurs valeurs exactes; ce sont

$$\left(\frac{1+\rho}{1-\rho}\right)^2 \quad \text{et} \quad \left(\frac{1-\rho}{1+\rho}\right)^2,$$

comme le montre l'inégalité (8) où l'on fait $m(1, f) = 0$; ces bornes sont atteintes avec la fonction $e^{\frac{1+x}{1-x}}$.

Voici maintenant le théorème complété :

Théorème V. — *Soit $f(x)$ une fonction holomorphe, de module inférieur à un dans le cercle-unité, pouvant avoir des zéros; à tout nombre positif ρ inférieur à un, et à tout nombre positif γ arbitraire, on peut faire correspondre un nombre positif A, indépendant de la fonction f, et tel que l'on ait*

$$\frac{\log|f(x)|}{\log|f(y)|} \leqq A$$

pour tout couple de points x et y, intérieurs au cercle de rayon ρ, ayant *pour centre l'origine, exception faite peut-être pour des points x, qu'on peut enfermer à l'intérieur de circonférences dont la somme des rayons est égale à γ.*

Soit en effet r un nombre positif compris entre ρ et 1; appliquons l'inégalité (18), en tenant compte des égalités

$$m(r, f) = 0, \qquad N_x(r, f) = 0;$$

il vient, en remplaçant x par y,

$$\log|f(y)| \leqq -\frac{r-|y|}{r+|y|} m\left(r, \frac{1}{f}\right) - N_y\left(r, \frac{1}{f}\right),$$

et aussi, en remplaçant f par $\frac{1}{f}$,

$$\log\frac{1}{|f(x)|} \leqq \frac{r+|x|}{r-|x|} m\left(r, \frac{1}{f}\right) + N_x\left(r, \frac{1}{f}\right).$$

Mais, puisque $|x|$ et $|y|$ sont inférieurs à ρ, les deux inégalités précédentes entraînent *a fortiori* les deux suivantes :

$$(27)\qquad \left\{\begin{aligned} &\log|f(y)| \leqq -\frac{r-\rho}{r+\rho} m\left(r, \frac{1}{f}\right) - N_y\left(r, \frac{1}{f}\right), \\ &\log\frac{1}{|f(x)|} \leqq \frac{r+\rho}{r-\rho} m\left(r, \frac{1}{f}\right) + N_x\left(r, \frac{1}{f}\right). \end{aligned}\right.$$

De la première on tire en particulier

$$m\left(r, \frac{1}{f}\right) \leqq -\frac{r+\rho}{r-\rho}\log|f(y)|;$$

portons dans la seconde; il vient

$$-\log|f(x)| \leqq -\left(\frac{r+\rho}{r-\rho}\right)^2 \log|f(y)| + N_x\left(r, \frac{1}{f}\right),$$

et, en divisant par $-\log f|(y)|$ qui est positif,

$$\frac{\log|f(x)|}{\log|f(y)|} \leqq \left(\frac{r+\rho}{r-\rho}\right)^2 + \frac{N_x\left(r, \frac{1}{f}\right)}{-\log|f(y)|}.$$

Or, d'après (27), on a

$$-\log|f(y)| \geqq N_y\left(r, \frac{1}{f}\right),$$

et par conséquent

$$\frac{\log|f(x)|}{\log|f(y)|} \leqq \left(\frac{r+\rho}{r-\rho}\right)^2 + \frac{N_x\left(r, \frac{1}{f}\right)}{N_y\left(r, \frac{1}{f}\right)}.$$

Mais, sauf peut-être pour des points x qu'on peut enfermer à l'intérieur de circonférences dont la somme des rayons est égale à γ, on a, d'après (25),

$$\frac{N_x\left(r, \frac{1}{f}\right)}{N_y\left(r, \frac{1}{f}\right)} < M,$$

M étant le plus grand des deux nombres

$$\frac{8r^2}{(r-\rho)^2} \quad \text{et} \quad \frac{4r^2}{(r-\rho)^2}\log\frac{4e}{\gamma}.$$

Il suffit de prendre r supérieur à un nombre r_1 plus grand que ρ, pour obtenir l'inégalité

$$\frac{\log|f(x)|}{\log|f(y)|} \leqq A.$$

pour tout couple de points x et y, intérieurs au cercle de rayon ρ ayant pour centre l'origine, exception faite peut-être pour des points x qu'on peut enfermer à l'intérieur de circonférences dont la somme des rayons est égale à γ; le nombre A est égal à la plus grande des quantités

$$\left(\frac{r_1+\rho}{r_1-\rho}\right)^2 + \frac{8r_1^2}{(r_1-\rho)^2} \quad \text{et} \quad \left(\frac{r_1+\rho}{r_1-\rho}\right)^2 + \frac{4r_1^2}{(r_1-\rho)^2}\log\frac{4e}{\gamma},$$

et, comme on peut choisir r_1 aussi voisin de *un* qu'on veut, on peut prendre A aussi voisin qu'on veut de la plus grande des quantités

$$\left(\frac{1+\rho}{1-\rho}\right)^2 + \frac{8}{(1-\rho)^2} \quad \text{et} \quad \left(\frac{1+\rho}{1-\rho}\right)^2 + \frac{4}{(1-\rho)^2}\log\frac{4e}{\gamma}.$$

Il importe de remarquer que, pour une fonction $f(x)$ donnée, les circonférences exceptionnelles à tracer dépendent du choix de r_1.

CHAPITRE III.

UN CRITÈRE DE FAMILLE COMPLEXE NORMALE.

24. Considérons, dans le cercle-unité, une famille infinie de systèmes de p fonctions $X_1(x)$, $X_2(x)$, ..., $X_p(x)$, holomorphes, sans zéros, vérifiant l'identité

$$X_1 + X_2 + \ldots + X_p \equiv 0.$$

On pourrait affecter chaque fonction d'un symbole indiquant le système de la famille auquel elle appartient, mais nous ne le ferons pas, pour simplifier l'écriture.

Nous ne porterons notre attention que sur les rapports mutuels $\frac{X_\lambda}{X_\mu}$ (λ, $\mu = 1, 2, \ldots, p$) *des fonctions d'un même système*. On pourrait, par exemple, supposer $X_p \equiv 1$, mais cela romprait la symétrie des notations.

Nous allons, dans ce Chapitre, établir un critère de famille complexe normale relatif à une telle famille. En réalité, ce ne sera pas tout à fait un critère de famille complexe normale, au sens adopté jusqu'ici par P. Montel; nous verrons, en effet, qu'on ne peut pas affirmer que toutes les familles $\frac{X_\lambda}{X_\mu}$ soient normales. Nous nous trouvons donc en présence d'une « famille complexe normale » d'un type nouveau.

25. Montrons d'abord comment certaines considérations géométriques peuvent conduire à des systèmes de p fonctions holomorphes, sans zéros, dont la somme est identiquement nulle. Nous justifierons en même temps l'expression *systèmes de fonctions à variétés linéaires lacunaires*, introduite par A. Bloch.

Plaçons-nous dans l'*espace projectif complexe* à $p-2$ dimensions; un point de cet espace possède $p-1$ coordonnées complexes homogènes. Soient

$$X_1 = 0, \quad X_2 = 0, \quad \ldots, \quad X_p = 0$$

les équations de p variétés linéaires $V_1, V_2, \ldots, V_p$, à $p-3$ dimensions. Les premiers membres de ces équations sont des formes linéaires des $p-1$ coordonnées, et $p-1$ quelconques de ces formes sont supposées linairement indépendantes. Chacune d'elles n'est définie *a priori* qu'à un facteur constant près; nous pouvons disposer de ces facteurs constants, de façon que $X_1, X_2, \ldots, X_p$ vérifient l'identité

$$X_1 + X_2 + \ldots + X_p \equiv 0.$$

Supposons alors que les $p-1$ coordonnées homogènes d'un point M de l'espace soient des fonctions holomorphes de la variable complexe x, définies dans le cercle-unité par exemple; si, quel que soit x, le point $M(x)$ ne vient sur aucune des p variétés $V_1, V_2, \ldots, V_p$, que nous nommerons alors *lacunaires*, et si l'on remplace, dans $X_1, X_2, \ldots, X_p$, les coordonnées du point M en fonction de x, on obtient p fonctions $X_1(x), X_2(x), \ldots, X_p(x)$, holomorphes, sans zéros, dont la somme est identiquement nulle.

Pour employer le langage de P. Montel [1], les $p-1$ coordonnées du point M admettent p *combinaisons linéaires exceptionnelles* $X_1, X_2, \ldots, X_p$.

Le cas $p = 3$ est celui d'une droite complexe (plan de la variable complexe) à trois points lacunaires, par exemple 0, 1 et ∞ (critère de P. Montel).

Le cas $p = 4$ est celui du plan projectif complexe à quatre droites lacunaires, non concourantes trois à trois.

I. — Cas de trois fonctions.

26. Avant de traiter le cas général, il sera bon de nous familiariser avec la méthode de démonstration, en l'appliquant d'abord au cas $p = 3$. Nous allons montrer que, étant donnée, dans le cercle-unité, une famille de systèmes de trois fonctions X_1, X_2, X_3, holo-

---

[1] *Voir* par exemple [E], Chapitre X.

morphes, sans zéros, dont la somme est identiquement nulle, il est possible d'en extraire une suite infinie de systèmes, pour laquelle les rapports mutuels $\frac{X_1}{X_2}$, $\frac{X_1}{X_3}$ et $\frac{X_2}{X_3}$ convergent respectivement, soit vers des fonctions holomorphes sans zéros, soit vers la constante zéro, soit vers la constante infinie ([1]). Il s'agit de *convergence uniforme dans tout domaine fermé intérieur* au domaine considéré, ici le cercle-unité, et *nous convenons, une fois pour toutes, de ne jamais envisager d'autre type de convergence que celui-là*, sauf indication contraire.

Introduisons également une convention de langage : nous dirons qu'une suite de fonctions holomorphes, sans zéros, « converge au sens strict », ou plus simplement « converge », lorsqu'elle converge vers une limite qui n'est ni la constante zéro ni la constante infinie; dans ce cas, la limite est une fonction holomorphe sans zéros, en vertu d'un théorème classique. Nous mettons donc à part le cas où la limite est égale à l'une des valeurs exceptionnelles des fonctions de la suite, ici zéro et l'infini. L'inverse d'une fonction qui « converge » « converge » aussi; le produit ou le quotient de deux fonctions qui « convergent » « converge » vers le produit ou le quotient des limites.

Dans le cas général où la suite converge vers une fonction holomorphe ou vers la constante infinie, nous dirons que la suite « converge au sens large ».

27. *Étant donnée, dans le cercle-unité, une famille infinie de systèmes de trois fonctions, holomorphes, sans zéros, vérifiant l'identité*

$$X_1 + X_2 + X_3 \equiv 0,$$

nous allons faire voir qu'*on peut en extraire une suite infinie de systèmes, jouissant d'une des propriétés suivantes :*

a. Les rapports mutuels $\frac{X_1}{X_2}$, $\frac{X_1}{X_3}$ *et* $\frac{X_2}{X_3}$ *« convergent »*;

([1]) Il est à peine besoin de faire remarquer que ce fait est une conséquence directe du critère de P. Montel; car la fonction $-\frac{X_1}{X_3}$, par exemple, est holomorphe, et ne prend ni la valeur *zéro* ni la valeur *un*.

b. λ, μ, ν *désignant les trois indices* 1, 2, 3 *rangés dans un certain ordre,* $\frac{X_\lambda}{X_\mu}$ *converge vers* -1, *et* $\frac{X_\nu}{X_\lambda}$ *et* $\frac{X_\nu}{X_\mu}$ *convergent vers zéro.*

Dans le cas *b*, nous dirons, en anticipant sur le cas général, que X_λ et X_μ sont de *première catégorie*, et X_ν de *seconde catégorie.* Dans le cas *a*, nous dirons que toutes les fonctions sont de première catégorie. Il y a, en somme, quatre circonstances possibles, suivant que les trois fonctions sont de première catégorie, ou que l'une d'elles est de seconde catégorie.

Dans le théorème précédent, nous avons énoncé des propriétés de convergence qui ont lieu dans le cercle-unité; mais il suffit, pour l'établir, de montrer qu'on peut extraire, de la famille donnée, une suite de systèmes jouissant de ces mêmes propriétés de convergence *dans un cercle de rayon quelconque* $r_0 < 1$ *ayant pour centre l'origine.* En effet, une fois ce point acquis, donnons-nous une suite infinie de cercles [1] $C_1, C_2, \ldots, C_n, \ldots$, dont les rayons tendent vers *un.* Nous pouvons extraire de la famille une suite de systèmes pour laquelle un des quatre cas de convergence se trouve réalisé dans le cercle C_1; de cette suite nous pouvons extraire une suite nouvelle, pour laquelle un des quatre cas se trouve réalisé dans le cercle C_2; et ainsi de suite. Le nombre des cas possibles étant fini (quatre), l'un d'eux se trouvera réalisé pour une infinité de cercles, et le procédé diagonal fournira une suite de systèmes pour laquelle les propriétés de convergence, relatives à ce cas, auront lieu dans le cercle-unité tout entier [2].

28. Soit donc C_0 un cercle de rayon fixe $r_0 < 1$. Commençons par envisager diverses hypothèses :

1° Supposons d'abord qu'on puisse extraire de la famille une suite de systèmes pour laquelle $\frac{X_\nu}{X_\lambda}$ converge vers zéro dans le cercle C_0. Alors, en vertu de l'identité

$$1 + \frac{X_\mu}{X_\lambda} + \frac{X_\nu}{X_\lambda} \equiv 0,$$

---

(1) Tous les cercles dont nous parlerons désormais ont pour centre l'origine.

(2) Nous aurions pu simplifier un peu ce raisonnement; mais il présentera l'avantage de s'appliquer sans modification au cas où *p* est quelconque.

$\frac{X_\mu}{X_\lambda}$ converge vers -1, et $\frac{X_\nu}{X_\mu} = \frac{X_\nu}{X_\lambda} \cdot \frac{X_\lambda}{X_\mu}$ converge vers zéro dans le cercle C_0. Le théorème est donc établi dans ce cas.

2° Supposons en second lieu qu'on puisse extraire une suite pour laquelle $\frac{X_\mu}{X_\lambda}$ converge vers -1 dans le cercle C_0; alors $\frac{X_\nu}{X_\lambda}$ et $\frac{X_\nu}{X_\mu}$ convergent vers zéro, et le théorème est établi dans ce cas également.

3° Supposons enfin qu'on puisse extraire une suite pour laquelle $\frac{X_\mu}{X_\lambda}$ « converge » vers une limite différente de -1 dans le cercle C_0; alors $\frac{X_\nu}{X_\lambda} = -\left(1 + \frac{X_\mu}{X_\lambda}\right)$ « converge », et $\frac{X_\mu}{X_\nu} = \dfrac{\frac{X_\mu}{X_\lambda}}{\frac{X_\nu}{X_\lambda}}$ « converge » aussi.

29. Nous pouvons désormais, pour établir le théorème, exclure l'hypothèse 1°. Il existe alors un nombre positif α, jouissant de la propriété suivante : tout quotient $\frac{X_\lambda}{X_\mu}$, quels que soient λ et μ pris parmi les nombres 1, 2, 3, est supérieur en module à α en un point au moins du cercle C_0, et inférieur en module à $\frac{1}{\alpha}$ en un point du même cercle; le nombre α est valable pour tous les systèmes de la famille. Deux hypothèses, qui s'excluent mutuellement, sont alors possibles :

I. *Supposons qu'on puisse extraire de la famille une suite infinie de systèmes, pour laquelle la dérivée logarithmique de* $\frac{X_1}{X_2}$ *reste inférieure ou égale à un* (1) *en module en tout point du cercle* C_0.

Je dis que, dans ces conditions, $\left|\frac{X_1}{X_2}\right|$ admet des bornes supérieure et inférieure fixes dans le cercle C_0. En effet, $\frac{X_1}{X_2}$ étant holomorphe et sans zéros, nous pouvons poser pour un instant

$$\frac{X_1}{X_2} = e^{f(x)},$$

$f(x)$ étant une fonction holomorphe. La dérivée $f'(x)$ a, par hypo-

(1) Au lieu de *un*, nous pourrions prendre n'importe quel nombre positif fixe.

thèse, son module inférieur ou égal à *un* en tout point du cercle C_0. Soient alors x_1 et x_2 deux points quelconques intérieurs à ce cercle; on peut les joindre par un segment de droite de longueur inférieure à $2r_0$, et l'on a donc, en intégrant,

$$|f(x_1)-f(x_2)| < 2r_0,$$
$$e^{|f(x_1)-f(x_2)|} < e^{2r_0}.$$

Or, u étant un nombre complexe, on a l'inégalité

$$|e^u| \leqq e^{|u|},$$

d'où l'on déduit ici

$$|e^{f(x_1)-f(x_2)}| < e^{2r_0},$$
$$\left|\frac{e^{f(x_1)}}{e^{f(x_2)}}\right| < e^{2r_0}.$$

Appliquons cette dernière inégalité en prenant pour x_1 un point x quelconque du cercle C_0, et pour x_2 le point de ce cercle où $\left|\frac{X_1}{X_2}\right| < \frac{1}{\alpha}$. Il vient

$$\left|\frac{X_1(x)}{X_2(x)}\right| < \frac{1}{\alpha}e^{2r_0}.$$

On démontrerait de même l'inégalité

$$\left|\frac{X_1(x)}{X_2(x)}\right| > \alpha e^{-2r_0}.$$

Ainsi, $\left|\frac{X_1}{X_2}\right|$ admet des bornes supérieure et inférieure fixes dans le cercle C_0.

La famille des fonctions $\frac{X_1}{X_2}$ est donc normale, et l'on peut, de la suite de systèmes considérée, extraire une suite infinie pour laquelle $\frac{X_1}{X_2}$ « converge » dans le cercle C_0. On se ramène à l'une des hypothèses 2° et 3°, et le théorème est établi.

II. *L'hypothèse précédente étant exclue*, on peut appliquer le théorème II *bis* (§ 13) à l'identité

$$\frac{X_1}{X_3} + \frac{X_2}{X_3} + 1 \equiv 0.$$

En effet, chacune des fonctions $\frac{X_1}{X_3}$ et $\frac{X_2}{X_3}$ est supérieure en module à α en un point du cercle C_0; quant au déterminant Δ du Chapitre I, c'est ici la dérivée logarithmique $\frac{\frac{X_1}{X_3}}{\frac{X_2}{X_3}} = \frac{X_1}{X_2}$; or elle est supérieure en module à *un*, donc à un nombre fixe, en un point au moins du cercle C_0.

Par conséquent, on peut extraire de la famille une suite infinie de systèmes, pour laquelle $\frac{X_1}{X_3}$ et $\frac{X_2}{X_3}$ « convergent » dans le cercle C_0, et le théorème est complètement démontré.

Remarque. — Ce théorème, relatif à des fonctions de x *définies dans le cercle-unité*, reste vrai si le *domaine* de variation de x est *quelconque*, en vertu du théorème classique : *Si une famille de fonctions holomorphes est normale en chaque point* (1) *d'un domaine, elle est normale dans tout le domaine.*

Nous n'avons pas eu besoin, jusqu'ici, des théorèmes IV, IV *bis* et IV *ter*. Ils vont intervenir dans le cas $p = 4$ et dans le cas général.

II. — Cas de quatre fonctions.

30. Introduisons d'abord, avec A. Bloch ([A], p. 318), quelques conventions de langage et d'écriture. Désignons le *wronskien* de n fonctions $X_1, X_2, \ldots, X_n$ de la variable x, c'est-à-dire le déterminant

$$\begin{vmatrix} X_1 & X_2 & \ldots & X_n \\ \frac{dX_1}{dx} & \frac{dX_2}{dx} & \ldots & \frac{dX_n}{dx} \\ \ldots & \ldots & \ldots & \ldots \\ \frac{d^{n-1}X}{dx^{n-1}} & \frac{d^{n-1}X_2}{dx^{n-1}} & \ldots & \frac{d^{n-1}X_n}{dx^{n-1}} \end{vmatrix},$$

par la notation $|X_1 X_2 \ldots X_n|$.

(1) On dit qu'une famille de fonctions est *normale en un point* P, s'il existe un cercle de centre P dans lequel elle est normale.

Observons que

$$\frac{|U_1 U_2|}{U_1 U_2} = \frac{U'_2}{U_2} - \frac{U'_1}{U_1}$$

est la dérivée logarithmique de $\frac{U_2}{U_1}$. Appliquons cette remarque à

$$U_1 = |X_1 X_3 X_4 \ldots X_n|,$$
$$U_2 = |X_2 X_3 X_4 \ldots X_n|,$$

et servons-nous de l'identité ([1])

$$|U_1 U_2| = |X_3 X_4 \ldots X_n| \,.\, |X_1 X_2 X_3 X_4 \ldots X_n|.$$

([1]) Pour l'établir, regardons pour un instant $|U_1 U_2|$ et $|X_1 X_2 X_3 \ldots X_n|$ comme des polynomes à n^2 variables indépendantes $X_1, X_2, \ldots, X_n, X'_1, \ldots, X'_n, \ldots, X_1^{(n-1)}, \ldots, X_n^{(n-1)}$. Nous allons montrer que tout système de n^2 nombres qui satisfait à l'équation

$$|X_1 X_2 \ldots X_n| = 0$$

satisfait aussi à l'équation

$$|U_1 U_2| = 0;$$

comme les premiers membres de ces deux équations sont linéaires en $X_1^{(n-1)}$, il en résultera que le polynome $|U_1 U_2|$ est divisible par le polynome $|X_1 X_2 \ldots X_n|$; en égalant les coefficients de $X_1^{(n-1)}$, on trouvera l'identité cherchée.

Or, soit un système de n^2 nombres a_i^j satisfaisant à la relation

$$\begin{vmatrix} a_1^0 & a_2^0 & \ldots & a_n^0 \\ a_1^1 & a_2^1 & \ldots & a_n^1 \\ \ldots & \ldots & \ldots & \ldots \\ a_1^{n-1} & a_2^{n-1} & \ldots & a_n^{n-1} \end{vmatrix} = 0;$$

nous allons faire voir que si, dans le polynome $|U_1 U_2|$, on remplace les lettres $X_i^{(j)}$ respectivement par les nombres a_i^j, on trouve zéro. En effet, les n fonctions de x

$$X_i = a_i^0 + a_i^1 x + \frac{1}{2} a_i^2 x^2 + \ldots + \frac{1}{\overline{n-1}\,!} a_i^{n-1} x^{n-1} \qquad (i = 1, 2, \ldots, n)$$

sont liées par une relation linéaire homogène

$$\alpha_1 X_1 + \alpha_2 X_2 + \ldots + \alpha_n X_n \equiv 0,$$

à coefficients constants non tous nuls. Si α_1 et α_2 sont nuls, les fonctions $X_3, X_4, \ldots, X_n$ sont liées par une relation linéaire homogène; les wronskiens U_1 et U_2 sont donc identiquement nuls, et l'on a $|U_1 U_2| \equiv 0$. Si α_1 et α_2 ne sont pas nuls tous deux, les $n-1$ fonctions $\alpha_1 X_1 + \alpha_2 X_2, X_3, \ldots, X_n$ sont liées par une relation linéaire homo-

Nous voyons que la fraction

$$\frac{|X_3X_4\ldots X_n|.|X_1X_2X_3X_4\ldots X_n|}{|X_1X_3X_4\ldots X_n|.|X_2X_3X_4\ldots X_n|},$$

que nous appellerons *fraction dérivée à n termes* formée avec les n fonctions X_1, X_2, ..., X_n, est la dérivée logarithmique de

$$\frac{|X_2X_3X_4\ldots X_n|}{|X_1X_3X_4\ldots X_n|}.$$

Avec n fonctions on peut former $n(n-1)$ fractions dérivées à n termes, deux à deux opposées.

Nous désignerons sous le nom de *fraction dérivée à deux termes*, une expression telle que $\frac{|X_1X_2|}{X_1X_2}$.

Il est clair que les fractions dérivées, ainsi que les expressions de la forme $\frac{|X_1X_2\ldots X_n|}{X_1X_2\ldots X_n}$, ne changent pas si l'on multiplie toutes les fonctions par une même fonction de x.

31. Cela posé, énonçons le critère de famille complexe normale que nous démontrerons ensuite :

THÉORÈME VI. — *Étant donnée, dans le cercle-unité, une famille infinie de systèmes de quatre fonctions holomorphes, sans zéros, vérifiant l'identité*

$$X_1 + X_2 + X_3 + X_4 \equiv 0.$$

on peut en extraire une suite infinie de systèmes, pour laquelle se trouve réalisée l'une des circonstances suivantes :

a. Les indices 1, 2, 3, 4 *se partagent en deux catégories, jouissant des propriétés suivantes :* 1° *le quotient de deux fonctions quelconques de*

---

gène, et l'on a donc

$$\alpha_1 U_1 + \alpha_2 U_2 \equiv 0,$$

d'où encore

$$|U_1 U_2| \equiv 0.$$

Il suffit de faire $x = 0$ dans cette dernière identité pour établir la proposition annoncée.

première catégorie « converge »; 2° *le quotient d'une fonction quelconque de seconde catégorie par une fonction quelconque de première catégorie converge vers zéro* ([1]); 3° comme conséquence de la propriété 2°, *le quotient de la somme des fonctions de première catégorie par l'une quelconque d'entre elles converge vers zéro*. Ajoutons qu'*il existe au moins deux indices de première catégorie*, et qu'*il peut n'exister aucun indice de seconde catégorie*.

b. Les indices se partagent en deux groupes de deux indices chacun, soient i, j *et* k, l. *Les quotients* $\frac{X_i}{X_j}$ *et* $\frac{X_k}{X_l}$ *convergent vers* -1.

Pour plus de clarté, examinons les différents cas prévus dans *a*. Si tous les indices sont de première catégorie, tous les quotients $\frac{X_\lambda}{X_\mu}$ « convergent », λ et μ prenant toutes les valeurs 1, 2, 3, 4. S'il existe un seul indice de seconde catégorie, 4 par exemple, $\frac{X_1}{X_2}$, $\frac{X_1}{X_3}$ et $\frac{X_2}{X_3}$ « convergent », $\frac{X_4}{X_1}$, $\frac{X_4}{X_2}$, $\frac{X_4}{X_3}$ convergent vers zéro, et $\frac{X_1+X_2+X_3}{X_1}$ converge vers zéro. Enfin, s'il existe deux indices de seconde catégorie, 3 et 4 par exemple, $\frac{X_2}{X_1}$ converge vers -1, et $\frac{X_3}{X_1}$ et $\frac{X_4}{X_1}$ convergent vers zéro.

On montrerait, comme au paragraphe 27, qu'il suffit d'établir ces propriétés de convergence pour l'intérieur d'un cercle C_0 ($|x| < r_0 < 1$). Soit alors C_1 un cercle $|x| < r_1$ ($r_0 < r_1 < 1$).

32. Commençons par envisager deux hypothèses particulières.

1° *Supposons qu'on puisse extraire de la famille une suite de systèmes pour laquelle* $\frac{X_l}{X_i}$ *converge vers zéro dans le cercle* C_1, en désignant par i, j, k, l les quatre indices 1, 2, 3, 4 rangés dans un certain ordre. Considérons l'identité

$$\left(1+\frac{X_l}{X_i}\right)+\frac{X_j}{X_i}+\frac{X_k}{X_i}=0;$$

la fonction $\left(1+\frac{X_l}{X_i}\right)$ ne s'annule pas dans le cercle C_0, au moins à

([1]) Ce sont les propriétés 1° et 2° qui servent précisément de définition aux catégories.

partir d'un certain rang. On est ainsi ramené au cas de trois fonctions holomorphes, sans zéros, à savoir

$$Y_1 = 1 + \frac{X_l}{X_i},$$

$$Y_2 = \frac{X_j}{X_i},$$

$$Y_3 = \frac{X_k}{X_i}.$$

On peut donc extraire, de la suite considérée, une nouvelle suite de systèmes, pour laquelle se trouve réalisée, dans le cercle C_0, l'une des circonstances prévues au paragraphe 27. Examinons-les.

Si Y_1, Y_2, Y_3 sont de première catégorie, $\frac{Y_2}{Y_1}$, $\frac{Y_3}{Y_1}$ et $\frac{Y_3}{Y_2}$ « convergent » dans le cercle C_0; donc $\frac{X_j}{X_i}$, $\frac{X_k}{X_i}$, $\frac{X_k}{X_j}$ « convergent », et $\frac{X_l}{X_i}$, $\frac{X_l}{X_j}$, $\frac{X_l}{X_k}$ convergent vers zéro dans ce cercle; en outre $\frac{X_i + X_j + X_k}{X_i}$ converge vers zéro. C'est bien là un des cas de convergence prévus au théorème VI.

Si Y_1 est de seconde catégorie, $\frac{X_i}{X_j}$ et $\frac{X_i}{X_k}$ convergent vers zéro, et *a fortiori* $\frac{X_l}{X_j}$ et $\frac{X_l}{X_k}$; en outre, $\frac{X_j}{X_k}$ converge vers -1. C'est là un des cas prévus au théorème VI.

Si enfin Y_2 ou Y_3 est de seconde catégorie, Y_3 par exemple, alors $\frac{X_k}{X_i}$ et $\frac{X_l}{X_i}$ convergent vers zéro, $\frac{X_j}{X_i}$ converge vers -1 : c'est encore un des cas prévus au théorème VI.

En définitive, le théorème VI se trouve établi pour le cercle C_0, dans l'hypothèse 1°.

2° *Supposons qu'on puisse extraire une suite de systèmes pour laquelle* $\frac{X_l}{X_i}$ *« converge » vers une limite différente de* -1 *dans le cercle* C_1.

Conservons les notations précédentes. La fonction limite de Y_1, qui n'est pas identiquement nulle par hypothèse, a un nombre fini de zéros dans le cercle C_0. Isolons-les à l'aide de petites circonférences Γ_i, et soit D le domaine intérieur au cercle C_0 et extérieur à ces circonférences. A partir d'un certain rang (1), la fonction Y_1 ne s'annule pas dans D. Nous pouvons donc appliquer aux trois fonctions Y_1, Y_2, Y_3, définies dans le domaine D, le critère de convergence établi plus haut. Un raisonnement, semblable à celui qui vient d'être fait dans l'hypothèse 1°, montre que l'on peut réaliser, pour les fonctions X_1, X_2, X_3, X_4, un des cas de convergence prévus au théorème VI; la convergence a lieu dans le domaine D, mais, comme on a affaire à des fonctions holomorphes qui convergent vers des fonctions holomorphes, elle a lieu également à l'intérieur des circonférences Γ_i. Il y a donc convergence dans tout le cercle C_0, et le théorème VI est établi pour le cercle C_0, dans l'hypothèse 2°.

33. Nous pouvons désormais, pour établir le théorème dans sa généralité, exclure l'hypothèse 1°. Il existe alors un nombre positif fixe α, jouissant de la propriété suivante : tout quotient $\frac{X_\lambda}{X_\mu}$ est supérieur en module à α en un point du cercle C_1, et inférieur en module à $\frac{1}{\alpha}$ en un point du même cercle. Plusieurs hypothèses, qui s'excluent mutuellement, sont alors possibles :

Hypothèse I. — *Supposons qu'on puisse extraire de la famille une suite infinie de systèmes, pour laquelle deux fractions dérivées à deux termes restent inférieures ou égales à un en module en tout point du cercle* C_1.

Soit par exemple $\frac{|X_1 X_2|}{X_1 X_2}$ l'une de ces deux fractions dérivées; on peut extraire de la famille une suite pour laquelle $\frac{X_1}{X_2}$ « converge » dans le cercle C_1 (*cf.* § 29, I). Si la limite de $\frac{X_1}{X_2}$ est différente de -1, on se trouve ramené à l'hypothèse 2° du paragraphe précédent, et le théorème VI est établi pour le cercle C_0.

Dans le cas où $\frac{X_1}{X_2}$ convergerait vers -1, envisageons l'autre frac-

(1) Nous invoquons ici le théorème suivant : *Si une suite de fonctions holomorphes $f_n(x)$ converge vers une fonction holomorphe $f(x)$ non identiquement nulle, les zéros de $f(x)$ sont les limites des zéros de $f_n(x)$.*

tion dérivée de module inférieur ou égal à *un* dans le cercle C_1, soit $\frac{|X_i X_j|}{X_i X_j}$. Le théorème VI est établi, à moins encore que $\frac{X_i}{X_j}$ ne converge vers -1.

Si i ou j est égal à 1 ou 2, soit par exemple $i = 1$, $j = 3$, on voit que, $\frac{X_3}{X_1}$ convergeant vers -1, $\frac{X_3}{X_2}$ converge vers 1, et l'on est ramené à l'hypothèse 2°.

Sinon, on a $i = 3$, $j = 4$, et $\frac{X_3}{X_4}$ converge vers -1 : on est alors dans le cas *b* du théorème VI, qui se trouve donc établi pour le cercle C_0, dans l'hypothèse I.

Excluons maintenant cette hypothèse. Nous pouvons alors extraire, de la famille, une suite infinie S de systèmes, jouissant de la propriété suivante : chacune des six fractions dérivées à deux termes, sauf une peut-être, $\frac{|X_3 X_4|}{X_3 X_4}$ par exemple, est supérieure à *un* en module en un point au moins du cercle C_1, et cela quel que soit le système de la suite S.

Soit r'_2 un nombre positif fixe, compris entre r_1 et *un*, et désignons par $\frac{|X_i X_j|}{X_i X_j}$ l'une quelconque des cinq fractions dérivées autres que $\frac{|X_3 X_4|}{X_3 X_4}$. Le théorème IV (¹) permet d'écrire, pour tout nombre r compris entre r'_2 et *un*, l'inégalité (²)

$$T_y\left(r, \frac{X_i X_j}{|X_i X_j|}\right) < K + Km\left(r, \frac{|X_i X_j|}{X_i X_i}\right), \tag{28}$$

quasi partout, à δ près, pour les points y du cercle C_1. Par « quasi partout, à δ près », nous entendons : « pour tout point du cercle C_1, sauf peut-être pour des points qu'on peut enfermer à l'intérieur de circonférences dont la somme des rayons est égale à δ ». Le nombre positif δ sera fixé plus loin (§ 36).

On a *a fortiori* l'inégalité

$$m\left(r, \frac{X_i X_j}{|X_i X_j|}\right) < K + Km\left(r, \frac{|X_i X_j|}{X_i X_j}\right). \tag{28'}$$

(¹) Chapitre II, § 22.

(²) On peut, sans inconvénient, supposer que le même nombre K est valable pour les cinq fractions dérivées $\frac{|X_i X_j|}{X_i X_j}$.

34. Faisons alors l'hypothèse suivante :

HYPOTHÈSE II. — r_2 *désignant un nombre positif fixe compris entre* r'_2 *et un, on peut extraire, de la suite* S définie au paragraphe précédent, *une suite infinie* S', *jouissant de la propriété suivante : chacune des trois fractions dérivées* $\frac{X_1 | X_1 X_2 X_3 |}{| X_1 X_2 | . | X_1 X_3 |}$, $\frac{X_2 | X_1 X_2 X_3 |}{| X_2 X_1 | . | X_2 X_3 |}$ et $\frac{X_3 | X_1 X_2 X_3 |}{| X_3 X_1 | . | X_3 X_2 |}$ *est quasi partout, à* γ *près, inférieure ou égale à un en module dans le cercle* $C_2 (|x| < r_2)$.

Le nombre positif γ sera fixé dans un instant.

Considérons alors en particulier un système, d'ailleurs quelconque, de la suite S', et raisonnons sur ce système de fonctions. En vertu de l'hypothèse, les points du cercle C_2 où l'une quelconque des trois fractions dérivées est supérieure à *un* en module, peuvent être enfermés à l'intérieur de circonférences Γ_i, en nombre fini, dont la somme des rayons est égale à 3γ. Traçons, relativement à chaque circonférence Γ_i, les deux circonférences, ayant pour centre l'origine, qui sont tangentes à Γ_i, et excluons du cercle-unité la couronne qu'elles comprennent. L'ensemble des régions ainsi exclues est constitué par des couronnes en nombre fini, centrées à l'origine, et dont la somme des épaisseurs [1] est au plus égale à 6γ. Il suffit d'avoir pris

$$\gamma = \frac{r_2 - r'_2}{12},$$

pour qu'il existe des régions non exclues, comprises entre les deux circonférences de rayons r'_2 et r_2, ayant pour centre l'origine ; ces régions sont constituées par des couronnes $\Sigma_1, \Sigma_2, \ldots, \Sigma_n$, centrées à l'origine, *dont la somme des épaisseurs est au moins égale à* $\frac{r_2 - r'_2}{2}$. En tout point de ces couronnes, les trois fractions dérivées ont leurs modules inférieurs à *un*.

Je dis que le module du quotient des valeurs de $\frac{| X_1 X_2 |}{| X_1 X_3 |}$ en deux points quelconques x_1 et x_2 d'une de ces couronnes, admet des

[1] Nous désignons sous le nom de *couronne* la région comprise entre deux circonférences concentriques, et nous appelons *épaisseur* de la couronne la différence des rayons de ces deux circonférences.

bornes supérieure et inférieure fixes. En effet, posons pour un instant

$$\frac{|X_1X_2|}{|X_1X_3|} = \varphi(x).$$

La dérivée logarithmique (¹) de $\varphi(x)$ est inférieure ou égale à *un* en module en tout point de la couronne considérée Σ_i Or, on peut joindre les points x_1 et x_2 par une courbe, ne sortant pas de Σ_i, dont la longueur est inférieure ou égale à un nombre fixe A, qu'on peut prendre égal à $\pi r_2 + r_2 - r'_2$ par exemple. Intégrons de x_1 à x_2 le long de cette courbe, en choisissant arbitrairement la détermination de $\log\varphi(x_1)$, et en suivant par continuité la détermination de $\log\varphi(x)$. Il vient

$$|\log\varphi(x_1) - \log\varphi(x_2)| < A.$$

Il existe donc une détermination de $\log\frac{\varphi(x_1)}{\varphi(x_2)}$, pour laquelle on a

$$\left|\log\frac{\varphi(x_1)}{\varphi(x_2)}\right| < A.$$

Or, u étant une quantité complexe,

$$-|\log u| \leqq \log|u| \leqq |\log u|.$$

On a donc ici

$$-A \leqq \log\left|\frac{\varphi(x_1)}{\varphi(x_2)}\right| \leqq A,$$

$$e^{-A} \leqq \left|\frac{\varphi(x_1)}{\varphi(x_2)}\right| \leqq e^{A}.$$

Il est ainsi démontré que le module du quotient des valeurs de $\frac{|X_1X_2|}{|X_1X_3|}$ en deux points quelconques de la couronne Σ_i admet des bornes supérieure et inférieure fixes. Si donc la fonction $\frac{|X_1X_2|}{|X_1X_3|}$ a son module supérieur ou égal à *un* en un point de Σ_i, elle est bornée inférieurement en module par un nombre fixe, e^{-A}, en tout point de Σ_i; sinon, elle est bornée supérieurement.

(¹) Rappelons que la fraction $\frac{X_1|X_1X_2X_3|}{|X_1X_2|.|X_1X_3|}$ est, au signe près, égale à la dérivée logarithmique de $\frac{|X_1X_2|}{|X_1X_3|}$.

De même, étant donnée l'une quelconque des couronnes $\Sigma_1, \Sigma_2, \ldots, \Sigma_n$, chacune des fonctions $\frac{|X_2X_1|}{|X_2X_3|}$ et $\frac{|X_3X_1|}{|X_3X_2|}$ est bornée en module, soit supérieurement, soit inférieurement, en tous les points de cette couronne.

35. *N'envisageons désormais que les valeurs r des rayons des circonférences centrées à l'origine et intérieures à l'une quelconque des couronnes* $\Sigma_1, \ldots, \Sigma_n$. Nous allons montrer que l'on a, pour chacune de ces valeurs de r,

$$\left.\begin{array}{l} m\left(r, \dfrac{X_2}{X_3}\right) \\ m\left(r, \dfrac{X_3}{X_2}\right) \end{array}\right\} < K + Km\left(r, \frac{|X_1X_2|}{X_1X_2}\right) + Km\left(r, \frac{|X_1X_3|}{X_1X_3}\right), \tag{29}$$

K désignant une constante positive fixe, c'est-à-dire valable pour tous les systèmes de la suite S′ définie au paragraphe précédent ([1]). Nous avons déjà, il est vrai, introduit au paragraphe 33 une constante K; mais il n'y a aucun inconvénient à écrire encore la même lettre, car, étant données plusieurs constantes positives K_1, K_2, ..., K_l, nous pourrons toujours, dans les inégalités envisagées, les remplacer par une seule, la plus grande d'entre elles, et l'appeler K. Cette notation sera très commode.

Pour établir l'inégalité (29), supposons par exemple que, pour la valeur de r considérée, la fonction $\frac{|X_1X_2|}{|X_1X_3|}$ ait son module borné supérieurement sur la circonférence $|x| = r$; le cas où le module serait borné inférieurement se traiterait de même. Écrivons l'identité

$$\frac{X_2}{X_3} = \frac{|X_1X_2|}{|X_1X_3|} \cdot \frac{|X_1X_3|}{X_1X_3} \cdot \frac{X_1X_2}{|X_1X_2|},$$

et prenons la valeur moyenne, sur la circonférence $|x| = r$, des $\overset{+}{\log}$ des deux membres; il vient, puisque le module de $\frac{|X_1X_2|}{|X_1X_3|}$ est infé-

([1]) Mais les valeurs de r pour lesquelles l'inégalité (29) est valable dépendent du système considéré.

rieur à un nombre fixe,

$$m\left(r, \frac{X_2}{X_3}\right) < K + m\left(r, \frac{|X_1 X_3|}{X_1 X_3}\right) + m\left(r, \frac{X_1 X_2}{|X_1 X_2|}\right).$$

Or, d'après l'inégalité (28′), on a

$$m\left(r, \frac{X_1 X_2}{|X_1 X_2|}\right) < K + K m\left(r, \frac{|X_1 X_2|}{X_1 X_2}\right),$$

d'où

$$m\left(r, \frac{X_2}{X_3}\right) < K + m\left(r, \frac{|X_1 X_3|}{X_1 X_3}\right) + K m\left(r, \frac{|X_1 X_2|}{X_1 X_2}\right).$$

Mais, puisque $\frac{X_2}{X_3}$ a son module supérieur à α en un point du cercle C_1 (§ 33), on a

$$m\left(r, \frac{X_3}{X_2}\right) < K + K m\left(r, \frac{X_2}{X_3}\right),$$

et l'inégalité (29) est démontrée.

On a des inégalités analogues relativement aux fonctions $\frac{X_1}{X_3}$ et $\frac{X_1}{X_2}$, et à leurs inverses.

Soit alors ρ un nombre positif quelconque inférieur à *un*; désignons par $m(\rho)$ la plus grande des six quantités $m\left(\rho, \frac{X_2}{X_3}\right)$, $m\left(\rho, \frac{X_3}{X_2}\right)$, $m\left(\rho, \frac{X_1}{X_3}\right)$, $m\left(\rho, \frac{X_3}{X_1}\right)$, $m\left(\rho, \frac{X_1}{X_2}\right)$ et $m\left(\rho, \frac{X_2}{X_1}\right)$. D'après ce qui précède, *l'inégalité*

$$m(r) < K + K m\left(r, \frac{|X_1 X_2|}{X_1 X_2}\right) + K m\left(r, \frac{|X_1 X_3|}{X_1 X_3}\right) + K m\left(r, \frac{|X_2 X_3|}{X_2 X_3}\right)$$

est vérifiée pour des valeurs de r qui remplissent des intervalles, en nombre fini, dont la somme des longueurs est au moins égale à $\frac{r_2 - r'_2}{2}$.

Il suffit, maintenant, de reprendre la méthode de démonstration du Chapitre I, pour conclure que $m(r_1)$ admet (¹) une borne supérieure valable pour tous les systèmes de la suite S′. On traitera, en effet, l'inégalité précédente comme on a traité l'inégalité (12) du paragraphe 10, et l'on arrivera à une inégalité de la forme (16). Puis, en désignant par R un nombre positif quelconque inférieur à r'_2, on reprendra le raisonnement du paragraphe 11, à condition toutefois de

(¹) r_1 est le rayon du cercle C_1, défini au paragraphe 31.

remplacer la considération de l'intervalle $1 - R$, par celle d'intervalles dont la somme est au moins égale à $\frac{r_2 - r'_2}{2}$. On trouve finalement que $m(R)$ est inférieur au plus grand des deux nombres M et $h \log \frac{4}{r_2 - r'_2}$, M et h étant deux nombres positifs, valables pour tous les systèmes de la suite S'. En particulier, $m(r_1) < m(R)$ est borné.

C. Q. F. D.

On peut donc extraire, de la suite S', une nouvelle suite pour laquelle $\frac{X_1}{X_2}$, $\frac{X_1}{X_3}$ et $\frac{X_2}{X_3}$ « convergent » dans le cercle C_1 de rayon r_1. Comme ces quotients ne peuvent converger tous les trois vers -1, on est ramené à l'hypothèse 2° du paragraphe 32, et le théorème VI est démontré pour le cercle C_0.

III. *Excluons enfin l'hypothèse II.*

Nous pouvons alors extraire, de la suite S définie au paragraphe 33, une suite infinie de systèmes jouissant de la propriété suivante : les points du cercle C_2, de rayon r_2, où $\frac{X_3 |X_1 X_2 X_3|}{|X_3 X_1| . |X_3 X_2|}$, par exemple, est supérieur à *un* en module, ne peuvent pas être enfermés à l'intérieur de circonférences dont la somme des rayons soit égale à γ.

Nous allons, dans ces conditions, trouver une limitation de

$$m\left(r, \frac{X_1 X_2 X_3}{|X_1 X_2 X_3|}\right),$$

lorsque r est supérieur à un nombre fixe r_3 compris entre r_2 et *un*.

36. On a en effet l'identité [1]

$$(30) \qquad \frac{|X_1 X_2 X_3|}{X_1 X_2 X_3} = \frac{X_3 |X_1 X_2 X_3|}{|X_1 X_3| . |X_2 X_3|} \cdot \frac{|X_1 X_3|}{X_1 X_3} \cdot \frac{|X_2 X_3|}{X_2 X_3},$$

d'où

$$(31) \qquad m\left(r, \frac{X_1 X_2 X_3}{|X_1 X_2 X_3|}\right)$$
$$\leqq m\left(r, \frac{|X_1 X_3| . |X_2 X_3|}{X_3 |X_1 X_2 X_3|}\right) + m\left(r, \frac{X_1 X_3}{|X_1 X_3|}\right) + m\left(r, \frac{X_2 X_3}{|X_2 X_3|}\right).$$

[1] *Cf* [A], p. 327.

Mais le théorème IV *bis* permet d'écrire

$$(32)\qquad m\left(r, \frac{|X_1X_3|.|X_2X_3|}{X_3|X_1X_2X_3|}\right) < K + KT_x\left(r, \frac{X_3|X_1X_2X_3|}{|X_1X_3|.|X_2X_3|}\right),$$

pour tout point x du cercle C_1.

Or l'identité (30) peut prendre la forme

$$\frac{X_3|X_1X_2X_3|}{|X_1X_3|.|X_2X_3|} = \frac{|X_1X_2X_3|}{X_1X_2X_3}.\frac{X_1X_3}{|X_1X_3|}.\frac{X_2X_3}{|X_2X_3|},$$

d'où [*cf.* l'inégalité (19), Chap. II, § 20]

$$(33)\qquad T_x\left(r, \frac{X_3|X_1X_2X_3|}{|X_1X_3|.|X_2X_3|}\right) \leqq m\left(r, \frac{|X_1X_2X_3|}{X_1X_2X_3}\right) + T_x\left(r, \frac{X_1X_3}{|X_1X_3|}\right) + T_x\left(r, \frac{X_2X_3}{|X_2X_3|}\right).$$

D'autre part, d'après (28) et (28'), on a

$$(34)\qquad m\left(r, \frac{X_1X_3}{|X_1X_3|}\right) \leqq T_y\left(r, \frac{X_1X_3}{|X_1X_3|}\right) < K + Km\left(r, \frac{|X_1X_3|}{X_1X_3}\right),$$

quasi partout, à δ près, pour les points y du cercle C_1, et

$$(35)\qquad m\left(r, \frac{X_2X_3}{|X_2X_3|}\right) \leqq T_z\left(r, \frac{X_2X_3}{|X_2X_3|}\right) < K + Km\left(r, \frac{X_2X_3}{|X_2X_3|}\right)$$

quasi partout, à δ près, pour les points z du cercle C_1.

Il suffit de choisir δ assez petit, par exemple $\delta = \frac{r_1}{5}$, pour qu'il existe certainement des points communs aux points y et aux points z pour lesquels les inégalités (34) et (35) sont valables. Soit $x = y = z$ un de ces points communs. La comparaison des inégalités (31), (32), (33), (34) et (35) donne enfin

$$(36)\qquad m\left(r, \frac{X_1X_2X_3}{|X_1X_2X_3|}\right) < K + Km\left(r, \frac{|X_1X_2X_3|}{X_1X_2X_3}\right) + Km\left(r, \frac{|X_1X_3|}{X_1X_3}\right) + Km\left(r, \frac{|X_2X_3|}{X_2X_3}\right).$$

Appliquons alors la méthode du Chapitre I à l'identité

$$\frac{X_1}{X_4} + \frac{X_2}{X_4} + \frac{X_3}{X_4} + 1 \equiv 0;$$

il suffit de poser

$$F_1 = -\frac{X_1}{X_4}, \qquad F_2 = -\frac{X_2}{X_4}, \qquad F_3 = -\frac{X_3}{X_4},$$

et de partir de l'inégalité (10). On a ici

$$\Delta = \frac{|X_1 X_2 X_3|}{X_1 X_2 X_3},$$

et l'inégalité (36) donne une borne supérieure de $m\left(r, \frac{1}{\Delta}\right)$ à l'aide de quantités de la forme $m(r, P)$, P désignant un polynome en $\frac{F'_1}{F_1}$, $\frac{F'_2}{F_2}$, $\frac{F'_3}{F_3}$, $\frac{F''_1}{F_1}$, $\frac{F''_2}{F_2}$ et $\frac{F''_3}{F_3}$. A partir de ce moment, le raisonnement fait au Chapitre I se répète identique.

On peut donc extraire, de la suite considérée, une suite pour laquelle $\frac{X_1}{X_4}$, $\frac{X_2}{X_4}$ et $\frac{X_3}{X_4}$ « convergent » dans le cercle-unité, et *a fortiori* dans le cercle C_0; tous les rapports mutuels $\frac{X_\lambda}{X_\mu}$ « convergent » alors, et le théorème VI est enfin démontré pour le cercle C_0.

D'après la remarque déjà faite, il se trouve établi également pour le cercle-unité tout entier.

37. De même que le critère relatif au cas $p = 3$, *le théorème VI reste vrai si le domaine de variation de x est quelconque*. Mais le raisonnement du paragraphe 29 (Remarque) n'est plus valable ici; en effet, nous ne sommes pas sûrs *a priori* de la proposition suivante : « Si le théorème VI est vrai pour tous les points d'un domaine, c'est-à-dire si tout point du domaine est centre d'un cercle pour lequel le théorème est vrai, il reste vrai pour l'ensemble du domaine. » Cela tient à ce que le théorème VI ne permet pas d'affirmer que la famille des fonctions $\frac{X_2}{X_1}$, par exemple, soit normale.

Il faut donc avoir recours à une autre méthode. Indiquons qu'il suffit de ramener le cas d'un domaine quelconque D au cas du cercle, en effectuant la représentation conforme, sur un cercle, du domaine de recouvrement simplement connexe (*Ueberlagerungsfläche*) du domaine D.

Sans nous attarder davantage au cas $p = 4$, qui sera étudié en détail au Chapitre suivant, traitons tout de suite le cas où p est quelconque.

III. — Cas général.

38. Théorème VII. — *Étant donnée, dans le cercle-unité, une famille infinie de systèmes de p fonctions holomorphes, sans zéros, vérifiant l'identité*

$$X_1 + X_2 + \ldots + X_p \equiv 0,$$

on peut en extraire une suite infinie de systèmes, pour laquelle se trouve réalisée l'une des circonstances suivantes :

a. Les indices 1, 2, ..., *p se partagent en deux catégories, jouissant des propriétés suivantes :* 1° *le quotient de deux fonctions quelconques de première catégorie « converge »;* 2° *le quotient d'une fonction quelconque de seconde catégorie par une fonction quelconque de première catégorie converge vers zéro;* 3° comme conséquence de la propriété 2°, *le quotient de la somme des fonctions de première catégorie par l'une quelconque d'entre elles converge vers zéro.* Ajoutons qu'*il existe au moins deux indices de première catégorie*, et qu'*il peut n'exister aucun indice de seconde catégorie.*

b. Il existe deux groupes d'indices, chaque groupe comprenant au moins deux indices; mais il peut exister des indices n'appartenant à aucun de ces deux groupes, lorsque $p > 4$. Dans chaque groupe, on distingue encore entre les indices de première catégorie, en nombre au moins égal à deux, et les indices de seconde catégorie, qui peuvent d'ailleurs ne pas exister; et l'on peut énoncer, pour les fonctions d'un même groupe, les mêmes propriétés de convergence 1°, 2° *et* 3° *que dans le cas a, avec cette différence que la propriété* 3° *est cette fois indépendante des autres.*

Le cas *a* est en somme le cas où il existe *un groupe unique comprenant tous les indices.*

Si l'on applique le théorème VII au cas $p = 4$, on retrouve le théorème VI, qui apparaît ainsi comme un cas particulier d'un théorème plus général.

39. Comme le théorème VI, et pour la même raison, le théorème VII reste vrai si le domaine de variation de x est quelconque.

Indiquons alors rapidement la marche à suivre pour démontrer le théorème VII. On suppose qu'il a été établi pour $p-1$, lorsque le domaine de variation de x est quelconque, et l'on montre qu'il est vrai pour p, lorsque le domaine de variation de x est le cercle-unité.

Les fonctions envisagées étant supposées définies dans le cercle-unité, il suffit, comme dans les cas $p=3$ et $p=4$, d'établir les propriétés de convergence pour l'intérieur d'un cercle C_0, de rayon r_0, ayant pour centre l'origine. Soit C_1 un cercle concentrique et de rayon r_1 compris entre r_0 et *un*. Envisageons d'abord deux hypothèses particulières :

Hypothèse A. — On peut extraire de la famille une suite de systèmes pour laquelle $\frac{X_i}{X_j}$ converge vers zéro dans le cercle C_1, i et j désignant deux des indices $1, 2, \ldots, p$.

Hypothèse B. — On peut extraire de la famille une suite pour laquelle $\frac{X_i}{X_j}$ « converge » vers une limite différente de -1 dans le cercle C_1.

Dans l'une et l'autre hypothèses, on montre, en raisonnant comme au paragraphe 32, que le théorème VII se trouve établi pour le cercle C_0, comme conséquence du théorème VII relatif à $p-1$ fonctions définies dans un domaine quelconque.

40. On exclut désormais l'hypothèse A; plusieurs hypothèses, qui s'excluent mutuellement, sont alors possibles.

Hypothèse I. — On peut extraire de la famille une suite infinie de systèmes, pour laquelle deux fractions dérivées à deux termes restent inférieures ou égales à *un* en module en tout point du cercle C_1.

En raisonnant comme dans le cas $p=4$, on voit que le théorème VII est établi pour le cercle C_0, dans l'hypothèse I.

On exclut ensuite l'hypothèse I, ce qui conduit à l'existence d'une suite infinie S_1 de systèmes, jouissant de la propriété suivante : chacune des six fractions dérivées à deux termes, sauf une peut-être, $\frac{|X_{p-1}X_p|}{X_{p-1}X_p}$ par exemple, est supérieure à *un* en module en un point du cercle C_1.

On n'envisage désormais que la suite S_1, et l'on fait relativement à cette suite l'hypothèse suivante :

Hypothèse II. — r_2 étant un nombre compris entre r_1 et *un*, on peut extraire de S_1 une suite infinie de systèmes, pour laquelle il existe un groupe de trois indices i, j, k, pris parmi 1, 2, ..., $p-1$, tels que chacune des trois fractions dérivées à trois termes formées avec X_i, X_j et X_k soit quasi partout, à γ_2 près, inférieure ou égale à *un* en module dans le cercle $C_2(|x|<r_2)$. Le nombre positif γ_2 est ensuite convenablement choisi.

On montre, comme dans le cas $p=4$, que le théorème VII est établi pour le cercle C_0, dans l'hypothèse II.

On exclut ensuite l'hypothèse II, ce qui conduit à l'existence d'une suite S_2, extraite de la suite S_1, jouissant de la propriété suivante : λ, μ, ν désignant trois quelconques des indices 1, 2, ..., p, l'une au moins des trois fractions dérivées à trois termes formées avec X_λ, X_μ et X_ν, soit $\frac{X_\lambda |X_\lambda X_\mu X_\nu|}{|X_\lambda X_\mu|.|X_\lambda X_\nu|}$, est supérieure à *un* en module en des points du cercle C_2, qu'on ne peut pas enfermer à l'intérieur de circonférences dont la somme des rayons soit égale à γ_2.

On fait alors l'hypothèse suivante :

Hypothèse III. — r_3 étant un nombre compris entre r_2 et *un*, on peut extraire de la suite S_2 une suite infinie de systèmes, pour laquelle il existe un groupe de quatre indices i, j, k, l, pris parmi 1, 2, ..., $p-1$, tel que chacune des fractions dérivées à quatres termes formées avec X_i, X_j, X_k et X_l soit quasi partout, à γ_3 près, inférieure ou égale à *un* en module dans le cercle C_3, de rayon r_3, ayant pour centre l'origine. On écrira cette fois des identités de la forme

$$\frac{X_k}{X_l} = \frac{|X_iX_jX_k|}{|X_iX_jX_l|} \cdot \frac{|X_iX_jX_l|}{X_iX_jX_l} \cdot \frac{X_iX_jX_k}{|X_iX_jX_k|},$$

et l'on pourra trouver, relativement à $m\left(r, \frac{X_iX_jX_k}{|X_iX_jX_k|}\right)$, une inégalité analogue à l'inégalité (36), relative à $m\left(r, \frac{X_1 X_2 X_3}{|X_1 X_2 X_3|}\right)$. On conclut encore à la validité du théorème VII pour le cercle C_0.

Le procédé est général : l'exclusion de l'hypothèse III conduit à l'existence d'une suite S_3 extraite de la suite S_2, et l'on fait, relativement à S_3, une *hypothèse IV* qui fait intervenir les fractions dérivées à cinq termes, etc.

La dernière hypothèse, qui sera la $(p-2)^{\text{ième}}$, sera relative à une suite S_{p-3}, extraite des précédentes; elle sera formulée ainsi : r_{p-2} étant un nombre compris entre r_{p-3} et *un*, on peut extraire de S_{p-3} une suite de systèmes, pour laquelle chacune des fractions dérivées à $p-1$ termes formées avec $X_1, X_2, \ldots, X_{p-1}$ reste quasi partout, à γ_{p-2} près, inférieure ou égale à *un* en module dans le cercle C_{p-2}, de rayon r_{p-2}, ayant pour centre l'origine.

On exclut enfin cette hypothèse, ce qui conduit à l'existence d'une suite S_{p-2}, extraite de S_{p-3}, pour laquelle on peut trouver une limitation de $m\left(r, \frac{X_1 X_2 \ldots X_{p-1}}{|X_1 X_2 \ldots X_{p-1}|}\right)$, en procédant comme au paragraphe 36, et en invoquant les théorèmes IV, IV *bis* et IV *ter*. Il reste alors à appliquer la méthode du Chapitre I à l'identité

$$\frac{X_1}{X_p} + \frac{X_2}{X_p} + \ldots + \frac{X_{p-1}}{X_p} + 1 \equiv 0,$$

pour achever la démonstration.

Nous pouvons donc considerer le théorème VII comme définitivement établi.

41. *Extension aux fonctions de plusieurs variables.* — On sait que le critère de P. Montel s'étend facilement aux fonctions de plusieurs variables complexes ([1]). On peut penser que les théorèmes VI et VII sont susceptibles d'une pareille généralisation. En réalité, cela ne va pas sans de sérieuses difficultés; je suis pourtant parvenu à démontrer que *le théorème VI s'étend aux fonctions de n variables complexes x_1, $x_2, \ldots, x_n$, définies dans l'hypercylindre*

$$|x_1| < 1, \quad |x_2| < 1, \quad \ldots, \quad |x_n| < 1.$$

([1]) [C, *a*]; *voir* aussi [E], p. 244.

La démonstration, qui est assez longue, sera publiée dans un Mémoire ultérieur.

CHAPITRE IV.

UN CRITÈRE DE FAMILLE COMPLEXE NORMALE (*suite*).

I. — La valeur du critère lorsque $p=4$ et lorsque $p>4$.

42. Supposons $p=4$, et examinons les diverses circonstances prévues au théorème VI. Dans le cas a, si toutes les fonctions sont de première catégorie, tous les rapports $\frac{X_\lambda}{X_\mu}$ « convergent »; s'il y a une seule fonction de seconde catégorie, tous les rapports $\frac{X_\lambda}{X_\mu}$ « convergent au sens large ».

Au contraire, si, dans le cas a, il existe deux fonctions de seconde catégorie, X_3 et X_4 par exemple, tous les rapports $\frac{X_\lambda}{X_\mu}$ convergent au sens large, *sauf le rapport* $\frac{X_3}{X_4}$; ou, du moins, le théorème ne dit rien sur $\frac{X_3}{X_4}$. Il est intéressant de donner un exemple d'une suite infinie de systèmes pour laquelle $\frac{X_1}{X_2}$ converge vers -1, $\frac{X_3}{X_1}$ et $\frac{X_4}{X_1}$ convergent vers zéro, *la famille* $\frac{X_3}{X_4}$ *n'étant pas normale*. Plaçons-nous, à cet effet, dans le cercle-unité, et prenons

$$\begin{cases} X_1 = 1 - e^{n(x-2)}, \\ X_2 = -1 - e^{2n(x-1)}, \\ X_3 = e^{2n(x-1)}, \\ X_4 = e^{n(x-2)}, \end{cases}$$

n étant un entier positif qui augmente indéfiniment. La famille $\frac{X_3}{X_4}$ n'est pas normale, car $\frac{X_3}{X_4} = e^{nx}$ tend vers zéro si la partie réelle de x est négative, et vers $+\infty$ si elle est positive.

Il reste enfin à examiner le cas b. Supposons, par exemple, que $\frac{X_1}{X_2}$

et $\frac{X_3}{X_4}$ convergent vers -1 ; alors le théorème ne dit rien sur $\frac{X_1}{X_3}$. Prenons, en effet,

$$\begin{cases} X_1 = -e^{nx}, \\ X_2 = e^{nx}(1-e^{-n}), \\ X_3 = -1, \\ X_4 = 1 + e^{n(x-1)}. \end{cases}$$

La famille $\frac{X_1}{X_3}$ *n'est pas normale.* Il suffirait même de prendre $X_2 = -X_1$, et $X_4 = -X_3$, la famille $\frac{X_1}{X_3}$ n'étant pas normale.

Par conséquent, les cas dans lesquels le théorème VI ne permet pas d'affirmer que toutes les familles $\frac{X_\lambda}{X_\mu}$ soient normales peuvent se présenter effectivement. Il ne faut donc pas espérer trouver, lorsque $p=4$, un critère de famille complexe normale plus complet que le théorème VI.

43. Lorsque $p > 4$, au contraire, on peut garder l'espoir de compléter le théorème VII.

Convenons d'appeler « *cas douteux* » ceux des cas prévus dans l'énoncé de ce théorème, où il existe des indices n'appartenant à aucun groupe. Supposons d'abord $p=5$: il y a un cas douteux, celui où il existe deux groupes de deux indices chacun, 1,2 et 3,4 par exemple. Alors $\frac{X_1}{X_2}$ et $\frac{X_3}{X_4}$ convergent vers -1, et c'est tout ce que le théorème permet d'affirmer. Or, dans tous les exemples de cette circonstance que j'ai su trouver, on pouvait, de la suite envisagée, extraire une suite nouvelle pour laquelle l'un des rapports $\frac{X_5}{X_1}$ et $\frac{X_5}{X_3}$ convergeait vers zéro. Mais je ne suis point parvenu à démontrer qu'il en soit toujours ainsi ([1]).

([1]) Pour tenter d'éclaircir ce point, je me suis placé dans l'hypothèse d'une suite jouissant des propriétés suivantes : $\frac{X_1}{X_2}$ et $\frac{X_3}{X_4}$ convergent vers -1, et il est impossible d'extraire de cette suite une suite nouvelle pour laquelle l'une des fonctions $\frac{X_5}{X_1}$ et $\frac{X_5}{X_3}$

D'une façon générale, p étant quelconque, le théorème suivant s'est trouvé vérifié dans tous les exemples que j'ai pu construire :

« La circonstance b du théorème VII est remplacée par la suivante : *tous* les indices se répartissent en plusieurs groupes, comprenant chacun deux indices au moins; les fonctions d'un même groupe jouissent des mêmes propriétés de convergence 1°, 2° et 3° que dans le cas a, et ces trois propriétés sont indépendantes. »

Mais, comme je viens de le dire à propos du cas $p = 5$, je n'ai pas réussi à établir ce théorème.

44 Le théorème VII garde néanmoins sa valeur dans des cas très

---

converge vers zéro. Je me permets d'indiquer ici, sans démonstration, quelques-unes des conséquences de cette hypothèse.

Posons

$$\frac{X_1}{X_5} = -Y_1, \qquad 1 + \frac{X_2}{X_1} = \varepsilon_1,$$

$$\frac{X_3}{X_5} = -Y_2, \qquad 1 + \frac{X_4}{X_3} = \varepsilon_2.$$

On a

$$\varepsilon_1 Y_1 + \varepsilon_2 Y_2 \equiv 1,$$

et, par hypothèse, les fonctions ε_1 et ε_2, qui sont holomorphes, convergent vers zéro. Alors $\varepsilon_1 \frac{Y'_1}{Y_1}$, $\varepsilon_2 \frac{Y'_2}{Y_2}$, $\varepsilon_2 \frac{Y'_1}{Y_1}$, $\varepsilon_1 \frac{Y'_2}{Y_2}$ convergent vers zéro; de même $\varepsilon_1 \left(\frac{Y'_1}{Y_1}\right)^n$, $\varepsilon_1 \left(\frac{Y'_2}{Y_2}\right)^n$, $\varepsilon_1 \left(\frac{Y''_1}{Y_1}\right)^n$, $\varepsilon_1 \left(\frac{Y'''_1}{Y_1}\right)^n$, etc., quel que soit l'entier positif n; enfin, si n est assez grand, $(\varepsilon_1)^n Y_1$, $(\varepsilon_1)^n Y_2$, $(\varepsilon_1)^n \frac{1}{Y_1}$, $(\varepsilon_1)^n \frac{Y_1}{Y_2}$ convergent également vers zéro.

En outre, supposons, pour fixer les idées, que les fonctions soient définies dans le cercle-unité, et construisons, pour chaque système de la suite, une fonction $\varphi(x)$, holomorphe dans le cercle-unité, n'y prenant pas la valeur *un*, et y admettant les mêmes zéros que la fonction ε_1, avec les mêmes ordres de multiplicité. On a alors la proposition suivante : « *La suite des fonctions $\varphi(x)$ converge nécessairement vers zéro dans le cercle-unité* ».

Par exemple, les zéros de ε_1 ne peuvent pas être de la forme $\frac{2iK\pi}{m}$, m augmentant indéfiniment lorsqu'on se déplace dans la suite des systèmes, car la fonction

$$\varphi(x) = 1 - e^{mx}$$

ne converge pas vers zéro.

Ces considérations montrent pourquoi il est difficile de trouver un exemple réalisant l'hypothèse envisagée.

généraux. Plaçons-nous dans le cercle-unité, pour fixer les idées, et *supposons que chacune des fonctions X_i de la famille prenne à l'origine une valeur fixe a_i, et que la somme d'un nombre quelconque des quantités a_i ne soit pas nulle.*

Appliquons le théorème VII. Il ne peut pas exister deux groupes d'indices ([1]); donc le cas *a* est seul possible. De plus, il n'existe pas de fonction de seconde catégorie, puisque tout quotient $\frac{X_\lambda}{X_\mu}$ possède, à l'origine, une valeur fixe non nulle. Par suite, *on peut extraire de la famille une suite infinie de systèmes pour laquelle tous les rapports* $\frac{X_\lambda}{X_\mu}$ « *convergent* »; *autrement dit, toutes les familles* $\frac{X_\lambda}{X_\mu}$ *sont normales, et bornées dans tout domaine fermé intérieur* ([2]).

Le théorème VII nous donne donc une certitude dans ce cas général; on pourrait se placer également dans d'autres hypothèses, de façon à exclure la possibilité des cas douteux.

Faisons une dernière remarque : si, comme A. Bloch, nous avions systématiquement fixé les valeurs des fonctions à l'origine, nous n'aurions pas trouvé de cas douteux ([3]) lorsque $p = 5$; mais il s'en serait de nouveau présenté dès que $p = 6$. Il ne semble pas que A. Bloch ait soupçonné l'existence de ces cas douteux, et il énonce un théorème ([4]) qui ne paraît guère certain; ou, tout au moins, rien dans son Mémoire ne conduit à admettre son exactitude.

II. — Quelques applications du critère.

45. Pour fixer les idées, nous nous placerons désormais dans le cercle-unité.

([1]) Sinon, soient $X_1, X_2, \ldots, X_h$ les fonctions d'un même groupe, X_1, par exemple, étant de première catégorie. Le quotient $\frac{X_1 + X_2 + \ldots + X_h}{X_1}$ devrait converger vers *zéro*; or il possède une valeur fixe, non nulle, à l'origine.

([2]) Cette proposition était virtuellement contenue dans le théorème VII du Mémoire de A. Bloch : [A], p. 343.

([3]) En effet, les fonctions $\frac{X_1}{X_2}$ et $\frac{X_3}{X_4}$ ne pourraient pas converger toutes deux vers -1, car elles devraient prendre alors la valeur -1 à l'origine; c'est impossible, puisque X_5 n'est pas nul à l'origine.

([4]) [A], Théorème IX, p. 345.

Considérons une *famille de systèmes de* $p - 2$ *fonctions* $F_1, F_2, \ldots, F_{p-2}$, *holomorphes, sans zéros, dont la somme ne prend pas la valeur un.* Posons

$$X_1 = F_1, \quad X_2 = F_2, \quad \ldots, \quad X_{p-2} = F_{p-2},$$
$$X_{p-1} = 1 - F_1 - F_2 - \ldots - F_{p-2}, \quad X_p = -1;$$

$X_1, X_2, \ldots, X_p$ sont des fonctions holomorphes, sans zéros, et leur somme est identiquement nulle. En leur appliquant le théorème VII, on obtient un critère de famille complexe normale, relatif à la famille $F_1, \ldots, F_{p-2}$. Nous ne l'énoncerons pas dans le cas général, à cause de sa complication; bornons-nous au cas $p = 4$.

Cas d'une famille de systèmes de deux fonctions holomorphes, sans zéros, dont la somme ne prend pas la valeur un.

Soient f et g ces deux fonctions; posons

$$X_1 = f, \quad X_2 = g, \quad X_3 = 1 - f - g, \quad X_4 = -1,$$

et appliquons le théorème VI. Examinons successivement les diverses circonstances prévues dans l'énoncé de ce théorème, en commençant par le cas b.

Ce cas se subdivise en deux :

1° $\frac{X_1}{X_2}$ et $\frac{X_3}{X_4}$ convergent vers -1. Alors $\frac{f}{g}$ converge vers -1, et $f + g$ converge vers zéro.

2° $\frac{X_1}{X_3}$ et $\frac{X_2}{X_4}$ convergent vers -1. Alors g converge vers 1, et $\frac{1-g}{f}$ converge vers zéro. Le cas où $\frac{X_1}{X_4}$ et $\frac{X_2}{X_3}$ convergent vers -1 se déduit de celui-là par permutation de f et g.

Passons au cas a. Nous avons les possibilités suivantes :

1° Tous les rapports $\frac{X_\lambda}{X_\mu}$ « convergent ». Alors f et g « convergent ».

2° Il existe une fonction de seconde catégorie et une seule. Ce cas se subdivise en trois :

α. X_1 ou X_2 est de seconde catégorie. Si c'est X_1, g « converge », et f converge vers zéro. Si c'est X_2, f « converge », et g converge vers zéro.

β. X_3 est de seconde catégorie. Alors f et g « convergent ».

γ. X_4 est de seconde catégorie. Alors f et g convergent vers l'infini, et $\frac{f}{g}$ « converge ».

3° Il existe deux fonctions de seconde catégorie.

α. X_1 et X_2 sont de seconde catégorie. Alors f et g convergent vers zéro.

β. X_1 et X_3 sont de seconde catégorie. Alors f converge vers zéro, g converge vers 1.

Le cas où X_2 et X_3 sont de seconde catégorie se déduit de celui-là par permutation de f et g.

γ. X_1 et X_4 sont de seconde catégorie. Alors g et $\frac{g}{f}$ convergent vers l'infini.

Le cas où X_2 et X_4 sont de seconde catégorie se déduit de celui-là par permutation de f et g.

δ. X_3 et X_4 sont de seconde catégorie. Alors f et g convergent vers l'infini, et $\frac{f}{g}$ converge vers -1.

46. Tous les cas ayant été examinés, nous pouvons énoncer le théorème suivant :

Théorème VI *bis*. — *Étant donnée, dans le cercle-unité, une famille de systèmes de deux fonctions $f(x)$ et $g(x)$, holomorphes, sans zéros, dont la somme ne prend pas la valeur un, on peut en extraire une suite infinie de systèmes, pour laquelle se trouve réalisée l'une des circonstances suivantes :*

1° *Chacune des fonctions f et g « converge » ou converge vers zéro;*

2° *f et g convergent vers l'infini, et $\frac{f}{g}$ « converge »;*

3° *g et $\frac{g}{f}$ convergent vers l'infini*, et la circonstance analogue, obtenue en permutant f et g;

4° *$f+g$ converge vers zéro, et $\frac{f}{g}$ converge vers* -1;

5° *g converge vers* 1, et $\frac{g-1}{f}$ *converge vers zéro*, et la circonstance analogue, obtenue en permutant f et g.

Dans les cas 3° et 5°, la famille des fonctions f peut ne pas être normale; dans le cas 4°, il se peut qu'aucune des familles f et g ne soit normale. Pour trouver des exemples de ces circonstances, il suffit de se reporter aux exemples donnés au paragraphe 42. Ainsi le cas 3° est réalisé pour les fonctions suivantes

$$\begin{cases} f(x) = -e^{nx}, \\ g(x) = e^{n(2-x)} + e^{nx}, \end{cases}$$

en conservant les notations du paragraphe 42. Voici un exemple du cas 4° :

$$\begin{cases} f(x) = -e^{nx}, \\ g(x) = e^{nx}(1-e^{-n}), \end{cases}$$

et un exemple du cas 5° :

$$\begin{cases} f(x) = -e^{nx}, \\ g(x) = 1 + e^{n(x-1)}. \end{cases}$$

Dans le cas 4°, il suffit même de prendre pour $f(x)$ une famille non normale de fonctions holomorphes sans zéros, et de prendre ensuite $g(x) \equiv -f(x)$. Dans le cas 5°, on peut de même prendre pour $f(x)$ une famille non normale de fonctions holomorphes sans zéros, et prendre ensuite $g(x) \equiv 1$.

Voyons ce que devient le théorème VI *bis* lorsqu'on suppose que les fonctions $f(x)$ et $g(x)$ de la famille prennent respectivement des valeurs fixes a_0 et b_0 à l'origine ($a_0 \neq 0$, $b_0 \neq 0$, $a_0 + b_0 \neq 1$). Les cinq circonstances possibles se réduisent alors à trois, et l'on obtient le

Théorème VI *ter*. — *Étant donnée, dans le cercle-unité, une famille de systèmes de deux fonctions* $f(x)$ et $g(x)$, *holomorphes, sans zéros, dont la somme ne prend pas la valeur un, si l'on a*

$$f(0) = a_0, \qquad g(0) = b_0 \qquad (a_0 \neq 0,\ b_0 \neq 0,\ a_0 + b_0 \neq 1),$$

a_0 et b_0 étant deux nombres fixes, on peut extraire de la famille une suite infinie de systèmes, pour laquelle se trouve réalisée l'une des circonstances suivantes :

1° *f et g « convergent »;*

2° *$f+g$ converge vers zéro, et $\frac{f}{g}$ converge vers -1, ce qui exige*

$$a_0+b_0=0;$$

3° *g converge vers 1, et $\frac{g-1}{f}$ converge vers zéro, ce qui exige $b_0=1$;*

et la circonstance analogue, obtenue en permutant f et g, a_0 et b_0.

Examinons maintenant deux cas particuliers du théorème VI *bis*.

47. Considérons d'abord une suite infinie de systèmes de deux fonctions $f(x)$ et $g(x)$, holomorphes, sans zéros, dont la somme ne prend pas la valeur *un*, et *supposons que* $f(0)$ et $g(0)$ *tendent vers zéro*.

Je dis que $f+g$ *converge vers zéro* (1).

En effet, s'il n'en était pas ainsi, on pourrait, de la suite considérée, extraire une nouvelle suite S, possédant la propriété (P) suivante : $|f+g|$ est supérieur à un nombre fixe α en un point au moins d'un cercle de rayon fixe r_0 ayant pour centre l'origine. Appliquons le théorème VI *bis* à la suite S : la circonstance 1° de ce théorème n'est pas possible; en effet, on ne peut pas extraire de S une suite pour laquelle f ou g « converge », puisque $f(0)$ et $g(0)$ tendent vers zéro; on ne peut pas non plus extraire une suite pour laquelle f et g convergent vers zéro, car alors $f+g$ convergerait vers zéro pour cette suite, ce qui est en contradiction avec la propriété (P). Les circonstances 2°, 3° et 5° ne sont pas possibles non plus, puisque $f(0)$ et $g(0)$ tendent vers zéro. Enfin la circonstance 4° est en contradiction avec la propriété (P).

Le théorème VI *bis* serait donc inexact pour la suite S; par conséquent, l'hypothèse qui a conduit à l'existence de cette suite est inadmissible. C. Q. F. D.

48. Considérons, en second lieu, *une suite infinie de systèmes de*

(1) Rappelons que nous avons convenu, au paragraphe 26, de n'envisager que la *convergence uniforme dans tout domaine fermé intérieur* au domaine considéré.

deux fonctions f et g, holomorphes, sans zéros, dont la somme converge vers zéro. Je dis qu'*on peut en extraire une nouvelle suite, pour laquelle se trouve réalisée l'une des deux circonstances suivantes :*

1° *f et g convergent vers zéro;*
2° *$\frac{f}{g}$ converge vers -1.*

En effet, dans tout cercle de rayon $r < 1$, ayant son centre à l'origine, la somme $f+g$ ne prend pas la valeur *un*, au moins à partir d'un certain rang dans la suite, puisqu'elle converge vers zéro dans le cercle-unité. Appliquons donc le théorème VI *bis*.

Dans le cas 1° de ce théorème, ou bien f « converge » vers une fonction F, et alors, comme $f+g$ converge vers zéro, g « converge » vers $-$F, donc $\frac{f}{g}$ « converge » vers -1; ou bien f converge vers zéro, et alors g converge vers zéro. Dans les cas 2° et 3°, g converge vers l'infini, et, puisque $g\left(1+\frac{f}{g}\right)$ converge vers zéro, $\frac{f}{g}$ converge vers -1. Dans le cas 4°, $\frac{f}{g}$ converge vers -1. Enfin, dans le cas 5°, g converge vers 1; par suite f converge vers -1, et $\frac{f}{g}$ converge vers -1.

La proposition est donc démontrée ([1]).

Il en résulte, en particulier, que *si $|f(0)|$ est supérieur à un nombre fixe α, et si $f+g$ converge vers zéro, on est sûr que $\frac{f}{g}$ converge vers -1.* En effet, de toute suite infinie extraite de la suite considérée, on peut extraire une suite pour laquelle $\frac{f}{g}$ converge vers -1; cela suffit pour conclure, en vertu d'un raisonnement classique, dont nous aurons à faire usage à diverses reprises. Exposons-le au moins une fois : si $\frac{f}{g}$ ne convergeait pas vers -1, on pourrait extraire une suite infinie $\frac{f_n}{g_n}$, telle que $\left|1+\frac{f_n}{g_n}\right|$ soit supérieur à un nombre fixe α en un

([1]) Au lieu d'invoquer le théorème VI *bis*, c'est-à-dire en somme le théorème VI, on peut donner de cette proposition une démonstration directe, qui ne fasse pas appel aux théorèmes IV et IV *bis*; elle ressemble beaucoup à la démonstration du critère relatif au cas $p = 3$ (§ 26-29).

point au moins d'un cercle fixe ($|x| < r_0 < 1$). Or, de la suite $\frac{f_n}{g_n}$, on peut extraire une suite qui converge vers -1. Il y a contradiction.

49. Je vais maintenant démontrer le théorème suivant :

Considérons une suite infinie de systèmes de deux fonctions holomorphes p et q, admettant respectivement les valeurs exceptionnelles ([1]) *fixes α et β, dont l'une au moins n'est pas nulle ; si le produit pq converge vers zéro, on peut extraire, de la suite considérée, une suite infinie pour laquelle l'une des fonctions p et q converge vers zéro.*

Dans le cas où $\alpha = 0$, on peut supposer $\beta = 1$, en multipliant q par une constante. Posons

$$f = p, \qquad g = p(q-1);$$

f et g sont holomorphes, sans zéros, et leur somme converge vers zéro. D'après le paragraphe précédent, on peut extraire une suite pour laquelle l'une des fonctions f et $\left(1+\frac{g}{f}\right)$ converge vers zéro, ce qui démontre le théorème.

Dans le cas où $\alpha\beta \neq 0$, on peut supposer $\alpha = \beta = 1$. Posons :

$$X_1 = p - 1, \qquad X_2 = q - 1, \qquad X_3 = (p-1)(q-1), \qquad X_4 = 1 - pq.$$

Les fonctions X_1, X_2 et X_3 sont holomorphes et ne s'annulent pas ; en outre, dans tout cercle intérieur au cercle-unité, X_4 ne s'annule pas à partir d'un certain rang, puisque X_4 converge vers *un*. Cela suffit pour qu'on puisse appliquer le théorème VI aux fonctions X_1, X_2, X_3, X_4, dont la somme est identiquement nulle. L'examen de tous les cas prévus dans l'énoncé de ce théorème ([2]) montre que, dans l'hypothèse où pq converge vers zéro, on peut extraire, de la suite envisagée, une suite pour laquelle l'une des fonctions p et q converge vers zéro.

Remarquons enfin que le théorème serait inexact si α et β étaient

---

([1]) On dit qu'une fonction *admet la valeur exceptionnelle* α, si elle ne prend pas la valeur α.

([2]) Cet examen, semblable à celui qui figure au paragraphe 45, n'offre aucune difficulté, et j'ai jugé inutile de le reproduire ici.

nuls tous les deux. Il suffirait, pour le mettre en défaut, de prendre

$$p = e^{nx}, \qquad q = e^{-n\left(x+\frac{1}{2}\right)},$$

n étant un entier positif qui augmente indéfiniment.

Indiquons, pour terminer ces applications, que si l'on a une famille de systèmes de deux fonctions holomorphes p et q, admettant respectivement les valeurs exceptionnelles fixes α et β, dont l'une au moins n'est pas nulle, et si le produit pq ne prend pas la valeur *un*, on peut énoncer un critère de famille complexe normale.

III. — Généralisation des théorèmes de Schottky et de Landau.

50. Notre critère de famille complexe normale (théorèmes VI et VII), et les théorèmes que nous venons d'en déduire, permettent de démontrer des propositions analogues au théorème de Schottky ou au théorème de Landau. Nous supposerons, pour simplifier, $p = 4$, et nous nous placerons dans le cas, envisagé aux paragraphes 45 et 46, de *deux fonctions $f(x)$ et $g(x)$, holomorphes, sans zéros, dont la somme ne prend pas la valeur un*. Écrivons leurs développements en série de Taylor dans le cercle-unité :

$$\begin{cases} f(x) = a_0 + a_1 x + \ldots + a_n x^n + \ldots, \\ g(x) = b_0 + b_1 x + \ldots + b_n x^n + \ldots \\ \quad (a_0 \neq 0,\ b_0 \neq 0,\ a_0 + b_0 \neq 1). \end{cases}$$

Nous allons démontrer la proposition suivante :

a_0 et b_0 étant fixés, si aucune des trois quantités $a_0 + b_0$, $a_0 - 1$ et $b_0 - 1$ n'est nulle, $|f(x)|$ et $|g(x)|$ admettent, dans tout cercle $|x| < r < 1$, des bornes supérieure et inférieure qui ne dépendent que de r, a_0 et b_0.

Considérons en effet la famille (F) de tous les systèmes de deux fonctions $f(x)$ et $g(x)$, satisfaisant aux conditions énoncées plus haut, et telles que

$$f(0) = a_0, \qquad g(0) = b_0.$$

Reportons-nous au théorème VI *ter*; les cas 2° et 3° se trouvent exclus ici. Donc, de toute suite infinie extraite de la famille (F), on peut extraire une nouvelle suite pour laquelle f et g « convergent ».

Cela suffit pour démontrer la proposition annoncée, en vertu d'un raisonnement classique, semblable à celui qui est exposé à la fin du paragraphe 48.

Puisque $|f(x)|$ et $|g(x)|$ admettent une borne supérieure $M(r)$, qui ne dépend que de r, a_0 et b_0, les inégalités fondamentales

$$|a_n| \leq \frac{M(r)}{r^n}, \qquad |b_n| \leq \frac{M(r)}{r^n},$$

où l'on donne à r une valeur fixe, $\frac{1}{2}$ par exemple, montrent que $|a_n|$ *et* $|b_n|$ *admettent une borne supérieure qui ne dépend que de* a_0, b_0, *et de* n.

Dans les cas particuliers où l'une au moins des quantités $a_0 + b_0$, $a_0 - 1$, et $b_0 - 1$ est nulle, une étude spéciale est nécessaire. Par exemple, si $a_0 = -b_0 (a_0 \neq 1, a_0 \neq -1)$, $|f+g|$, $\left|\frac{f}{g}\right|$ et $\left|\frac{g}{f}\right|$ admettent, dans tout cercle $|x| < r < 1$, des bornes supérieures qui ne dépendent que de a_0 et de r. Si $a_0 = 1 (b_0 \neq 1, b_0 \neq -1)$, $\left|\frac{f-1}{g}\right|$, $|f|$ et $\left|\frac{1}{f}\right|$ admettent des bornes supérieures qui ne dépendent que de b_0 et de r. La méthode de démonstration est toujours la même : on se ramène au théorème VI *ter* (¹).

51. Après ces généralisations du théorème de Schottky, passons au théorème de Landau.

Soient, dans le cercle $|x| < R$, deux fonctions holomorphes $f(x)$ et $g(x)$, qui ne s'annulent pas et dont la somme ne prend pas la valeur *un* :

$$\begin{cases} f(x) = a_0 + a_1 x + \ldots, \\ g(x) = b_0 + b_1 x + \ldots \\ (a_0 \neq 0, \; b_0 \neq 0, \; a_0 + b_0 \neq 1). \end{cases}$$

(¹) Des résultats de ce genre ont déjà été indiqués par A. Bloch : [A], p. 331, théorème III. Mais nous avons voulu ici les rattacher à notre critère de famille complexe normale.

Les fonctions $f(Rx)$ et $g(Rx)$ sont définies dans le cercle $|x| < 1$, et nous pouvons leur appliquer les propositions du paragraphe précédent. On a

$$\begin{cases} f(Rx) = a_0 + a_1 Rx + \ldots, \\ g(Rx) = b_0 + b_1 Rx + \ldots. \end{cases}$$

Par conséquent, si a_0 et b_0 sont fixés, de manière qu'aucune des trois quantités $a_0 + b_0$, $a_0 - 1$ et $b_0 - 1$ ne soit nulle, $a_1 R$ et $b_1 R$ admettent une borne supérieure qui ne dépend que de a_0 et b_0; si a_1, par exemple, a une valeur fixe non nulle, R *admet une borne supérieure qui ne dépend que de* a_0, b_0 *et* a_1.

Les cas où l'une des trois quantités $a_0 + b_0$, $a_0 - 1$, $b_0 - 1$ est nulle demandent à être examinés séparément. Par exemple, *si* $a_0 = -b_0 (a_0 \neq 1, a_0 \neq -1)$, *et si* $a_1 + b_1$ *n'est pas nul*, R *admet une borne supérieure qui ne dépend que de* a_0 *et* $a_1 + b_1$. En effet, $(a_1 + b_1)R$ est borné en fonction de a_0, puisque, dans tout cercle $|x| < r < 1$, $|f(Rx) + g(Rx)|$ est borné en fonction de a_0 et de r (*cf.* paragraphe précédent).

Si $a_0 = 1 (b_0 \neq 1, b_0 \neq -1)$, R *admet une borne supérieure qui ne dépend que de* b_0 *et* a_1. En effet, $a_1 R$ est borné en fonction de b_0, puisque, dans tout cercle $|x| < r < 1$, $|f(Rx)|$ est borné en fonction de b_0 et de r.

Indiquons enfin que, au lieu de faire intervenir a_1 et b_1 pour limiter R, on peut faire intervenir les coefficients a_n et b_n, de rang fixe n.

Dans tout ce qui précède, nous n'avons énoncé de résultats que dans les cas les plus simples, et souvent nous n'avons fait qu'esquisser les démonstrations; celles-ci se réduisent toujours, en fin de compte, à l'examen des cas prévus par le théorème VI *ter*. Les indications précédentes donnent au moins une idée du rôle joué, dans toutes ces questions, par notre critère de famille complexe normale.

CHAPITRE V.

LES IDENTITÉS DE BOREL ET LES QUESTIONS D'UNICITÉ DANS LA THÉORIE DES FONCTIONS MÉROMORPHES (1).

52. Soit $f(x)$ une fonction méromorphe dans tout le plan, ou seulement au voisinage d'un point singulier essentiel isolé, que nous supposerons à l'infini. Désignons par $E(a)$ l'ensemble des points où la fonction $f(x)$ prend la valeur a, et, en particulier, par $E(\infty)$ l'ensemble des pôles de la fonction. Dans tout ce qui suivra, *on admettra, sauf indication contraire, que chaque point de l'ensemble* $E(a)$ *est compté autant de fois qu'il y a d'unités dans l'ordre de multiplicité de la racine correspondante de l'équation* $f(x) = a$, *si a est fini, du pôle correspondant, si a est infini.*

Lorsque deux fonctions $f(x)$ et $g(x)$, méromorphes dans tout le plan, admettent le même ensemble $E(a)$, nous dirons qu'*elles prennent ensemble la valeur a*, ou encore que *$g(x)$ prend la valeur a en même temps que $f(x)$*. Il en est ainsi, en particulier, lorsque chacune des deux fonctions admet a comme valeur exceptionnelle, c'est-à-dire ne prend pas la valeur a; dans ce cas, l'ensemble $E(a)$ est vide.

Nous dirons, de même, que deux fonctions, méromorphes au voisinage du point à l'infini, *prennent ensemble la valeur a au voisinage de l'infini*, s'il existe un cercle de rayon assez grand, à l'extérieur duquel les ensembles $E(a)$ relatifs à ces deux fonctions coincident. Nous conviendrons également de dire qu'une fonction $f(x)$, méromorphe au voisinage du point à l'infini, admet a comme valeur exceptionnelle, s'il existe un cercle à l'extérieur duquel $f(x)$ ne prend pas la valeur a.

---

(1) Certains des résultats de ce Chapitre ont été publiés dans deux Notes aux *Comptes rendus de l'Acad. des Sc.*, t. 185, 1927, p. 1253, et t. 186, 1928, p. 624. Les affirmations des paragraphes 4 et 5 de la seconde Note sont très probablement inexactes.

53. G. Pólya et R. Nevanlinna ont été, je crois, les premiers à s'occuper de l'unicité de la détermination d'une fonction méromorphe, par la connaissance d'un nombre fini d'ensembles $E(a_1)$, $E(a_2)$, ..., $E(a_n)$, assujettis ou non à la restriction relative aux ordres de multiplicité.

R. Nevanlinna a démontré le théorème suivant ([1]) :

Si deux fonctions, méromorphes au voisinage du point à l'infini, supposé singulier essentiel, prennent ensemble CINQ *valeurs distinctes au voisinage de l'infini, elles sont nécessairement identiques, même lorsqu'on ne tient pas compte des ordres de multiplicité.* Une fonction méromorphe au voisinage du point à l'infini est donc complètement déterminée par la connaissance, au voisinage de ce point, de cinq ensembles $E(a_1)$, $E(a_2)$, $E(a_3)$, $E(a_4)$, $E(a_5)$.

Il est naturel de chercher à réduire ce nombre de *cinq*. On y arrive en s'appuyant sur le théorème de E. Borel, déjà cité dans l'Introduction (§ 1) :

Si l'on a une identité de la forme

$$X_1(x) + X_2(x) + \ldots + X_p(x) \equiv 0,$$

entre des fonctions entières, sans zéros, ou bien leurs rapports mutuels sont des constantes, — ou bien les fonctions se partagent en plusieurs groupes, la somme des fonctions d'un même groupe est identiquement nulle, et leurs rapports mutuels sont des constantes.

Rappelons que, pour démontrer ce théorème, R. Nevanlinna ([2]) établit la proposition suivante, d'où il découle immédiatement : si les p fonctions ne sont pas liées par d'autre relation linéaire, homogène, à coefficients constants non tous nuls, que la relation donnée

$$X_1 + X_2 + \ldots + X_p \equiv 0,$$

tous les $m\left(r, \frac{X_\lambda}{X_\mu}\right)$ $(\lambda, \mu = 1, 2, \ldots, p)$ sont bornés lorsque r augmente indéfiniment, et par suite les $\frac{X_\lambda}{X_\mu}$ sont des constantes.

([1]) [F, *d*]. G. Pólya avait établi ce théorème [G] dans le cas de deux fonctions entières, de genre fini, qui prennent ensemble quatre valeurs finies distinctes.

([2]) [F, *b*], p. 381.

Or, pour montrer que $m\left(r, \frac{X_\lambda}{X_\mu}\right)$ est borné, il suffit de supposer que les fonctions sont définies au voisinage du point à l'infini, et qu'elles n'ont ni pôles ni zéros dans ce voisinage; dire que $m\left(r, \frac{X_\lambda}{X_\mu}\right)$ est borné, c'est dire que $\frac{X_\lambda}{X_\mu}$ n'a pas de singularité à l'infini. D'où une généralisation du théorème de Borel :

Si l'on a une identité de la forme

$$X_1(x) + X_2(x) + \ldots + X_p(x) \equiv 0,$$

entre des fonctions holomorphes, sans zéros, au voisinage du point à l'infini, ou bien leurs rapports mutuels sont réguliers à l'infini, — ou bien les fonctions se partagent en plusieurs groupes, la somme des fonctions d'un même groupe est identiquement nulle, et leurs rapports mutuels sont réguliers à l'infini.

Dans les problèmes que nous allons nous poser, nous nous ramènerons systématiquement à l'étude d'une identité, à laquelle nous appliquerons ce dernier théorème. D'ailleurs, celui-ci subsiste évidemment lorsque les fonctions $X_1, X_2, \ldots, X_p$ ont des zéros et des pôles, pourvu qu'aucun de leurs rapports mutuels n'en possède.

54. Envisageons d'abord deux fonctions $f(x)$ et $g(x)$, méromorphes au voisinage du point à l'infini, supposé singulier essentiel; admettons qu'elles prennent ensemble, au voisinage de l'infini, quatre valeurs distinctes a, b, c, d, que nous pouvons supposer finies. Cherchons à voir si ces deux fonctions ne seraient pas forcément identiques.

Désignons, d'une façon générale, par (e_1, e_2, e_3, e_4) le rapport anharmonique de quatre nombres e_1, e_2, e_3, e_4 :

$$(e_1, e_2, e_3, e_4) = \frac{e_1 - e_3}{e_2 - e_3} \frac{e_2 - e_4}{e_1 - e_4},$$

et posons

$$(37) \qquad \begin{cases} (f, g, a, b) = X, \\ (f, g, a, c) = Y, \\ (f, g, a, d) = Z. \end{cases}$$

X, Y, Z sont des fonctions holomorphes, sans zéros, au voisinage du point à l'infini. Or, l'élimination de f et g entre les relations (37) conduit à une identité de Borel à six termes :

$$(a-b)(c-d)(X+YZ)+(a-c)(d-b)(Y+ZX) \\ +(a-d)(b-c)(Z+XY)\equiv 0.$$

Remplaçons X, Y, Z par leurs valeurs en fonction de f et g; il vient

$$(38)\qquad \begin{aligned}&(a-b)(c-d)[(f-a)(f-b)(g-c)(g-d)\\ &\qquad+(g-a)(g-b)(f-c)(f-d)]\\ &+(a-c)(d-b)[(f-a)(f-c)(g-b)(g-d)\\ &\qquad+(g-a)(g-c)(f-b)(f-d)]\\ &+(a-d)(b-c)[(f-a)(f-d)(g-b)(g-c)\\ &\qquad+(g-a)(g-d)(f-b)(f-c)]\equiv 0.\end{aligned}$$

Désignons respectivement par X_1^1, X_1^2, X_2^1, X_2^2, X_3^1, X_3^2 les six termes qui figurent au premier membre de (38), dans l'ordre où ils se présentent. Ce sont des fonctions méromorphes au voisinage du point à l'infini, et leurs rapports mutuels ne possèdent ni zéros ni pôles. Nous appliquerons donc le théorème de Borel généralisé à l'identité (38); les différents cas de décomposition possibles sont les suivants :

α. Un seul groupe comprenant les six fonctions;

β. Deux groupes de trois fonctions;

γ. Un groupe de deux fonctions et un groupe de quatre;

δ. Trois groupes de deux fonctions.

Le cas β se subdivise lui-même en deux cas essentiellement distincts, suivant que les trois fonctions d'un même groupe ont leurs indices inférieurs tous différents, ou que deux de ces indices sont les mêmes. Nous prendrons, comme types de chacun de ces deux cas,

$$(\beta_1)\qquad X_1^1+X_2^1+X_3^1\equiv X_1^2+X_2^2+X_3^2\equiv 0,$$

$$(\beta_2)\qquad X_1^1+X_1^2+X_2^1\equiv X_2^2+X_3^1+X_3^2\equiv 0.$$

Le cas γ se subdivise aussi en deux cas essentiellement distincts :

$$(\gamma_1)\qquad X_1^1+X_1^2\equiv X_2^1+X_2^2+X_3^1+X_3^2\equiv 0,$$

$$(\gamma_2)\qquad X_1^1+X_2^1\equiv X_1^2+X_2^2+X_3^1+X_3^2\equiv 0.$$

Enfin, le cas δ se subdivise en trois :

$$(\delta_1) \qquad X_1^1 + X_2^2 \equiv X_1^2 + X_3^1 \equiv X_2^1 + X_3^2 \equiv 0,$$
$$(\delta_2) \qquad X_1^1 + X_1^2 \equiv X_2^1 + X_2^2 \equiv X_3^1 + X_3^2 \equiv 0.$$
$$(\delta_3) \qquad X_1^1 + X_1^2 \equiv X_2^1 + X_3^1 \equiv X_2^2 + X_3^2 \equiv 0.$$

Je dis d'abord que, u et v désignant deux quelconques des quatre nombres a, b, c, d $(u \neq v)$, si deux des six rapports anharmoniques (f, g, u, v) sont réguliers à l'infini, f et g sont identiques. Écrivons en effet

$$\begin{cases} (f, g, u, v) = P(x), \\ (f, g, u_1, v_1) = P_1(x), \end{cases}$$

P et P_1 étant des fonctions régulières à l'infini. L'élimination de g entre ces deux relations conduit à une équation, du second degré au plus en f. Si elle permettait de calculer f en fonction de P et P_1, f n'aurait pas de singularité essentielle à l'infini. Il faut donc que cette équation soit identiquement vérifiée, autrement dit, que les deux relations écrites se réduisent à une seule. Or, si l'on y regarde, pour un instant, P et P_1 comme des constantes, f et g comme des variables, elles définissent une homographie admettant les points doubles u, v, u_1 et v_1, ce qui fait au moins trois points doubles. Cette homographie se réduit donc à la transformation identique, et l'on a

$$f(x) \equiv g(x). \qquad \text{C. Q. F. D.}$$

Cela posé, si l'on examine successivement les cas énumérés plus haut, en écrivant, pour chacun d'eux, que le rapport de deux fonctions d'un même groupe n'a pas de singularité à l'infini, on trouve précisément, au moins dans les cas α, β_1, β_2, γ_1, γ_2 et δ_1, que deux des six rapports anharmoniques (f, g, u, v) sont réguliers à l'infini. On en conclut $f \equiv g$.

Dans le cas δ_2, on a

$$[(f, g, b, c)]^2 \equiv 1.$$

Si $(f, g, b, c) \equiv 1$, on a $f \equiv g$. Si $(f, g, b, c) \equiv -1$, on trouve ensuite $(f, g, a, b) \equiv -1$, ce qui est impossible, en vertu de la remarque faite plus haut.

Il reste à examiner le cas δ_3. L'élimination de f et g entre les équations

$$X_2^1 + X_3^1 \equiv 0 \quad \text{et} \quad X_2^2 + X_3^2 \equiv 0$$

donne

$$[(a, b, c, d)]^2 = 1,$$

d'où

$$(a, b, c, d) = -1,$$

puisque les nombres a, b, c, d sont distincts. On trouve ensuite

$$(f, g, c, d) \equiv -1;$$

cela exige que f et g admettent a et b comme valeurs exceptionnelles; sinon f et g prendraient ensemble la valeur a, par exemple; or on n'a pas

$$(a, a, c, d) = -1.$$

55. Tous les cas ayant été examinés, nous obtenons le théorème suivant :

Théorème VIII. — *a, b, c, d désignant* QUATRE *nombres complexes distincts, il existe au plus une fonction, méromorphe au voisinage du point singulier essentiel à l'infini, pour laquelle* $E(a)$, $E(b)$, $E(c)$, $E(d)$ *coïncident respectivement, au voisinage de l'infini, avec quatre ensembles donnés* A, B, C, D. *Il y a exception si, les ensembles* A *et* B *étant vides au voisinage de l'infini, on a*

$$(a, b, c, d) = -1;$$

dans ce cas, s'il existe une fonction répondant à la question, il en existe deux, et deux seulement, $f(x)$ *et* $g(x)$, *et l'on a*

$$(f, g, c, d) \equiv -1.$$

Lorsque nous disons que deux ensembles coïncident au voisinage de l'infini, nous entendons qu'il existe un cercle de rayon assez grand, à l'extérieur duquel ils coïncident.

Convenons alors de dire que deux ensembles de points *coïncident au sens large*, lorsqu'ils ne diffèrent que par un nombre fini de points. Le théorème VIII entraine évidemment le suivant :

THÉORÈME VIII *bis*. — *Il existe au plus une fonction méromorphe dans tout le plan, non rationnelle, pour laquelle* E(a), E(b), E(c), E(d) *coïncident au sens large avec quatre ensembles donnés* A, B, C, D; *il y a exception si, les ensembles* A *et* B *n'ayant qu'un nombre fini de points, on a*

$$(a, b, c, d) = -1;$$

dans ce cas, s'il existe une fonction répondant à la question, il en existe deux, et deux seulement, $f(x)$ *et* $g(x)$, *et l'on a*

$$(f, g, c, d) \equiv -1.$$

Ce théorème reste vrai *a fortiori* si l'on supprime les mots « au sens large »; le cas d'exception correspond alors seulement au cas où les ensembles A et B sont vides. On retrouve ainsi un théorème dû à G. Pólya et R. Nevanlinna (¹).

56. Considérons maintenant trois fonctions $f(x)$, $g(x)$ et $h(x)$, méromorphes au voisinage du point à l'infini, supposé singulier essentiel; admettons qu'elles prennent ensemble, au voisinage de l'infini, *trois* valeurs distinctes a, b, c, que nous pouvons supposer finies. Nous allons démontrer que deux de ces fonctions sont nécessairement identiques. Posons en effet

$$\begin{cases} (f, g, a, b) = X, \\ (f, g, a, c) = Y, \\ (f, h, a, b) = Z, \\ (f, h, a, c) = T, \end{cases}$$

et éliminons f, g, h entre ces relations; puis, dans l'identité obtenue, remplaçons de nouveau X, Y, Z, T en fonction de f, g, h. Il vient, tous calculs faits,

$$(39) \quad \begin{aligned} &(f-a)(g-b)(h-c) + (f-b)(g-c)(h-a) \\ &+ (f-c)(g-a)(h-b) - (f-c)(g-b)(h-a) \\ &- (f-a)(g-c)(h-b) - (f-b)(g-a)(h-c) \equiv 0. \end{aligned}$$

(¹) G. Pólya [G] s'était placé dans le cas où les fonctions sont entières et de genre fini, et où l'une des quatre valeurs a, b, c, d est précisément égale à l'infini. R. Nevanlinna [F, b, p. 378] s'est ensuite placé dans le cas général des fonctions méromorphes dans tout le plan.

Désignons respectivement par X_1^1, X_1^2, X_1^3, $-X_2^1$, $-X_2^2$, $-X_2^3$ les six termes qui figurent au premier membre de (39), dans l'ordre où ils se présentent. Ce sont des fonctions méromorphes au voisinage du point à l'infini, et leurs rapports mutuels ne possèdent ni zéros ni pôles. On va leur appliquer, comme tout à l'heure, le théorème de Borel généralisé.

On remarque d'abord que si les deux rapports anharmoniques (f, g, a, b) et (f, g, a, c) sont réguliers à l'infini, on a $f \equiv g$. On fait en outre la remarque suivante : Si l'on a une identité

$$X_1^p - X_2^q \equiv 0,$$

p et q désignant deux quelconques des indices 1, 2, 3, différents ou non, deux des trois fonctions f, g, h sont identiques. Par exemple, l'identité

$$X_1^1 - X_2^1 \equiv 0$$

donne

$$(f-a)(g-b)(h-c) \equiv (f-c)(g-b)(h-a),$$

et, par suite, comme $g-b$ n'est pas identiquement nul, $f \equiv h$.

Cela posé, on examine les cas de décomposition suivants :

α. Un seul groupe comprenant les six fonctions;

β. Deux groupes de trois fonctions :

$$(\beta_1) \qquad X_1^1 + X_1^2 + X_1^3 \equiv X_2^1 + X_2^2 + X_2^3 \equiv 0,$$

$$(\beta_2) \qquad X_1^1 + X_1^2 - X_2^3 \equiv X_1^3 - X_2^1 - X_2^2 \equiv 0;$$

γ. Un groupe de deux fonctions et un groupe de quatre; d'après une remarque précédente, il est inutile d'envisager le cas où les indices inférieurs des deux fonctions du premier groupe sont différents. On examinera donc seulement le cas suivant :

$$X_1^1 + X_1^2 \equiv X_1^3 - X_2^1 - X_2^2 - X_2^3 \equiv 0;$$

δ. Trois groupes de deux fonctions; mais il est inutile d'envisager ce cas, puisque, dans l'un au moins des trois groupes, les deux fonctions ont des indices inférieurs différents.

Si, dans chacun des cas α, β_1, β_2 et γ, on écrit que le rapport de deux fonctions d'un même groupe n'a pas de singularité à l'infini, on trouve que deux des trois fonctions f, g, h sont identiques, en vertu de la remarque relative aux rapports anharmoniques. D'où le

THÉORÈME IX ([1]). — *Il existe au plus* DEUX *fonctions, méromorphes au voisinage du point singulier essentiel à l'infini, pour lesquelles* E(a), E(b), E(c) *coïncident respectivement, au voisinage de l'infini, avec* TROIS *ensembles donnés* A, B, C.

57. Ce théorème entraîne le suivant :

THÉORÈME IX *bis.* — *Il existe au plus deux fonctions méromorphes dans tout le plan, non rationnelles, pour lesquelles* E(a), E(b), E(c) *coincident au sens large avec trois ensembles donnés* A, B, C.

Le théorème subsiste *a fortiori* si l'on supprime les mots « au sens large ».

En particulier, il existe au plus deux fonctions, méromorphes dans tout le plan, ayant un nombre fini de zéros et de pôles ([2]), et pour lesquelles E(1) coïncide au sens large avec un ensemble donné. Or, s'il en existe une, soit $f(x)$, il en existe une autre, $\frac{1}{f(x)}$ · Donc la connaissance de l'ensemble E(1) détermine les zéros et les pôles, qui sont d'ailleurs interchangeables. D'ailleurs, si $f(x)$ a au moins un zéro ou un pôle, les zéros de $f(x)$ et $\frac{1}{f(x)}$ ne coïncident pas. D'où le

THÉORÈME X. — *Il existe au plus une fonction* $f(x)$, *méromorphe dans tout le plan, admettant au sens large un ensemble* E(1) *donné, ayant un nombre fini de pôles, et des zéros donnés en nombre fini, pourvu qu'elle possède au moins un zéro ou un pôle.*

Dans le cas d'une fonction $f(x)$ n'ayant ni pôles ni zéros, il existe une fonction et une seule, admettant le même ensemble E(1) que $f(x)$, et n'ayant ni pôles, ni zéros : c'est $\frac{1}{f(x)}$ · Nous retrouvons là un théo-

([1]) Lorsque j'ai publié ce théorème dans les *Comptes rendus*, deux cas particuliers en avaient seulement été envisagés jusque-là : le cas des fonctions entières admettant deux valeurs exceptionnelles (Pólya et Nevanlinna), et le cas des fonctions entières d'ordre fini non entier [F, *b*, p. 387]. R. Nevanlinna a publié ensuite ce même théorème dans les *Comptes rendus*, t. 186, 1928, p. 289.

([2]) Les zéros et les pôles ne sont pas donnés.

rème dû à G. Pólya ([1]) dans le cas des fonctions entières de genre fini, et étendu par R. Nevanlinna [F, *b*, p. 388] aux fonctions entières de genre quelconque. D'après ces deux auteurs, le théorème est vrai même si l'on fait abstraction des ordres de multiplicité des racines de l'équation

$$f(x) = 1.$$

Nous venons de supposer, pour simplifier, $a = 0$, $b = \infty$, $c = 1$; il va sans dire que l'on passe de ce cas au cas général par une transformation homographique.

THÉORÈME XI ([2]). — *Étant donnés trois ensembles* A, B, C *quelconques, il n'existe pas, en général, de fonction méromorphe dans tout le plan, pour laquelle* $E(a)$, $E(b)$, $E(c)$ *coïncident respectivement avec* A, B, C.

Nous allons même montrer davantage : il n'existe pas, en général, de fonction pour laquelle, $E(a)$ coïncidant avec A, $E(b)$ et $E(c)$ coïncident au *sens large* avec B et C. En effet, en vertu du théorème IX *bis*, il existe au plus deux fonctions pour lesquelles $E(a)$, $E(b)$, $E(c)$ coïncident au sens large avec A, B, C; soient $E_1(a)$ et $E_2(a)$ les ensembles $E(a)$ relatifs à ces fonctions, si elles existent. Prenons alors un ensemble quelconque A', distinct de $E_1(a)$ et $E_2(a)$, et assujetti à coïncider au sens large avec A. Il n'existe aucune fonction pour laquelle, $E(a)$ coïncidant avec A', $E(b)$ et $E(c)$ coïncident au sens large avec B et C.

En particulier, *il n'existe pas en général de fonction méromorphe dans tout le plan, ayant des zéros et des pôles en nombre fini, et admettant un ensemble* $E(1)$ *donné.*

Revenons au théorème IX. S'il existe deux fonctions $f(x)$ et $g(x)$, méromorphes au voisinage du point à l'infini, et prenant ensemble trois valeurs au voisinage de l'infini, 0, 1 et ∞ par exemple, on peut écrire

$$\frac{f-1}{g-1} = U, \qquad \frac{g}{f}\,\frac{f-1}{g-1} = V,$$

([1]) G. Pólya (*Deutsche Math. Ver.*, t. 32, 1923, p. 16) énonce ce théorème sous la forme suivante : *Si les points où deux polynomes prennent des valeurs entières coïncident, leur somme ou leur différence est constante.*

([2]) Il est à peine besoin de rappeler qu'on peut toujours construire une fonction, méromorphe dans tout le plan, admettant deux ensembles $E(a)$ et $E(b)$ donnés, par exemple admettant des zéros et des pôles donnés.

d'où l'on tire

$$f=\frac{1-U}{1-V}, \qquad g=\frac{1-\frac{1}{U}}{1-\frac{1}{V}}, \tag{40}$$

U et V étant des fonctions holomorphes, sans zéros, au voisinage du point à l'infini. Réciproquement, U et V étant deux telles fonctions, les formules (40) définissent deux fonctions f et g prenant ensemble les valeurs 0, 1 et ∞ au voisinage de l'infini.

En particulier, les deux fonctions

$$f(x)=\frac{1-e^{5x}}{1-e^{2x}}, \qquad g(x)=\frac{1-e^{-5x}}{1-e^{-2x}}$$

sont méromorphes dans tout le plan, possèdent les mêmes ensembles E(0), E(1) et E(∞), et *n'admettent d'ailleurs aucune valeur exceptionnelle* [1].

58. Considérons maintenant quatre fonctions f_1, f_2, g_1, g_2, méromorphes au voisinage du point à l'infini supposé singulier essentiel; admettons qu'au voisinage de l'infini, ces quatre fonctions prennent ensemble deux valeurs finies a et b, que f_1 et f_2 prennent ensemble la valeur c, et que g_1 et g_2 prennent ensemble la valeur c. Nous pouvons supposer c infini.

On est alors ramené à l'étude de l'identité à huit termes

$$\begin{aligned}(f_1-a)(g_1-b)&+(f_2-a)(g_2-b)\\ +(g_1-a)(f_2-b)&+(g_2-a)(f_1-b)\\ -(f_1-b)(g_1-a)&-(f_2-b)(g_2-a)\\ -(g_1-b)(f_2-a)&-(g_2-b)(f_1-a)\equiv 0.\end{aligned} \tag{41}$$

Le rapport de deux termes quelconques est holomorphe et ne s'annule pas au voisinage de l'infini. Les cas de décomposition à examiner sont très nombreux; dans la plupart d'entre eux, on trouve que deux des quatre fonctions sont identiques, mais il y a également des cas assez nombreux où il n'en est rien.

Les hypothèses précédentes étant maintenues, supposons en outre

---

(1) Au contraire, nous avons vu que deux fonctions qui prennent ensemble *quatre valeurs* possèdent nécessairement deux valeurs exceptionnelles (théorème VIII).

que les fonctions f_1, f_2, g_1, g_2 prennent une infinité de fois chacune des valeurs a et b. Dans ces conditions, il suffit que $\frac{f_1-a}{f_2-a}$ soit régulier à l'infini, pour que f_1 et f_2 soient identiques; en effet, f_1 prenant une infinité de fois la valeur b, $\frac{f_1-a}{f_2-a}$ prend une infinité de fois la valeur *un*, et par suite est identique à *un*. C. Q. F. D.

Cette remarque facilite l'examen de tous les cas de décomposition, et l'on arrive à la conclusion suivante : deux des fonctions f_1, f_2, g_1, g_2 sont identiques, sauf dans le cas où l'on a

$$\frac{f_1-a}{f_1-b}=-\frac{g_1-a}{g_2-b},\qquad \frac{f_2-a}{f_2-b}=-\frac{g_2-a}{g_1-b}, \tag{42}$$

ce qui entraîne inversement

$$\frac{g_1-a}{g_1-b}=-\frac{f_1-a}{f_2-b},\qquad \frac{g_2-a}{g_2-b}=-\frac{f_2-a}{f_1-b}.$$

Remarquons d'ailleurs que si l'on a deux fonctions g_1 et g_2, prenant ensemble les valeurs a, b et ∞, les formules (42) définissent deux fonctions f_1 et f_2, prenant ensemble les valeurs a, b et ∞; de plus les quatre fonctions f_1, f_2, g_1, g_2 prennent ensemble les valeurs a et b.

59. L'étude précédente conduit au théorème suivant :

THÉORÈME XII. — *a et b désignant deux nombres complexes finis et distincts, considérons la famille de toutes les fonctions méromorphes au voisinage du point à l'infini, et admettant, au voisinage de l'infini, deux ensembles* E(a) *et* E(b) *donnés, dont chacun contient une infinité de points. Étant donné un ensemble* M *quelconque de points, il existe au plus* UNE *fonction de la famille pour laquelle* E(∞) *coïncide avec* M *au voisinage de l'infini, sauf peut-être pour* DEUX *ensembles exceptionnels*[1] M_1 *et* M_2, *pour chacun desquels il existe deux fonctions; en outre, s'il y a un ensemble exceptionnel, il y en a deux.*

Supposons, en effet, qu'il existe un ensemble exceptionnel M_1, et

[1] Nous ne considérons pas comme distincts deux ensembles qui coïncident au voisinage de l'infini.

soient g_1 et g_2 les deux fonctions de la famille pour lesquelles $E(\infty)$ coïncide avec M_1; nous savons, d'après le théorème IX, qu'il n'existe pas plus de deux telles fonctions. Les formules (42) nous font alors connaître deux fonctions f_1 et f_2 de la famille, qui admettent un même ensemble $E(\infty)$, soit M_2; c'est un second ensemble exceptionnel.

Il n'y en a pas d'autre. Soient en effet M_3 un ensemble exceptionnel, h_1 et h_2 les fonctions correspondantes; si M_3 ne coïncide pas avec M_1, les fonctions g_1, g_2, h_1, h_2 sont distinctes, et l'on a alors, d'après l'étude précédente,

$$\frac{h_1-a}{h_1-b}=-\frac{g_1-a}{g_2-b}, \qquad \frac{h_2-a}{h_2-b}=-\frac{g_2-a}{g_1-b},$$

et, par suite, $h_1=f_1$, $h_2=f_2$. Donc, si M_3 ne coïncide pas avec M_1, il coïncide avec M_2. Le théorème XII est complètement démontré.

Nous avons admis, il est vrai, que les ensembles M_1 et M_2 ne coïncidaient pas au voisinage de l'infini; pour s'en assurer, il suffit de vérifier ([1]) que chacune des fonctions f_1 et f_2, définies par les formules (42), est distincte de chacune des fonctions g_1 et g_2.

Par exemple, on ne peut pas avoir $f_1\equiv g_1$; on aurait alors en effet

$$g_1+g_2\equiv 2b;$$

c'est impossible, puisque g_1 et g_2 prennent ensemble la valeur a, et la prennent effectivement.

60. Appliquons le théorème XII au cas des fonctions méromorphes dans tout le plan; nous y avions supposé a et b finis et c infini; nous allons, cette fois, pour rendre le théorème plus frappant, supposer $a=0$, $b=\infty$, $c=1$. Nous obtenons alors le

Théorème XII *bis*. — *Considérons la famille de toutes les fonctions méromorphes dans tout le plan, pour lesquelles* $E(0)$ *et* $E(\infty)$ *coïncident au sens large avec deux ensembles infinis donnés* ([2]). *Étant donné un*

([1]) Cela suffit, car, si les quatre fonctions f_1, f_2, g_1, g_2 sont distinctes, comme elles admettent, d'autre part, les mêmes ensembles $E(a)$ et $E(b)$, elles ne peuvent admettre toutes le même ensemble $E(\infty)$, en vertu du théorème IX.

([2]) Ces fonctions sont de la forme $\varphi(x)R(x)e^{G(x)}$, φ étant une fonction méromorphe

ensemble M *quelconque, il existe au plus une fonction de la famille pour laquelle* E(1) *coïncide avec* M *au sens large, sauf peut-être pour deux ensembles exceptionnels* (1) M_1 *et* M_2, *pour chacun desquels il existe deux fonctions; en outre, s'il y a un ensemble exceptionnel, il y en a deux.*

Enfin, on peut reprendre l'étude de l'identité (41), dans le cas où les fonctions f_1, f_2, g_1, g_2 du paragraphe 58 sont méromorphes dans tout le plan. Mais, au lieu de supposer que ces fonctions prennent une infinité de fois chacune des valeurs a et b, il suffit de supposer qu'elles prennent au moins une fois chacune des valeurs a et b. Si alors $\frac{f_1 - a}{f_2 - a}$ est constant, on en conclut $f_1 \equiv f_2$, et la démonstration s'achève comme précédemment. On a donc le théorème suivant :

THÉORÈME XII *ter*. — *Considérons la famille de toutes les fonctions méromorphes dans tout le plan, admettant des zéros et des pôles donnés, et admettant au moins un zéro et au moins un pôle. Étant donné un ensemble* M *quelconque, il existe au plus une* (2) *fonction de la famille pour laquelle* E(1) *coïncide avec* M, *sauf peut-être pour deux ensembles exceptionnels* M_1 *et* M_2, *pour chacun desquels il existe deux fonctions; s'il y a un ensemble exceptionnel, il y en a deux.*

Nous pouvons ajouter ici : *Pour une distribution donnée de zéros et de pôles, il n'existe pas, en général, d'ensemble exceptionnel.* En effet, il n'en existe pas lorsque les zéros et les pôles donnés sont en nombre fini, en vertu du théorème X. Laissons de côté le cas où il y aurait un nombre fini de pôles et une infinité de zéros, par exemple, et venons au cas où les pôles, ainsi que les zéros, sont en nombre infini. Désignons par A l'ensemble des pôles, par B l'ensemble des zéros. En vertu du théorème XII *bis*, il existe au plus deux couples de fonctions, f_1 et f_2, g_1 et g_2, pour lesquelles E(∞) et E(0) coïncident *au sens large* avec A et B, et telles, en outre, que les ensembles E(1) relatifs à f_1 et à f_2 coïncident au sens large, et que les ensembles E(1)

---

donnée, qui admet des zéros et des pôles en nombre infini, $R(x)$ une fonction rationnelle arbitraire, et $G(x)$ une fonction entière arbitraire.

(1) Définis chacun à un nombre fini de points près.

(2) Et, en général, il n'en existe pas, en vertu du théorème XI.

relatifs à g_1 et g_2 coïncident au sens large. Prenons alors deux ensembles A′ et B′ quelconques, coïncidant au sens large avec A et B, et tels que l'ensemble A′ ne soit identique à aucun des quatre ensembles $E(\infty)$ relatifs à chacune des quatre fonctions f_1, f_2, g_1, g_2. Il est clair que, si l'on considère maintenant la famille des fonctions ayant pour pôles les points de A′, et pour zéros les points de B′, il n'y a pas d'ensemble $E(1)$ exceptionnel pour cette famille.

61. Nous allons étudier maintenant un problème d'un genre nouveau, relatif non plus à un système de fonctions prenant ensemble certaines valeurs, mais à une famille infinie de tels systèmes. Au lieu d'avoir à considérer une seule identité de Borel, nous aurons à en considérer une infinité, et nous leur appliquerons le critère de famille complexe normale du Chapitre III. Bornons-nous, pour rester dans le cas simple d'une identité à quatre termes, au problème suivant :

Trouver un critère de famille complexe normale pour une famille de systèmes de deux fonctions $\varphi(x)$ et $\psi(x)$, holomorphes dans un domaine D, n'y prenant pas la valeur zéro, et y prenant ensemble la valeur un.

Posons

$$\frac{\varphi - 1}{\psi - 1} = \lambda;$$

λ est une fonction holomorphe, sans zéros, et nous avons l'identité

$$\varphi - 1 + \lambda - \lambda\psi \equiv 0,$$

à laquelle nous appliquons le théorème VI. Il suffit d'envisager toutes les circonstances prévues dans l'énoncé de ce théorème; nous n'indiquerons pas le détail de cette discussion; nous en avons déjà fait de semblables ([1]). On trouve le théorème suivant :

THÉORÈME XIII. — *Étant donnée une famille de systèmes de deux fonctions $\varphi(x)$ et $\psi(x)$, holomorphes, sans zéros, et prenant ensemble la*

([1]) *Voir*, par exemple, Chapitre IV, § 45.

valeur un, on peut en extraire une suite infinie de systèmes, pour laquelle se trouve réalisée l'une des circonstances suivantes :

1° φ *et* ψ *convergent au sens large;*

2° $\varphi - 1$, $\frac{\varphi-1}{\psi-1}$ *et* $\psi \frac{\varphi-1}{\psi-1}$ *convergent vers zéro, — et la circonstance analogue, obtenue en permutant* φ *et* ψ;

3° $\frac{\varphi}{\psi}$ *et* $\frac{\varphi-1}{\psi-1}$ *convergent vers un;*

4° $\varphi\psi - 1$, $\frac{\varphi\psi-1}{\varphi-1}$ *et* $\frac{\varphi\psi-1}{\psi-1}$ *convergent vers zéro.*

62. Le théorème précédent permet de démontrer le

Théorème XIV. — *Soient deux fonctions* $f(x)$ *et* $g(x)$, *holomorphes et sans zéros au voisinage du point à l'infini, supposé singulier essentiel. Si l'on peut trouver une suite infinie de couronnes circulaires* C_n, *homothétiques entre elles et s'éloignant à l'infini, de façon que, dans chacune d'elles, les fonctions f et g prennent ensemble la valeur un, on a nécessairement*

$$f(x) \equiv g(x) \quad \text{ou} \quad f(x) \equiv \frac{1}{g(x)}.$$

Indiquons sommairement la démonstration.

Considérons la couronne C_n comme transformée d'une couronne fixe C_0 par une substitution linéaire $x' = S_n(x)$. Envisageons alors, dans la couronne C_0, la famille des fonctions

$$\varphi_n(x) = f[S_n(x)]$$

et

$$\psi_n(x) = g[S_n(x)],$$

et appliquons-leur le théorème XIII. Le cas 1° ne peut se présenter, car l'une des fonctions $f(x)$ et $\frac{1}{f(x)}$ serait bornée sur une infinité de circonférences s'éloignant à l'infini, donc serait constante. De même, le cas 2° ne peut se présenter, car f ou g serait identique à *un*. Dans le cas 3°, on a nécessairement $f(x) \equiv g(x)$. Dans le cas 4° enfin, on a $f(x)g(x) \equiv 1$. Le théorème est démontré. Il complète le théorème de G. Pólya et R. Nevanlinna déjà cité (§ 57).

61. On peut encore le compléter de la façon suivante :

Théorème XV. — *Soient deux fonctions distinctes $f(x)$ et $g(x)$, holomorphes et sans zéros au voisinage du point singulier essentiel à l'infini. Supposons*

$$f(x)\,g(x) \not\equiv 1.$$

Soit alors une suite arbitraire de nombres complexes $\sigma_1, \sigma_2, \ldots, \sigma_n, \ldots$ qui tendent vers l'infini. Étant donnée une circonférence Γ ayant son centre à l'origine et un rayon arbitraire, il existe un point z_0 sur cette circonférence, et une suite infinie $\sigma_{k_1}, \sigma_{k_2}, \ldots, \sigma_{k_n}, \ldots$ extraite de la suite précédente, qui jouissent de la propriété suivante :

C désignant un cercle de centre z_0 et de rayon arbitrairement petit, et $C_{k_1}, C_{k_2}, \ldots, C_{k_n}, \ldots$ désignant les cercles homothétiques de C par rapport à l'origine, dans les rapports respectifs $\sigma_{k_1}, \sigma_{k_2}, \ldots, \sigma_{k_n}, \ldots$, la fonction $\dfrac{f-1}{g-1}$ a au moins un zéro ou un pôle dans chacun des cercles C_{k_n} à partir d'un certain rang.

On sait que G. Julia (¹) a démontré des théorèmes analogues en partant du principe : « si une famille de fonctions n'est pas normale dans un domaine, il existe au moins un point du domaine où elle n'est pas normale. » Ici, le raisonnement est forcément un peu différent; voici, exposée très brièvement, la suite des idées.

Supposons que, étant donné un point quelconque z sur la circonférence Γ, on puisse trouver un cercle C de centre z, jouissant de la propriété suivante : de toute suite infinie extraite de la suite σ_n, on peut extraire une nouvelle suite infinie $\sigma_{\lambda_1}, \sigma_{\lambda_2}, \ldots, \sigma_{\lambda_n}, \ldots$, telle que la fonction $\dfrac{f-1}{g-1}$ n'ait ni pôles ni zéros dans chacun des cercles $C_{\lambda_1}, C_{\lambda_2}, \ldots, C_{\lambda_n}, \ldots$. En invoquant le théorème de Borel-Lebesgue, on peut être ramené au cas d'application du théorème XIV. On aurait donc

$$f(x) \equiv g(x) \qquad \text{ou} \qquad f(x) \equiv \frac{1}{g(x)},$$

ce qui est contraire à l'hypothèse.

(¹) [C, *b*].

Par conséquent, il existe sur Γ un point z_0, qui jouit de la propriété suivante : étant donné un cercle C quelconque, de centre z_0, on peut trouver une suite infinie σ_{μ_n} telle que, dans chacun des cercles C_{μ_n}, la fonction $\frac{f-1}{g-1}$ ait au moins un zéro ou un pôle. Prenons alors une suite infinie de cercles, de centre z_0, dont les rayons tendent vers zéro ; pour chacun d'eux nous avons une suite σ_{μ_n}. La suite diagonale fournit la suite σ_{k_n} de l'énoncé, et le théorème est démontré.

Vu et approuvé :

Paris, le 3 octobre 1928.

Le Doyen de la Faculté des Sciences,

C. MAURAIN.

Vu et permis d'imprimer :

Paris, le 3 octobre 1928.

Le Recteur de l'Académie de Paris,

S. CHARLETY.

4.

Un nouveau théorème d'unicité relatif aux fonctions méromorphes

Comptes Rendus de l'Académie des Sciences de Paris, 188, 301–303 (1929)

I. Soient $f(x)$ et $g(x)$ deux fonctions de la variable complexe x, méromorphes au voisinage d'un point singulier essentiel isolé, que nous supposerons à l'infini. Convenons de dire que ces fonctions *prennent ensemble la valeur a* (a peut être infini), s'il existe un cercle à l'extérieur duquel les équations

(1) $$f(x) = a \qquad g(x) = a$$

admettent les mêmes racines. Il se pourra, en particulier, qu'elles n'admettent aucune racine au voisinage de l'infini; la valeur a sera dite alors exceptionnelle.

Si l'on suppose en outre que les ordres de multiplicité des racines sont les mêmes dans les deux équations (1), on sait alors qu'il ne peut exister plus de deux fonctions prenant ensemble *trois* valeurs distinctes.

Si l'on fait abstraction des ordres de multiplicité des racines des équations (1), on sait seulement (Nevanlinna) que deux fonctions qui prennent ensemble *cinq* valeurs sont nécessairement identiques, mais jusqu'ici on n'avait pu abaisser ce nombre de cinq que dans des cas particuliers, comme le suivant (Nevanlinna) : si deux fonctions holomorphes f et g ne prennent pas la valeur *zéro* et prennent ensemble la valeur *un*, on a

$$f \equiv g \quad \text{ou} \quad f \equiv \frac{1}{g}$$

II. Le but de cette Note est d'indiquer le théorème suivant :

---

(1) Voir NEVANLINNA. *Einige Eindeutigkeitssätze in der Theorie der meromorphen Funktionen* (*Acta mathematica*, 48, 1926, p. 367-391). Voir aussi le Chapitre V de ma Thèse : *Sur les systèmes de fonctions holomorphes, etc.* (*Ann. de l'Éc. Norm. sup.*, 3e série, 45, 1928, p. 255-346).

Il ne peut exister plus de deux fonctions prenant ensemble quatre valeurs distinctes, même si l'on fait abstraction des ordres de multiplicité.

Voici les grandes lignes de la démonstration. Supposons qu'il existe trois fonctions distinctes $f(x)$, $g(x)$ et $h(x)$, prenant ensemble quatre valeurs a, b, c, d. Reprenons les notations du Mémoire cité (1); d'après M. Nevanlinna, on peut écrire

$$\lim_{r=\infty} \frac{T(r, g)}{T(r, f)} = \lim_{r=\infty} \frac{T(r, h)}{T(r, f)} = 1,$$

$$(2) \qquad \lim_{r=\infty} \frac{\overline{N}(r, a) + \overline{N}(r, b) + \overline{N}(r, c) + \overline{N}(r, d)}{T(r, f)} = 2,$$

à condition d'exclure des valeurs de r qui remplissent des intervalles I dont la longueur totale est finie. Or, la fonction

$$\varphi = \left(\frac{h'}{h-a} - \frac{g'}{g-a}\right)f + \left(\frac{f'}{f-a} - \frac{h'}{h-a}\right)g + \left(\frac{g'}{g-a} - \frac{f'}{f-a}\right)h$$

admet comme zéros les zéros de $f-a$, et comme zéros doubles les zéros de $f-b$, $f-c$ et $f-d$. D'ailleurs, si l'on n'a pas d'identité de la forme

$$(3) \qquad \frac{\lambda}{f-a} + \frac{\mu}{g-a} + \frac{\nu}{h-a} \equiv 0,$$

λ, μ, ν étant des constantes dont aucune n'est nulle, la fonction φ n'est pas identiquement nulle, et l'on a donc

$$(4) \qquad \overline{N}(r, a) + 2[\overline{N}(r, b) + \overline{N}(r, c) + \overline{N}(r, d)] < T(r, \varphi) + O(\log r).$$

On voit sans peine que

$$(5) \qquad T(r, \varphi) < 3T(r, f) + O[\log T(r, f)] + O(\log r).$$

Si l'on revient à (2) en tenant compte de (4) et (5), on trouve que

$$\lim_{r=\infty} \frac{\overline{N}(r, a)}{T(r, f)} = 1,$$

en excluant toujours les intervalles I. En comparant de nouveau avec (2), on voit que, pour deux au moins des valeurs a, b, c, d, on doit avoir une identité de la forme (3), et l'on peut montrer, d'autre part, que cette dernière éventualité est impossible, ce qui établit le théorème.

3. Il resterait à savoir dans quels cas il peut effectivement exister deux fonctions qui prennent ensemble quatre valeurs.

Pour terminer, montrons sur un exemple qu'il peut exister *quatre* fonc-

---

(1) R. Nevanlinna, *loc. cit.*, p. 373.

tions prenant ensemble *trois* valeurs, si l'on fait abstraction des ordres de multiplicité. En effet, f désignant une fonction holomorphe qui ne prend pas la valeur -1, les quatre fonctions f, $\frac{2f}{f+1}$, f^2 et $\frac{4f}{(f+1)^2}$ sont holomorphes et prennent ensemble les valeurs *zéro* et *un*.

Peut-il exister plus de quatre fonctions prenant ensemble trois valeurs, ou même une infinité? C'est là un problème intéressant.

5.

Sur la croissance des fonctions méromorphes d'une ou plusieurs variables complexes

Comptes Rendus de l'Académie des Sciences de Paris 188, 1374–1376 (1929)

1. La lecture d'une Note de M. A. Bloch ([2]) m'a suggéré une *nouvelle définition de la fonction de croissance* $T(r, f)$ *de MM. Nevanlinna*, attachée à une fonction méromorphe $f(x)$ de la variable complexe x :

Mettons $f(x)$ *sous la forme* $\frac{g(x)}{h(x)}$, *g et h étant holomorphes et sans zéros communs; soit* $U(x)$ *la plus grande des quantités* $\log|g(x)|$ *et* $\log|h(x)|$. *On a*

$$T(r, f) = \frac{1}{2\pi}\int_0^{2\pi} U(re^{i\theta})\,d\theta - \log|h(0)|,$$

en supposant, pour simplifier, $h(0) \neq 0$.

Si $f(x)$ est une fonction entière, on peut prendre

$$g = f, \qquad h = 1, \qquad U(x) = \overset{+}{\log}|f(x)|,$$

et l'on retrouve la définition classique de $m(r, f)$.

Cette définition peut permettre de simplifier des démonstrations antérieures.

2. Passons à une fonction de plusieurs variables complexes; raisonnons sur deux variables x et y.

Mettons, avec Poincaré et M. Cousin, $f(x, y)$ sous la forme du quotient de deux fonctions entières ne s'annulant ensemble qu'en des points isolés :

$$f(x, y) = \frac{g(x, y)}{h(x, y)},$$

et soit $U(x, y)$ la plus grande des quantités $\log|g(x, y)|$ et $\log|h(x, y)|$.

Notre fonction de croissance sera ([3])

$$T(r_1, r_2; f) = \frac{1}{4\pi^2}\int_0^{2\pi}\int_0^{2\pi} U(r_1e^{i\theta_1}, r_2e^{i\theta_2})\,d\theta_1\,d\theta_2 - \log|h(0, 0)|.$$

([1]) Séance du 22 mai 1929.

([2]) *Comptes rendus*, **181**, 1925, p. 276.

([3]) Cette définition concorde avec celle de M. A. Bloch (*loc. cit.*).

C'est une fonction continue des variables positives r_1 et r_2.

3. *Propriété fondamentale.* — Posons

$$\xi_1 = \log r_1, \qquad \xi_2 = \log r_2;$$

alors le point de l'espace de coordonnées ξ_1, ξ_2, $T(\xi_1, \xi_2)$ *décrit une surface* S *convexe* (¹) (au sens large). Nous allons montrer, en effet, que les sections par les plans

$$\xi_1 = \alpha \xi_2 + \beta,$$

où α est rationnel, positif ou négatif, et β quelconque, sont des courbes convexes; la continuité de la surface S entraînera alors sa convexité.

Démonstration. — m et p étant deux entiers premiers entre eux, positifs ou négatifs, il existe deux entiers a et b tels que

$$am - bp = 1.$$

Effectuons le changement de variables

$$\theta_1 = au + pv,$$
$$\theta_2 = bu + mv.$$

Il vient

$$T(r_1, r_2; f) = -\log|h(0\ 0)| + \frac{1}{2\pi}\int_0^{2\pi} du \left\{ \frac{1}{2\pi}\int_0^{2\pi} U(r_1 e^{iau} e^{ipv}, r_2 e^{ibu} e^{imv})\, dv \right\}.$$

Posons, A et B étant deux constantes positives quelconques et ρ un nombre positif,

$$r_1 = A\rho^p, \qquad r_2 = B\rho^m.$$

La quantité entre accolades est égale, à une constante additive près (²), à $T(\rho, F)$, en posant

$$F(z) = f(A e^{iau} z^p, B e^{ibu} z^m);$$

c'est donc une fonction convexe de $\log\rho$. Donc $T(A\rho^m, B\rho^p)$ est convexe en $\log\rho$; d'où la propriété annoncée.

4. Une étude plus approfondie des sections planes de la surface S est facile et digne d'intérêt. Indiquons seulement l'inégalité fondamentale suivante, qui résulte de la convexité : à ρ_1 et ρ_2 positifs quelconques corres-

---

(¹) M. VALIRON avait déjà indiqué une propriété semblable pour la fonction $M(r_1, r_2)$ (*Bull. Sc. math.*, 2ᵉ série, 47, 1923, p. 177).

(²) Il pourrait aussi y avoir un terme en $\log\rho$, dû aux zéros communs à $g(x, y)$ et $h(x, y)$; mais cela ne change rien à la convexité en $\log\rho$.

pondent deux nombres positifs $C_1(\rho_1, \rho_2)$ et $C_2(\rho_1, \rho_2)$, tels que l'on ait

$$T(r_1, r_2) - T(\rho_1, \rho_2) \geqq C_1 \log \frac{r_1}{\rho_1} + C_2 \log \frac{r_2}{\rho_2},$$

quels que soient r_1 et r_2 positifs.

Le cas où $C_1(\rho_1, \rho_2)$ et $C_2(\rho_1, \rho_2)$ sont bornés supérieurement caractérise les fonctions rationnelles de x et de y.

6.

Sur la fonction de croissance attachée à une fonction méromorphe de deux variables et ses applications aux fonctions méromorphes d'une variable

Comptes Rendus de l'Académie des Sciences de Paris 189, 521–523 (1929)

1. La fonction $f(x, y)$ étant supposée méromorphe dans le domaine

$$|x| < R_1, \qquad |y| < R_2,$$

on peut la mettre sous la forme

$$f(x, y) = \frac{g(x, y)}{h(x, y)},$$

g et h étant holomorphes dans ce domaine, et ne s'annulant ensemble qu'en des points isolés. La définition, que j'ai donnée dans une Note précédente (¹), de la fonction de croissance $T(r_1, r_2; f)$ est équivalente à la définition donnée par M. A. Bloch (²) :

$$T(r_1, r_2; f) = m(r_1, r_2; f) + N(r_1, r_2; f),$$

en posant

$$m(r_1, r_2; f) = \frac{1}{4\pi^2}\int_0^{2\pi}\int_0^{2\pi} \overset{+}{\log} |f(r_1 e^{i\theta_1}, r_2 e^{i\theta_2})| \, d\theta_1 \, d\theta_2,$$

$$N(r_1, r_2; f) = \frac{1}{4\pi^2}\int_0^{2\pi}\int_0^{2\pi} \log |h(r_1 e^{i\theta_1}, r_2 e^{i\theta_2})| \, d\theta_1 \, d\theta_2 - \log |h(0, 0)|. \tag{1}$$

On a supposé

$$r_1 < R_1, \qquad r_2 < R_2, \qquad h(0, 0) \neq 0.$$

2. $N(r_1, r_2; f)$ est une quantité attachée aux infinis de f, ou encore aux zéros de h, situés dans le domaine $D(r_1, r_2)$,

$$|x| \leqq r_1, \qquad |y| \leqq r_2.$$

En effet, cette quantité ne change pas si l'on multiplie $h(x, y)$ par une fonction holomorphe qui ne s'annule pas dans $D(r_1, r_2)$. On peut montrer que $N(r_1, r_2; f)$ est une quantité *essentiellement positive ou nulle, nulle dans le cas où $h(x, y)$ ne s'annule pas dans $D(r_1, r_2)$, et dans ce cas seulement*. Enfin,

---

(¹) *Comptes rendus*, **188**, 1929, p. 1374.
(²) *Comptes rendus*, **181**, 1925, p. 276.

le point de l'espace de coordonnées

$$\xi = \log r_1, \qquad \eta = \log r_2, \qquad \zeta = \mathrm{N}(r_1, r_2; f)$$

décrit une surface convexe.

3. On peut, dans la formule (1), effectuer successivement les intégrations par rapport à θ_1 et θ_2. On trouve ainsi

$$(2) \qquad \mathrm{N}(r_1, r_2; f) = \frac{1}{2\pi}\int_0^{2\pi} \sum \overset{+}{\log} \frac{r_2}{|y(r_1 e^{i\theta_1})|}\, d\theta_1 + \sum \overset{+}{\log} \frac{r_1}{|x(0)|}$$

et, en permutant l'ordre des intégrations,

$$(3) \qquad \mathrm{N}(r_1, r_2; f) = \frac{1}{2\pi}\int_0^{2\pi} \sum \overset{+}{\log} \frac{r_1}{|x(r_2 e^{i\theta_2})|}\, d\theta_2 + \sum \overset{+}{\log} \frac{r_2}{|y(0)|}.$$

Dans ces relations, l'expression

$$\sum \overset{+}{\log} \frac{r_2}{|y(a)|}$$

désigne la somme

$$\sum_i \overset{+}{\log} \frac{r_2}{|\eta_i|},$$

étendue à toutes les racines $y = \eta_i$, de modules inférieurs à r_2, de l'équation

$$h(a, y) = 0,$$

chacune d'elles étant comptée autant de fois que l'exige son ordre de multiplicité.

L'expression (2) *ne fait intervenir que les zéros de* $h(x, y)$ *appartenant à l'une ou l'autre des deux variétés*

$$y = 0, \qquad |x| \leqq r_1$$

et

$$|y| \leqq r_2, \qquad |x| = r_1.$$

En particulier, *si* $h(x, y)$ *ne s'annule sur aucune de ces deux variétés*, alors $\mathrm{N}(r_1, r_2; f)$ est nul, et par suite $h(x, y)$ *ne s'annule pas* [1] *dans* $\mathrm{D}(r_1, r_2)$.

4. Soient maintenant $f(x)$ une fonction d'une variable, méromorphe

---

[1] Cette propriété résulte d'ailleurs d'un théorème de M. Hartogs, *Einige Folgerungen aus der Cauchy'schen Integralformel* (*Münch. Sitzgsb.*, 36, 1906, p. 223).

pour $|x| < R$, r un nombre positif inférieur à R, ρ un nombre positif. On peut appliquer les formules (2) et (3) au calcul de $N\left[r, \rho; \frac{1}{y-f(x)}\right]$, puis égaler les deux expressions trouvées. On obtient la *relation fondamentale*

$$(4) \qquad \frac{1}{2\pi}\int_0^{2\pi} N(r; \rho e^{i\theta})\, d\theta = T\left(r; \frac{f}{\rho}\right) - \overset{+}{\log}\frac{|f(0)|}{\rho}.$$

Dans ces formules, $N(r; a)$ désigne, suivant l'usage, la somme

$$\sum_i \overset{+}{\log}\frac{r}{|\alpha_i|}$$

étendue aux zéros [1] de $f(x) - a$, de modules inférieurs à r, et l'on a posé

$$T\left(r; \frac{f}{\rho}\right) = \frac{1}{2\pi}\int_0^{2\pi} \overset{+}{\log}\frac{|f(re^{i\theta})|}{\rho}\, d\theta + N(r; \infty).$$

(1) Chaque zéro est compté avec son ordre de multiplicité. $N(r; \infty)$ désigne la quantité analogue à $N(r; a)$, attachée aux pôles de $f(x)$.

7.

Sur la dérivée par rapport à log *r* de la fonction de croissance T(*r*;*f*)

Comptes Rendus de l'Académie des Sciences de Paris 189, 625–627 (1929)

1. Soit $f(x)$ une fonction de la variable complexe x, méromorphe pour $|x| < \mathrm{R}$.

Dans une Note récente [1], j'ai indiqué la relation [2]

$$\frac{1}{2\pi}\int_0^{2\pi} \mathrm{N}(r;\, \rho e^{i\theta})\, d\theta = \mathrm{T}\left(r;\, \frac{f}{\rho}\right) - \overset{+}{\log}\frac{|f(0)|}{\rho} \qquad (r < \mathrm{R}), \tag{1}$$

d'où, en particulier, pour $\rho = 1$,

$$\frac{1}{2\pi}\int_0^{2\pi} \mathrm{N}(r;\, e^{i\theta})\, d\theta = \mathrm{T}(r;\, f) - \overset{+}{\log}|f(0)|. \tag{2}$$

---

(1) *Comptes rendus*, **189**, 1929, p. 521. Je conserve les notations de cette Note. Page 522 de cette Note, ligne 15, *au lieu de* $h(0, y) = 0$, *lire* $h(a, y) = 0$.
(2) Paragraphe 4, relation (4).

Désignons, suivant l'usage, par $n(r; a)$ le nombre des zéros (¹) de $f(x) - a$, dont le module est inférieur à r. On sait que

$$n(r; a) = \frac{dN(r; a)}{d(\log r)}.$$

La relation (2) montre que $T(r; f)$ possède une dérivée, et l'on a

$$(3)\qquad t(r; f) = \frac{dT(r; f)}{d(\log r)} = \frac{1}{2\pi}\int_0^{2\pi} n(r; e^{i\theta})\, d\theta,$$

$t(r; f)$ est une fonction positive, continue et non décroissante de r.

2. Considérons, dans le plan de la variable complexe y, le domaine riemannien $D(r)$ engendré par $y = f(x)$ pour $|x| \leqq r$. Appelons *fonction de recouvrement d'une circonférence* C du plan y, le quotient, par la longueur de C, de la somme des longueurs des arcs de C recouverts par $D(r)$, chacun d'eux étant compté n fois s'il est recouvert par n feuillets de $D(r)$. De la relation (3) résulte le théorème suivant :

Théorème I. — *La fonction de recouvrement de la circonférence* $|y| = 1$ *n'est autre que* $t(r; f)$. Plus généralement, *la fonction de recouvrement de la circonférence* $|y - y_0| = \rho$ *est égale à* $t\left(r; \frac{f - y_0}{\rho}\right)$.

3. Désignons maintenant par Δ l'un quelconque des domaines suivants dans le plan y : 1° l'intérieur d'un cercle; 2° l'aire comprise entre deux circonférences concentriques; 3° l'extérieur d'un cercle; 4° le plan tout entier.

Soit $d\sigma(y)$ l'élément d'aire de ce domaine, l'aire étant comptée sur la sphère de Riemann dans les deux derniers cas; soit S l'aire totale de Δ. Soit enfin

$$U(r; f) = \frac{1}{S}\int\int_\Delta N(r; y)\, d\sigma(y).$$

En utilisant les relations (1) et (2), on trouve aisément (²)

$$(4)\qquad |U(r; f) - T(r; f)| < K,$$

K ne dépendant que du domaine Δ et de $f(0)$, nullement de r. D'ailleurs $\frac{dU(r; f)}{d(\log r)}$ est égale à la *fonction de recouvrement de l'aire du domaine* Δ, fonction dont la définition est analogue à celle donnée au paragraphe 2.

(¹) Chaque zéro est compté autant de fois que l'exige son ordre de multiplicité.

(²) M. Shimizu [*On the theory of meromorphic functions* (*Jap. Journal of Math.*, 6, 1929, p. 119-171)] avait déjà établi ce résultat, par une méthode différente, et seulement dans le cas où Δ est le plan tout entier.

4. Supposons maintenant $f(x)$ *méromorphe dans tout le plan, et non rationnelle*. Alors $t(r; f)$, et, d'une façon générale, toute fonction de recouvrement, augmente indéfiniment avec r. À l'aide de (4) et de

$$\left| T\left(r; \frac{f-y_0}{\rho}\right) - T(r; f) \right| < H, \tag{5}$$

H étant indépendant de r, on démontre :

THÉORÈME II. — *$u_1(r)$ et $u_2(r)$ désignant deux quelconques des fonctions de recouvrement* (envisagées aux paragraphes 2 et 3), *on a, pour tout* $\alpha > \frac{1}{2}$, *et pour tout r extérieur à des intervalles dans lesquels la variation totale de* $\log r$ *est finie* ([1]),

$$|u_1(r) - u_2(r)| < [u_1(r)]^{\alpha};$$

en particulier, $\dfrac{u_1(r)}{u_2(r)}$ *tend vers un quand r tend vers l'infini en restant extérieur aux intervalles précédents.*

5. Étant donnée une courbe fermée formée d'un nombre fini d'arcs analytiques, ou un domaine connexe limité par un nombre fini de telles courbes, on peut encore définir une fonction de recouvrement, à laquelle s'applique encore le théorème II dans le cas où $f(x)$ est méromorphe dans tout le plan. Pour une courbe fermée Γ, on prendra le quotient par 2π de la somme des pseudo-longueurs des arcs de Γ recouverts par $D(r)$; la pseudo-longueur est, par définition, la longueur de l'arc de $|y| = 1$ qui correspond à l'arc envisagé de Γ, dans une certaine représentation conforme de l'intérieur de Γ sur $|y| < 1$.

6. Enfin M. Valiron m'a suggéré que tous les résultats précédents étaient sans doute encore valables pour une *fonction algébroïde méromorphe*. Nous avons ensuite vérifié qu'il en est bien ainsi, car les relations (1) et (2), par exemple, s'appliquent presque sans changement aux fonctions algébroïdes.

([1]) Ces intervalles dépendent seulement de la fonction $f(x)$, de α, nullement des fonctions u_1 et u_2 envisagées.

8.

Sur les zéros des combinaisons linéaires de *p* fonctions entières données

Comptes Rendus de l'Académie des Sciences de Paris 189, 727–729 (1929)

1. Soit un système de p fonctions $g_1(x), g_2(x), \ldots, g_p(x)$, holomorphes pour $|x| < R$. Supposons une fois pour toutes qu'*il n'existe pas de zéro commun à toutes ces fonctions, ni de relation linéaire homogène à coefficients constants entre ces fonctions*. Soit $U(x)$ la plus grande des quantités $\log |g_j(x)|$ $(j = 1, 2, \ldots, p)$; posons

$$T(r) = \frac{1}{2\pi} \int_0^{2\pi} U(re^{i\theta})\, d\theta - U(0).$$

Si $p = 2$, $T(r)$ n'est autre que $T\left(r; \frac{g_1}{g_2}\right)$, à une constante additive près [1]. Si p est quelconque, on a, g_h et g_k désignant deux quelconques des g_j,

$$T\left(r; \frac{g_h}{g_k}\right) < T(r) + O(1).$$

Considérons maintenant q $(q > p)$ combinaisons linéaires homogènes, *distinctes p à p*, des fonctions g_j; soient $F_1, F_2, \ldots, F_q$. Posons

$$\overline{N}(r, F_i) = \sum_\mu \overset{+}{\log} \frac{r}{|x_\mu|},$$

la somme étant étendue aux zéros x_μ de $F_i(x)$, chacun étant compté autant de fois qu'il y a d'unités dans son ordre de multiplicité si ce dernier est inférieur à $p - 1$, $p - 1$ fois dans le cas contraire.

On a l'inégalité importante

$$(1) \qquad (q - p) T(r) < \sum_{i=1}^{q} \overline{N}(r, F_i) + S(r),$$

où $S(r)$ jouit des propriétés énoncées par M. R. Nevanlinna dans le cas $p = 2$. Pour $p = 2$, en effet, on retrouve l'inégalité qui a permis à M. Nevanlinna de compléter de façon si remarquable le théorème de Picard-

---

(1) Voir à ce sujet une de mes Notes précédentes (*Comptes rendus*, **188**, 1929, p. 1374).

Borel [1]. Pour p quelconque, l'inégalité (1) répond à une question récemment posée par M. Valiron [2]; elle complète les résultats de M. Montel sur les combinaisons exceptionnelles de p fonctions entières données.

2. Supposons les g_j entières, et considérons q combinaisons F_i, distinctes p à p; si les zéros de chaque F_i ont respectivement leurs ordres de multiplicité supérieurs à m_i, on a, d'après (1),

$$\sum_1^q \frac{1}{m_i} \geq \frac{q-p}{p-1}. \tag{2}$$

En particulier, *la puissance $p^{\text{ième}}$ d'une fonction entière qui a des zéros ne peut être égale à la somme de moins de $p+1$ fonctions entières sans zéros.* D'ailleurs, $(1+e^x)^p$ est égale à la somme de $p+1$ fonctions entières sans zéros.

3. Les g_j étant entières, appelons *défaut* de la combinaison F_i la quantité

$$\delta(F_i) = \varliminf_{(r\to\infty)} \left[1 - \frac{\overline{N}(r, F_i)}{T(r)}\right] \quad [3].$$

THÉORÈME. — *On peut choisir un nombre fini ou une infinité dénombrable de combinaisons F_i, distinctes p à p, de façon que :*

1° *La série $\Sigma\delta(F_i)$ soit convergente et de somme $S \leq p$;*

2° *Pour toute combinaison F, qui n'est pas une combinaison de moins de p fonctions F_i, le défaut $\delta(F)$ soit nul.*

La valeur de S peut dépendre de la manière dont on choisit les F_i, ainsi que le montre un exemple simple.

4. *Application aux algébroïdes méromorphes.* — Une algébroïde est définie par

$$\psi(u) \equiv A_\nu u^\nu + A_{\nu-1} u^{\nu-1} + \ldots + A_0 = 0,$$

les A_j étant holomorphes en x. Supposons qu'il n'existe aucune relation linéaire homogène à coefficients constants entre les A_j, et, en particulier, qu'aucune A_j ne soit identiquement nulle. Dans ces conditions, $a_1, a_2, \ldots,$

---

(1) Voir, par exemple, R. NEVANLINNA, *Zur Theorie der meromorphen Funktionen* (*Acta mathematica*, 46, 1925, p. 1-99).

(2) *Comptes rendus*, 189, 1929, p. 623-625, dernière phrase de la Note.

(3) Dans certains cas, on exclut, comme d'habitude, des intervalles exceptionnels pour r.

a_q désignant q nombres complexes distincts, on a, en vertu de (1),

$$(4) \qquad (q - \nu - 1)\,\mathrm{T}(r) < \sum_{i=1}^{q} \overline{\mathrm{N}}[r, \psi(a_i)] + \mathrm{S}(r).$$

Cette inégalité précise celle de M. Valiron ([1]). Dans le calcul de $\overline{\mathrm{N}}[r, \psi(a_i)]$, chaque zéro de $\psi(a_i)$ n'est jamais compté plus de ν fois.

5. *Application aux questions d'unicité.* — Soient f_1 et f_2 deux fonctions entières sans zéros ($f_1 \not\equiv f_2$, $f_1 f_2 \not\equiv 1$). On sait que l'ensemble des zéros de $f_1 - 1$ ne peut coïncider avec l'ensemble des zéros de $f_2 - 1$. Voici un résultat beaucoup plus précis, obtenu grâce à (1). Posons

$$\mathrm{N}(r) = \sum_i \overset{+}{\log} \frac{r}{|\alpha_i|}, \qquad \mathrm{N}_1(r) = \sum_j \overset{+}{\log} \frac{r}{|\beta_j|}, \qquad \mathrm{N}_2(r) = \sum_k \overset{+}{\log} \frac{r}{|\gamma_k|},$$

α_i désignant les zéros communs à $f_1 - 1$ et $f_2 - 1$, β_j les zéros de $f_1 - 1$ qui n'annulent pas $f_2 - 1$, γ_k les zéros de $f_2 - 1$ qui n'annulent par $f_1 - 1$; chaque zéro n'est compté qu'une fois dans les sommes précédentes. On a ([2])

$$\varlimsup_{(r\to\infty)} \frac{\mathrm{N}(r)}{\mathrm{N}_1(r) + \mathrm{N}_2(r)} \leq 1;$$

d'ailleurs, pour $f_1 \equiv e^x$, $f_2 \equiv e^{2x}$, la limite est atteinte.

([1]) Note déjà citée; j'appelle $\mathrm{T}(r)$ ce que M. Valiron appelle $\nu\,\mathrm{T}(r)$.

([2]) On exclut éventuellement certains intervalles exceptionnels pour r.

9.

Sur les fonctions de deux variables complexes

Bulletin des Sciences Mathématiques 54, 99–116 (1930)

I. — Préliminaires.

1. Henri Poincaré (¹) a démontré en 1883 qu'*une fonction de deux variables complexes, partout méromorphe à distance finie, peut se mettre sous la forme du quotient de deux fonctions entières ne s'annulant ensemble qu'en des points isolés.*

Un peu plus tard, et par une voie différente, M. Pierre Cousin a établi des théorèmes plus généraux. Nous en retiendrons deux (²) (qui figureront ici sous le nom de théorème I et théorème II).

Tout ce qui suit s'appliquera indifféremment à des fonctions de x et de y holomorphes ou méromorphes *pour tout système de valeurs finies de x et de y*, ou, au contraire, holomorphes ou méromorphes *dans un domaine formé de deux cercles* (ou même de *deux domaines simplement connexes quelconques*) situés respectivement dans le plan x et dans le plan y.

Pour fixer les idées, nous parlerons de *fonctions entières* et de fonctions *méromorphes partout à distance finie*, étant entendu que les mêmes considérations s'appliquent lorsque le domaine d'existence des fonctions envisagées se compose de l'ensemble de deux cercles.

Théorème I. — *Supposons que tout point de l'espace* (x, y) *soit intérieur à une région, que nous appellerons* voisinage *de ce point, et dans laquelle on a défini une fonction holomorphe*

(¹) Sur les fonctions de deux variables (*Acta math.*, t. 2, 1883, p. 97-113).

(²) Sur les fonctions de n variables complexes (*Acta math.*, t. 19, 1895, p. 1-62). Les deux théorèmes en question sont respectivement le théorème IX (p. 37) et le théorème VII (p. 33). Nous en avons modifié l'énoncé afin de nous borner au cas de deux variables complexes.

$u(x, y)$; et cela, de façon que, étant donnés deux voisinages quelconques qui ont une région commune, le quotient des deux fonctions $u(x, y)$ correspondantes soit holomorphe et différent de zéro dans cette région commune. Alors il existe une fonction entière $U(x, y)$, *telle que, au voisinage de tout point, le quotient* $\frac{U(x, y)}{u(x, y)}$ *soit holomorphe et différent de zéro.*

2. Convenons d'appeller *variété caractéristique* toute variété définie, au voisinage de chacun de ses points, par une relation de la forme

$$u(x, y) = 0,$$

$u(x, y)$ étant holomorphe au voisinage du point considéré. Le théorème I exprime que *l'on peut toujours former une fonction entière* $U(x, y)$, *s'annulant sur des variétés caractéristiques données, en nombre fini ou en infinité dénombrable, et ne s'annulant pas ailleurs, pourvu que l'ensemble de ces variétés n'admette aucune singularité à distance finie.*

Cette dernière condition s'exprime, en effet, de la manière suivante : étant donné un point quelconque de l'espace, l'ensemble des variétés qui passent au voisinage de ce point peut être défini en égalant à zéro une fonction holomorphe de x et y.

En outre, le théorème I montre que *l'on peut assigner un ordre de multiplicité arbitraire à chacune des variétés sur lesquelles s'annule la fonction cherchée* $U(x, y)$. Voici ce qu'il faut entendre par là. Soit V une variété sur laquelle s'annule $U(x, y)$. Nous dirons que V est *simple* pour la fonction U, si $\frac{\partial U}{\partial y}$ ne s'annule qu'en des points isolés sur V; il en sera alors de même [1] pour $\frac{\partial U}{\partial x}$, au moins si la variété n'est pas de la forme $y = \text{const.}$, auquel cas l'ordre de multiplicité se laisse définir immédiatement.

---

[1] Car, pour tout déplacement dx, dy sur la variété V, on a la relation

$$\frac{\partial U}{\partial x}\,dx + \frac{\partial U}{\partial y}\,dy = 0,$$

conséquence de la relation $U(x, y) = 0$. Si $\frac{\partial U}{\partial x}$ s'annulait en des points non isolés, il serait nul en tout point de la variété, et par suite aussi $\frac{\partial U}{\partial y}$.

Si, au contraire, $\frac{\partial U}{\partial y}$ s'annule en tout point de V, et par suite également $\frac{\partial U}{\partial x}$ (à moins que la variété ne soit de la forme $x = \text{const.}$), mais si $\frac{\partial^2 U}{\partial y^2}$ ne s'annule qu'en des points isolés sur V, la variété sera dite *double* pour la fonction U. On définit de même une variété multiple d'ordre α.

Si la variété V est multiple d'ordre α, la fonction U peut se mettre sous la forme

$$U(x, y) = [F(x, y)]^\alpha U_1(x, y),$$

$F(x, y)$ étant une fonction entière qui s'annule simplement sur V, et $U_1(x, y)$ une fonction entière qui ne s'annule qu'en des points *isolés* sur V.

Le théorème I, qui s'étend aux fonctions de n variables complexes, généralise le *théorème de Weierstrass*, d'après lequel il existe toujours une fonction entière d'une variable, admettant des zéros donnés avec des ordres de multiplicité donnés.

D'autre part, il fournit une démonstration du théorème de Poincaré pour un nombre quelconque de variables.

3. Théorème II. — *Convenons d'appeler* équivalentes *dans un domaine de l'espace* (x, y) *deux fonctions méromorphes dont la différence est holomorphe dans ce domaine.*

Supposons que tout point de l'espace soit intérieur à un « voisinage », dans lequel on a défini une fonction méromophe $\varphi(x, y)$, *et cela de façon que les fonctions* $\varphi(x, y)$, *relatives à deux voisinages ayant une région commune, soient équivalentes dans cette région commune. Alors il existe une fonction* $\Phi(x, y)$, *partout méromorphe à distance finie, et équivalente, au voisinage de tout point de l'espace, à la fonction* $\varphi(x, y)$ *correspondante.*

Ce théorème s'étend également aux fonctions d'un nombre quelconque de variables complexes. Il généralise le *théorème de Mittag-Leffler*, d'après lequel on peut toujours former une fonction d'une variable admettant des pôles donnés avec des parties principales données, et restant d'ailleurs holomorphe au voisinage de tout autre point du plan.

Le théorème I peut être déduit du théorème II.

4. Dans cet article, je démontrerai un théorème fondamental (théorème A) qui rentre dans l'ordre d'idées précédent.

Je rappelle d'abord un théorème connu :

Théorème III. — *Soit donnée, dans le plan de la variable complexe x, une suite infinie de points a_i($\lim a_i = \infty$); on peut toujours former une fonction $\Phi(x)$, holomorphe en tout point différent de a_i, et prenant en chaque point a_i une valeur arbitraire b_i.*

Si b_i est infini, on peut, de façon précise, se donner la partie principale de $\Phi(x)$ et le terme constant de son développement au voisinage de $x = a_i$. Si, au contraire, tous les b_i sont finis, la fonction $\Phi(x)$ sera entière.

Nous indiquerons au nº 6 la démonstration d'un théorème plus général (théorème IV), ce qui nous dispense de rappeler ici la démonstration du théorème III.

5. Je généralise le théorème III de la façon suivante :

Théorème A. — *Soient données, dans l'espace (x, y), des variétés caractéristiques V_i, en nombre fini ou en infinité dénombrable, dont l'ensemble ne présente aucune singularité à distance finie* [en vertu du théorème I, cet ensemble de variétés peut être défini en égalant à zéro une fonction entière $F(x, y)$]. *Supposons que l'on ait défini, sur chaque V_i, une fonction de variable complexe, uniforme et partout méromorphe sur V_i, et désignons cette fonction par $\varphi(M)$, M étant un point quelconque de V_i. Alors on peut trouver une fonction $\Phi(x, y)$, méromorphe partout à distance finie* [1], *et prenant sur chaque V_i les mêmes valeurs que la fonction $\varphi(M)$*; il vaut mieux dire, à cause des

[1] Même si $\varphi(M)$ est partout holomorphe, il n'est pas sûr (contrairement à ce qui avait lieu dans le cas du théorème III) qu'on puisse prendre pour $\Phi(x, y)$ une fonction entière.

pôles éventuels de $\varphi(M)$, «... *telle que la différence*

$$\Phi(x, y) - \varphi(M)$$

s'annule sur chaque variété V_i ».

Il convient de préciser ce que l'on entend par « une fonction de variable complexe sur la variété V_i ». Au voisinage de tout point x_0, y_0 de V_i, les coordonnées x et y d'un point de V_i peuvent s'exprimer en fonctions holomorphes d'un paramètre t au voisinage de $t = 0$ [par exemple, $t = (x - x_0)^{\frac{1}{n}}$, n étant un entier convenablement choisi]. Au voisinage du point x_0, y_0, notre fonction $\varphi(M)$ sera, par définition, une fonction méromorphe de t au voisinage de $t = 0$.

Le théorème A généralise le théorème I, qu'on retrouve en faisant $\varphi(M) \equiv 0$. Il généralise aussi, nous l'avons dit, le théorème III. Enfin, d'un point de vue différent, il généralise le théorème suivant, qui est classique dans la théorie des courbes algébriques :

Étant donnée une courbe algébrique $F(x, y) = 0$, *toute fonction* $\varphi(x)$, *uniforme et méromorphe sur la courbe algébrique, peut s'exprimer rationnellement en fonction de x et y; autrement dit, il existe une fonction rationnelle* $\Phi(x, y)$, *telle que* $\Phi(x, y) - \varphi(x)$ *s'annule sur la variété* (¹) $F(x, y) = 0$.

Le théorème A établit donc un lien entre des points de vue restés jusqu'ici assez éloignés.

6. Observons maintenant que, sans sortir du domaine des fonctions d'une variable, le théorème de Mittag-Leffler est susceptible d'une généralisation qui a sans doute déjà été signalée, et qui renferme précisément comme cas particulier le théorème III; on a en effet le théorème suivant :

Théorème IV. — *Supposons donnée, dans le plan de la*

(¹) Dans le cas d'une relation *algébrique*, on doit faire rentrer dans la variété les points à l'infini, en se plaçant dans le plan projectif complexe. Dans le cas d'une relation *entière*, on n'envisage au contraire que les valeurs finies de x et de y qui satisfont à la relation $F(x, y) = 0$.

variable complexe x, *une suite infinie de points* $a_i(\lim a_i = \infty)$, *et, au voisinage de chaque point* a_i, *un développement*

$$f_i(x) = \mathrm{P}_i\left(\frac{1}{x-a_i}\right) + b_0^i + b_1^i(x-a_i) + \ldots + b_{n_i}^i(x-a_i)^{n_i},$$

$\mathrm{P}_i\left(\frac{1}{x-a_i}\right)$ *désignant un polynome en* $\frac{1}{x-a_i}$. *Il existe alors une fonction* $\Phi(x)$, *holomorphe en tout point différent de* a_i, *et admettant, au voisinage de chaque point* a_i, *un développement de la forme*

$$\Phi(x) = f_i(x) + (x-a_i)^{n_i+1} g_i(x).$$

$g_i(x)$ *étant holomorphe au voisinage de* $x = a_i$.

En somme, on peut se donner, au voisinage d'une infinité de points isolés, autant de termes du développement de $\Phi(x)$ que l'on veut; il n'est d'ailleurs pas nécessaire que n_i reste borné lorsque l'indice i augmente indéfiniment.

Démonstration. — Soit $\mathrm{F}(x)$ une fonction entière admettant chaque a_i pour zéro d'ordre $n_i + 1$. Cherchons à mettre la fonction inconnue $\Phi(x)$ sous la forme $\mathrm{F}(x)\,\mathrm{G}(x)$. Il suffit que

$$\mathrm{G}(x) - \frac{f_i(x)}{\mathrm{F}(x)}$$

reste holomorphe au voisinage de a_i; on connaît donc la partie principale de $\mathrm{G}(x)$ au voisinage de chaque a_i, et l'on sait par suite former $\mathrm{G}(x)$ (Mittag-Leffler).

7. Le théorème précédent nous suggère une extension possible du théorème fondamental A. On a effectivement le théorème suivant :

Théorème B. — *Donnons nous, dans l'espace* (x, y), *des caractéristiques* V_i, *en nombre fini ou en infinité dénombrable, dont l'ensemble n'admette aucune singularité à distance finie. Sur chaque* V_i, *définissons-nous* $n+1$ *fonctions de variable complexe, uniformes et méromorphes,* $\varphi_0(\mathrm{M})$, $\varphi_1(\mathrm{M})$, ..., $\varphi_n(\mathrm{M})$ (l'entier n peut changer avec la variété V_i, il n'est même pas nécessairement borné lorsque l'indice i augmente indéfiniment; mais nous écrivons n au lieu de n_i pour simplifier les notations).

Il existe alors une fonction $\Phi(x, y)$, méromorphe partout à distance finie, telle que l'on ait, sur chaque V_i,

$$\Phi(x, y) - \varphi_0(M) = 0.$$

$$\frac{\partial \Phi}{\partial y} - \varphi_1(M) = 0.$$

$$\dots\dots\dots\dots\dots$$

$$\frac{\partial^n \Phi}{\partial y^n} - \varphi_n(M) = 0.$$

Dans un langage moins précis, mais plus frappant : *on peut se donner, sur chaque* V_i, *les valeurs de* Φ *et de ses premières dérivées.*

Remarquons bien que la connaissance des valeurs de Φ et $\frac{\partial \Phi}{\partial y}$ sur V_i entraîne celle des valeurs (¹) de $\frac{\partial \Phi}{\partial x}$, au moins si V_i n'est pas une variété $x = \text{const}$. De même, la connaissance de Φ, $\frac{\partial \Phi}{\partial y}$ et $\frac{\partial^2 \Phi}{\partial y^2}$ entraîne celle de $\frac{\partial^2 \Phi}{\partial x \partial y}$ et $\frac{\partial^2 \Phi}{\partial x^2}$, etc.

II. — Démonstration des théorèmes A et B.

8. *Points multiples et points d'indétermination.* — Faisons d'abord une remarque importante.

Nous avons à considérer un ensemble de variétés V_i obtenu en égalant à zéro une fonction entière $F(x, y)$. *Nous supposerons une fois pour toutes qu'aucune de ces variétés n'est de la forme* $x = \text{const.}$ *ou* $y = \text{const.}$; s'il n'en était pas ainsi, nous n'aurions qu'à effectuer une substitution linéaire convenable sur x et y. Cela posé, nous supposerons la fonction $F(x, y)$ choisie de façon que chacune des V_i soit *simple* pour F.

(¹) Car, les coordonnées x et y d'un point de V_i étant des fonctions d'un paramètre t, Φ est sur V_i une fonction connue de t, et l'on a

$$\frac{d\Phi}{dt} = \frac{\partial \Phi}{\partial x}\frac{dx}{dt} + \frac{\partial \Phi}{\partial y}\frac{dy}{dt},$$

relation qui donne $\frac{\partial \Phi}{\partial x}$, si $\frac{dx}{dt}$ n'est pas identiquement nul.

Dans ces conditions un point sera dit *multiple* pour l'ensemble des V_i, si $\frac{\partial F}{\partial x}$ et $\frac{\partial F}{\partial y}$ s'annulent en ce point. D'après le n° 2, les points multiples sont isolés. Étant donné un point multiple, il se peut que plusieurs nappes distinctes des V_i passent en ce point, c'est-à-dire que la relation $F(x, y) = 0$ définisse plusieurs fonctions distinctes $y(x)$.

Revenons au théorème A, tel qu'il est énoncé au n° 5, et indiquons une propriété essentielle de la fonction cherchée $\Phi(x, y)$.

Soit $M_0(x_0, y_0)$ un point multiple en lequel il passe plusieurs nappes distinctes. Sur chacune d'elles nous avons une fonction $\varphi(M)$, et ces fonctions peuvent fort bien prendre des valeurs différentes en M_0. La fonction $\Phi(x, y)$ ne peut donc être holomorphe au voisinage de x_0, y_0, car elle prendrait en ce point une valeur bien déterminée.

Ainsi, $\Phi(x, y)$ doit posséder un point d'indétermination en x_0, y_0. Cela n'empêche pas la fonction Φ de prendre une valeur bien déterminée en M_0, lorsque le point x, y vient en x_0, y_0 *en restant sur l'une des nappes qui passent en* M_0; car $\Phi(x, y)$ devient alors une fonction d'une seule variable, et une telle fonction n'a pas de points d'indétermination.

9. Supposons pour un instant le théorème A démontré, et proposons-nous, connaissant une solution $\Phi(x, y)$, de *trouver la solution générale* $\Psi(x, y)$, c'est-à-dire la fonction méromorphe la plus générale telle que $\Psi(x, y) - \varphi(M)$ s'annule sur les V_i.

Puisque la différence $\Psi(x, y) - \Phi(x, y)$ s'annule en même temps que $F(x, y)$, la fonction

$$H(x, y) = \frac{\Psi(x, y) - \Phi(x, y)}{F(x, y)},$$

qui est méromorphe, n'admet aucune des variétés V_i comme variété polaire (on suppose donc essentiellement que chaque V_i est *simple* pour F). On a ainsi

$$\Psi(x, y) = \Phi(x, y) + F(x, y) H(x, y),$$

$H(x, y)$ étant la fonction méromorphe la plus générale n'admettant aucune des variétés V_i comme variété polaire. Mais $H(x, y)$

peut devenir infinie en des points isolés situés sur V_i; cela n'empêche pas le produit $F(x, y)\, H(x, y)$ d'être nul lorsqu'on se déplace sur V_i.

10. Pour démontrer le théorème A, nous résoudrons deux problèmes.

Problème I. — Définir, au voisinage de chaque point d'une quelconque des variétés V_i, une fonction $\varphi(x, y)$ qui se réduise à $\varphi(M)$ sur V_i, et satisfasse en outre à certaines conditions qui seront précisées; par exemple, $\varphi(x, y)$ n'aura pas d'autres infinis que des variétés $x = \text{const.}$ ou $y = \text{const.}$.

Problème II. — Définir, au voisinage de chaque point *de l'espace*, une fonction méromorphe $g(x, y)$, de façon que :

1° les fonctions g relatives à deux voisinages ayant une région commune soient équivalentes dans cette région commune;

2° la différence

$$g(x, y) - \frac{\varphi(x, y)}{F(x, y)}$$

reste finie au voisinage de tout point d'une V_i, sauf peut-être en des points isolés.

Supposons ces deux problèmes résolus. Il existera, d'après le théorème II, une fonction $G(x, y)$, méromorphe partout à distance finie, et équivalente aux $g(x, y)$. Sur V_i, la différence

$$G(x, y) - \frac{\varphi(x, y)}{F(x, y)}$$

restera finie, sauf peut-être en des points isolés, et, par suite, la différence

$$F(x, y)\, G(x, y) - \varphi(x, y) = F(x, y)\left[G(x, y) - \frac{\varphi(x, y)}{F(x, y)}\right]$$

s'annulera sur les variétés V_i. D'ailleurs $\varphi(x, y) = \varphi(M)$ sur les V_i. La fonction

$$\Phi(x, y) = F(x, y)\, G(x, y)$$

sera donc une solution du problème, et le théorème A se trouvera démontré.

11. *Résolution du problème I.* — Nous sommes au voisinage d'un point x_0, y_0 d'une variété V_i. Supposons d'abord réalisées en ce point les deux conditions suivantes :

1° $\frac{\partial F(x_0, y_0)}{\partial y} \neq 0$, de sorte que la relation

$$F(x, y) = 0$$

donne, au voisinage de x_0, y_0,

$$y = f(x),$$

$f(x)$ étant holomorphe;

2° la fonction $\varphi(M)$ est *holomorphe* en x_0, y_0.

Alors $\varphi(M)$ peut s'exprimer en fonction holomorphe de x au voisinage de $x = x_0$. *C'est cette fonction $\varphi(x)$ que nous prendrons pour résoudre le premier problème.*

Les points des variétés V_i pour lesquels les deux conditions précédentes ne sont pas simultanément remplies sont isolés. On peut les ranger en deux suites :

$$(1) \qquad \begin{cases} M_1(x_1, y_1), & M_2(x_2, y_2), & \ldots, & M_n(x_n, y_n), & \ldots, \\ M'_1(x'_1, y'_1), & M'_2(x'_2, y'_2), & \ldots, & M'_p(x'_p, y'_p), & \ldots, \end{cases}$$

de façon que, au cas où la première suite serait infinie, l'on ait

$$\lim x_n = \infty,$$

et, au cas où la seconde suite serait infinie, l'on ait

$$\lim y'_p = \infty.$$

Nous supposerons, pour simplifier, que $x_1, x_2, \ldots, x_n, \ldots$ sont tous différents; de même $y'_1, y'_2, \ldots, y'_p, \ldots$; s'il n'en n'était pas ainsi, il suffirait d'effectuer une substitution linéaire sur x et y.

Soit alors à définir notre fonction $\varphi(x, y)$ au voisinage de l'un de ces points.

12. Raisonnons sur un point de la première suite. Au voisinage de x_n, y_n, on peut écrire

$$F(x, y) = P_n(y, x)\, F_n(x, y),$$

$F_n(x, y)$ étant holomorphe et non nulle, et $P_n(y, x)$ un polynome (pas forcément indécomposable) de la forme

$$(y-y_n)^\lambda + a_1(x)(y-y_n)^{\lambda-1} + \ldots + a_\lambda(x),$$

dont les coefficients sont des fonctions de x, holomorphes au voisinage de $x = x_n$, nulles pour $x = x_n$. La fonction

$$F_n(x, y) = \frac{F(x, y)}{P_n(y, x)}$$

est d'ailleurs holomorphe pour $|x - x_n| < \rho_n$ (ρ_n étant un nombre positif assez petit) et y *quelconque;* de plus, elle s'annule sur toutes les nappes des V_i situées dans la région $|x - x_n| < \rho_n$, à l'exception des nappes situées au voisinage de $y = y_n$.

Effectuons le changement de variables

$$(2) \qquad \begin{cases} x - x_n = X F_n(x, y), \\ y - y_n = Y. \end{cases}$$

Comme, pour $x = x_n, y = y_n$, $\frac{D(X, Y)}{D(x, y)}$ est égal à $\frac{1}{F_n(x_n, y_n)} \neq 0$, les relations (2) permettent d'exprimer inversement x et y en fonction de X et Y au voisinage de $X = 0$, $Y = 0$.

La relation $F(x, y) = 0$ devient une relation entre X et Y; à toute valeur de X voisine de zéro correspondent k valeurs Y_1, $Y_2, \ldots, Y_k$ voisines de zéro, donc k points

$$P_1(X, Y_1), \quad P_2(X, Y_2), \quad \ldots, \quad P_k(X, Y_k).$$

Du reste, $Y_1, Y_2, \ldots, Y_k$ sont racines d'un polynome

$$Y^k + \alpha_1(X) Y^{k-1} + \ldots + \alpha_k(X) = 0,$$

à coefficients holomorphes en X, nuls pour $X = 0$.

13. Écrivons

$$\varphi(P_1) + \varphi(P_2) + \ldots + \varphi(P_k) = h_0(X),$$
$$Y_1\varphi(P_1) + Y_2\varphi(P_2) + \ldots + Y_k\varphi(P_k) = h_1(X),$$
$$\ldots\ldots\ldots\ldots\ldots\ldots\ldots\ldots\ldots\ldots\ldots\ldots$$
$$(Y_1)^{k-1}\varphi(P_1) + (Y_2)^{k-1}\varphi(P_2) + \ldots + (Y_k)^{k-1}\varphi(P_k) = h_{k-1}(X);$$

$h_0, h_1, \ldots, h_{k-1}$ sont des fonctions uniformes de X, méromorphes au voisinage de $X = 0$.

Un raisonnement classique montre alors que $\varphi(P)$ peut s'exprimer à l'aide d'un polynome en Y, dont les coefficients sont des fonctions méromorphes de X. Ces coefficients peuvent effectivement avoir pour pôle $X = 0$. De toute façon, on peut écrire

$$\varphi(P) = \frac{R(Y, X)}{X^\alpha},$$

α étant un entier positif ou nul, et $R(Y, X)$ un polynome en Y dont les coefficients sont holomorphes en X; si l'on remplace Y par $y - y_n$, il vient

$$\varphi(P) = \frac{S(y, X)}{X^\alpha}.$$

Or $S(y, X)$ se laisse développer suivant les puissances de X, et l'on a par suite

$$\varphi(P) = w_n + w'_n,$$

w'_n étant holomorphe en X et y, et w_n étant de la forme

$$w_n = \frac{S_0(y)}{X^\alpha} + \frac{S_1(y)}{X^{\alpha-1}} + \ldots + \frac{S_{\alpha-1}(y)}{X};$$

les S sont d'ailleurs des polynomes.

Si enfin l'on remplace X par $\frac{x - x_n}{F_n(x, y)}$, $w'_n(X, y)$ devient une fonction $v_n(x, y)$, holomorphe au voisinage de $x = x_n$, $y = y_n$, et w_n prend la forme

$$u_n(x, y) = \frac{S_0(y)}{(x - x_n)^\alpha}(F_n)^\alpha + \frac{S_1(y)}{(x - x_n)^{\alpha-1}}(F_n)^{\alpha-1} + \ldots + \frac{S_{\alpha-1}(y)}{x - x_n} F_n(x, y).$$

Nous avons ainsi

$$\varphi(P) = u_n(x, y) + v_n(x, y),$$

et nous prendrons précisément, pour résoudre le problème I,

$$\varphi(x, y) = u_n(x, y) + v_n(x, y).$$

La fonction $u_n(x, y)$, qui représente la partie infinie de $\varphi(x, y)$ au voisinage de $x = x_n$, $y = y_n$, jouit des propriétés suivantes : 1° elle est méromorphe pour $|x - x_n| < \rho_n$, *y quelconque*; 2° elle est infinie pour $x = x_n$, y quelconque; 3° *elle s'annule sur toutes les nappes des* V_i *situées dans la région* $|x - x_n| < \rho_n$, *à l'exception des nappes situées au voisinage de* $y = y_n$. La fonction $u_n(x, y)$ possède donc des points d'indétermination aux points de rencontre de la variété $x = x_n$ avec les variétés V_i, en dehors de $y = y_n$ (si toutefois ces points de rencontre existent).

Pour un point $M'_p(x'_p, y'_p)$ de la deuxième suite (1), on définirait de même

$$\varphi(x, y) = u'_p(x, y) + v'_p(x, y),$$

$v'_p(x, y)$ étant holomorphe au voisinage de $x = x'_p$, $y = y'_p$; la fonction $u'_p(x, y)$:

1° est méromorphe pour $|y - y'_p| < \rho'_p$, *x quelconque;*

2° est infinie pour $y = y'_p$, x quelconque;

3° s'annule sur toutes les nappes des V_i situées dans la région $|y - y'_p| < \rho'_p$, à l'exception des nappes situées au voisinage de $x = x'_p$.

Le problème I est entièrement résolu.

14. *Résolution du problème II; définition de la fonction $g(x, y)$ au voisinage de chaque point x_0, y_0 de l'espace.*

Premier cas. — x_0, y_0 n'est pas sur une variété V_i; je suppose de plus x_0 différent de tous les x_n, et y_0 différent de tous les y'_p. Alors je prends $g(x, y) \equiv 0$.

Deuxième cas. — x_0, y_0 est sur une variété V_i; je suppose de plus x_0 différent de tous les x_n (à moins que $x_0 = x_n$, $y_0 = y_n$), et y_0 différent de tous les y'_p (à moins que $x_0 = x'_p$, $y_0 = y'_p$).

Alors je prends

$$g(x, y) = \frac{\varphi(x, y)}{F(x, y)},$$

$\varphi(x, y)$ étant la fonction précédemment définie.

Troisième cas. — x_0, y_0 n'est pas sur une variété V_i; mais $x_0 = x_n (y_0 \neq y_n)$, ou encore $y_0 = y'_p (x_0 \neq x'_p)$.

Si $x_0 = x_n$, je prends

$$g(x, y) = \frac{u_n(x, y)}{F(x, y)};$$

si $y_0 = y'_p$, je prends

$$g(x, y) = \frac{u'_p(x, y)}{F(x, y)};$$

si, enfin, l'on a en même temps $x_0 = x_n$, $y_0 = y'_p$, je prends

$$g(x, y) = \frac{u_n(x, y) + u'_p(x, y)}{F(x, y)}.$$

Quatrième et dernier cas. — x_0, y_0 est sur une variété V_i, et l'on a

$$x_0 = x_n (y_0 \neq y_n) \quad \text{ou} \quad y_0 = y'_p (x_0 \neq x'_p).$$

Soit $\varphi(x, y)$ la fonction définie plus haut relativement au voisinage de x_0, y_0.

Si $x_0 = x_n$, je prends

$$g(x, y) = \frac{\varphi(x, y) + u_n(x, y)}{F(x, y)};$$

si $y_0 = y'_p$, je prends

$$g(x, y) = \frac{\varphi(x, y) + u'_p(x, y)}{F(x, y)};$$

si, enfin, l'on a en même temps $x_0 = x_n$, $y_0 = y'_p$, je prends

$$g(x, y) = \frac{\varphi(x, y) + u_n(x, y) + u'_p(x, y)}{F(x, y)}.$$

Les fonctions $g(x, y)$ étant maintenant définies, il reste à vérifier qu'elles remplissent bien les deux conditions posées lors de l'énoncé du problème II (§ 10). Le lecteur s'en assurera sans peine.

Nous avons donc achevé la démonstration du théorème A.

Il est à remarquer que *la fonction $\Phi(x, y)$ que l'on construit ainsi n'a pas d'autres infinis que des infinis* $x = \text{const}$.

ou $y =$ const.; elle est donc de la forme $\frac{P(x, y)}{X(x)Y(y)}$, P, X, Y étant des fonctions entières.

Ceci est à rapprocher du théorème : sur une courbe algébrique $f(x, y) = 0$, toute fonction rationnelle de x et y peut se mettre sous la forme $\frac{P(x, y)}{X(x)}$, P et X étant des polynomes.

Dans le cas d'une relation entière $F(x, y) = 0$, il n'est pas toujours possible, par contre, de mettre une fonction méromorphe de x et y sous la forme $\frac{P(x, y)}{X(x)}$, P et X étant entières.

15. Sans entrer dans les détails, donnons quelques indications sur la démonstration du théorème B.

$F(x, y)$ désignera cette fois une fonction entière qui s'annule sur les variétés V_i, et pas ailleurs, *chaque* V_i *étant multiple d'ordre* $n+1$ [1] *pour la fonction* F.

Soit, d'autre part, pour chaque valeur de l'indice i, $f_i(x, y)$ une fonction entière s'annulant sur la variété V_i, et pas ailleurs, V_i étant *simple* pour la fonction f_i.

Nous avons encore à résoudre deux problèmes :

Problème I. — Définir, au voisinage de chaque point d'une quelconque des variétés V_i, une fonction $\varphi(x, y)$, telle que l'on ait, sur la variété V_i considérée,

$$\varphi(x, y) - \varphi_0(M) = 0,$$
$$\frac{\partial\varphi}{\partial y} - \varphi_1(M) = 0,$$
$$\dots\dots\dots\dots,$$
$$\frac{\partial^n\varphi}{\partial y^n} - \varphi_n(M) = 0,$$

les fonctions $\varphi(M)$ étant celles dont il est question dans l'énoncé du théorème B.

Problème II. — Définir, au voisinage de chaque point de l'espace, une fonction méromorphe $g(x, y)$, de façon que :

---

[1] Rappelons que n peut varier avec l'indice i.

1° les fonctions g relatives à deux voisinages qui ont une région commune soient équivalentes dans cette région commune;

2° la différence

$$g(x, y) - \frac{\varphi(x, y)}{F(x, y)}$$

reste finie sur chaque V_i, sauf peut-être en des points isolés.

Une fois ces problèmes résolus, il existera une fonction méromorphe $G(x, y)$ équivalente aux $g(x, y)$, et la différence

$$G(x, y) - \frac{\varphi(x, y)}{F(x, y)}$$

restera finie sur chaque V_i, sauf en des points isolés. Or, sur la variété V_i, le quotient $\frac{F(x, y)}{[f_i(x, y)]^{n+1}}$ reste fini et non nul; donc la fonction

$$U(x, y) = F(x, y)\,G(x, y) - \varphi(x, y) = (f_i)^{n+1} \frac{F}{(f_i)^{n+1}}\left(G - \frac{\varphi}{F}\right)$$

s'annule sur V_i, ainsi que ses n dérivées partielles $\frac{\partial U}{\partial y}, \frac{\partial^2 U}{\partial y^2}, \ldots, \frac{\partial^n U}{\partial y^n}$. Si l'on pose

$$\Phi(x, y) = F(x, y)\,G(x, y),$$

on aura donc, sur V_i,

$$\begin{aligned} \Phi(x, y) &= \varphi(x, y) = \varphi_0(M), \\ \frac{\partial \Phi}{\partial y} &= \frac{\partial \varphi}{\partial y} = \varphi_1(M), \\ &\ldots\ldots\ldots\ldots\ldots\ldots\ldots, \\ \frac{\partial^n \Phi}{\partial y^n} &= \frac{\partial^n \varphi}{\partial y^n} = \varphi_n(M), \end{aligned}$$

et l'existence de la fonction $\Phi(x, y)$ établit le théorème B.

La fonction $\Psi(x, y)$ la plus générale, qui satisfait aux mêmes conditions, est de la forme

$$\Psi(x, y) = \Phi(x, y) + F(x, y)\,H(x, y),$$

$H(x, y)$ étant la fonction méromorphe la plus générale n'admettant aucune des variétés V_i comme variété polaire.

16. Quelques mots seulement sur la résolution du problème I. Nous voulons définir $\varphi(x, y)$ au voisinage du point x_0, y_0 de la variété V_i. En procédant comme pour le théorème A, nous définissons d'abord une fonction $\varphi_0(x, y)$, qui se réduise à $\varphi_0(M)$ sur V_i. Cela fait, cherchons à mettre la fonction $\varphi(x, y)$ inconnue sous la forme

$$\varphi(x, y) = \varphi_0(x, y) + f_i(x, y)\,\psi_1(x, y).$$

Sur $V_i(f_i = 0)$ on doit avoir

$$\varphi_1(M) = \frac{\partial\varphi}{\partial y} = \frac{\partial\varphi_0}{\partial y} + \psi_1 \frac{\partial f_i}{\partial y};$$

on en déduit les valeurs de la fonction ψ_1 sur la variété V_i. On sait alors former une fonction $\varphi_1(x, y)$ qui prenne ces valeurs-là sur V_i, et l'on cherche ensuite à mettre $\varphi(x, y)$ sous la forme

$$\varphi(x, y) = \varphi_0(x, y) + f_i(x, y)\,\varphi_1(x, y) + (f_i)^2\,\psi_2(x, y);$$

et ainsi de suite. Finalement on aura

$$\varphi(x, y) = \varphi_0(x, y) + f_i(x, y)\,\varphi_1(x, y) + \ldots + [f_i(x, y)]^n \varphi_n(x, y),$$

et le problème I sera résolu.

Quant à la résolution du problème II, elle se fera comme pour le théorème A.

Le théorème B est donc établi. *Les valeurs, sur la variété* V_i, *de la fonction* $\Phi(x, y)$ *et de ses dérivées* $\frac{\partial\Phi}{\partial y}$, $\frac{\partial^2\Phi}{\partial y^2}$, *etc., sont tout à fait indépendantes les unes des autres; on peut même donner, en un point, des infinis à certaines d'entre elles pendant que les autres sont assujetties à rester finies.*

17. Contrairement à ce qu'on pourrait croire, les théorèmes A et B ne se laissent pas immédiatement généraliser pour des fonctions de plus de deux variables. Il conviendrait auparavant de résoudre la question suivante :

Supposons défini, dans l'espace de trois variables complexes x, y, z, *un ensemble de variétés à deux dimensions réelles, tel que l'ensemble des variétés qui passent au voisinage d'un point quelconque de l'espace soit donné par deux relations*

$$\begin{cases} u(x, y, z) = 0, \\ v(x, y, z) = 0, \end{cases}$$

u et v étant deux fonctions holomorphes au voisinage du point considéré. Existe-t-il deux fonctions entières s'annulant sur cet ensemble de variétés, et ne s'annulant pas ensemble ailleurs ?

En d'autres termes, *peut-on se donner arbitrairement les variétés d'indétermination d'une fonction de x, y, z, partout méromorphe à distance finie, pourvu que ces variétés satisfassent aux conditions évidemment nécessaires posées plus haut ?*

Dans un prochain Mémoire, je montrerai comment, en se basant sur les considérations du présent article, on peut étendre aux relations entières $F(x, y) = 0$ un certain nombre de résultats de la théorie des courbes algébriques.

10.

Les fonctions de deux variables complexes et les domaines cerclés de M. Carathéodory

Comptes Rendus de l'Académie des Sciences de Paris 190, 354–356 (1930)

A tout système de deux nombres complexes x et y faisons correspondre un point d'un espace à quatre dimensions réelles. Deux domaines ([1]) D et D′ de cet espace seront dits en *correspondance analytique* s'il existe un système de deux fonctions analytiques des variables complexes x et y,

$$X = f(x, y), \qquad Y = g(x, y),$$

établissant une correspondance biunivoque entre les deux domaines.

J'appelle *domaine cerclé* un domaine qui contient l'origine ($x = y = 0$) à son intérieur, et qui, s'il contient (x, y), contient aussi $(xe^{i\theta}, ye^{i\theta})$ (θ réel quelconque). Si en outre il contient $(xe^{i\theta}, ye^{i\varphi})$ (θ et φ réels quelconques), je l'appelle *domaine de Reinhardt* ([2]). J'appelle *domaine cerclé étoilé* un domaine qui contient l'origine à son intérieur, et qui, s'il contient (x, y), contient aussi (kx, ky) (k complexe, $|k| \leqq 1$).

J'appelle domaine *maximum* un domaine D tel qu'il existe une fonction $f(x, y)$, holomorphe dans D, et non prolongeable au delà.

Un domaine cerclé non étoilé, et, d'une façon générale, un domaine quelconque D n'est pas forcément *univalent* (*schlicht*) : on peut concevoir que des points distincts de D coïncident avec un même point de l'espace. On peut même supposer que D admet à son intérieur des continuums de ramification, pourvu que le voisinage de tout point de D puisse être mis en correspondance analytique avec un domaine univalent.

Théorème I. — *Si une fonction $f(x, y)$ est méromorphe dans un domaine*

([1]) J'appelle *domaine* un ensemble connexe de points intérieurs, sans m'occuper des points frontières.

([2]) Pour ces dénominations, voir Carathéodory, *Ueber die Geometrie der analytischen Abbildungen* (*Math. Seminar der Hamburg. Univ.*, 6, 1928, p. 96-145).

cerclé D (non univalent *a priori*), *elle reprend forcément la même valeur en deux points de* D *qui coïncident avec un même point de l'espace*. On doit donc, au point de vue des transformations analytiques, considérer deux tels points comme identiques, et D comme univalent. Si $f(x, y)$ est holomorphe, le théorème I découle du suivant :

Théorème II. — *Toute fonction* $f(x, y)$, *holomorphe dans un domaine cerclé* D, *est développable en série* $\sum_0^\infty P_n(x, y)$ (P_n polynome homogène de degré n), *uniformément convergente au voisinage de tout point de* D. On en conclut que $f(x, y)$ est holomorphe dans un domaine cerclé *étoilé* (1) contenant D.

Théorème III. — *Le domaine total de convergence* (2) *d'une série* $\Sigma P_n(x, y)$ *est un domaine cerclé étoilé maximum* Δ; *réciproquement, tout domaine cerclé maximum est le domaine total de convergence d'une série* $\Sigma P_n(x, y)$.

La relation bien connue entre les rayons de convergence associés d'une série double de Taylor exprime que le domaine de convergence de cette série (domaine de Reinhardt) est *maximum*; c'est le plus grand domaine de Reinhardt inscrit dans notre domaine Δ.

Théorème IV. — D *étant un domaine cerclé quelconque, tous les domaines cerclés maxima, contenant* D, *contiennent l'un d'entre eux* Δ (*plus petit domaine cerclé maximum* contenant D). Toute fonction holomorphe dans D est aussi holomorphe dans Δ, et *ne prend dans* Δ *que les valeurs qu'elle prend dans* D.

Théorème V. — $d\omega$ *désignant l'élément de volume de l'espace à quatre dimensions, et*

$$f(x, y) = \sum_0^\infty P_n(x, y)$$

étant une fonction holomorphe dans un domaine cerclé borné D, *on a*

$$\iiiint_D |f(x, y)|^2 d\omega = \sum_0^\infty \iiiint_D |P_n(x, y)|^2 d\omega.$$

(1) M. Hartogs a établi notre théorème II en supposant *a priori* que D était étoilé (*Math. Ann.*, 62, 1906, p. 1-88 : voir paragraphe 11).

(2) C'est forcément un domaine de convergence *uniforme* (Hartogs, *loc. cit.*).

THÉORÈME VI. — *Si deux domaines cerclés bornés sont en correspondance analytique*

$$X = f(x, y), \qquad Y = g(x, y), \qquad [f(0, 0) = g(0, 0) = 0],$$

on a nécessairement

$$X = ax + by, \qquad Y = a'x + b'y.$$

THÉORÈME VII. — *Tout domaine borné (univalent ou non), qui admet une infinité de transformations analytiques en lui-même, laissant fixe un point intérieur, peut être mis en correspondance analytique avec un domaine cerclé univalent* (¹).

THÉORÈME VIII. — *Si les transformations analytiques d'un domaine borné* D *en lui-même, qui laissent fixe un point intérieur, dépendent de deux paramètres,* D *est représentable sur un domaine de Reinhardt; si elles dépendent de plus de deux paramètres,* D *est représentable sur une hypersphère* (²).

(¹) Il y a peut-être un cas d'exception, qu'il serait trop long d'expliquer ici, et qui peut en tout cas se lever moyennant une condition supplémentaire, peu restrictive. Notons qu'il existe des domaines bornés qui ne satisfont pas aux conditions d'application du théorème VII.

(²) Aucun cas d'exception n'est possible ici.

11.

Les transformations analytiques des domaines cerclés les uns dans les autres

Comptes Rendus de l'Académie des Sciences de Paris 190, 718–720 (1930)

1. Depuis ma dernière publication ([1]), j'ai eu connaissance d'un article où M. Behnke ([2]) énonce le théorème VI de ma Note. L'article est tout entier consacré à une démonstration de ce théorème. Je vais à mon tour donner ici ma démonstration, dont le principe est différent, et qui me paraît plus simple. Elle évite notamment la distinction des trois espèces de domaines cerclés, et s'applique à tous les domaines cerclés bornés tels que je les ai précédemment définis, alors que M. Behnke se limite aux domaines cerclés que j'ai appelés *étoilés*, et doit faire en outre une hypothèse restrictive sur la nature de la frontière de ses domaines.

2. Lemme. — *Soit, dans l'espace des deux variables complexes x et y, un domaine borné* D *qui contient l'origine* ($x=y=0$) *à son intérieur. Si un système de deux fonctions holomorphes dans* D

$$X=f(x, y), \qquad Y=g(x, y),$$

satisfait aux conditions suivantes :

$$f(0, 0)=g(0, 0)=0,$$
$$\frac{\partial f(0,0)}{\partial x}=\frac{\partial g(0,0)}{\partial y}=1, \qquad \frac{\partial f(0,0)}{\partial y}=\frac{\partial g(0,0)}{\partial x}=0,$$

et si le point (X, Y) *reste intérieur à* D *quel que soit le point* (x, y) *intérieur à* D, *on a*

$$f(x, y)\equiv x, \qquad g(x, y)\equiv y.$$

Considérons en effet les substitutions itérées

$$f_{n+1}(x, y)\equiv f[f_n(x, y), g_n(x, y)],$$
$$g_{n+1}(x, y)\equiv g[f_n(x, y), g_n(x, y)].$$

([1]) *Comptes rendus*, **190**, 1930, p. 354.

([2]) *Die Abbildungen der Kreiskörper* (*Abh. math. Sem. Hamburg. Univ.*, **7**, 1930, p. 329-341).

Les fonctions f_n et g_n sont bornées dans D; elles forment par suite une famille normale. Étant donné un nombre positif ε, on peut donc trouver un nombre positif η, tel que les inégalités

$$(1) \qquad |x| < \eta, \qquad |y| < \eta$$

entraînent

$$(2) \qquad |f_n(x, y)| < \varepsilon, \qquad |g_n(x, y)| < \varepsilon,$$

quel que soit n.

Prenons ε assez petit pour que $f(x, y)$ et $g(x, y)$ se laissent développer en séries de polynomes homogènes

$$f(x, y) \equiv x + \sum_{k=2}^{\infty} P_k(x, y),$$

$$g(x, y) \equiv y + \sum_{k=2}^{\infty} Q_k(x, y),$$

uniformément convergentes si $|x| < \varepsilon$, $|y| < \varepsilon$.

Alors, si (1) est vérifiée, on pourra écrire, en vertu de (2),

$$f_{n+1}(x, y) \equiv f_n(x, y) + \sum_{2}^{\infty} P_k[f_n(x, y), g_n(x, y)].$$

Si tous les P_k n'étaient pas identiquement nuls, on aurait, en appelant P_α le premier d'entre eux,

$$f_{n+1}(x, y) \equiv x + (n+1) P_\alpha(x, y) + \ldots,$$

et la famille des f_n ne serait pas normale. Donc les P_k, et de même les Q_k, sont tous identiquement nuls, et le lemme est établi.

3. Arrivons à notre théorème. Rappelons qu'un domaine cerclé D est défini par les deux conditions suivantes :

1° L'origine est un point intérieur à D;

2° Si (x, y) est un point de D, $(xe^{i\theta}, ye^{i\theta})$ est aussi un point de D quel que soit le nombre réel θ.

Théorème. — *Si deux domaines cerclés* D *et* Δ, *dont l'un au moins* D *est borné, sont en correspondance analytique biunivoque*

$$X = \varphi(x, y), \qquad x = \Phi(X, Y),$$
$$Y = \psi(x, y), \qquad y = \Psi(X, Y),$$
$$[\varphi(0, 0) = \psi(0, 0) = 0],$$

on a nécessairement

$$\varphi(x, y) \equiv ax + by, \qquad \psi(x, y) \equiv a'x + b'y.$$

En effet, θ étant un nombre réel quelconque, les formules

$$x' = e^{-i\theta}\Phi[e^{i\theta}\varphi(x, y), e^{i\theta}\psi(x, y)] \equiv f(x, y),$$
$$y' = e^{-i\theta}\Psi[e^{i\theta}\varphi(x, y), e^{i\theta}\psi(x, y)] \equiv g(x, y),$$

définissent une transformation de D en lui-même, et l'on vérifie sans peine que cette transformation satisfait aux conditions du lemme. On a donc

$$f(x, y) \equiv x, \qquad g(x, y) \equiv y,$$

ce qui peut s'écrire

$$\varphi(xe^{i\theta}, ye^{i\theta}) \equiv e^{i\theta}\varphi(x, y),$$
$$\psi(xe^{i\theta}, ye^{i\theta}) \equiv e^{i\theta}\psi(x, y).$$

Pour conclure que les fonctions φ et ψ sont linéaires en x et y, il suffit de calculer leurs dérivées partielles successives pour $x = y = 0$.

12.

Sur les valeurs exceptionnelles d'une fonction méromorphe dans tout le plan

Comptes Rendus de l'Académie des Sciences de Paris 190, 1003–1005 (1930)

Je me propose de préciser et d'étendre aux fonctions méromorphes d'ordre infini un théorème de M. Collingwood ([4]) relatif aux fonctions d'ordre fini. Je vais établir la proposition suivante :

THÉORÈME. — *Soient* $y = f(x)$ *une fonction méromorphe dans tout le plan,* $x = g(y)$ *la fonction inverse, et a un nombre complexe* ([5]) *tel que les points critiques de* $g(y)$ *soient tous à une distance de a supérieure à un nombre fixe. On a alors*

$$(1) \qquad \varlimsup_{r \to \infty} \frac{T(r) - N(r, a)}{\log T(r)} \leqq 1 \quad ([6]),$$

à condition d'exclure des valeurs de r qui remplissent des intervalles $I(r)$ *dans lesquels la variation totale de* $\log r$ *est finie* (intervalles qui ne dépendent pas de la valeur a considérée). *Si* $f(x)$ *est d'ordre fini* ([7]) ρ, *on a, sans intervalles exceptionnels,*

$$(1)' \qquad \varlimsup_{r \to \infty} \frac{T(r) - N(r, a)}{\rho \log r} \leqq 1.$$

Démonstration. — Il existe par hypothèse un nombre positif k, tel que,

---

([4]) *Sur les valeurs exceptionnelles des fonctions entières d'ordre fini* (*Comptes rendus*, **179**, 1924, p. 1125).

([5]) Nous supposons qu'il existe un tel nombre; on connaît des fonctions $f(x)$ pour lesquelles il n'en existe pas.

([6]) Nous utilisons les notations de M. Nevanlinna; lorsque aucune confusion n'est possible, nous écrivons $T(r)$ au lieu de $T(r, f)$.

([7]) Dans ce cas, $g(y)$ n'a qu'un nombre fini de points critiques transcendants. Il suffit donc de supposer que a n'est pas une valeur asymptotique, ni un point d'accumulation de points critiques algébriques.

si l'inégalité

$$|y-a|<k$$

est vérifiée, toutes les branches $g_n(y)$ de la fonction inverse $g(y)$ sont holomorphes et uniformes; les $g_n(y)$ sont d'ailleurs univalentes et ne s'annulent pas (sauf une peut-être). La théorie des fonctions univalentes montre que l'on a

$$\log\left|\frac{g_n(a)}{g_n(y)}\right|<\mathrm{K}u \qquad \left(\mathrm{K}\text{ fixe, } u=|y-a|<\frac{k}{2}\right),$$

d'où

$$\text{(2)} \qquad \mathrm{N}(r,y)-\mathrm{N}(r,a)=\sum_1^\infty\left(\overset{+}{\log}\frac{r}{|g_n(y)|}-\overset{+}{\log}\frac{r}{|g_n(a)|}\right)<\mathrm{K}u\,n(r,y),$$

$n(r, y)$ désignant le nombre des zéros de $f(x)-y$, de modules inférieurs à r. On a d'autre part [1]

$$\frac{1}{2\pi}\int_0^{2\pi}\mathrm{N}(r,a+u\,e^{i\theta})\,d\theta=\mathrm{T}\left(r,\frac{f-a}{u}\right)-\overset{+}{\log}\frac{|f(0)-a|}{u},$$

$$\frac{1}{2\pi}\int_0^{2\pi}n(r,a+u\,e^{i\theta})\,d\theta=t\left(r,\frac{f-a}{u}\right).$$

Remplaçons y par $a+u\,e^{i\theta}$ dans (2) et intégrons; il vient

$$\mathrm{T}\left(r,\frac{f-a}{u}\right)-\mathrm{N}(r,a)<\overset{+}{\log}\frac{|f(0)-a|}{u}+\mathrm{K}ut\left(r,\frac{f-a}{u}\right),$$

d'où

$$\text{(3)} \qquad \mathrm{T}(r,f)-\mathrm{N}(r,a)<\mathrm{K}_1+\overset{+}{\log}\frac{1}{u}+\mathrm{K}ut\left(r,\frac{f-a}{u}\right).$$

Mais, comme $t\left(r,\frac{f-a}{u}\right)$ est une fonction croissante de r, on a

$$t\left(r,\frac{f-a}{u}\right)=r\frac{d\mathrm{T}\left(r,\frac{f-a}{u}\right)}{dr}\leqq\frac{\mathrm{T}\left(r',\frac{f-a}{u}\right)-\mathrm{T}\left(r,\frac{f-a}{u}\right)}{\log r'-\log r},$$

$$\text{(4)} \qquad t\left(r,\frac{f-a}{u}\right)<\frac{\mathrm{K}_2+\overset{+}{\log}\frac{1}{u}+\mathrm{T}(r',f)-\mathrm{T}(r,f)}{\log r'-\log r}.$$

---

(1) Voir deux de mes Notes antérieures (*Comptes rendus*, **189**, 1929, p. 521 et 625).

1°. *Cas où $f(x)$ est d'ordre fini* ρ. — ε étant positif arbitraire, on a

$$T(r) < \left(\frac{r}{2}\right)^{\rho+\varepsilon}$$

si r est assez grand.

Dans (4), puis (3), prenons $r' = 2r$, $u = \frac{1}{r^{\rho+\varepsilon}}$. Il vient

$$T(r) - N(r, a) < K' + (\rho + \varepsilon) \log r,$$

ce qui établit l'inégalité (1').

2° *Cas général :*

LEMME — $T(r)$ *étant une fonction croissante, on a*

$$T\left(r e^{\frac{1}{T(r)}}\right) < T(r) + [\log T(r)]^{\alpha} \qquad (\alpha > 1),$$

si r *est extérieur à des intervalles* $I(r)$ *dans lesquels la variation totale de* $\log r$ *est finie.*

Dans (4), puis (3), prenons $r' = r e^{\frac{1}{T(r)}}$, $u = \frac{1}{T(r)[\log T(r)]^{\alpha}}$. Il vient

$$T(r) - N(r, a) < K' + \log T(r) + \alpha \log \log T(r),$$

d'où l'inégalité (1).

13.

Les fonctions de deux variables complexes et le problème de la représentation analytique

Journal de Mathématiques pures et appliquées, 9e série 10, 1–114 (1931)

A tout système de deux nombres complexes x et y correspond un point d'un espace à quatre dimensions réelles. Deux domaines D et D′ de cet espace seront dits en correspondance analytique s'il existe un système de deux fonctions analytiques des variables complexes x et y,

$$x' = f(x, y), \qquad y' = g(x, y),$$

qui établit une correspondance *biunivoque* entre les points intérieurs des deux domaines; nous dirons aussi que D′ est un transformé analytique de D, ou encore que D se trouve représenté analytiquement sur D′. Nous dirons de façon précise, au Chapitre I, quelle sorte de domaines et quelle sorte de transformations nous envisagerons dans la suite.

Depuis le Mémoire de 1907, où Poincaré (¹) a montré que deux

(¹) *Les fonctions analytiques de deux variables complexes et la représentation conforme* (*Circolo Mat. di Palermo*, 23, 1907, p. 185-220).

domaines D et D′ ne peuvent pas toujours être mis en correspondance analytique, le problème de la représentation analytique semble n'avoir fait que de lents progrès jusqu'à ces toutes dernières années. L'une des difficultés consistait, il est vrai, à poser le problème; on peut, en gros, le formuler ainsi : « indiquer des règles générales permettant de reconnaître si deux domaines donnés peuvent être représentés analytiquement l'un sur l'autre, et trouver, d'autre part, des familles de domaines particuliers, caractérisés par des propriétés simples, de façon que tout autre domaine puisse se représenter analytiquement sur l'un de ces domaines particuliers. » Ce double problème n'est aujourd'hui que partiellement résolu.

Sans vouloir citer dès maintenant tous les travaux récents relatifs à la question, je me bornerai à trois d'entre eux. Dans le plus ancien, qui remonte à 1921, M. Reinhardt ([1]) a porté son attention sur une famille fort générale de domaines, qui comprend les domaines de convergence des séries de Taylor à deux variables; nous reparlerons ([2]) de ces domaines et des résultats de M. Reinhardt. Plus récemment, M. Carathéodory ([3]) a indiqué une méthode nouvelle permettant d'aborder le problème difficile de la représentation analytique, en même temps qu'il attirait l'attention sur des domaines plus généraux que les domaines de M. Reinhardt : les domaines *cerclés*. Enfin M. Bergmann est le fondateur d'une autre méthode ([4]), basée sur l'existence de systèmes orthogonaux complets de fonctions.

Dans le présent travail je ne ferai appel ni à la théorie de M. Carathéodory ([5]) ni à celle de M. Bergmann. Mon but est de résoudre, dans une certaine mesure, le problème de la représentation analytique pour tous les *domaines bornés qui admettent une infinité de transformations analytiques en eux-mêmes, laissant fixe un point intérieur*. Nous verrons

---

([1]) *Ueber Abbildungen durch analytische Funktionen zweier Veränderlichen* (*Math. Annalen*, **83**, 1921, p. 211-255).

([2]) Chapitre II, § **3**; Chapitre IV, § **7**; Chapitre V, § **2**.

([3]) Notamment : *Ueber die Geometrie der analytischen Abbildungen* (*Math. Sem. der Hamburg. Univ.*, 6, 1928, p. 96-145).

([4]) *Voir* surtout : *Ueber die Existenz von Repräsentantenbereichen* (*Math. Ann.*, **102**, 1929, p. 420-446).

([5]) Sauf à la fin du Chapitre V.

au Chapitre IV que chacun de ces domaines peut se représenter analytiquement sur un domaine cerclé, semi-cerclé, ou inversement cerclé, ou, plus généralement, sur ce que nous appellerons un domaine (m, p) cerclé. Tous ces domaines seront définis et étudiés aux Chapitres II et III.

Dans une Note aux *Comptes rendus de l'Académie des Sciences* ([1]), j'ai énoncé sommairement quelques-uns des résultats exposés dans ce travail. Comme je le faisais prévoir, le théorème VII de cette Note n'est pas toujours exact ; il est énoncé ici ([2]) avec toute la précision désirable.

En vue de faciliter la lecture, nous avons jugé utile de placer ici un Résumé succinct, par chapitre, des matières qui font l'objet du présent Mémoire.

RÉSUMÉ.

([1]) *Les fonctions de deux variables complexes et les domaines cerclés de M. Carathéodory* (190, 1930, p. 354-356).

([2]) Chapitre IV, théorème XX.

CHAPITRE I.

GÉNÉRALITÉS SUR LES DOMAINES ET LES TRANSFORMATIONS ANALYTIQUES.

1. Domaines. — Un domaine, dans l'espace des deux variables complexes x et y, sera pour nous un ensemble de points *intérieurs;* nous considérerons toujours les points frontières comme n'appartenant pas au domaine, et nous ne ferons aucune hypothèse sur la nature des frontières des domaines envisagés.

Nous ne considérerons que des domaines dont tous les points intérieurs sont à distance finie. Mais cela ne veut pas dire que nous ne nous occuperons que des domaines bornés : un domaine peut s'étendre à l'infini tout en n'étant composé que de points à distance finie. Nous n'envisagerons que des domaines *connexes*, mais nous ne ferons pas d'autre hypothèse sur la nature de nos domaines au point de vue de l'*analysis situs*.

La notion de *point intérieur à un domaine* D est claire si le domaine est *univalent* (*schlicht*) : le point x_0, y_0 sera dit intérieur à D s'il existe une hypersphère de centre x_0, y_0 dont tous les points appartiennent à D. Un domaine n'est pas univalent lorsqu'il existe des points différents du domaine qui ont les mêmes coordonnées dans l'espace. Mais un domaine non univalent peut être univalent au voisinage de chacun de ses points; dans ce cas, la définition d'un point intérieur est la même que précédemment; nous dirons alors que le domaine *n'est pas ramifié*.

Nous envisagerons également des domaines ramifiés. Mais nous devons dire quelles sortes de ramifications nous envisagerons, et définir, de façon précise, un point *intérieur* à un domaine ramifié, dans le cas où ce point x_0, y_0 se trouve sur une variété de ramification. Nous supposerons que le voisinage du point x_0, y_0 peut être mis en correspondance biunivoque avec un domaine univalent de l'espace (u, v), contenant l'origine, à l'aide de deux fonctions holomorphes des deux variables complexes u et v,

$$x = f(u, v), \qquad y = g(u, v),$$
$$[f(0, 0) = x_0, \; g(0, 0) = y_0],$$

et cela de façon qu'à tout système de valeurs données à x et y, voisines respectivement de x_0 et y_0, corresponde un nombre *fini* de systèmes de valeurs pour u et v. Si les fonctions x et y reprennent toutes deux les mêmes valeurs en deux points différents de l'espace (u, v), les points correspondants seront considérés comme deux points différents du domaine D. Les variables u et v seront dites *variables uniformisantes*.

Si le déterminant fonctionnel $\frac{D(f, g)}{D(u, v)}$ s'annule pour $u = v = 0$, il s'annule sur une ou plusieurs variétés caractéristiques passant par le point $u = v = 0$. Les transformées de ces variétés, dans l'espace (x, y), sont des variétés caractéristiques intérieures à D; ce sont des *variétés de ramification* pour D.

2. Le problème de l'inversion d'une transformation analytique (¹). —

(¹) *Voir* Osgood, *Lehrbuch der Funktionentheorie*, t. II, p. 137 et suiv.

Voici le problème : étant données deux fonctions

$$x = f(u, v), \qquad y = g(u, v),$$

holomorphes au voisinage de $u = v = 0$, et nulles pour $u = v = 0$, exprimer, si c'est possible, u et v en fonction de x et y au voisinage de $x = y = 0$.

Rappelons d'abord le théorème classique de Weierstrass, en l'appliquant au cas de trois variables complexes : « si $F(x, y, z)$ est holomorphe au voisinage de $x = y = z = 0$, si elle est nulle pour $x = y = z = 0$, et *si* $F(0, 0, z)$ *n'est pas identiquement nulle*, alors $F(x, y, z)$ peut se mettre sous la forme

$$F(x, y, z) \equiv P(z; x, y)\, F_1(x, y, z),$$

$F_1(x, y, z)$ étant holomorphe et non nulle au voisinage de $x = y = z = 0$, et $P(z; x, y)$ étant un polynome en z dont les coefficients sont des fonctions de x et y, holomorphes au voisinage de $x = y = 0$, nulles pour $x = y = 0$ ».

Cela posé, nous pouvons toujours supposer $f(0, v)$ et $g(0, v)$ non identiquement nulles, en effectuant au besoin une substitution linéaire convenable sur u et v. En effet, les fonctions $f(u, v)$ et $g(u, v)$ s'annulent sur un nombre *fini* de variétés caractéristiques passant par $u = v = 0$, et l'on peut donc trouver une variété

$$au + bv = 0,$$

sur laquelle aucune des fonctions $f(u, v)$ et $g(u, v)$ ne s'annule (sauf à l'origine $u = v = 0$).

Ce point étant admis, appliquons le théorème de Weierstrass à la fonction

$$x - f(u, v),$$

qui n'est pas identiquement nulle pour $x = u = 0$. Il vient

$$x - f(u, v) \equiv P(v; x, u)\, F_1(x, u, v),$$

et, de même,

$$y - g(u, v) \equiv Q(v; y, u)\, G_1(y, u, v).$$

Les équations

$$(1) \qquad x = f(u, v), \qquad y = g(u, v)$$

peuvent donc s'écrire, si x, y, u et v sont assez petits,

$$(2) \qquad P(v; x, u) = 0, \qquad Q(v; y, u) = 0.$$

P et Q, qui sont des polynomes en v, admettent un résultant $R(x, y, u)$, qui est une fonction holomorphe des trois variables x, y, u au voisinage de $x = y = u = 0$, nulle pour $x = y = u = 0$. L'élimination de v entre les équations (2) donne l'équation

$$(3) \qquad R(x, y, u) = 0.$$

Appliquons de nouveau le théorème de Weierstrass : *si* $R(0, 0, u)$ *n'est pas identiquement nul*, l'équation (3) peut s'écrire

$$(4) \qquad u^m + a_1 u^{m-1} + \ldots + a_m = 0,$$

les a_i étant des fonctions holomorphes de x et y, nulles pour $x = y = 0$.

L'équation (4) donne m valeurs pour u en fonction de x et y; les équations (2) ont alors une ou plusieurs racines communes en v, qui sont elles-mêmes racines d'une équation algébrique de la même forme que l'équation (4). Remarquons que le nombre des solutions (u, v) ne dépend pas des valeurs données à x et y.

Nous avons dû écarter le cas où l'on aurait

$$R(0, 0, u) \equiv 0.$$

S'il en était ainsi, les équations (2), ou (1), auraient toujours au moins une racine commune en v, lorsque x et y sont nuls, quel que soit u voisin de zéro ; v serait fonction de u. C'est dire que *les relations*

$$f(u, v) = 0, \qquad g(u, v) = 0$$

auraient lieu sur toute une variété caractéristique passant par $u = v = 0$. Pour qu'il en soit ainsi, il suffit d'ailleurs que les relations précédentes aient lieu en une infinité de points s'accumulant au voisinage de $u = v = 0$.

Pour écarter une telle éventualité, il suffit de poser la condition suivante : *dans un voisinage assez restreint de l'origine* $u = v = 0$, *les fonctions* $f(u, v)$ *et* $g(u, v)$ *ne s'annulent pas simultanément en dehors de l'origine*.

Remarquons que si $f(u, v)$ et $g(u, v)$ s'annulent, et, d'une façon générale, sont toutes deux constantes ($f=a$, $g=b$) sur une même variété V, le déterminant fonctionnel $\frac{D(f, g)}{D(u, v)}$ s'annule sur cette variété. En effet, d'après le théorème de Weierstrass, les fonctions f et g peuvent se mettre sous la forme

$$f-a \equiv \varphi f_1, \qquad g-b \equiv \varphi g_1,$$

$\varphi(u, v)$ étant nulle sur V, f_1 et g_1 étant holomorphes. On voit immédiatement que φ se met en facteur dans $\frac{D(f, g)}{D(u, v)}$. C. Q. F. D.

Conséquence. — Les variétés sur lesquelles $f(u, v)$ et $g(u, v)$ sont simultanément constantes sont *isolées*, sauf si les fonctions f et g ne sont pas indépendantes.

Appliquons ce qui précède à un domaine de l'espace (x, y), considéré au voisinage d'un point de ramification x_0, y_0. Par définition, il existe un système de deux variables uniformisantes u et v. On voit maintenant comment u et v peuvent inversement s'exprimer en fonctions de x et y.

Pourquoi avons-nous choisi la définition, donnée au paragraphe **1**, du voisinage d'un domaine autour d'un point de ramification? Pourquoi n'avons-nous pas, plus généralement, défini ce voisinage comme étant le domaine d'existence d'une fonction z de x et y, racine d'une équation algébrique à coefficients holomorphes en x et y? Parce qu'il n'est pas toujours possible d'établir une correspondance analytique biunivoque entre un tel voisinage et un voisinage univalent, comme je le montrerai dans un autre travail.

3. Fonctions uniformes dans un domaine. — Je dis qu'une fonction $f(x, y)$, holomorphe ou méromorphe, est uniforme au voisinage d'un point x_0, y_0 d'un domaine D, si elle peut s'exprimer à l'aide d'une fonction uniforme (holomorphe ou méromorphe) des deux variables uniformisantes u et v.

Une fonction $f(x, y)$ sera dite uniforme dans le domaine D tout entier, si elle se laisse prolonger analytiquement dans tout le domaine D, au voisinage de chaque point duquel elle est supposée uniforme, et si, de quelque façon qu'on effectue son prolongement le long d'une courbe fermée C, intérieure à D, elle revient à sa détermination initiale.

Précisons : si le domaine D n'est pas univalent, une courbe peut être *fermée dans l'espace* sans être *fermée dans le domaine;* dans la définition précédente, nous n'avons envisagé que des courbes C *fermées dans le domaine* D. Précisons maintenant la notion de *détermination* d'une fonction : nous dirons que deux fonctions $f(x, y)$ et $g(x, y)$ ont la même détermination en un point x_0, y_0 d'un domaine, si elles coïncident dans tout le voisinage de ce point.

Pour que deux fonctions *holomorphes* $f(x, y)$ et $g(x, y)$ aient la même détermination en un point x_0, y_0, il faut et il suffit qu'elles admettent le même développement en série double de Taylor au voisinage de ce point, ou, ce qui revient au même, que toutes leurs dérivées partielles de tous les ordres soient respectivement égales en x_0, y_0. En disant cela, nous supposons, il est vrai, que le point x_0, y_0 n'est pas un point de ramification pour le domaine d'existence des fonctions f et g; mais on peut toujours se ramener à ce cas à l'aide de deux variables uniformisantes u et v.

Il existe évidemment toujours des fonctions holomorphes dans un domaine quelconque D, ne serait-ce que x ou y. Mais, si le domaine D n'est pas univalent, une fonction telle que x possède la même détermination en deux points de D qui ont les mêmes coordonnées. Posons-nous alors le problème suivant : étant donnés un domaine D non univalent, et deux points M et M′ de ce domaine qui ont les mêmes coordonnées, trouver une fonction $f(x, y)$, *holomorphe* et *uniforme* dans le domaine D tout entier, possédant en M et M′ deux déterminations différentes. Nous verrons, dès le Chapitre suivant (§ 1), que *le problème précédent n'est pas toujours possible*. Cela nous conduit à faire la convention suivante, que nous désignerons par « *convention* [A] » dans tout le reste de ce travail : « *Un domaine* D *étant défini* a priori, *si deux points* M *et* M′ *de ce domaine, qui ont les mêmes coordonnées, sont tels que toute fonction* $f(x, y)$, *holomorphe et uniforme dans* D, *possède la même détermination en* M *et en* M′, *nous conviendrons de considérer dorénavant les points* M *et* M′ *comme un seul et même point du domaine* D. » Ainsi, un domaine étant défini *a priori*, on peut avoir à modifier la définition de ce domaine, si on veut le regarder comme un domaine d'existence de fonctions holomorphes. *Tous les domaines envisagés dans la suite seront supposés satisfaire à la convention* [A].

Voici une conséquence immédiate de la convention [A]. Partons d'un point M, intérieur au domaine D, et décrivons une courbe C, intérieure à D, et revenant en un point M' qui coïncide avec M *dans l'espace*. Si toute fonction, holomorphe et uniforme dans D, revient à la même détermination lorsqu'on la prolonge le long de C, alors la courbe C est *fermée dans le domaine* D.

4. Les transformations analytiques d'un domaine. — Soit D un domaine de l'espace (x, y), et soient $f(x, y)$ et $g(x, y)$ deux fonctions holomorphes ([1]) dans D. La transformation

$$X = f(x, y), \qquad Y = g(x, y)$$

fait correspondre à tout point x, y, intérieur à D, un point X, Y, et au domaine D un domaine Δ de l'espace X, Y (cette dernière assertion sera précisée dans un instant). Le domaine Δ sera dit *transformé analytique* du domaine D. Si la convention [A] n'était pas respectée pour le domaine D, alors à deux points distincts du domaine D correspondrait toujours un seul et même point X, Y; on n'aurait donc aucun intérêt à considérer ces points comme distincts. C'est là la justification véritable de la convention [A].

Relativement aux fonctions $f(x,y)$ et $g(x,y)$, nous ferons la convention suivante, que nous appellerons dorénavant *convention* [B] : « a et b désignant des constantes quelconques, les équations

$$f(x, y) = a, \qquad g(x, y) = b$$

ne sont vérifiées qu'en des points x, y *isolés* intérieurs au domaine D ». *Nous excluons ainsi le cas où les fonctions $f(x, y)$ et $g(x, y)$ seraient simultanément constantes sur une variété caractéristique intérieure à* D.

Toutes les transformations analytiques que nous envisagerons devront satisfaire à la convention [B].

Il reste à justifier cette convention. Supposons d'abord qu'elle soit

---

([1]) Lorsque nous ne précisons pas, nous n'envisageons que des fonctions *uniformes* dans le domaine D.

respectée. Alors nous aurons le droit de dire que $f(x, y)$ *et* $g(x, y)$ *engendrent un domaine* Δ lorsque le point x, y décrit D. Soient en effet x_0, y_0 un point intérieur à D, et X_0, Y_0 le point correspondant. Il existe, dans le voisinge du point x_0, y_0 du domaine D, un système de deux variables uniformisantes u et v; alors X et Y s'expriment en fonctions de u et v, et ces fonctions satisfont à la condition posée (§ 1) pour que u et v servent de variables uniformisantes pour le voisinage de X_0, Y_0 dans Δ.

Supposons maintenant que la convention [B] ne soit pas respectée. Prenons d'abord un exemple :

$$X = x, \qquad Y = xy.$$

On a ici $X = Y = 0$ si $x = 0$, quel que soit y. On a inversement

$$x = X, \qquad y = \frac{Y}{X}.$$

Cherchons le transformé du domaine D

$$|x| < 1, \qquad |y| < 1.$$

C'est le domaine Δ

$$|X| < 1, \qquad |Y| < |X|.$$

A tous les points

$$x = 0, \qquad |y| < 1,$$

intérieurs à D, correspond un point unique

$$X = 0, \qquad Y = 0,$$

qui est un point *frontière* de Δ. Ainsi les domaines D et Δ sont univalents, mais la correspondance n'est pas biunivoque entre les points *intérieurs* des domaines : l'intérieur de Δ correspond à l'intérieur du domaine D *privé de la variété* $x = 0$.

Une circonstance analogue se présente dans le cas général : *si l'on a*

$$f(x, y) = a, \qquad g(x, y) = b$$

en tous les points d'une variété caractéristique V *intérieure à* D, *le point*

$$X = a, \qquad Y = b$$

est un point frontière du domaine Δ *engendré par les fonctions* f *et* g.

En effet, supposons d'abord que Δ soit univalent; si le point $X = a$, $Y = b$ était un point intérieur, x et y seraient des *fonctions holomorphes* de X et Y au voisinage de ce point, qui devrait être lui-même un *point d'indétermination*. C'est impossible.

Si Δ n'est pas univalent, et si le point $X = a$, $Y = b$ est intérieur à Δ, on peut, *par définition*, représenter le voisinage de ce point sur un voisinage univalent, et l'on est ramené au cas précédent.

En résumé, la convention [B] est *essentielle;* si on ne la faisait pas, on laisserait échapper, sans s'en apercevoir, des variétés intérieures au domaine D, lorsqu'on transformerait D en un autre domaine Δ.

CHAPITRE II.

LES DOMAINES CERCLÉS.

1. Les fonctions holomorphes ou méromorphes dans un domaine cerclé.

Définition. — J'appelle *domaine cerclé* de centre (a, b) *un domaine connexe* D *qui satisfait aux conditions suivantes :*

1° *Le point $x = a$, $y = b$ est intérieur à* D;

2° *Si le point $x = a + x_0$, $y = b + y_0$ appartient à* D, *le point $x = a + x_0 e^{i\theta}$, $y = b + y_0 e^{i\theta}$ appartient aussi à* D, *quel que soit le nombre réel* θ.

Nous nous bornerons dans la suite aux *domaines cerclés ayant pour centre l'origine* $(a = b = 0)$.

Relativement aux domaines cerclés non univalents, nous ferons les deux conventions suivantes :

1° L'origine (centre) n'est pas un point de ramification pour le domaine D;

2° x_0, y_0 désignant un point quelconque de D, la courbe

$$x = x_0 e^{i\theta}, \qquad y = y_0 e^{i\theta},$$

obtenue en faisant varier θ de 0 à 2π, est *fermée dans le domaine* D. Il en résulte, en particulier, que si l'on effectue, le long de cette courbe, le prolongement analytique d'une fonction $f(x, y)$ uniforme dans D, elle doit revenir à la même détermination lorsque le point x, y revient à son point de départ x_0, y_0.

Si le point x_0, y_0 est un point de ramification, le point $x = x_0 e^{i\theta}$, $y = y_0 e^{i\theta}$ est aussi un point de ramification. Comme les variétés de ramification sont analytiques, ce sont nécessairement des variétés $\frac{y}{x} = \text{const.}$

Même si l'on se borne aux domaines univalents, les domaines cerclés, tels qu'ils viennent d'être définis, sont un peu plus généraux que ceux considérés par M. Carathéodory. Nous réserverons à ces derniers le nom de domaines cerclés *étoilés*.

Définition. — Un domaine D est dit *cerclé étoilé* lorsqu'il satisfait aux conditions suivantes :

1° *L'origine est intérieure à* D ;

2° *Si le point* $x = x_0$, $y = y_0$ *appartient à* D, *le point* $x = kx_0$, $y = ky_0$ *appartient aussi à* D, *quel que soit le nombre complexe k de module inférieur ou égal à un.*

Un domaine cerclé étoilé, non ramifié à l'origine, est nécessairement *univalent* et *simplement connexe* (c'est-à-dire homéomorphe à une hypersphère).

Comme l'a montré M. Carathéodory (*loc. cit.*), tout domaine cerclé D peut se représenter à l'aide d'une image I dans l'espace à trois dimensions réelles x_1, x_2, y ($x_1 + ix_2 = x$). En effet, à tout point

$$x = re^{i\alpha}, \qquad y = r'e^{i\alpha'} \qquad (r \geqq 0,\ r' \geqq 0)$$

intérieur à D, correspondent deux points,

$$x = re^{i(\alpha-\alpha')}, \qquad y = r'$$

et

$$x = -re^{i(\alpha-\alpha')}, \qquad y = -r',$$

qui appartiennent aussi à D. Ce sont deux points de l'espace (x_1, x_2, y) symétriques par rapport à l'origine. Au domaine D tout entier correspond ainsi un domaine I de l'espace (x_1, x_2, y). L'origine est un point intérieur à I et un centre de symétrie. En outre, la section de I par $y = 0$ se compose de cercles et de couronnes centrées à l'origine.

Réciproquement, à tout domaine I de l'espace (x_1, x_2, y), qui satisfait aux trois conditions précédentes, correspond un domaine cerclé D et un seul. On voit ainsi de quel arbitraire dépend un domaine cerclé.

Les domaines D et I sont à la fois univalents ou non univalents. Si le domaine D admet des variétés de ramification $\frac{y}{x} = \text{const.}$, le domaine I se ramifie autour de segments de droite, passant en direction par l'origine (l'origine elle-même n'étant pas un point de ramification par hypothèse), et réciproquement.

Nous plaçant au point de vue de la théorie des fonctions, nous allons maintenant appliquer la convention [A] (¹) aux domaines cerclés. Nous établirons le théorème suivant :

Théorème I. — *Si deux points d'un domaine cerclé* D *coïncident avec un même point de l'espace, toute fonction* $f(x, y)$, *méromorphe et uniforme dans* D, *possède la même détermination en ces deux points.*

Si l'on applique la convention [A], ce théorème peut encore s'énoncer ainsi : *Tout domaine cerclé est univalent.*

2. Développement d'une fonction holomorphe dans un domaine cerclé. — Avant d'établir le théorème I dans le cas où $f(x, y)$ est méromorphe, nous allons d'abord nous limiter au cas où $f(x, y)$ est *holomorphe* (cela suffit d'ailleurs pour que la convention [A] entre en vigueur).

Nous montrerons le théorème suivant :

Théorème II. — *Toute fonction* $f(x, y)$, *holomorphe et uniforme dans un domaine cerclé* D, *est développable en série de polynomes homogènes*

$$f(x, y) \equiv \sum_{n=0}^{\infty} P_n(x, y)$$

uniformément convergente au voisinage de tout point intérieur à D.

(¹) Chapitre I, § 3.

Il en résulte évidemment que si deux points du domaine D ont les mêmes coordonnées x et y, $f(x, y)$ possède la même détermination en ces deux points.

Avant d'aborder la démonstration du théorème II, faisons quelques remarques. Ce théorème avait été établi en 1906 par M. Hartogs [1], *dans le cas où le domaine cerclé* D *est étoilé* (et par suite univalent). Inversement, du théorème énoncé ici nous tirons la conséquence suivante :

Si une fonction $f(x, y)$ *est holomorphe dans un domaine cerclé* D (*forcément univalent*), *elle est aussi holomorphe dans le plus petit domaine cerclé étoilé* Δ *contenant* D. Le domaine Δ est défini de la façon suivante : c'est l'ensemble des points $x = kx_0$, $y = ky_0$ $(|k| \leqq 1)$, x_0, y_0 étant un point quelconque de D. Il est clair, en effet, que si la série $\Sigma P_n(x, y)$ converge uniformément au voisinage de x_0, y_0, elle converge aussi uniformément au voisinage de $x = kx_0$, $y = ky_0$ $(|k| \leqq 1)$; sa somme $f(x, y)$ est donc une fonction holomorphe au voisinage de ce dernier point.

C. Q. F. D.

Passons à la démonstration du théorème II.

Montrons d'abord que le développement envisagé est possible d'une façon au plus. Soit en effet

$$f(x, y) \equiv \sum_{n=0}^{\infty} P_n(x, y),$$

avec

$$P_n(x, y) \equiv \sum_{p=0}^{p=n} a_{n-p,p} x^{n-p} y^p.$$

Puisque, par hypothèse, la série converge uniformément au voisinage de l'origine, on peut différentier un nombre quelconque de fois par rapport à x et y, ce qui donne immédiatement

$$a_{n-p,p} = \frac{1}{p\,!\,n-p\,!}\,\frac{\partial^n f(0, 0)}{\partial x^{n-p}\,\partial y^p}.$$

(1) *Ueber analytische Funktionen mehrerer unabh. Veränd.* (**Math. Ann.** 62, 1906, p. 1-88). *Voir* le paragraphe 11.

Les coefficients $a_{n-p,p}$ sont donc bien déterminés ; ils ne sont autres que les coefficients du développement de $f(x, y)$ en série double de Taylor.

Cela posé, soit r un nombre réel plus grand que *un*, mais aussi voisin de *un* que l'on voudra, et soit D_r le domaine homothétique du domaine D par rapport à l'origine dans le rapport $\frac{1}{r}$. Lorsque le point x, y est intérieur à D_r, le point de coordonnées $rxe^{i\theta}$, $rye^{i\theta}$ est intérieur à D. Considérons l'intégrale

$$F(x, y) \equiv \frac{1}{2\pi i}\int_{C_r} f(xz, yz)\,\frac{dz}{z-1},$$

dans laquelle la variable complexe z décrit la circonférence C_r, de centre origine et de rayon r. C'est une fonction holomorphe et uniforme des deux variables complexes x et y, lorsque le point x, y appartient à D_r. Or l'origine est intérieure à D_r ; donc $F(x, y)$ est holomorphe au voisinage de l'origine, comme $f(x, y)$ d'ailleurs. Mais, si le point x, y est fixé et assez voisin de l'origine, la fonction

$$f(xz, yz) = \varphi(z)$$

est holomorphe pour $|z| \leqq r$, et l'on a par suite

$$F(x, y) = \frac{1}{2\pi i}\int_{C_r} \varphi(z)\,\frac{dz}{z-1} = \varphi(1) = f(x, y).$$

Les fonctions $f(x, y)$ et $F(x, y)$, qui coïncident au voisinage de l'origine, admettent le même domaine d'existence, et elles coïncident dans tout ce domaine. En particulier, $f(x, y)$ est holomorphe et uniforme dans D_r, et l'on peut écrire

$$f(x, y) \equiv \frac{1}{2\pi i}\int_{C_r} f(xz, yz)\,\frac{dz}{z-1} \equiv \sum_{n=0}^{\infty}\left[\frac{1}{2\pi i}\int_{C_r} f(xz, yz)\,\frac{dz}{z^{n+1}}\right],$$

la série étant uniformément convergente lorsque le point x, y est voisin d'un point quelconque intérieur à D_r. Posons

$$(1)\qquad P_n(x, y) \equiv \frac{1}{2\pi i}\int_{C_r} f(xz, yz)\,\frac{dz}{z^{n+1}}.$$

$P_n(x, y)$ est une fonction holomorphe et uniforme dans D_r, et l'on obtient le développement suivant

$$(2) \qquad f(x, y) \equiv \sum_{n=0}^{\infty} \mathrm{P}_n(x, y),$$

uniformément convergent au voisinage de tout point intérieur à D_r.

Mais on a

$$\mathrm{P}_n(xe^{i\alpha}, ye^{i\alpha}) \equiv \frac{1}{2\pi i}\int_{\mathrm{C}_r} f(xze^{i\alpha}, yze^{i\alpha})\frac{dz}{z^{n+1}},$$

ou, en posant $ze^{i\alpha} = t$,

$$\mathrm{P}_n(xe^{i\alpha}, ye^{i\alpha}) \equiv \frac{e^{in\alpha}}{2\pi i}\int_{\mathrm{C}_r} f(xt, yt)\frac{dt}{t^{n+1}} \equiv e^{in\alpha}\mathrm{P}_n(x, y).$$

Il en résulte que P_0 est une constante, et $\mathrm{P}_n(x, y)$ un polynome homogène de degré n. Pour le voir, il suffit de différentier un nombre quelconque de fois l'identité

$$\mathrm{P}_n(xe^{i\alpha}, ye^{i\alpha}) \equiv e^{in\alpha}\mathrm{P}_n(x, y),$$

et de faire $x = y = 0$ dans les relations obtenues.

Les polynomes $\mathrm{P}_n(x, y)$ que nous venons de trouver *ne dépendent pas de la valeur donnée à r*, puisque le développement de $f(x, y)$ en série de polynomes homogènes n'est possible que d'une seule façon au voisinage de l'origine.

Ainsi la série (2) converge uniformément au voisinage de tout point de D_r, quel que soit r plus grand que *un*; elle converge donc uniformément au voisinage de tout point de D, et le théorème II est établi.

On a

$$(3) \qquad \mathrm{P}_n(x, y) \equiv \frac{1}{2\pi}\int_0^{2\pi} e^{-in\theta} f(xe^{i\theta}, ye^{i\theta})\, d\theta,$$

comme on le voit en considérant la relation (1), et en faisant rendre r vers l'unité. La relation (3) est fort importante; on en déduit immédiatement l'inégalité

$$|\mathrm{P}_n(x_0, y_0)| \leqq \max|f(x_0e^{i\theta}, y_0e^{i\theta})|, \qquad (0 \leqq \theta \leqq 2\pi),$$

qui généralise l'inégalité de Cauchy

$$|a_n x_0^n| \leqq \max|f(x_0e^{i\theta})|, \qquad (0 \leqq \theta \leqq 2\pi),$$

relative au développement d'une fonction d'une variable, holomorphe dans un cercle.

Remarque. — Soit Δ le plus petit domaine cerclé étoilé contenant le domaine cerclé D (qui est univalent, d'après ce qui précède). Comme nous l'avons vu, si $f(x, y)$ est holomorphe dans D, elle est holomorphe dans Δ. Je dis que *si une fonction méromorphe* $f(x, y)$ *ne prend pas la valeur a dans* D, *elle est méromorphe dans* Δ *et n'y prend pas la valeur a*. En effet, la fonction

$$\varphi(x, y) \equiv \frac{1}{f(x, y) - a}$$

est holomorphe dans D, donc dans Δ. C. Q. F. D.

En particulier, si l'inégalité

$$|f(x, y)| < M$$

a lieu dans le domaine D, elle a aussi lieu dans le domaine Δ.

3. Les domaines de Reinhardt. — Avant d'aborder la démonstration du théorème I pour une fonction méromorphe, disons quelques mots sur une classe remarquable de domaines cerclés.

Un domaine connexe D est un *domaine de Reinhardt* lorsqu'il satisfait aux conditions suivantes :

1° *L'origine (centre) est intérieure à* D;
2° *Si le point* $x = x_0$, $y = y_0$ *appartient à* D, *le point*

$$x = x_0 e^{i\alpha}, \qquad y = y_0 e^{i\beta}$$

appartient aussi à D, *quels que soient les nombres réels* α *et* β.

Tout domaine de Reinhardt est cerclé, et par suite *univalent* si l'on applique la convention [A]. L'image I d'un domaine de Reinhardt, dans l'espace (x_1, x_2, y), est de révolution autour de l'axe Oy; réciproquement, si l'image d'un domaine cerclé est de révolution autour de Oy, le domaine est un domaine de Reinhardt.

Les domaines considérés effectivement par M. Reinhardt dans son Mémoire déjà cité sont un peu plus particuliers. Nous les appellerons ici des *domaines de Reinhardt complets*.

Un domaine D est un *domaine de Reinhardt complet* lorsqu'il satisfait à la condition suivante : si le point x_0, y_0 appartient à D, le domaine

$$|x| \leqq |x_0|, \qquad |y| \leqq |y_0|$$

appartient aussi à D. Par exemple, le domaine de convergence d'une série double de Taylor est un domaine de Reinhardt complet.

Je ne sais si le théorème suivant a jamais été énoncé dans le cas d'un domaine de Reinhardt quelconque :

THÉORÈME III. — *Toute fonction $f(x, y)$, holomorphe et uniforme dans un domaine de Reinhardt* D, *est développable en série double de Taylor*

$$f(x, y) \equiv \sum_{m=0}^{\infty} \sum_{n=0}^{\infty} a_{m,n} x^m y^n,$$

uniformément convergente au voisinage de tout point intérieur à D.

La démonstration est analogue à celle du théorème II. On remarque d'abord que le développement est possible d'une façon au plus. On envisage ensuite l'intégrale double

$$F(x, y) \equiv -\frac{1}{4\pi^2} \int_{C_r} \int_{\Gamma_r} f(xz, yt) \frac{dz\, dt}{(z-1)(t-1)},$$

C_r et Γ_r désignant respectivement les circonférences $|z| = r$ et $|t| = r \, (r > 1)$.

Le raisonnement s'achève sans la moindre difficulté.

CorOLLAIRE. — *Si $f(x, y)$ est holomorphe dans un domaine de Reinhardt* D, *elle est aussi holomorphe dans le plus petit domaine de Reinhardt complet* Δ *contenant* D. Le domaine Δ est le domaine formé de l'ensemble des domaines

$$|x| \leqq |x_0|, \qquad |y| \leqq |y_0|,$$

x_0, y_0 étant un point quelconque de D.

Le théorème bien connu de M. Hartogs : « Si $f(x, y)$ est holomorphe pour

$$|x| < \varepsilon, \qquad |y| < 1,$$

et aussi pour

$$|x|<1, \quad 1-\varepsilon'<|y|<1,$$

elle est holomorphe pour

$$|x|<1, \qquad |y|<1 \text{ »}$$

n'est qu'un cas particulier de notre corollaire.

Ce corollaire se complète de la façon suivante : si une fonction méromorphe $f(x, y)$ ne prend pas la valeur a dans D, elle ne prend pas la valeur a dans Δ ; si l'inégalité

$$|f(x, y)|<\mathrm{M}$$

a lieu dans D, elle a lieu aussi dans Δ.

4. Les fonctions méromorphes dans un domaine cerclé. — Arrivons enfin à la démonstration du théorème I. Nous allons établir le théorème plus précis suivant :

Théorème I *bis*. — *Soit* D *un domaine cerclé; soit* Δ *le plus petit domaine cerclé étoilé (univalent) contenant* D, *c'est-à-dire le domaine constitué par l'ensemble des points*

$$x=kx_0, \qquad y=ky_0 \qquad (|k|\leqq 1),$$

le point x_0, y_0 *étant un point quelconque de* D. *Toute fonction* $f(x, y)$, *méromorphe et uniforme dans* D, *est aussi méromorphe et uniforme dans* Δ.

Observons que tout point de D appartient à Δ; mais deux points distincts de D, s'ils ont les mêmes coordonnées, ne font qu'un seul et même point de Δ. C'est du moins de cette façon qu'il faut entendre la définition qui vient d'être donnée du plus petit domaine cerclé étoilé Δ contenant D.

Pour établir le théorème I *bis*, il suffit de démontrer la proposition suivante : *Si* $\mathrm{M}(\xi, \eta)$ *est un point quelconque de* D, *mais non un point de ramification, la fonction méromorphe* $f(x, y)$ *peut se prolonger depuis le centre jusqu'au point* ξ, η *le long du segment de droite*

$$x=t\xi, \qquad y=t\eta \qquad (t \text{ réel}, 0\leqq t\leqq 1).$$

Il résultera de là, en effet, que $f(x, y)$ est méromorphe et uniforme dans Δ, sauf peut-être au voisinage des variétés de ramification de D. Or, par hypothèse, $f(x, y)$ admet ces variétés comme singularités algébriques, et elle a une valeur bien déterminée en chaque point de la variété elle-même. Puisque, d'autre part, elle est uniforme au voisinage, elle est régulière sur ces variétés, et par suite dans le domaine Δ tout entier.

C. Q. F. D.

Pour démontrer la proposition annoncée, nous aurons à nous servir d'un théorème de MM. Hartogs et Levi (¹), qui peut s'énoncer ainsi :

Si $f(x, y)$ est méromorphe et uniforme pour

$$||x|-u|<\rho, \qquad |y|<\rho',$$

et pour

$$|x|<\rho+u, \qquad |y|<\eta, \qquad (u, \rho, \rho', \eta \text{ positifs}, \eta<\rho'),$$

elle est aussi méromorphe et uniforme pour

$$|x|<\rho+u, \qquad |y|<\rho'.$$

Cela posé, voici la marche que nous allons suivre. Joignons M au centre O par une courbe C tout entière intérieure à D, ne rencontrant aucune des variétés de ramification du domaine D (²). Si le nombre positif R est assez petit, tout point P de la courbe C est le centre d'une hypersphère Σ(P), de rayon R, tout entière intérieure à D. Nous définirons dans un instant une suite finie de points pris sur C,

$$O, \quad M_1, \quad M_2, \quad \ldots, \quad M_n, \quad M,$$

et une suite de domaines $D_0, D_1, \ldots, D_n$, satisfaisant aux conditions suivantes : D_0 est intérieur à Σ(O) et contient O et M_1 ; D_1 est intérieur à $\Sigma(M_1)$ et contient M_1 et M_2, … ; D_n est intérieur à $\Sigma(M_n)$ et contient M_n et M. Puis nous montrerons par récurrence que $f(x, y)$ est méromorphe et uniforme dans le domaine formé de Δ_p et d'un certain voisinage de l'origine ; Δ_p désigne l'ensemble des points

$$x = kx_0, \qquad y = ky_0 \qquad (|k| \leqq 1),$$

(¹) *Voir*, par exemple, E. E. Levi, *Studii sul punti singolari essenziali*, etc. (*Annali di Matem.*, 3e série, 17, 1910, p. 61-87 ; *voir* § 8).

(²) C'est possible, comme on le voit en considérant l'image I du domaine D dans l'espace (x_1, x_2, y).

x_0, y_0 étant un point quelconque de D. La proposition annoncée sera alors établie.

Je pose

$$r = \frac{R}{\sqrt{5}},$$

et j'assujettis toutes les distances OM_1, M_1M_2, ..., M_nM à être inférieures à $\frac{r}{2}$; je puis bien trouver sur la courbe C un nombre fini de points M_1, M_2, ..., M_n, tels qu'il en soit ainsi. Soient x_p et y_p les coordonnées du point M_p. Si $|x_p| \geqq |y_p|$, je prends pour D_p le domaine suivant :

$$|x - x_p| < r, \qquad \left| y - \frac{y_p}{x_p} x \right| < r;$$

si $|x_p| < |y_p|$, je prends pour D_p le domaine

$$|y - y_p| < r, \qquad \left| x - \frac{x_p}{y_p} y \right| < r.$$

On voit aisément que D_p contient l'hypersphère de centre M_p et de rayon $\frac{r}{2}$, et est intérieur à l'hypersphère de rayon $r\sqrt{5} = R$. Les domaines D_p satisfont donc à toutes les conditions annoncées. Le domaine D_0 sera le suivant :

$$|x| < r, \qquad |y| < r.$$

Admettons qu'on ait montré que $f(x, y)$ est méromorphe et uniforme dans le domaine constitué par Δ_{p-1} et un certain voisinage de l'origine; montrons alors que $f(x, y)$ est méromorphe dans le domaine formé de Δ_p et du voisinage de l'origine.

Supposons par exemple $|x_p| \geqq |y_p|$, et faisons le changement de variables

$$X = x, \qquad Y = y - \frac{y_p}{x_p} x.$$

La fonction $f(x, y)$ devient une fonction $F(X, Y)$; le domaine D reste cerclé. Le domaine D_p devient

$$(4) \qquad |X - x_p| < r, \qquad |Y| < r.$$

Je vais montrer que F(X, Y) est méromorphe dans le domaine

(5) $$|X| < |x_p| + r, \qquad |Y| < r,$$

domaine qui contient Δ_p et le voisinage de l'origine.

En effet, M_p étant intérieur à D_{p-1}, il existe un nombre positif α tel que le domaine

$$|X - x_p| < \alpha, \qquad \left|\frac{Y}{X}\right| < \alpha$$

soit intérieur à D_{p-1}. Par suite le domaine

(6) $$|X| < |x_p| + \alpha, \qquad \left|\frac{Y}{X}\right| < \alpha,$$

est intérieur à Δ_{p-1}. D'autre part, F(X, Y) est méromorphe au voisinage de l'origine

(7) $$|X| < \beta, \qquad |Y| < \beta.$$

Comparons (6) et (7). Nous voyons que F(X, Y) est, en particulier, méromorphe dans le domaine

(8) $$|X| < |x_p| + \alpha, \qquad |Y| < \gamma,$$

γ désignant le plus petit des nombres β et $\alpha\beta$.

Revenons alors au domaine D_p, qui est défini par (4). Comme D_p est intérieur à D, et comme d'autre part D est cerclé, le domaine

(9) $$\big||X| - |x_p|\big| < r, \qquad |Y| < r,$$

est intérieur à D. Donc F(X, Y) est méromorphe dans le domaine (9).

Si l'on a $r \leqq \alpha$, appliquons le théorème de Hartogs-Levi aux domaines (8) et (9). Nous voyons que F(X, Y) est méromorphe dans le domaine (5).

Si l'on a $r > \alpha$, alors, en vertu de (9), F(X, Y) est méromorphe pour

(9′) $$\big||X| - |x_p|\big| < \alpha, \qquad |Y| < r.$$

Appliquons le théorème de Hartogs-Levi aux domaines (8) et (9′). Nous voyons que F(X, Y) est méromorphe pour

$$|X| < |x_p| + \alpha, \qquad |Y| < r.$$

Comparons avec (9). Finalement, F(X, Y) est méromorphe dans le domaine (5).

Ainsi, dans tous les cas, F(X, Y) est méromorphe dans le domaine (5).

C. Q. F. D.

Le théorème I *bis* est donc entièrement démontré.

Une méthode analogue à celle qui vient d'être exposée permettrait d'établir la proposition suivante (*cf.* le corollaire du théorème III) :

Soient D *un domaine de Reinhardt,* Δ *le plus petit domaine de Reinhardt complet contenant* D ; *toute fonction* $f(x, y)$, *méromorphe dans* D, *est aussi méromorphe dans* Δ.

5. A propos d'une intégrale quadruple.

Théorème IV. — *Soient* $f(x, y)$ *une fonction holomorphe dans un domaine cerclé* D, *et*

$$f(x, y) \equiv \sum_{n=0}^{\infty} P_n(x, y)$$

son développement en série de polynomes homogènes. Désignons par $d\omega$ *l'élément de volume de l'espace à quatre dimensions. Pour que l'intégrale*

$$I(f) = \iiiint_D |f(x, y)|^2 \, d\omega$$

existe, il faut et il suffit que l'intégrale

$$\iiiint_D |P_n(x, y)|^2 \, d\omega$$

existe quel que soit n, et que la série

$$\sum_{n=0}^{\infty} \iiiint_D |P_n(x, y)|^2 \, d\omega \tag{10}$$

soit convergente. Sa somme est alors égale à $I(f)$. *On a donc*

$$\iiiint_D |f(x, y)|^2 \, d\omega = \sum_{n=0}^{\infty} \iiiint_D |P_n(x, y)|^2 \, d\omega. \tag{11}$$

M. Bergmann (¹) a déjà indiqué une proposition analogue relative aux fonctions holomorphes dans un domaine de Reinhardt,

$$f(x, y) \equiv \sum_{m=0}^{\infty} \sum_{n=0}^{\infty} a_{m,n} x^m y^n;$$

on a alors

$$\iiint\!\!\int_D |f(x, y)|^2 d\omega = \sum_{m=0}^{\infty} \sum_{n=0}^{\infty} \iiint\!\!\int_D |a_{m,n} x^m y^n|^2 d\omega.$$

Le présent théorème s'applique à tout domaine cerclé D (forcément univalent), étoilé ou non. Pour l'établir, nous considérerons D comme limite d'une suite infinie de domaines cerclés $D_1, \ldots, D_p, \ldots$, complètement intérieurs à D, et dont chacun est intérieur au précédent. Par définition, on a

$$\iiint\!\!\int_D |f(x, y)|^2 d\omega = \lim_{p \to \infty} \iiint\!\!\int_{D_p} |f(x, y)|^2 d\omega,$$

car la limite, si elle existe, ne dépend pas de la façon dont ont été choisis les D_p.

Admettons pour un instant qu'on ait montré que la série

$$\sum_{n=0}^{\infty} \iiint\!\!\int_{D_p} |P_n(x, y)|^2 d\omega$$

est convergente et a pour somme

$$\iiint\!\!\int_{D_p} |f(x, y)|^2 d\omega.$$

Supposons que l'intégrale $I(f)$ ait une valeur finie. On aura

$$\iiint\!\!\int_{D_p} |P_n(x, y)|^2 d\omega \leqq \iiint\!\!\int_{D_p} |f(x, y)|^2 d\omega < I(f),$$

(¹) *Ueber Hermitesche unendlichen Formen*, etc. (*Math. Zeitschrift*, **29**, 1929, p. 641-677; *voir* p. 649).

et, par suite, l'intégrale

$$\iiiint_{\mathrm{D}} |\mathrm{P}_n(x, y)|^2 \, d\omega = \lim_{p \to \infty} \iiiint_{\mathrm{D}_p} |\mathrm{P}_n(x, y)|^2 \, d\omega$$

aura une valeur finie. De plus l'expression

$$\sum_{n=0}^{k} \iiiint_{\mathrm{D}} |\mathrm{P}_n(x, y)|^2 \, d\omega = \lim_{p \to \infty} \sum_{n=0}^{k} \iiiint_{\mathrm{D}_p} |\mathrm{P}_n(x, y)|^2 \, d\omega$$

sera au plus égale à $\mathrm{I}(f)$, ce qui prouve que la série (10) sera convergente, et que sa somme sera au plus égale à $\mathrm{I}(f)$. D'ailleurs cette somme sera au moins égale à

$$\sum_{n=0}^{\infty} \iiiint_{\mathrm{D}_p} |\mathrm{P}_n(x, y)|^2 \, d\omega = \iiiint_{\mathrm{D}_p} |f(x, y)|^2 \, d\omega,$$

et comme cette dernière intégrale tend vers $\mathrm{I}(f)$ lorsque p augmente indéfiniment, on aura finalement l'égalité (11).

Réciproquement, si la série (10) est convergente, l'intégrale

$$\iiiint_{\mathrm{D}_p} |f(x, y)|^2 \, d\omega$$

reste inférieure à un nombre fixe; donc l'intégrale $\mathrm{I}(f)$ a une valeur finie.

En résumé, il suffit, p étant fixé, d'établir la relation

$$\iiiint_{\mathrm{D}_p} |f(x, y)|^2 \, d\omega = \lim_{k \to \infty} \sum_{n=0}^{k} \iiiint_{\mathrm{D}_p} |\mathrm{P}_n(x, y)|^2 \, d\omega. \tag{12}$$

Or, en vertu de la convergence uniforme du développement de $f(x, y)$, on peut, étant donné un nombre positif ε, déterminer un entier k tel que l'on ait

$$-\varepsilon < |f(x, y)|^2 - \left| \sum_{n=0}^{k} \mathrm{P}_n(x, y) \right|^2 < \varepsilon$$

en tout point du domaine D_p. On aura alors

$$-\varepsilon\Omega_p < \iiiint_{\mathrm{D}_p} |f(x, y)|^2 \, d\omega - \iiiint_{\mathrm{D}_p} \left| \sum_{n=0}^{k} \mathrm{P}_n(x, y) \right|^2 d\omega < \varepsilon\Omega_p,$$

Ω_p désignant le volume de D_p. Nous allons montrer que l'on a

$$\iiiint_{D_p} \left| \sum_{n=0}^{k} P_n(x, y) \right|^2 d\omega = \sum_{n=0}^{k} \iiiint_{D_p} | P_n(x, y) |^2 d\omega; \tag{13}$$

l'égalité (12) en résultera.

Pour établir (13), nous remarquons que l'on a

$$\int_0^{2\pi} \left| \sum_{n=0}^{k} P_n(x_0 e^{i\theta}, y_0 e^{i\theta}) \right|^2 d\theta = \int_0^{2\pi} \left| \sum_{n=0}^{k} e^{in\theta} P_n(x_0, y_0) \right|^2 d\theta$$
$$= 2\pi \sum_{n=0}^{k} | P_n(x_0, y_0) |^2,$$

ce qui peut encore s'écrire

$$\int_0^{2\pi} \left\{ \left| \sum_{n=0}^{k} P_n(x_0 e^{i\theta}, y_0 e^{i\theta}) \right|^2 - \sum_{n=0}^{k} | P_n(x_0 e^{i\theta}, y_0 e^{i\theta}) |^2 \right\} d\theta = 0;$$

on aura donc

$$\iiiint_{D_p} \left\{ \left| \sum_{n=0}^{k} P_n(x, y) \right|^2 - \sum_{n=0}^{k} | P_n(x, y) |^2 \right\} d\omega = 0.$$

La démonstration du théorème IV est achevée.

Corollaire. — Pour que l'intégrale $I(f)$ soit finie, il *faut* que l'intégrale

$$\iiiint_{D} | P_0 |^2 d\omega = | P_0 |^2 \Omega$$

soit finie; Ω désigne le volume du domaine D, et P_0 n'est autre que $f(0,0)$.

Si donc

$$f(0, 0) \neq 0,$$

le volume Ω doit être fini. Inversement, on a

$$| f(0, 0) |^2 \leqq \frac{I(f)}{\Omega},$$

et l'égalité ne peut avoir lieu que si

$$f(x, y) \equiv f(0, 0).$$

D'une façon générale, on a

$$I(f) \geqq \iiiint_D |P_n(x, y)|^2 \, d\omega;$$

si le polynome $P_n(x, y)$ du développement de $f(x, y)$ est connu, l'intégrale

$$\iiiint_D |f(x, y)|^2 \, d\omega$$

est minima pour

$$f(x, y) \equiv P_n(x, y).$$

6. Les transformations analytiques des domaines cerclés les uns dans les autres. — Toute affinité analytique

$$X = ax + by, \qquad Y = a'x + b'y$$

transforme évidemment un domaine cerclé D en un autre domaine cerclé D'; si D est étoilé, D' est étoilé. Soit

$$F(X, Y) \equiv \sum_{n=0}^{\infty} P_n(X, Y)$$

le développement d'une fonction holomorphe dans D'; le développement de

$$F(ax + by, a'x + b'y) \equiv f(x, y)$$

en série de polynomes homogènes en x et y n'est autre que

$$f(x, y) \equiv \sum_{n=0}^{\infty} P_n(ax + by, a'x + b'y).$$

Dans l'affinité précédente, les centres des domaines cerclés D et D' se correspondent. Mais, on connaît des transformations analytiques, autres que des affinités, qui transforment un domaine cerclé en un autre domaine cerclé; par exemple, une hypersphère admet des transformations analytiques en elle-même dans lesquelles le centre vient en un point intérieur arbitraire, et ces transformations ne sont pas linéaires entières.

Laissant de côté le problème général qui consiste à trouver toutes les transformations d'un domaine cerclé en un autre, nous allons nous limiter ici à celles qui conservent le centre.

Commençons par un théorème d'ordre général :

Théorème V. — *Si un domaine cerclé* D *est en correspondance analytique avec un domaine borné* Δ, *non ramifié au point* O *homologue du centre de* D, *le domaine* D *est borné.*

Soient en effet

$$X = f(x, y), \qquad Y = g(x, y)$$

les équations de la transformation (le point x, y décrivant D, le point X, Y décrit Δ). On peut supposer

$$f(0, 0) = g(0, 0).$$

D'après l'énoncé, le déterminant fonctionnel $\frac{D(f, g)}{D(x, y)}$ n'est pas nul pour $x = y = 0$. En effectuant sur X et Y une substitution linéaire convenable, on peut supposer que l'on a

$$f(x, y) \equiv x + \ldots, \qquad g(x, y) \equiv y + \ldots.$$

Cette manière abrégée d'écrire signifie

$$\frac{\partial f(0, 0)}{\partial x} = 1, \qquad \frac{\partial f(0, 0)}{\partial y} = 0, \qquad \frac{\partial g(0, 0)}{\partial x} = 0, \qquad \frac{\partial g(0, 0)}{\partial y} = 1.$$

D'après la relation (3) (Chap. II, § 2), on a

$$x \equiv \frac{1}{2\pi} \int_0^{2\pi} e^{-i\theta} f(xe^{i\theta}, ye^{i\theta})\, d\theta,$$

$$y \equiv \frac{1}{2\pi} \int_0^{2\pi} e^{-i\theta} g(xe^{i\theta}, ye^{i\theta})\, d\theta.$$

Comme, par hypothèse, $f(x, y)$ et $g(x, y)$ sont bornées, on voit que x et y sont bornés. Le théorème est donc établi.

Corollaire. — *Deux domaines cerclés, dont l'un est borné et l'autre ne l'est pas, ne peuvent pas être mis en correspondance analytique, même si l'on n'astreint pas leurs centres à se correspondre.*

Nous allons maintenant établir le théorème suivant :

THÉORÈME VI. — *Si la transformation analytique*

$$X = \varphi(x, y), \qquad Y = \psi(x, y) \qquad [\varphi(0, 0) = \psi(0, 0) = 0]$$

établit une correspondance biunivoque entre les points de deux domaines cerclés bornés [1], *on a nécessairement*

$$\varphi(x, y) \equiv ax + by, \qquad \psi(x, y) \equiv a'x + b'y.$$

En particulier, toute transformation analytique d'un domaine cerclé borné en lui-même, qui conserve le centre, est linéaire.

Nous établirons le théorème VI comme conséquence d'un théorème général relatif aux domaines quelconques (théorème VII). Auparavant, faisons une remarque, en admettant provisoirement l'exactitude du théorème VI.

Les domaines cerclés, nous l'avons vu (Chap. II, § 1), dépendent de *fonctions* arbitraires. Donc, en général, deux domaines cerclés bornés ne peuvent pas se représenter l'un sur l'autre, au moins si l'on veut que les centres se correspondent dans la transformation. Nous dirons qu'un domaine cerclé borné et tous ses transformés par affinités analytiques appartiennent à une même *classe*.

THÉORÈME VII. — *Soit* D *un domaine borné quelconque, non ramifié à l'origine supposée intérieure au domaine. Si les fonctions*

$$X = f(x, y) \equiv x + \ldots, \qquad Y = g(x, y) \equiv y + \ldots$$

sont telles que le point X, Y *reste constamment intérieur à* D *lorsque le point* x, y *décrit* D, *on a forcément*

$$f(x, y) \equiv x, \qquad g(x, y) \equiv y.$$

En effet, au voisinage de l'origine, les fonctions $f(x, y)$ et $g(x, y)$ sont développables en séries de polynomes homogènes

$$f(x, y) \equiv x + \sum_{k=2}^{\infty} P_k(x, y),$$

$$g(x, y) \equiv y + \sum_{k=2}^{\infty} Q_k(x, y).$$

---

[1] D'après ce qui précède, il suffit que l'un deux soit borné pour que l'autre le soit aussi.

Supposons que les polynomes P_k ne soient pas tous identiquement nuls, et soit $P_\alpha(x, y)$ le premier d'entre eux. Considérons les fonctions, définies par récurrence,

$$f_{n+1}(x, y) \equiv f[f_n(x, y), g_n(x, y)],$$
$$g_{n+1}(x, y) \equiv g[f_n(x, y), g_n(x, y)].$$

Dans un voisinage suffisamment restreint de l'origine, $f_{n+1}(x, y)$ est développable en série de polynomes homogènes, et l'on voit tout de suite que ce développement a la forme

$$f_{n+1}(x, y) \equiv x + (n+1) P_\alpha(x, y) + \ldots,$$

ce qui est impossible, car, la fonction $f_{n+1}(x, y)$ admettant une borne supérieure indépendante de n, tous les polynomes de son développement doivent être bornés [relation (3), § **2**].

Ainsi les P_k, et de même les Q_k, sont tous identiquement nuls.

C. Q. F. D.

Première démonstration du théorème VI (¹). — Nous allons déduire le théorème VI du théorème VII. Par hypothèse, la transformation

$$X = \varphi(x, y), \qquad Y = \psi(x, y) \qquad [\varphi(0, 0) = \psi(0, 0) = 0]$$

transforme le domaine cerclé borné D en un domaine cerclé borné D′; soit

$$x = \Phi(X, Y), \qquad y = \Psi(X, Y) \qquad [\Phi(0, 0) = \Psi(0, 0) = 0]$$

la transformation inverse. Soit θ un nombre réel quelconque. Les formules

$$(14) \qquad \begin{cases} x' = e^{-i\theta} \Phi[e^{i\theta}\varphi(x, y), e^{i\theta}\psi(x, y)] \equiv f(x, y), \\ y' = e^{-i\theta} \Psi[e^{i\theta}\varphi(x, y), e^{i\theta}\psi(x, y)] \equiv g(x, y) \end{cases}$$

définissent une transformation de D en lui-même. Or le déterminant fonctionnel $\frac{D(\varphi, \psi)}{D(x, y)}$ n'est pas nul à l'origine, puisque x et y s'expriment

(¹) Au moment où j'ai énoncé le présent théorème VI dans les *Comptes rendus*, M. Behnke publiait de ce même théorème une démonstration s'appliquant aux domaines cerclés étoilés dont la frontière se compose de morceaux analytiques (*Die Abbildungen der Kreiskörper*, *Abh. math. Sem. Hamburg. Univ.*, 7, 1930, p. 329-341). J'ai moi-même publié la présente démonstration dans une Note aux *Comptes rendus* (190, 1930, p. 718).

en fonctions uniformes de X et Y au voisinage de $X = Y = 0$. On voit alors immédiatement que les fonctions $f(x, y)$ et $g(x, y)$ ont la forme

$$f(x, y) \equiv x + \ldots, \qquad g(x, y) \equiv y + \ldots$$

envisagée au théorème VII. On en conclut

$$f(x, y) \equiv x, \qquad g(x, y) \equiv y,$$

et les formules (14) s'écrivent

$$\varphi(xe^{i\theta}, ye^{i\theta}) \equiv e^{i\theta}\varphi(x, y),$$
$$\psi(xe^{i\theta}, ye^{i\theta}) \equiv e^{i\theta}\psi(x, y).$$

Si l'on différentie ces identités un nombre quelconque de fois par rapport à x et y, et si l'on fait ensuite $x = y = 0$, on trouve que toutes les dérivées partielles, d'ordre plus grand que *un*, des fonctions φ et ψ s'annulent à l'origine. Ainsi

$$\varphi(x, y) \equiv ax + by, \qquad \psi(x, y) \equiv a'x + b'y.$$

Deuxième démonstration [1] *du théorème VI.* — Les domaines cerclés D et D′ étant supposés se correspondre par une transformation analytique dans laquelle les centres sont homologues, on peut effectuer sur D′ une affinité analytique de façon que la transformation prenne la forme

$$X = \varphi(x, y) = x + \ldots, \qquad Y = \psi(x, y) \equiv y + \ldots.$$

Je vais montrer que l'on a

$$\varphi(x, y) \equiv x, \qquad \psi(x, y) \equiv y.$$

Pour cela, je vais montrer d'abord que l'on a

$$\frac{D(\varphi, \psi)}{D(x, y)} \equiv 1. \tag{15}$$

Soient en effet Ω et Ω' les volumes de D et D′. Appliquons le théo-

---

[1] Cette deuxième démonstration est en relation étroite avec la théorie de M. Bergmann. Elle n'est pas essentiellement différente de celle que M. Welke doit faire paraître dans les *Math. Annalen*, et qu'il m'a aimablement communiquée.

rème IV. On a ([1])

$$\Omega' = \int_D \left| \frac{D(X, Y)}{D(x, y)} \right|^2 d\omega \geqq \int_D d\omega = \Omega,$$

l'égalité ne pouvant être atteinte que si (15) est vérifié. Inversement, on a

$$\Omega \geqq \Omega',$$

et, par suite,

$$\Omega = \Omega'.$$

L'identité (15) est donc établie, et l'on a

$$d\omega = d\omega'.$$

Cela posé, on a

$$\int_{D'} |X|^2 d\omega' = \int_D |\varphi(x, y)|^2 d\omega \geqq \int_D |x|^2 d\omega,$$

l'égalité ne pouvant être atteinte que si

$$\varphi(x, y) \equiv x.$$

Inversement, on a

$$\int_D |x|^2 d\omega \geqq \int_{D'} |X|^2 d\omega',$$

et, par suite,

$$\int_D |x|^2 d\omega = \int_{D'} |X|^2 d\omega',$$

$$\varphi(x, y) \equiv x$$

On a de même

$$\psi(x, y) \equiv y. \qquad \text{C. Q. F. D.}$$

Modifions maintenant un peu les conditions d'application des théorèmes V et VII. Nous allons établir les théorèmes suivants :

Théorème V *bis*. — *Supposons qu'une transformation analytique*

$$X = f(x, y) \equiv ax + by + \ldots, \qquad Y = g(x, y) \equiv a'x + b'y + \ldots$$

transforme un domaine cerclé D *en un domaine* Δ *pour lequel* X *est borné. Alors* $ax + by$ *est borné dans* D.

([1]) Nous écrirons un seul signe $\int$ pour désigner une intégrale quadruple.

En effet

$$ax + by \equiv \frac{1}{2\pi}\int_0^{2\pi} e^{-i\theta} f(xe^{i\theta}, ye^{i\theta})\, d\theta.$$

THÉORÈME VII *bis*. — *Soit* D *un domaine de l'espace* (x, y), *non ramifié à l'origine supposée intérieure à* D. *Si les fonctions*

$$X = f(x, y) \equiv x + \ldots, \qquad Y = g(x, y) \equiv y + \ldots$$

sont telles que le point X, Y *reste constamment intérieur à* D *lorsque le point* x, y *décrit* D, *et si* x *est borné dans* D, *on a forcément*

$$f(x, y) \equiv x.$$

Démonstration analogue à celle du théorème VII.

Appliquons ce théorème à la recherche des *transformations en lui-même du domaine cerclé* D *défini par*

$$|x| < 1 \qquad (y \text{ fini quelconque}).$$

Cherchons d'abord les transformations de la forme

$$X = f(x, y) \equiv ax + by + \ldots, \qquad Y = g(x, y) \equiv a'x + b'y + \ldots.$$

D'après le théorème V *bis*, $ax + by$ est borné dans D. On a donc forcément $b = 0$, et par suite $b' \neq 0$ (car $ab' - ba' \neq 0$). On a ensuite

$$|a| = 1;$$

en effet, si $|a|$ était supérieur à *un*, on aurait, en itérant n fois la transformation,

$$X_n = a^n x + \ldots;$$

or $a^n x$ doit être borné dans D. Si $|a|$ était inférieur à *un*, on considérerait la transformation inverse. Ainsi on a

$$X = f(x, y) \equiv xe^{i\theta} + \ldots, \qquad Y = g(x, y) = a'x + b'y + \ldots.$$

La transformation

$$X' = e^{-i\theta} X, \qquad Y' = \frac{1}{b'}(Y - a' X e^{-i\theta})$$

transforme aussi D en lui-même; or on a

$$X' = x + \ldots, \qquad Y' = y + \ldots;$$

en vertu du théorème VII *bis*, on a donc $X' = x$, et par suite

$$f(x, y) \equiv xe^{i\theta}.$$

Cela posé, x étant fixé, la transformation

$$Y = g(x, y)$$

doit transformer en lui-même le plan y à distance finie. On a donc

$$g(x, y) \equiv yu(x) + v(x), \qquad [v(0) = 0]$$

$u(x)$ et $v(x)$ étant deux fonctions holomorphes pour $|x| < 1$. La fonction $u(x)$ ne s'annule pas, car, si l'on avait $u(x_0) = 0$, on aurait $X = x_0 e^{i\theta}$, $Y = v(x_0)$, pour $x = x_0$, quel que soit y.

Pour trouver la transformation *la plus générale* de D en lui-même, on se ramène au cas précédent en effectuant une homographie sur x, et en ajoutant une constante convenable à y. La transformation la plus générale a donc la forme

$$\begin{cases} X = e^{i\theta} \dfrac{x - x_0}{1 - \bar{x}_0 x}, & [|x_0| < 1], \\ Y = yu(x) + v(x), & [u(x) \neq 0]. \end{cases}$$

Les transformations qui laissent fixe l'origine ne sont pas toutes linéaires. *Le théorème VI peut donc être en défaut si on veut l'appliquer à des domaines cerclés non bornés.*

CHAPITRE III.

DOMAINES SEMI-CERCLÉS, DOMAINES INVERSEMENT CERCLÉS, DOMAINES (m, p) CERCLÉS.

1. Les domaines semi-cerclés. — *Définition.* — J'appelle *domaine semi-cerclé* un domaine connexe D qui satisfait aux conditions suivantes :

1° *L'origine est intérieure à* D ;

2° *Si le point* $x = x_0, y = y_0$ *appartient à* D, *le point* $x = x_0, y = y_0 e^{i\theta}$ *appartient aussi à* D, *quel que soit le nombre réel* θ.

Tous les points, intérieurs au domaine D, pour lesquels $y=0$, jouent le même rôle que l'origine : ils restent fixes dans la transformation

$$x'=x, \qquad y'=ye^{i\theta}$$

du domaine en lui-même. Tous ces points seront appelés des *centres* du domaine.

Relativement aux domaines semi-cerclés non univalents, nous ferons la convention suivante : x_0, y_0 désignant un point quelconque du domaine, la courbe

$$x=x_0, \qquad y=y_0 e^{i\theta} \qquad (0 \leqq \theta \leqq 2\pi)$$

est *fermée dans le domaine*. Nous envisagerons éventuellement des domaines semi-cerclés ramifiés à l'origine.

Si le point x_0, y_0 est un point de ramification, le point $x=x_0$, $y=y_0 e^{i\theta}$ est aussi un point de ramification. Comme les variétés de ramification sont analytiques, ce sont nécessairement des variétés $x=$ const. Nous retrouverons ce résultat comme cas particulier d'une proposition générale établie au paragraphe **3**.

Étant donné un domaine semi-cerclé D, l'ensemble des points x, y de D, pour lesquels y est réel, constitue un domaine I dans l'espace à trois dimensions réelles x_1, x_2, y ($x=x_1+ix_2$). Ce domaine contient l'origine et admet le plan $x_1 O x_2$ comme plan de symétrie. Réciproquement, à tout domaine I, de l'espace (x_1, x_2, y), qui satisfait à ces deux conditions, correspond un domaine semi-cerclé D et un seul. Mais nous verrons au paragraphe **3** qu'un domaine semi-cerclé D et son image I doivent satisfaire à d'autres conditions si l'on applique la convention [A] ; ce n'est pas étonnant si l'on se rappelle, par exemple, qu'un domaine cerclé est nécessairement univalent en vertu de la convention [A].

Tout domaine de Reinhardt est semi-cerclé. Pour qu'un domaine soit à la fois cerclé et semi-cerclé, il faut et il suffit que ce soit un domaine de Reinhardt.

2. Développement d'une fonction holomorphe dans un domaine semi-cerclé.

Théorème VIII. — *Toute fonction $f(x, y)$, holomorphe et uni-*

forme dans un domaine semi-cerclé D, *est développable en série de la forme*

$$(1)\qquad f(x, y) \equiv \sum_{n=0}^{\infty} y^n f_n(x),$$

uniformément convergente au voisinage de tout point intérieur à D; *les* $f_n(x)$ *sont des fonctions de* x *seul, holomorphes et uniformes dans tout le domaine* D.

La démonstration est semblable à celle du théorème II (Chap. II). Avant de commencer, on peut supposer que l'origine n'est pas un point de ramification du domaine D, car, si c'en était un, il suffirait d'effectuer une transformation

$$X = x - x_0, \qquad Y = y.$$

Cela posé, le développement (1) est possible d'une façon au plus, car on a évidemment

$$f_n(x) \equiv \frac{1}{n!}\,\frac{\partial^n f(x, 0)}{\partial y^n}.$$

Soient alors r un nombre réel plus grand que *un*, et D_r le domaine formé des points $x = x_0$, $y = \frac{y_0}{r}$ (x_0, y_0 désignant un point quelconque de D). Désignons par C_r la circonférence $|z| = r$. La fonction

$$F(x, y) \equiv \frac{1}{2\pi i}\int_{C_r} f(x, yz)\frac{dz}{z-1}$$

est holomorphe et uniforme dans D_r, et coïncide avec $f(x, y)$ au voisinage de l'origine. Donc $f(x, y)$ est holomorphe dans D_r, et l'on a

$$(2)\qquad f(x, y) \equiv \frac{1}{2\pi i}\int_{C_r} f(x, yz)\frac{dz}{z-1} \equiv \sum_{n=0}^{\infty} \varphi_n(x, y),$$

avec

$$\varphi_n(x, y) \equiv \frac{1}{2\pi i}\int_{C_r} f(x, yz)\frac{dz}{z^{n+1}}.$$

La série (2) converge uniformément au voisinage de tout point x, y intérieur à D_r. Quant à $\varphi_n(x, y)$, c'est une fonction holomorphe et uniforme dans D_r; on vérifie sans peine qu'elle satisfait à l'identité

$$\varphi_n(x, ye^{i\alpha}) \equiv e^{in\alpha}\varphi_n(x, y),$$

d'où l'on conclut, au voisinage de l'origine,

$$\varphi_n(x, y) \equiv y^n f_n(x).$$

La fonction $f_n(x) \equiv \frac{\varphi_n(x,y)}{y^n}$, quotient de deux fonctions holomorphes dans D_r, est elle-même méromorphe dans D_r; d'ailleurs, au voisinage de l'origine, elle ne dépend que de x. C'est par suite, dans le domaine D_r tout entier, une fonction de x seul, qui ne peut devenir infinie que pour $y = 0$; elle n'est donc jamais infinie. Ainsi $f_n(x)$ est holomorphe et uniforme dans D_r.

Les fonctions $\varphi_n(x,y)$ trouvées ne dépendent pas de la valeur donnée à r. Le théorème VIII est donc établi. On a d'ailleurs

$$(3) \qquad y^n f_n(x) \equiv \frac{1}{2\pi}\int_0^{2\pi} e^{-in\theta} f(x, ye^{i\theta})\,d\theta,$$

$$|y_0^n f_n(x_0)| \leqq \text{Max}\,|f(x_0, y_0 e^{i\theta})| \qquad (0 \leqq \theta \leqq 2\pi).$$

Théorème IX. — *Soient $f(x,y)$ une fonction holomorphe dans un domaine semi-cerclé* D, *et*

$$f(x, y) \equiv \sum_{n=0}^{\infty} y^n f_n(x)$$

son développement. Pour que l'intégrale

$$I(f) = \int_D |f(x, y)|^2 d\omega$$

existe, il faut et il suffit que l'intégrale

$$\int_D |y^n f_n(x)|^2 d\omega$$

existe quel que soit n, et que la série

$$\sum_{n=0}^{\infty} \int_D |y^n f_n(x)|^2 d\omega$$

soit convergente. Sa somme est alors égale à $I(f)$.

Démonstration analogue à celle du théorème IV (Chap. II).

3. La « projection » d'un domaine semi-cerclé. — Nous sommes maintenant en mesure d'apercevoir les conséquences entraînées par l'application de la convention [A] aux domaines semi-cerclés.

A chaque point x_0, y_0 du domaine semi-cerclé D, associons, dans le plan de la variable complexe x, le point x_0, que nous appellerons *projection* du point x_0, y_0. Nous allons montrer qu'on peut définir, dans le plan x, un domaine d constitué par l'ensemble des projections de tous les points du domaine D.

Pour définir le domaine d, il nous faut, étant donnés deux points $P_0(x_0, y_0)$ et $P_1(x_0, y_1)$ du domaine D, qui ont la même coordonnée x_0, dire si leurs deux projections doivent être considérées comme deux points distincts du domaine d, ou comme un seul et même point de ce domaine.

Considérons à cet effet *les fonctions de x seul, holomorphes et uniformes dans* D. Si *toutes* ces fonctions possèdent la même détermination en P_0 et P_1, nous conviendrons de regarder les projections de P_0 et P_1 comme un seul et même point du domaine d. Au contraire, s'il existe au moins une fonction de x, holomorphe et uniforme dans D, qui ne possède pas la même détermination en P_0 et en P_1, nous conviendrons de regarder les projections de P_0 et P_1 comme deux points distincts du domaine d.

Le domaine d est ainsi parfaitement défini. Nous l'appellerons *projection du domaine* D. Remarquons que si deux points $P_0(x_0, y_0)$ et $P_1(x_0, y_1)$ peuvent être joints par une courbe intérieure à D et située dans le plan $x = x_0$, leurs projections dans d sont identiques.

L'intérêt du domaine d réside dans le théorème suivant :

Théorème X. — *A deux points distincts du domaine* D, *qui ont les mêmes coordonnées x et y, correspondent deux points distincts du domaine d.*

Pour établir cette proposition, nous appliquerons la convention [A]. Soient P_0 et P_1 deux points distincts de D qui ont les mêmes coordonnées; s'ils avaient même projection dans d, toute fonction de x, holomorphe et uniforme dans D, posséderait la même détermination en P_0

et en P_1. Soit alors $f(x, y)$ une fonction quelconque, holomorphe et uniforme dans D; d'après le théorème VIII, elle posséderait la même détermination en P_0 et en P_1. Les points P_0 et P_1 ne seraient donc pas deux points distincts du domaine D (convention [A]).

C. Q. F. D.

Le théorème précédent peut encore s'énoncer ainsi : *tout point de* D *est défini sans ambiguïté par sa projection dans d et sa seconde coordonnée y. Les variétés de ramification* du domaine D, s'il en existe, ont la forme $x =$ const., et *correspondent aux points de ramification du domaine d.*

On voit maintenant de façon précise quelle est l'image I du domaine D dans l'espace (x_1, x_2, y) : on considère à cet effet un domaine *d*, univalent ou non, dans le plan $x_1 O x_2$, et à chaque point $(x_1)_0$, $(x_2)_0$ de ce domaine on associe un ou plusieurs segments, portés par la droite

$$x_1 = (x_1)_0, \qquad x_2 = (x_2)_0,$$

ces segments étant deux à deux symétriques par rapport au plan $x_1 O x_2$. L'ensemble des segments associés à tous les points du domaine *d* constitue le domaine I; on suppose que l'origine est un point intérieur à I.

Nous dirons qu'un domaine semi-cerclé est *complet* si à chaque point du domaine *d* correspond un segment unique qui coupe le plan $x_1 O x_2$. Cette définition équivaut à la suivante : si x_0, y_0 est un point de D, $x = x_0$, $y = k y_0$ ($|k| \leqq 1$) est aussi un point de D. Cette dernière définition aurait pu être donnée dès le début du Chapitre, mais elle n'a un véritable sens que si l'on connaît la nature des domaines semi-cerclés non univalents, et nous la connaissons maintenant.

Le plus petit domaine semi-cerclé complet Δ contenant un domaine semi-cerclé donné D se compose, par définition, de l'ensemble des points

$$x = x_0; \qquad |y| \leqq |y_0|,$$

x_0, y_0 étant un point quelconque de D. Dans cette définition, deux points

$$x = x_0, \qquad y = k y_0,$$

qui correspondent aux mêmes valeurs de k, x_0, y_0, sont considérés comme distincts s'ils correspondent à deux points x_0, y_0 distincts du domaine D. Cette convention trouve sa justification dans la nature des domaines semi-cerclés non univalents.

Corollaire du théorème VIII. — Si une fonction $f(x, y)$ est holomorphe et uniforme dans un domaine semi-cerclé D, elle est aussi holomorphe et uniforme dans le plus petit domaine semi-cerclé complet contenant D.

Ce fait résulte immédiatement du développement (1). Relativement à ce développement, nous pouvons dire maintenant que les $f_n(x)$ sont holomorphes dans *d*.

Les développements de la forme (1) ont été longuement étudiés par M. Hartogs (*loc. cit.*). Ce géomètre a en même temps étudié les domaines obtenus en associant à chaque point x d'un domaine *d* un cercle

$$|y| < r(x);$$

ce sont les domaines que nous venons d'appeler semi-cerclés complets. M. Hartogs avait démontré que toute fonction $f(x, y)$, holomorphe dans un tel domaine, admet un développement de la forme (1). On voit que notre théorème VIII est plus général.

Domaines semi-cerclés normaux. — Nous dirons qu'un domaine semi-cerclé est *normal* si sa projection *d* est un cercle (de rayon fini ou infini). D'après cette définition, tout domaine semi-cerclé normal est univalent.

Un domaine de Reinhardt est semi-cerclé normal; ce n'est évidemment pas le domaine semi-cerclé normal le plus général.

Considérons un domaine semi-cerclé quelconque; supposons d'abord que sa projection *d* soit simplement connexe. Il existe une fonction holomorphe

$$X = \varphi(x)$$

qui effectue la représentation conforme de *d* sur un cercle (de rayon fini ou infini). La transformation

$$X = \varphi(x), \qquad Y = y$$

transforme le domaine D en un domaine semi-cerclé normal, donc univalent.

Si la projection d n'est pas simplement connexe, on sait qu'on peut toujours transformer le domaine d en un domaine univalent. Il existe donc une transformation

$$X = \varphi(x), \qquad Y = y$$

qui transforme D en un domaine univalent. D'autre part, on peut définir un domaine de recouvrement simplement connexe δ du domaine d et transformer δ en un cercle au moyen de

$$X = \varphi(x).$$

La fonction $\varphi(x)$ est uniforme localement dans d, mais non globalement. La transformation

$$X = \varphi(x), \qquad Y = y$$

transforme alors un certain domaine de recouvrement du domaine D en un domaine semi-cerclé normal.

Nous obtenons ainsi le théorème :

Théorème XI. — *Tout domaine semi-cerclé : 1° peut se représenter sur un domaine semi-cerclé univalent; 2° peut se représenter, ou possède un domaine de recouvrement qui peut se représenter sur un domaine semi-cerclé normal.*

4. Les transformations des domaines semi-cerclés. — Soient D un domaine semi-cerclé, $f(x)$ et $g(x)$ deux fonctions holomorphes dans D. La transformation

$$(4) \qquad X = f(x), \qquad Y = y\,g(x)$$

respecte-t-elle la convention [B]? Considérons à cet effet les équations

$$f(x) = X_0, \qquad y\,g(x) = Y_0;$$

la première donne pour x des valeurs *isolées*; soit x_0 l'une d'elles. Si l'on prend $x = x_0$, la seconde équation donne pour y une valeur bien déterminée, *sauf si* $g(x_0) = 0$. Effectivement, si $g(x)$ s'annule dans D pour $x = x_0$, on a

$$X = f(x_0), \qquad Y = 0$$

pour $x = x_0$, *quel que soit* y; donc la transformation (4) ne respecte pas la convention [B].

Au contraire, si $g(x)$ ne s'annule pas dans D, la convention [B] est respectée.

Supposons donc que $g(x)$ ne s'annule pas. La transformation (4) transforme D en un domaine Δ évidemment *semi-cerclé*. Il est clair (¹) que *la fonction*

$$X = f(x)$$

effectue une représentation conforme de la projection d de D *sur la projection* δ *de* Δ.

Si l'on suppose $f(0) = 0$, la transformation (4) transforme D en Δ avec conservation de l'origine; on voit que, contrairement à ce qui avait lieu pour les domaines cerclés, *les transformations d'un domaine cerclé, même borné, en un autre domaine semi-cerclé* (*avec conservation de l'origine*), *dépendent de fonctions arbitraires*.

Théorème XII (²). — *Si la transformation analytique*

$$(5) \qquad X = \varphi(x, y) \equiv ax + \ldots, \qquad Y = \psi(x, y) \equiv by + \ldots \qquad (ab \neq 0)\,(^3)$$

établit une correspondance biunivoque entre les points de deux domaines semi-cerclés D *et* D' *non ramifiés à l'origine, dont l'un au moins est borné, on a*

$$(6) \qquad \varphi(x, y) \equiv f(x), \qquad \psi(x, y) \equiv y g(x).$$

La transformation (5) transforme D en D'; supposons par exemple D borné. La même méthode que celle utilisée dans la première démons-

(¹) On vérifie sans peine, en effet, que deux points distincts de d ne peuvent être transformés en un même point de δ.

(²) M. Welke me communique une copie du manuscrit d'un article qui doit paraître dans les *Math. Annalen*, et dans lequel il établit ce même théorème dans le cas des domaines semi-cerclés complets univalents, en se servant de la théorie de M. Bergmann.

(³) *Voir*, au Chapitre IV, un complément à ce théorème (§ 7, théorème XXXII).

tration du théorème VI (Chap. II), conduit aux identités

$$\varphi(x, ye^{i\theta}) \equiv \varphi(x, y),$$
$$\psi(x, ye^{i\theta}) \equiv e^{i\theta}\psi(x, y),$$

d'où l'on déduit les identités (6). Le théorème est donc établi.

Comme nous l'avons remarqué, la fonction $g(x)$ ne s'annule pas dans le domaine D.

Le théorème XII s'étend évidemment aux transformations

$$(7) \qquad X = x_0 + ax + \ldots, \qquad Y = by + \ldots \qquad (ab \neq 0)$$

d'un domaine semi-cerclé borné en un domaine semi-cerclé ; il suffit en effet de poser

$$X - x_0 = X', \qquad Y = Y'.$$

Remarquons que le théorème XII peut cesser d'être exact si aucun des domaines D et D' n'est borné, comme le montrent les transformations du domaine envisagé à la fin du paragraphe **6** (Chap. II).

Revenons aux images I et I' des domaines D et D' et cherchons la relation qui doit exister entre les domaines I et I' pour qu'on puisse passer de D à D' par une transformation de la forme (5), D étant supposé borné. La transformation a forcément la forme (6). Comme nous l'avons vu, la fonction

$$X = f(x)$$

transforme la projection d de D en la projection d' de D'. Pour chaque valeur x_0 de x, on a

$$|Y| = |y|\,|g(x_0)|;$$

par conséquent les segments de droite de I et I', correspondant respectivement à x_0 et à $X_0 = f(x_0)$, se déduisent les uns des autres par la dilatation

$$Y = y\,|g(x_0)|.$$

$|g(x)|$ n'est pas une fonction quelconque des deux variables réelles x_1 et x_2 $(x = x_1 + ix_2)$, puisque c'est le module d'une fonction holomorphe sans zéros. Par conséquent, *deux domaines semi-cerclés* D *et* D', *dont l'un est borné, ne peuvent pas en général être représentés l'un sur l'autre par une transformation de la forme* (5).

Pour plus de simplicité, bornons-nous au cas où D et D' sont *semi-*

cerclés normaux. Alors d est un cercle de rayon *fini*; donc d', transformé de d par

$$X = f(x),$$

est aussi un cercle de rayon fini, et l'on a

$$X = ax.$$

Soit D'_1 le transformé de D' par

$$X_1 = \frac{X}{a}, \qquad Y_1 = Y.$$

Si D et D′ sont en correspondance analytique au moyen d'une transformation de la forme (5), alors D se transforme en D'_1 par

$$X_1 = x, \qquad Y_1 = y g(x),$$

et l'image I se transforme en I'_1 par

$$X_1 = x, \qquad Y_1 = y\,|g(x)| = y e^{u(x)},$$

$u(x)$ étant une fonction *harmonique*.

5. Les domaines semi-cerclés et les domaines cerclés.

Théorème XIII (¹). — *Si un domaine semi-cerclé borné peut se représenter sur un domaine cerclé, avec conservation de l'origine, il peut se représenter sur un domaine de Reinhardt. Un domaine semi-cerclé borné donné ne peut pas, en général, se représenter sur un domaine de Reinhardt* (l'origine restant fixe).

Soit

$$X = \varphi(x, y), \qquad Y = \psi(x, y) \qquad [\varphi(0, 0) = \psi(0, 0) = 0],$$

une transformation du domaine semi-cerclé D en un domaine cerclé Δ. En vertu du théorème XI, nous pouvons supposer que D n'est pas ramifié à l'origine; on a alors

$$\varphi(x, y) \equiv ax + by + \ldots, \qquad \psi(x, y) \equiv a'x + b'y + \ldots \qquad (ab' - ba' \neq 0),$$

(¹) Ce théorème, comme le théorème XII, figure dans le Mémoire déjà cité dont M. Welke a bien voulu me communiquer une copie.

et l'on peut, en effectuant une transformation linéaire sur Δ, supposer

$$\varphi(x,y)\equiv x+\ldots,\qquad \psi(x,y)\equiv y+\ldots.$$

Aux transformations

$$x'=x,\qquad y'=ye^{i\theta}$$

de D en lui-même, correspondent des transformations

$$X'=X+\ldots,\qquad Y'=Ye^{i\theta}+\ldots$$

de Δ en lui-même. Or Δ est borné, puisque D est borné (théorème V, Chap. II). Par conséquent, on a (théorème VI, Chap. II)

$$X'=X,\qquad Y'=Ye^{i\theta};$$

Δ est donc cerclé et semi-cerclé : c'est un domaine de Reinhardt.

C. Q. F. D.

Il reste à montrer que, en général, un domaine semi-cerclé borné D ne peut pas se représenter sur un domaine de Reinhardt (l'origine restant fixe). D'après ce qui précède, si la représentation est possible, on peut supposer qu'elle a la forme

$$X=\varphi(x,y)\equiv x+\ldots,\qquad Y=\psi(x,y)\equiv y+\ldots.$$

Le théorème XII s'applique; on a donc

$$X=f(x),\qquad Y=yg(x).$$

D'après cela, la projection d de D doit pouvoir se représenter sur un cercle; pour qu'il en soit ainsi, il faut et il suffit que d soit simplement connexe.

Admettons que d soit un cercle, autrement dit que D soit semi-cerclé normal; admettons même que D soit semi-cerclé complet, et par suite simplement connexe (homéomorphe à une hypersphère). Nous allons voir que toutes ces conditions ne suffisent pas pour que D puisse se représenter sur un domaine de Reinhardt Δ. En effet, la transformation de D en Δ doit avoir la forme

$$X=ax,\qquad Y=yg(x),$$

et l'on peut supposer $a=1$ par une transformation effectuée sur Δ. Alors, comme nous l'avons déjà vu, les frontières des images I et I' de

D et Δ doivent se correspondre dans une transformation

$$X = x, \qquad Y = y e^{u(x)},$$

$u(x)$ étant *harmonique*. Supposons en particulier que la section du domaine I par

$$|x| = r,$$

r étant un certain nombre positif, soit de révolution autour de Oy, c'est-à-dire qu'elle ait la forme

$$|y| < b.$$

Alors $u(x)$, étant harmonique, et constante pour $|x| = r$, sera nécessairement une constante. Par conséquent, dans ce cas, si le domaine D n'est pas lui-même un domaine de Reinhardt, il ne peut pas être transformé en un domaine de Reinhardt.

Le théorème XIII est établi.

6. Les domaines inversement cerclés. — *Définition.* — J'appelle *domaine inversement cerclé* un domaine connexe D qui satisfait aux conditions suivantes :

1° *L'origine (centre) est intérieure à* D;

2° *Si le point* $x = x_0$, $y = y_0$ *appartient à* D, *le point* $x = x_0 e^{i\theta}$, $y = y_0 e^{-i\theta}$, *appartient aussi à* D, *quel que soit le nombre réel* θ.

Relativement aux domaines inversement cerclés non univalents, nous ferons la convention suivante : x_0, y_0 désignant un point quelconque du domaine, la courbe

$$x = x_0 e^{i\theta}, \qquad y = y_0 e^{-i\theta} \qquad (0 \leqq \theta \leqq 2\pi)$$

est *fermée dans le domaine*. Nous envisagerons éventuellement des domaines inversement cerclés ramifiés à l'origine.

Pour qu'un point x, y reste fixe dans la transformation

$$x' = x e^{i\theta}, \qquad y' = y e^{-i\theta}$$

du domaine en lui-même, il faut et il suffit que $x = y = 0$. Il se peut que plusieurs points du domaine coïncident avec l'origine ; de tels points sont *isolés*.

Les variétés de ramification d'un domaine inversement cerclé sont de la forme $xy = \text{const}$.

Étant donné un domaine inversement cerclé D, son image I dans l'espace (x_1, x_2, y) satisfait aux mêmes conditions que l'image d'un domaine cerclé, sauf en ce qui concerne les lignes de ramification.

Tout domaine de Reinhardt est inversement cerclé. Tout domaine qui appartient à la fois à deux des trois catégories (domaines cerclés, semi-cerclés, inversement cerclés) est un domaine de Reinhardt.

7. Développement d'une fonction holomorphe dans un domaine inversement cerclé.

Théorème XIV. — *Toute fonction $f(x, y)$, holomorphe et uniforme dans un domaine inversement cerclé* D, *est développable en série de la forme*

$$f(x, y) \equiv \sum_{n=0}^{\infty} x^n f_n(u) + \sum_{n=1}^{\infty} y^n g_n(u) \qquad (u = xy), \tag{8}$$

uniformément convergente au voisinage de tout point intérieur à D; *les fonctions $x^n f_n(u)$ et $y^n g_n(u)$ sont holomorphes et uniformes dans tout le domaine* D.

La démonstration ressemble à celles des théorèmes II et VIII.

Désignons par r un nombre réel plus grand que *un*. Soit Δ_r le domaine formé de l'ensemble des points $x = \frac{x_0}{r}$, $y = ry_0$, et Δ'_r le domaine formé de l'ensemble des points $x = rx_0$, $y = \frac{y_0}{r}$ (x_0, y_0 désignant un point quelconque de D). Les domaines Δ_r et Δ'_r admettent les mêmes variétés de ramification $xy = \text{const.}$ que le domaine D. Soit alors D_r le domaine commun à D, Δ_r et Δ'_r. Désignons par C_r et C'_r les circonférences $|z| = r$ et $|z| = \frac{1}{r}$. La fonction

$$y) \equiv \frac{1}{2\pi i}\int_{C_r} f\left(xz, \frac{y}{z}\right)\frac{dz}{z-1} - \frac{1}{2\pi i}\int_{C'_r} f\left(xz, \frac{y}{z}\right)\frac{dz}{z-1}$$

est holomorphe et uniforme dans D_r. Elle coïncide avec $f(x, y)$ au voisinage de l'origine : en effet, la fonction de z

$$\varphi(z) = f\left(xz, \frac{y}{z}\right)$$

est holomorphe et uniforme pour

$$\frac{1}{r} \leqq |z| \leqq r,$$

et l'on a

$$F(x, y) = \frac{1}{2\pi i}\int_{C_r} \varphi(z)\frac{dz}{z-1} - \frac{1}{2\pi i}\int_{C'_r} \varphi(z)\frac{dz}{z-1} = \varphi(1) = f(x, y).$$

On a ainsi

$$f(x, y) \equiv \sum_{n=0}^{\infty} \varphi_n(x, y) + \sum_{n=1}^{\infty} \psi_n(x, y), \tag{9}$$

avec

$$\left\{\begin{aligned} \varphi_n(x, y) &\equiv \frac{1}{2\pi i}\int_{C_r} f\left(xz, \frac{y}{z}\right)\frac{dz}{z^{n+1}}, \\ \psi_n(x, y) &\equiv \frac{1}{2\pi i}\int_{C'_r} f\left(xz, \frac{y}{z}\right) z^{n-1}\, dz. \end{aligned}\right. \tag{10}$$

La série (9) converge uniformément au voisinage de tout point intérieur à D_r. Les intégrales (10) ne dépendent pas de la valeur donnée à r (r étant voisin de *un*), car l'intégrale

$$\int_{C_r} f\left(xz, \frac{y}{z}\right)\frac{dz}{z^{n+1}} = \int_{C_r} u(z)\, dz$$

ne dépend pas de la valeur de r, puisque $u(z)$ est holomorphe lorsque $|z|$ est voisin de *un*. On a donc, en prenant $r = 1$,

$$\left\{\begin{aligned} \varphi_n(x, y) &\equiv \frac{1}{2\pi}\int_0^{2\pi} e^{-in\theta} f(xe^{i\theta}, ye^{-i\theta})\, d\theta, \\ \psi_n(x, y) &\equiv \frac{1}{2\pi}\int_0^{2\pi} e^{-in\theta} f(xe^{i\theta}, ye^{-i\theta})\, d\theta. \end{aligned}\right. \tag{11}$$

Les fonctions φ_n et ψ_n sont donc holomorphes et uniformes dans tout le domaine D et la série (9) converge au voisinage de tout point intérieur à D, car un tel point est intérieur à D_r, si r est assez voisin de *un*.

Des identités (11) on déduit les identités

$$\varphi_n(xe^{i\alpha}, ye^{-i\alpha}) \equiv e^{in\alpha}\varphi_n(x, y),$$
$$\psi_n(xe^{i\alpha}, ye^{-i\alpha}) \equiv e^{-in\alpha}\psi_n(x, y).$$

Supposons d'abord que l'origine ne soit pas un point de ramification. Alors les fonctions $\varphi_n(x,y)$ et $\psi_n(x, y)$ sont développables en séries doubles de Taylor au voisinage de l'origine, et l'on trouve, en différentiant les identités précédentes, que l'on a

$$\varphi_n(x, y) \equiv x^n f_n(u), \qquad \psi_n(x, y) \equiv y^n g_n(u) \qquad (u = xy).$$

Les fonctions $f_n(u)$ et $g_n(u)$ sont holomorphes au voisinage de l'origine. D'ailleurs $\varphi_n(x, y)$ est holomorphe et uniforme dans D; donc

$$f_n(u) \equiv \frac{\varphi_n(x, y)}{x^n}$$

est méromorphe et uniforme dans D, et ne peut devenir infinie que si l'on a $x = 0$, donc $u = 0$. De même $g_n(u)$ est méromorphe et uniforme dans D, et ne peut devenir infinie que si $u = 0$.

Si l'origine O est un point de ramification, il faut raisonner un peu différemment. La fonction

$$f_n(x, y) \equiv \frac{\varphi_n(x, y)}{x^n}$$

est méromorphe et uniforme dans D, et satisfait à l'identité

$$f_n(xe^{i\alpha}, ye^{-i\alpha}) \equiv f_n(x, y).$$

Soit x_0, y_0 un point intérieur à D; sur la courbe

$$x = x_0 e^{i\alpha}, \qquad y = y_0 e^{-i\alpha} \qquad (0 \leqq \alpha \leqq 2\pi),$$

on a

$$xy = x_0 y_0$$

et

$$f_n(x, y) = f_n(x_0, y_0).$$

Les deux fonctions $f_n(x,y)$ et xy, étant constantes sur cette courbe, sont constantes sur une variété caractéristique contenant cette courbe; cette variété est nécessairement

$$xy = x_0 y_0.$$

C'est dire que, lorsque xy est constant, $f_n(x,y)$ est constant. Donc $f_n(x, y)$ ne dépend que de $u = xy$. C. Q. F. D.

Le théorème XIV est établi.

Il existe, pour les domaines inversement cerclés, un théorème analogue aux théorèmes IV et IX.

8. La « projection » d'un domaine inversement cerclé. — A chaque point x_0, y_0 du domaine inversement cerclé D, associons, dans le plan de la variable complexe u, le point $u_0 = x_0 y_0$, que nous appellerons *projection* du point x_0, y_0. En procédant comme on l'a fait pour un domaine semi-cerclé, on peut définir, dans le plan u, un domaine d constitué par l'ensemble des projections de tous les points du domaine D. Pour cela, on fait intervenir l'ensemble des fonctions de $u = xy$, méromorphes et uniformes dans D.

Théorème XV. — *A deux points distincts du domaine* D, *qui ont les mêmes coordonnées, correspondent deux points distincts du domaine* d.

Ce théorème se démontre comme le théorème X.

Les variétés de ramification du domaine D, s'il en existe, correspondent aux points de ramification du domaine d.

Domaines inversement cerclés normaux. — Nous dirons qu'un domaine inversement cerclé est normal si sa projection d est un cercle (de rayon fini ou infini). Tout domaine inversement cerclé normal est univalent. Un domaine de Reinhardt est inversement cerclé normal.

9. Les transformations des domaines inversement cerclés. — Soient D un domaine inversement cerclé, $f(u)$ et $g(u)$ deux fonctions uniformes dans le domaine d (projection de D), telles que $xf(u)$ et $yg(u)$ soient *holomorphes* dans D. La transformation

$$X = xf(xy), \qquad Y = yg(xy) \tag{13}$$

transforme évidemment D en un domaine inversement cerclé Δ. Cherchons à quelles conditions la convention [B] est respectée dans cette transformation. Supposons que l'on ait

$$xf(xy) = a, \qquad yg(xy) = b$$

en tous les points d'une variété caractéristique V intérieure à D. La transformation

$$x' = xe^{i\theta}, \qquad y' = ye^{-i\theta} \tag{14}$$

transforme V en une variété V_θ, et l'on a, sur V_θ,

$$x'f(x'y') = ae^{i\theta}, \qquad y'g(x'y') = be^{-i\theta}.$$

Je dis que $a = b = 0$. En effet, dans le cas contraire, les variétés V_θ seraient toutes distinctes, et dépendraient d'un paramètre, ce qui est absurde, puisque de telles variétés sont isolées [on suppose, bien entendu, les fonctions $xf(xy)$ et $yg(xy)$ indépendantes] ([1]).

Ainsi $a = b = 0$; donc la variété V se transforme en elle-même par (14) : c'est une variété $xy = \text{const}$.

En résumé, si l'on veut que la convention [B] soit respectée par la transformation (13), *il faut supposer que $xf(xy)$ et $yg(xy)$ ne s'annulent pas simultanément sur une variété* $xy = \text{const}$. Cette condition nécessaire est suffisante. Si on la suppose remplie, la fonction

$$U = uf(u)g(u)$$

transforme la projection d de D en la projection δ de Δ.

Contrairement à ce qui avait lieu pour les domaines semi-cerclés, *il n'est pas toujours possible de transformer un domaine inversement cerclé* D *en un domaine inversement cerclé univalent* Δ ([2]), *au moyen d'une transformation de la forme* (13). Supposons en effet que le domaine D contienne deux points distincts qui coïncident tous deux avec l'origine : ces deux points restent fixes dans la transformation (14). Donc leurs transformés restent fixes dans la transformation

$$X' = Xe^{i\theta}, \qquad Y' = Ye^{-i\theta}$$

du domaine Δ en lui-même. On a donc $X = Y = 0$ pour chacun des points transformés; ainsi, le domaine Δ n'est pas univalent.

([1]) Ces fonctions sont dépendantes dans le cas où $uf(u)g(u)$ est une constante, et dans ce cas seulement.

([2]) La restriction relative à la forme de la transformation peut être levée grâce au théorème XXXII (Chap. IV).

THÉORÈME XVI. — *Si la transformation analytique*

$$X = \varphi(x, y) \equiv ax + \ldots \qquad Y = \psi(x, y) \equiv by + \ldots \qquad (ab \neq 0)$$

établit une correspondance biunivoque entre les points de deux domaines inversement cerclés, non ramifiés à l'origine, dont l'un au moins est borné, on a

$$\varphi(x, y) \equiv xf(xy), \qquad \psi(x, y) \equiv yg(xy).$$

Démonstration analogue à celle du théorème XII. Le théorème XVI sera complété au Chapitre IV (§ 7, théorème XXXII). Il peut cesser d'être exact, si aucun des deux domaines n'est borné, comme le montre l'exemple donné à la fin du paragraphe 6 (Chap. II).

10. Les domaines inversement cerclés et les domaines cerclés.

THÉORÈME XVII. — *Si un domaine inversement cerclé borné* D, *non ramifié à l'origine, peut se représenter sur un domaine cerclé, avec conservation de l'origine, il peut se représenter sur un domaine de Reinhardt* Δ. *Un domaine inversement cerclé borné donné ne peut pas, en général, se représenter sur un domaine de Reinhardt (l'origine restant fixe).*

La première partie de ce théorème s'établit comme la première partie du théorème XIII. Si la transformation de D en Δ est possible, on peut lui donner la forme (13). Pour montrer qu'elle n'est pas possible en général, bornons-nous au cas où D est inversement cerclé normal. On a alors

$$U = uf(u)g(u) \equiv au,$$

puisque d et δ sont des cercles. D'ailleurs $f(u)$ et $g(u)$ sont holomorphes, puisque ces fonctions sont holomorphes pour $u = 0$, et qu'elles ne peuvent devenir infinies que si $u = 0$. Comme on a

$$f(u)g(u) \equiv a,$$

f et g ne peuvent pas s'annuler.

On a ainsi

$$X = xf(u), \qquad Y = \frac{ay}{f(u)}. \tag{15}$$

Supposons par exemple que la section du domaine D par

$$|u| = r$$

soit de la forme

$$\alpha < |x| < \beta,$$

les nombres α et β étant indépendants de la valeur de u, pourvu que $|u| = r$. Si D est transformé en un domaine de Reinhardt par (15), alors $|f(u)|$ est constant sur la circonférence $|u| = r$. Or, $\log|f(u)|$ est une fonction harmonique régulière. Donc $f(u)$ est une constante, et la transformation (15) se réduit à

$$X = bx, \qquad Y = cy.$$

Donc D doit être lui-même un domaine de Reinhardt. Il n'en est pas ainsi en général. C. Q. F. D.

11. Les domaines (m, p) cerclés.

Définition. — Soient m et p deux entiers positifs, nuls ou négatifs, *premiers entre eux* (si l'un des entiers est nul, nous supposerons l'autre égal à *un*). J'appelle domaine (m, p) cerclé un domaine D qui satisfait aux conditions suivantes :

1° *L'origine (centre) est intérieure à* D ;
2° *Si le point $x = x_0$, $y = y_0$ appartient à* D, *la courbe*

$$x = x_0 e^{im\theta}, \qquad y = y_0 e^{ip\theta} \qquad (0 \leqq \theta \leqq 2\pi)$$

est intérieure à D *et fermée dans* D.

Si $mp = 0$, on peut supposer par exemple $m = 0$ ($p = 1$), et l'on a affaire à un domaine semi-cerclé. Dans ce qui suit, nous supposerons $mp \neq 0$. *Si $mp > 0$, nous supposerons que l'origine n'est pas un point de ramification pour le domaine* D, *et que m et p sont positifs.*

On établit sans difficulté les théorèmes suivants :

Théorème XVIII. — *Toute fonction $f(x, y)$, holomorphe dans un domaine (m, p) cerclé* D $(mp > 0)$, *est développable en série de polynomes*

$$f(x, y) \equiv \sum_{n=0}^{\infty} \varphi_n(x, y)$$

uniformément convergente au voisinage de tout point intérieur à D. *Le polynome entier* $\varphi_n(x, y)$ *est aussi un polynome homogène, de degré n, en* $x^{\frac{1}{m}}$ *et* $y^{\frac{1}{p}}$. *On a en outre*

$$\varphi_n(x, y) \equiv \frac{1}{2\pi}\int_0^{2\pi} e^{-in\theta} f(xe^{im\theta}, ye^{ip\theta})\, d\theta.$$

Corollaire. — Tout domaine (m, p) cerclé $(mp > 0)$ est univalent.

Théorème XIX [1]. — *Si deux domaines* (m, p) *cerclés, correspondant aux mêmes valeurs des entiers m et p* $(mp > 0)$ *sont en correspondance analytique*

$$X = \varphi(x, y) \equiv ax + \ldots, \qquad Y = \psi(x, y) \equiv by + \ldots \qquad (ab \neq 0),$$

et si l'un d'eux au moins est borné, on a *

$$\varphi(x, y) \equiv ax, \qquad \psi(x, y) \equiv by.$$

Corollaire. — *Si un domaine* (m, p) *cerclé* D $(mp > 0,\ m \neq p)$ *peut se représenter sur un domaine cerclé borné* Δ, *l'origine restant fixe*, D *est un domaine de Reinhardt.* **

En effet, on peut effectuer sur Δ une affinité analytique telle que la transformation de D en Δ ait la forme

$$X = x + \ldots, \qquad Y = y + \ldots.$$

Mais alors Δ admet des transformations en lui-même, de la forme

$$X' = Xe^{im\theta} + \ldots, \qquad Y' = Ye^{ip\theta} + \ldots;$$

comme ces transformations sont linéaires (théorème VI), Δ est un domaine de Reinhardt. Comme Δ est (m, p) cerclé, on peut appliquer le théorème XIX à la transformation de D en Δ : c'est la transformation identique. C. Q. F. D.

Théorème XVIII *bis*. — *Toute fonction* $f(x, y)$, *holomorphe dans un domaine* (m, p) *cerclé* D $(mp < 0$; on supposera $m > 0,\ p = -p')$ *est*

---

[1] *Voir* au Chapitre IV, § 7 (théorème XXXII), un complément à ce théorème.

* Exception si $m = 1$ ou $p = 1$. Si $p = 1$ par exemple, on a $\varphi \equiv ax + cy^m$, $\psi \equiv by$.

** (sauf si $m = 1$ ou $p = 1$)

développable en série de fonctions holomorphes

$$f(x, y) \equiv \sum_{n=-\infty}^{+\infty} \varphi_n(x, y)$$

uniformément convergente au voisinage de tout point intérieur à D: $\varphi_n(x, y)$ *a la forme*

$$\varphi_n(x, y) \equiv (x^\lambda y^\mu)^n f_n(x^{p'} y^m) \quad (^1),$$

λ *et* μ *étant deux entiers tels que* $\lambda m + \mu p = 1$. *On a en outre*

$$\varphi_n(x, y) \equiv \frac{1}{2\pi} \int_0^{2\pi} e^{-in\theta} f(x e^{im\theta}, y e^{ip\theta})\, d\theta.$$

Corollaire. — On peut définir un domaine d, projection du domaine D sur le plan $u = x^{p'} y^m$.

Théorème XIX *bis* [2]. — *Si deux domaines* (m, p) *cerclés, correspondant aux mêmes valeurs des entiers* m *et* p $(mp < 0, m > 0, p = -p')$ *sont en correspondance analytique*

$$X = \varphi(x, y) \equiv ax + \ldots, \qquad Y = \psi(x, y) \equiv by + \ldots \qquad (ab \neq 0),$$

si en outre ces domaines ne sont pas ramifiés à l'origine, et si l'un d'eux au moins est borné, on a

$$(16) \qquad \varphi(x, y) \equiv x f(x^{p'} y^m), \qquad \psi(x, y) \equiv y g(x^{p'} y^m).$$

On verrait, en procédant comme aux paragraphes **5** et **10**, que si un domaine (m, p) cerclé borné D$(mp < 0)$ peut se représenter sur un domaine cerclé, l'origine restant fixe, il peut se représenter sur un domaine de Reinhardt au moyen d'une transformation de la forme (16) et que, en général, une telle représentation est impossible.

L'étude des domaines (m, p) cerclés $(mp \neq 0)$ se ramène, dans une certaine mesure, à celle des domaines cerclés ou inversement cerclés.

---

(1) Remarquons que, pour $n = m$, on a

$$(x^\lambda y^\mu)^m f_m(x^{p'} y^m) \equiv x g_m(x^{p'} y^m).$$

(2) *Voir* au Chapitre IV, § **7** (théorème XXXII), un complément à ce théorème.

Raisonnons par exemple dans le cas où mp est positif ($m>0$, $p>0$), et posons

$$x^{\frac{1}{m}}=X, \qquad y^{\frac{1}{p}}=Y.$$

A chaque point x, y du domaine (m, p) cerclé D correspondent mp points X, Y d'un domaine cerclé Δ. Inversement, si le point X, Y décrit Δ, le point

$$x=X^m, \qquad y=Y^p$$

décrit le domaine D recouvert mp fois. En somme, Δ est en correspondance biunivoque avec un *domaine de recouvrement* D_1 d'ordre mp du domaine D; les variétés $x=0$ et $y=0$ sont des variétés de ramification pour D_1.

CHAPITRE IV.

LES DOMAINES QUI ADMETTENT UNE INFINITÉ DE TRANSFORMATIONS LAISSANT FIXE UN POINT INTÉRIEUR.

1. Généralités. — Demandons-nous si, étant donné un domaine borné quelconque D, on peut en effectuer une représentation analytique biunivoque sur un domaine cerclé, semi-cerclé ou inversement cerclé, ou, plus généralement, sur un domaine (m, p) cerclé.

Un domaine (m, p) cerclé admet, d'après sa définition, une infinité de transformations analytiques biunivoques en lui-même laissant fixe un point intérieur (l'origine). Le domaine D doit donc, lui aussi, admettre une infinité de transformations analytiques biunivoques en lui-même, laissant fixe un point intérieur.

Nous montrerons, dans ce Chapitre, que cette condition nécessaire est aussi suffisante. Bien entendu, tous les domaines envisagés sont supposés respecter la convention [A]. Énonçons dès maintenant le théorème fondamental qui sera établi au paragraphe **3**.

Théorème XX ([1]). — *Tout domaine borné* D, *univalent ou non, qui*

([1]) Lorsque j'ai énoncé le théorème VII de ma Note aux *Comptes rendus* (190, 1930, p. 354-356), je faisais prévoir qu'il souffrait sans doute des cas d'exception sous la forme où il était énoncé. Sous la forme actuelle, le théorème XX est exact et ne souffre aucun cas d'exception.

admet une infinité de transformations analytiques biunivoques en lui-même, laissant fixe un point intérieur O, *peut se représenter analytiquement sur un domaine* (*m, p*) *cerclé borné* Δ, *le point* O *venant au centre du domaine* Δ.

Nous nous bornerons à démontrer ce théorème *dans le cas où le point* O *n'est pas un point de ramification* [1] pour le domaine D.

En tenant compte du dernier paragraphe du Chapitre précédent, on peut encore donner au théorème XX la forme suivante :

Étant donné un domaine borné D *qui admet une infinité de transformations en lui-même, laissant fixe un point intérieur, trois cas sont possibles :*

1° D *peut se représenter sur un domaine semi-cerclé borné ;*

2° D *peut se représenter sur un domaine cerclé borné, ou possède un domaine de recouvrement d'ordre fini qui se représente sur un domaine cerclé borné ;*

3° D *peut se représenter sur un domaine inversement cerclé borné, ou possède un domaine de recouvrement d'ordre fini qui se représente sur un domaine inversement cerclé borné.*

Nous verrons au Chapitre suivant (§ 6) qu'il existe des domaines univalents bornés, simplement connexes (homéomorphes à une hypersphère), qui n'admettent qu'un nombre *fini* de transformations en eux-mêmes laissant fixe un point intérieur quel qu'il soit. La théorie exposée dans le présent Chapitre ne s'applique donc pas à tous les domaines bornés, même univalents et simplement connexes. Nous ne ferons d'ailleurs, sur les domaines étudiés ici, aucune hypothèse relative à l'*Analysis situs*.

Le théorème qui est à la base de la théorie est le suivant :

Théorème XXI. — *Les transformations analytiques biunivoques d'un domaine borné* D *en lui-même, qui laissent fixe un point intérieur* O, *forment un groupe clos* G.

---

(1) Lorsque O est un point de ramification, la démonstration est beaucoup plus compliquée, et je ne l'ai pas encore mise au point dans tous ses détails.

Pour établir ce théorème, nous nous placerons dans le cas général où le point O peut être un point de ramification.

Prenons le point O comme origine, et soit

$$(S) \qquad X = f(x, y), \qquad Y = g(x, y) \qquad [f(o, o) = g(o, o) = o]$$

la transformation S la plus générale du groupe G. Pour montrer que G est un groupe *clos*, nous ferons voir que, étant donné un ensemble infini de transformations S, on peut extraire de cet ensemble une suite infinie de transformations $S_1, \ldots, S_n, \ldots,$

$$(S_n) \qquad X = f_n(x, y), \qquad Y = g_n(x, y),$$

de telle manière que :

1° Les fonctions $f_n(x, y)$ et $g_n(x, y)$ convergent respectivement vers deux fonctions $f_0(x, y)$ et $g_0(x, y)$, holomorphes dans D, la convergence étant uniforme au voisinage de tout point intérieur à D;

2° La transformation

$$(1) \qquad X = f_0(x, y), \qquad Y = g_0(x, y)$$

soit bien une transformation du groupe G.

La première partie résulte immédiatement du fait que les fonctions $f(x, y)$ et $g(x, y)$, étant uniformément bornées quelle que soit la substitution S du groupe (en effet, le domaine D est borné), forment une *famille normale* dans le domaine D. Il reste donc à faire voir que si l'on a

$$\lim f_n(x, y) = f_0(x, y),$$
$$\lim g_n(x, y) = g_0(x, y),$$

la convergence étant uniforme, *les formules* (1) *définissent une transformation biunivoque de* D *en lui-même, laissant fixe l'origine.*

On a d'abord

$$f_0(o, o) = g_0(o, o) = o,$$

puisque l'on a

$$f_n(o, o) = g_n(o, o) = o$$

Cela posé, désignons par

$$x = F_n(X, Y), \qquad y = G_n(X, Y)$$

la transformation inverse de la transformation S_n. Si les fonctions $F_n(X, Y)$ et $G_n(X, Y)$ ne convergeaient pas uniformément vers des fonctions limites dans le domaine D, on pourrait en tout cas extraire de la suite $S_1, \ldots, S_n, \ldots$ une nouvelle suite infinie pour laquelle la convergence aurait lieu (il résultera d'ailleurs de ce qui suit que F_n et G_n convergent effectivement, sans qu'il soit besoin d'extraire une nouvelle suite).

Nous pouvons donc supposer que l'on a

$$\lim F_n(X, Y) = F_0(X, Y),$$
$$\lim G_n(X, Y) = G_0(X, Y).$$

On a évidemment

$$F_0(0, 0) = G_0(0, 0) = 0.$$

Cela posé, la transformation (1) fait correspondre à tout point voisin de l'origine O un point voisin de O. Je dis que l'on a, si le point x, y est voisin de O,

$$(2) \qquad F_0[f_0(x, y), g_0(x, y)] \equiv x, \qquad G_0[f_0(x, y), g_0(x, y)] \equiv y.$$

Cela résulte en effet des identités

$$F_n[f_n(x, y), g_n(x, y)] \equiv x, \qquad G_n[f_n(x, y), g_n(x, y)] \equiv y.$$

et de la convergence uniforme.

Je dis maintenant que la transformation (1) fait correspondre à tout point x, y intérieur à D un point X, Y *intérieur* à D. En effet, le point x, y étant fixé, le point

$$f_n(x, y), \qquad g_n(x, y)$$

est intérieur à D quel que soit n; donc, à la limite, le point

$$f_0(x, y), \qquad g_0(x, y)$$

est intérieur à D, à moins qu'il ne soit un point frontière de D. Montrons qu'il ne peut pas être un point frontière. Pour cela, raisonnons par l'absurde.

Supposons qu'il existe une courbe C, intérieure à D, partant du point O et aboutissant en un point intérieur $M_0(x_0, y_0)$, telle que le transformé d'un point quelconque M de C par (1) soit *intérieur* à D, sauf le transformé de M_0 qu'on suppose être un point *frontière* de D.

Nous allons montrer qu'une telle éventualité est impossible. Considérons en effet les fonctions

$$F_p[f_n(x, y), g_n(x, y)].$$

Si l'indice p reste fixe, et si l'indice n augmente indéfiniment, ces fonctions convergent uniformément, au voisinage de l'origine, vers

$$F_p[f_0(x, y), g_0(x, y)];$$

or ces fonctions sont uniformément bornées dans D, où elles forment par suite une famille normale. D'après un théorème connu, elles convergent uniformément dans tout le domaine D. Soit alors $\Phi_p(x, y)$ la fonction limite. On a, au voisinage de l'origine,

$$\Phi_p(x, y) \equiv F_p[f_0(x, y), g_0(x, y)]. \tag{3}$$

On établirait de même l'existence d'une fonction $\Psi_p(x,y)$, holomorphe dans D, qui satisfait, au voisinage de l'origine, à l'identité

$$\Psi_p(x, y) \equiv G_p[f_0(x, y), g_0(x, y)]. \tag{3'}$$

Des identités précédentes on tire, si le point x, y est voisin de l'origine,

$$\left\{\begin{aligned} f_0(x, y) &\equiv f_p[\Phi_p(x, y), \Psi_p(x, y)], \\ g_0(x, y) &\equiv g_p[\Phi_p(x, y), \Psi_p(x, y)]. \end{aligned}\right. \tag{4}$$

Les identités (3) et (3′) ont lieu tant que le point x, y décrit la courbe C, puisque le point $f_0(x, y)$, $g_0(x, y)$ correspondant reste intérieur à D; donc le point $\Phi_p(x, y)$, $\Psi_p(x, y)$ reste intérieur à D quand x, y décrit C. En outre, le point $\Phi_p(x_0, y_0)$, $\Psi_p(x_0, y_0)$ est bien déterminé; c'est un point *frontière*, sinon les identités (4) donneraient pour le point $f_0(x, y)$, $g_0(x, y)$ un point intérieur, ce qui est contraire à l'hypothèse.

Ainsi le point $\Phi_p(x_0, y_0)$, $\Psi_p(x_0, y_0)$ est frontière quel que soit p. Or, lorsque p augmente indéfiniment, les fonctions $\Phi_p(x, y)$ et $\Psi_p(x, y)$ convergent uniformément, au voisinage de l'origine, vers

$$F_0[f_0(x, y), g_0(x, y)] \equiv x \quad \text{et} \quad G_0[f_0(x, y), g_0(x, y)] \equiv y.$$

Comme la famille Φ_p, Ψ_p est normale, la convergence a lieu dans tout le domaine D. En particulier, le point $\Phi_p(x_0, y_0)$, $\Psi_p(x_0, y_0)$ tend vers le point *intérieur* x_0, y_0. On arrive à une contradiction, car un point intérieur ne saurait être limite de points frontières.

C. Q. F. D.

Ainsi la transformation (1) fait correspondre à tout point x, y intérieur à D un point intérieur à D. L'identité (2) a lieu alors dans tout le domaine D. Or, cela suffit pour que la transformation (1) définisse une transformation biunivoque du domaine D en lui-même.

C. Q. F. D.

Théorème XXII. — *Soit* G *le groupe des transformations d'un domaine borné* D *en lui-même, qui laissent fixe un point intérieur* O*; il existe un groupe clos de substitutions linéaires homogènes*

$$X' = aX + bY, \qquad Y' = a'X + b'Y \qquad (|ab' - ba'| = 1),$$

isomorphe au groupe G.

Supposons le point O à l'origine, et *admettons d'abord que le point* O *ne soit pas un point de ramification pour le domaine* D. Toute transformation de D en lui-même, qui laisse fixe O, a la forme

$$\text{(S)} \qquad x' = ax + by + \ldots, \qquad y' = a'x + b'y + \ldots \qquad (ab' - ba' \neq 0).$$

Je lui associe la substitution linéaire

$$(\Sigma) \qquad X' = aX + bY, \qquad Y' = a'X + b'Y.$$

Il n'est pas possible qu'une même substitution Σ soit associée à deux transformations S et S' différentes; car, s'il en était ainsi, la transformation $S'S^{-1}$ aurait la forme

$$x' = x + \ldots, \qquad y' = y + \ldots;$$

elle se réduirait donc à la transformation identique (Chap. II, théorème VII).

Cela posé, Σ_1 et Σ_2 désignant les substitutions associées à S_1 et S_2, la substitution associée à $S_1 S_2$ est $\Sigma_1 \Sigma_2$. Le groupe Γ des substitutions Σ et le groupe G sont donc *isomorphes*. Comme G est clos, Γ est clos.

Or, Γ ne contenant pas de substitutions dégénérées, on doit avoir

$$|ab' - ba'| = 1.$$

Passons au cas où D *est ramifié au point* O. Considérons un voisinage D_1 du point O dans le domaine D, et l'ensemble de ses transformés par toutes les transformations du groupe G. Le groupe G étant clos, si le voisinage D_1 est assez restreint, tous les transformés de D_1 ne contiendront que des points très voisins de O, et leur ensemble constituera un domaine D′, intérieur à D, et tout entier très voisin de O. Le domaine D′ se transforme évidemment en lui-même par toutes les transformations de G.

Or, d'après la définition d'un point de ramification intérieur à un domaine, il existe, dans le domaine D, un voisinage V du point O, qui peut se transformer en un domaine univalent. On peut choisir D_1 assez petit pour que D′ soit intérieur à V. Alors D′ se transformera en un domaine univalent Δ′. Au groupe G des transformations de D′ en lui-même, correspond un groupe G′ de transformations de Δ′ en lui-même, qui laissent fixe un point intérieur ([1]). A ce groupe est associé un groupe clos de substitutions linéaires, d'après ce qui précède. Le théorème XXII est donc établi dans tous les cas.

2. Recherche des groupes clos de substitutions linéaires homogènes complexes a deux variables. — Rappelons quelques résultats de la théorie des groupes.

1° *Tout sous-groupe clos* G *d'un groupe de Lie est lui-même un groupe de Lie* ([2]), à moins que G ne contienne qu'un nombre fini d'opérations.

Donc tout groupe clos G de substitutions linéaires homogènes est un groupe de Lie (nous supposons une fois pour toutes que G contient une infinité de substitutions).

Corollaire. — Les transformations analytiques d'un domaine borné en lui-même, qui laissent fixe un point intérieur, forment un groupe de Lie.

([1]) C'est là le principe de la démonstration du théorème fondamental XX dans le cas où le point fixe O est un point de ramification. Cette démonstration, trop longue, ne sera pas donnée dans ce Mémoire (*cf.* § **1**).

([2]) *Voir* Élie Cartan, *La théorie des groupes finis et continus et l'Analysis situs* (*Mémorial des Sc. math.*, XLII; Gauthier-Villars, p. 24).

2° *Tout groupe linéaire de Lie clos, à coefficients complexes, laisse invariante une forme d'Hermite définie* (¹).

Soit ici

$$A x\bar{x} + B y\bar{y} + C x\bar{y} + \bar{C}\bar{x}y$$

la forme d'Hermite invariante. Une substitution linéaire convenable, effectuée sur x et y, la ramène à la forme

$$x\bar{x} + y\bar{y}.$$

Ainsi, *étant donné un groupe clos* G *de substitutions linéaires à deux variables complexes, on peut le transformer par une substitution linéaire convenable, de façon que les substitutions du nouveau groupe* G′ *laissent invariante la forme* $x\bar{x} + y\bar{y}$.

Soit alors S une substitution quelconque de G′

$$\text{(S)} \qquad x' = ax + by, \qquad y' = a'x + b'y \qquad (|ab' - ba'| = 1).$$

Il existe deux substitutions :

$$(\Sigma) \qquad x' = xe^{i\theta}, \qquad y' = ye^{i\theta},$$
$$(\Sigma') \qquad x' = -xe^{i\theta}, \qquad y' = -ye^{i\theta},$$

telles que les substitutions ΣS et Σ′S aient pour déterminant l'unité. Remarquons que SΣ = ΣS.

A toute substitution de G′ se trouvent ainsi associées deux substitutions de déterminant égal à *un*. L'ensemble de toutes les substitutions associées forme un groupe clos Γ; les substitutions de Γ laissent invariante la forme $x\bar{x} + y\bar{y}$.

Si la substitution

$$(5) \qquad x' = \alpha x + \beta y, \qquad y' = \alpha' x + \beta' y \qquad (\alpha\beta' - \beta\alpha' = 1)$$

fait partie de Γ, la substitution

$$(5') \qquad x' = -\alpha x - \beta y, \qquad y' = -\alpha' x - \beta' y$$

en fait aussi partie. A l'ensemble de ces deux substitutions correspond

(¹) Pour la démonstration du théorème de H. Weyl, *voir* par exemple l'Ouvrage précédemment cité, p. 32-33.

une substitution homographique

$$z' = \frac{\alpha z + \beta}{\alpha' z + \beta'}$$

qui jouit de la propriété suivante : si z' est transformé de z, alors $-\frac{1}{\bar{z}'}$ est transformé de $-\frac{1}{\bar{z}}\cdot$ Inversement, à toute substitution homographique jouissant de cette propriété correspondent deux substitutions telles que (5) et (5′), qui laissent invariante la forme $x\bar{x}+y\bar{y}$.

Au groupe Γ correspond donc un groupe clos H de substitutions homographiques. Or, à chaque substitution de H correspond une rotation de la sphère autour d'un diamètre (dans l'espace à trois dimensions réelles). Le groupe H est donc isomorphe à un groupe de rotations de la sphère.

Mais on connaît tous les groupes clos de rotations de la sphère :

— ou bien H n'a qu'un nombre fini d'opérations;

— ou bien H est isomorphe au groupe des rotations autour d'un diamètre, éventuellement combinées avec une rotation de 180° autour d'un diamètre perpendiculaire;

— ou bien enfin H est isomorphe au groupe de *toutes* les rotations de la sphère.

Examinons successivement ces trois cas :

Premier cas. — Γ n'a qu'un nombre fini de substitutions. A chacune d'elles correspond donc une infinité de substitutions de G′. Par suite, G′ admet une infinité de substitutions de la forme

$$(6) \qquad x' = x e^{i\theta}, \qquad y' = y e^{i\theta}.$$

Comme G′ est clos, il admet *toutes* les substitutions de cette forme, θ étant un paramètre réel quelconque. Comme ces substitutions restent invariantes par toute substitution linéaire homogène, le groupe G lui-même contient toutes les substitutions (6), éventuellement combinées avec un nombre *fini* de substitutions linéaires.

Deuxième cas. — On peut effectuer sur z une homographie convenable, de façon que les valeurs de z correspondant aux extrémités du diamètre fixe soient o et ∞. Le groupe H ainsi transformé est alors le groupe des substitutions

$$z' = kz \qquad (|k| = 1),$$

éventuellement combinées avec la substitution

$$z' = \frac{1}{z}.$$

A l'homographie effectuée il y a un instant sur z, correspond une substitution linéaire sur x et y. Le groupe Γ, après qu'il a été transformé par cette substitution, se compose des substitutions

$$x' = xe^{i\omega}, \qquad y' = ye^{-i\omega} \qquad (\omega \text{ réel quelconque}),$$

éventuellement combinées avec la substitution

$$x' = y, \qquad y' = -x.$$

Toutes les substitutions de G' ont donc la forme

(7) $$x' = xe^{i\alpha}, \qquad y' = ye^{i\beta}$$

ou, éventuellement, la forme

$$x' = ye^{i\alpha}, \qquad y' = xe^{i\beta}.$$

Or, G' est un groupe de Lie; c'est donc un groupe à un ou deux paramètres. Si G' est un groupe à deux paramètres, c'est nécessairement le groupe des substitutions (7), où α et β sont réels quelconques, éventuellement combinées avec

$$x' = y, \qquad y' = x.$$

Si G' est un groupe à un paramètre, G' se compose d'un nombre fini de familles connexes, et celle qui contient la substitution identique a la forme

$$x' = xe^{im\theta}, \qquad y' = ye^{ip\theta} \qquad (\theta \text{ réel quelconque}),$$

m et p étant des entiers positifs, négatifs ou nuls; si $mp = 0$ ($m = 0$ par exemple), on peut supposer $p = 1$; si $mp \neq 0$, on peut supposer m et p premiers entre eux.

Troisième et dernier cas. — Γ est le groupe de toutes les substitutions linéaires, de déterminant égal à *un*, qui conservent $x\bar{x}+y\bar{y}$. Ce sont les substitutions de la forme

$$(8) \qquad \begin{cases} x' = xe^{i\omega}\cos\varphi - ye^{i\omega'}\sin\varphi, \\ y' = xe^{-i\omega'}\sin\varphi + ye^{-i\omega}\cos\varphi, \end{cases}$$

qui dépendent de trois paramètres réels ω, ω' et φ. On les obtient toutes en faisant varier indépendamment ω de 0 à 2π, ω' de 0 à 2π, et φ de 0 à $\frac{\pi}{2}$.

Supposons d'abord que les substitutions de G′ qui correspondent à la substitution identique du groupe Γ soient en nombre infini. Alors *toutes* les substitutions (6) appartiennent à G′; par suite toutes les substitutions (8) appartiennent aussi à G′, qui est ainsi le groupe (à quatre paramètres) de toutes les substitutions qui conservent $x\bar{x}+y\bar{y}$.

Supposons maintenant que les substitutions de G′ qui correspondent à la substitution identique du groupe Γ soient en nombre fini. Elles ont alors la forme

$$(9) \qquad x' = xe^{2i\frac{k\pi}{n}}, \qquad y' = ye^{2i\frac{k\pi}{n}},$$

n étant un entier fixe, k un entier variable. A chaque substitution de Γ correspondent alors n substitutions de la forme (6) et n substitutions de G′. Je considère l'ensemble des substitutions de Γ qui appartiennent à G′; elles forment un groupe clos qui dépend évidemment de deux paramètres au moins. D'après ce qu'on a vu, ce groupe dépend alors de trois paramètres et se confond avec Γ. Donc Γ est un sous-groupe de G′, et G′ résulte de la combinaison des substitutions (8) et (9).

Résumons tous les résultats obtenus.

Théorème XXIII. — *Étant donné un groupe clos de substitutions linéaires homogènes complexes à deux variables, on peut effectuer sur les variables une substitution linéaire telle que le groupe transformé rentre dans l'une des catégories suivantes :*

1° *Groupes à un paramètre :* groupe résultant de la combinaison d'un nombre fini de substitutions linéaires avec toutes les substitutions de la forme

$$x' = xe^{im\theta}, \qquad y' = ye^{ip\theta},$$

m et *p* désignant deux entiers premiers entre eux, θ un nombre réel quelconque.

2° *Groupes à deux paramètres :* groupe des substitutions

$$x' = xe^{i\alpha}, \qquad y' = ye^{i\beta} \quad (\alpha \text{ et } \beta \text{ réels quelconques}),$$

éventuellement combinées avec la substitution

$$x' = y, \qquad y' = x.$$

3° *Groupes à trois paramètres :* groupe des substitutions

$$x' = xe^{i\omega}\cos\varphi - ye^{i\omega'}\sin\varphi,$$
$$y' = xe^{-i\omega'}\sin\varphi + ye^{-i\omega}\cos\varphi,$$

éventuellement combinées avec

$$x' = xe^{2i\frac{k\pi}{n}}, \qquad y' = ye^{2i\frac{k\pi}{n}}.$$

4° *Groupes à quatre paramètres :* groupe de toutes les substitutions qui laissent invariante la forme $x\bar{x} + y\bar{y}$.

Corollaire. — *Étant donné un groupe clos de substitutions linéaires homogènes à deux variables, on peut effectuer sur les variables une substitution linéaire de façon que le groupe transformé contienne un sous-groupe de la forme*

$$x' = xe^{im\theta}, \qquad y' = ye^{ip\theta}.$$

3. Démonstration du théorème fondamental. — Comme nous l'avons déjà dit, nous démontrerons le théorème XX seulement dans le cas où *le point fixe* O *n'est pas un point de ramification pour le domaine borné* D *envisagé*.

G désignant le groupe de toutes les transformations (en nombre infini) de D en lui-même, qui laissent fixe le point O supposé à l'origine, à toute transformation

$$x' = ax + by + \ldots, \qquad y' = a'x + b'y + \ldots$$

du groupe G est associée une substitution

$$X' = aX + bY, \qquad Y' = a'X + b'Y$$

d'un groupe clos Γ. On peut alors effectuer sur D une affinité analytique, de façon que le groupe Γ contienne un sous-groupe de la forme

$$(10) \qquad X' = Xe^{im\theta}, \qquad Y' = Ye^{ip\theta}.$$

Si $mp \neq 0$, nous supposerons m et p premiers entre eux, et m positif; si $mp = 0$, nous supposerons $m = 0$ et $p = 1$.

Désignons par

$$(11) \qquad x' = f(x, y; \theta) \equiv xe^{im\theta} + \ldots, \qquad y' = g(x, y; \theta) \equiv ye^{ip\theta} + \ldots$$

la transformation de G associée à la substitution (10). Le point x, y étant fixé dans D, le point $x'y'$ décrit, lorsque θ varie de 0 à 2π, une courbe *fermée dans* D. On a évidemment

$$f[f(x, y; \theta), g(x, y; \theta); \theta'] \equiv f(x, y; \theta + \theta'),$$
$$g[f(x, y; \theta), g(x, y; \theta); \theta'] \equiv g(x, y; \theta + \theta').$$

Envisageons alors l'intégrale

$$F(x, y) \equiv \frac{1}{2\pi}\int_0^{2\pi} e^{-im\alpha} f(x, y; \alpha)\, d\alpha.$$

Le point x, y étant fixé, cette intégrale existe; en effet, $f(x, y; \alpha)$ est une fonction continue de α, puisque le groupe G est clos. Cette intégrale est de plus une fonction holomorphe des variables complexes x et y dans le domaine D, comme le montre la différentiation sous le signe $\int$, différentiation qui est possible à cause de la continuité uniforme des dérivées partielles de $f(x, y; \alpha)$ par rapport à x et y [la continuité uniforme résulte de ce que les fonctions $f(x, y; \alpha)$ sont uniformément bornées]. Enfin, au voisinage de O, on a

$$e^{-im\alpha} f(x, y; \alpha) \equiv x + \ldots,$$

et, par suite, $F(x, y)$ a la forme

$$F(x, y) \equiv x + \ldots;$$

en particulier, $F(x, y)$ n'est pas identiquement nulle.

Envisageons de même la fonction

$$G(x, y) \equiv \frac{1}{2\pi}\int_0^{2\pi} e^{-ip\alpha} g(x, y; \alpha)\, d\alpha.$$

Les fonctions $F(x, y)$ et $G(x, y)$ sont *indépendantes*, puisque l'on a, au point O,

$$\frac{D(F, G)}{D(x, y)} = 1.$$

Lorsque le point x, y décrit le domaine D, le point

$$X = F(x, y), \qquad Y = G(x, y)$$

engendre un domaine Δ, sous la réserve que la condition [B] soit respectée (nous nous occuperons de cette question au paragraphe 4). Le domaine Δ est borné, car F et G sont évidemment bornées. Je dis que le domaine Δ est (m, p) cerclé. Effectuons en effet sur x et y la transformation (11). On a

$$\begin{aligned} F(x', y') &= \frac{1}{2\pi}\int_0^{2\pi} e^{-im\alpha} f(x', y'; \alpha)\, d\alpha \\ &= \frac{1}{2\pi}\int_0^{2\pi} e^{-im\alpha} f(x, y; \alpha + \theta)\, d\alpha \\ &= \frac{e^{im\theta}}{2\pi}\int_0^{2\pi} e^{-im(\alpha+\theta)} f(x, y; \alpha + \theta)\, d(\alpha + \theta) \\ &= e^{im\theta} F(x, y). \end{aligned}$$

De même

$$G(x', y') = e^{ip\theta} G(x, y).$$

D'ailleurs, le point X, Y étant fixé, la courbe

$$X' = X e^{im\theta}, \qquad Y' = Y e^{ip\theta} \qquad (0 \leqq \theta \leqq 2\pi)$$

est *fermée dans* Δ, puisque, le point x, y étant fixé, le point x', y' décrit une courbe fermée dans D lorsque θ varie de 0 à 2π.

Le domaine Δ n'est pas ramifié à l'origine, puisque D n'est pas ramifié en O, et puisque l'on a

$$F(x, y) \equiv x + \ldots, \qquad G(x, y) \equiv y + \ldots.$$

Le théorème fondamental XX est donc établi dans le cas où le point O n'est pas un point de ramification pour le domaine D. Comme nous l'avons déjà dit, nous nous bornerons à ce cas.

4. Compléments a la démonstration précédente. — Cherchons maintenant si la transformation trouvée

$$X = F(x, y), \qquad Y = G(x, y)$$

satisfait à la convention [B]. Peut-on avoir

$$F(x, y) = a, \qquad G(x, y) = b$$

en tous les points d'une variété V intérieure au domaine D? Soit V_θ la variété transformée de V par

$$x' = f(x, y; \theta), \qquad y' = g(x, y; \theta). \tag{12}$$

On aurait, sur V_0,

$$F(x', y') = a e^{im\theta}, \qquad G(x', y') = b e^{ip\theta}.$$

Si $mp \neq 0$, on a forcément $a = b = 0$, sinon les variétés V_θ seraient distinctes et formeraient une famille continue, ce qui est impossible. Si $m = 0$, on a forcément $b = 0$. On voit que, dans tous les cas, la variété V se transforme en elle-même par la transformation (12).

Je dis que, *si mp est positif, la convention* [B] *est respectée d'elle-même*. Supposons en effet que l'on ait

$$F(x, y) = G(x, y) = 0$$

sur une variété V intérieure à D. A cette variété V correspondrait, dans le domaine (m, p) cerclé Δ, un point frontière qui serait à l'origine; or, Δ est *univalent* (Corollaire du théorème XVIII) et contient déjà l'origine à son intérieur. La proposition est donc établie.

Au contraire, si mp est nul ou négatif, il n'est pas sûr que la convention [B] soit respectée. Mais nous allons établir le théorème suivant :

Théorème XXIV. — *Si un domaine* D *se trouve représenté sur un domaine* (m, p) *cerclé* Δ $(mp \leqq 0)$, *et si la transformation ne respecte pas la convention* [B], *on peut trouver une transformation de* D *en un autre domaine* (m, p) *cerclé* Δ_1, *transformation qui respecte la convention* [B].

Premier cas : $mp=0 (m=0, p=1)$.

Supposons que l'on ait

$$F(x, y)=a, \qquad G(x, y)=0 \tag{13}$$

sur une variété V intérieure au domaine D. Considérons, d'une manière précise, l'ensemble des points de D pour lesquels ont lieu les relations (13); laissons de côté les points isolés; il reste des variétés, qui se partagent peut-être en plusieurs variétés *connexes* (en nombre fini ou infini). Je désigne par V l'une de ces variétés connexes. La variété V ne s'obtient peut-être pas tout entière par prolongement analytique d'un seul de ses éléments; appelons $V_1, V_2, \ldots, V_k, \ldots$ les variétés *indécomposables* dont l'ensemble constitue V (ces variétés ont des points communs, puisque leur ensemble est connexe).

Plaçons-nous au voisinage d'un point de V_k qui n'appartient à aucune autre $V_{k'}$; soit m_k le plus grand entier positif tel que la fonction

$$[F(x, y)-a]^{\frac{1}{m_k}}$$

soit uniforme au voisinage du point considéré; soit de même p_k le plus grand entier positif tel que la fonction

$$[G(x, y)]^{\frac{1}{p_k}}$$

soit uniforme. La théorie des fonctions de deux variables nous apprend que :

1° Les entiers m_k et p_k ne dépendent pas du point de V_k considéré;

2° La fonction

$$\frac{[G(x, y)]^{\frac{1}{p_k}}}{[F(x, y)-a]^{\frac{1}{m_k}}}$$

est holomorphe et non nulle au voisinage de tout point de V_k, autre que les points d'intersection avec une $V_{k'}$.

Cela posé, revenons au domaine semi-cerclé Δ engendré par les fonctions $F(x, y)$ et $G(x, y)$. Soit δ sa projection sur le plan X (Chap. III, § 3). Je dis que le point $X=a$ est un point *frontière* de δ. En effet, x et y, coordonnées d'un point de D, sont des fonctions holomorphes dans Δ, et admettent des développements de la forme (Chap. III, théorème VIII)

$$x = \sum_{n=0}^{\infty} Y^n f_n(X), \qquad y = \sum_{n=0}^{\infty} Y^n g_n(X),$$

les f_n et les g_n étant holomorphes dans δ. Si $X = a$ était un point intérieur à δ, x et y auraient des valeurs bien déterminées pour $X = a$, $Y = 0$, ce qui n'a pas lieu, puisque le point x, y est dans ce cas un point quelconque de V.

Je dis maintenant que le point $X = a$ est un point frontière *isolé* de δ. En effet, au voisinage d'un point quelconque de V, la fonction

$$X = F(x, y)$$

prend toute valeur voisine de a. C. Q. F. D.

Il y a plus : la fonction

$$[F(x, y) - a]^{\frac{1}{m_k}}$$

est uniforme au voisinage d'un point ordinaire de V_k, et la fonction

$$[F(x, y) - a]^{\frac{1}{m'}} \qquad (m' > m_k)$$

ne l'est pas. Donc $(X - a)^{\frac{1}{m_k}}$ est uniforme dans δ, et $(X - a)^{\frac{1}{m'}}$ ne l'est pas. C'est dire que le point $X = a$ est un point de ramification d'ordre m_k exactement pour le domaine δ (le point $X = a$ lui-même est en dehors de δ). On a donc

$$m_1 = m_2 = \ldots = m_k = \ldots;$$

soit m la valeur commune de ces nombres, et supposons

$$p_1 \leqq p_2 \leqq \ldots \leqq p_k \leqq \ldots$$

Faisons maintenant rentrer dans le domaine δ, pour un moment, tous les points frontières tels que $X = a$; appelons δ_1 le domaine ainsi complété. On peut construire une fonction $\Phi(X)$, holomorphe et non nulle dans δ, sauf au voisinage de $X = a$, où l'on suppose qu'elle a la forme

$$\Phi(X) \equiv (X-a)^{-\frac{p_1}{m}}\Phi_1(X),$$

$\Phi_1(X)$ étant holomorphe et non nulle pour $X = a$.

Effectuons alors sur Δ la transformation

$$(14) \qquad X_1 = X, \qquad Y_1 = Y\Phi(X).$$

Le domaine Δ se transforme en un domaine semi-cerclé Δ_1. D'ailleurs Y_1 est une fonction holomorphe de x et y dans le domaine D tout entier, y compris les variétés exceptionnelles analogues à V. Montrons que Y_1 est aussi holomorphe sur la variété V elle-même. On a en effet, au voisinage de V,

$$Y_1(x, y) \equiv \frac{Y}{[X-a]^{\frac{p_1}{m}}}\Phi_1(X)$$

$$\equiv \frac{G(x, y)}{[F(x,y)-a]^{\frac{p_1}{m}}}\Phi_1[F(x, y)];$$

or, la fonction

$$\frac{G(x, y)}{[F(x,y)-a]^{\frac{p_1}{m}}}$$

est holomorphe. De plus, au voisinage d'un point de V_1, cette fonction *n'est pas nulle*. Par conséquent la transformation (14) respecte la convention [B], au moins sur la variété V_1. Mais alors le point $X = a$ fait partie de la projection du domaine Δ_1.

Je dis que la convention [B] se trouve aussi respectée sur les variétés $V_2, \ldots, V_k, \ldots$. En effet, si elle ne l'était pas, le point $X = a$ serait un point frontière pour la projection du domaine Δ_1, et nous venons de voir qu'il n'en est rien.

Ainsi la convention [B] est respectée sur la variété V tout entière.

En résumé, pour arriver à ce résultat, il a suffi de construire une fonction $\Phi(X)$ qui se comporte convenablement au voisinage de $X = a$. Si l'on veut maintenant que la convention [B] soit respectée dans le domaine D tout entier, on construira une fonction $\Phi(X)$ qui se comporte convenablement au voisinage de tous les points, tels que $X = a$, qui correspondent aux diverses variétés analogues à la variété V, et l'on effectuera la transformation

$$X_1 = X, \qquad Y_1 = Y\Phi(X).$$

Le théorème XXIV est donc établi dans le cas où $mp = 0$.

DEUXIÈME CAS : $mp < 0$.

Pour simplifier l'exposition, nous supposerons $m = 1$, $p = -1$.

Supposons que l'on ait

$$F(x, y) = G(x, y) = 0$$

sur des variétés intérieures à D. Ces variétés se partagent en variétés connexes. Considérons l'une d'elles V; elle est constituée par des variétés indécomposables $V_1, \ldots, V_k, \ldots$.

Soit m_k le plus grand entier positif tel que

$$[F(x, y)]^{\frac{1}{m_k}}$$

soit uniforme au voisinage d'un point ordinaire de V_k; soit p_k le plus grand entier positif tel que

$$[G(x, y)]^{\frac{1}{p_k}}$$

soit uniforme au voisinage d'un point ordinaire de V_k.

Soit δ la projection du domaine inversement cerclé Δ sur le plan $u (u = XY)$. A la variété V correspond un point de δ pour lequel $u = 0$, point que je vais appeler O (le domaine δ pouvant contenir plusieurs fois le point $u = 0$, il convient de distinguer ces points les uns des autres). On montre, comme plus haut, que le point O est en réalité un point *frontière* de δ (cela veut dire qu'il ne correspond à aucun point x, y de D', non situé sur V). On voit ensuite que O est un point frontière isolé, et que l'on a

$$m_1 + p_1 = \ldots = m_k + p_k = \ldots;$$

le point O est un point de ramification d'ordre n pour δ, n désignant la valeur commune des sommes $m_k + p_k$.

Supposons que m_1 soit le plus petit des m_k (ou l'un des plus petits), et p_2 le plus petit des p_k. Complétons provisoirement le domaine δ en lui adjoignant les points frontières tels que O, et formons une fonction $\Phi(u)$, holomorphe et non nulle dans le domaine δ complété, sauf au voisinage du point O, où l'on suppose qu'elle a la forme

$$\Phi(u) \equiv u^{-\frac{m_1}{n}} \Phi_1(u),$$

$\Phi_1(u)$ étant holomorphe et non nulle au point O.

Soit de même $\Psi(u)$ une fonction holomorphe et non nulle dans le domaine δ complété, sauf au voisinage de O, où l'on suppose

$$\Psi(u) \equiv u^{-\frac{p_2}{n}} \Psi_1(u),$$

$\Psi_1(u)$ étant holomorphe et non nulle au point O.

Effectuons la transformation

$$X_1 = X\Phi(XY), \qquad Y_1 = Y\Psi(XY). \tag{15}$$

Le domaine Δ se trouve transformé en un domaine inversement cerclé Δ. D'ailleurs X_1 et Y_1 sont des fonctions de x et y, holomorphes en tout point de D, sauf peut-être sur la variété V. Mais elles sont aussi holomorphes sur V, car on a, au voisinage de V,

$$X_1(x, y) \equiv \frac{F(x, y)}{[F(x, y)G(x, y)]^{\frac{m_1}{n}}} \Phi_1[F(x, y)G(x, y)],$$

$$Y_1(x, y) \equiv \frac{G(x, y)}{[F(x, y)G(x, y)]^{\frac{p_2}{n}}} \Psi_1[F(x, y)G(x, y)].$$

En outre, $X_1(x, y)$ n'est pas nulle sur V_1, et $Y_1(x, y)$ n'est pas nulle sur V_2.

Le domaine δ s'est transformé en δ_1 par

$$u_1 = X_1 Y_1 = u\Phi(u)\Psi(u).$$

Le point O s'est transformé en un point O_1 *intérieur à* δ_1. On a, en effet (théorème XIV),

$$x(X_1, Y_1) \equiv \sum_{n=0}^{\infty} X_1^n f_n(u_1) + \sum_{n=1}^{\infty} Y_1^n g_n(u_1),$$

$$y(X_1, Y_1) \equiv \sum_{n=0}^{\infty} X_1^n h_n(u_1) + \sum_{n=1}^{\infty} Y_1^n k_n(u_1);$$

les fonctions $f_n(u_1)$, $g_n(u_1)$, $h_n(u_1)$, $k_n(u_1)$ sont méromorphes au point O_1; en outre, $X_1^n f_n(u_1)$, $Y_1^n g_n(u_1)$, $X_1^n h_n(u_1)$, $Y_1^n k_n(u_1)$ ne deviennent pas infinies. Or, si le point (x, y) est sur V_1, X_1 n'est pas nul; donc les $f_n(u_1)$ et les $h_n(u_1)$ restent *finies* au point O_1; de même, si x, y est sur V_2, Y_1 n'est pas nul, donc les $g_n(u_1)$ et les $k_n(u_1)$ restent finies en O_1.

La convention [B] est respectée sur V_1 et V_2. Elle l'est aussi sur $V_3, \ldots$, sinon l'on aurait $X_1 = Y_1 = 0$ sur ces variétés; mais alors $x(X_1, Y_1)$ et $y(X_1, Y_1)$ auraient des valeurs bien déterminées, ce qui serait précisément contraire à l'hypothèse.

Ainsi, au moyen de la transformation (15), la convention [B] se trouve respectée sur la variété V tout entière. Le raisonnement s'achève alors comme dans le cas d'un domaine semi-cerclé.

5. Compléments au théorème fondamental. — Soit D un domaine borné qui admet une infinité de transformations en lui-même, laissant fixe un point intérieur O, supposé à l'origine. Comme plus haut, *nous admettrons, dans ce qui suit, que le point* O *n'est pas un point de ramification pour le domaine* D.

Soient G le groupe de *toutes* les transformations de D en lui-même, qui laissent fixe O, et Γ le groupe linéaire associé. On peut effectuer sur D une affinité analytique convenable, de façon que Γ rentre dans l'une des catégories énumérées au théorème XXIII. Comme on l'a vu au paragraphe **3**, on peut alors effectuer une transformation

$$X = F(x, y) \equiv x + \ldots, \qquad Y = G(x, y) \equiv y + \ldots \tag{16}$$

du domaine D en un domaine (m, p) cerclé borné Δ.

Si le groupe G dépend d'un seul paramètre, il n'y a rien à dire de plus. *Supposons maintenant que* G *dépende de deux paramètres exactement;* alors Γ contient toutes les substitutions (¹)

$$X' = X e^{i\alpha}, \qquad Y' = Y e^{i\beta}. \tag{17}$$

et, en particulier, les substitutions

$$X' = X e^{i\theta}, \qquad Y' = Y e^{i\theta}. \tag{18}$$

(¹) Toujours à condition d'effectuer sur D une affinité convenable.

D'après le paragraphe **3**, il existe donc une transformation de la forme (16) qui transforme D en un domaine *cerclé* borné Δ; aux substitutions (17) correspondent des transformations de Δ en lui-même, de la forme

$$X' = Xe^{i\alpha} + \ldots, \qquad Y' = Ye^{i\beta} + \ldots.$$

Comme Δ est cerclé et borné, ces transformations sont linéaires; ce sont donc les transformations (17) elles-mêmes. Donc Δ *est un domaine de Reinhardt.*

Supposons que G *dépende de quatre paramètres.* Le groupe Γ contient encore les substitutions (18); donc D peut se transformer en un domaine cerclé borné Δ, par une transformation de la forme (16). Toutes les transformations de Δ en lui-même, qui correspondent aux transformations de G, sont linéaires; Δ est donc invariant par toutes les substitutions de Γ; or, ce sont toutes celles qui laissent invariante la forme $x\bar{x} + y\bar{y}$. Donc Δ *est une hypersphère.*

Il reste à examiner le *cas où* G *dépendrait de trois paramètres.* Nous allons montrer que si le groupe G dépend de trois paramètres au moins, il dépend de quatre paramètres. En effet, si G dépend de trois paramètres, Γ contient le groupe

$$(19) \qquad \begin{cases} x' = xe^{i\omega}\cos\varphi - ye^{i\omega'}\sin\varphi, \\ y' = xe^{-i\omega'}\sin\varphi + ye^{-i\omega}\cos\varphi. \end{cases}$$

Appelons

$$(20) \qquad x' = f(x, y; \omega, \omega', \varphi), \qquad y' = g(x, y; \omega, \omega', \varphi)$$

les transformations correspondantes du groupe G. Nous allons former un système de deux fonctions

$$(21) \qquad X = F(x, y) \equiv x + \ldots \qquad Y = G(x, y) \equiv y + \ldots,$$

qui subissent la substitution linéaire (19) lorsqu'on effectue sur x et y la transformation (20). Le domaine Δ, engendré par ces fonctions, sera donc invariant par toutes les substitutions (19); ce sera forcément une hypersphère. Je dis que la transformation (21) respectera la convention [B]; en effet, si l'on avait

$$F(x, y) = a, \qquad G(x, y) = b$$

en tous les points d'une variété V intérieure à D, on aurait forcément $a = b = 0$ (raisonnement déjà fait au paragraphe **4**); l'hypersphère Δ devrait admettre l'origine comme point frontière, ce qui est absurde.

Puisque D peut se représenter sur une hypersphère, le groupe G dépend de quatre et non de trois paramètres. C. Q. F. D.

Il nous reste à former les fonctions $F(x, y)$ et $G(x, y)$ annoncées. Observons d'abord que l'on obtient toutes les transformations (19) en faisant varier indépendamment ω de 0 à 2π, ω' de 0 à 2π, et φ de 0 à $\frac{\pi}{2}$. Si nous posons $x = x_1 + ix_2$, $y = y_1 + iy_2$, les quatre coordonnées du point transformé de $x = 1$, $y = 0$ par la transformation (19) sont :

$$x_1 = \cos\omega\cos\varphi, \qquad y_1 = \cos\omega'\sin\varphi,$$
$$x_2 = \sin\omega\cos\varphi, \qquad y_2 = -\sin\omega'\sin\varphi.$$

On obtient ainsi une représentation paramétrique de l'hypersphère

$$x_1^2 + x_2^2 + y_1^2 + y_2^2 = 1.$$

L'élément de surface (à trois dimensions) de cette hypersphère est donné par

$$d\tau(\omega, \omega', \varphi) = \sin\varphi\cos\varphi\, d\omega\, d\omega'\, d\varphi.$$

Il est invariant par toute transformation (19), car la surface de l'hypersphère n'est pas changée par une rotation autour du centre. L'élément $d\tau$ n'est d'ailleurs autre que l'*élément de volume invariant* qui existe toujours dans l'espace d'un groupe linéaire clos ([1]). Désignons par T le volume total, d'ailleurs facile à calculer.

Cela posé, envisageons la substitution inverse de (19)

$$x = x' e^{-i\omega}\cos\varphi + y' e^{i\omega'}\sin\varphi,$$
$$y = -x' e^{-i\omega'}\sin\varphi + y' e^{i\omega}\cos\varphi,$$

et les intégrales

$$F(x, y) \equiv \frac{1}{T}\int\!\!\int\!\!\int [\; e^{-i\alpha}\cos\psi\, f(x, y; \alpha, \alpha', \psi) + e^{i\alpha'}\sin\psi\, g(x, y; \alpha, \alpha', \psi)]\, d\tau(\alpha, \alpha', \psi),$$

$$G(x, y) \equiv \frac{1}{T}\int\!\!\int\!\!\int [-e^{-i\alpha'}\sin\psi\, f(x, y; \alpha, \alpha', \psi) + e^{i\alpha}\cos\psi\, g(x, y; \alpha, \alpha', \psi)]\, d\tau(\alpha, \alpha', \psi),$$

([1]) *Voir*, par exemple, E. CARTAN, *La théorie des groupes finis et continus et l'Analysis situs* (*Mémorial des Sciences mathématiques*, t. XLII, p. 31-32).

prises entre les limites $(0, 2\pi)$ pour α et pour α', et $\left(0, \frac{\pi}{2}\right)$ pour α. $F(x, y)$ et $G(x, y)$ sont holomorphes et bornées dans D. On vérifie sans peine qu'elles ont bien la forme (21), et que, si l'on effectue sur x et y la transformation (20), on a

$$F(x', y') = e^{i\omega}\cos\varphi\, F(x, y) - e^{i\omega'}\sin\varphi\, G(x, y),$$
$$G(x', y') = e^{-i\omega'}\sin\varphi\, F(x, y) + e^{-i\omega}\cos\varphi\, G(x, y).$$

C. Q. F. D.

Avant de résumer tous les résultats obtenus, observons que la méthode qu'on vient d'employer est tout à fait générale : *étant donné un domaine borné* D, *non ramifié à l'origine, dans l'espace d'un nombre quelconque de variables complexes, on peut trouver un système de fonctions holomorphes dans* D

$$X = F(x, y, z) \equiv x + \ldots, \qquad Y = G(x, y, z) \equiv y + \ldots.$$
$$Z = H(x, y, z) \equiv z + \ldots,$$

telles que toutes les transformations de D *en lui-même, qui laissent fixe l'origine, se traduisent par des substitutions linéaires sur les fonctions* F, G, H. En effet, si les transformations envisagées sont en nombre infini, elles forment un groupe clos ([1]), et l'on se sert de l'élément de volume invariant du groupe linéaire clos associé. Si les transformations sont en nombre fini, on remplace les intégrales par des moyennes arithmétiques.

Résumons maintenant les résultats obtenus dans le présent paragraphe, en les combinant avec le théorème XX.

THÉORÈME XXV. — *Si un domaine borné* D *admet une infinité de transformations analytiques biunivoques en lui-même, laissant fixe un point intérieur* ([2]) O, *ces transformations dépendent de un, deux ou quatre paramètres.*

Si elles dépendent d'un seul paramètre, le domaine D *peut se repré-*

([1]) Le théorème XXI s'étend évidemment au cas d'un nombre quelconque de variables complexes.

([2]) On s'est borné au cas où O n'est pas un point de ramification.

senter sur un domaine (m, p) cerclé borné Δ, le point O venant au centre de Δ.

Si elles dépendent de deux paramètres, le domaine D peut se représenter sur un domaine de Reinhardt borné Δ, le point O venant au centre de Δ.

Si elles dépendent de quatre paramètres, le domaine D peut se représenter sur une hypersphère de rayon fini, et admet par conséquent des transformations en lui-même qui dépendent de huit paramètres, le point O pouvant être amené en un point quelconque de D.

Nous avons vu [1] qu'un domaine (m, p) cerclé borné $(m \neq p)$ ne peut pas, en général, se représenter sur un domaine de Reinhardt, l'origine restant fixe. Cette proposition est encore vraie si $m = p$, car un domaine cerclé borné ne peut se transformer en un domaine de Reinhardt que par une affinité analytique, au moins si l'origine reste fixe.

En tenant compte du théorème XXV, on voit que, *en général, les transformations d'un domaine (m, p) cerclé borné en lui-même, qui laissent fixe le centre, dépendent d'un seul paramètre* [2].

6. Retour aux groupes clos de substitutions linéaires. — Partons du Corollaire du théorème XXIII. Cherchons tous les groupes clos de substitutions linéaires qui contiennent un sous-groupe donné de la forme

$$x' = xe^{im\theta}, \qquad y' = ye^{ip\theta}.$$

Nous distinguerons deux cas suivant que $m = p$ $(= 1)$, ou $m \neq p$.

Théorème XXVI. — *Étant donné un groupe clos de substitutions linéaires homogènes complexes à deux variables, qui contient le sous-groupe*

$$(22) \qquad x' = xe^{i\theta}, \qquad y' = ye^{i\theta} \qquad (\theta \text{ réel quelconque}),$$

---

(1) Chap. III, § **11**.

(2) *Voir*, au paragraphe **7**, des propositions plus précises (théorèmes XXVIII et XXX).

on peut effectuer sur les variables une substitution linéaire telle que le groupe transformé rentre dans l'une des catégories suivantes :

1° *Groupes à un paramètre :* groupe résultant de la combinaison des substitutions (22) avec les substitutions d'un groupe de substitutions unimodulaires en nombre fini.

2° *Groupes à deux paramètres :* groupe des substitutions

$$x' = xe^{i\alpha}, \quad y' = ye^{i\beta} \quad (\alpha \text{ et } \beta \text{ réels quelconques}),$$

éventuellement combinées avec la substitution

$$x' = y, \quad y' = x.$$

3° *Groupes à quatre paramètres :* groupe de toutes les substitutions qui laissent invariante la forme $x\bar{x} + y\bar{y}$.

Pour établir le théorème XXVI, il suffit de passer en revue les cas énumérés au théorème XXIII.

Nous allons maintenant démontrer le théorème suivant :

Théorème XXVII. — *Tout groupe clos de substitutions linéaires homogènes complexes à deux variables, qui contient un sous-groupe donné*

$$(23) \qquad x' = xe^{im\theta}, \quad y' = ye^{ip\theta} \quad (m \neq p)$$

rentre dans l'une des catégories suivantes :

1° *Groupes à un paramètre :* groupe résultant de la combinaison des substitutions (23) avec celles d'un groupe

$$(24) \qquad x' = xe^{2i\frac{k\pi}{n}}, \quad y' = ye^{2i\frac{k\pi}{n}}$$

(*n* entier fixe, *k* entier quelconque), et éventuellement (mais seulement dans le cas où $m = -p$) avec une substitution de la forme

$$x' = \mathrm{R}ye^{i\frac{\pi}{n}}, \quad y' = \frac{1}{\mathrm{R}}xe^{i\frac{\pi}{n}} \quad (\mathrm{R} > 0)$$

[l'entier *n* est le même que dans la substitution (24)].

2° *Groupes à deux paramètres :* groupe des substitutions

$$(25) \qquad x' = xe^{i\alpha}, \quad y' = ye^{i\beta} \quad (\alpha \text{ et } \beta \text{ réels quelconques}),$$

éventuellement combinées avec une substitution de la forme

$$x' = \mathrm{R}y, \qquad y' = \frac{1}{\mathrm{R}}x.$$

3° (Seulement dans le cas où $m = -p$) *Groupes à trois paramètres :* groupe de substitutions de la forme

$$x' = xe^{i\omega}\cos\varphi - \mathrm{R}\,ye^{i\omega'}\sin\varphi,$$

$$y' = \frac{1}{\mathrm{R}}xe^{-i\omega'}\sin\varphi + ye^{-i\omega}\cos\varphi,$$

(ω, ω', φ réels quelconques, $\mathrm{R} > 0$ fixe).

éventuellement combinées avec les substitutions d'un groupe de la forme (24).

4° *Groupes à quatre paramètres :* groupe de la forme

$$x' = xe^{i(\theta+\omega)}\cos\varphi - \mathrm{R}\,ye^{i(\theta+\omega')}\sin\varphi,$$

$$y' = \frac{1}{\mathrm{R}}xe^{i(\theta-\omega')}\sin\varphi + ye^{i(\theta-\omega)}\cos\varphi,$$

(θ, ω, ω', φ réels quelconques, $\mathrm{R} > 0$ fixe).

Pour établir le théorème XXVII, reprenons la démonstration du théorème XXIII. Soit

$$\mathrm{A}x\bar{x} + \mathrm{B}y\bar{y} + \mathrm{C}x\bar{y} + \bar{\mathrm{C}}\bar{x}y$$

la forme d'Hermite invariante par les substitutions du groupe considéré G. Comme G contient les substitutions (23), on a $\mathrm{C} = 0$. Effectuons le changement de variables

$$\mathrm{X} = x, \qquad \mathrm{Y} = \sqrt{\frac{\mathrm{B}}{\mathrm{A}}}\,y.$$

Le groupe transformé G′ laisse invariante la forme $\mathrm{X}\bar{\mathrm{X}} + \mathrm{Y}\bar{\mathrm{Y}}$. Nous avons vu qu'à toute substitution (S) de G′ on peut associer deux substitutions unimodulaires, dont les coefficients sont opposés, en multipliant la substitution (S) successivement par deux substitutions de la forme (22). Les substitutions obtenues forment un groupe clos Γ et nous avons étudié toutes les formes que peut avoir Γ, en nous servant des groupes clos de rotations de la sphère. Mais ici, comme G′ contient les substitutions (23), Γ contient toutes les substitutions

$$(26) \qquad X' = Xe^{i\omega}, \qquad Y' = Ye^{-i\omega} \qquad (\omega \text{ réel quelconque}).$$

Deux cas seulement sont possibles :

— ou bien Γ contient toutes les substitutions unimodulaires qui conservent la forme $X\overline{X} + Y\overline{Y}$;

— ou bien Γ se compose des substitutions (26), éventuellement combinées avec la substitution

$$(27) \qquad X' = Y, \qquad Y' = -X.$$

Examinons ces deux cas.

Premier cas : Γ contient *toutes* les substitutions unimodulaires qui conservent $X\overline{X} + Y\overline{Y}$.

Si $m + p \neq 0$, G′ contient une infinité de substitutions de déterminant différent de *un* [les substitutions (23)]. Donc, à la substitution identique du groupe Γ correspondent dans G′ une infinité de substitutions de la forme (22). Mais alors G′ contient *toutes* les substitutions (22); Γ est donc un sous-groupe de G′, et G′ n'est autre que le groupe de toutes les substitutions qui conservent $X\overline{X} + Y\overline{Y}$.

Si $m + p = 0$, ou bien G′ contient une infinité de substitutions (22), et l'on retombe alors sur le cas précédent, ou bien G′ n'en contient qu'un nombre fini, et résulte alors de la combinaison des substitutions de Γ avec celles d'un groupe [1]

$$(28) \qquad X' = Xe^{2i\frac{k\pi}{n}}, \qquad Y' = Ye^{2i\frac{k\pi}{n}}.$$

Deuxième cas : Γ se compose des substitutions (26), éventuellement combinées avec la substitution (27).

Supposons d'abord que G′ contienne une infinité de substitutions de la forme (22). Alors G′ les contient toutes; Γ est donc un sous-groupe de G′. On voit que G′ se compose, dans ce cas, de toutes les substitutions

$$X' = Xe^{i\alpha}, \qquad Y' = Ye^{i\beta} \qquad (\alpha \text{ et } \beta \text{ réels}),$$

---

[1] Pour le détail du raisonnement, se reporter à la démonstration du théorème XXIII.

éventuellement combinées avec la substitution

$$X' = Y, \qquad Y' = X.$$

Il reste à examiner le cas où G′ ne contient qu'un nombre fini de substitutions de la forme (22). Alors elles sont toutes de la forme (28). Supposons d'abord que Γ ne contienne pas la substitution (27); alors G′ résulte de la combinaison des substitutions

(29) $$X' = Xe^{im\theta}, \qquad Y' = Ye^{ip\theta}$$

et des substitutions (28). Supposons maintenant que Γ contienne la substitution (27); alors G′ contient une substitution de la forme

(30) $$X' = Ye^{i\alpha}, \qquad Y' = -Xe^{i\alpha};$$

en la combinant plusieurs fois avec la substitution (29), on voit sans peine que G′ contient les substitutions

$$X' = Xe^{i(m+p)\theta}, \qquad Y' = Ye^{i(m+p)\theta} \qquad (\theta \text{ réel quelconque});$$

on a donc forcément $m + p = 0$. G′ comprend alors toutes les substitutions (26) combinées avec les substitutions (28), et en outre contient toutes les substitutions de la forme

$$X' = Ye^{i\left(\alpha - \omega + 2k\frac{\pi}{n}\right)}, \qquad Y' = -Xe^{i\left(\alpha + \omega + 2k\frac{\pi}{n}\right)},$$

où l'entier n et le nombre réel α sont fixés, tandis que l'entier k et le nombre réel ω sont arbitraires. Si l'on écrit que le carré d'une telle substitution appartient encore à G′, on trouve que ces substitutions peuvent s'écrire de la façon suivante :

$$X' = Ye^{i\left(\frac{\pi}{n} - \omega + 2k\frac{\pi}{n}\right)}, \qquad Y' = Xe^{i\left(\frac{\pi}{n} + \omega + 2k\frac{\pi}{n}\right)}.$$

En résumé, les substitutions de G′ s'obtiennent toutes par la combinaison des substitutions (26) et (28) avec la substitution

$$X' = Ye^{i\frac{\pi}{n}}, \qquad Y' = Xe^{i\frac{\pi}{n}}.$$

Il suffit de revenir du groupe G′ au groupe G, des variables X, Y aux variables x, y, et de poser $\sqrt{\frac{B}{A}} = R$, pour obtenir le théorème XXVII.

7. Application aux transformations des domaines (m, p) cerclés. — Dans tout ce paragraphe, il ne s'agit que de domaines *non ramifiés à l'origine*.

Théorème XXVIII ([1]). — *Si un domaine cerclé borné* D *n'est pas transformé d'un domaine de Reinhardt par une affinité analytique, le groupe des transformations analytiques de* D *en lui-même, qui laissent fixe le centre, résulte de la combinaison des substitutions*

$$x' = x e^{i\theta}, \qquad y' = y e^{i\theta}$$

avec les substitutions d'un groupe de substitutions linéaires unimodulaires en nombre fini (groupe qui se réduit, en général, à la transformation identique).

En effet, les transformations cherchées sont linéaires (Chap. II, théorème VI); il suffit de leur appliquer le théorème XXVI.

Théorème XXIX ([2]). — *Si un domaine de Reinhardt borné* D *n'a pas la forme*

$$\text{(31)} \qquad A x\bar{x} + B y\bar{y} < 1 \qquad (A > 0, B > 0)$$

toutes les transformations de D *en lui-même, qui laissent fixe le centre, ont la forme*

$$x' = x e^{i\alpha}, \qquad y' = y e^{i\beta}$$

et, éventuellement, la forme

$$x' = R y e^{i\alpha}, \qquad y' = \frac{1}{R} x e^{i\beta}.$$

En effet, les transformations cherchées sont linéaires (théorème VI). Elles forment un groupe clos G qui contient le sous-groupe

$$x' = x, \qquad y' = y e^{i\theta},$$

et auquel on peut donc appliquer le théorème XXVII. Ainsi G dépend de deux ou quatre paramètres. Si G dépend de quatre paramètres, et

---

([1]) La démonstration de ce théorème, comme celle du suivant, ne suppose pas connus les résultats généraux énoncés au théorème XXV.

([2]) Ce théorème a déjà été établi par M. Reinhardt (*loc. cit.*) pour les domaines de Reinhardt convexes.

si le domaine D contient le point $x = x_0$, $y = 0$, il contient tous les points x, y tels que

$$|x|^2 + R^2 |y|^2 \leqq |x_0|^2;$$

D aurait donc la forme (31). Donc G dépend de deux paramètres. Le théorème est établi.

Remarque. — *Pour qu'un domaine de Reinhardt* D *puisse se représenter sur une hypersphère* Σ *de rayon fini, il faut et il suffit qu'il ait la forme* (31). La condition est évidemment suffisante. Elle est nécessaire; soit, en effet, x_0, y_0 le point de Σ qui correspond au centre de D; on peut transformer Σ en elle-même de manière à amener x_0, y_0 au centre de Σ. Or Σ est bornée; donc D est borné (théorème VII); si D n'avait pas la forme (31), les transformations de Σ en elle-même, laissant fixe le centre, ne dépendraient que de deux paramètres (théorème précédent), ce qui est absurde. C. Q. F. D.

Théorème XXX. — *Si un domaine* (m, p) *cerclé borné* D $(m \neq p)$ *ne peut pas se représenter sur un domaine de Reinhardt dans une transformation qui laisse fixe l'origine, il n'admet pas d'autres transformations en lui-même, laissant fixe l'origine, que les substitutions*

$$x' = x e^{im\theta}, \qquad y' = y e^{ip\theta},$$

éventuellement combinées avec des substitutions, en nombre fini, de la forme

$$x' = x e^{2i\frac{k\pi}{n}} + \ldots, \qquad y' = y e^{2i\frac{k\pi}{n}} + \ldots \qquad (n \text{ fixe}, k \text{ variable}),$$

et peut-être aussi (mais seulement dans le cas où $m = -p$*) avec une substitution de la forme*

$$x' = R y e^{i\frac{\pi}{n}} + \ldots, \qquad y' = \frac{1}{R} x e^{i\frac{\pi}{n}} + \ldots$$

En effet, dire que D ne peut pas se représenter sur un domaine de Reinhardt dans une transformation qui laisse fixe l'origine, c'est dire (théorème XXV) que les transformations de D en lui-même, qui laissent fixe l'origine, dépendent d'un seul paramètre. Il suffit alors de leur appliquer le théorème XXVII. C. Q. F. D.

Corollaire. — En tenant compte des résultats du Chapitre III, on voit que :

1° Si $mp > 0$ $(m \neq p)$, les transformations d'un domaine (m, p) cerclé borné D en lui-même, qui laissent fixe le centre, ont la forme

$$x' = x e^{i\left(m\theta + \frac{2k\pi}{n}\right)},$$
$$y' = y e^{i\left(p\theta + \frac{2k\pi}{n}\right)},$$

à moins que D ne soit un domaine de Reinhardt.

2° Les transformations d'un domaine semi-cerclé borné D en lui-même, qui laissent fixe l'origine, ont toutes la forme

$$x' = f(x), \qquad y' = y g(x),$$

sauf peut-être dans le cas où D peut se représenter sur un domaine de Reinhardt avec conservation de l'origine.

3° Les transformations d'un domaine inversement cerclé borné D en lui-même, qui laissent fixe le centre, ont la forme

$$x' = x f(xy), \qquad y' = y g(xy),$$

ou la forme

$$x' = y f_1(xy), \qquad y' = x g_1(xy),$$

sauf peut-être dans le cas où D peut se représenter sur un domaine de Reinhardt avec conservation de l'origine.

4° Si $mp < 0$ $(m > 0, p = -p', m \neq p')$, les transformations d'un domaine (m, p) cerclé borné D en lui-même, qui laissent fixe le centre, ont toutes la forme

$$x' = x f(x^{p'} y^m), \qquad y' = y g(x^{p'} y^m),$$

sauf peut-être dans le cas où D peut se représenter sur un domaine de Reinhardt, avec conservation de l'origine.

Pour trouver la forme des transformations d'un domaine (m, p) cerclé borné D en lui-même, qui laissent fixe l'origine, dans le cas où D peut se représenter sur un domaine de Reinhardt, il suffit de combiner les résultats du Chapitre III avec le théorème XXIX. Nous laissons ce soin au lecteur.

THÉORÈME XXXI. — *Si un domaine (m, p) cerclé borné D peut se transformer en un domaine (m', p') cerclé D', l'origine restant fixe, et si l'on a*

$$mp' - pm' \neq 0,$$

alors D peut se transformer en un domaine de Reinhardt (l'origine restant fixe), sauf peut-être si, $mm' - pp'$ étant nul, la transformation a la forme

$$X = by + \ldots, \qquad Y = a'x + \ldots$$

Nous pouvons supposer $m \neq p$ et $m' \neq p'$; nous avons vu en effet (Chap. III) que si un domaine (m, p) cerclé peut se représenter sur un domaine cerclé (l'un au moins des deux domaines étant borné), il peut se représenter sur un domaine de Reinhardt [1].

Cela posé, soit

$$X = \varphi(x, y) \equiv a\,x + b\,y + \ldots, \qquad Y = \psi(x, y) \equiv a'x + b'y + \ldots$$
$$(ab' - ba' \neq 0)$$

la transformation envisagée. Le domaine D admet les transformations suivantes en lui-même :

$$\varphi(x', y') = e^{im'\theta}\varphi(x, y),$$
$$\psi(x', y') = e^{ip'\theta}\psi(x, y);$$

ces transformations ont la forme

$$(32)\quad \begin{cases} (ab' - ba')x' = (ab'e^{im'\theta} - ba'e^{ip'\theta})x + bb'(e^{im'\theta} - e^{ip'\theta})y + \ldots, \\ (ab' - ba')y' = aa'(e^{ip'\theta} - e^{im'\theta})x + (ab'e^{ip'\theta} - ba'e^{im'\theta})y + \ldots. \end{cases}$$

Supposons que D ne puisse pas être représenté sur un domaine de Reinhardt, dans une transformation laissant fixe l'origine. Alors on peut appliquer le théorème XXX aux transformations de D en lui-même. On doit donc avoir, quel que soit θ :

ou bien

$$ab'e^{im'\theta} - ba'e^{ip'\theta} = ab'e^{ip'\theta} - ba'e^{im'\theta} = 0,$$

ou bien

$$aa'(e^{ip'\theta} - e^{im'\theta}) = bb'(e^{im'\theta} - e^{ip'\theta}) = 0.$$

---

[1] Bien entendu, il s'agit toujours uniquement de transformations laissant fixe l'origine.

Dans le premier cas, on aurait $ab' = ba' = 0$, ce qui est impossible ($ab' - ba' \neq 0$). On a donc

$$aa' = bb' = 0,$$

ce qui est possible de deux façons :

$$1^\circ \qquad b = a' = 0;$$

$$2^\circ \qquad a = b' = 0.$$

Dans le premier cas, le domaine D admet des transformations en lui-même, de la forme

$$x' = xe^{im'\theta} + \ldots, \qquad y' = ye^{ip'\theta} + \ldots,$$

et, comme il est (m, p) cerclé ($mp' - pm' \neq 0$), il admet des transformations

$$x' = xe^{i\alpha} + \ldots, \qquad y' = ye^{i\beta} + \ldots \qquad (\alpha \text{ et } \beta \text{ réels quelconques}).$$

D'après le théorème XXV, il pourrait se représenter sur un domaine de Reinhardt.

Dans le deuxième cas, D admet des transformations en lui-même, de la forme

$$x' = xe^{ip'\theta} + \ldots, \qquad y' = ye^{im'\theta} + \ldots;$$

s'il ne peut pas se représenter sur un domaine de Reinhardt, on a forcément

$$mm' - pp' = 0.$$

Le théorème XXXI est établi.

Théorème XXXII. — *Si un domaine (m, p) cerclé borné* $D(m \neq p)$ *ne peut pas se transformer en un domaine de Reinhardt, l'origine restant fixe, toute transformation de* D *en un autre domaine (m, p) cerclé, qui laisse fixe l'origine, a l'une des formes suivantes :*

1° *Si $mp > 0$* (1),
$m \neq 1$, $p \neq 1$. $\qquad X = ax, \qquad Y = b'y;$

(1) Dans ce cas, l'hypothèse de l'énoncé se réduit à la suivante : D n'est pas un domaine de Reinhardt.

2° *Si* D *est semi-cerclé*,

$$X = f(x), \qquad Y = yg(x);$$

3° *Si* D *est inversement cerclé*,

$$X = xf(xy), \qquad Y = yg(xy),$$

ou

$$X = yf_1(xy), \qquad Y = xg_1(xy);$$

4° *Si* $mp < 0$ $(m > 0, p = -p', m \neq p')$,

$$X = xf(x^{p'}y^m), \qquad Y = yg(x^{p'}y^m).$$

Soit, en effet,

$$X = ax + by + \ldots, \qquad Y = a'x + b'y + \ldots$$

la transformation envisagée. D'après la démonstration du théorème précédent, on a

$$b = a' = 0$$

ou

$$a = b' = 0;$$

mais la seconde éventualité n'est possible que si $m + p = 0$. Il n'y a plus alors qu'à tenir compte des résultats du Chapitre III pour obtenir le théorème XXXII.

Théorème XXXIII. — *Soit* D *un domaine de Reinhardt borné qui n'a pas la forme*

$$(31) \qquad Ax\bar{x} + By\bar{y} < 1 \qquad (A > 0, B > 0).$$

Toute transformation qui laisse fixe l'origine et qui représente D *sur un domaine* (m, p) *cerclé* $\Delta(m \neq p)$ *a la forme*

$$X = ax + \ldots, \qquad Y = b'y + \ldots$$

ou la forme

$$X = by + \ldots, \qquad Y = a'x + \ldots$$

Soit, en effet,

$$X = ax + by + \ldots, \qquad Y = a'x + b'y + \ldots$$

la transformation envisagée. En raisonnant comme pour le théorème XXXI, on voit que D admet des transformations en lui-même de la forme (32) (où l'on remplacerait m' et p' respectivement par m et p). En vertu du théorème XXIX, on conclut

$$aa' = bb' = 0.$$

D'où le présent théorème. C. Q. F. D.

Corollaires :

1° *Si un domaine de Reinhardt borné* D *n'a pas la forme* (31), *toute transformation de* D *en un autre domaine de Reinhardt, qui laisse fixe l'origine, a la forme*

$$X = ax, \qquad Y = b'y$$

ou la forme

$$X = by, \qquad Y = a'x$$ ([1]).

En effet, le théorème précédent et le théorème VI s'appliquent. C. Q. F. D.

2° *Si un domaine de Reinhardt borné* D *n'a pas la forme* (31), *toute transformation de* D *en un autre domaine de Reinhardt* Δ

(33) $$X = \varphi(x, y), \qquad Y = \psi(x, y) \qquad [\varphi(0, 0) = X_0, \psi(0, 0) = 0],$$

a la forme

(34) $$X = f(x), \qquad Y = y\,g(x)$$

ou la forme

(35) $$X = f_1(y), \qquad Y = x\,g_1(y).$$

Posons, en effet,

$$X - X_0 = X', \qquad Y = Y';$$

le domaine Δ devient un domaine Δ' semi-cerclé. Le théorème XXXIII s'applique à la transformation de D en Δ'. Il suffit alors de se servir du théorème XII, relatif aux transformations des domaines semi-cerclés. C. Q. F. D.

Nous avons là une proposition qui peut servir de point de départ

---

([1]) M. Reinhardt a donné cet énoncé dans le cas des domaines convexes.

pour la recherche de toutes les transformations d'un domaine de Reinhardt borné en lui-même ([1]).

3° Le théorème XXXIII, combiné avec les résultats du Chapitre III, permet de déterminer la forme la plus générale de la transformation d'un domaine (m, p) cerclé en un domaine (m', p') cerclé (l'origine restant fixe) lorsqu'ils peuvent se représenter sur un domaine de Reinhardt (l'origine restant fixe).

CHAPITRE V.

LES DOMAINES MAXIMA.

On sait que, étant donné un domaine dans l'espace des deux variables complexes x et y, il n'est pas toujours possible de construire une fonction $f(x, y)$ holomorphe dans ce domaine et non prolongeable au delà. Nous dirons qu'un domaine D est *maximum* s'il existe au moins une fonction $f(x, y)$ holomorphe dans D et non prolongeable au delà.

1. Les domaines cerclés maxima. — Nous avons vu (Chap. II, théorème II), que toute fonction $f(x, y)$, holomorphe dans un domaine cerclé D non ramifié à l'origine, admet un développement en série de polynomes homogènes

$$f(x, y) \equiv \sum_{n=0}^{\infty} P_n(x, y)$$

uniformément convergent au voisinage de tout point intérieur à D.

---

(1) M. Behnke m'ecrit (22 mai 1930) que M. Thullen vient de résoudre complètement cette question. D'après M. Thullen, seuls, parmi les domaines de Reinhardt bornés, les domaines

$$|x| < A, \qquad |y| < B$$

et

$$A|x|^2 + B|y|^\alpha < 1 \qquad (\alpha > 0)$$

admettent des transformations en eux-mêmes qui ne laissent pas fixe le centre, et ces transformations sont bien faciles à trouver.

Nous en avons déduit que D est nécessairement univalent (convention [A]), et que $f(x, y)$ est holomorphe dans le plus petit domaine cerclé étoilé contenant D. Il en résulte qu'*un domaine cerclé, pour être maximum, doit être étoilé*. Nous allons voir que cela ne suffit pas.

Donnons-nous *a priori* une série de polynomes homogènes

$$\sum_{n=0}^{\infty} P_n(x, y),$$

$P_n(x, y)$ étant de degré n. M. Hartogs (¹) a démontré le beau théorème suivant : *Si la série* $\Sigma P_n(x, y)$ *converge en tous les points d'un domaine, le domaine total de convergence* Δ *contient l'origine à son intérieur, et c'est un domaine de convergence uniforme.* Dans cet énoncé, le domaine total de convergence est, par définition, l'ensemble des points x_0, y_0 tels que, au point x_0, y_0 et en tous les points voisins, la série converge. Dire que Δ est un domaine de convergence uniforme, c'est dire que la convergence est uniforme au voisinage de tout point intérieur à Δ.

Le domaine de convergence Δ est évidemment un domaine cerclé étoilé.

THÉORÈME XXXIV. — *Le domaine total de convergence d'une série*

$$\sum_{n=0}^{\infty} P_n(x, y)$$

est un domaine cerclé maximum; réciproquement, tout domaine cerclé maximum est le domaine total de convergence d'une certaine série de polynomes homogènes.

La seconde partie de l'énoncé se démontre immédiatement : soit Δ un domaine cerclé maximum, et soit $f(x, y)$ une fonction holomorphe dans Δ et non prolongeable au delà; $f(x, y)$ possède un développement $\Sigma P_n(x, y)$ qui admet évidemment Δ comme domaine total de convergence.

La première partie du théorème va être plus longue à établir.

(¹) Dans son Mémoire des *Math. Ann.* cité au Chapitre II (§ 2).

Soient $\Sigma P_n(x,y)$ une série de polynomes homogènes, et Δ son domaine total de convergence. Nous voulons montrer que Δ est maximum. Soit $A_1, A_2, \ldots, A_p, \ldots$ une suite de nombres positifs croissants qui augmentent indéfiniment, et soit $\eta_1, \eta_2, \ldots, \eta_p, \ldots$ une suite de nombres positifs décroissants qui tendent vers zéro. Soit E'_p l'ensemble des points (x,y) en lesquels on a, quel que soit n,

$$|P_n(x,y)| < A_p,$$

et soit Δ'_p le domaine formé des points intérieurs à E'_p. Prenons les homothétiques E_p et Δ_p de E'_p et Δ'_p par rapport à l'origine dans le rapport $1-\eta_p$; l'ensemble E_p est l'ensemble des points (x,y) en lesquels on a, quel que soit n,

$$|P_n(x,y)| < A_p(1-\eta_p)^n,$$

et Δ_p est le domaine formé des points intérieurs à E_p.

Tout point de Δ_p est évidemment intérieur à Δ. Réciproquement, tout point x_0, y_0 de Δ est intérieur à Δ_p si p est assez grand. En effet, la série $\Sigma P_n(x,y)$ converge uniformément au voisinage de x_0, y_0; donc $|P_n(x,y)|$ admet une borne supérieure indépendante de n et du point x, y voisin de x_0, y_0. Prenons un entier q assez grand pour que A_q soit supérieur à cette borne; alors le point x_0, y_0 est intérieur à Δ'_q, et, par suite, le point $x = kx_0$, $y = ky_0$ appartient à Δ'_q, quel que soit k suffisamment voisin de *un*. Choisissons $p (p \geqq q)$ assez grand pour que le point

$$x = \frac{x_0}{1-\eta_p}, \qquad y = \frac{y_0}{1-\eta_p}$$

appartienne à Δ'_q; il appartiendra *a fortiori* à Δ'_p; donc x_0, y_0 appartient à Δ_p. C. Q. F. D.

Ainsi, le domaine Δ se présente comme limite d'une suite infinie de domaines fermés Δ_p, complètement intérieurs à Δ, et dont chacun contient le précédent.

Je dis que le domaine Δ jouit de la propriété suivante, que j'appellerai « propriété [P] » dans la suite de cette étude :

Propriété [P] : Un domaine Δ jouit de la propriété [P] si, étant donnée une suite infinie quelconque de régions $\Sigma_1, \ldots, \Sigma_p, \ldots$, intérieures à Δ et n'ayant aucun point d'accumulation intérieur à Δ, on peut former une fonction $f(x, y)$, holomorphe dans Δ, qui s'annule en un point au moins de chacune des régions Σ_p.

Il est clair que tout domaine qui jouit de la propriété [P] est maximum; en effet, il suffit de prendre une suite infinie de régions s'accumulant au voisinage de tout point frontière du domaine considéré ([1]). En outre, tout transformé analytique d'un domaine qui jouit de la propriété [P] jouit aussi de cette propriété, et, en particulier, est maximum.

Revenons alors au domaine total de convergence Δ de la série $\Sigma P_n(x, y)$ et aux domaines Δ_p précédemment définis. Étant donnée la suite des régions Σ_p, je puis associer à chaque Σ_p un domaine $\Delta_{p'}$ tel que Σ_p soit extérieure à $\Delta_{p'}$, et cela de façon que p' augmente indéfiniment avec p. Pour la commodité du langage, nous pouvons supposer $p' = p$. Cela posé, il existe évidemment dans Σ_p un point x_p, y_p qui n'appartient pas à E_p (car si tous les points de Σ_p appartenaient à E_p, ils appartiendraient à Δ_p). Puisque x_p, y_p n'appartient pas à E_p, il existe une valeur n_p de n pour laquelle on a

$$|P_{n_p}(x_p, y_p)| \geqq A_p(1 - \eta_p)^{n_p},$$

alors que, dans Δ_p, on a

$$|P_{n_p}(x, y)| < A_p(1 - \eta_p)^{n_p}.$$

Je pose

$$\frac{P_{n_p}(x, y)}{P_{n_p}(x_p, y_p)} \equiv Q_p(x, y).$$

On a

$$Q_p(x_p, y_p) = 1,$$

et, dans Δ_p,

$$|Q_p(x, y)| < 1;$$

par suite, dans Δ_{p-1}, on a

$$|Q_p(x, y)| < \left(\frac{1 - \eta_{p-1}}{1 - \eta_p}\right)^{n_p} = k_p \qquad (k_p < 1).$$

([1]) Pour plus de détails, le lecteur pourra se reporter à mon article intitulé : *Les domaines d'existence des fonctions analytiques*, qui paraîtra bientôt dans le *Bulletin de la Soc. Math. de France*.

Il reste à former un produit convergent

$$(1) \qquad f(x, y) \equiv \prod_{p=1}^{\infty} [1 - Q_p(x, y)] e^{R_p(x,y)},$$

$R_p(x, y)$ étant un polynome destiné à assurer la convergence. Donnons-nous à cet effet une série convergente $\Sigma \varepsilon_p$ à termes positifs; la série

$$-\log(1 - Q_p) = Q_p + \frac{1}{2}(Q_p)^2 + \ldots$$

convergeant uniformément dans Δ_{p-1}, on peut prendre un nombre suffisant de termes, de façon que le reste soit inférieur à ε_p dans Δ_{p-1}; l'ensemble de ces premiers termes constitue un polynome $R_p(x, y)$, qui rend le produit (1) uniformément convergent au voisinage de tout point intérieur à Δ.

Ainsi, nous venons de montrer que Δ jouit non seulement de la propriété [P], mais d'une propriété que nous appellerons [P′] et qui peut s'énoncer ainsi :

Propriété [P′]: Un domaine Δ jouit de la propriété [P′] si, étant donnée une suite infinie quelconque de régions Σ_p intérieures à Δ, n'ayant aucun point d'accumulation intérieur à Δ, on peut former une fonction $f(x, y)$, holomorphe dans Δ, qui s'annule sur des variétés de la forme

$$Q_p(x, y) = 1 \qquad (Q_p \text{ polynome homogène}, \quad p = 1, \ldots, n, \ldots),$$

la variété $Q_p = 1$ contenant des points intérieurs à Σ_p.

Théorème XXXV. — *Tout domaine cerclé maximum jouit de la propriété* [P′].

En effet, si Δ est cerclé maximum, Δ est le domaine total de convergence d'une certaine série de polynomes homogènes et jouit, par conséquent, de la propriété [P′].

Corollaire. — *Tout transformé analytique d'un domaine cerclé maximum est un domaine maximum.*

Théorème XXXVI. — *Pour qu'un domaine univalent* Δ, *qui contient* *l'origine, soit cerclé et maximum, il faut et il suffit que, étant donnés un domaine fermé quelconque Δ_0 intérieur à Δ, et une hypersphère quelconque Σ extérieure à Δ, il existe une variété*

$$|Q(x, y)| = 1 \qquad (Q \text{ polynome homogène}),$$

extérieure à Δ_0 et ayant des points intérieurs à Σ.

La condition est nécessaire. Soit, en effet, Δ un domaine cerclé maximum; c'est le domaine de convergence d'une série $\Sigma P_n(x, y)$. Reprenons les notations utilisées dans la démonstration du théorème XXXIV. Si p est assez grand, Δ_0 sera intérieur à Δ_p. Or, Σ est extérieure à Δ_p et contient des points qui n'appartiennent pas à E_p (sinon, tous les points de Σ appartiendraient à Δ_p). Soit donc x_0, y_0 un point de Σ qui n'appartient pas à E_p; il existe une valeur de n pour laquelle on a

$$|P_n(x_0, y_0)| \geqq A_p(1 - \eta_p)^n.$$

alors que, dans Δ_p, et *a fortiori* dans Σ, on a

$$|P_n(x, y)| < A_p(1 - \eta_p)^n.$$

Il suffit donc de prendre

$$Q(x, y) \equiv \frac{P_n(x, y)}{P_n(x_0, y_0)}.$$

Montrons maintenant que la condition est suffisante. D'abord, si un domaine Δ satisfait aux conditions du théorème XXXVI, il est cerclé étoilé. Supposons en effet le point x_0, y_0 intérieur à Δ, et le point kx_0, ky_0 ($|k| < 1$) extérieur à Δ. On pourrait trouver un domaine fermé Δ_0, intérieur à Δ, et contenant le point x_0, y_0. En prenant pour Σ une hypersphère de centre kx_0 ky_0 et de rayon assez petit, on arriverait à une contradiction.

Ainsi Δ est cerclé. Il reste à faire voir que Δ est maximum. Or Δ peut être considéré comme limite d'une suite infinie de domaines fermés $D'_1, D'_2, \ldots, D'_p, \ldots$ dont chacun contient le précédent. Soit $\eta_1, \ldots, \eta_p, \ldots$ une suite de nombres positifs, qui décroissent et tendent vers zéro. Soit D_p l'homothétique de D'_p par rapport à l'origine dans le rapport $1 - 2\eta_p$. Le domaine Δ peut être aussi considéré comme limite des domaines D_p. Soit alors Σ'_p une hypersphère extérieure à D, et telle que l'homothétique Σ_p de Σ'_p par rapport à l'origine, dans le rapport $1-\eta_p$, soit intérieure à D. Nous pouvons choisir les hypersphères Σ'_p de façon que tout point frontière de Δ soit un point d'accumulation pour les Σ'_p (ou, ce qui revient au même, pour les Σ_p). D'après l'hypothèse faite sur Δ, on peut, à D'_p et Σ'_p, attacher un polynome homogène $Q_p(x, y)$, de degré n_p, tel que la variété

$$|Q_p(x, y)| = 1$$

soit extérieure à D'_p et contienne des points intérieurs à Σ'_p. Alors la variété

$$\left|\frac{Q_p(x, y)}{(1-\eta_p)^{n_p}}\right| = 1$$

contiendra des points intérieurs à Σ_p, et l'on aura, dans D_p,

$$\left|\frac{Q_p(x, y)}{(1-\eta_p)^{n_p}}\right| < \left(\frac{1-2\eta_p}{1-\eta_p}\right)^{n_p} = k_p \qquad (k_p < 1).$$

On pourra donc, comme plus haut, former, à l'aide d'un produit convergent, une fonction $f(x,y)$, holomorphe dans Δ, qui s'annule sur une infinité de variétés admettant tout point frontière de Δ comme point d'accumulation. Δ est donc bien maximum.

C. Q. F. D.

Corollaire. — *Tout domaine cerclé Δ, limite d'une suite infinie de domaines cerclés Δ_p, dont chacun est maximum et contient le précédent, est lui-même maximum.*

En effet, soient Δ_0 un domaine fermé intérieur à Δ, et Σ une hypersphère extérieure à Δ ; Δ_0 est intérieur à Δ_p si p est assez grand. Donc il existe une variété

$$|Q(x, y)| = 1,$$

extérieure à Δ_p (et par suite à Δ_0), et qui contient des points de Σ.

C. Q. F. D.

Les domaines cerclés *convexes*, étudiés par M. Carathéodory, se présentent comme un cas particulier des domaines cerclés maxima : si, dans l'énoncé du théorème XXXVI, on assujettit le polynome homogène $Q(x, y)$ à être du premier degré, on trouve la condition pour qu'un domaine soit cerclé et convexe. On sait par ailleurs que tout domaine convexe, cerclé ou non, est maximum.

De même qu'il existe un plus petit domaine cerclé convexe contenant un domaine cerclé donné, de même il existe un *plus petit domaine cerclé maximum* contenant un domaine cerclé donné, ainsi que nous allons le voir maintenant.

Théorème XXXVII. — *Étant donné un domaine cerclé* D, *il existe un domaine cerclé maximum* Δ, *contenant* D, *qui jouit de la propriété suivante : tout domaine cerclé maximum contenant* D *contient* Δ.

Pour la démonstration, nous supposerons d'abord que D est borné. Nous nous appuierons alors sur la proposition suivante :

Théorème XXXVIII. — *Pour qu'un domaine borné* D *soit cerclé maximum, il faut et il suffit que ce soit le domaine commun à des domaines de la forme*

$$|Q(x, y)| < 1 \qquad (\text{Q polynome homogène}),$$

en nombre fini ou infini.

La condition est évidemment suffisante, car, si elle est remplie, les conditions d'application du théorème XXXVI sont aussi remplies.

La condition est nécessaire. Soit en effet $P(x, y)$ un polynome homogène quelconque de degré quelconque ; si le nombre positif a est assez grand, la variété

$$|P(x, y)| = a$$

est tout entière extérieure à D, puisque D est borné. Soit b la borne inférieure des valeurs de a pour lesquelles il en est ainsi. La variété

$$|P(x, y)| = b$$

n'a pas de points intérieurs à D, et contient au moins un point frontière de D. Faisons de même pour tous les polynomes homogènes de tous les degrés, et considérons le domaine Δ commun à tous les domaines tels que

$$|P(x, y)| < b.$$

Δ contient évidemment D. Je dis que Δ est identique à D. Supposons en effet qu'il existe une hypersphère Σ intérieure à Δ et extérieure à D. Soit k un nombre positif plus petit que *un*, mais assez voisin de *un* pour que l'homothétique Σ' de Σ par rapport à l'origine, dans le rapport k, soit encore extérieure à D; soit D′ l'homothétique de D dans la même homothétie. D'après le théorème XXXVI, il existe une variété

$$|Q(x, y)| = 1,$$

extérieure à D′, qui contient des points de Σ'. Soit n le degré de Q. Alors le domaine

$$|Q(x, y)| < \frac{1}{k^n}$$

contient D et ne contient pas tous les points de Σ, donc ne contient pas tous les points de Δ. Ceci est en contradiction avec la façon dont on a défini Δ.

C. Q. F. D.

Passons à la démonstration du théorème XXXVII pour un domaine cerclé borné D. Pour chaque polynome homogène $P(x, y)$, définissons, comme plus haut, une variété $|P(x, y)| = b$ qui n'a pas de points intérieurs à D, et qui contient au moins un point frontière de D. Soit Δ le domaine commun à tous les domaines

$$|P(x, y)| < b.$$

Δ contient D et est cerclé maximum. Soit alors Δ' un domaine maximum contenant D. On voit sans peine que tout point de Δ appartient à Δ'; car s'il n'en était pas ainsi, on appliquerait le théorème XXXVI et l'on arriverait à une contradiction. Le théorème XXXVII est donc démontré si D est borné. Remarquons que Δ est borné.

Si le domaine D n'est pas borné, on le considère comme limite d'une suite infinie de domaines cerclés bornés $D_1, \ldots, D_p, \ldots$, dont chacun contient le précédent. Soit alors Δ_p le plus petit domaine cerclé maximum contenant D_p. Les domaines Δ_p sont bornés, et chacun d'eux contient le précédent; l'ensemble de tous ces domaines constitue un domaine Δ, qui est cerclé et maximum (corollaire du théorème XXXVI) et qui contient D. Tout domaine maximum Δ', contenant D, contient D_p, donc Δ_p, quel que soit p, donc Δ.

C. Q. F. D.

Théorème XXXIX. — *Si une fonction $f(x, y)$ est holomorphe dans un domaine cerclé* D, *elle est holomorphe dans le plus petit domaine cerclé maximum* Δ *contenant* D.

En effet, on a dans D

$$f(x, y) \equiv \sum_{n=0}^{\infty} P_n(x, y),$$

et le domaine de convergence de la série est un domaine cerclé maximum qui contient D, donc contient Δ. C. Q. F. D.

Corollaires. — 1° Si $f(x, y)$ est méromorphe et ne prend pas la valeur a dans D, elle est méromorphe et ne prend pas la valeur a dans Δ.

2° Tout domaine maximum, cerclé ou non, qui contient D, contient Δ.

Théorème XL. — *Si un domaine cerclé* D *est maximum au sens large, il est maximum* [1].

Nous dirons qu'un domaine cerclé D est maximum au sens large si, étant donné un point frontière quelconque x_0, y_0 de D, il existe une fonction $f(x, y)$, holomorphe dans D, et non holomorphe en x_0, y_0.

Soient alors D un domaine cerclé, maximum au sens large, Δ le plus petit domaine cerclé maximum contenant D. Pour montrer que Δ est identique à D, je vais montrer que tout point frontière de D est un point frontière de Δ. Or, soient x_0, y_0 un point frontière de D, et $f(x, y)$ une fonction holomorphe dans D et non holomorphe en x_0, y_0 ; comme $f(x, y)$ est holomorphe dans Δ, le point x_0, y_0 est un point frontière de Δ. C. Q. F. D.

2. Les domaines de Reinhardt maxima. — La théorie précédente s'applique, avec quelques simplifications, aux domaines de Reinhardt maxima. Cette fois, ce sont les séries doubles de Taylor qui jouent un

(1) M. Behnke (*Abh. Math. Seminar Hamburg. Univ.*, V, 3, 1927, p. 290-312) a établi un théorème un peu plus général, mais en faisant une hypothèse restrictive sur la nature des frontières.

rôle primordial. Je voudrais montrer comment l'on retrouve ainsi certaines propriétés de ces séries, notamment en ce qui concerne les rayons de convergence associés.

Voici brièvement la suite du raisonnement.

Le domaine total de convergence d'une série

$$\sum_{m=0}^{\infty}\sum_{n=0}^{\infty} a_{m,n} x^m y^n$$

est un domaine de Reinhardt complet, et c'est un domaine de convergence uniforme. Donc tout domaine de Reinhardt maximum est complet. Mais ce n'est pas tout.

Théorème XXXIV *bis*. — *Le domaine total de convergence d'une série double de Taylor est un domaine de Reinhardt maximum; réciproquement, tout domaine de Reinhardt maximum est le domaine total de convergence d'une certaine série de Taylor.*

Théorème XXXV *bis*. — *Tout domaine de Reinhardt maximum jouit de la propriété* [P″].

Propriété [P″] : un domaine Δ jouit de la propriété [P″] si, étant donnée une suite infinie quelconque de régions Σ_p intérieures à Δ, n'ayant aucun point d'accumulation intérieur à Δ, on peut former une fonction $f(x, y)$, holomorphe dans Δ, qui s'annule sur des variétés V_p de la forme

$$x^{m_p} y^{n_p} = a_p \qquad (m_p \geqq 0,\ n_p \geqq 0),$$

la variété V_p contenant des points intérieurs à Σ_p.

Théorème XXXVI *bis*. — *Pour qu'un domaine univalent Δ soit un domaine de Reinhardt maximum, il faut et il suffit que, étant donnés un domaine fermé quelconque Δ_0 intérieur à Δ, et une hypersphère quelconque Σ extérieure à Δ, il existe une variété*

$$|a x^m y^n| = 1 \qquad (m \geqq 0,\ n \geqq 0),$$

extérieure à Δ_0, et ayant des points intérieurs à Σ.

On peut donner à cette condition la forme simple suivante.

Posons

$$\xi = \log|x|, \qquad \eta = \log|y|.$$

Un domaine de Reinhardt D a pour image un domaine I du plan ξ, η, domaine qui contient le voisinage de $\xi = \eta = -\infty$. Autrement dit, il existe un nombre réel A, tel que la région

$$\xi < A, \qquad \eta < A$$

appartienne à I. Cela posé, pour que D soit maximum, *il faut et il suffit* que le domaine I soit *convexe*. Nous retrouvons le théorème de Fabry-Faber-Hartogs, qui concerne la forme de la relation $R_2 = \varphi(R_1)$ existant entre les rayons de convergence associés d'une série double de Taylor.

Étant donnés un domaine de Reinhardt quelconque D, et son image I dans le plan ξ, η, le plus petit domaine convexe contenant I définit le *plus petit domaine de Reinhardt maximum* Δ contenant D.

Théorème XXXIX *bis*. — *Si une fonction $f(x, y)$ est holomorphe dans un domaine de Reinhardt* D, *elle est holomorphe dans le plus petit domaine de Reinhardt maximum Δ contenant* D.

Corollaires. — 1° Si $f(x, y)$ ne prend pas la valeur a dans D, $f(x, y)$ ne prend pas la valeur a dans Δ.

2° Tout domaine maximum contenant D contient Δ. *En particulier, le plus petit domaine cerclé maximum contenant* D *n'est autre que* Δ.

Prenons une série de polynomes homogènes

$$\sum_{n=0}^{\infty} P_n(x, y), \tag{2}$$

et soit

$$\sum_{m=0}^{\infty}\sum_{p=0}^{\infty} a_{m,p}\, x^m y^p \tag{3}$$

la série de Taylor obtenue en séparant les différents termes des polynomes. Soient D et Δ les domaines respectifs de convergence des séries (2) et (3); D est cerclé maximum, Δ est un domaine de Reinhardt maximum ; Δ est évidemment intérieur à D. Je dis que Δ est le plus grand domaine de Reinhardt inscrit dans D. En effet, supposons qu'il existe un domaine de Reinhardt Δ', contenant Δ et intérieur à D; puisque $f(x, y)$ est holomorphe dans Δ', le développement (3) converge dans Δ' (Chap. II, théorème III); donc Δ' est identique à Δ. C. Q. F. D.

On déduit de là que *le plus grand domaine de Reinhardt inscrit dans un domaine cerclé maximum est lui-même maximum.*

Signalons enfin que la théorie exposée au paragraphe **1** s'étend aux domaines (m, p) cerclés $(mp > 0)$, à condition de remplacer la considération des polynomes homogènes par celle des polynomes qui sont à la fois des polynomes entiers en x et y et des polynomes homogènes en $x^{\frac{1}{m}}$ et $y^{\frac{1}{p}}$.

3. Domaines semi-cerclés maxima; domaines inversement cerclés maxima. — Les méthodes exposées plus haut s'appliquent avec quelques modifications à l'étude des domaines semi-cerclés maxima, ou inversement cerclés maxima. Bornons-nous, faute de place, à énoncer les principaux résultats. Les séries $\sum_{n=0}^{\infty} y^n f_n(x)$ ont d'ailleurs fait l'objet d'importants travaux de M. Hartogs ([1]).

Le théorème XXXIV reste vrai si l'on remplace, dans son énoncé, «cerclé» par «semi-cerclé», et «$\sum_0^{\infty} P_n(x, y)$» par «$\sum_0^{\infty} y^n f_n(x)$». On voit aussi que tout domaine semi-cerclé maximum ([2]) jouit de la propriété [P]. Étant donné un domaine semi-cerclé D, de projection d sur le plan x, il existe toujours un plus petit domaine semi-cerclé maximum Δ, contenant D, qui a même projection d sur le plan x; toute fonction holomorphe dans D est holomorphe dans Δ. Le plus petit domaine semi-cerclé maximum contenant un domaine de Reinhardt donné, est lui-même un domaine de Reinhardt. Le plus grand domaine de Reinhardt inscrit dans un domaine semi-cerclé maximum est lui-même maximum.

([1]) *Loc. cit.* (*voir* Chap. II, § **2** du présent travail).

([2]) Tout domaine semi-cerclé maximum est complet.

Les domaines inversement cerclés, et, plus généralement, les domaines (m, p) cerclés $(mp < 0)$ possèdent des propriétés analogues.

4. Application aux domaines bornés qui admettent une infinité de transformations en eux-mêmes laissant fixe un point intérieur. — Soit D un tel domaine. On peut le représenter sur un domaine (m, p) cerclé D′ (Chap. IV). Pour fixer les idées, supposons D′ cerclé. Soient

$$x' = f(x, y), \qquad y' = g(x, y) \tag{4}$$

les équations de la transformation de D en D′, et soient

$$x = \mathrm{F}(x', y'), \qquad y = \mathrm{G}(x', y') \tag{5}$$

les équations de la transformation inverse.

$\mathrm{F}(x', y')$ et $\mathrm{G}(x', y')$ sont holomorphes et bornées dans D′; elles sont donc holomorphes et bornées (¹) dans Δ', plus petit domaine cerclé maximum contenant D′ (théorème XXXIX). La transformation (5) transforme Δ' en un domaine Δ contenant D. Mais cette transformation respecte-t-elle la convention [B]?

Bornons-nous alors au *cas où* D *n'est pas ramifié*. Dans ce cas, la fonction

$$\frac{\mathrm{D}(\mathrm{F}, \mathrm{G})}{\mathrm{D}(x', y')} \equiv u(x', y')$$

ne s'annule pas dans D′; donc elle ne s'annule pas dans Δ', et la convention [B] est certainement respectée. En outre, le domaine Δ n'est pas ramifié. Quant aux fonctions $f(x, y)$ et $g(x, y)$, elles sont holomorphes dans Δ, qu'elles transforment en Δ'.

Soit maintenant $\varphi(x, y)$ une fonction quelconque holomorphe dans D; je dis qu'elle est holomorphe dans Δ. En effet, supposons que le point x', y' appartienne à D′, et posons

$$\varphi[\mathrm{F}(x', y'), \mathrm{G}(x', y')] \equiv \Phi(x', y').$$

$\Phi(x', y')$, qui est holomorphe dans D′, est holomorphe dans Δ'. La

(¹) Car si $\mathrm{F}(x', y')$ ne prend dans D′ aucune valeur de module plus grand que M, elle ne prend dans Δ' aucune de ces valeurs (corollaire du théorème XXXIX).

fonction

$$\Phi[f(x, y), g(x, y)]$$

est donc holomorphe dans Δ, et comme elle coïncide avec $\varphi(x, y)$ dans le domaine D, la proposition est établie.

Je dis enfin que Δ est un domaine maximum. En effet, Δ est transformé d'un domaine cerclé maximum Δ', et le corollaire du théorème XXXV s'applique.

Nous obtenons ainsi le théorème :

Théorème XLI. — *Soit* D *un domaine borné non ramifié qui admet une infinité de transformations en lui-même, laissant fixe un point intérieur. Il existe un domaine borné maximum* Δ, *non ramifié, qui contient* D *et jouit de la propriété suivante : toute fonction holomorphe dans* D *est aussi holomorphe dans* Δ.

Il est probable que le théorème reste vrai si l'on supprime les mots « non ramifié ».

Nous dirons qu'un domaine Δ *non ramifié* est *maximum au sens large* si, étant donné un point frontière quelconque x_0, y_0 de Δ, il existe une fonction $f(x, y)$ holomorphe dans Δ et non holomorphe en x_0, y_0.

Théorème XLII. — *Si un domaine borné* D *non ramifié admet une infinité de transformations en lui-même laissant fixe un point intérieur, et s'il est maximum au sens large, il est maximum.*

En effet, il existe un plus petit domaine maximum Δ contenant D ; en raisonnant comme pour le théorème XL, on montre que Δ est identique à D.

5. Les domaines majorables. — Nous dirons qu'*un domaine* D *est majorable, s'il n'est pas ramifié, et s'il existe un domaine* Δ, *non ramifié, maximum au sens large, qui contient* D *et jouit de la propriété suivante : toute fonction* $f(x, y)$ *holomorphe dans* D *est aussi holomorphe dans* Δ. On voit sans peine que si un domaine Δ' jouit vis-à-vis de D de la même propriété que Δ, Δ' est identique à Δ. Le domaine Δ sera dit associé au domaine D.

Tout domaine maximum au sens large, et *a fortiori* tout domaine maximum, est évidemment majorable. Tout domaine (m, p) cerclé est majorable.

THÉORÈME XLIII. — *Soient* D *un domaine majorable, et* Δ *le domaine associé. Si une transformation*

$$x' = f(x, y), \qquad y' = g(x, y) \tag{6}$$

transforme D *en un domaine* D' *non ramifié,* D' *est lui-même majorable, et le domaine* Δ' *associé à* D' *n'est autre que le transformé de* Δ *par* (6).

En effet, $f(x, y)$ et $g(x, y)$, étant holomorphes dans D, sont holomorphes dans Δ. En outre, la fonction

$$\frac{D(f, g)}{D(x, y)},$$

qui est holomorphe et non nulle dans D, est holomorphe et non nulle dans Δ. La transformation (6) transforme donc Δ en un domaine non ramifié Δ'. Soit

$$x = F(x', y'), \qquad y = G(x', y') \tag{7}$$

la transformation inverse. Il faut montrer :

1° Que toute fonction $\varphi(x', y')$ holomorphe dans D' est holomorphe dans Δ';

2° Que Δ' est maximum au sens large.

Le premier point s'établit à l'aide d'une méthode déjà utilisée pour le théorème XLI.

Pour montrer que Δ' est maximum au sens large, raisonnons par l'absurde. Supposons qu'il existe un point frontière x'_0, y'_0 de Δ' jouissant de la propriété suivante : toute fonction holomorphe dans Δ' est holomorphe en x'_0, y'_0. Alors $F(x', y')$ et $G(x', y')$ seraient holomorphes en x'_0, y'_0; en outre, $\frac{D(F, G)}{D(x', y')}$ serait holomorphe et non nulle en x'_0, y'_0. Il existerait donc un voisinage univalent V' de x'_0, y'_0, qui serait transformé en un voisinage univalent V par (7); V serait à son tour transformé en V' par (6). Le point

$$x_0 = F(x'_0, y'_0), \qquad y_0 = G(x'_0, y'_0)$$

serait un point frontière de Δ. Or il existe une fonction $u(x, y)$, holomorphe dans Δ, et non en x_0, y_0. La fonction

$$U(x', y') \equiv {}_{\llcorner}F(x', y'), G(x', y')]$$

serait holomorphe dans Δ', donc holomorphe en x'_0, y'_0. Mais alors la fonction

$$U[f(x, y), g(x, y)]$$

serait holomorphe en x_0, y_0; comme cette fonction coïncide dans Δ avec $u(x, y)$, nous arrivons à une contradiction.

C. Q. F. D.

En même temps que le théorème XLIII, nous venons d'établir la proposition suivante :

COROLLAIRE. — *Si Δ est un domaine non ramifié, maximum au sens large, tout domaine Δ' non ramifié, tranformé analytique de Δ, est maximum au sens large.*

Pour obtenir ce résultat, nous n'avons eu besoin d'aucune hypothèse *a priori* sur la nature de la correspondance entre les frontières.

Voici une application intéressante du théorème XLIII. Soient Δ_1 un domaine cerclé non maximum, et Δ le plus petit domaine cerclé maximum contenant Δ_1. Soit D un domaine quelconque, uniquement assujetti à contenir Δ_1 et être contenu dans Δ. Je dis que D est majorable; en effet, Δ est univalent et maximum, et toute fonction holomorphe dans D est holomorphe dans Δ, puisqu'elle est holomorphe dans Δ_1. En outre, le domaine associé à D n'est autre que Δ. D'après le théorème XLIII, *toute transformation analytique de* D *en lui-même transforme Δ en lui-même.*

Il est probable que les transformations d'un domaine cerclé borné en lui-même laissent nécessairement fixe le centre, sauf si le domaine est d'un type particulier ([1]); il n'y aura donc, en général ([2]), que les transformations

$$x' = xe^{i\theta}, \qquad y' = ye^{i\theta}.$$

([1]) M. Thullen a démontré qu'il en est bien ainsi dans le cas des domaines de Reinhardt. *Voir* la note du paragraphe 7 (Chap. IV).

([2]) Chapitre IV, § 7, théorème XXVIII.

Or, on peut manifestement choisir le domaine D de façon qu'il n'admette aucune de ces transformations. Alors D *n'admettra aucune transformation en lui-même.*

Sous la réserve qu'on démontre un jour la proposition, relative aux domaines cerclés, qui vient d'être admise, nous apercevons ici l'existence d'une classe très étendue de domaines univalents, qu'on peut supposer bornés et simplement connexes, et qui n'admettent aucune transformation en eux-mêmes.

6. Sur les transformations analytiques d'une classe particulière de domaines. — Nous allons donner effectivement l'exemple d'une classe de domaines bornés, simplement connexes (homéomorphes à une hypersphère), qui jouissent de la propriété suivante : les transformations en lui-même d'un domaine de cette classe, qui laissent fixe un point intérieur *quel qu'il soit*, sont en nombre *fini* si elles existent. Parmi ces domaines, il en est qui admettent néanmoins des transformations en eux-mêmes dépendant de paramètres ; il en est d'autres, au contraire, dont les transformations en eux-mêmes forment un groupe proprement discontinu.

Il faudra nous servir de la « métrique » de M. Carathéodory [1].

Voici en peu de mots ce dont il s'agit : si D est borné, la famille des fonctions $f(x, y)$, holomorphes et de module plus petit que *un* dans D, définit une *pseudo-distance* attachée à un couple de deux points quelconques $M_0(x_0, y_0)$ et $M_1(x_1, y_1)$ de D ; la pseudo-distance est la borne supérieure de la distance non euclidienne des deux points $z_0 = f(x_0, y_0)$ et $z_1 = f(x_1, y_1)$, marqués dans le cercle $|z| < 1$. Cette pseudo-distance $d_D(M_1, M_2)$ est invariante par toute transformation analytique du domaine D. Si D est contenu dans Δ, on a

$$d_D(M_0, M_1) \geqq d_\Delta(M_0, M_1).$$

La pseudo-distance existe aussi, bien entendu, pour un domaine situé dans le plan d'une seule variable complexe.

Cela posé, je vais définir mon domaine D. Je considère quatre domaines bornés simplement connexes ; les deux premiers A_1 et A'_1

(1) *Voir*, par exemple, le Mémoire cité dans l'Introduction.

sont dans le plan de la variable complexe x, et ont en commun une région simplement connexe B_1; les deux autres A_2 et A'_2 sont dans le plan y, et ont en commun une région simplement connexe B_2. Dans l'espace (x, y), D sera formé de l'ensemble des domaines Δ et Δ' ainsi définis

$$(\Delta) \qquad x \text{ dans } A_1 \text{ et } y \text{ dans } A_2,$$
$$(\Delta') \qquad x \text{ dans } A'_1 \text{ et } y \text{ dans } A'_2.$$

Désignons par C_1 l'ensemble des domaines A_1 et A'_1, par C_2 l'ensemble des domaines A_2 et A'_2.

Soient x_0 et x_1 deux points de B_1, y_0 et y_1 deux points de C_2; supposons

$$d_{B_1}(x_0, x_1) < d_{C_2}(y_0, y_1).$$

Soient alors M_0 le point de D qui a pour coordonnées x_0 et y_0, et M_1 le point de D qui a pour coordonnées x_1 et y_1. Je dis que l'on a

$$(8) \qquad d_D(M_0, M_1) = d_{C_2}(y_0, y_1).$$

En effet, le domaine

$$x \text{ intérieur à } B_1, \qquad y \text{ intérieur à } C_2$$

est intérieur à D; donc la pseudo-distance de M_0 et M_1 dans ce domaine est au moins égale à $d_D(M_0, M_1)$; d'ailleurs, d'après M. Carathéodory ([1]), elle est égale à $d_{C_2}(y_0, y_1)$. Ainsi

$$d_D(M_0, M_1) \leqq d_{C_2}(y_0, y_1).$$

D'autre part, le domaine

$$(9) \qquad x \text{ intérieur à } C_1, \qquad y \text{ intérieur à } C_2$$

contient D; donc la pseudo-distance de M_0 et M_1 dans ce domaine est au plus égale à $d_D(M_0, M_1)$. On a d'ailleurs

$$d_{C_1}(x_0, x_1) \leqq d_{B_1}(x_0, x_1) < d_{C_2}(y_0, y_1);$$

([1]) On doit à M. Carathéodory la proposition classique suivante : « si D est formé de D_1 dans le plan x et D_2 dans le plan y, la pseudo-distance dans D des points x_0, y_0 et x_1, y_1 est égale à la plus grande des quantités $d_{D_1}(x_0, x_1)$ et $d_{D_2}(y_0, y_1)$ ».

il en résulte que la pseudo-distance de M_0 et M_1 dans le domaine (9) est $d_{C_2}(y_0, y_1)$.

Ainsi

$$d_D(M_0, M_1) \geqq d_{C_2}(y_0, y_1).$$

L'égalité (8) est donc établie.

Cela posé, je vais montrer que toute transformation de C en lui-même, si elle est suffisamment voisine de la transformation identique, a la forme

$$(10) \qquad x' = \varphi(x), \qquad y' = \psi(y).$$

Soient x_0 un point de B_1, et y_0, y_1, y_2 trois points distincts de C_2. La position d'un point quelconque y de C_2 est déterminée sans ambiguïté par les pseudo-distances $d_{C_2}(y, y_0)$, $d_{C_2}(y, y_1)$ et $d_{C_2}(y, y_2)$, au moins si les points y_0, y_1, y_2 n'ont pas été choisis d'une manière spéciale. Désignons par ε un nombre positif; soient x un point quelconque de B_1, tel que l'on ait

$$d_{B_1}(x, x_0) < \varepsilon,$$

et y un point quelconque de C_2, tel que l'on ait

$$d_{C_2}(y, y_3) < \varepsilon;$$

y_3 désigne un point de C_1, distinct de y_0, y_1 et y_2. On a choisi ε de façon que les pseudo-distances, dans C_2, de deux quelconques des quatre points y_0, y_1, y_2, y_3 soient supérieures à 3ε. Dans ces conditions, on a

$$d_{C_2}(y, y_0) > 2\varepsilon, \qquad d_{C_2}(y, y_1) > 2\varepsilon, \qquad d_{C_2}(y, y_2) > 2\varepsilon,$$

et, par suite,

$$(11) \quad d_{C_2}(y, y_0) > \varepsilon + d_{B_1}(x, x_0), \qquad d_{C_2}(y, y_1) > \varepsilon + d_{B_1}(x, x_0), \qquad \ldots$$

Désignons par (Σ) une transformation de D en lui-même. Soient (x'_0, y'_0), (x'_1, y'_1), (x'_2, y'_2), (x', y') les transformés respectifs des points (x_0, y_0), (x_0, y_1), (x_0, y_2), (x, y). Si (Σ) est voisine de la transformation identique, les points x'_0, x'_1, x'_2 sont voisins de x_0, le point x' est voisin de x, etc. En vertu des inégalités (11), on peut donc, si (Σ) est assez voisine de la transformation identique, supposer que l'on a

$$d_C(y', y'_0) > d_{B_1}(x', x'_0), \qquad d_{C_2}(y', y'_1) > d_{B_1}(x', x'_1),$$
$$d_C(y', y'_2) > d_{B_1}(x', x'_2).$$

La pseudo-distance des points x'_0, y'_0 et x', y' est alors égale à $d_{C_2}(y', y'_0)$; or elle est la même que la pseudo-distance de x_0, y_0 et x, y. Donc

$$d_{C_2}(y', y'_0) = d_{C_2}(y, y_0);$$

on a de même

$$d_{C_2}(y', y'_1) = d_{C_2}(y, y_1), \qquad d_{C_2}(y', y'_2) = d_{C_2}(y, y_2).$$

Le point y' est donc bien déterminé lorsqu'on connaît le point y. Ainsi, lorsque le point (x, y) est voisin du point (x_0, y_3), on a, si (x', y') désigne le transformé de (x, y),

$$y' = \psi(y).$$

Mais cette relation a alors lieu dans le domaine D tout entier; ainsi y' ne dépend pas de x. On a de même

$$x' = \varphi(x).$$

Étudions alors la transformation. A tout point y intérieur à C_2 correspond un point y' intérieur à C_2, et inversement; donc $y' = \psi(y)$ effectue une transformation biunivoque du domaine C_2 en lui-même. De même, $x' = \varphi(x)$ transforme le domaine C_1 en lui-même.

Ce n'est pas tout. Soit x_0 un point de B_1; lorsque y décrit C_2, le point

$$x'_0 = \varphi(x_0), \qquad y' = \psi(y)$$

est le transformé du point x_0, y. Or y' décrit C_2; donc x'_0 est intérieur à B_1, sinon le point x'_0, y' ne serait pas toujours intérieur à D. Ainsi la transformation $x' = \varphi(x)$ transforme le domaine B_1 en lui-même. De même, $y' = \psi(y)$ transforme B_2 en lui-même.

Voyons si toutes ces propriétés ne sont pas contradictoires. La transformation $x' = \varphi(x)$ doit transformer A_1 en lui-même, et A'_1 en lui-même. *Supposons que* A_1 *soit un cercle*. Alors

$$x' = \varphi(x)$$

ne peut être qu'une substitution homographique hyperbolique admettant pour points doubles α_1 et β_1 les points d'intersection de la circonférence A_1 avec la frontière de A'_1. Le domaine D ne possède donc aucun point invariant dans la transformation. Donc, *étant donné un point quelconque intérieur à* D, *les transformations qui laissent fixe ce point sont en nombre fini*; car, s'il y en avait une infinité, elles formeraient un groupe clos, et l'on pourrait en trouver qui soient arbitrairement voisines de la transformation identique, ce qui serait en contradiction avec ce qui précède.

D'ailleurs, si A'_1 est un domaine quelconque, il n'est conservé par aucune des substitutions hyperboliques envisagées; alors D *n'admet pas de transformation en lui-même très voisine de la transformation identique*.

Supposons au contraire que A_1, A'_1, A_2 et A'_2 soient des cercles; soient α_1 et β_1 les points d'intersection de A_1 et A'_1, α_2 et β_2 les points d'intersection de A_2 et A'_2. La transformation

$$\frac{x'-\alpha_1}{x'-\beta_1}=k_1\frac{x-\alpha_1}{x-\beta_1}, \qquad \frac{y'-\alpha_2}{y'-\beta_2}=k_2\frac{y-\alpha_2}{y-\beta_2}$$

dépend de deux paramètres positifs k_1 et k_2, et transforme D en lui-même.

14.

Sur les fonctions de deux variables complexes: les transformations d'un domaine borné D en un domaine intérieur à D

Bulletin de la Société mathématique de France 58, 199-219 (1930)

1. Soit, dans l'espace des deux variables complexes x et y, un domaine D, univalent ou non ([1]). Par définition, un domaine Δ sera dit *intérieur* à D s'il existe dans Δ un point O qui coïncide avec un point intérieur à D, et si, étant donnée une courbe quelconque intérieure à Δ et fermée dans Δ, partant de O et y revenant, cette courbe est aussi intérieure à D et fermée dans D. En particulier, si D possède une variété de ramification intérieure à Δ, cette variété est aussi une variété de ramification pour Δ.

Cela posé, si Δ est intérieur à D, deux cas sont possibles : ou bien il existe une courbe intérieure à Δ, fermée dans D et non fermée dans Δ, ou bien il n'existe pas de telle courbe. Dans le second cas, Δ sera dit *univalent par rapport à* D; cette convention est toute naturelle, car, dans le cas où D est univalent, Δ est univalent s'il est univalent par rapport à D, et réciproquement.

Dans tout ce qui suit, nous envisagerons un domaine *borné* D contenant l'origine ($x = y = 0$) à son intérieur et non ramifié à l'origine; nous envisagerons en même temps des systèmes de deux fonctions

$$X = f(x, y) \equiv ax + by + \ldots, \qquad Y = g(x, y) \equiv a'x + b'y + \ldots, \quad (^2)$$

([1]) J'adopte ici, en ce qui concerne les domaines non univalents, les conventions que j'ai exposées dans mon Mémoire : « *Les fonctions de deux variables complexes et le problème de la représentation analytique* », qui doit paraître sous peu dans le *Journal de Mathématiques* (*voir*, au Chapitre I, les numéros 1 et 3). Ce travail sera désigné ici par la lettre [A]. Je rappelle que, sauf avis contraire, je ne considère que des domaines *ouverts*, c'est-à-dire dont tous les points sont *intérieurs*.

([2]) Cette notation abrégée signifie

$$f(0, 0) = g(0, 0) = 0,$$
$$\frac{\partial f(0,0)}{\partial x} = a, \qquad \frac{\partial f(0,0)}{\partial y} = b,$$
$$\frac{\partial g(0,0)}{\partial x} = a', \qquad \frac{\partial g(0,0)}{\partial y} = b'.$$

holomorphes et uniformes dans D, telles que le domaine Δ, engendré (1) par le point X, Y lorsque le point x, y décrit l'intérieur de D, soit lui-même intérieur à D; mais nous ne supposerons pas *a priori* que Δ soit univalent par rapport à D. Nous dirons aussi, pour abréger, que les fonctions f et g transforment D en un domaine intérieur à D.

Par exemple, si D est le domaine suivant

$$|x| < 1, \qquad |y| < 1,$$

nous supposerons $f(x, y)$ et $g(x, y)$ holomorphes et uniformes dans ce domaine, avec

$$f(0, 0) = g(0, 0) = 0,$$
$$|f| < 1, \qquad |g| < 1.$$

2. Rappelons une proposition fondamentale (2) qui peut s'énoncer de la façon suivante :

THÉORÈME I. — *Soit* D *un domaine borné contenant l'origine et non ramifié à l'origine. Si les fonctions*

$$f(x, y) \equiv x + \ldots, \qquad g(x, y) \equiv y + \ldots$$

transforment D *en un domaine intérieur à* D, *on a nécessairement*

$$f(x, y) \equiv x, \quad g(x, y) \equiv y.$$

---

(1) Dans mon Mémoire déjà cité, j'ai convenu de ne parler de « domaine engendré par deux fonctions f et g » que dans le cas où les équations

$$f(x, y) = a, \qquad g(x, y) = b$$

ont seulement des solutions isolées quelles que soient les constantes a et b. Ici, je ne ferai pas cette convention restrictive; d'ailleurs, au lieu de dire, comme dans le texte : « le domaine engendré par le point X, Y est intérieur à D », je pourrais dire : « lorsque le point x, y décrit une courbe quelconque intérieure à D et fermée dans D, le point X, Y décrit une courbe intérieure à D et fermée dans D ».

(2) HENRI CARTAN, *Les transformations analytiques des domaines cerclés les uns dans les autres* (*Comptes rendus de l'Ac. des Sc.*, t. 190, 1930, p. 718, § 2). *Voir* aussi une démonstration un peu simplifiée dans [A] (Chap. II, n° 6, théorème VII).

Le but essentiel de ce travail est d'établir le théorème suivant :

Théorème II. — Soit D *un donaine borné contenant l'origine, et non ramifié à l'origine. Supposons que les fonctions*

$$(1) \qquad f(x, y) \equiv ax + by + \ldots, \qquad g(x, y) \equiv a'x + b'y + \ldots$$

transforment D *en un domaine* Δ *intérieur à* D. *Alors :*

1° *On a*

$$|ab' - ba'| \leqq 1;$$

2° *Dans le cas où*

$$|ab' - ba'| = 1,$$

le domaine Δ *est nécessairement identique à* D; *autrement dit, la transformation* (1) *est une transformation biunivoque de* D *en lui-même.*

Ce théorème est en quelque sorte une extension aux fonctions de deux variables du théorème connu : « Soit

$$f(x) \equiv ax + \ldots$$

une fonction holomorphe pour $|x| < 1$, de module inférieur à *un*. Alors :

1° On a

$$|a| \leqq 1;$$

2° Dans le cas où

$$|a| = 1,$$

on a nécessairement

$$f(x) \equiv ax. \text{ »}$$

La première partie du théorème II se démontre presque immédiatement, et n'est d'ailleurs sans doute pas nouvelle. Mais la seconde partie est plus intéressante; en outre, son exactitude ne pouvait nullement être prévue; je vais en effet indiquer une proposition analogue qui, elle, n'est pas exacte.

Considérons pour cela le lemme de Schwarz : « Soit

$$f(x) \equiv ax + \ldots$$

une fonction holomorphe pour $|x| < 1$, de module inférieur à *un*. Alors :

1° On a

$$|f(x)| \leqq |x|;$$

2° Si, en un point particulier x_0, on a

$$|f(x_0)| = |x_0|,$$

alors on a partout

$$|f(x)| = |x|. »$$

Essayons d'étendre cette proposition aux fonctions de deux variables, holomorphes dans un domaine borné. Limitons-nous au cas de l'hypersphère

$$|x|^2 + |y|^2 < 1;$$

la première partie du lemme de Schwarz se généralise de la façon suivante (¹) : « Si $f(x, y)$ et $g(x, y)$ sont holomorphes dans l'hypersphère, et nulles au centre, et si l'on a

$$|f(x, y)|^2 + |g(x, y)|^2 < 1,$$

alors on a

$$|f(x, y)|^2 + |g(x, y)|^2 \leqq |x|^2 + |y|^2. »$$

Mais il n'y a rien d'analogue à la seconde partie du lemme de Schwarz; l'égalité

$$|f(x, y)|^2 + |g(x, y)|^2 = |x|^2 + |y|^2$$

peut en effet avoir lieu en un point particulier x_0, y_0 différent de l'origine, sans avoir lieu partout. Prenons par exemple

$$f(x, y) \equiv x + \frac{y^2}{4}, \qquad g(x, y) \equiv \frac{y}{2};$$

l'égalité a lieu toutes les fois que y est nul; mais, si y n'est pas nul, on a (en remarquant que $|x| < 1$, $|y| < 1$)

$$|f(x, y)|^2 + |g(x, y)|^2 \leqq |x|^2 + |x| \frac{|y|^2}{2} + \frac{|y|^4}{16} + \frac{|y|^2}{4}$$

$$\leqq |x|^2 + \frac{|y|^2}{2} + \frac{|y|^2}{16} + \frac{|y|^2}{4} < |x|^2 + |y|^2.$$

C. Q. F. D.

3. Avant d'aborder la démonstration du théorème II, j'établirai plusieurs propositions préliminaires.

(¹) La démonstration sera indiquée au n° 4 de ce travail.

Lemme 1. — *Soit D un domaine borné contenant l'origine, et non ramifié à l'origine. Si les fonctions*

(1) $$f(x, y) \equiv ax + by + \ldots, \qquad g(x, y) \equiv a'x + b'y + \ldots$$

transforment D en un domaine intérieur à D, alors les modules des racines λ' et λ'' de l'équation

(2) $$\lambda^2 - (a + b')\lambda + ab' - ba' = 0$$

sont au plus égaux à un.

L'on sait en effet qu'au moyen d'une même substitution linéaire effectuée sur x, y et sur X, Y, la substitution

(3) $$X = ax + by, \qquad Y = a'x + b'y$$

peut prendre la forme

$$X = \lambda' x, \qquad Y = \lambda'' y,$$

sauf dans le cas où $\lambda' = \lambda''$; dans ce dernier cas, la substitution peut être ramenée à la forme

$$X = \lambda' x + by, \qquad Y = \lambda' y.$$

Par conséquent, en effectuant sur le domaine D une transformation linéaire convenable, on peut supposer que la transformation (1) a l'une des deux formes suivantes

(4) $$f(x, y) \equiv \lambda' x + \ldots, \qquad g(x, y) \equiv \lambda'' y + \ldots$$

(4') $$f(x, y) \equiv \lambda' x + by + \ldots, \qquad g(x, y) \equiv \lambda' y + \ldots$$

Itérons cette transformation, et posons, d'une manière générale,

$$f_n(x, y) \equiv f[f_{n-1}(x, y), g_{n-1}(x, y)] \equiv f_{n-1}[f(x, y), g(x, y)],$$
$$g_n(x, y) \equiv g[f_{n-1}(x, y), g_{n-1}(x, y)] \equiv g_{n-1}[f(x, y), g(x, y)].$$

Les fonctions f_n et g_n sont uniformément bornées dans D, car f et g sont bornées, le domaine D étant lui-même borné. Leurs dérivées partielles du premier ordre sont donc uniformément bornées à l'origine. Or on a visiblement

$$\frac{\partial f_n(0, 0)}{\partial x} = \lambda'^n, \qquad \frac{\partial g_n(0, 0)}{\partial y} = \lambda''^n.$$

ce qui exige donc

$$|\lambda'| \leqq 1, \qquad |\lambda''| \leqq 1.$$

C. Q. F. D.

Corollaire. — On a en particulier

$$|ab' - ba'| \leqq 1,$$

puisque

$$ab' - ba' = \lambda'\lambda'';$$

la première partie du théorème II est donc établie.

Remarque. — On sait que les racines de l'équation (2) restent invariantes si l'on transforme la substitution (3) par une substitution linéaire homogène quelconque de déterminant non nul. Il est bon de remarquer que, si f_n et g_n désignent les itérées d'ordre n de f et g,

$$f_n = a_n x + b_n y + \ldots, \qquad g_n = a'_n + b'_n y + \ldots,$$

l'équation

$$\lambda^2 - (a_n + b'_n)\lambda + a_n b'_n - b_n a'_n = 0$$

a pour racines les puissances $n^{\text{ièmes}}$ des racines de l'équation (2).

Lemme 2. — *Soit* D *un domaine borné contenant l'origine, et non ramifié à l'origine. Si la transformation*

$$(1) \qquad f(x, y) \equiv ax + by + \ldots, \qquad g(x, y) \equiv a'x + b'y + \ldots$$

transforme D *en un domaine intérieur à* D, *et si l'on a*

$$|ab' - ba'| = 1,$$

on peut effectuer sur D *une transformation linéaire de façon que la transformation* (1) *prenne la forme*

$$(5) \quad f(x, y) \equiv xe^{i\alpha} + \ldots, \qquad g(x, y) \equiv ye^{i\beta} + \ldots \qquad (\alpha \text{ et } \beta \text{ réels}).$$

En effet, d'après le lemme 1, on a forcément

$$|\lambda'| = |\lambda''| = 1.$$

Si $\lambda' \neq \lambda''$, la transformation (1) peut prendre la forme (4), et le présent lemme est établi.

Si $\lambda' = \lambda''$, la transformation (1) peut être ramenée à la forme

$(4')$. On a dans ce cas

$$f_n(x, y) \equiv \lambda'^n x + nb\lambda'^{n-1} y + \ldots,$$
$$g_n(x, y) \equiv \lambda'^n y + \ldots,$$

ce qui exige

$$b = 0,$$

et, par suite, la transformation a bien la forme (5).

Corollaire. — *Si* $|ab' - ba'| = 1$, *et si* $\lambda' = \lambda''$, *alors on a nécessairement*

$$a = b' = e^{i\theta}, \quad a' = b = 0.$$

En effet, on peut, d'après ce qui précède, transformer la substitution (3) par une substitution linéaire, de façon à lui donner la forme

$$(3') \qquad X = xe^{i\theta}, \qquad Y = ye^{i\theta};$$

mais alors la substitution (3) est identique à sa transformée, et elle a elle-même la forme $(3')$. c. q. f. d.

On voit que si l'on a

$$ab' - ba' = \frac{a + b'}{2} = 1,$$

on a $\lambda = \lambda' = 1$; la transformation (1) a donc la forme

$$f(x, y) \equiv x + \ldots, \qquad g(x, y) \equiv y + \ldots;$$

d'après le théorème I, *elle se réduit à la transformation identique*.

4. La métrique de M. Carathéodory. — La théorie de M. Carathéodory [1] va nous permettre d'étendre le théorème I à un cas plus général; cette extension est indispensable si l'on veut aborder la démonstration du théorème II.

Théorème I *bis*. — *Soit* D *un domaine borné contenant l'origine, et non ramifié à l'origine. Considérons une suite infinie de transformations analytiques*

$$X = f_n(x, y), \qquad Y = g_n(x, y) \qquad [f_n(0, 0) = g_n(0, 0) = 0],$$

---

[1] *Voir*, par exemple, *Ueber die Geometrie der analytischen Abbildungen* (*Math. Sem. Hamburg. Univ.*, 6, 1928, p. 96-145).

dont chacune transforme D *en un domaine intérieur à* D. *Supposons que les fonctions* f_n *et* g_n *convergent respectivement vers deux fonctions holomorphes* f *et* g *de la forme*

$$f(x, y) \equiv x + \ldots \qquad g(x, y) \equiv y + \ldots$$

la convergence étant uniforme au voisinage de tout point intérieur à D. *On a alors*

$$f(x, y) \equiv x. \qquad g(x, y) \equiv y.$$

Ce théorème n'est pas une conséquence immédiate du théorème I, car rien ne prouve *a priori* que le point $f(x, y)$, $g(x, y)$ reste *intérieur* à D lorsque le point x, y décrit l'intérieur de D; le point f, g, qui est un point limite de points intérieurs à D, pourrait fort bien être un point frontière.

Avant d'établir le théorème I *bis*, je rappelle brièvement en quoi consiste la méthode de M. Carathéodory.

Soient D un domaine borné (univalent ou non), O un point intérieur que nous supposerons n'être pas un point de ramification. A chaque point M de D, associons un nombre positif ou nul $d(M)$, défini de la façon suivante : étant donné l'ensemble des fonctions $\varphi(x, y)$, nulles en O, holomorphes et de module plus petit que *un* dans D, les modules des valeurs prises en M par ces fonctions admettent une borne supérieure $d(M)$ plus petite que *un*, et, parmi ces fonctions, il en existe au moins une dont le module est égal à $d(M)$ au point M. Cela tient à ce que les fonctions $\varphi(x, y)$ forment une famille normale dans D.

La fonction $d(M)$ varie de façon continue avec le point M; en aucun point intérieur à D, $d(M)$ ne peut admettre de maximum même relatif.

Cela posé, considérons une transformation analytique

$$x' = f(x, y), \qquad y' = g(x, y) \tag{6}$$

qui laisse fixe le point O et transforme D en un domaine intérieur à D [1]. Soient M un point quelconque intérieur à D, M' son transformé. Je dis que l'on a

$$d(M') \leqq d(M).$$

[1] *Voir* le n° 1 de cet article, et, en particulier, la note [1] de la page 2.

Soit en effet $\varphi(x, y)$ une fonction holomorphe dans D, nulle en O, dont le module est plus petit que *un* dans D et égal à $d(\mathrm{M}')$ au point M'. La fonction

$$\psi(x, y) \equiv \varphi[f(x, y), g(x, y)]$$

est holomorphe et de module plus petit que *un* dans D; elle est nulle en O, et son module est égal à $d(\mathrm{M}')$ au point M. On a donc, d'après la définition de $d(\mathrm{M})$,

$$d(\mathrm{M}) \geqq d(\mathrm{M}').$$

C. Q. F. D.

Plaçons-nous, en particulier, dans le cas où D est l'hypersphère

$$|x|^2 + |y|^2 < 1,$$

le point O étant à l'origine. On a alors

$$d(\mathrm{M}) = \sqrt{|x|^2 + |y|^2},$$

x et y désignant les coordonnées du point M. Par conséquent, si une transformation de la forme (6) laisse fixe l'origine et transforme l'hypersphère en un domaine intérieur, on a [1]

$$|f(x, y)|^2 + |g(x, y)|^2 \leqq |x|^2 + |y|^2.$$

Revenons à un domaine borné quelconque D, univalent ou non. Soit O un point intérieur à D, que nous supposerons n'être pas un point de ramification, et que nous prendrons pour origine des coordonnées. Soit Σ une hypersphère de centre O complètement intérieure à D. En tout point de Σ ou de sa périphérie Γ, $d(\mathrm{M})$ est différent de zéro, sauf au point O; en effet, si la constante k est assez petite, les fonctions kx et ky ont leurs modules inférieurs à *un* dans D, et l'une au moins d'entre elles n'est pas nulle au point M. Donc $d(\mathrm{M})$ n'est pas nul.

Cela posé, lorsque M décrit Γ, $d(\mathrm{M})$ admet une borne inférieure ρ qui est atteinte en un point de Γ, puisque $d(\mathrm{M})$ est une fonction continue. Donc ρ *n'est pas nul*. Soit alors r un nombre positif inférieur à ρ, et soit D_r l'ensemble des points M de Σ pour lesquels on a

$$d(\mathrm{M}) \leqq r.$$

---

[1] Nous avions annoncé cette proposition au n° 2 du présent article.

D_r est un domaine fermé complètement intérieur à Σ, et, *a fortiori*, complètement intérieur à D. Si D_r n'est pas connexe, il se compose de domaines connexes dont l'un Δ contient le point O à son intérieur. En tout point *intérieur* à Δ, on a

$$d(M) < r,$$

sans égalité possible, puisque $d(M)$ n'admet aucun maximum relatif.

Je dis que, dans toute transformation analytique du domaine D en un domaine intérieur à D, qui laisse fixe l'origine, *l'intérieur de Δ se transforme en un domaine intérieur à Δ*. Dans le cas contraire en effet, il existerait au moins un point M intérieur à Δ dont le transformé M' serait un point frontière de Δ; on aurait donc

$$d(M') > d(M),$$

ce qui est impossible, comme nous l'avons vu.

Je dis en outre que le domaine Δ jouit de la propriété suivante :

LEMME 3. — *Etant donné un ensemble infini quelconque de transformations analytiques dont chacune laisse fixe le point* O *et transforme le domaine* D *en un domaine intérieur à* D, *les transformés d'un point quelconque* M_0, *intérieur à* Δ, *non seulement sont tous intérieurs à* Δ, *mais ont tous leurs points limites intérieurs à* Δ.

En effet, soit M_0 un point intérieur à Δ, et soit

$$d(M_0) = l < r.$$

Soit Δ_l l'ensemble des points de Δ pour lesquels on a

$$d(M) \leqq l;$$

Δ_l est un domaine fermé complètement intérieur à Δ. Or, considérons l'une quelconque des transformations envisagées dans l'énoncé du lemme; elle transforme M_0 en un point M'_0 pour lequel on a

$$d(M'_0) \leqq d(M_0) = l;$$

les transformés de M_0 appartiennent donc tous à Δ_l; par conséquent, leurs points limites sont tous intérieurs à Δ.

C. Q. F. D.

Le théorème I *bis* va se déduire immédiatement du lemme 3. Reprenons en effet les notations de son énoncé; tant que le point x, y est intérieur à Δ, le point $f(x, y)$, $g(x, y)$ est aussi intérieur à Δ, d'après ce qui précède. Appliquons alors le théorème I au domaine Δ et à la transformation

$$f(x, y) \equiv x + \ldots, \qquad g(x, y) \equiv y + \ldots;$$

on voit que l'on a, dans Δ,

$$f(x, y) \equiv x, \qquad g(x, y) \equiv y.$$

Or f et g sont holomorphes dans le domaine D tout entier; les identités précédentes ont donc lieu dans le domaine D tout entier. Le théorème I *bis* est ainsi établi.

5. Il nous faut encore établir un lemme avant de démontrer le théorème II.

Lemme 4. — *Soit une suite infinie de couples de fonctions* $f_n(x, y)$, $g_n(x, y)$, *holomorphes dans un domaine quelconque* D; *supposons que, pour chaque valeur de n, le domaine* D_n *engendré par* f_n *et* g_n *soit intérieur à* D, *et supposons en outre que l'on ait*

$$\lim_{n \to \infty} f_n(x, y) \equiv x,$$
$$\lim_{n \to \infty} g_n(x, y) \equiv y,$$

la convergence étant uniforme au voisinage de tout point intérieur à D. *Alors, étant donné un point* P *quelconque intérieur à* D, *le domaine* D_n *contient le point* P *à son intérieur pour toutes les valeurs de n à partir d'un certain rang.*

En effet, supposons d'abord que P ne soit pas un point de ramification pour le domaine D, et soit Σ une hypersphère de centre P intérieure à D. Le déterminant fonctionnel

$$\frac{D(f_n, g_n)}{D(x, y)}$$

converge uniformément vers *un* dans Σ et, par suite, ne s'y annule pas si n est assez grand. Le nombre des solutions du système d'équations

$$(7) \qquad f_n(x, y) = a, \qquad g_n(x, y) = b,$$

intérieures à Σ, est alors donné par l'intégrale triple de Kronecker étendue à la périphérie de Σ. Prenons pour a et b précisément les coordonnées du point P. Si n augmente indéfiniment, $f_n(x, y)$ et $g_n(x, y)$ convergent uniformément vers x et y; donc la valeur de l'intégrale de Kronecker tend vers le nombre des solutions du système

$$x = a, \qquad y = b,$$

intérieures à Σ, c'est-à-dire vers *un*. Par conséquent, si n est assez grand, le système (7) a une solution intérieure à Σ; le domaine D_n contient donc le point P à son intérieur. C. Q. F. D.

Si P est un point de ramification pour D, il suffit de transformer le voisinage de P en un voisinage univalent, et l'on retombe sur le raisonnement précédent. Le lemme est donc établi.

6. **Démonstration du théorème II.** — La première partie du théorème a déjà été établie (corollaire du lemme 1). Il reste à montrer que, si

$$|ab' - ba'| = 1,$$

la transformation (1) est une transformation biunivoque du domaine D en lui-même. Or, d'après le lemme 2, on peut supposer que la transformation a la forme

$$(5) \qquad f(x, y) \equiv x e^{i\alpha} + \ldots, \qquad g(x, y) \equiv y e^{i\beta} + \ldots \quad (\alpha \text{ et } \beta \text{ réels}).$$

Désignons cette transformation par S. Pour montrer que S est une transformation *biunivoque* de D en lui-même, je ferai voir :

a. Que deux points distincts quelconques de D sont transformés par S en deux points distincts de D;

b. Que tout point de D est transformé d'un certain point de D par S.

La $n^{\text{ième}}$ itérée de S a évidemment la forme

$$(S^n) \qquad f_n(x, y) \equiv x e^{in\alpha} + \ldots, \qquad g_n(x, y) \equiv y e^{in\beta} + \ldots$$

Deux cas sont donc à distinguer.

Premier cas. — *α et β sont tous deux commensurables avec π.* Alors il existe un entier p tel que l'on ait

$$(S^p) \qquad f_p(x,y) \equiv x + \ldots, \qquad g_p(x,y) \equiv y + \ldots,$$

et, par suite, d'après le théorème I,

$$f_p(x,y) \equiv x, \qquad g_p(x,y) \equiv y.$$

Autrement dit, S^p est la transformation identique. Cela posé :

a. Soient M et M′ deux points quelconques distincts de D; si leurs transformés par S étaient confondus en un même point de D, leurs transformés par $S^p \equiv S^{p-1}S$ [1] seraient aussi confondus, ce qui n'est pas, puisque S^p est la transformation identique.

b. Si un point P de D n'était transformé d'aucun point de D par S, il ne serait transformé d'aucun point de D par $S^p \equiv SS^{p-1}$, ce qui est absurde.

S est donc bien une transformation biunivoque de D en lui-même.

Deuxième cas. — *L'un au moins des nombres α et β est incommensurable avec π.*

Un raisonnement classique montre que l'on peut alors trouver une suite infinie d'entiers $p_1, \ldots, p_n, \ldots$ telle que l'on ait

$$\lim_{n\to\infty} e^{ip_n\alpha} = \lim_{n\to\infty} e^{ip_n\beta} = 1.$$

D'autre part, on peut extraire de la suite p_n une nouvelle suite infinie q_n telle que l'on ait

$$\lim_{n\to\infty} f_{q_n}(x,y) \equiv f(x,y) \equiv x + \ldots,$$
$$\lim_{n\to\infty} g_{q_n}(x,y) \equiv g(x,y) \equiv y + \ldots,$$

la convergence étant uniforme au voisinage de tout point intérieur à D. D'après le théorème I *bis*, on a

$$f(x,y) \equiv x, \qquad g(x,y) \equiv y.$$

---

[1] A et B désignant deux transformations, je désigne par AB le produit de ces deux transformations, la transformation B étant effectuée la première.

Cela posé :

a. Soient M et M′ deux points quelconques distincts de D; si leurs transformés par S étaient confondus, leurs transformés par $S^{q_n} \equiv S^{q_n - 1}S$ seraient aussi confondus. Or $S^{q_n}(M)$ tend vers M, et $S^{q_n}(M')$ tend vers M′. Il y a contradiction.

b. Si un point P de D n'était transformé d'aucun point de D par S, il ne serait transformé d'aucun point de D par $S^{q_n} \equiv SS^{q_n - 1}$. Mais ceci est en contradiction avec le lemme 4.

S est donc bien une transformation biunivoque de D en lui-même, et le théorème II se trouve enfin complètement démontré.

Remarque. — Si D est un domaine *cerclé* borné, et si

$$|ab' - ba'| = 1,$$

alors *les fonctions* $f(x, y)$ *et* $g(x, y)$ *sont nécessairement linéaires;* on sait en effet que toutes les transformations d'un domaine cerclé borné en lui-même, qui laissent fixe le centre, sont linéaires (1).

7. Étude de quelques cas d'application du théorème II :

Théorème III. — *Soit* D *un domaine borné contenant l'origine, et non ramifié à l'origine. Supposons que les fonctions*

$$(1) \qquad f(x, y) \equiv ax + by + \ldots, \qquad g(x, y) \equiv a'x + b'y + \ldots$$

transforment D *en un domaine intérieur à* D; *supposons de plus qu'un certain domaine* D_1, *contenant l'origine, intérieur à* D *et univalent par rapport à* D, *soit transformé en lui-même de manière biunivoque par la transformation* (1). *Alors cette dernière définit aussi une transformation biunivoque de* D *en lui-même.*

En effet, puisque le domaine D_1 est transformé en lui-même, on a

$$|ab' - ba'| \leqq 1;$$

(1) *Voir* [A] Chapitre II, n° 6, théorème VI. Voir aussi ma Note aux *Comptes rendus* déjà citée (t. 190, 1930, p. 718).

mais la transformation inverse montre que l'on a aussi

$$|ab'-ba'| \geqq 1,$$

et, par suite,

$$|ab'-ba'| = 1.$$

Le théorème II s'applique alors. C. Q. F. D.

Théorème IV. — *Soient*

$$f(x,y) \equiv x_0 + ax + by + \ldots, \qquad g(x,y) \equiv y_0 + a'x + b'y + \ldots$$

deux fonctions holomorphes dans l'hypersphère

$$|x|^2 + |y|^2 < 1,$$

et satisfaisant à l'inégalité

$$|f|^2 + |g|^2 < 1.$$

On a alors

$$|ab'-ba'| \leqq (1 - x_0\bar{x}_0 - y_0\bar{y}_0)^{\frac{3}{2}},$$

et, si l'égalité est atteinte, les fonctions $f(x,y)$ *et* $g(x,y)$ *définissent une transformation biunivoque de l'hypersphère en elle-même, et, par suite, sont homographiques.*

Soit en effet

$$X = F(x,y), \qquad Y = G(x,y)$$

une transformation biunivoque de l'hypersphère en elle-même, qui amène le point

$$x = x_0, \qquad y = y_0$$

au centre

$$X = 0, \qquad Y = 0.$$

On peut prendre par exemple

$$\sqrt{x_0\bar{x}_0 + y_0\bar{y}_0}\, F(x,y) \equiv \frac{x\bar{x}_0 + y\bar{y}_0 - (x_0\bar{x}_0 + y_0\bar{y}_0)}{1 - x\bar{x}_0 - y\bar{y}_0},$$

$$\sqrt{x_0\bar{x}_0 + y_0\bar{y}_0}\, G(x,y) \equiv \frac{(x_0 y - y_0 x)\sqrt{1 - x_0\bar{x}_0 - y_0\bar{y}_0}}{1 - x\bar{x}_0 - y\bar{y}_0}.$$

Je considère les fonctions

$$f_1(x,y) \equiv F[f(x,y), g(x,y)] \equiv Ax + By + \ldots,$$
$$g_1(x,y) \equiv G[f(x,y), g(x,y)] \equiv A'x + B'y + \ldots,$$

qui s'annulent pour $x = y = 0$. On a

$$\left[\frac{D(f_1, f_2)}{D(x, y)}\right]_{x=y=0} = \left[\frac{D(F, G)}{D(x, y)}\right]_{x=x_0,\, y=y_0} \times \left[\frac{D(f, g)}{D(x, y)}\right]_{x=y=0}.$$

Donc

$$|AB' - BA'| = \frac{1}{(1 - x_0\bar{x}_0 - y_0\bar{y}_0)^{\frac{3}{2}}} \times |ab' - ba'|.$$

Il suffit d'appliquer le théorème II aux fonctions $f_1(x, y)$ et $g_1(x, y)$, pour obtenir le théorème IV.

On établirait de même le théorème suivant :

Théorème V. — *Soient*

$$f(x, y) \equiv x_0 + ax + by + \ldots, \qquad g(x, y) \equiv y_0 + a'x + b'y + \ldots$$

deux fonctions holomorphes, de module plus petit que un pour

$$(8) \qquad |x| < 1, \qquad |y| < 1.$$

On a

$$|ab' - ba'| \leqq (1 - x_0\bar{x}_0)(1 - y_0\bar{y}_0),$$

et, si l'égalité est atteinte, les fonctions $f(x, y)$ et $g(x, y)$ définissent une transformation biunivoque du domaine (8) en lui-même; on a donc, dans ce cas,

$$f(x, y) \equiv \varphi(x), \qquad g(x, y) \equiv \psi(y),$$

ou

$$f(x, y) \equiv \varphi(y), \qquad g(x, y) \equiv \psi(x),$$

les fonctions φ et ψ étant des fonctions homographiques d'une seule variable complexe.

8. Extension de la théorie précédente. — Nous allons d'abord préciser le lemme 4 de la façon suivante :

Lemme 5. — *Soit une suite infinie de couples de fonctions $f_n(x, y)$, $g_n(x, y)$, holomorphes dans un domaine quelconque D. Supposons que, pour chaque valeur de n, le domaine D_n engendré par f et g soit intérieur à D, et supposons en outre que l'on ait*

$$\lim f_n(x, y) \equiv x, \qquad \lim g_n(x, y) \equiv y,$$

la convergence étant uniforme au voisinage de tout point intérieur à D.

Donnons-nous arbitrairement deux domaines fermés Δ *et* Δ', *tous deux complètement intérieurs à* D *et univalents par rapport à* D. *Il existe alors un entier* N *tel que, pour toute valeur de* n *supérieure à* N :

1° *le domaine* Δ_n-*transformé de* Δ *par*

$$(S_n) \qquad X = f_n(x, y), \qquad Y = g_n(x, y)$$

soit univalent par rapport à D;

2° *le domaine* D_n *contienne* Δ' *à son intérieur.*

De même que pour la démonstration du lemme 4, nous ferons usage de l'intégrale de Kronecker.

Démontrons d'abord la première partie de l'énoncé. Si elle n'était pas exacte, on pourrait trouver une suite d'indices $p_1, \ldots, p_n, \ldots$, et, pour chaque valeur de l'indice, deux points distincts M_{p_n} et M'_{p_n} de Δ, tels que les transformés de ces points par S_{p_n} soient confondus en un même point de D. On peut en outre supposer que les points M_{p_n} et M'_{p_n} tendent respectivement vers deux points M et M′ de Δ, lorsque n augmente indéfiniment; sinon, il suffirait d'extraire de la suite des indices p_n une nouvelle suite.

A cause de la convergence uniforme, les points M et M′ ont même transformé par la transformation limite de S_{p_n}, qui est la transformation identique; donc M et M′ sont confondus.

Supposons d'abord que M ne soit pas un point de ramification pour D, et soit Σ une hypersphère, intérieure à D, de centre M. Comme on l'a vu lors de la démonstration du lemme 4, le déterminant fonctionnel

$$\frac{D(f_{p_n}, g_{p_n})}{D(x, y)}$$

ne s'annule pas dans Σ si n est assez grand, et le nombre des solutions, intérieures à Σ, du système d'équations

$$(9) \qquad f_{p_n}(x, y) = a_{p_n}, \qquad g_{p_n}(x, y) = b_{p_n},$$

est donné par l'intégrale de Kronecker étendue à la périphérie de Σ. Prenons pour a_{p_n} et b_{p_n} les coordonnées du point transformé de

M_{p_n} par S_{p_n}. Quand n augmente indéfiniment, a_{p_n} et b_{p_n} tendent respectivement vers a et b, coordonnées du point M. Donc la valeur de l'intégrale de Kronecker tend vers le nombre des solutions, intérieures à Σ, du système d'équations

$$x = a, \qquad y = b,$$

c'est-à-dire vers *un*. Or, d'après les hypothèses faites, cette intégrale est au moins égale à *deux*. Nous arrivons donc à une contradiction.

Si M était un point de ramification pour le domaine D, on transformerait le voisinage de M en un voisinage univalent, et le raisonnement précédent serait encore valable.

La première partie du lemme est donc démontrée. La seconde s'établit par un procédé semblable; nous laissons au lecteur le soin de s'en assurer.

Théorème IV. — *Soit* D *un domaine borné contenant l'origine* O, *et non ramifié à l'origine. Donnons-nous arbitrairement deux domaines fermés* Δ *et* Δ', *contenant* O *à leur intérieur, tous deux complètement intérieurs à* D *et univalents par rapport à* D. *Il leur correspond deux nombres réels* k *et* k' *plus petits que un, qui jouissent des propriétés suivantes : soient*

$$(1) \qquad f(x, y) \equiv ax + by + \ldots, \qquad g(x, y) \equiv a'x + b'y + \ldots$$

deux fonctions analytiques arbitraires qui transforment D *en un domaine intérieur à* D. *Alors :*

1° *si* $|ab' - ba'| > k$, *le transformé de* Δ *par* (1) *est univalent par rapport à* D;

2° *si* $|ab' - ba'| > k'$, *le transformé de* D *par* (1) *contient* Δ' *à son intérieur.*

Démontrons par exemple la première partie de l'énoncé; la seconde se démontrerait d'une façon toute semblable. Si le nombre k n'existait pas, on pourrait trouver une suite infinie de transformations

$$(S_n) \qquad \begin{cases} X = f_n(x, y) \equiv a_n x + b_n y + \ldots \\ Y = g_n(x, y) \equiv a'_n x + b'_n y + \ldots, \end{cases}$$

telles que le transformé de Δ par S_n ne soit pas univalent par rapport à D, et telles que l'on ait

$$\lim_{n \to \infty} | a_n b'_n - b_n a'_n | = 1.$$

h désignant un entier positif quelconque, soit $(S_n)^h$ la $h^{\text{ième}}$ itérée de la transformation S_n ; *le transformé de* Δ *par* $(S_n)^h$ *n'est pas univalent par rapport à* D. En effet, il existe deux points de Δ qui ont même transformé par S_n ; ils ont aussi même transformé par $(S_n)^h \equiv (S_n)^{h-1} \times S_n$.

C. Q. F. D.

Cela posé, soient λ'_n et λ''_n les racines de l'équation

$$\lambda^2 - (a_n + b'_n)\lambda + a_n b'_n - b_n a'_n = 0.$$

On peut supposer que λ'_n et λ''_n tendent respectivement vers des limites λ' et λ'' quand n augmente indéfiniment (sinon, on extrairait une nouvelle suite de la suite des S_n). On a évidemment $|\lambda'| = |\lambda''| = 1$. On peut donc trouver une suite infinie d'entiers q_p tels que l'on ait

$$\lim \lambda'^{q_p} = \lim \lambda''^{q_p} = 1.$$

Donnons-nous alors une suite de nombres positifs $\varepsilon_1, \ldots, \varepsilon_p, \ldots$, tendant vers zéro. A chaque entier p on peut faire correspondre un entier n_p tel que l'on ait

$$|(\lambda'_{n_p})^{q_p} - \lambda'^{q_p}| < \varepsilon_p,$$
$$|(\lambda''_{n_p})^{q_p} - \lambda''^{q_p}| < \varepsilon_p.$$

On aura

$$\lim_{p \to \infty} (\lambda'_{n_p})^{q_p} = \lim_{p \to \infty} (\lambda''_{n_p})^{q_p} = 1.$$

Appelons

$$F_p(x, y) \equiv A_p x + B_p y + \ldots, \qquad G_p(x, y) \equiv A'_p x + B'_p y + \ldots$$

les itérées d'ordre q_p des fonctions f_{n_p} et g_{n_p}. D'après ce qui précède, les racines de l'équation

$$\lambda^2 - (A_p + B'_p)\lambda + A_p B'_p - B_p A'_p = 0$$

qui sont égales à (λ'_{n_p}) et $(\lambda''_{n_p})^{q_p}$, tendent vers *un* quand p augmente indéfiniment.

La famille des fonctions F_p et G_p est normale dans D, puisque D est borné, et que le point de coordonnées F_p et G_p est intérieur à D. Je puis donc extraire de la suite F_p, G_p une nouvelle suite (pour simplifier, je l'appellerai encore F_p, G_p) telle que l'on ait

$$\lim F_p(x, y) \equiv F(x, y) \equiv A x + B y + \ldots,$$
$$\lim G_p(x, y) \equiv G(x, y) \equiv A' x + B' y + \ldots,$$

la convergence étant uniforme au voisinage de tout point intérieur à D. Les racines de l'équation

$$\lambda^2 - (A + B')\lambda + AB' - BA' = 0$$

sont égales à *un*. Je peux donc supposer que j'ai effectué préalablement sur D, ainsi que sur les fonctions F_p et G_p, une transformation linéaire telle que l'on ait

$$F(x, y) \equiv x + \ldots, \qquad G(x, y) = y + \ldots.$$

Mais alors, d'après le théorème I *bis*, on a

$$F(x, y) \equiv x, \qquad G(x, y) \equiv y.$$

Appliquons maintenant le lemme 5 aux fonctions F_p et G_p, qui convergent respectivement vers x et y. On voit que le transformé de Δ par F_p et G_p est univalent par rapport à D. Or ceci est en contradiction avec ce qui a été établi au début : « le transformé de Δ par $(S_n)^h$ n'est pas univalent par rapport à D ».

Le théorème VI est donc établi.

9. Appliquons par exemple les résultats précédents à l'hypersphère. On trouve sans peine la proposition suivante :

Théorème VII. — *Soient*

(1) $\quad f(x, y) \equiv ax + by + \ldots, \qquad g(x, y) \equiv a'x + b'y + \ldots$

deux fonctions holomorphes pour

(10) $\quad |x|^2 + |y^2| < 1;$

supposons en outre que l'on ait

$$|f|^2 + |g|^2 < 1,$$

et posons

$$|ab' - ba'| = u \qquad (u \leq 1).$$

Il existe deux nombres positifs $r(u)$ *et* $\rho(u)$, *qui dépendent seulement de u et non des fonctions envisagées, et qui jouissent des propriétés suivantes :*

1° *le domaine transformé de l'hypersphère*

$$|x|^2 + |y|^2 < [r(u)]^2$$

par la transformation (1) *est univalent;*

2° *le domaine transformé de l'hypersphère* (10) *contient l'hypersphère*

$$|x|^2 + |y|^2 < [\rho(u)]^2$$

à son intérieur.

Les fonctions $r(u)$ *et* $\rho(u)$, *nulles pour* $u = 0$, *croissent avec* u, *et* (c'est là le fait important) *tendent vers un lorsque u tend vers un.*

Il serait intéressant de déterminer effectivement ces fonctions.

15.

Sur les variétés définies par une relation entière

Bulletin des Sciences Mathématiques 55, 24–32 et 47–64 (1931)

Ce travail fait suite à un article paru dans ce Bulletin, et auquel nous renvoyons le lecteur ([1]). Il s'agit des variétés obtenues en annulant une fonction entière de deux variables complexes x et y, ainsi que des fonctions de variable complexe définies sur de telles variétés ([2]). Par analogie avec les courbes algébriques, nous appellerons ces variétés (à deux dimensions réelles) des *courbes entières*.

Nous désignerons par « théorèmes A et B » les théorèmes ainsi dénommés dans le Mémoire cité. Au paragraphe I, nous étudions certains aspects de ces théorèmes dans des cas simples; ainsi, étant données des fonctions entières $F(x, y)$ et $G(x, y)$, sans zéros communs, on peut toujours trouver deux fonctions entières $U(x, y)$ et $V(x, y)$ telles que l'on ait

$$UF + VG \equiv 1.$$

Si les fonctions F et G peuvent s'annuler simultanément, il existe deux fonctions entières U et V telles que

$$UF + VG \equiv XY,$$

X désignant une fonction entière de x, et Y une fonction entière de y. D'une façon générale, on peut indiquer des conditions nécessaires et suffisantes pour qu'une fonction entière $H(x, y)$ se mette sous la forme

$$H \equiv UF + VG,$$

F et G étant des fonctions entières données, U et V des fonctions entières inconnues.

([1]) *Sur les fonctions de deux variables complexes* (t. 54, 1930, p. 99-116). Nous désignerons cet article par la lettre [C].

([2]) Pour cette notion, voir [C], n° 5.

La possibilité de l'extension aux courbes entières de la théorie des *intégrales abéliennes* et des *adjointes* est envisagée au paragraphe II. On y détermine la forme la plus générale des intégrales de première et de seconde espèce, ainsi que celle des fonctions holomorphes et uniformes sur la courbe.

Le problème de la *représentation paramétrique* des courbes entières indécomposables est abordé au paragraphe III. Signalons notamment qu'on obtient une représentation paramétrique d'une courbe entière simplement connexe en coupant la courbe par un faisceau d'adjointes dépendant linéairement d'un paramètre.

Enfin, au paragraphe IV, il est dit quelques mots des transformations biméromorphes des courbes entières en elles-mêmes, ou les unes dans les autres.

Toutes ces questions demanderaient de longs développements; on n'a fait que les amorcer ici. Mais une théorie des courbes entières peut-elle être féconde? Pourra-t-on l'aborder par une voie en quelque sorte algébrique, et non transcendante comme dans ce travail? Restera-t-elle au contraire dans des généralités qui, pour intéressantes qu'elles soient, ne sont souvent d'aucun secours lorsqu'il s'agit de résoudre en particulier un problème précis?

I. — Compléments aux théorèmes A et B.

1. Précisons dès maintenant ce que l'on doit entendre par *courbe entière indécomposable*. Soit la courbe entière C, définie par la relation

$$F(x, y) = 0,$$

F étant une fonction entière. Lorsque le point (x, y) se déplace sur C, y est une fonction holomorphe de x qui possède éventuellement des singularités algébriques; si la courbe C peut être obtenue tout entière par prolongement analytique ([1]) *d'un seul* élément de fonction $y(x)$, elle sera dite indécomposable.

Sinon, elle se compose d'un nombre fini ou d'une infinité dénom-

([1]) On considère qu'une singularité algébrique n'empêche pas le prolongement analytique.

brable de courbes indécomposables C_1, C_2, ..., C_n, ..., et il existe une fonction entière $f_n(x, y)$ qui s'annule simplement [1] sur C_n et pas ailleurs. Nous pouvons alors, avec MM. Gronwall et Hahn, mettre la fonction $F(x, y)$ sous la forme

$$F(x, y) \equiv e^{G(x,y)} \Pi [f_n(x, y)]^{\alpha_n} e^{Q_n(x,y)},$$

$G(x, y)$ étant entière; α_n désigne un entier positif, et $Q_n(x, y)$ un polynome destiné à assurer la convergence. Comme dans notre Mémoire précédent, nous dirons que la courbe C_n est multiple d'ordre α_n pour $F(x, y)$.

Cela posé, supposons donnée, sur chaque C_n, une fonction méromorphe en tout point de C_n et uniforme, et désignons-la symboliquement par $\varphi_n(M)$, M désignant un point quelconque de C_n. Nous avons montré (théorème A, n° 5) qu'il existe une fonction $\Phi(x, y)$, partout méromorphe à distance finie, qui se réduit à $\varphi_n(M)$ sur chaque C_n. Il existe même une infinité de telles fonctions, et l'on peut toujours supposer que $\Phi(x, y)$ a la forme

$$\frac{V(x, y)}{X(x)Y(y)},$$

V, X, Y étant entières.

2. Voici un complément important à cette proposition.

THÉORÈME I. — *Supposons toutes les fonctions $\varphi_n(M)$ holomorphes; supposons de plus que, au voisinage de tout point (x_0, y_0), appartenant à l'une quelconque des C_n ou à plusieurs d'entre elles, on puisse trouver une fonction holomorphe $\varphi(x, y)$ qui se réduise, sur chacune des C_n qui passent en (x_0, y_0), à la fonction $\varphi_n(M)$ correspondante. Alors il existe une fonction* entière $V(x, y)$ *qui se réduit à $\varphi_n(M)$ sur chaque C_n.*

Soit en effet $F_1(x, y)$ une fonction entière qui s'annule *simplement* sur chaque C_n, et ne s'annule pas ailleurs. Il existe une fonction méromorphe $H(x, y)$, équivalente [2], au voisinage de tout

---

[1] Pour cette notion, voir [C], n° 2.
[2] Voir [C], n°s 3 et 10.

point d'une C_n, à la fonction $\frac{\varphi(x, y)}{F_1(x, y)}$. La fonction

$$V(x, y) \equiv F_1(x, y) H(x, y)$$

est entière et se réduit à $\varphi_n(M)$ sur chaque C_n.

C. Q. F. D.

Supposons en particulier qu'une fonction méromorphe $K(x, y)$ reste holomorphe ([1]) au voisinage de tout point où $F_1(x, y) \equiv 0$. Le théorème précédent montre qu'on peut former une fonction *entière* $V(x, y)$ égale à $K(x, y)$ sur chaque C_n.

Plus généralement, attribuons à chaque C_n un indice entier et positif α_n, et soit $F(x, y)$ une fonction entière qui s'annule sur chaque C_n, et pas ailleurs, chaque C_n étant multiple d'ordre α_n pour F. Soit la fonction méromorphe $K(x, y)$, supposée holomorphe au voisinage de tout point où $F = 0$, et soit $H(x, y)$ une fonction méromorphe équivalente à $\frac{K(x, y)}{F(x, y)}$ au voisinage de chacun de ces points, et holomorphe ailleurs. La fonction

$$V(x, y) \equiv F(x, y) H(x, y)$$

est entière, et la fonction méromorphe

$$\frac{V(x, y) - K(x, y)}{F(x, y)} \equiv H(x, y) - \frac{K(x, y)}{F(x, y)}$$

reste holomorphe au voisinage de tout point où $F = 0$. Par suite, *les fonctions* V *et* K *ont la même valeur, et, plus généralement, toutes leurs dérivées partielles jusqu'à l'ordre* $\alpha_n - 1$ *inclus ont respectivement la même valeur en tout point de* C_n ([2]).

3. Théorème II. — *Si deux fonctions entières* $F(x, y)$ *et* $G(x, y)$ *ne s'annulent pas simultanément, il existe deux fonctions entières* $U(x, y)$ *et* $V(x, y)$ *telles que l'on ait*

$$UF + VG \equiv 1. \tag{1}$$

([1]) Il ne faut pas confondre cette éventualité avec celle où $K(x, y)$ se réduit, sur chaque C_n, à une fonction holomorphe. Par exemple, la fonction $\frac{y}{x}$ se réduit à la constante *un* sur la variété $y = x$, mais elle n'est pas holomorphe au voisinage de l'origine.

([2]) *Cf.* [C], n° 15.

En effet, la fonction $\frac{1}{G}$ joue le rôle de K; d'après ce qui précède, il existe une fonction entière $V(x, y)$ telle que

$$\frac{\frac{1}{G} - V}{F} \equiv A(x, y)$$

soit holomorphe au voisinage de tout point où $F = 0$. Comme

$$AG \equiv \frac{1}{F} - \frac{VG}{F}$$

est holomorphe en outre au voisinage de tout point où $F \neq 0$, AG est une fonction entière $U(x, y)$, et le théorème est démontré.

Voyons s'il peut exister un autre système de deux fonctions entières $U_1(x, y)$ et $V_1(x, y)$ satisfaisant à

$$U_1 F + V_1 G \equiv 1. \tag{2}$$

De (1) et (2) l'on déduit

$$\frac{U_1 - U}{G} + \frac{V_1 - V}{F} \equiv 0,$$

ce qui prouve que $\frac{U_1 - U}{G}$ ne peut être infini que si $F = 0$; mais alors $G \neq 0$. Donc $\frac{U_1 - U}{G}$ est entière, et l'on a

$$U_1 - U \equiv \lambda G,$$
$$V_1 - V \equiv -\lambda F,$$

λ étant une fonction entière de x et y.

4. Théorème III. — *Étant données deux fonctions entières quelconques* $F(x, y)$ *et* $G(x, y)$, *telles que les courbes* $F = 0$ *et* $G = 0$ *n'aient aucune courbe commune, il existe deux fonctions entières* $U(x, y)$ *et* $V(x, y)$ *qui satisfont à l'identité*

$$UF + VG \equiv X(x) Y(y),$$

X *étant une fonction entière de* x, Y *une fonction entière de* y.

En effet, d'après l'hypothèse faite, on n'a $F = G = 0$ qu'en des points isolés. Considérons les valeurs prises par $\frac{1}{G}$ sur la courbe $F = 0$. D'après le théorème B, il existe une fonction, de la forme

$$\frac{V(x, y)}{X(x)Y(y)} \quad (V, X, Y \text{ entières}),$$

telle que la fonction

$$\frac{\frac{1}{G} - \frac{V}{XY}}{F} \equiv A$$

ne devienne infinie qu'en des points isolés de la courbe $F = 0$. Comme

$$AGXY \equiv \frac{XY}{F} - \frac{VG}{F}$$

ne peut devenir infinie que si $F = 0$, elle ne pourrait être infinie qu'en des points isolés; c'est donc une fonction entière $U(x, y)$, et le théorème est démontré.

Ce résultat est à rapprocher du théorème élémentaire suivant : étant donnés deux polynomes $F(x, y)$ et $G(x, y)$, non divisibles tous deux par un même polynome, il existe deux polynomes $U(x, y)$ et $V(x, y)$ vérifiant l'identité

$$UF + VG \equiv X(x),$$

X étant un polynome en x. Dans les conditions du théorème III, nous avons XY au second membre, et non X; on ne peut pas faire autrement, car les x des points communs à $F = 0$ et $G = 0$ peuvent fort bien s'accumuler au voisinage d'une valeur finie.

5. Théorème IV. — *Soient deux fonctions entières* $F(x, y)$ *et* $G(x, y)$ *telles que les courbes* $F = 0$ *et* $G = 0$ *n'aient aucune courbe commune. Pour qu'une fonction entière* $H(x, y)$ *puisse se mettre sous la forme*

$$H \equiv UF + VG,$$

$U(x, y)$ *et* $V(x, y)$ *étant des fonctions entières inconnues, il faut et il suffit que, au voisinage de tout point* (x_0, y_0) *commun à* $F = 0$ *et* $G = 0$, $H(x, y)$ *puisse se mettre sous la forme*

$$H \equiv uF + vG,$$

$u(x, y)$ *et* $v(x, y)$ *étant holomorphes au voisinage de* (x_0, y_0).

La condition est évidemment nécessaire. Elle est suffisante; en effet, soit C la courbe définie par $F = 0$. Au voisinage d'un point de C où $G \neq 0$, $\frac{H}{G}$ est holomorphe; au voisinage d'un point de C où $G = 0$, on a

$$\frac{H}{FG} \equiv \frac{v}{F} + \frac{u}{G}.$$

Soit $K(x, y)$ une fonction méromorphe équivalente à $\frac{H}{FG}$ au voisinage d'un point de C où $G \neq 0$, à $\frac{v}{F}$ au voisinage d'un point de C où $G = 0$, enfin holomorphe au voisinage de tout autre point de l'espace. La fonction

$$V \equiv KF$$

est holomorphe partout, donc entière; d'ailleurs

$$U \equiv \frac{H}{F} - \frac{VG}{F} \equiv G\left(\frac{H}{FG} - \frac{V}{F}\right)$$

est holomorphe au voisinage de tout point de C, et, par suite, entière; le théorème est démontré.

Comme dans le cas du théorème II, toute autre solution $U_1(x, y)$, $V_1(x, y)$ est donnée par

$$U_1 \equiv U + \lambda G,$$
$$V_1 \equiv V - \lambda F,$$

$\lambda(x, y)$ étant entière; car, de l'identité

$$\frac{U_1 - U}{G} + \frac{V_1 - V}{F} \equiv 0,$$

on déduit que la fonction $\frac{U_1 - U}{G}$ ne peut être infinie que si $F = G = 0$, ce qui n'arrive qu'en des points isolés; c'est donc une fonction entière.

6. Nous voici maintenant ramenés au problème suivant :

Étant données deux fonctions $f(x, y)$ et $g(x, y)$, holomorphes au voisinage du point (x_0, y_0), nulles en ce point, mais non nulles simultanément dans un voisinage assez restreint [le point (x_0, y_0) excepté], trouver un système de condi-

tions nécessaires et suffisantes pour qu'une fonction $h(x, y)$, holomorphe au voisinage de (x_0, y_0), puisse se mettre sous la forme

$$h = uf + vg, \tag{3}$$

$u(x, y)$ et $v(x, y)$ étant holomorphes au voisinage de (x_0, y_0).

Nous pouvons supposer $x_0 = y_0 = 0$. Toutes les fonctions peuvent se développer en séries doubles procédant suivant les puissances positives de x et de y.

Une condition évidemment nécessaire est

$$h(0, 0) = 0.$$

Montrons qu'*elle est suffisante, si le déterminant fonctionnel $\frac{D(f, g)}{D(x, y)}$ n'est pas nul à l'origine* $(x = y = 0)$.

En effet, la fonction $\frac{h}{g}$ admet un point d'indétermination à l'origine, mais, sur la courbe $f = 0$, elle est bien déterminée et possède une valeur finie à l'origine. Pour le voir, supposons par exemple $\frac{\partial f}{\partial y}$ non nul à l'origine $\left(\frac{\partial f}{\partial x}\text{ et }\frac{\partial f}{\partial y}\text{ ne sont pas nuls tous deux}\right)$. Sur la courbe $f = 0$, on peut alors prendre x comme variable indépendante, et y est fonction uniforme de x; la partie principale de $g(x, y)$ prend la forme kx $\left(k \neq 0 \text{ en vertu de } \frac{D(f, g)}{D(x, y)} \neq 0\right)$, d'où il suit que $\frac{h}{g}$ reste finie pour $x = 0$. Sur la courbe $f = 0$, la fonction $\frac{h}{g}$ peut donc s'exprimer à l'aide d'une fonction $v(x)$, holomorphe au voisinage de $x = 0$. On a ainsi

$$\frac{h}{g} - v = af.$$

$a(x, y)$ étant holomorphe au voisinage de tout point de $f = 0$, sauf peut-être à l'origine. Alors

$$u = ag = \frac{h}{f} - \frac{vg}{f}$$

est nécessairement holomorphe à l'origine, ce qui établit (3).

C. Q. F. D.

Nous avons donc le théorème :

Théorème IV *bis*. — *Soient deux fonctions entières* $F(x, y)$ *et* $G(x, y)$ *telles que l'on ait*

$$\frac{D(F, G)}{D(x, y)} \neq 0$$

en tout point où F *et* G *s'annulent simultanément. Pour qu'une fonction entière* $H(x, y)$ *puisse se mettre sous la forme*

$$H \equiv UF + VG,$$

$U(x, y)$ *et* $V(x, y)$ *étant entières, il faut et il suffit que la courbe* $H = 0$ *passe par les points communs aux courbes* $F = 0$ *et* $G = 0$.

Abordons maintenant notre problème dans sa généralité, sans supposer $\frac{D(f, g)}{D(x, y)} \neq 0$ à l'origine.

Théorème V. — $f(x, y)$ *et* $g(x, y)$ *étant données, il faut et il suffit, pour que* (3) *puisse avoir lieu, que les premiers coefficients du développement de* $h(x, y)$ *au voisinage de l'origine satisfassent à un nombre fini de relations linéaires et homogènes bien déterminées.*

Nous établirons d'abord trois lemmes.

Lemme 1. — *Il existe un entier positif* k, *tel que l'on ait*

$$x^k \equiv af + bg,$$

$a(x, y)$ *et* $b(x, y)$ *étant holomorphes au voisinage de l'origine.*

En effet, en reprenant le raisonnement utilisé dans la démonstration des théorèmes A et B [1], on voit que la fonction $\frac{1}{g}$ peut se mettre sous la forme

$$\frac{1}{g} \equiv \frac{b}{x^k} + \lambda f,$$

$b(x, y)$ étant holomorphe au voisinage de l'origine (on peut même

[1] [C], nos 12 et 16.

supposer que c'est un polynome en y), et $\lambda(x, y)$ étant méromorphe, mais restant finie sur la courbe $f=0$ sauf peut-être à l'origine. On a donc

$$x^k \equiv bg + \lambda g x^k f,$$

et $\lambda g x^k \equiv a(x, y)$ est holomorphe au voisinage de l'origine.

C. Q. F. D.

Il existe de même un entier h tel que

$$y^h \equiv a' f + b' g.$$

Lemme 2. — *Toute fonction $c(x, y)$ dont le développement au voisinage de l'origine commence par des termes de degré m assez grand, peut se mettre sous la forme*

$$c \equiv Af + Bg,$$

$A(x, y)$ et $B(x, y)$ étant holomorphes au voisinage de l'origine.

Prenons en effet $m = h + k - 1$; $c(x, y)$ peut se mettre sous la forme

$$\begin{aligned} c(x, y) &\equiv x^k c_1(x, y) + y^h c_2(x, y) \\ &\equiv c_1(af + bg) + c_2(a'f + b'g) \end{aligned}$$

C. Q. F. D.

Lemme 3. — *Pour que (3) puisse avoir lieu, il faut et il suffit qu'il existe deux polynomes $U(x, y)$ et $V(x, y)$, tels que le développement de*

$$h - Uf - Vg$$

commence par des termes de degré au moins égal à m.

La condition est nécessaire, comme on le voit en écrivant

$$h \equiv uf + vg,$$

puis en remplaçant les différentes fonctions par leurs développements respectifs au voisinage de l'origine, et en identifiant.

Elle est suffisante, car, d'après le lemme 2, on aura

$$h - Uf - Vg \equiv Af + Bg.$$

Cela posé, écrivons *a priori* les premiers termes du développement de h; prenons pour U et V des polynomes à coefficients indéterminés ; écrivons nos relations d'identification en nombre fini, et éliminons les coefficients de U et V entre ces relations. Il nous restera des relations linéaires et homogènes entre les premiers coefficients de h. Ce sont les relations nécessaires et suffisantes cherchées. Le théorème V est donc établi.

En résumé, pour qu'une fonction entière $H(x, y)$ *puisse se mettre sous la forme* $UF + VG$, F *et* G *étant des fonctions entières données ne s'annulant simultanément qu'en des points isolés*, U *et* V *étant des fonctions entières inconnues, il faut et il suffit que, en chaque point* (x_0, y_0) *commun à* $F = 0$ *et* $G = 0$, *il existe un nombre fini de relations linéaires et homogènes entre les premiers coefficients du développement de* H *au voisinage de ce point.*

II. — Les intégrales abéliennes et les adjointes.

7. Soit C une courbe entière indécomposable, d'équation

$$F(x, y) = 0,$$

F étant une fonction entière, qui ne s'annule que sur C, et pour laquelle la courbe C est simple $\left(\text{autrement dit, les points de C où } \frac{\partial F}{\partial y} = F'_y \text{ s'annule sont isolés}\right)$.

M désignant un point quelconque de C, considérons une fonction I(M), définie sur C, méromorphe et uniforme au voisinage de chaque point de C, mais non uniforme sur l'ensemble de la courbe ; supposons en outre que, lorsque M décrit sur C un chemin fermé (à une dimension réelle) non réductible à zéro sur C (en admettant qu'il existe de tels chemins), I(M) se reproduise augmentée d'une constante.

Alors $\frac{dI}{dx}$ est uniforme sur la courbe C; par $\frac{dI}{dx}$ nous entendons la dérivée par rapport à x de la fonction I(M), considérée comme fonction de x (fonction qui peut avoir des singularités algébriques en un point où $F'_y = 0$). Soit donc

$$\frac{dI}{dx} = \varphi(M);$$

on a

$$I = \int_{M_0}^{M} \varphi(M)\,dx,$$

le chemin d'intégration étant sur la courbe C.

D'ailleurs, d'après le théorème A, on peut écrire

$$\varphi(M) = R(x, y),$$

$R(x, y)$ étant méromorphe partout à distance finie. Ainsi

$$I(M) = \int_{x_0, y_0}^{x, y} R(x, y)\,dx,$$

x et y étant liés par la relation

$$F(x, y) = 0.$$

La fonction $I(M)$ joue donc, par rapport à la courbe entière $F(x, y) = 0$, le même rôle que les intégrales de première et de seconde espèce par rapport aux courbes algébriques.

8. *Les intégrales de première espèce.* — $I(M)$ sera dite de *première espèce si elle reste finie en tout point de C situé à distance finie.* Parler des points à l'infini de C n'a en effet pas de sens, comme nous le montrerons au n° 12.

Théorème VI. — *Toute intégrale de première espèce peut se mettre sous la forme*

$$\int \frac{P(x, y)}{F'_y}\,dx,$$

$P(x, y)$ étant une fonction entière.

Soit en effet $\varphi(M)$ une fonction méromorphe et uniforme sur C, telle que l'intégrale

$$\int \varphi(M)\,dx$$

reste partout finie. Pour que l'on puisse écrire

$$\varphi(M)F'_y = P(x, y),$$

il suffit, d'après le théorème I, que, au voisinage de tout point de C, il existe une fonction holomorphe $p(x, y)$ qui prenne sur C les mêmes valeurs que $\varphi(M) F'_y$.

Considérons d'abord un point (x_0, y_0) de C en lequel :

1° $F'_y \neq 0$, de sorte que y s'exprime sur C en fonction uniforme de x;

2° $\varphi(M)$ est *holomorphe*.

Dans ces conditions, $\varphi(M)$ peut s'exprimer en fonction holomorphe de x; d'où

$$F'_y \varphi(M) = p(x, y).$$

Les points de C pour lesquels l'une au moins des conditions précédentes n'est pas remplie sont *isolés*. Soit (x_0, y_0) un tel point; nous supposerons $x_0 = y_0 = 0$. A chaque valeur de x voisine de zéro la relation

$$F(x, y) = 0$$

fait correspondre n valeurs de y, soient $y_1, y_2, \ldots, y_n$ racines d'une équation

$$Q(y, x) \equiv y^n + a_1 y^{n-1} + \ldots + a_n = 0,$$

les a_i étant holomorphes en x; soient $M_1, M_2, \ldots, M_n$ les points correspondants de la courbe C.

On a

$$(4) \quad \left\{ \begin{array}{l} \varphi(M_1) + \varphi(M_2) + \ldots + \varphi(M_n) = \Phi_0(x), \\ y_1 \varphi(M_1) + y_2 \varphi(M_2) + \ldots + y_n \varphi(M_n) = \Phi_1(x), \\ \ldots\ldots\ldots\ldots\ldots\ldots\ldots\ldots\ldots\ldots, \\ (y_1)^{n-1} \varphi(M_1) + (y_2)^{n-1} \varphi(M_2) + \ldots + (y_n)^{n-1} \varphi(M_n) = \Phi_{n-1}(x), \end{array} \right.$$

$\Phi_0, \Phi_1, \ldots, \Phi_{n-1}$ étant des fonctions de x, *uniformes* et méromorphes au voisinage de $x = 0$. Ces fonctions sont même *holomorphes*, car les intégrales

$$\int^x \Phi_i(x)\, dx \qquad (i = 0, 1, \ldots, n-1)$$

restent finies pour $x = 0$, puisque $\int \varphi(M)\, dx$ reste finie.

Or, effectuons la division de $Q(y, x)$, polynome en y, par $y - y_1$; il vient

$$\frac{Q(y, x)}{y - y_1} = y^{n-1} + b_1 y^{n-2} + \ldots + b_{n-1},$$

les b_i étant des polynomes en y_1, à coefficients holomorphes en x. Multiplions les relations (4) respectivement par b_{n-1}, b_{n-2}, ..., b_1, 1 et ajoutons, il vient

$$\begin{aligned}(y_1^{n-1} + b_1 y_1^{n-2} + \ldots + b_{n-1})\,\varphi(\mathrm{M}_1) \\ = \Phi_{n-1} + b_1 \Phi_{n-2} + \ldots + b_{n-1}\Phi_0 = q(x, y_1),\end{aligned}$$

$q(x, y_1)$ étant holomorphe au voisinage de $x = 0$, $y_1 = 0$: c'est même un polynome en y_1 ; d'ailleurs

$$y_1^{n-1} + b_1 y_1^{n-2} + \ldots + b_{n-1} = \frac{\partial \mathrm{Q}(y_1, x)}{\partial y}.$$

Ainsi

$$\frac{\partial \mathrm{Q}(y, x)}{\partial y}\,\varphi(\mathrm{M}) = q(x, y).$$

Or

$$\mathrm{F}(x, y) \equiv \mathrm{Q}(y, x)\, e^{\Gamma(x,y)},$$

$\Gamma(x, y)$ étant holomorphe au voisinage de l'origine (théorème de Weierstrass). Donc

$$\frac{\partial \mathrm{F}}{\partial y} = \frac{\partial \mathrm{Q}}{\partial y}\, e^{\Gamma}$$

sur la courbe $\mathrm{F} = 0$. On a enfin

$$\mathrm{F}'_y\, \varphi(\mathrm{M}) = q(x, y)\, e^{\Gamma} = p(x, y).$$

Le théorème VI est donc établi.

9. *Les adjointes.* — Nous en donnerons une définition transcendante. Une fonction entière $\mathrm{P}(x, y)$ sera dite *adjointe* (et la courbe $\mathrm{P} = 0$ courbe adjointe) si l'intégrale

$$\int \frac{\mathrm{P}(x, y)\, dx}{\mathrm{F}'_y}$$

est de première espèce.

Pour qu'il en soit ainsi, il faut et il suffit que cette intégrale reste finie en chaque point *multiple* de la courbe C. On a en effet

$$\frac{\mathrm{P}(x, y)\, dx}{\mathrm{F}'_y} = -\frac{\mathrm{P}(x, y)\, dy}{\mathrm{F}'_x},$$

puisqu'on a, sur la courbe C,

$$\mathrm{F}'_x\, dx + \mathrm{F}'_y\, dy = 0.$$

Donc, quelle que soit la fonction entière $P(x, y)$, l'intégrale envisagée reste finie en tout point *simple* de la courbe C.

La définition des adjointes est invariante par rapport aux changements de coordonnées; car si l'on pose $(ab' - ba' \neq 0)$

$$x = aX + bY, \qquad y = a'X + b'Y,$$

$P(x, y)$ devient $Q(X, Y)$, $F(x, y)$ devient $G(X, Y)$, et l'on a, sur C,

$$\frac{P(x, y)\,dx}{F'_y} = (ab' - ba')\frac{Q(X, Y)\,dX}{G'_Y}.$$

Il existe une infinité d'adjointes; par exemple toute fonction de la forme

$$R \equiv AF'_x + BF'_y + CF,$$

A, B, C étant des fonctions entières de x et y, est une adjointe, car on a

$$\frac{R\,dx}{F'_y} = -A\,dy + B\,dx$$

sur la courbe $F = 0$.

On peut se proposer de chercher des conditions nécessaires et suffisantes pour qu'une fonction entière $P(x, y)$ soit une adjointe, conditions qui fassent intervenir le « comportement » de P au voisinage de chaque point multiple. On vérifie sans peine que, en un point multiple d'ordre m à tangentes distinctes, $P(x, y)$ doit s'annuler ainsi que ses dérivées partielles jusqu'à l'ordre $m - 2$ inclus; cette condition nécessaire est aussi suffisante. Dans le cas d'un point multiple quelconque, les premiers coefficients du développement de P au voisinage de ce point doivent satisfaire à un nombre fini de relations linéaires homogènes; en tout cas, il *suffit* que la courbe $P = 0$ admette le point considéré comme point multiple d'ordre suffisamment grand.

10. *Les fonctions holomorphes sur la courbe.* — Si $\varphi(M)$ est uniforme et holomorphe, $\int \varphi(M)\,dx$ est une intégrale de première espèce. On peut donc écrire

$$\varphi(M) = \frac{P(x, y)}{F'_y},$$

$P(x, y)$ étant une adjointe. Inversement, pour que $\frac{P(x, y)}{F'_y}$ reste finie sur C, il ne suffit pas que P soit une adjointe : on doit encore exprimer que, en un point multiple ([1]) comme en un point où $F'_y = 0 (F'_x \neq 0)$, $\frac{P}{F'_y}$ reste finie sur C.

Théorème VII. — *$Q(x, y)$ étant une adjointe arbitraire, toute fonction $\varphi(M)$, uniforme et holomorphe sur la courbe, peut se mettre sous la forme $\frac{P(x, y)}{Q(x, y)}$, $P(x, y)$ étant une autre adjointe.*

En effet, l'intégrale

$$\int \varphi(M) \frac{Q(x, y)}{F'_y} dx$$

reste évidemment finie sur la courbe. On peut donc écrire

$$\varphi(M) \frac{Q(x, y)}{F'_y} = \frac{P(x, y)}{F'_y},$$

$P(x, y)$ étant une adjointe, ce qui démontre le théorème. Il se peut d'ailleurs que les courbes $P = 0$ et $Q = 0$ aient une partie commune.

Cas particulier. — Si la courbe C n'a pas de points multiples, la constante *un* peut être considérée comme une adjointe; donc *toute fonction uniforme et holomorphe sur* C *peut se mettre sous la forme d'une fonction entière* $P(x, y)$. Cette proposition résultait d'ailleurs de l'étude faite lors de la démonstration du théorème I.

Application. — Soient, dans le plan de la variable complexe x, des points a_n en nombre fini ou infini ($\lim a_n = \infty$ dans ce dernier cas).

Formons une fonction $\varphi(x)$ admettant ces points pour pôles, et holomorphe partout ailleurs à distance finie. Considérons la variété

([1]) Prenons par exemple la courbe $y^2 - x^3 = 0$; x est une adjointe, car l'intégrale

$$\int \frac{x\,dx}{y} = \int x^{-\frac{1}{2}} dx$$

reste finie. Or $\frac{x}{y}$ ne reste pas finie sur la courbe.

$y = \varphi(x)$; elle n'a pas de singularité à distance finie dans l'espace (x, y) : c'est une *courbe entière* sans points multiples. Donc toute fonction holomorphe sur cette variété peut se mettre sous la forme $P(x, y)$, P étant une fonction entière de deux variables. Ainsi :

THÉOREME VIII. — *Toute fonction uniforme de x, n'admettant pas d'autres points singuliers à distance finie que des points a_n* ($\lim a_n = \infty$ si ces points sont en nombre infini), *peut se mettre sous la forme*

$$P[x, \varphi(x)],$$

P *étant une fonction entière de deux variables, et $\varphi(x)$ une fonction infinie aux points a_n, holomorphe ailleurs.*

11. *Les intégrales de seconde espèce.* — Elles sont de la forme

$$\int \varphi(M)\, dx,$$

$\varphi(M)$ étant uniforme et méromorphe sur la courbe C. D'après le théorème A, on peut écrire

$$\varphi(M) = \frac{V(x, y)}{X(x)\, Y(y)},$$

V, X, Y étant entières.

Écrivons le développement de Mittag-Leffler de la fonction méromorphe $\frac{1}{X(x)}$:

$$\frac{1}{X} = \sum_{k=1}^{\infty} \left[P_k\left(\frac{a_k}{x - a_k}\right) + Q_k(x) \right],$$

P_k et Q_k désignant des polynomes; de même

$$\frac{1}{Y} = \sum_{h=1}^{\infty} \left[R_h\left(\frac{b_h}{y - b_h}\right) + S_h(y) \right].$$

On en déduit, pour $\frac{1}{XY}$, un développement en série double uniformément convergente, et l'on trouve finalement que $\varphi(M)$ peut se mettre sous la forme d'une série de termes de la forme

$$\frac{G(x, y)}{(x - a)^m (y - b)^p},$$

$G(x, y)$ étant entière.

Ainsi *toute intégrale de seconde espèce est de la forme*

$$\sum \int \frac{G(x, y)\,dx}{(x-a)^m (y-b)^p},$$

la série étant uniformément convergente. La réciproque n'est pas vraie.

III. — La représentation paramétrique des courbes entières.

12. Comme au paragraphe II, il s'agit ici d'une courbe entière *indécomposable* C, d'équation

$$F(x, y) = 0,$$

$F(x, y)$ satisfaisant aux conditions posées au nº 7.

La courbe C est une variété sans singularité à distance finie; en particulier, elle s'étend à l'infini. C'est une variété *ouverte*, car, étant donnée, sur C, une suite infinie de points qui s'éloignent à l'infini dans l'espace (x, y), ces points n'ont aucun point d'accumulation sur C.

L'introduction de points à l'infini, pour une courbe *algébrique* (considérée comme une variété dans le plan projectif complexe), en fait au contraire une variété fermée. Il est naturel de se poser la question suivante : étant donnée une courbe *entière* C, est-il possible de lui adjoindre des points à l'infini, en nombre fini, de façon à en faire une variété V fermée? Il faut alors que, lorsqu'un point (x, y) de C décrit un chemin qui s'éloigne à l'infini, x, y et $\frac{y}{x}$ tendent respectivement vers des limites dont l'une au moins est infinie. Je dis que, *dans ces conditions, la courbe* C *est algébrique.*

En voici la raison en quelques mots. La surface de recouvrement (*Ueberlagerungsflaeche*) de la variété fermée V se présente conformément soit sur une sphère (auquel cas la courbe est algébrique unicursale), soit sur tout le plan à distance finie (ce qui est le cas d'une courbe algébrique de genre *un*), soit enfin sur un cercle Γ du plan de la variable complexe z (auquel cas x et y sont des fonctions fuchsiennes de z, relativement à un groupe dont le domaine fondamental est intérieur à un cercle intérieur lui-même à Γ; on en déduit que x et y sont liées par une relation algébrique).

Étant donnée une courbe entière *non algébrique*, nous ne considérerons donc comme faisant partie de la courbe que les points à distance finie.

13. *Représentation paramétrique d'une courbe entière simplement connexe.* — La courbe entière C est dite simplement connexe si toute courbe fermée L, à une dimension réelle, tracée sur C, partage la variété C en deux autres dont l'une admet pour frontière L et L seulement.

La théorie générale de l'uniformisation nous apprend que, dans ce cas, il existe sur C une fonction de variable complexe $z = \varphi(M)$ (M désigne un point quelconque de C) qui établit une correspondance biunivoque entre C et :

1° soit tout le plan z à distance finie;
2° soit l'intérieur d'un cercle du plan z.

Les coordonnées x et y d'un point de C sont des fonctions holomorphes, uniformes de z.

Or, d'après le théorème VII, on peut écrire

$$z = \frac{P(x, y)}{Q(x, y)},$$

P et Q étant deux adjointes, $Q(x, y)$ étant d'ailleurs une adjointe arbitraire; par exemple, on peut prendre $Q = F'_y$.
Ainsi l'*adjointe*

$$P(x, y) - z\,Q(x, y) = 0,$$

qui dépend linéairement du paramètre z, coupe la courbe C *en un point au plus variable avec z.* (Cette adjointe peut se décomposer en une partie fixe, sans intérêt, et une partie mobile.)

Inversement, *les coordonnées x et y du point d'intersection sont des fonctions holomorphes de z.*

Ce résultat rappelle un résultat classique, relatif à la représentation paramétrique des courbes algébriques unicursales d'ordre m à l'aide d'un faisceau linéaire d'adjointes d'ordre $m - 2$.

Exemple d'une courbe entière, simplement connexe, représentable sur tout le plan à distance finie. En dehors d'un cas banal tel que

$$y - e^x = 0,$$

prenons

$$x = \sin z, \qquad y = \operatorname{sh} z,$$

z étant un paramètre complexe qui décrit tout le plan. Quand z tend vers l'infini, la plus grande des quantités $|x|$ et $|y|$ tend uniformément vers l'infini. Le point (x, y) décrit donc une variété sans singularité à distance finie, c'est-à-dire une courbe entière C. Malheureusement, on ne voit pas de fonction entière simple $F(x, y)$ qui, égalée à zéro, donne la courbe C. De toute façon, nous savons que z peut s'exprimer à l'aide d'une fonction méromorphe de x et y.

14. *Représentation paramétrique d'une courbe entière quelconque.* — Si la courbe C n'est pas une variété simplement connexe, elle possède une variété de recouvrement simplement connexe C_1. Il existe une fonction de variable complexe $z = \varphi(M)$, uniforme sur C_1, mais non sur C, et qui établit une correspondance biunivoque entre C_1 et :

1° soit tout le plan z à distance finie;

2° soit l'intérieur d'un cercle du plan z, ou encore, ce qui revient au même, le demi-plan $z_2 > 0 (z = z_1 + i z_2)$.

Examinons d'abord le premier cas : x et y sont des fonctions entières de z qui se reproduisent par des substitutions de la forme

$$Z = z + a,$$

substitutions qui forment un groupe. Un tel groupe est nécessairement celui des puissances d'une même translation,

$$Z = z + nh \qquad (n \text{ entier})$$

car, s'il y avait deux translations fondamentales, x et y seraient des fonctions elliptiques de z, et par suite auraient des pôles.

Ainsi, x et y sont des fonctions holomorphes et uniformes de

$$t = e^{\frac{2\pi i}{h} z},$$

et il y a correspondance biunivoque entre la courbe C et le plan t privé de *zéro* et *l'infini*. Inversement, t s'exprime par une fonction méromorphe de x et y (théorème A).

$\frac{dz}{dx}$ est uniforme sur C, et l'intégrale

$$z = \int \frac{dz}{dx} dx$$

reste finie en tout point de C; c'est donc une intégrale de première espèce. Par suite, $\frac{dz}{dx}$ est de la forme $\frac{P(x, y)}{Q(x, y)}$, P et Q étant des adjointes.

Cette intégrale n'a qu'une période, la période h; toute intégrale abélienne attachée à C n'a qu'une période, puisque la variété C est doublement connexe. Étant données deux intégrales abéliennes de première ou de seconde espèce, il existe toujours une combinaison linéaire de ces intégrales qui est uniforme, donc fonction méromorphe de x et y.

Exemple. — Soit

$$x = \sin t + \sin \frac{1}{t}, \qquad y = \operatorname{sh} t + \operatorname{sh} \frac{1}{t},$$

t étant un paramètre complexe qui décrit le plan privé de *zéro* et *l'infini*. Le point (x, y) engendre une variété C sans singularité à distance finie, donc une courbe entière; t peut s'exprimer en fonction méromorphe de x et y (théorème A).

15. Dans le second cas, où $z = \varphi$, (M) décrit le demi-plan $z_2 > 0$ quand M décrit C_1, x et y sont des fonctions de z, uniformes et holomorphes pour $z_2 > 0$, qui se reproduisent par les substitutions d'un groupe fuchsien ou fuchsoïde G. Il en sera ainsi toutes les fois que C ne sera pas simplement connexe, ni représentable sur une sphère privée de deux points.

Considérons l'expression

$$\frac{z'''}{z'} - \frac{3}{2}\frac{z''^2}{z'^2},$$

où z', z'', z''' désignent les dérivées successives de $z = \varphi(M)$ par rapport à x, z étant considéré comme fonction de x sur la courbe C. Cette expression est invariante par rapport à toute transformation homographique effectuée sur z; c'est donc une fonction *uni-*

forme sur C, et l'on peut écrire

$$\frac{z'''}{z'} - \frac{3}{2}\frac{z''^2}{z'^2} = R(x, y);$$

$R(x, y)$ étant une fonction méromorphe partout à distance finie.

Exemple. — Soit la courbe entière

$$e^x + e^y = 1. \tag{5}$$

Posons

$$e^x = u.$$

Il vient

$$x = \log u, \quad y = \log(1 - u).$$

Soit $u(z)$ une fonction qui effectue la représentation conforme du demi-plan $z_2 > 0$ sur la surface de recouvrement du plan u privé des points 0, 1 et ∞. Les formules

$$x = \log u(z), \qquad y = \log[1 - u(z)] \tag{6}$$

donnent une représentation paramétrique de la courbe (5); x et y reprennent toutes deux la même valeur si z subit les transformations d'un certain sous-groupe Γ du groupe modulaire G.

Le groupe G peut être défini par les deux substitutions fondamentales

$$Z = \frac{z}{2z + 1}, \tag{S}$$

$$Z = z + 2. \tag{T}$$

Le groupe Γ est le groupe des substitutions de la forme

$$S^{\alpha_1} T^{\beta_1} S^{\alpha_2} T^{\beta_2} \ldots S^{\alpha_n} T^{\beta_n},$$

où les α_i et les β_i sont des entiers positifs, négatifs ou nuls, assujettis aux conditions

$$\alpha_1 + \alpha_2 + \ldots + \alpha_n = \beta_1 + \beta_2 + \ldots + \beta_n = 0.$$

L'étude du groupe Γ n'est pas sans intérêt. Il est impossible de lui donner un nombre fini de substitutions fondamentales. On a un système de substitutions fondamentales, en nombre infini, en prenant toutes les substitutions de la forme

$$T^p S^m T S^{-m} T^{-p-1}$$

(m et p étant des entiers arbitraires positifs, négatifs ou nuls) et leurs inverses. Il n'existe aucune relation entre ces substitutions fondamentales.

On a un domaine fondamental Δ, limité par une infinité de demi-circonférences ayant leurs centres sur l'axe réel et tangentes extérieurement deux à deux; les extrémités de ces demi-circonférences sont tous les points de l'axe réel d'abscisses

$$2p + \frac{1}{n}$$

(p et n entiers positifs ou négatifs, $n \neq 0$).

Ces demi-circonférences sont conjuguées deux à deux; la circonférence

$$\left(2p + \frac{1}{2m-1},\ 2p + \frac{1}{2m}\right)$$

est conjuguée de la circonférence

$$\left(2p - 2 + \frac{1}{2m+1},\ 2p - 2 + \frac{1}{2m}\right).$$

Au domaine fondamental Δ et à sa frontière les formules (6) font correspondre une fois et une seule la courbe (5) tout entière munie d'une infinité de coupures allant de l'infini à l'infini. Ces coupures rendent la courbe simplement connexe; sans les coupures, elle est multiplement connexe d'ordre infini.

IV. — Les transformations biméromorphes de courbe à courbe.

16. Soient deux courbes entières C et C′ indécomposables. Supposons qu'on puisse établir une correspondance conforme et biunivoque entre ces deux variétés. D'une manière précise, supposons qu'il existe deux fonctions de variable complexe X(M) et Y(M), uniformes et holomorphes sur C, telles que le point (X, Y) décrive une fois et une seule C′ quand le point M décrit C. D'après le théorème A, on peut alors écrire

$$(7) \qquad X = f(x, y), \qquad Y = g(x, y),$$

f et g étant méromorphes partout à distance finie.

Inversement, M′ désignant un point quelconque de C′, x et y les coordonnées du point M de C qui lui correspond, les fonctions $x(M')$ et $y(M')$ sont uniformes et holomorphes sur C′, et l'on peut écrire

$$(8) \qquad x = F(X, Y), \qquad y = G(X, Y),$$

F et G étant méromorphes partout à distance finie.

Ainsi, les relations (7), où les variables x et y sont liées par l'équation de la courbe C, permettent d'exprimer inversement x et y en fonctions méromorphes des variables X et Y liées par l'équation de C′. Nous dirons qu'elles définissent une *transformation biméromorphe de courbe à courbe*, par analogie avec les transformations birationnelles des courbes algébriques.

17. A quelle condition peut-il exister une telle correspondance entre C et C′?

Premier cas : Si C est simplement connexe, C′ doit l'être également; C et C′ doivent être toutes deux représentables conformément sur le plan, ou toutes deux sur le cercle-unité. Soient z et Z les variables d'uniformisation. On aura la correspondance la plus générale entre C et C′ en écrivant

$$(9) \qquad Z = az + b,$$

si z et Z décrivent tout le plan, et

$$(10) \qquad Z = \frac{az + b}{\bar{b}z + \bar{a}},$$

si z et Z décrivent le cercle-unité. Dans le premier cas, la correspondance dépend de quatre paramètres réels: dans le second cas, de trois paramètres.

Les relations (9) et (10) nous donnent également la *transformation biméromorphe la plus générale de la courbe* C *en elle-même*.

Deuxième cas : Si C est doublement connexe, C′ doit l'être également. C et C′ doivent être toutes deux représentables conformément sur le plan privé de *zéro* et l'*infini*, ou toutes deux sur un cercle privé de son centre, ou toutes deux sur une *même* couronne circulaire. Les transformations biméromorphes de C en C′, ou de C en elle-même, dépendent de deux paramètres dans le premier cas $\left(Z = az,\ a \text{ complexe, ou encore } Z = \frac{a}{z}\right)$, d'un seul dans les autres cas $\left(Z = z^{i\theta},\ Z = \frac{ke^{i\theta}}{z}, \text{ où } k \text{ est fixe}\right)$.

Troisième cas : Il se définit par l'exclusion des deux autres. C et C′ ont des variétés de recouvrement C_1 et C'_1, qui se laissent chacune représenter conformément sur un cercle; les groupes correspondants G et G′ ont plus d'une substitution fondamentale (sinon l'on serait dans le deuxième cas).

Pour qu'il puisse exister une transformation biméromorphe de C en C′, il faut et il suffit qu'il existe une substitution homographique

$$Z = \frac{az + b}{\bar{b}z + \bar{a}}, \tag{11}$$

qui transforme le groupe G en le groupe G′; autrement dit, que les groupes G et G′ appartiennent à la même *classe*. Nous dirons aussi que *les courbes* C *et* C′ *appartiennent à la même classe*.

On trouve les transformations biméromorphes de la courbe C en elle-même, en cherchant les substitutions de la forme (11) qui laissent invariant le groupe G. Il est aisé de montrer qu'elles forment un groupe *proprement discontinu*, sinon G n'aurait qu'une substitution fondamentale. Par conséquent, *les transformations biméromorphes de* C *en elle-même forment un ensemble proprement discontinu*. Cela veut dire que, étant donné un point quelconque M de la courbe, il n'existe pas de transformation faisant correspondre à M un point arbitrairement voisin de M et différent de M. C'est la généralisation d'une proposition bien connue relative aux courbes algébriques de genre plus grand que *un*.

P.-S. — Au n° 13, je n'ai pas donné d'exemple d'une courbe entière simplement connexe représentable sur un *cercle*, parce que je n'avais pas su en trouver. Le problème à résoudre était le suivant :

Construire un système de deux fonctions

$$x = f(z), \qquad y = g(z)$$

holomorphes pour $|z| < 1$, *telles que* $|f(z)| + |g(z)|$ *tende uniformément vers l'infini quand* $|z|$ *tend vers un* (¹).

M. Valiron, à qui j'avais posé ce problème, l'a résolu de la façon la plus élégante en s'inspirant des travaux de Fatou. J'indique ici rapidement l'exemple qu'il m'a aimablement communiqué, en priant le lecteur de se reporter, pour plus de détails, au beau Mémoire de Fatou [*Sur les équations fonctionnelles*, troisième Mémoire (*Bull. Soc. math. de France*, t. **48**, 1920, p. 208-314); *voir* § 62-65].

s étant réel ($0 < s < 1$), considérons la substitution rationnelle

$$Z = R(z) = z\frac{z+s}{1+sz},$$

et la fonction de Kœnigs $f(z)$, solution de l'équation de Schröder

$$f[R(z)] \equiv sf(z) \qquad [f(0) = 0,\ f'(0) = 1],$$

holomorphe pour $|z| < 1$. *Je dis que* $|f(z)| + |f'(z)|$ *tend uniformément vers l'infini quand* $|z|$ *tend vers un.*

En effet, d'après Fatou, on peut exclure du cercle $|z| < 1$ une infinité de domaines γ_n, entourant les zéros de $f(z)$, dont la somme

---

(¹) Dans ces conditions, en effet, lorsque z décrit le cercle $|z| < 1$, le point (x, y) engendre une variété sans singularité à distance finie, donc une courbe entière C. Y a-t-il correspondance biunivoque entre $|z| < 1$ et la courbe C? S'il n'en était pas ainsi, à un point quelconque (x, y) de C correspondraient plusieurs points z, se déduisant les uns des autres par les substitutions d'un groupe G d'homographies conservant le cercle-unité. Ce groupe ne peut contenir une infinité d'opérations, sinon les homologues d'un point quelconque z_0 s'accumuleraient au voisinage de la circonférence $|z| = 1$, et les fonctions f et g seraient bornées en ces points, ce qui est contraire à l'hypothèse faite. Soient donc

$$Z = S_i(z) \qquad (i = 1, 2, \ldots, n;\ S_1(z) \equiv z)$$

les substitutions de G. Alors

$$t = \prod_{i=1}^{n} S_i(z)$$

reste invariant par les substitutions de G; inversement, à toute valeur de t ($|t| < 1$) correspondent n valeurs de z, de modules inférieurs à *un*, qui se déduisent les unes des autres par les substitutions de G. On a donc une correspondance biunivoque entre la courbe C et le cercle $|t| < 1$.

C. Q. F. D.

des longueurs des contours est arbitrairement petite, de façon que $|f(z)|$ tende uniformément vers l'infini quand $|z|$ tend vers *un* en restant extérieur aux γ_n. Même proposition pour $f'(z)$, en excluant des domaines γ'_n. L'on peut en outre s'arranger pour que les γ_n et les γ'_n n'aient aucun point commun, *à condition que $f(z)$ et $f'(z)$ n'aient aucun zéro commun.* Il suffit donc de vérifier que cette condition est remplie avec la fonction $R(z)$ choisie ici. Et en effet, $f(z)$ ne peut avoir de zéro multiple que si $f(z)$ et $R'(z)$ ont un zéro commun; or ici $R'(z)$ s'annule pour

$$z = \frac{-1+\sqrt{1-s^2}}{s} = \alpha \qquad (-s < \alpha < 0);$$

d'autre part, les zéros de $f(z)$ sont, outre $z = 0$ et $z = -s$, les antécédents de $z = -s$, dont le module est supérieur à s, puisque

$$|z| > |R(z)|;$$

aucun d'eux ne peut donc coïncider avec α.

C. Q. F. D.

16.

Sur les domaines d'existence des fonctions de plusieurs variables complexes

Bulletin de la Société mathématique de France 59, 46–69 (1931)

I. — Introduction.

1. On sait, depuis les travaux de F. Hartogs ([1]) et E. E. Levi ([2]), que les domaines d'existence des fonctions analytiques de plusieurs variables complexes ne sont pas des domaines quelconques. En particulier, si le domaine d'existence d'une fonction analytique de deux variables complexes a pour frontière une hypersurface (à trois dimensions réelles) qui satisfait à certaines conditions de régularité, il existe une expression différentielle qui fait intervenir les dérivées partielles du premier membre de l'équation de l'hypersurface et qui doit posséder un signe déterminé.

G. Julia ([3]) a montré plus tard que l'ensemble des points où une famille de fonctions holomorphes est normale jouit de propriétés tout à fait analogues. Cela est assez naturel, car les propriétés des domaines d'existence des fonctions holomorphes ont un rapport etroit avec celles des domaines de convergence des séries de fonctions holomorphes.

Malheureusement, le fait de connaître des conditions nécessaires et suffisantes pour qu'une hypersurface soit, *au voisinage d'un de ses points*, la frontière d'existence d'une fonction analytique, n'entraîne pas la connaissance de conditions nécessaires et *suffisantes* pour qu'un domaine donné soit le domaine *total* d'existence d'une fonction analytique. A l'heure actuelle, le problème de la recherche de telles conditions nécessaires et suffi-

---

([1]) *Voir*, notamment, *Ueber analytische Funktionen mehrerer unabhäng. Veränd.* (*Math. Ann.*, t. 62, 1906, p. 1-88).

([2]) *Annali di Matematica*, série III[a], t. 17, 1910, p. 61-87, et t. 18, 1911, p. 69-79.

([3]) *Sur les familles de fonctions analytiques de plusieurs variables* (*Acta mathematica*, t. 47, 1926, p. 53-115).

santes n'est résolu que dans certains cas particuliers ([1]). Une classification des domaines s'impose à ce sujet; elle sera indiquée au n° 2.

Le présent travail est une contribution à la recherche de conditions nécessaires et suffisantes. Nous en trouverons dans des cas très étendus. C'est en étudiant les propriétés des domaines de convergence uniforme des séries de fonctions holomorphes que nous obtiendrons de telles conditions. En passant, nous apporterons quelques compléments aux théorèmes de G. Julia.

Les problèmes dont nous venons de parler sont en relation avec un problème important, non encore résolu : « Est-il vrai qu'étant donné un domaine univalent ([2]) quelconque, toute fonction holomorphe dans ce domaine y soit développable en série uniformément convergente de polynomes? » Appelons *normal* tout domaine D qui jouit de la propriété suivante : « Toute fonction holomorphe dans D admet un développement en série de polynomes, qui converge uniformément au voisinage de tout point intérieur à D. » La question est de savoir si tous les domaines univalents sont normaux. Or, nous verrons que les domaines normaux jouissent de propriétés remarquables qui, vraisemblablement, n'appartiennent pas à tous les domaines univalents. Il suffirait donc de donner l'exemple d'un domaine univalent qui ne possède pas l'une de ces propriétés, pour montrer du même coup l'existence de domaines non normaux. Encore resterait-il à caractériser les domaines non normaux.

2. Sauf avis contraire, nous n'envisagerons, pour simplifier, que des domaines *univalents* et *ouverts*, dont tous les points intérieurs sont à distance finie ([3]). Nous raisonnerons sur l'espace de deux variables complexes x et y, mais nos raisonnements s'appliqueront à un nombre quelconque de variables. Nous nous bor-

---

([1]) Il en est ainsi, notamment, dans le cas des domaines de Reinhardt et, plus généralement, des domaines cerclés. *Voir* H. CARTAN, *Les fonctions de deux variables complexes et le problème de la représentation analytique*, Chapitre V (*Journ. de Math.*, 9ᵉ série, t. 10, 1931, p. 1-114). Ce Mémoire sera désigné par la lettre [C] dans le présent article.

([2]) Un domaine *univalent* est un domaine tel qu'un point quelconque de l'espace appartienne au plus une fois au domaine.

([3]) Cela ne veut pas dire que nous n'envisagerons que des domaines bornés.

nerons à considérer des fonctions *holomorphes*, laissant de côté les fonctions méromorphes pour ne pas compliquer des questions déjà difficiles.

Nous dirons qu'un domaine D est *maximum* s'il existe une fonction $f(x, y)$, holomorphe dans D, qui n'est holomorphe en aucun point frontière de D.

Un domaine D sera dit *maximum au sens large* si, étant donné un point frontière quelconque x_0, y_0 de D, il existe une fonction $f(x, y)$ holomorphe dans D et non holomorphe en x_0, y_0. Comme cette fonction f peut dépendre du point x_0, y_0, *il n'est nullement certain qu'un domaine maximum au sens large soit maximum*. Nous verrons cependant que tout domaine normal, maximum au sens large, est maximum.

Un domaine D sera dit *pseudo-convexe* [1] *en un point frontière* x_0, y_0, s'il existe une hypersphère S, de centre x_0, y_0, et une fonction $f(x, y)$, holomorphe dans la région commune à D et S, et non holomorphe en x_0, y_0. Un domaine qui est pseudo-convexe en chacun de ses points frontières sera dit *partout pseudo-convexe*. Il est clair qu'un domaine maximum au sens large, et *a fortiori* un domaine maximum, est partout pseudo-convexe. Rien ne prouve que la réciproque soit exacte.

E. E. Levi a précisément donné une condition nécessaire et suffisante pour qu'un domaine soit pseudo-convexe en un point de sa frontière, dans le cas où celle-ci est une hypersurface à trois dimensions qui satisfait, au voisinage du point considéré, à certaines conditions de régularité. Pour qu'un domaine à frontière régulière soit maximum, il faut donc que la condition de Levi soit vérifiée en chaque point de la frontière.

Mais nous voulons des conditions *nécessaires et suffisantes* pour qu'un domaine soit maximum. Nous en trouverons pour tous les domaines normaux (sans faire aucune hypothèse restrictive sur la nature de la frontière), en introduisant une nouvelle catégorie de domaines, qui sera définie au n° 6 : celle des domaines *strictement convexes*. Mais, alors que la catégorie des domaines partout pseudo-convexes contient celle des domaines maxima, celle des domaines maxima contient celle des domaines strictement

---

(1) Ce terme semble avoir été adopté par les mathématiciens allemands.

convexes. Autrement dit, tout domaine strictement convexe est maximum (théorème V). La proposition réciproque est vraie pour les domaines *normaux*.

Voici une autre question : Étant donné un domaine qui appartient à l'une des quatre catégories précédentes (partout pseudoconvexe, maximum au sens large, maximum, strictement convexe), les propriétés qui caractérisent sa catégorie se conservent-elles par une transformation analytique arbitraire de l'intérieur du domaine en un autre? Nous verrons au n° 9 qu'il en est bien ainsi, *sans faire aucune hypothèse sur la façon dont se comporte la transformation au voisinage de la frontière.*

Voici enfin un dernier problème : Étant donné un domaine D, non maximum, toute fonction holomorphe dans D est holomorphe dans un domaine plus grand, d'après la définition même d'un domaine maximum. Mais cela ne prouve pas qu'il existe un domaine maximum Δ, tel que toute fonction holomorphe dans D soit aussi holomorphe dans Δ. Il en est pourtant ainsi pour des classes fort générales de domaines (1), en particulier pour tous les domaines normaux.

II. — Domaines convexes relativement à une famille de fonctions.

3. Plaçons-nous dans un espace $\mathcal{E}$ à un nombre quelconque de dimensions réelles. Sois $\mathcal{F}$ une famille de fonctions (réelles ou complexes) *continues* dans un domaine ouvert Σ, borné ou non, dont tous les points sont à distance finie.

Par exemple, si $\mathcal{E}$ a quatre dimensions, on pourra le considérer comme l'espace de deux variables complexes x et y, et envisager, par exemple, la famille $\mathcal{F}$ de toutes les fonctions holomorphes dans un domaine Σ (2), ou même la famille formée par les fonctions d'une classe particulière de fonctions holomorphes dans Σ; c'est ainsi que nous envisagerons parfois la famille de tous les polynomes en x et y, le domaine Σ étant alors tout l'espace à distance finie.

---

(1) *Voir* aussi, à ce sujet, mon Mémoire du *Journal de Math.* déjà cité.

(2) Lorsque nous parlons de *toutes* les fonctions holomorphes dans Σ, nous n'entendons pas nous limiter aux fonctions qui ne sont pas holomorphes ailleurs.

Définition. — *Un domaine* D *sera dit* convexe relativement *à une famille* $\mathcal{F}$ *de fonctions continues dans* Σ *si* D *est intérieur* ([1]) *à* Σ, *et si, étant donnés arbitrairement un domaine fermé* D_0 *complètement intérieur* ([2]) *à* D, *un point frontière* M *de* D *intérieur à* Σ *(s'il existe de tels points), et une hypersphère* S *de centre* M, *intérieure à* Σ, *il existe au moins une fonction* f *de la famille* $\mathcal{F}$, *telle que le maximum de son module dans* S *soit supérieur au maximum de son module dans* D_0.

Par exemple, un domaine borné convexe (au sens ordinaire du mot) n'est autre qu'un domaine convexe relativement à la famille des fonctions linéaires à coefficients réels des coordonnées de l'espace.

Dans l'espace de deux variables complexes x et y, un domaine cerclé convexe centré à l'origine ([3]) n'est autre qu'un domaine convexe relativement à la famille des polynomes homogènes du premier degré en x et y.

Dans le même espace, un domaine cerclé maximum, centré à l'origine, n'est autre qu'un domaine convexe relativement à la famille de tous les polynomes homogènes en x et y. C'est une conséquence immédiate des résultats que j'ai établis dans mon Mémoire [C] [*voir* la note ([1]) de la page 47].

De même, un domaine de Reinhardt ([4]) maximum n'est autre qu'un domaine convexe relativement à la famille des monomes $x^m y^p$ (m et p entiers, positifs ou nuls). On en déduit aussitôt la propriété caractéristique de la relation entre les rayons de convergence associés d'une série double de Taylor.

([1]) Il est entendu, dans tout ce qui suit, que par « domaine *intérieur* à Σ », nous entendons un domaine dont tous les points intérieurs sont intérieurs à Σ, sans rien préjuger des points frontières.

([2]) Un domaine fermé est dit *complètement intérieur* à un autre si tous ses points frontières sont intérieurs à l'autre.

([3]) Un domaine cerclé centré à l'origine est défini par les propriétés suivantes : 1° l'origine ($x = y = 0$) est un point intérieur; 2° si x_0, y_0 est un point du domaine, $x = x_0 e^{i\theta}$, $y = y_0 e^{i\theta}$ est aussi un point du domaine quel que soit le nombre réel θ.

([4]) Un domaine de Reinhardt (centré à l'origine) est défini par les propriétés suivantes : 1° l'origine est un point intérieur; 2° si x_0, y_0 est un point du domaine, $x = x_0 e^{i\theta}$, $y = y_0 e^{i\varphi}$ est aussi un point du domaine, quels que soient les nombres réels θ et φ.

Quelques conséquences immédiates de la définition précédente. — 1° Si une famille $\mathcal{F}$ de fonctions continues dans Σ fait partie d'une famille plus étendue $\mathcal{F}_1$ de fonctions continues dans Σ, tout domaine convexe relativement à $\mathcal{F}$ est, *a fortiori*, convexe relativement à $\mathcal{F}_1$.

2° Soit une suite infinie de domaines fermés $D_1, \ldots, D_p, \ldots$, dont chacun est complètement intérieur à Σ et complètement intérieur au suivant. Soit D le domaine formé de l'ensemble de tous ces domaines. *Si chaque* D_p *est convexe relativement à une famille* $\mathcal{F}$ *de fonctions continues dans* Σ (la même pour tous les D_p), *le domaine* D *est lui-même convexe relativement à* $\mathcal{F}$.

Cette proposition est une conséquence immédiate de la définition: nous laissons au lecteur le soin de l'établir.

4. Théorème I. — *Soit* $\mathcal{F}$ *une famille de fonctions continues dans un domaine* Σ, *et soit* D *un domaine intérieur à* Σ. *Parmi tous les domaines, convexes relativement à* $\mathcal{F}$, *qui contiennent* D, *il en est un,* Δ, *qui est intérieur à tous les autres.* Nous l'appellerons *le plus petit domaine convexe (relativement à* $\mathcal{F}$*) qui contient* D.

Si D est convexe relativement à $\mathcal{F}$, Δ ne sera autre que D lui-même. Un autre cas limite serait celui où Δ est confondu avec Σ.

Démonstration. — D peut évidemment être considéré comme le domaine limite d'une suite infinie de domaines fermés $D_1, \ldots, D_p, \ldots$, dont chacun est complètement intérieur à D et complètement intérieur au suivant; ces domaines doivent être choisis de façon que tout point intérieur à D soit intérieur à l'un au moins des D_p, et, par suite, à tous les suivants.

Étant donnée une fonction quelconque f de la famille $\mathcal{F}$, soit $\alpha_{f,p}$ la borne supérieure de son module dans D_p, et soit $E_{f,p}$ l'ensemble des points de Σ où l'on a

$$|f| \leqq \alpha_{f,p}.$$

Soit E_p l'ensemble commun aux $E_{f,p}$ relatifs à toutes les fonctions de la famille $\mathcal{F}$, et soit A_p l'ensemble des points intérieurs à E_p; A_p se compose d'un ou plusieurs domaines connexes, dont l'un, Δ_p, contient évidemment l'intérieur de D_p. Chaque domaine Δ_p

est intérieur au domaine suivant Δ_{p+1}; l'ensemble des Δ_p, correspondant à toutes les valeurs de p, définit un domaine Δ qui contient D.

Je vais montrer : 1° que Δ est convexe relativement à $\mathcal{F}$; 2° que tout domaine qui contient D et est convexe relativement à $\mathcal{F}$ contient aussi Δ. J'aurai alors établi le théorème I.

1° *Δ est convexe relativement à $\mathcal{F}$.* — En effet, soient Δ_0 un domaine fermé complètement intérieur à Δ, et S une hypersphère, intérieure à Σ, dont le centre M est un point frontière de Δ. Si p est assez grand, Δ_p contient Δ_0 et des points intérieurs à S; l'hypersphère S, contenant alors au moins un point frontière de Δ_p, contient au moins un point frontière de l'un des $E_{f,p}$ définis plus haut. Il existe donc un point P de S, en lequel une fonction f de la famille $\mathcal{F}$ a son module plus grand qu'en tout point de D_p, et même qu'en tout point de Δ_p, d'après la définition de Δ_p. *A fortiori*, le module de f au point P est plus grand que la borne supérieure de ce module dans Δ_0. Le domaine Δ est donc convexe relativement à $\mathcal{F}$.

2° Supposons qu'il existe un domaine Δ', qui soit convexe relativement à $\mathcal{F}$, contienne D et admette un point frontière M intérieur à Δ. Montrons qu'une telle supposition est absurde. En effet, M serait intérieur à Δ_p pour des valeurs assez grandes de p; p étant ainsi choisi, soit Δ'_0 un domaine fermé complètement intérieur à Δ' et tel que D_p soit complètement intérieur à Δ'_0. Soit aussi S une hypersphère, de centre M, tout entière intérieure à Δ_p. Puisque Δ' est convexe relativement à $\mathcal{F}$, il existe une fonction f de la famille $\mathcal{F}$ dont le module en un point P de S est plus grand qu'en tout point de Δ'_0. La borne supérieure de f serait donc plus grande dans Δ_p que dans D_p. Or ceci est en contradiction avec la façon dont on a défini Δ_p.

C. Q. F. D.

III. — Domaines strictement convexes relativement à une famille de fonctions.

5. **Définition.** — *Étant donnée une famille $\mathcal{F}$ de fonctions continues dans un domaine ouvert* D, D *sera dit* **strictement convexe relativement à la famille $\mathcal{F}$**, *si à chaque domaine*

fermé D_0, *complètement intérieur à* D, *on peut associer un domaine fermé* D'_0, *complètement intérieur à* D, *qui jouit de la propriété suivante : étant donné arbitrairement un point* M *intérieur à* D, *mais extérieur à* D'_0, *il existe une fonction de la famille* $\mathcal{F}$ *dont le module en* M *est plus grand qu'en tout point de* D_0.

D'après cette définition, il est clair que si D est strictement convexe relativement à une famille $\mathcal{F}$ de fonctions holomorphes dans un domaine Σ (contenant D), il est convexe relativement à $\mathcal{F}$. Nous verrons au n° 6 que, dans certains cas, la réciproque est vraie.

Une condition nécessaire et suffisante pour qu'un domaine ne soit pas strictement convexe. — Elle va résulter immédiatement de la définition; aussi l'énoncerons-nous sans démonstration.

Pour qu'un domaine D ne soit pas strictement convexe relativement à une famille $\mathcal{F}$, il faut et il suffit qu'il existe un domaine fermé D_0, complètement intérieur à D, et une suite infinie de points $M_1, \ldots, M_p, \ldots$, intérieurs à D, n'ayant aucun point limite intérieur à D, et tels que, étant donnée une fonction quelconque de $\mathcal{F}$, son module en chacun des points M_p soit au plus égal à la borne supérieure de ce même module dans D_0.

6. *Plaçons-nous dans l'espace de deux variables complexes x et y*. Pour abréger le langage, nous dirons que D est *convexe relativement à* Σ, si D est convexe relativement à la famille de toutes les fonctions holomorphes dans Σ. De même, nous dirons que D est *strictement convexe* s'il est strictement convexe relativement à la famille de toutes les fonctions holomorphes dans D.

THÉORÈME II. — *Si un domaine fermé* D *est complètement intérieur à un domaine* Σ, *et si* D *est convexe relativement à* Σ, *il est strictement convexe.*

Supposons, en effet, que D ne soit pas strictement convexe, et servons-nous de la condition nécessaire et suffisante énoncée à la fin du numéro précédent. Conservons les mêmes notations. Toute fonction holomorphe dans D, et de module au plus égal à *un* dans

D_0, aura son module au plus égal à *un* en chacun des points M_p. Désignons par M un point frontière de D qui soit point limite des M_p.

Cela posé, donnons-nous un domaine fermé D_1, complètement intérieur à D, et tel que D_0 soit complètement intérieur à D_1. Soit aussi S une hypersphère de centre M et de rayon ρ assez petit pour que S soit intérieure à Σ. Supposons, en outre, ρ assez petit pour que toute translation, de longueur inférieure à 2ρ, transforme D_1 en un domaine contenant encore le domaine D_0, et transforme Σ en un domaine contenant encore le domaine D.

Puisque D est convexe relativement à Σ, il existe une fonction $f(x, y)$, holomorphe dans Σ, de module au plus égal à *un* dans D_1 et de module plus grand que *un* en un point (ξ, η) de S. Or, il existe un point $M_p(x_p, y_p)$ intérieur à S. Je considère alors la fonction

$$\varphi(x, y) \equiv f(x - x_p + \xi, y - y_p + \eta);$$

elle est holomorphe dans D; son module est au plus égal à *un* dans D_0 et plus grand que *un* en M_p. On arrive ainsi à une contradiction. C. Q. F. D.

Théorème III. — *Si un domaine est convexe relativement à la famille $\mathfrak{F}$ des polynomes en x et y, il est strictement convexe relativement à $\mathfrak{F}$, et, a fortiori*, strictement convexe.

Comme plus haut, on raisonnera par l'absurde, avec cette différence que, le domaine D n'étant plus supposé borné, les points M_p pourraient n'avoir cette fois aucun point limite à distance finie. Or, cette dernière éventualité est à rejeter, car si les points M_p tendent vers l'infini, on peut évidemment trouver des polynomes du premier degré (x ou y par exemple) qui soient bornés dans le domaine D_0 (en effet D_0, étant fermé, est borné) et ne soient pas bornés sur l'ensemble des points M_p. Comme plus haut, on arrive à une contradiction, et le théorème est démontré.

La démonstration marche, en somme, grâce au fait suivant : si l'on effectue une translation de l'espace, tout polynome en x et y reste un polynome. En remplaçant les translations par des homothéties, on retrouverait des propositions qui m'ont servi dans mon Mémoire cité [C] :

Théorème III *bis*. — *Si un domaine est convexe relativement à la famille des polynomes homogènes en x et y, il est cerclé et strictement convexe relativement à cette famille.*

Théorème III *ter*. — *Si un domaine est convexe relativement à la famille des monomes $x^m y^p$* (*m* et *p* entiers positifs ou nuls), *c'est un domaine de Reinhardt, et il est strictement convexe relativement à cette famille.*

7. Restons toujours dans l'espace de deux variables complexes x et y.

Théorème IV. — *Si un domaine* Σ *est strictement convexe, et si un domaine fermé* D *est complètement intérieur à* Σ, *le plus petit domaine convexe* (*relativement à* Σ) *contenant* D *est lui-même complètement intérieur à* Σ, *et, par suite, est strictement convexe* (théorème II).

En effet, Σ étant strictement convexe, au domaine D est associé un domaine fermé D′, complètement intérieur à Σ, qui jouit de la propriété suivante : M étant un point quelconque de Σ, extérieur à D′, il existe une fonction holomorphe dans Σ, dont le module est plus grand en M qu'en tout point de D.

Reportons-nous alors à la façon dont est défini le domaine Δ, plus petit domaine convexe (relativement à Σ) contenant D (n° 4). Nous voyons que Δ est certainement intérieur à D′.

C. Q. F. D.

IV. — Les domaines d'existence des fonctions holomorphes de deux variables.

8. Théorème V. — *Tout domaine strictement convexe est maximum.*

Ce théorème se déduit du théorème suivant :

Théorème VI. — *Soit* D *un domaine strictement convexe relativement à une famille* $\mathfrak{F}$ *de fonctions holomorphes dans* D. *Étant donnée une suite infinie quelconque de points* $M_1, \ldots, M_p, \ldots$, *intérieurs à* D, *n'ayant aucun point limite intérieur à* D, *on peut construire une fonction* $F(x, y)$, *holomorphe dans* D, *qui s'annule en chacun des points* M_p, *et cela de façon que les variétés sur lesquelles* F *s'annule soient obtenues en égalant à des constantes certaines fonctions de la famille* $\mathcal{F}$.

Montrons d'abord que le théorème V est une conséquence du théorème VI.

Appliquons en effet ce dernier au cas où la famille $\mathcal{F}$ est celle de toutes les fonctions holomorphes dans D, et où les points M_p admettent comme points limites tous les points frontières de D.

Je dis que la fonction $F(x, y)$ correspondante n'est holomorphe en aucun point frontière de D. Supposons en effet que F soit holomorphe en un point frontière M_0, et par suite en tous les points frontières voisins ([1]). Comme chaque point frontière est point limite de points M_p, la fonction F serait nulle en tout point de la frontière voisin de M_0. D'autre part, au voisinage de M_0, F s'annulerait sur des caractéristiques régulières, en nombre fini, ayant un nombre fini de points d'intersection; la frontière se composerait d'un certain nombre de ces caractéristiques. Soit P un point frontière appartenant à l'une de ces caractéristiques et à une seule; au voisinage de P, la fonction F ne s'annulerait pas ailleurs que sur la frontière. C'est impossible, puisque F s'annule aux points M_p, intérieurs à D. L'hypothèse faite est donc absurde : $F(x, y)$ n'est holomorphe en aucun point frontière de D, et par suite D est maximum.

C. Q. F. D.

Passons à la démonstration du théorème VI. Considérons D comme le domaine limite d'une suite infinie de domaines fermés $D_1, \ldots, D_n, \ldots$, dont chacun est complètement intérieur à D et complètement intérieur au suivant. La définition d'un domaine D strictement convexe relativement à une famille $\mathcal{F}$ associe à chaque domaine D_n un domaine fermé D'_n, complètement intérieur à D. Soit alors n_p la plus grande valeur de n telle que M_p soit extérieur à D'_n. Puisque les points M_p n'ont aucun point limite intérieur à D, n_p tend vers l'infini avec p.

Cela posé, il existe, dans la famille $\mathcal{F}$, une fonction $f_p(x, y)$, égale à α_p au point M_p, et dont la borne supérieure dans D_{n_p} est

([1]) Nous supposons donc que D n'a pas de point frontière isolé. Il est d'ailleurs facile de montrer que si D avait un point frontière isolé, D ne serait pas strictement convexe. Le théorème V est donc valable sans aucune restriction.

plus petite que $|\alpha_p|$. Il en résulte qu'on peut construire un produit infini

$$\prod_{p=1}^{\infty}\left(1-\frac{f_p(x,y)}{\alpha_p}\right)e^{R_p(x,y)},$$

avec

$$R_p(x,y)\equiv\frac{f_p}{\alpha_p}+\frac{1}{2}\left(\frac{f_p}{\alpha_p}\right)^2+\ldots+\frac{1}{k_p}\left(\frac{f_p}{\alpha_p}\right)^{k_p},$$

de façon que ce produit converge uniformément au voisinage de tout point intérieur à D (il suffit de répéter le raisonnement classique de Weierstrass). Ce produit représente une fonction $F(x, y)$, holomorphe dans D, qui remplit toutes les conditions de l'énoncé. C. Q. F. D.

9. Comme nous l'avons dit dans l'introduction, on est amené à considérer, dans l'espace x, y, les quatre catégories suivantes de domaines :

1° partout pseudo-convexes;
2° maxima au sens large;
3° maxima;
4° strictement convexes.

Tous les domaines d'une quelconque de ces catégories appartiennent à la catégorie précédente.

Nous allons montrer maintenant que *chacune de ces catégories se conserve par une transformation analytique arbitraire*. D'une façon précise, soit D un domaine univalent appartenant à la catégorie α ($\alpha = 1, 2, 3, 4$), et soit

$$X = f(x,y), \qquad Y = g(x,y)$$

un système de deux fonctions, holomorphes dans D, qui transforment D en un domaine univalent Δ [1]. *Sans rien supposer sur la façon dont se comportent f et g sur la frontière de* D, je dis que Δ *est, lui aussi, de la catégorie* α.

La proposition est presque évidente pour $\alpha = 4$, car il résulte,

[1] Le raisonnement que nous allons faire s'applique également au cas des domaines non univalents, pourvu qu'ils ne soient *pas ramifiés*, c'est-à-dire qu'ils soient univalents au voisinage de chaque point intérieur.

de la définition même d'un domaine strictement convexe, que la propriété, pour un domaine, d'être strictement convexe, se conserve par toute transformation analytique.

Montrons, en second lieu, que ***le transformé d'un domaine*** **D** ***partout pseudo-convexe est un domaine*** **Δ** ***partout pseudo-convexe.*** **Soit**

$$(1) \qquad X = f(x, y), \qquad Y = g(x, y)$$

la transformation de D en Δ, et soit

$$(2) \qquad x = F(X, Y), \qquad y = G(X, Y)$$

la transformation inverse de Δ en D. Les domaines D et Δ étant supposés univalents, on a partout

$$\frac{D(f, g)}{D(x, y)} \neq 0, \qquad \frac{D(F, G)}{D(X, Y)} \neq 0.$$

Si Δ n'était pas partout pseudo-convexe, il existerait un point frontière X_0, Y_0 de Δ, jouissant de la propriété suivante : étant donnée une hypersphère quelconque Σ, de centre X_0, Y_0, toute fonction de X et Y, holomorphe dans la région commune à Δ et Σ, est holomorphe en X_0, Y_0. Alors les fonctions

$$F(X, Y), \quad G(X, Y), \quad \frac{1}{\dfrac{D(F, G)}{D(X, Y)}}$$

seraient holomorphes en X_0, Y_0. La transformation (2) serait donc régulière en X_0, Y_0, et transformerait le voisinage de X_0, Y_0 en un voisinage univalent V d'un point frontière x_0, y_0 de D. Inversement, dans la région V, $f(x, y)$ et $g(x, y)$ seraient holomorphes, avec

$$\frac{D(f, g)}{D(x, y)} \neq 0.$$

Soit alors S une hypersphère de centre x_0, y_0, intérieure à V. Puisque D est partout pseudo-convexe, il existe une hypersphère S′ intérieure à S, et une fonction $\varphi(x, y)$, holomorphe dans la région commune à D et S′, et non holomorphe en x_0, y_0. Posons

$$\Phi(X, Y) \equiv \varphi[F(X, Y), G(X, Y)].$$

$\Phi(X, Y)$ serait holomorphe dans la région commune à Δ et à une certaine hypersphère Σ de centre X_0, Y_0; elle serait donc holomorphe en X_0, Y_0. Or on a

$$\varphi(x, y) \equiv \Phi[f(x, y), g(x, y)],$$

et, par suite, $\varphi(x, y)$ serait holomorphe en x_0, y_0. Nous arrivons à une contradiction. C. Q. F. D.

On montrerait de la même façon que *le transformé analytique d'un domaine maximum au sens large est maximum au sens large.*

10. Il nous reste enfin à montrer que *le transformé analytique d'un domaine maximum est maximum.* Nous établirons d'abord le lemme suivant :

Lemme. — *Soient k fonctions holomorphes dans un domaine* Δ. *Si, en chaque point frontière de* Δ, *l'une au moins de ces fonctions n'est pas holomorphe, il existe une combinaison linéaire de ces fonctions qui n'est holomorphe en aucun point frontière de* Δ; Δ *est donc maximum.*

Soient en effet $f_1, \ldots, f_k$ ces fonctions. Donnons-nous une suite infinie de points frontières de Δ, $M_1, \ldots, M_p, \ldots$, telle que tout point frontière de Δ soit point limite de cette suite. Il suffit de trouver une combinaison linéaire des f_i qui ne soit holomorphe en aucun point M_p.

Or, en un point frontière donné M_p, il existe au plus $k-1$ combinaisons linéaires homogènes distinctes

$$\Sigma \alpha_i f_i$$

qui soient holomorphes en M_p; sinon, les f_i seraient toutes holomorphes en M_p. Pour qu'une combinaison $\Sigma\alpha_i f_i$ soit holomorphe en M_p, il doit donc exister au moins une relation linéaire homogène entre les α_i.

A chaque M_p est ainsi associée une telle relation; toutes ces relations étant en infinité dénombrable, il est clair qu'on peut choisir les constantes α_i de manière qu'aucune de ces relations ne soit satisfaite. La fonction correspondante $\Sigma\alpha_i f_i$ ne sera holomorphe en aucun point M_p, et le lemme est démontré.

Cela posé, soit D un domaine maximum, et soit Δ le transformé de D par une transformation

$$X = f(x, y), \qquad Y = g(x, y); \tag{1}$$

soit

$$x = F(X, Y), \qquad y = G(X, Y) \tag{2}$$

la transformation inverse.

D et Δ sont supposés univalents (nous l'avons dit plus haut une fois pour toutes). On a donc

$$\frac{D(f, g)}{D(x, y)} \neq 0. \qquad \frac{D(F, G)}{D(X, Y)} \neq 0.$$

Je vais montrer que Δ est maximum. Je considère pour cela une fonction $\varphi(x, y)$, holomorphe dans D, et non prolongeable au delà de D (par hypothèse, il existe une telle fonction). Je pose

$$\Phi(X, Y) \equiv \varphi[F(X, Y), G(X, Y)].$$

Les quatre fonctions

$$\Phi(X, Y), \quad F(X, Y), \quad G(X, Y), \quad \frac{1}{\frac{D(F, G)}{D(X, Y)}}$$

sont holomorphes dans Δ. Je dis que, X_0, Y_0 étant un point frontière quelconque de Δ, l'une au moins de ces quatre fonctions n'est pas holomorphe en X_0, Y_0. Sinon, en raisonnant comme plus haut, on verrait que $\varphi(x, y)$ serait holomorphe en un point frontière x_0, y_0 de D, ce qui est contraire à l'hypothèse.

Il suffit donc d'appliquer à ces quatre fonctions et au domaine Δ le lemme qu'on vient d'établir. Ainsi Δ est maximum.

C. Q. F. D.

Corollaire du lemme. — *Le domaine commun à plusieurs domaines maxima (en nombre fini) est lui-même maximum.*

V. — Les domaines de convergence uniforme des séries de fonctions.

11. Soit Σ un domaine ouvert d'un espace $\mathcal{E}$ à un nombre quelconque de dimensions. Considérons une série de fonctions (réelles ou complexes) continues dans Σ

$$f_1 + f_2 + \ldots + f_n + \ldots$$

qui converge uniformément (vers une fonction finie) au voisinage d'un point O intérieur à Σ. L'ensemble des points de Σ au voisinage desquels la série converge uniformément constitue un domaine qui n'est peut-être pas connexe; soit D la partie connexe de ce domaine qui contient O. Nous appellerons D le *domaine de convergence uniforme* de la série.

THÉORÈME VII. — *Soit $\mathfrak{F}$ une famille de fonctions continues dans un domaine Σ. Étant donnée une série de fonctions de la famille $\mathfrak{F}$, qui converge uniformément au voisinage d'un point* O *intérieur à Σ, le domaine de convergence uniforme de cette série est convexe relativement à la famille $\mathfrak{F}$.*

En effet, soit D_0 un domaine fermé complètement intérieur au domaine de convergence uniforme D, et soit S une hypersphère, intérieure à Σ, ayant pour centre un point frontière de D. Nous allons montrer qu'il existe une fonction de la famille $\mathfrak{F}$ telle que le maximum de son module dans S soit supérieur au maximum de son module dans D_0.

Envisageons à cet effet un domaine fermé D_1, complètement intérieur à D, qui contienne D_0 et des points intérieurs à S. Il suffit de montrer l'existence d'une fonction de $\mathfrak{F}$ telle que le maximum de son module dans S soit supérieur au maximum de son module dans D_1. Or, soit

$$f_1 + \ldots + f_n + \ldots$$

la série envisagée, et soit ε_n le maximum de $|f_n|$ dans D_1. La série $\sum_1^\infty \varepsilon_n$ est convergente, à cause de la convergence uniforme. Soit E l'ensemble des points de Σ où l'on a, quel que soit n,

$$|f_n| \leqq \varepsilon_n;$$

soit A l'ensemble des points intérieurs à E, et soit Δ la partie connexe de A qui contient le point O.

Il est clair que Δ contient D_1 et est contenu dans D. Puisque Δ

contient D_1, Δ contient des points intérieurs à S; il existe donc au moins un point frontière de Δ intérieur à S, soit M. Dans un voisinage arbitraire de M, il existe un point où l'on a

$$|f_n| > \varepsilon_n,$$

pour une certaine valeur de n (sinon M serait intérieur à Δ). On peut supposer qu'un tel point est intérieur à S.

En résumé, on a $|f_n| > \varepsilon_n$ en un point de S, et $|f_n| \leqq \varepsilon_n$ en tout point de D_1. Comme f_n appartient à la famille $\mathcal{F}$, le théorème est démontré.

12. Plaçons-nous dans l'espace de deux variables complexes x et y.

Théorème VII *bis*. — *Si une série de fonctions holomorphes dans un domaine Σ converge uniformément (vers une fonction finie) au voisinage d'un point* O *intérieur à Σ, le domaine de convergence uniforme de la série est convexe relativement à Σ.*

Il suffit en effet d'appliquer le théorème VII au cas envisagé.

Réciproque du théorème VII *bis*. —*Si un domaine* D *est convexe relativement à un domaine Σ, c'est le domaine de convergence uniforme d'une certaine série de fonctions holomorphes dans Σ.*

Considérons en effet une suite infinie de domaines fermés $D_1, \ldots, D_p, \ldots$, complètement intérieurs à D, dont chacun est complètement intérieur au suivant, tout point intérieur à D étant intérieur à l'un d'entre eux (et par suite à tous les suivants). Donnons-nous aussi une suite infinie de points $M_1, \ldots, M_p, \ldots$, intérieurs à Σ, appartenant à la frontière de D, et admettant comme points limites tous les points frontières de D intérieurs à Σ. A chaque M_p associons une hypersphère S_p, intérieure à Σ, de centre M_p et de rayon ρ_p $\left(\lim\limits_{p\to\infty}\rho_p = 0\right)$.

Par hypothèse, il existe une fonction $f_p(x, y)$, holomorphe dans Σ, telle que la borne supérieure α_p de son module dans D_p soit plus petite que la borne supérieure β_p de son module dans S_p; en multipliant au besoin f_p par une constante, on peut supposer $\beta_p = 1$.

Soit alors k_p un entier tel que la série $\sum_{p=1}^{\infty}(\alpha_p)^{k_p}$ soit convergente.

La série

$$\Sigma[f_p(x, y)]^{k_p}$$

converge uniformément au voisinage de tout point intérieur à D. Je dis qu'elle ne converge uniformément au voisinage d'aucun point frontière de D. Soient en effet P un tel point, et K une hypersphère de centre P; il existe une infinité d'hypersphères S_p intérieures à K, et, par suite, il existe une infinité de fonctions f_p dont le module est égal à *un* en un point de K (ce point peut varier avec la fonction f_p). La convergence n'est donc pas uniforme dans K.

C. Q. F. D.

13. Il est à peine besoin de rappeler que la somme d'une série de fonctions holomorphes est une fonction holomorphe dans le domaine de convergence uniforme (puisqu'on a exclu l'hypothèse de la convergence vers l'infini).

Faisons encore la remarque suivante : une série de fonctions holomorphes dans Σ étant supposée converger uniformément au voisinage d'un point O, l'ensemble des points de Σ où cette famille est normale constitue un domaine; *la partie connexe* D' *qui contient* O *est identique au domaine de convergence uniforme* D défini plus haut.

Il est clair, en effet, que D' contient D. Inversement, D contient D', car si une série de fonctions, appartenant à une famille normale dans D', converge dans un domaine intérieur à D', elle converge uniformément dans D'.

14. Combinons maintenant le théorème VII *bis* avec le théorème II. Il vient immédiatement :

Théorème VIII. — *Si le domaine de convergence uniforme d'une série de fonctions holomorphes dans un domaine* Σ *est complètement intérieur* [1] *à* Σ, *il est strictement convexe, et, en particulier, maximum.*

---

[1] Par « domaine ouvert *complètement intérieur* à un domaine Σ », il faut entendre un domaine intérieur à un domaine fermé lui-même complètement intérieur à Σ.

Cette proposition complète le théorème de G. Julia, relatif à l'ensemble des points où une famille est normale.

En combinant le théorème VII avec le théorème III, nous trouvons :

Théorème IX. — *Le domaine de convergence uniforme d'une série de polynomes est strictement convexe relativement à la famille des polynomes, et, en particulier, maximum.*

Réciproquement, tout domaine strictement convexe relativement à la famille des polynomes est le domaine de convergence uniforme d'une certaine série de polynomes [1].

J'avais déjà montré, dans mon Mémoire [C], que le domaine de convergence uniforme d'une série de polynomes homogènes est maximum. D'une façon précise, en combinant le théorème VII avec l'un des théorèmes III *bis* et III *ter*, nous trouvons :

Théorème IX *bis*. — *Le domaine de convergence uniforme d'une série de polynomes homogènes est strictement convexe relativement à la famille des polynomes homogènes. Réciproquement, tout domaine strictement convexe relativement à la famille des polynomes homogènes est le domaine de convergence d'une certaine série de polynomes homogènes.*

Théorème IX *ter*. — *Le domaine de convergence uniforme d'une série double de Taylor est strictement convexe relativement à la famille* $\mathfrak{F}$ *des monomes* $x^m y^p$ (m et p entiers positifs ou nuls). *Réciproquement, tout domaine strictement convexe relativement à* $\mathfrak{F}$ *est le domaine de convergence uniforme d'une certaine série de Taylor.*

Comme je l'ai déjà dit, on déduit de là la propriété caractéristique de la relation entre les rayons des cercles de convergence associés.

VI. — Les domaines normaux.

15. Nous resterons désormais dans l'espace de deux variables complexes x et y.

---

(1) Cette réciproque s'établit comme la réciproque du théorème VII *bis* (n° 12).

Rappelons la définition donnée dans l'Introduction : « un domaine univalent D est dit *normal* si toute fonction holomorphe dans D y est développable en série uniformément convergente de polynomes. »

Tous les domaines cerclés (et *a fortiori* les domaines de Reinhardt) sont normaux, puisque toute fonction holomorphe dans un domaine cerclé y est développable en série uniformément convergente de polynomes homogènes ([C], théorème II).

THÉORÈME X. — *Tout domaine normal maximum est strictement convexe relativement à la famille des polynomes.*

Soient en effet D un tel domaine, et $f(x, y)$ une fonction holomorphe dans D et non prolongable au delà. Son développement en série de polynomes aura évidemment D pour domaine de convergence uniforme; le théorème IX entraîne le théorème X.

En somme, *pour qu'un domaine normal soit maximum, il faut et il suffit qu'il soit strictement convexe relativement à la famille des polynomes* (conséquence des théorèmes V et X).

THÉORÈME XI. — *Soit* D *un domaine normal. Il existe un domaine normal maximum* Δ, *qui jouit de la propriété suivante : toute fonction holomorphe dans* D *est aussi holomorphe dans* Δ.

En effet, le plus petit domaine convexe (relativement à la famille des polynomes) contenant D est strictement convexe (théorème III), donc maximum (théorème V). Soit Δ ce domaine.

Soit alors $f(x, y)$ une fonction holomorphe dans D. Son développement en série de polynomes a pour domaine de convergence uniforme Δ' un domaine convexe relativement à la famille des polynomes (théorème VII). Comme Δ' contient D, Δ' contient Δ, et $f(x, y)$ est holomorphe dans Δ.

Il reste à montrer que Δ est normal. Or, toute fonction holomorphe dans Δ est *a fortiori* holomorphe dans D, et admet par suite un développement en série de polynomes qui converge uniformément dans D, donc dans Δ. C. Q. F. D.

16. LES DOMAINES MAJORABLES. — J'ai introduit cette classe de domaines dans mon Mémoire [C] (Chap V, § 5). *Par définition, un domaine non ramifié* D *est « majorable », s'il existe un*

domaine Δ, *non ramifié*, *maximum au sens large*, *qui contient* D *et jouit de la propriété suivante : toute fonction holomorphe dans* D *est aussi holomorphe dans* Δ. Le domaine Δ est dit *associé* au domaine D. Dans le cas où le domaine associé est *maximum*, le domaine D sera dit « strictement majorable ».

Le théorème XI peut alors s'énoncer ainsi : *tout domaine normal est strictement majorable*, et le domaine associé est *normal*.

Nous allons indiquer quelques propriétés communes à tous les domaines majorables; elles appartiendront en particulier à tous les domaines normaux.

Théorème XII. — *Tout domaine*, *maximum au sens large*, *qui contient un domaine majorable*, *contient le domaine associé*.

Soient en effet D un domaine majorable, Δ le domaine associé, Δ' un domaine maximum au sens large qui contient D. Si le domaine Δ' ne contenait pas Δ, il aurait un point frontière M intérieur à Δ. Soit $f(x, y)$ une fonction holomorphe dans Δ' et non holomorphe en M; $f(x, y)$, étant holomorphe dans D, serait holomorphe dans Δ, donc en M. Il y a contradiction.

C. Q. F. D.

Corollaire. — Le domaine *associé* à un domaine majorable est *unique;* en effet, si un domaine Δ' jouit, vis-à-vis de D, de la même propriété que le domaine associé Δ, il contient Δ, d'après le théorème précédent. Pour la même raison, Δ contient Δ'.

C. Q. F. D.

Théorème XIII. — *Si un domaine strictement majorable est maximum au sens large*, *il est maximum*.

Soit en effet D un tel domaine; il est, par hypothèse, maximum au sens large; comme D se contient lui-même, on peut lui appliquer le théorème précédent. Donc D contient le domaine associé Δ; mais Δ contient D. Le domaine D est donc identique à Δ, qui par hypothèse est maximum. C. Q. F. D.

Corollaire. — *Si un domaine normal est maximum au sens large*, *il est maximum;* il est même *strictement convexe* relativement à la famille des polynomes (théorème X).

Théorème XIV. — *Soient* D *un domaine majorable,* Δ *le domaine associé. Si une fonction, méromorphe dans* D, *n'y prend pas la valeur* a, *elle est méromorphe dans* Δ *et n'y prend pas la valeur* a; *si une fonction est holomorphe et bornée dans* D, *elle est holomorphe et admet la même borne dans* Δ.

En effet, si $f(x, y)$ ne prend pas la valeur a dans D, la fonction

$$\varphi(x, y) \equiv \frac{1}{f(x, y) - a}$$

est homolorphe dans D, et par suite dans Δ. C. Q. F. D.

Si maintenant l'on a

$$|f(x, y)| \leqq M$$

dans D, la fonction $f(x, y)$ ne prend dans D aucune valeur de module plus grand que M; elle ne prend alors dans Δ aucune de ces valeurs, et l'on a aussi, dans Δ,

$$|f(x, y)| \leqq M. \qquad \text{C. Q. F. D.}$$

Corollaire. — *Si un domaine majorable est borné, le domaine associé est borné.*

En effet, les fonctions x et y, étant bornées dans le premier domaine, sont bornées dans le second. C. Q. F. D.

Théorème XV ([1]). — *Soient* D *un domaine majorable, et* Δ *le domaine associé. Si une transformation analytique transforme* D *en un domaine* D' *non ramifié,* D' *est majorable, et la même transformation transforme* Δ *en* Δ', *domaine associé à* D'.

Soit en effet

$$X = f(x, y), \qquad Y = g(x, y) \tag{1}$$

la transformation de D en D'. Les fonctions f et g, étant holomorphes dans D, sont aussi holomorphes dans Δ; puisque leur déterminant fonctionnel ne s'annule pas dans D, il ne s'annule pas dans Δ. La transformation (1) transforme donc Δ en un domaine non ramifié Δ'. Puisque Δ est maximum au sens large, Δ' est aussi maximum au sens large (*cf.* n° 9).

([1]) *Cf.* [C], Chapitre V, théorème XLIII.

Il reste à montrer que toute fonction $\Phi(X, Y)$, holomorphe dans D', est aussi holomorphe dans Δ'. Or, posons

$$\varphi(x, y) \equiv \Phi[f(x, y), g(x, y)].$$

La fonction $\varphi(x, y)$ est holomorphe dans D, donc dans Δ. On en déduit aussitôt que $\Phi(X, Y)$ est holomorphe dans Δ'.

C. Q. F. D.

Remarque. — Si D est strictement majorable, D' est strictement majorable. En effet, Δ étant maximum, son transformé Δ' est maximum (n° 9).

Corollaire du théorème XV. — *Toute transformation analytique biunivoque d'un domaine majorable en lui-même est en même temps une transformation analytique biunivoque du domaine associé en lui-même.*

Remarquons enfin que tout domaine qui contient un domaine majorable D et est contenu dans le domaine associé Δ est lui-même majorable et admet Δ comme domaine associé. A l'aide de cette remarque et du corollaire précédent, j'ai indiqué dans mon Mémoire [C] (Chap. V, § 5) un procédé général de construction de domaines qui n'admettent aucune transformation analytique en eux-mêmes.

17. La notion de domaine normal est susceptible de généralisation. Par définition, un domaine D, intérieur à un domaine Σ, sera dit *normal relativement à* Σ, si toute fonction holomorphe dans D y est développable en série uniformément convergente de fonctions holomorphes dans Σ. Les domaines normaux considérés plus haut se présentent alors comme les domaines normaux relativement à tout l'espace à distance finie ([1]).

Théorème XVI. — *Soit* D *un domaine normal relativement à un domaine* Σ. *Soit* Δ *le plus petit domaine convexe (relativement à* Σ*) contenant* D. *Le domaine* Δ *est normal, et toute fonction holomorphe dans* D *est aussi holomorphe dans* Δ.

([1]) Il est clair, en effet, que si une fonction est développable en série uniformément convergente de fonctions entières, elle est développable en série uniformément convergente de polynomes.

En effet, soit $f(x, y)$ une fonction holomorphe dans D. Elle y admet un développement en série de fonctions holomorphes dans Σ. Cette série admet un domaine de convergence uniforme Δ' qui contient D (par hypothèse) et est convexe relativement à Σ (théorème VII *bis*). Il contient donc Δ (théorème I), et $f(x, y)$ est holomorphe dans Δ. Le domaine Δ est normal, car toute fonction holomorphe dans Δ est *a fortiori* holomorphe dans D, et, par suite, admet un développement en série de fonctions holomorphes dans Σ, qui converge uniformément dans D, donc dans Δ.

C. Q. F. D.

Théorème XVII. — *Soient* Σ *un domaine strictement convexe, et* D *un domaine complètement intérieur à* Σ. *Si* D *est normal relativement à* Σ, D *est strictement majorable.*

Soit en effet Δ le plus petit domaine convexe (relativement à Σ) contenant D. D'après le théorème IV (n° 7), Δ est complètement intérieur à Σ, donc strictement convexe (théorème II), et, en particulier, maximum. D'après le théorème XVI, toute fonction holomorphe dans D est aussi holomorphe dans Δ.

C. Q. F. D.

Puisque D est strictement majorable, D jouit de toutes les propriétés énoncées au n° 16.

17.

Les transformations analytiques et les domaines convexes

Association française pour l'avancement des sciences, Nancy 30–31 (1931)

Rappelons le théorème de STUDY, dont on a donné bien des démonstrations : « Dans toute représentation conforme du cercle $|x| < 1$ sur un domaine convexe, les domaines transformés des cercles $|x| < r$ $(r < 1)$ sont convexes. »

Relativement aux fonctions de deux variables complexes x et y, on a le théorème analogue suivant : *Soit D un domaine cerclé* ([1]) *convexe ayant pour centre l'origine* $x = y = 0$; *dans toute transformation analytique* ([2]) *du domaine D en un domaine convexe, les domaines homothétiques de D par rapport à l'origine dans un rapport* $k < 1$ *ont pour images des domaines convexes.*

La démonstration est semblable à celle du théorème de Study donnée récemment par M. RADO dans les *Math. Annalen.* Soit Δ un domaine borné quelconque, et soit O un point intérieur à Δ; considérons, avec M. CARATHÉODORY, la borne supérieure au point M (intérieur à Δ) du module des fonctions nulles en O, holomorphes et de module inférieur à *un* dans Δ; soit d (M) cette borne supérieure. On a

$$d(\mathrm{M}) < 1,$$

et, dans toute transformation analytique qui laisse fixe O et transforme Δ en un domaine intérieur à Δ, on a

$$d(\mathrm{M}') \leq d(\mathrm{M}), \qquad (1)$$

M′ étant le transformé du point M. *La réciproque est-elle vraie?*

D'une façon précise, soient deux points M et M′ de Δ, tels que l'inégalité (1) soit vérifiée ; existe-t-il une transformation analytique laissant fixe le point O, transformant Δ en un domaine intérieur à Δ, et amenant M en M′? Non, en général.

Bornons-nous désormais à considérer la classe $\mathcal{C}$ *des domaines* Δ *pour lesquels il existe un point intérieur O tel que la réciproque précédente*

([1]) On appelle domaine cerclé ayant pour centre l'origine tout domaine qui admet les transformations

$$x' = xe^{i\theta}, \qquad y' = ye^{i\theta} \quad (\theta \text{ réel quelconque}).$$

([2]) Il s'agit de transformations

$$\mathrm{X} = f(x, y), \qquad \mathrm{Y} = g(x, y),$$

$f(x, y)$ et $g(x, y)$ étant deux fonctions analytiques des variables complexes x et y.

soit vraie. On vérifie que tout domaine cerclé convexe appartient à $\mathcal{C}$ (il suffit de prendre pour O le centre du domaine); d'autre part, la propriété, pour un domaine, d'appartenir à $\mathcal{C}$ se conserve par toute transformation analytique.

Désignons alors par Δ_l l'ensemble des points M de Δ pour lesquels on a $d(\mathrm{M}) < l$ $(l < 1)$, et remarquons que, pour un domaine cerclé convexe D (le point O étant pris au centre), le domaine D_l est homothétique de D par rapport au centre dans le rapport l.

Cela étant, le théorème annoncé au début est une conséquence de la proposition que voici : *Si Δ appartient à la classe $\mathcal{C}$ et est convexe, tous les domaines Δ_l sont convexes.*

Démonstration. — Soient $\mathrm{M}_1(x_1, y_1)$ et $\mathrm{M}_2(x_2, y_2)$ deux points quelconques de Δ_l $[d(\mathrm{M}_2) \leqq d(\mathrm{M}_1)$ par exemple], et soit à montrer que tout point $\mathrm{M}_0(x_0, y_0)$ du segment de droite $\mathrm{M}_1\mathrm{M}_2$ appartient à Δ^l; il suffit de montrer que $d(\mathrm{M}_0) \leqq d(\mathrm{M}_1)$. Or, on a

$$x_0 = \frac{x_1 + tx_2}{1+t}, \qquad y_0 = \frac{y_1 + ty_2}{1+t} \qquad (t \text{ réel, } 0 < t < 1),$$

et, puisque Δ appartient à $\mathcal{C}$, il existe une transformation

$$\mathrm{X} = f(x, y), \qquad \mathrm{Y} = g(x, y)$$

qui laisse fixe O, transforme Δ en un domaine intérieur à Δ, et amène M_1 en M_2. La transformation

$$\mathrm{X} = \frac{x + tf(x,y)}{1+t}, \quad \mathrm{Y} = \frac{y + tg(x,y)}{1+t}$$

laisse fixe O, transforme Δ en un domaine intérieur à Δ (parce que Δ est convexe) et amène M_1 en M_0; d'où $d(\mathrm{M}_0) \leqq d(\mathrm{M}_1)$. C. Q. F. D.

Tout ce qui précède s'applique à un nombre quelconque de variables complexes.

18.

(avec E. Cartan)

Les transformations des domaines cerclés bornés

Comptes Rendus de l'Académie des Sciences de Paris 192, 709–712 (1931)

1. Rappelons que, dans l'espace de deux variables complexes x et y, un domaine D est dit *cerclé* s'il contient l'origine $(x=y=0)$ à son intérieur, et s'il admet les transformations

$$x' = xe^{i\theta}, \qquad y' = ye^{i\theta} \qquad (\theta \text{ réel quelconque}). \tag{1}$$

L'origine est le *centre* du domaine.

On sait ([1]) que toute transformation analytique ([2]) qui laisse fixe l'origine et transforme un domaine cerclé borné en un domaine cerclé est nécessairement *linéaire*. Aussi dirons-nous que deux domaines cerclés sont *équivalents* si l'on peut les transformer l'un dans l'autre par une transformation linéaire homogène portant sur les variables complexes x et y.

Pour déterminer la forme la plus générale d'une correspondance analytique entre deux domaines cerclés bornés ([3]), dans le cas où les centres des

---

([1]) Henri Cartan, *Les fonctions de deux variables complexes et le problème de la représentation analytique* (*Journal de Math.*, 9ᵉ série, **10**, 1931, p. 1-114; Chap. II, théorème VI). Voir aussi *Comptes rendus*, **190**, 1930, p. 718.

([2]) Il s'agit de transformations de la forme

$$x' = f(x, y), \qquad y' = g(x, y),$$

f et g étant des fonctions holomorphes des variables complexes x et y.

([3]) Si deux domaines cerclés sont en correspondance analytique, et si l'un d'eux est borné, l'autre est aussi borné (voir le Mémoire cité, Chap. II, § 6).

domaines ne sont pas homologues, il suffit pratiquement de résoudre le problème suivant :

Problème. — Déterminer *toutes* les transformations analytiques biunivoques d'un domaine cerclé borné D en lui-même.

M. Thullen [1] a déjà résolu ce problème dans le cas particulier des domaines de Reinhardt [2], c'est-à-dire des domaines qui admettent les transformations

$$x' = x e^{i\theta}, \qquad y' = y e^{i\varphi} \qquad (\theta \text{ et } \varphi \text{ réels quelconques}).$$

2. Nous avons résolu le problème posé et avons établi les théorèmes qui vont suivre.

a désignant un nombre réel quelconque compris entre 0 et 1 ($a \neq 1$), désignons par Δ_a le domaine cerclé constitué par l'ensemble des points x, y en lesquels sont simultanément vérifiées les inégalités suivantes :

$$(\Delta_a) \qquad |x| < 1, \qquad |y| < 1, \qquad \left|\frac{y - x}{1 - \bar{x}y}\right| < a \quad (^3).$$

Géométriquement, Δ_a se compose des points x, y tels que la distance non euclidienne de x et y, dans le cercle unité, soit inférieure à un nombre donné.

Théorème I. — *Si un domaine cerclé borné* D *n'est pas équivalent à un domaine de Reinhardt, et s'il admet au moins une transformation en lui-même, dans laquelle le centre n'est pas fixe, il est équivalent à un domaine* Δ_a.

Théorème II. — *Les transformations d'un domaine* Δ_a *en lui-même sont les*

---

(1) *Zu den Abbildungen durch analytische Funktionen*, etc. (*Math. Annalen*, **104**, 1931, p. 244-259).

(2) Voici le résultat obtenu par M. Thullen. Si un domaine de Reinhardt borné admet au moins une transformation en lui-même, dans laquelle le centre n'est pas fixe, il a l'une des trois formes suivantes :

$$\mathrm{A}|x|^2 + \mathrm{B}|y|^\alpha < 1,$$
$$\mathrm{A}|x|^\alpha + \mathrm{B}|y|^2 < 1,$$
$$|x| < \mathrm{A}, \quad |y| < \mathrm{B}$$
$$(\mathrm{A} > 0, \quad \mathrm{B} > 0, \quad \alpha > 0).$$

On connaît d'ailleurs toutes les transformations analytiques qui laissent invariants ces domaines.

(3) Suivant l'usage, $\bar{y}$ désigne la quantité conjuguée de y.

suivantes :

$$x' = e^{i\theta}\frac{x+t}{1+\bar{t}x}, \qquad y' = e^{i\theta}\frac{y+t}{1+\bar{t}y},$$

et

$$x' = e^{i\theta}\frac{y+t}{1+\bar{t}y}, \qquad y' = e^{i\theta}\frac{x+t}{1+\bar{t}x},$$

θ *désignant un nombre réel quelconque, et t un nombre complexe arbitraire de module inférieur à un.*

Les transformations précédentes conservent tous les domaines Δ_a, et aussi le dicylindre

$$|x| < 1, \qquad |y| < 1,$$

qui correspondrait au cas $a = 1$.

Deux domaines Δ_a et Δ_b $(a \neq b)$ ne peuvent pas être mis en correspondance analytique.

3. Appelons (Γ) la classe des domaines cerclés suivants :

$$\text{(I)} \qquad |x|^2 + |y|^\alpha < 1 \qquad (\alpha > 0),$$

$$\text{(II)} \qquad |x| < 1, \qquad |y| < 1, \qquad \left|\frac{x-y}{1-\bar{y}x}\right| < a \qquad (0 < a \leqq 1),$$

et de leurs transformés par une substitution linéaire homogène arbitraire.

Des théorèmes précédents et des résultats de M. Thullen on déduit les propositions suivantes :

Théorème III. — *Soit* D *un domaine cerclé borné qui n'appartient pas à la classe* (Γ). *Toute transformation analytique, qui transforme* D *en un domaine cerclé* D', *laisse fixe l'origine, et, par suite, est linéaire.*

Théorème IV. — *Soit* D *un domaine quelconque de la classe* (Γ). *Si* D *est en correspondance analytique avec un domaine cerclé* D', *il existe une transformation de* D *en lui-même, amenant au centre de* D *l'homologue du centre de* D'; D *et* D' *sont donc équivalents.*

4. Voici le principe de la démonstration des théorèmes I et II. Partons de la proposition suivante [1] : « Si un domaine cerclé borné D n'est pas équivalent à un domaine de Reinhardt, les seules transformations de D en lui-même, qui laissent fixe le centre, sont les substitutions (1), éventuellement combinées avec un groupe de substitutions linéaires *en nombre fini.* »

Cela posé, supposons donné un domaine cerclé borné D qui ne soit pas

---

[1] Voir le Mémoire déjà cité (Chap. IV, § 7, théorème XXVIII).

équivalent à un domaine de Reinhardt, et admettons l'existence d'une transformation S de D en lui-même, qui ne laisse pas fixe le centre. Considérons le plus petit groupe G contenant les substitutions (1) et les transformées de ces substitutions par S. Le groupe G sera le plus petit groupe de Lie contenant deux transformations infinitésimales données, dont l'une est

$$ix\frac{\partial f}{\partial x}+iy\frac{\partial f}{\partial y}, \tag{2}$$

et dont l'autre, de forme inconnue, ne laisse pàs fixe l'origine. Mais nous savons que G est un sous-groupe du groupe de toutes les transformations de D en lui-même; G doit donc satisfaire aux deux conditions supplémentaires suivantes :

1° Toute transformation infinitésimale laissant fixe l'origine est identique à (2);

2° Il existe un domaine borné, invariant par G.

Or, les méthodes classiques de Lie permettent de déterminer tous les groupes qui satisfont aux conditions précédentes. Ils se ramènent, en effectuant au besoin une transformation linéaire sur x et y, à deux types G_1 et G_2

$$(G_1)\qquad x'=e^{i\theta}\frac{x+t}{1+\bar{t}x},\qquad y'=ye^{i\theta}\frac{1-t\bar{t}}{(1+\bar{t}x)^2},$$

$$(G_2)\qquad x'=e^{i\theta}\frac{x+t}{1+\bar{t}x},\qquad y'=e^{i\theta}\frac{y+t}{1+\bar{t}y}\qquad(\theta\text{ réel}, |t|<1).$$

Les domaines bornés qui restent invariants par G_1 sont des domaines de Reinhardt. Ceux qui restent invariants par G_2 sont, outre le dicylindre, les domaines Δ_a.

19.

Les transformations des domaines semi-cerclés bornés

Comptes Rendus de l'Académie des Sciences de Paris 192, 869–871 (1931)

M. Elie Cartan et moi-même avons déterminé ([1]) toutes les transformations analytiques des domaines cerclés bornés. La méthode indiquée au paragraphe 4 de cette Note permet aussi de trouver la forme des transformations des domaines semi-cerclés ([2]) bornés. La démonstration des théorèmes qui vont suivre paraîtra dans un autre Recueil ([3]).

1. Rappelons que, dans l'espace de deux variables complexes x et y, un domaine D, univalent ou non, est dit *semi-cerclé* si, x_0, y_0 désignant un point quelconque du domaine, la courbe

$$x = x_0, \qquad y = y_0 e^{i\theta},$$

obtenue en faisant varier le nombre réel θ de o à 2π, est intérieure à D et fermée dans D. On suppose en outre qu'il y a des points intérieurs à D pour lesquels y est nul. L'ensemble de ces derniers points constitue le *plan de symétrie* du domaine.

Nous dirons que deux domaines semi-cerclés D et D′ sont *équivalents* si l'on peut passer de l'un à l'autre par une transformation de la forme

$$x' = f(x), \qquad y' = y\, g(x), \tag{1}$$

$f(x)$ et $g(x)$ étant holomorphes dans D, et $g(x)$ ne s'annulant pas dans D.

([1]) *Comptes rendus*, 192, 1931, p. 709.

([2]) Quelques auteurs allemands leur donnent le nom de domaines de Hartogs.

([3]) M. Behnke, à qui j'ai communiqué mes résultats, vient de m'écrire que M. Siewert, dans un travail non encore publié, aurait obtenu des propositions concordant en partie avec les théorèmes I et II de la présente Note.

On connaît toutes les transformations d'un domaine de Reinhardt ([1]) borné en lui-même. Donc, étant donné un domaine semi-cerclé borné D équivalent à un domaine de Reinhardt ([2]), on peut considérer que l'on connaît toutes les transformations de D en lui-même.

J'ai montré ([3]) que si un domaine semi-cerclé borné D n'est équivalent à aucun domaine de Reinhardt, toute transformation analytique de D en un domaine semi-cerclé D', *dans laquelle un certain point du plan de symétrie de* D' *correspond à un point du plan de symétrie de* D, a la forme (1).

2. Affranchissons-nous maintenant de la condition en italiques.

Théorème I. — *Si un domaine semi-cerclé borné* D *n'est équivalent à aucun domaine de Reinhardt, et si* D *admet au moins une transformation en lui-même qui n'a pas la forme* (1), *alors* D *est équivalent à un domaine* Δ *défini de la façon suivante :* Δ est constitué par l'ensemble des points x, y, pour lesquels x est intérieur à un certain domaine δ, non simplement connexe, du plan x, et y est intérieur au cercle $|y| < 1$.

D'ailleurs, la transformation la plus générale de Δ en lui-même est

$$x' = f(x), \qquad y' = e^{i\theta}\frac{y+t}{1+\bar{t}y} \qquad (\theta \text{ reel}, |t|<1),$$

où $x' = f(x)$ désigne la transformation la plus générale de δ en lui-même.

Nous donnerons à Δ le nom de *dicylindre généralisé*.

3. D'après le théorème I, *si un domaine semi-cerclé borné* D *n'est équivalent ni à un domaine de Reinhardt, ni à un dicylindre généralisé*, toutes les transformations de D en lui-même ont la forme

$$x' = f(x), \qquad y' = y\,g(x).$$

Les transformations $x' = f(x)$ forment un groupe G.

Théorème II. — *Le groupe* G *est, ou proprement discontinu, ou continu à un seul paramètre.*

([1]) Un domaine univalent D est un *domaine de Reinhardt* s'il contient l'origine ($x = y = 0$) à son intérieur, et s'il admet les transformations

$$x' = xe^{i\alpha}, \qquad y' = ye^{i\beta} \qquad (\alpha \text{ et } \beta \text{ réels quelconques}).$$

M. Thullen a déterminé toutes les transformations d'un tel domaine, s'il est borné (voir la Note déjà citée).

([2]) Dans ce cas, le domaine de Reinhardt est lui-même borné.

([3]) Henri Cartan, *Les fonctions de deux variables complexes*, etc. (*Journal de Math.*, 9e série, 10, 1931, p. 1-114. Voir, au Chapitre IX, le théorème XXXII).

THÉORÈME III. — *Lorsque* G *dépend d'un paramètre, on peut transformer* D *en un domaine semi-cerclé équivalent* Δ, *tel que les transformations de* Δ *en lui-même aient toutes la forme*

$$x' = f(x), \qquad y' = y e^{i\theta} \qquad (\theta \text{ réel}).$$

THÉORÈME IV. — *Si un domaine semi-cerclé borné* D *n'est équivalent à aucun domaine de Reinhardt, et s'il est en correspondance analytique avec un domaine semi-cerclé* D′, *il est possible de mettre* D *et* D′ *en correspondance au moyen d'une transformation de la forme* (1); D *et* D′ *sont donc équivalents.*

20.

Sur les transformations analytiques des domaines cerclés et semi-cerclés bornés

Mathematische Annalen 106, 540–573 (1932)

Table des Matières.

Chapitre I.

Exposé des résultats.

1. Rappel de quelques définitions et but de ce travail.

Nous considérons les deux variables complexes x et y comme les coordonnées d'un point d'un espace à quatre dimensions réelles.

Dans cet espace, un domaine *cerclé* ayant pour *centre* l'origine ($x = y = 0$) est, par définition, un domaine connexe qui contient l'origine à son intérieur, et qui admet les transformations

(1) $$x' = x e^{i\theta}, \quad y' = y e^{i\theta} \qquad (\theta \text{ réel quelconque}).$$

J'ai montré[1]) que si le centre n'est pas un point de ramification pour le domaine, ce dernier est forcément *univalent* (*schlicht*). Dans tout ce qui suit, lorsque nous parlerons de domaines cerclés, il ne sera question que de domaines cerclés univalents ayant leur centre à l'origine.

Un domaine connexe D, univalent ou non, est dit *semi-cerclé*[2]) s'il admet les transformations

(2) $$x' = x, \quad y' = y e^{i\theta} \qquad (\theta \text{ réel quelconque}),$$

---

[1]) [d], théorème I, p. 14. Les lettres entre crochets renvoient à la Bibliographie placée à la fin de cet article.

[2]) Les domaines semi-cerclés portent aussi le nom de «domaines de Hartogs».

et s'il existe des points, intérieurs à D, pour lesquels y est nul. L'ensemble de ces derniers points constitue le *plan de symétrie* de D; les points du plan de symétrie sont tous des *centres*: ils restent fixes dans la transformation (2). Contrairement à ce qui a lieu pour les domaines cerclés, un domaine semi-cerclé peut n'être pas univalent, même si aucun point du plan de symétrie n'est un point de ramification. J'ai d'ailleurs montré[3]) que tout domaine semi-cerclé D peut être défini de la façon suivante: on part d'un domaine quelconque d, univalent ou non, du plan de la variable x; à chaque point x, intérieur à d, on associe, dans le plan de la variable y, un domaine univalent $\delta(x)$ composé d'un cercle et de couronnes circulaires centrés à l'origine ($y = 0$) [le cercle *ou* les couronnes peuvent d'ailleurs faire défaut]. Les domaines $\delta(x)$ doivent en outre satisfaire à la condition suivante: x_0 étant un point quelconque intérieur à d, et y_0 un point quelconque intérieur à $\delta(x_0)$, le point y_0 doit aussi appartenir à tous les domaines $\delta(x)$, pour tous les x suffisamment voisins de x_0. Enfin, il doit exister au moins un domaine $\delta(x)$ (et, par suite, une infinité) contenant le point $y = 0$ à son intérieur. Cela posé, *l'ensemble des points x, y, où x désigne un point intérieur à d, et y un point intérieur à $\delta(x)$, définit un domaine semi-cerclé D*; le domaine d s'appelle la *projection* de D.

Dans le cas où tous les domaines $\delta(x)$ sont des *cercles*, le domaine semi-cerclé correspondant est dit *complet*. On démontre[3]) que toute fonction holomorphe dans un domaine semi-cerclé est aussi holomorphe dans le plus petit domaine semi-cerclé complet contenant D.

Pour qu'un domaine soit à la fois cerclé et semi-cerclé, il faut et il suffit qu'il soit univalent, qu'il contienne l'origine à son intérieur, et qu'il admette les transformations

$$x' = x e^{i\theta_1}, \qquad y' = y e^{i\theta_2} \qquad (\theta_1 \text{ et } \theta_2 \text{ réels quelconques}). \tag{3}$$

Un tel domaine porte le nom de *domaine de Reinhardt*. L'origine est le *centre* du domaine.

Ces définitions étant rappelées, posons le problème suivant:

Problème fondamental. *Un domaine connexe D étant donné dans l'espace (x, y), déterminer toutes les transformations analytiques biunivoques*[4])

---

[3]) [d], Chapitre III, N° 3.

[4]) Par «transformation analytique biunivoque» d'un domaine D en lui-même, nous entendons une transformation

$$x' = f(x, y), \qquad y' = g(x, y),$$

où $f(x, y)$ et $g(x, y)$ désignent deux fonctions holomorphes dans D, et qui établit une correspondance biunivoque entre les points *intérieurs* à D (on suppose que D est constitué uniquement de points à distance finie).

de D en lui-même. En particulier, étudier la nature du groupe G constitué par l'ensemble de ces transformations; indiquer éventuellement le nombre de paramètres dont dépend G; indiquer les propriétés du sous-groupe constitué par les transformations de G qui laissent fixe un point donné O, intérieur à D; etc.

Nous nous proposons, dans ce travail, de résoudre ce problème pour tous les domaines cerclés ou semi-cerclés bornés. Les résultats qui seront établis plus loin ont été publiés sans démonstration dans deux Notes aux Comptes Rendus de l'Académie des Sciences de Paris ([f] et [g]). Le théorème I de la Note [g] n'est pas exact (*voir*, plus loin, le théorème V et la note [15])).

2. Les transformations des domaines cerclés en eux-mêmes.

Rappelons d'abord quelques propositions connues.

Théorème (A).[5]) *Si une transformation analytique laisse fixe l'origine et établit une correspondance biunivoque entre deux domaines cerclés, dont l'un au moins est borné, cette transformation est nécessairement linéaire*

$$x' = ax + by, \qquad y' = a'x + b'y.$$

Dans tout ce qui suit, nous dirons que deux domaines cerclés sont *équivalents* si on peut les transformer l'un dans l'autre par une transformation linéaire homogène portant sur les variables complexes.

Théorème (B).[6]) *Si un domaine cerclé borné D n'est équivalent à aucun domaine de Reinhardt, les seules transformations analytiques de D en lui-même, qui laissent fixe le centre, sont les transformations*

$$x' = x e^{i\theta}, \qquad y' = y e^{i\theta} \qquad (\theta \text{ réel quelconque}), \tag{1}$$

éventuellement combinées avec un groupe de substitutions linéaires unimodulaires en nombre fini.

Le théorème (A) s'applique en particulier aux domaines de Reinhardt bornés. On a le théorème plus précis [7]):

Théorème (A bis). *Si un domaine de Reinhardt borné D n'a pas la forme*

$$A|x|^2 + B|y|^2 < 1 \qquad (A > 0,\ B > 0), \tag{4}$$

toute transformation analytique qui laisse fixe l'origine et transforme D

[5]) [d], théorème VI, p. 30. Voir aussi [b] et [c].

[6]) [d], théorème XXVIII, p. 86.

[7]) [d], théorème XXXIII. Le théorème (A bis), ainsi que le théorème (B bis), avaient été démontrés par K. Reinhardt [a] dans le cas des domaines de Reinhardt convexes.

en un domaine de Reinhardt Δ a nécessairement la forme

$$x' = a x, \quad y' = b y$$

ou la forme

$$x' = a y, \quad y' = b x.$$

Nous dirons que deux domaines de Reinhardt sont ***équivalents*** si on peut les transformer l'un dans l'autre par une transformation ayant l'une des deux formes précédentes.

Théorème (B bis).[8]) *Si un domaine de Reinhardt borné D n'a pas la forme* (4), *les seules transformations analytiques de D en lui-même, qui laissent fixe le centre, sont les transformations*

$$(3) \qquad x' = x e^{i\theta_1}, \quad y' = y e^{i\theta_2} \qquad (\theta_1 \text{ et } \theta_2 \text{ réels quelconques})$$

éventuellement combinées avec une transformation de la forme

$$x' = R y, \quad y' = \frac{1}{R} x \qquad (R > 0).$$

Relativement aux domaines de Reinhardt, Peter Thullen a récemment établi [e] une proposition qui résout complètement, pour ces domaines, le problème fondamental posé à la fin du § 1. Voici le théorème de P. Thullen:

Théorème (C). *Un domaine de Reinhardt borné D n'admet pas d'autres transformations analytiques biunivoques en lui-même que celles qui laissent fixe le centre*[9]), *sauf si D est équivalent à l'un des domaines suivants*

$$1^\circ \qquad |x| < 1, \quad |y| < 1;$$

$$2^\circ \qquad |x|^2 + |y|^\alpha < 1 \qquad (\alpha > 0, \textit{ d'ailleurs quelconque}).$$

Le domaine 1° porte le nom de *dicylindre*; les transformations de ce domaine en lui-même sont connues depuis longtemps; ce sont les suivantes

$$x' = e^{i\theta_1} \frac{x + t}{1 + \bar{t} x}, \qquad y' = e^{i\theta_2} \frac{y + u}{1 + \bar{u} y},$$

combinées avec

$$x' = y, \quad y' = x;$$

θ_1 et θ_2 désignent deux nombres réels quelconques, t et u deux nombres complexes quelconques de modules inférieurs à *un* ($\bar{t}$ et $\bar{u}$ désignent respectivement les quantités imaginaires conjuguées de t et u). Les transformations précédentes dépendent de *six* paramètres réels.

Quant à la classe des domaines 2°, elle comprend l'hypersphère

$$|x|^2 + |y|^2 < 1,$$

---

[8]) [d], théorème XXIX, p. 86.

[9]) Cf. théorème (B bis).

qui correspond à $\alpha = 2$, et dont les transformations, bien connues, dépendent de huit paramètres réels. Si $\alpha \neq 2$, les seules transformations du domaine 2° en lui-même sont les suivantes

$$x' = e^{i\theta_1} \frac{x+t}{1+\bar{t}x}, \quad y' = e^{i\theta_2} y \left[\frac{1-t\bar{t}}{(1+\bar{t}x)^2}\right]^{\frac{1}{\alpha}},$$

$$(\theta_1 \text{ et } \theta_2 \text{ réels quelconques, } |t| < 1);$$

elles dépendent de *quatre* paramètres réels; l'origine $x = y = 0$ peut être amenée en un point quelconque de la variété $y = 0$.

Arrivons maintenant aux propositions nouvelles qui seront démontrées au Chapitre II de ce travail.

Soit a un nombre réel quelconque compris entre *zéro* et *un*, et désignons par Δ_a le domaine cerclé constitué par l'ensemble des points x, y en lesquels sont simultanément vérifiées les trois inégalités suivantes

$$|x| < 1, \quad |y| < 1, \quad \left|\frac{y-x}{1-\bar{y}x}\right| < a.$$

Géométriquement, Δ_a se compose des points x, y tels que la distance non-euclidienne de x et de y, dans le cercle unité, soit inférieure à un nombre donné.

Cela posé, nous établirons les théorèmes suivants.

Théorème I. *Les seules transformations analytiques biunivoques d'un domaine cerclé borné D en lui-même sont celles qui laissent fixe le centre*[10]*, sauf si D est équivalent à un domaine de Reinhardt*[11]*) ou à un domaine* Δ_a.

Théorème II. *Les transformations analytiques biunivoques d'un domaine* Δ_a $(a \neq 1)$ *en lui-même sont les suivantes*

$$x' = e^{i\theta} \frac{x+t}{1+\bar{t}x}, \quad y' = e^{i\theta} \frac{y+t}{1+\bar{t}y}$$

et

$$x' = e^{i\theta} \frac{y+t}{1+\bar{t}y}, \quad y' = e^{i\theta} \frac{x+t}{1+\bar{t}x} \qquad (\theta \text{ réel, } |t| < 1).$$

Ces transformations dépendent de trois paramètres réels; l'origine $(x = y = 0)$ peut être amenée en un point quelconque de la variété $y = x$ $(|x| < 1)$. Ces transformations, remarquons-le, ne dépendent pas de la valeur de a; elles conservent chacun des domaines Δ_a, et aussi le dicylindre

$$|x| < 1, \quad |y| < 1,$$

qui correspondrait au cas où $a = 1$.

[10]) Cf. théorème (B).

[11]) Cf. théorème (C).

Théorème III. *Deux domaines Δ_a et Δ_b $(a \neq b)$ ne peuvent pas être mis en correspondance analytique biunivoque.*

Théorème IV. *Tous les domaines Δ_a sont des domaines d'holomorphie*: autrement dit, on peut, à chaque domaine Δ_a, associer une fonction $f(x, y)$ qui soit holomorphe dans Δ_a et ne soit holomorphe en aucun point frontière de Δ_a.

3. Les transformations des domaines semi-cerclés en eux-mêmes.

Rappelons quelques propositions connues.

1°[12]) Soient D un domaine semi-cerclé borné, et O un point de son plan de symétrie. Toute transformation analytique qui établit une correspondance biunivoque entre D et un domaine semi-cerclé D', dans laquelle le point O correspond à un point du plan de symétrie de D', a nécessairement la forme

$$X = f(x), \qquad Y = y\,g(x), \tag{5}$$

$f(x)$ et $g(x)$ étant des fonctions holomorphes dans le domaine d, *projection* de D, et $g(x)$ ne s'annulant pas dans d. Pourtant, ce théorème peut être en défaut dans le cas où l'on peut transformer D en un domaine de Reinhardt Δ, le point O venant au centre de Δ.

2°[13]) Soient D un domaine semi-cerclé borné, et O un point de son plan de symétrie. Si D est en correspondance analytique biunivoque avec un domaine de Reinhardt D' qui n'a pas la forme

$$A|x|^2 + B|y|^2 < 1 \qquad (A > 0,\ B > 0), \tag{4}$$

et si le point O correspond au centre de D' dans la transformation, alors cette transformation a la forme (5) ou la forme

$$y' = f(x), \qquad x' = y\,g(x).$$

Or, dans ce dernier cas, la transformation

$$X' = y', \qquad Y' = x'$$

transforme D' en un autre domaine de Reinhardt Δ', et la correspondance entre D et Δ' a encore la forme (5).

Cela posé, convenons de dire que deux domaines semi-cerclés sont *équivalents* si on peut les transformer l'un dans l'autre par une transformation de la forme (5). Des propositions précédentes résulte alors le théorème suivant:

---

[12]) [d], théorème XXXII, p. 90.
[13]) [d], théorème XXXIII, p. 91.

Théorème (D). *Si un domaine semi-cerclé borné D n'est équivalent à aucun domaine de Reinhardt, toute transformation analytique de D en un domaine semi-cerclé D', dans laquelle un certain point O du plan de symétrie de D vient en un certain point O' du plan de symétrie de D', a nécessairement la forme* (5).

Soit maintenant à s'affranchir de l'hypothèse suivant laquelle un certain point O du plan de symétrie de D correspond à un certain point O' du plan de symétrie de D'. Bornons-nous, pour le moment, à la recherche des transformations analytiques biunivoques d'un domaine semi-cerclé borné *D en lui-même.* Nous pouvons laisser de côté le cas où D est équivalent à un domaine de Reinhardt borné Δ, car, dans ce cas, il suffit de chercher les transformations de Δ en lui-même; or c'est là un problème que nous savons résoudre (théorèmes (B bis) et (C)).

Il y a un autre cas que nous pouvons laisser de côté: c'est *celui où le plus petit domaine semi-cerclé maximum*[14]) *D' contenant le domaine semi-cerclé envisagé D est équivalent à un domaine de Reinhardt borné Δ'.* En effet, toute transformation analytique biunivoque de D en lui-même est aussi une transformation analytique biunivoque de D' en lui-même (la réciproque peut n'être pas exacte); quant à la recherche des transformations de D' en lui-même, elle se ramène à celle des transformations de Δ' en lui-même. Or c'est là un problème que l'on sait résoudre.

Convenons alors d'appeler *domaine semi-cerclé général* tout domaine semi-cerclé D tel que le plus petit domaine semi-cerclé maximum contenant D ne soit équivalent à aucun domaine de Reinhardt.

Nous démontrerons au Chapitre III la proposition suivante:

Théorème V[15]). *Soit D un domaine semi-cerclé général borné. Toutes les transformations analytiques biunivoques de D en lui-même ont la forme*

$$x' = f(x), \qquad y' = y\,g(x),$$

sauf dans les trois cas suivants:

1° *D est équivalent à un dicylindre généralisé;*

2° *D est équivalent à un domaine*

$$1 < \frac{1-|y|^2}{|x|^\alpha} < M \quad (\alpha > 0,\ M \text{ fini ou infini}); \tag{6}$$

14) En ce qui concerne cette notion et la propriété utilisée deux lignes plus loin, *voir* [d], chapitre V. Rappelons ici que tout domaine semi-cerclé maximum est *complet.*

15) Le présent théorème a énoncé dans la Note [g] sous une forme incomplète, qui le rend inexact.

3° *D est équivalent à un domaine*

$$(6') \qquad 1 < (1-|y|^2)\, e^{\frac{x-\bar{x}}{i}} < M \qquad (M \text{ fini ou infini}).$$

Donnons quelques explications sur chacun de ces trois cas.

Premier cas. J'appelle *dicylindre généralisé* un domaine Δ constitué par l'ensemble des points x, y pour lesquels x est intérieur à un domaine borné δ, non simplement connexe, du plan de la variable x, et y est intérieur au cercle $|y| < 1$. On connaît[16]) toutes les transformations d'un tel domaine en lui-même; ce sont les suivantes

$$x' = f(x), \qquad y' = e^{i\theta}\frac{y+t}{1+\bar{t}y} \qquad (\theta \text{ réel}, |t| < 1),$$

où $x' = f(x)$ désigne la transformation la plus générale du domaine δ en lui-même.

Deuxième cas. La *projection* du domaine (6) est le cercle $|x| < 1$ privé de son centre $x = 0$. Le plus petit domaine semi-cerclé complet contenant (6) est le domaine

$$|x|^\alpha + |y|^2 < 1$$

privé de la variété $x = 0$; c'est d'ailleurs le plus petit domaine semi-cerclé maximum contenant le domaine (6). Donc toute transformation du domaine (6) en lui-même est une transformation du domaine

$$|x|^\alpha + |y|^2 < 1$$

en lui-même, qui laisse invariante la variété $x = 0$. On en déduit les transformations du domaine (6) en lui-même

$$x' = e^{i\theta_1} x \left[\frac{1-t\bar{t}}{(1+\bar{t}y)^2}\right]^{\frac{1}{\alpha}}, \qquad y' = e^{i\theta_2}\frac{y+t}{1+\bar{t}y} \qquad (\theta_1 \text{ et } \theta_2 \text{ réels}, |t| < 1).$$

Troisième cas. Le domaine (6') est équivalent au domaine de recouvrement du domaine (6), correspondant à la même valeur de M; il suffit en effet de poser

$$x = e^{-\frac{2iX}{\alpha}}, \qquad y = Y$$

pour que le domaine (6) devienne

$$1 < (1-|Y|^2)\, e^{\frac{X-\bar{X}}{i}} < M.$$

---

[16]) On trouve facilement ces transformations en considérant le domaine Δ', défini en associant au cercle $|y| < 1$, au lieu du domaine δ, le domaine de recouvrement simplement connexe δ' de δ (*universelle Überlagerungsfläche*). A chaque transformation biunivoque de Δ en lui-même correspond une transformation biunivoque de Δ' en lui-même, et même une infinité.

Mais à un point du premier domaine correspondent une infinité de points du second. Remarquons que, pour une valeur donnée de M, les différents domaines (6) correspondant aux différentes valeurs de α ne sont pas équivalents entre eux; mais leurs domaines de recouvrement sont tous équivalents entre eux.

Faisons encore la remarque suivante: le domaine de recouvrement simplement connexe (*universelle Überlagerungsfläche*) d'un dicylindre généralisé est équivalent au dicylindre ordinaire

$$|x| < 1, \qquad |y| < 1.$$

Par conséquent, *si un domaine semi-cerclé D rentre dans l'une quelconque des trois catégories exceptionnelles, on peut établir une correspondance de la forme*

$$X = f(x), \qquad Y = y\,g(x)$$

entre D et un domaine Δ, de l'espace (X, Y), qui admet les transformations

$$X' = X e^{i\theta_1}, \qquad Y' = Y e^{i\theta_2} \quad (\theta_1 \text{ et } \theta_2 \text{ réels quelconques});$$

seulement, *la correspondance $X = f(x)$ entre les projections de D et Δ n'est pas forcément biunivoque.*

Il reste à étudier les transformations analytiques biunivoques d'un domaine semi-cerclé général borné D, dans le cas où D n'appartient à aucune des trois catégories exceptionnelles. Ces transformations ont toutes la forme (5) (théorème V). Les transformations $x' = f(x)$ correspondantes sont des transformations biunivoques du domaine d (projection de D) en lui-même; elles forment un groupe g. Nous démontrerons les théorèmes suivants:

Théorème VI. *Le groupe g est proprement discontinu, ou continu à un paramètre.* Par suite, les transformations de D en lui-même dépendent de *un* ou *deux* paramètres (réels).

Théorème VII. *Lorsque le groupe g dépend d'un paramètre, on peut transformer D en un domaine semi-cerclé équivalent D', de façon que les transformations de D' en lui-même aient la forme*

$$x' = \varphi(x), \qquad y' = y e^{i\theta}.$$

Il est aisé de se rendre compte de la forme du domaine D'. Sa projection d' est doublement ou simplement connexe, puisqu'elle est invariante par des transformations dépendant d'un paramètre. On peut donc supposer, en effectuant au besoin une représentation conforme, que d' est soit une couronne circulaire centrée à l'origine, soit le cercle $|x| < 1$.

Dans le cas où d' est une couronne circulaire centrée à l'origine, les transformations $x' = \varphi(x)$ sont les suivantes:

$$x' = x e^{i\theta_1} \qquad (\theta_1 \text{ réel quelconque})$$

éventuellement combinées avec une transformation de la forme

$$x' = \frac{k}{x};$$

le domaine D' admet donc les transformations

$$x' = x e^{i\theta_1}, \qquad y' = y e^{i\theta_2}$$

éventuellement combinées avec

$$x' = \frac{k}{x}, \qquad y' = y;$$

on en déduit aisément la forme de D'.

Dans le cas où d' est le cercle $|x| < 1$, les transformations $x' = \varphi(x)$ sont: ou bien les substitutions paraboliques admettant un point double donné: ou bien les substitutions hyperboliques admettant deux points doubles donnés, éventuellement combinées avec une substitution échangeant ces deux points doubles[16a]). Dans le premier cas, la domaine $\delta(x)$ associé[17]) à chaque point x du cercle fondamental $|x| < 1$ est le même pour tous les points de chaque circonférence tangente au point double au cercle fondamental; dans le second cas, le domaine $\delta(x)$ est le même pour tous les points de chaque arc de circonférence joignant les deux points doubles.

En résumé, le domaine semi-cerclé D' est d'un type particulier, parfaitement défini par ce qui précède. *Si un domaine semi-cerclé général borné D n'est équivalent à aucun domaine de ce type particulier, et s'il n'est équivalent à aucun dicylindre généralisé, alors le groupe g, relatif à ce domaine D, est proprement discontinu.*

On peut, en définitive, considérer que le problème fondamental (fin du § 1) est résolu pour les domaines semi-cerclés bornés.

4. Les transformations des domaines cerclés et semi-cerclés bornés les uns dans les autres.

Occupons-nous d'abord de la correspondance entre deux domaines *cerclés.*

Théorème VIII. *Soit D un domaine cerclé borné qui n'est équivalent à aucun domaine Δ_a $(0 < a \leqq 1)$ ni à aucun domaine*

$$|x|^2 + |y|^\alpha < 1 \qquad (\alpha > 0).$$

[16a]) Le cas des substitutions elliptiques ne peut pas se présenter, sinon le domaine Δ, plus petit domaine semi-cerclé maximum contenant D, admettrait des transformations laissant fixe un point de son plan de symétrie et dépendant au moins de deux paramètres; Δ serait alors équivalent à un domaine de Reinhardt borné (cf. note [24])), ce qui est contraire à l'hypothèse.

[17]) Voir, au § 1, le mode de définition des domaines semi-cerclés.

Si D est en correspondance analytique avec un autre domaine cerclé D', les centres se correspondent; la transformation envisagée est donc linéaire et homogène.

En effet, soit O_1 le point de D qui correspond au centre O' de D'. Aux transformations

$$X' = Xe^{i\theta}, \quad Y' = Ye^{i\theta}$$

de D' en lui-même correspondent des transformations de D en lui-même, et le point O_1 est le seul point de D qui reste fixe dans ces transformations. D'après le théorème (C) et le théorème I, le point O_1 se confond nécessairement avec le centre O du domaine D. C. Q. F. D.

Théorème IX. *Soit D un domaine cerclé borné qui est équivalent à un domaine Δ_a $(0 < a \leqq 1)$ ou à un domaine*

$$|x|^2 + |y|^\alpha < 1 \qquad (\alpha > 0).$$

Si D est en correspondance analytique avec un domaine cerclé D', il existe une transformation de D en lui-même, amenant au centre O de D le point O_1, homologue du centre O' de D' dans la correspondance envisagée.

Examinons d'abord le cas où l'un au moins des domaines D et D' n'est équivalent à aucun domaine de Reinhardt; supposons par exemple que ce soit D. Alors D est équivalent à un domaine Δ_a $(0 < a < 1)$; on peut supposer que D est effectivement un domaine Δ_a. L'examen des transformations de Δ_a en lui-même montre qu'il existe une transformation et une seule, distincte de la transformation identique, qui laisse fixe un point donné x_0, y_0 de Δ_a, dans le cas où $x_0 \neq y_0$; c'est la transformation

$$x' = S(y), \quad y' = S(x),$$

S désignant la substitution homographique (unique) qui conserve le cercle-unité et échange x_0 et y_0. Cela posé, soit O_1 le point de D qui correspond au centre O' de D' dans la transformation envisagée. D'après ce qui précède, O_1 appartient nécessairement à la variété $x = y$; il existe donc une transformation de D en lui-même, dans laquelle le point O_1 vient au centre O. C. Q. F. D.

Examinons maintenant le cas où D et D' sont équivalents à des domaines de Reinhardt. Ou bien D est équivalent à un dicylindre ou à une hypersphère, ou bien D est équivalent à un domaine

$$|x|^2 + |y|^\alpha < 1 \qquad (\alpha > 0,\ \alpha \neq 2).$$

Dans le premier cas, le théorème à démontrer est évident. Dans le second cas, on peut supposer que D a effectivement la forme

$$|x|^2 + |y|^\alpha < 1;$$

or, parmi les transformations d'un tel domaine en lui-même, celles qui laissent fixe un point x_0, y_0 $(y_0 \neq 0)$ dépendent d'*un seul paramètre*; donc le point O_1 de D, homologue du centre O' de D', appartient à la variété $y = 0$; il existe, par suite, une transformation de D en lui-même, dans laquelle le point O_1 vient au centre O. C. Q. F. D.

Corollaire. *Si deux domaines cerclés bornés sont en correspondance analytique, ils sont équivalents* (conséquence immédiate des théorèmes VIII et IX). En particulier, *si un domaine cerclé borné n'est équivalent à aucun domaine de Reinhardt, il ne peut se représenter sur aucun domaine de Reinhardt.*

Passons maintenant à la correspondance entre un domaine cerclé borné et un domaine semi-cerclé.

Théorème X. *Si un domaine cerclé borné D est en correspondance analytique avec un domaine semi-cerclé D', il est équivalent à un domaine de Reinhardt.*

Ce théorème a déjà été établi[18]) dans le cas où le centre O du domaine D correspond à un point du plan de symétrie de D'. Dans le cas contraire, aux transformations

$$X' = X, \quad Y' = Ye^{i\theta}$$

du domaine D' en lui-même, correspondent des transformations de D en lui-même, dans lesquelles le centre n'est pas fixe, et qui laissent fixes tous les points d'une variété à deux dimensions réelles. Si D n'était équivalent à aucun domaine de Reinhardt, il serait équivalent à un domaine Δ_a (théorème I). Or, dans toute transformation de Δ_a en lui-même, il existe au plus une ligne (à *une* dimension) de points fixes, comme on s'en assure facilement. Nous arrivons ainsi à une contradiction, et le théorème X est démontré.

Il nous reste maintenant à rechercher à quelles conditions un domaine semi-cerclé peut se représenter sur un domaine de Reinhardt borné. Le théorème X conduit au résultat suivant:

Théorème XI. *Si un domaine semi-cerclé borné n'est équivalent à aucun domaine de Reinhardt, il ne peut se représenter sur aucun domaine de Reinhardt.*

Études enfin le cas de deux domaines semi-cerclés D et Δ qui sont en correspondance analytique, en supposant que ces domaines soient *généraux* (cf § 3) et que l'un d'eux au moins soit borné.

---

[18]) [d], théorème XIII, p. 45. Voir aussi [c].

Admettons que la correspondance entre D et Δ n'ait pas la forme

$$(5) \qquad X = f(x), \quad Y = y\,g(x),$$

et envisageons la famille (F) des transformations de D en lui-même, qui correspondent aux transformations

$$(\mathrm{F}') \qquad X' = X, \quad Y' = Y e^{i\theta}$$

de Δ en lui-même. Je dis que, dans D, la variété $y = 0$ ne se transforme pas en elle-même par toutes les transformations de (F). Supposons en effet que cette variété soit invariante par (F); alors la variété correspondante de Δ serait invariante par (F'); ce serait donc une variété $X = a$. Or, soient D' et Δ' les plus petits domaines semi-cerclés maxima contenant respectivement D et Δ. La correspondance envisagée entre D et Δ est aussi une correspondance entre D' et Δ'; au point $X = a$, $Y = 0$ du domaine Δ' elle fait correspondre un point de D' pour lequel $y = 0$. Mais alors, d'après le théorème (D), la correspondance envisagée a la forme (5). Or nous avons fait l'hypothèse contraire.

Il est donc établi que, si la correspondance entre D et Δ n'a pas la forme (5), la variété $y = 0$ n'est pas invariante par toutes les transformations de D en lui-même. Le domaine D appartient donc à l'une des trois catégories définies au théorème V; de même Δ. Or il est clair que deux domaines appartenant à ces catégories exceptionnelles ne peuvent être mis en correspondance analytique que s'ils sont équivalents. D'où le théorème:

Théorème XII. *Si deux domaines semi-cerclés généraux, dont l'un au moins est borné, sont en correspondance analytique, ils sont équivalents. En outre, la correspondance envisagée a nécessairement la forme*

$$X = f(x), \quad Y = y\,g(x),$$

sauf peut-être dans le cas où les domaines appartiennent à l'une des trois catégories exceptionnelles définies au théorème V.

Chapitre II.

Les transformations des domaines cerclés.

5. Principe de la démonstration du théorème I.

Soit D un domaine cerclé borné qui ne soit équivalent à aucun domaine de Reinhardt. Supposons qu'il existe une transformation S analytique biunivoque de D en lui-même, dans laquelle le centre n'est pas fixe. Nous voulons montrer que D est équivalent à un domaine Δ_a.

Le domaine D admet la transformation infinitésimale

$$(7) \qquad A = i\,x\frac{\partial f}{\partial x} + i\,y\frac{\partial f}{\partial y},$$

qui engendre les transformations[19])

$$x' = x e^{i\theta}, \quad y' = y e^{i\theta} \qquad (\theta \text{ réel}). \tag{1}$$

D admet aussi une transformation infinitésimale

$$B = \xi(x, y)\frac{\partial f}{\partial x} + \eta(x, y)\frac{\partial f}{\partial y}, \tag{8}$$

obtenue en transformant par S la transformation (7). Les transformations engendrées par (8) laissent fixe le point transformé du centre par S, et ne laissent fixe aucun autre point de D; elles ne laissent donc pas fixe le centre $x = y = 0$, et, par suite, $\xi(0, 0)$ *et* $\eta(0, 0)$ *ne sont pas nuls tous les deux.*

Cela posé, le groupe G de toutes les transformations de D en lui-même (nous ne savons pas encore si G est un groupe de Lie) doit contenir le plus petit groupe de Lie Γ contenant les transformations (7) et (8). Cela suffit à déterminer effectivement le groupe Γ, bien que la transformation (8) ait une forme inconnue *a priori*. En effet, Γ ne peut pas être un groupe quelconque, car:

1° *Γ n'admet pas d'autre transformation infinitésimale laissant fixe l'origine que la transformation* (7) [cf. théorème (B), Chapitre I];

2° *Γ laisse invariant un domaine borné contenant l'origine* (à savoir le domaine D envisagé).

Nous allons voir que ces deux conditions permettent de déterminer tous les groupes Γ possibles; nous montrerons qu'ils se ramènent, en effectuant une substitution linéaire convenable sur x et y, à l'un ou l'autre des deux groupes suivants

$$(\Gamma_1) \qquad x' = e^{i\theta}\frac{x+t}{1+\bar{t}x}, \quad y' = e^{i\theta} y \frac{1-t\bar{t}}{(1+\bar{t}x)^2};$$

$$(\Gamma_2) \qquad x' = e^{i\theta}\frac{x+t}{1+\bar{t}x}, \quad y' = e^{i\theta}\frac{y+t}{1+\bar{t}y} \qquad (\theta \text{ réel}, |t| < 1).$$

Pour achever la démonstration du théorème I, il restera à chercher les domaines bornés invariants par chacun de ces deux groupes. Nous verrons que les seuls domaines bornés invariants par Γ_1 sont les domaines de Reinhardt suivants

$$|x|^2 + k|y| < 1 \qquad (k > 0);$$

---

[19]) Il est à peine besoin de rappeler que chaque transformation infinitésimale est considérée ici comme engendrant une famille de transformations finies dépendant d'un paramètre *réel*. Par exemple, la transformation (7) et la transformation $x\frac{\partial f}{\partial x} + y\frac{\partial f}{\partial y}$ sont regardées comme différentes.

quant aux domaines bornés invariants par Γ_2, ce sont précisément les domaines Δ_a, et en outre le dicylindre

$$|x| < 1, \quad |y| < 1.$$

En somme, notre méthode consiste à déterminer *a priori* un sous-groupe Γ du groupe de toutes les transformations du domaine cerclé D considéré, puis à déduire, de la connaissance de Γ, la forme du domaine D.

6. Démonstration du théorème I.

Soit à déterminer le groupe Γ, plus petit groupe de Lie contenant les transformations (7) et (8), et satisfaisant en outre aux conditions 1° et 2° du paragraphe précédent[20]).

Puisque la transformation (8) est transformée de (7) par S, et que S est une transformation analytique partout régulière dans D, les fonctions $\xi(x, y)$ et $\eta(x, y)$, qui figurent dans (8), sont holomorphes dans D. En vertu d'un théorème connu[21]), elles sont développables dans D en séries uniformément convergentes de polynomes homogènes

$$\xi(x, y) \equiv \sum_{n=0}^{\infty} \xi_n(x, y),$$

$$\eta(x, y) \equiv \sum_{n=0}^{\infty} \eta_n(x, y),$$

ξ_n et η_n désignant des polynomes homogènes en x et y de degré n. D'après ce qu'on a vu plus haut, les constantes ξ_0 et η_0 ne sont pas nulles toutes les deux.

Lemme 1. *Que D soit ou ne soit pas équivalent à un domaine de Reinhardt, on a*

$$\xi_n(x, y) \equiv \eta_n(x, y) \equiv 0 \quad \text{pour} \quad n > 2,$$

et la transformation

$$\xi_1 \frac{\partial f}{\partial x} + \eta_1 \frac{\partial f}{\partial y}$$

est une transformation infinitésimale de D en lui-même.

En effet, formons le crochet des transformations (7) et (8), crochet qui appartient aussi au groupe Γ. On trouve

$$B_1 = [A, B] = i\left\{\sum_{n=0}^{\infty}(n-1)\xi_n\right\}\frac{\partial f}{\partial x} + i\left\{\sum_{n=0}^{\infty}(n-1)\eta_n\right\}\frac{\partial f}{\partial y};$$

de même

$$B_2 = [A, B_1] = -\left\{\sum_{n=0}^{\infty}(n-1)^2\xi_n\right\}\frac{\partial f}{\partial x} - \left\{\sum_{n=0}^{\infty}(n-1)^2\eta_n\right\}\frac{\partial f}{\partial y}.$$

---

[20]) La détermination de Γ est due à M. E. Cartan, qui m'a aidé de ses conseils dans la résolution du présent problème.

[21]) [d], théorème II, p. 14.

La transformation

$$B+B_2=-\left\{\sum_{n=0}^{\infty} n(n-2)\xi_n\right\}\frac{\partial f}{\partial x}-\left\{\sum_{n=0}^{\infty} n(n-2)\eta_n\right\}\frac{\partial f}{\partial y}$$

fait aussi partie du groupe Γ. Or elle engendre des transformations laissant fixe l'origine. Ces transformations sont donc linéaires (théorème A); donc les coefficients de $\frac{\partial f}{\partial x}$ et $\frac{\partial f}{\partial y}$ dans $B+B_2$ sont homogènes et du premier degré. On en déduit aussitôt le lemme. C. Q. F. D.

Corollaire. La transformation

$$C=(\xi_0+\xi_2)\frac{\partial f}{\partial x}+(\eta_0+\eta_2)\frac{\partial f}{\partial y}$$

fait partie du groupe des transformations de D en lui-même. Lorsque D n'est équivalent à aucun domaine de Reinhardt, C fait partie du groupe Γ défini plus haut.

Lemme 2. *Dans le cas où D n'est équivalent à aucun domaine de Reinhardt, on peut effectuer une substitution linéaire homogène sur x et y, de façon que la transformation C précédente prenne (à un facteur réel constant près) l'une des deux formes suivantes*

$$\text{(I)}\qquad (1-x^2)\frac{\partial f}{\partial x}-2xy\frac{\partial f}{\partial y};$$

$$\text{(II)}\qquad (1-x^2)\frac{\partial f}{\partial x}+(1-y^2)\frac{\partial f}{\partial y}.$$

En effet, on a

$$C_1=[A,C]=i(-\xi_0+\xi_2)\frac{\partial f}{\partial x}+i(-\eta_0+\eta_2)\frac{\partial f}{\partial y};$$

d'autre part, on a

$$[A,C_1]=-C.$$

En outre, la transformation

$$D=\frac{1}{2}[C,C_1]=i\left(\xi_0\frac{\partial \xi_2}{\partial x}+\eta_0\frac{\partial \xi_2}{\partial y}\right)\frac{\partial f}{\partial x}+i\left(\xi_0\frac{\partial \eta_2}{\partial x}+\eta_0\frac{\partial \eta_2}{\partial y}\right)\frac{\partial f}{\partial y}$$

laisse fixe l'origine; elle doit donc être identique à A à un facteur réel constant près; d'où les identités

$$\text{(9)}\qquad \begin{cases} \xi_0\dfrac{\partial \xi_2}{\partial x}+\eta_0\dfrac{\partial \xi_2}{\partial y}\equiv 2\mu x \\[2ex] \xi_0\dfrac{\partial \eta_2}{\partial x}+\eta_0\dfrac{\partial \eta_2}{\partial y}\equiv 2\mu y \end{cases}\qquad (\mu \text{ réel}).$$

Réciproquement, supposons les identités (9) satisfaites. Alors le crochet de deux quelconques des trois transformations A, C, C_1 est égal à la troisième (à un facteur réel constant près). Donc les transformations A, C et C_1 engendrent un groupe à trois paramètres, qui n'est autre que le groupe Γ cherché.

Nous sommes ainsi ramenés à déterminer $\xi_0, \eta_0, \xi_2, \eta_2$ *de façon que les identités* (9) *soient satisfaites.*

Or on peut, en effectuant une substitution linéaire et homogène sur x et y (ce qui transforme le domaine D en un domaine qui est encore cerclé, et que nous appellerons encore D), se ramener au cas où $\eta_0 = 0$. On a alors $\xi_0 \neq 0$. En changeant au besoin x en kx, k étant une constante complexe, on peut se ramener au cas où $\xi_0 = 1$. Les identités (9) donnent alors immédiatement la forme que doit avoir la transformation C

$$C = (1 + \mu x^2 + a y^2)\frac{\partial f}{\partial x} + (2\mu x y + b y^2)\frac{\partial f}{\partial y};$$

μ est une constante réelle, a et b sont des constantes réelles ou complexes.

Mais μ et b ne sont pas nuls tous deux. Sinon C engendrerait

$$y' = y, \qquad x' = x + u(1 + a y^2),$$

u étant un paramètre réel; or il n'existe aucun domaine borné invariant par ces transformations.

μ et b n'étant pas nuls tous deux, on vérifie sans peine qu'on peut effectuer sur x et y une substitution linéaire homogène, de façon à annuler a. Supposons donc $a = 0$.

Je dis que $\mu \neq 0$. Sinon la transformation C engendrerait des transformations pour lesquelles on aurait

$$x' = x + u \qquad (u \text{ réel quelconque});$$

or aucun domaine borné ne peut admettre de telles transformations.

Il est donc prouvé que μ n'est pas nul. En multipliant x et le paramètre réel u par un même facteur réel et constant, on peut se ramener à l'un des deux cas suivants

$$\mu = 1, \quad \text{ou} \quad \mu = -1.$$

Je dis que *le cas* $\mu = 1$ *ne peut pas se présenter*. En effet, la transformation C correspondante s'obtiendrait en intégrant le système

$$\frac{dx'}{du} = 1 + x'^2, \qquad \frac{dy'}{du} = 2x'y' + by'^2,$$

et en prenant la solution qui, pour $u = 0$, se réduit à $x' = x$, $y' = y$. On trouve ainsi

$$\frac{x'-i}{x'+i} = e^{2iu}\frac{x-i}{x+i};$$

si l'on fait $x = 0$, x' prend toutes les valeurs réelles quand le paramètre réel u varie. Il n'existe donc aucun domaine borné qui contienne l'origine et admette la transformation C.

Il reste donc seulement à envisager le cas où $\mu = -1$. Si $b = 0$, la transformation C a la forme (I) écrite plus haut. Si $b \neq 0$, on peut, en multipliant y par une constante complexe convenable, se ramener au cas où $b = 1$; si l'on pose alors

$$x = X, \quad x - y = Y,$$

la transformation C se trouve ramenée à la forme

$$(1 - X^2)\frac{\partial f}{\partial X} + (1 - Y^2)\frac{\partial f}{\partial Y}.$$

Le lemme 2 est donc établi.

Nous devons maintenant étudier successivement les cas (I) et (II). Supposons d'abord que C ait la forme (I); on trouve facilement le groupe Γ_1 correspondant

$$x' = e^{i\theta}\frac{x+t}{1+\bar{t}x}, \quad y' = e^{i\theta}y\frac{1-t\bar{t}}{(1+\bar{t}x)^2} \qquad (\theta \text{ réel}, |t| < 1).$$

Cherchons les domaines bornés qui contiennent l'origine et sont invariants par Γ_1. D'abord, $|x|$ doit être inférieur à *un* dans un tel domaine. Ensuite, les transformés de l'origine $x = y = 0$ sont les points suivants

$$|x| < 1, \quad y = 0;$$

tous ces points seront intérieurs au domaine. Enfin, soit x_0, y_0 un point quelconque du domaine ($|x_0| < 1$, $y_0 \neq 0$); il existe une transformation de Γ_1 qui amène x_0, y_0 en un point pour lequel on a

$$x = 0, \quad y = Y_0 \qquad (Y_0 \neq 0);$$

or les transformés de ce point sont les suivants

$$x = t\,e^{i\theta}, \quad y = Y_0\,e^{i\theta}(1 - t\bar{t});$$

on trouve ainsi tous les points pour lesquels on a

$$|x| < 1, \quad |y| = |Y_0|(1 - |x|^2).$$

De tout cela, il résulte que tout domaine borné qui contient l'origine et est invariant par le groupe Γ_1 a la forme

$$|x|^2 + k|y| < 1 \qquad (k > 0).$$

Passons au cas où la transformation C a la forme (II). Le groupe Γ_2 correspondant est

$$(10) \qquad x' = e^{i\theta}\frac{x+t}{1+\bar{t}x}, \quad y' = e^{i\theta}\frac{y+t}{1+\bar{t}y} \qquad (\theta \text{ réel}, |t| < 1).$$

Pour déterminer les domaines bornés qui contiennent l'origine et sont invariants par Γ_2 on procède comme on vient de le faire pour Γ_1. On trouve, outre le dicylindre

$$|x| < 1, \quad |y| < 1,$$

les domaines Δ_a. La démonstration du théorème I est donc achevée.

7. Recherche des transformations des domaines Δ_a.

Montrons que les transformations analytiques biunivoques d'un domaine Δ_a $(a \neq 1)$ en lui-même s'obtiennent toutes en combinant les transformations (10) (groupe Γ_2) avec la transformation

$$x' = y, \quad y' = x.$$

Nous aurons alors établi le théorème II (§ 2).

Lemme 3. *Un domaine Δ_a $(a \neq 1)$ n'est équivalent à aucun domaine de Reinhardt.*

En effet, si Δ_a était équivalent à un domaine de Reinhardt, alors, d'après le théorème (C), Δ_a serait équivalent à un dicylindre, ou à une hypersphère, ou à un domaine de la forme

$$(11) \qquad |X|^2 + |Y|^\alpha < 1 \qquad (\alpha > 0, \ \alpha \neq 2).$$

Or la frontière de Δ_a possède une ligne singulière à une dimension réelle (la ligne $x = y$, $|x| = 1$); Δ_a n'est donc équivalent ni à un dicylindre (dont la frontière possède une ligne singulière à deux dimensions), ni à une hypersphère. Par suite, la domaine Δ_a serait équivalent à un domaine de la forme (11); une transformation linéaire convenable

$$x = AX + BY, \quad x' = A'X + B'Y$$

ferait donc correspondre aux transformations (10) un sous-groupe du groupe

$$X' = e^{i\varphi_1} \frac{X + u}{1 + \bar{u} X}, \qquad Y' = e^{i\varphi_2} Y \left[\frac{1 - u\bar{u}}{(1 + \bar{u} X)^2} \right]^{\frac{1}{\alpha}}$$

des transformations du domaine (11) en lui-même. On vérifie sans peine que c'est impossible. C. Q. F. D.

Lemme 4. *Toute transformation infinitésimale de Δ_a $(a \neq 1)$ en lui-même est une transformation infinitésimale du groupe Γ_2 défini plus haut.*

Soit en effet

$$\xi \frac{\partial f}{\partial x} + \eta \frac{\partial f}{\partial y}$$

une transformation infinitésimale de Δ_a en lui-même. Nous avons vu (lemme 1) qu'elle a la forme $\lambda A + B$ (λ réel), avec

$$A = ix \frac{\partial f}{\partial x} + iy \frac{\partial f}{\partial y},$$

$$B = (\xi_0 + \xi_2) \frac{\partial f}{\partial x} + (\eta_0 + \eta_2) \frac{\partial f}{\partial y}.$$

Appelons toujours C et C_1 les deux transformations infinitésimales qui, avec A, engendrent le groupe Γ_2:

$$C = (1 - x^2)\frac{\partial f}{\partial x} + (1 - y^2)\frac{\partial f}{\partial y},$$

$$C_1 = i(1 + x^2)\frac{\partial f}{\partial x} + i(1 + y^2)\frac{\partial f}{\partial y}.$$

Pour démontrer le lemme, il suffit de faire voir que l'on a

$$B = \mu C + \mu_1 C_1, \tag{12}$$

μ et μ_1 étant réels. Or on a

$$B_1 = [A, B] = i(-\xi_0 + \xi_2)\frac{\partial f}{\partial x} + i(-\eta_0 + \eta_2)\frac{\partial f}{\partial y}.$$

On constate d'autre part que les transformations $[C, B]$ et $[C, B_1]$ laissent fixe l'origine; puisque Δ_a n'est équivalent à aucun domaine de Reinhardt, elles doivent être identiques à A, à un facteur réel constant près. En écrivant cette condition, on trouve

$$B = (\xi_0 + a x^2)\frac{\partial f}{\partial x} + (\eta_0 + b y^2)\frac{\partial f}{\partial y},$$

avec

$$\begin{cases} \xi_0 + a = \eta_0 + b = 2 i \mu_1, \\ \xi_0 - a = \eta_0 - b = 2 \mu \end{cases} \qquad (\mu \text{ et } \mu_1 \text{ réels}).$$

On en déduit aussitôt la relation (12). C. Q. F. D.

Lemme 5. *Si un domaine Δ_a (de l'espace x, y) est en correspondance analytique avec un domaine Δ_b (de l'espace X, Y), les variétés $x = y$ et $X = Y$ se correspondent dans la transformation.*

En effet, au groupe

$$X' = e^{i\theta}\frac{X + t}{1 + \bar{t} X}, \quad Y' = e^{i\theta}\frac{Y + t}{1 + \bar{t} Y} \tag{10'}$$

de transformations du domaine Δ_b en lui-même, correspond, au moyen de la transformation de Δ_b en Δ_a envisagée, un groupe de transformations de Δ_a en lui-même. Ce dernier groupe dépend de trois paramètres et est engendré par des transformations infinitésimales; en vertu du lemme 4, c'est le groupe Γ_2 lui-même. Or la variété $X = Y$ est la seule variété à deux dimensions (réelles) invariante par (10'); de même, la variété $x = y$ est la seule variété à deux dimensions invariante par Γ_2. Ces deux variétés doivent donc se correspondre. C. Q. F. D.

Corollaire. Si une transformation S établit une correspondance analytique entre un domaine Δ_a et un domaine Δ_b, S peut être considérée comme le produit d'une certaine transformation du groupe Γ_2 par une transformation T de Δ_a en Δ_b, telle que les centres se correspondent dans T.

Cherchons maintenant la forme d'une telle transformation T.

Lemme 6. *Toute transformation analytique d'un domaine Δ_a en un domaine Δ_b, dans laquelle les centres se correspondent, a la forme*

$$X = x e^{i\theta}, \quad Y = y e^{i\theta},$$

ou la forme

$$X = y e^{i\theta}, \quad Y = x e^{i\theta}.$$

En particulier, les domaines Δ_a et Δ_b sont forcément identiques.

En effet, la transformation considérée est linéaire [théorème (A)]; elle s'applique donc à tout l'espace. D'autre part, elle transforme les transformations (10) du groupe Γ_2 en les transformations (10'); elle transforme donc le plus grand domaine borné invariant par (10), dans le plus grand domaine borné invariant par (10'). Or ces domaines sont respectivement les dicylindres

$$|x| < 1, \quad |y| < 1$$

et

$$|X| < 1, \quad |Y| < 1.$$

La transformation considérée a donc la forme

$$X = x e^{i\theta_1}, \quad Y = y e^{i\theta_2}$$

ou la forme

$$X = y e^{i\theta_1}, \quad Y = x e^{i\theta_2}.$$

Mais, pour qu'une telle transformation convienne, il faut évidemment que l'on ait $\theta_1 = \theta_2$. C. Q. F. D.

Le corollaire du lemme 5, joint au lemme 6, entraîne aussitôt les théorèmes II et III (§ 2).

8. Tout domaine Δ_a est un domaine d'holomorphie.

Rappelons la proposition suivante[22]): «A chaque domaine cerclé borné Δ est associé un domaine cerclé borné D, contenant Δ et jouissant des propriétés suivantes: 1° D est un domaine d'holomorphie (autrement dit, il existe une fonction qui est holomorphe dans D et n'est holomorphe en aucun point frontière de D); 2° toute fonction holomorphe dans Δ est aussi holomorphe dans D; 3° toute transformation analytique biunivoque de Δ en lui-même est aussi une transformation analytique biunivoque de D en lui-même.»

Appliquons cette proposition à un domaine Δ_a; soit D_a le domaine associé. Pour montrer le théorème IV (§ 2), il suffit de faire voir que D_a est identique à Δ_a.

[22]) [d], Chapitre V, théorèmes XXXVII et XLIII.

Or D_a admet toutes les transformations de $\varDelta_a$; il est donc identique à un domaine $\varDelta_b$. Il nous suffit maintenant de montrer que $b = a$, et, pour cela, de montrer que $\varDelta_a$ et D_a ont au moins un point frontière commun, pour lequel $x \neq y$. Or $|x - y|$ admet, dans $\varDelta_a$, un maximum M qui est atteint en un certain point frontière x_0, y_0 de $\varDelta_a$. La fonction

$$\frac{1}{x - y - (x_0 - y_0)}$$

est holomorphe dans $\varDelta_a$ sans être holomorphe en x_0, y_0, et, par suite, x_0, y_0 est un point frontière de D_a. C. Q. F. D.

Terminons ce chapitre par une remarque. Il va sans dire que la méthode, fondée sur la théorie des groupes, qui a été employée aux paragraphes 6 et 7 pour la démonstration du théorème I, pourrait aussi bien s'appliquer, avec de légères modifications, à la détermination des transformations des domaines de Reinhardt. On retrouverait ainsi les résultats de P. Thullen par une méthode différente de la sienne.

Chapitre III.

Les transformations des domaines semi-cerclés.

9. Vue d'ensemble.

Considérons un domaine semi-cerclé borné D. Parmi les transformations de D en lui-même, celles qui ont la forme

$$x' = \varphi(x), \quad y' = y\,\psi(x) \tag{13}$$

forment un groupe G, et les transformations $x' = \varphi(x)$ correspondantes forment un groupe g qui laisse invariant le domaine borné d, *projection* de D. Le groupe g est donc proprement discontinu, ou continu à un, deux ou trois paramètres.

A chaque transformation de g correspondent des transformations de G, dont chacune est définie par la fonction $\psi(x)$ correspondante. Je dis que, *la fonction $\varphi(x)$ étant donnée, la fonction $\psi(x)$ est bien déterminée au facteur $e^{i\theta}$ près.* Soient en effet $\psi(x)$ et $\psi_1(x)$ deux fonctions correspondant à la même fonction $\varphi(x)$; soient S et S_1 les transformations de G correspondant respectivement à ψ et ψ_1. La transformation $(S_1)^{-1} S$ s'écrit

$$x' = x, \quad y'\psi_1(x) = y\,\psi(x);$$

comme elle transforme chacun des domaines $\delta(x)$ [23]) en lui-même, on doit avoir

$$\left|\frac{\psi_1(x)}{\psi(x)}\right| \equiv 1.$$

C. Q. F. D.

[23]) Cf. § 1.

Cela posé, nous allons procéder de la façon suivante.

Lemme 7. *Étant donnés un sous-groupe γ à un paramètre du groupe g, et le sous-groupe Γ correspondant du groupe G, on peut, en transformant le domaine D en un domaine semi-cerclé équivalent, se ramener au cas où toutes les transformations de Γ ont la forme*

$$x' = \varphi(x), \qquad y' = y e^{i\theta}.$$

Ce lemme sera démontré à la fin du chapitre (§ 12). Nous commencerons par l'admettre. De ce lemme il résulte que le groupe Γ peut être engendré par deux transformations infinitésimales. Par suite, *le groupe G peut toujours être engendré par des transformations infinitésimales,* ce qui n'était nullement évident *a priori.*

Le lemme 7 étant admis, nous pourrons démontrer le

Lemme 8. *Si le groupe g dépend de plus d'un paramètre, le domaine D est équivalent au dicylindre*

$$|x| < 1, \qquad |y| < 1$$

ou à un domaine

$$|x|^2 + |y|^\alpha < 1 \qquad (\alpha > 0);$$

le groupe g dépend donc de trois paramètres.

Enfin, nous servant du lemme 8, nous établirons le théorème V (cf. § 3). Les théorèmes VI et VII résulteront alors des lemmes 7 et 8.

10. Démonstration du lemme 8.

Supposons que le groupe g dépende de deux ou de trois paramètres. Le domaine d est alors simplement connexe, et l'on peut supposer que c'est le cercle $|x| < 1$. Or on connaît tous les groupes à deux paramètres qui laissent ce cercle invariant; un tel groupe est formé de toutes les transformations qui laissent fixe un point donné de la circonférence. Représentons d sur le demi-plan de Poincaré $x_2 > 0$ (on pose $x = x_1 + i x_2$), de façon à envoyer le point fixe à l'infini; le groupe à deux paramètres envisagé prend la forme

$$x' = ax + b \quad (a > 0 \text{ quelconque, } b \text{ réel quelconque}). \tag{14}$$

En résumé, si le groupe g dépend de plus d'un paramètre, on peut se ramener au cas où, le domaine d étant le demi-plan de Poincaré, le groupe g contient le sous-groupe γ formé des transformations (14). Cherchons le sous-groupe Γ correspondant du groupe G.

Le groupe Γ dépend de trois paramètres et peut être engendré par des transformations infinitésimales (conséquence du lemme 7, que nous admettons pour le moment). En outre, toujours d'après le lemme 7, on peut supposer que les transformations de Γ qui correspondent aux transformations

$$x' = x + b$$

de γ, ont la forme

(15) $$x' = x + b, \quad y' = y\, e^{i\theta}.$$

Le groupe Γ sera alors engendré par les trois transformations infinitésimales suivantes

$$A = i\, y \frac{\partial f}{\partial y}, \quad B = \frac{\partial f}{\partial x},$$

$$C = x \frac{\partial f}{\partial x} + y\, \eta(x) \frac{\partial f}{\partial y}.$$

Les deux premières engendrent le groupe (15); le première et la troisième engendrent le sous-groupe de Γ correspondant aux transformations

$$x' = a\, x \qquad (a > 0)$$

du groupe γ. Soit à déterminer la forme de la fonction $\eta(x)$. On a

$$[B, C] = \frac{\partial f}{\partial x} + y\, \eta'(x) \frac{\partial f}{\partial y}.$$

Écrivons que ce crochet est une combinaison linéaire à coefficients réels des transformations A, B, C; il vient

$$\eta'(x) \equiv i\,\lambda \qquad (\lambda \text{ réel et constant});$$

$$\eta(x) \equiv i\,\lambda\, x + \mu + i\,\mu_1 \qquad (\mu \text{ et } \mu_1 \text{ réels et constants}).$$

On trouve alors facilement le groupe Γ engendré par A, B et C; c'est

$$\begin{cases} x' = a\, x + b & (a > 0,\ b \text{ réel}), \\ y'\, e^{-i\lambda x'} = e^{i\theta} a^{\mu}\, y\, e^{-i\lambda x} & (\theta \text{ réel quelconque}). \end{cases}$$

Posons

$$x = X, \quad y\, e^{-i\lambda x} = Y;$$

le domaine D se transforme en un domaine semi-cerclé équivalent Δ, qui admet les transformations

(16) $$X' = a\, X + b, \quad Y' = e^{i\theta} a^{\mu}\, Y.$$

Supposons d'abord $\mu = 0$. Alors il est clair que Δ a nécessairement la forme

$$X_2 > 0, \quad |Y| < r \qquad (X = X_1 + i\, X_2),$$

r étant indépendant de X; le domaine Δ est donc équivalent à un dicylindre.

Supposons maintenant $\mu \neq 0$. Le domaine Δ, admettant les transformations (16), a nécessairement la forme

$$|Y| < k\, X_2^{\mu} \qquad (k > 0),$$

ce qui exige $\mu > 0$ (car $y = Y e^{i\lambda X}$ est borné dans le domaine, par hypothèse).

On a d'ailleurs

$$4X_2 = |X+i|^2 - |X-i|^2,$$

de sorte que Δ a la forme

$$4\left|\frac{Y}{k}\right|^{\frac{1}{\mu}} + |X-i|^2 < |X+i|^2.$$

Posons

$$\frac{X-i}{X+i} = X', \qquad \frac{4^\mu Y}{k(X+i)^{2\mu}} = Y';$$

le domaine Δ se transforme en un domaine équivalent Δ', qui a la forme

$$|X'|^2 + |Y'|^{\frac{1}{\mu}} < 1.$$

Le lemme 8 est donc démontré.

11. Démonstration du théorème V.

Le principe est le même que pour la démonstration du théorème I (§§ 5 et 6).

Soit D un domaine semi-cerclé *général* borné. Admettons l'existence d'une transformation S de D en lui-même, n'ayant pas la forme

(13) $$x' = \varphi(x), \qquad y' = y\,\psi(x).$$

Le domaine D admet la transformation infinitésimale

$$A = i\,y\frac{\partial f}{\partial y},$$

et la transformation

$$B = \xi(x,y)\frac{\partial f}{\partial x} + \eta(x,y)\frac{\partial f}{\partial y},$$

transformée de A par S. D'après ce qu'on a vu au Chapitre I (§ 4, démonstration du théorème XII), *la transformation B ne transforme pas la variété $y = 0$ en elle-même*, sinon le domaine D ne serait pas *général*.

Soit G le plus petit groupe de Lie contenant les transformations A et B. Le groupe G laisse invariant le domaine D, ainsi que le domaine Δ, plus petit domaine semi-cerclé maximum contenant D. Nous nous appuierons sur le fait suivant: *si une transformation infinitésimale de G laisse invariant un point du plan de symétrie de Δ, elle est identique à la transformation A* (à un facteur réel constant près). Sinon, en effet, les transformations de G laissant fixe le point en question dépendraient de deux paramètres au moins; le domaine Δ pourrait donc se représenter sur un domaine de Reinhardt borné[24]), et le domaine D ne serait pas général. C. Q. F. D.

---

[24]) Ceci, en vertu d'un théorème connu ([d], théorème XXV, p. 80).

Cela posé, les fonctions $\xi(x, y)$ et $\eta(x, y)$ sont holomorphes dans le domaine D et y sont développables en séries de la forme[25])

$$\xi(x, y) \equiv \sum_{n=0}^{\infty} y^n a_n(x), \qquad \eta(x) \equiv \sum_{n=0}^{\infty} y^n b_n(x).$$

On a

$$C = [A, B] = i\left\{\sum_{n=0}^{\infty} n\, a_n y^n\right\}\frac{\partial f}{\partial x} + i\left\{\sum_{n=0}^{\infty}(n-1)\, b_n y^n\right\}\frac{\partial f}{\partial y}.$$

Je dis que $b_0(x)$ *ne s'annule pas dans* Δ. En effet, si $b_0(x)$ s'annulait, la transformation C laisserait fixe un point du plan de symétrie de Δ; elle serait donc identique à A, ce qui donnerait

$$B = a_0(x)\frac{\partial f}{\partial x} + y\, b_1(x)\frac{\partial f}{\partial y};$$

B laisserait invariante la variété $y = 0$, ce qui n'a pas lieu. C. Q. F. D.

Puisque $b_0(x)$ ne s'annule pas, on peut effectuer le changement de variables

$$x = X, \qquad \frac{iy}{b_0(x)} = Y.$$

Les domaines D et Δ se transforment en des domaines semi-cerclés respectivement équivalents; ces nouveaux domaines ne sont peut-être pas bornés, mais X est borné dans ces domaines, et chaque section $X =$ const. se compose, dans le plan Y, d'un cercle et de couronnes circulaires à distance finie. Appelons de nouveau D et Δ ces deux domaines, et récrivons x et y au lieu de X et Y. Nous aurons alors $b_0(x) \equiv i$, et la transformation C, qui fait partie du groupe G, aura la forme

$$C = \left\{\sum_{n=1}^{\infty} c_n y^n\right\}\frac{\partial f}{\partial x} + \left\{1 + \sum_{n=2}^{\infty} d_n y^n\right\}\frac{\partial f}{\partial y}.$$

On a

$$C_1 = [A, C] = i\left\{\sum_{n=1}^{\infty} n\, c_n y^n\right\}\frac{\partial f}{\partial x} + i\left\{-1 + \sum_{n=2}^{\infty}(n-1)\, d_n y^n\right\}\frac{\partial f}{\partial y},$$

$$C_2 = [A, C_1] = -\left\{\sum_{n=1}^{\infty} n^2 c_n y^n\right\}\frac{\partial f}{\partial x} - \left\{1 + \sum_{n=2}^{\infty}(n-1)^2 d_n y^n\right\}\frac{\partial f}{\partial y},$$

$$C + C_2 = -\left\{\sum_{n=2}^{\infty}(n^2-1)\, c_n y^n\right\}\frac{\partial f}{\partial x} - \left\{\sum_{n=3}^{\infty} n(n-2)\, d_n y^n\right\}\frac{\partial f}{\partial y}.$$

La transformation $C + C_2$ laisse invariants les points de la variété $y = 0$; elle est donc identique à A à un facteur réel constant près, qui est d'ailleurs nul. En écrivant cela, et en posant pour simplifier

$$c_1(x) = \alpha(x), \qquad d_2(x) = \beta(x),$$

---

25) [d], théorème VIII, p. 36.

on trouve

$$C = \alpha y \frac{\partial f}{\partial x} + (1 + \beta y^2) \frac{\partial f}{\partial y},$$

$$C_1 = i \alpha y \frac{\partial f}{\partial x} + i(-1 + \beta y^2) \frac{\partial f}{\partial y},$$

$$E = \frac{1}{2}[C, C_1] = i \alpha \frac{\partial f}{\partial x} + 2 i \beta y \frac{\partial f}{\partial y},$$

$$F = \frac{1}{2}[C, E] = -i \alpha \beta y \frac{\partial f}{\partial x} + i \left\{ \beta + \left(\frac{\alpha \beta'}{2} - \beta^2 \right) y^2 \right\} \frac{\partial f}{\partial y},$$

$$F_1 = [A, F] = \alpha \beta y \frac{\partial f}{\partial x} + \left\{ \beta - \left(\frac{\alpha \beta'}{2} - \beta^2 \right) y^2 \right\} \frac{\partial f}{\partial y},$$

$$H = \frac{1}{2}[F, F_1] = i \alpha \beta^2 \frac{\partial f}{\partial x} + 2 i \beta (\beta^2 - \alpha \beta') y \frac{\partial f}{\partial y}$$

(β' désigne la dérivée de β par rapport à x).

Toutes les transformations précédentes font partie du groupe G, et, par suite, laissent invariant le domaine D. Or chacune des transformations E et H engendre un groupe à un paramètre de transformations de la forme

$$x' = \varphi(x), \quad y' = y \psi(x).$$

Donc, d'après le lemme 8, les transformations infinitésimales

$$i \alpha \frac{\partial f}{\partial x} \quad \text{et} \quad i \alpha \beta^2 \frac{\partial f}{\partial x}$$

doivent être identiques (à un facteur réel constant près). Deux cas sont possibles: ou bien $\alpha(x)$ est identiquement nul, ou bien $\beta(x)$ est une constante dont le carré est réel. Étudions successivement ces deux cas.

Premier cas. $\alpha(x) \equiv 0$. On a alors

$$A = i y \frac{\partial f}{\partial y}, \qquad E = 2 i \beta y \frac{\partial f}{\partial y},$$

$$C = (1 + \beta y^2) \frac{\partial f}{\partial y}, \quad C_1 = i(-1 + \beta y^2) \frac{\partial f}{\partial y}.$$

La transformation E, qui laisse fixes les points de la variété $y = 0$, doit être identique à A; d'où

$$\beta(x) \equiv \lambda,$$

λ étant une constante réelle. Mais, en raisonnant comme lors de la démonstration du théorème I (§ 6), on voit que λ ne peut être ni nul ni positif, et qu'on peut se ramener au cas où $\lambda = -1$. Les transformations A, C et C_1 engendrent alors le groupe

$$x' = x, \quad y' = e^{i\theta} \frac{y + t}{1 + \bar{t} y} \qquad (\theta \text{ réel}, |t| < 1).$$

Puisque le domaine D est invariant par ce groupe, D est un dicylindre généralisé[26]) (cf. § 3).

Deuxième cas. β^2 *est une constante réelle.* Je dis que β n'est pas imaginaire pur; sinon, en effet, on aurait

$$i\beta C + F = 2i\beta\frac{\partial f}{\partial y},$$

et le domaine D admettrait les transformations

$$y' = y + u \qquad (u \text{ réel arbitraire}),$$

ce qui est impossible.

Ainsi, β est une constante réelle; de même que plus haut, β ne peut être ni nul ni positif, et l'on peut supposer $\beta = -1$. Les quatre transformations infinitésimales

$$A = iy\frac{\partial f}{\partial y}, \qquad 2A + E = i\alpha\frac{\partial f}{\partial x},$$

$$C = \alpha y\frac{\partial f}{\partial x} + (1 - y^2)\frac{\partial f}{\partial y}, \qquad C_1 = i\alpha y\frac{\partial f}{\partial x} - i(1 + y^2)\frac{\partial f}{\partial y}$$

engendrent un groupe qui laisse invariant le domaine D, et la transformation infinitésimale $i\alpha\frac{\partial f}{\partial x}$ laisse invariant le domaine borné d, projection de D, et ne laisse fixe aucun point intérieur à d (remarque déjà faite). Le domaine d est donc doublement ou simplement connexe. Si d est doublement connexe, on peut le représenter conformément sur une couronne circulaire

(17) $$r < |x| < 1 \qquad (0 \leqq r < 1);$$

on aura alors

$$\alpha(x) \equiv 2ax,$$

a étant une constante réelle non nulle. Si d est simplement connexe, on peut le transformer de façon que la transformation $i\alpha\frac{\partial f}{\partial x}$ prenne la forme $\lambda\frac{\partial f}{\partial x}$, λ étant une constante réelle; le domaine d est alors limité par deux parallèles à l'axe réel, ou constitué par un demi-plan limité par une parallèle à l'axe réel.

Supposons d'abord que d soit une couronne de la forme (17), et que l'on ait $\alpha(x) \equiv 2ax$. Le groupe engendré par A, C, C_1 et E est alors le suivant

$$x' = e^{i\theta_1}x\left[\frac{1 - t\bar{t}}{(1 + \bar{t}y)^2}\right]^{-a}, \qquad y' = e^{i\theta_2}\frac{y + t}{1 + \bar{t}y},$$

---

[26]) La *projection* de D n'est pas simplement connexe, sinon D serait équivalent à un dicylindre ordinaire, c'est-à-dire à un domaine de Reinhardt.

θ_1 et θ_2 étant deux nombres réels quelconques ($|t| < 1$). La constante a doit donc être *négative*, sinon x ne serait pas borné dans le domaine D; or on a par hypothèse $|x| < 1$. Cela étant, le domaine D a nécessairement la forme

$$1 < \frac{1 - |y|^2}{|x|^{-\frac{1}{a}}} < M,$$

la constante M pouvant d'ailleurs être infinie; la projection de D est donc le cercle pointé

$$0 < |x| < 1.$$

Supposons maintenant que l'on ait

$$i\,\alpha(x) \equiv \lambda \qquad (\lambda \text{ réel}),$$

le domaine d étant une bande ou un demi-plan. On peut, en multipliant x par une constante réelle, se ramener au cas où $\lambda = -1$. Les transformations A, E, C et C_1 engendrent alors un groupe, qu'il est inutile d'écrire, et qui jouit de la propriété suivante: les transformés d'un point x, y quelconque par ce groupe sont tous les points pour lesquels

$$(1 - |y|^2)\, e^{2x_2}$$

a une valeur donnée, et y une valeur quelconque de module inférieur à *un*. Il en résulte que d doit être formé de la région du plan située au-dessus d'une parallèle à l'axe réel, qu'on peut supposer être l'axe réel lui-même, et que le domaine D a la forme

$$1 < (1 - |y|^2)\, e^{2x_2} < M \qquad (M \text{ fini ou infini}).$$

La démonstration du théorème V est ainsi achevée.

12. Démonstration du lemme 7.

Il nous reste à démontrer le lemme 7, énoncé au paragraphe 9 de ce chapitre. Nous considérons, par hypothèse, un groupe de transformations

$$x' = \varphi(x; t),$$

dépendant d'un paramètre réel t, qui laissent fixe la projection d d'un domaine semi-cerclé borné D. A chacune de ces transformations est associée une fonction $\psi(x; t)$, holomorphe dans d, et bien déterminée au facteur $e^{i\theta}$ près. Enfin, les transformations

$$x' = \varphi(x; t), \qquad y' = e^{i\theta}\, y\, \psi(x; t) \tag{18}$$

forment un groupe à deux paramètres réels t et θ.

Comme nous l'avons déjà vu, on peut effectuer sur d une représentation conforme, et sur t un changement de variable, de façon que les fonctions $\varphi(x;t)$ prennent l'une des deux formes suivantes

(19) $$\varphi(x;t) = x e^{it};$$

(20) $$\varphi(x;t) = x + t.$$

Dans le cas (19), d est un cercle centré à l'origine ou une couronne circulaire centrée à l'origine (le rayon intérieur pouvant être nul); dans le cas (20), d est une bande limitée par deux parallèles à l'axe réel, ou un demi-plan limité par une parallèle à l'axe réel.

Posons
$$\log|\psi(x;t)| = e^{u(x;t)}.$$

La fonction réelle $u(x;t)$ est, pour chaque valeur de t, une fonction harmonique régulière[27]) et bien déterminée des variables x_1 et x_2 ($x = x_1 + i x_2$) dans le domaine d. Écrivons maintenant que les transformations (18) forment un groupe; il vient, t_1 et t_2 désignant deux nombres réels quelconques,

dans le cas (19),

(21) $$u(x;t_1+t_2) = u(x;t_1) + u(x e^{it_1};t_2),$$

et, dans le cas (20),

(22) $$u(x;t_1+t_2) = u(x;t_1) + u(x+t_1;t_2).$$

Remarquons encore que, à tout domaine fermé d_0 complètement intérieur à d, à tout nombre réel t_0 et à tout nombre positif ε, on peut associer un nombre η tel que l'inégalité
$$|t - t_0| < \eta$$
entraîne
$$|u(x;t) - u(x;t_0)| < \varepsilon,$$
quel que soit x intérieur à d_0. Cela tient à ce que les transformations (18), en vertu d'un théorème général[28]), forment un groupe *clos*. Il résulte de là que, α et β étant deux nombres réels fixes quelconques, l'intégrale
$$\int_\alpha^\beta u(x;\tau)\,d\tau$$
représente une fonction harmonique[29]) dans le domaine d.

---

[27]) En effet, $\psi(x;t)$ ne s'annule pas dans d (cf. début du § 3).

[28]) [d], théorème XXI, p. 58.

[29]) En effet, l'intégrale existe, à cause de la continuité de $u(x;t)$ par rapport à t; en outre, on peut la regarder comme limite d'une suite de fonctions harmoniques qui convergent uniformément; c'est donc une fonction harmonique, d'après un théorème connu.

Cette simple remarque et la relation (21) [ou (22)] vont suffire à montrer l'existence d'une fonction $V(x)$, harmonique dans d et telle que l'on ait,

dans le cas (19),

$$V(x e^{it}) - V(x) = u(x; t); \tag{23}$$

dans le cas (20),

$$V(x+t) - V(x) = u(x; t). \tag{24}$$

Le lemme 7 en résultera. En effet, il existera une fonction $\varrho(x)$, holomorphe et uniforme [30]) dans d, et telle que

$$|\varrho(x)| = e^{-V(x)}.$$

Les transformations (18) prendront alors la forme

$$x' = \varphi(x; t), \quad y' \varrho(x') = e^{i\theta} y \varrho(x),$$

et il suffira de poser

$$x = X, \quad y\varrho(x) = Y$$

pour obtenir le lemme 7.

Soit donc à montrer l'existence d'une fonction harmonique $V(x)$ satisfaisant à (23), ou à (24).

Plaçons-nous d'abord dans le cas (19). On a

$$u(x; t + 2\pi) = u(x; t),$$

et, par suite, l'intégrale

$$V(x) = -\frac{1}{2\pi}\int_0^{2\pi} u(x; t+\tau)\, d\tau$$

ne dépend pas de t. Calculons alors

$$V(x e^{it}) = -\frac{1}{2\pi}\int_0^{2\pi} u(x e^{it}; \tau)\, d\tau;$$

d'après (21), on a

$$V(x e^{it}) = u(x; t) - \frac{1}{2\pi}\int_0^{2\pi} u(x; t+\tau)\, d\tau = u(x; t) + V(x).$$

C. Q. F. D.

Plaçons-nous maintenant dans le cas (20). Nous construirons d'abord une fonction $U(x)$, harmonique dans d, et telle que l'on ait

$$U(x + 2\pi) - U(x) = u(x; 2\pi). \tag{25}$$

---

[30]) En effet, dans le cas où d est une couronne circulaire centrée à l'origine, on peut rendre $\varrho(x)$ uniforme en remplaçant, s'il le faut, $V(x)$ par $V(x) + k \log|x|$ (k = const. réelle), ce qui n'empêche pas la relation (23) d'être satisfaite.

L'existence d'une telle fonction $U(x)$ sera montrée plus loin; admettons-la provisoirement, et achevons le raisonnement. Posons

$$v(x;t) = U(x+t) - u(x;t).$$

La relation (22) donne

$$v(x; t_1 + t_2) = v(x + t_1; t_2) - u(x; t_1), \tag{26}$$

et l'on a en outre

$$v(x; t + 2\pi) = v(x; t).$$

On peut dès lors raisonner sur $v(x;t)$ comme on a raisonné plus haut sur $u(x;t)$. Posons

$$V(x) = \frac{1}{2\pi}\int_0^{2\pi} v(x; t+\tau)\,d\tau = \frac{1}{2\pi}\int_0^{2\pi} v(x;\tau)\,d\tau.$$

On a

$$V(x+t) = \frac{1}{2\pi}\int_0^{2\pi} v(x+t;\tau)\,d\tau,$$

et, en se servant de (26),

$$V(x+t) = u(x;t) + \frac{1}{2\pi}\int_0^{2\pi} v(x; t+\tau)\,d\tau = u(x;t) + V(x).$$

C. Q. F. D.

13. Résolution d'une équation aux différences finies.

Nous avons admis tout à l'heure la possibilité de résoudre l'équation

$$U(x + 2\pi) - U(x) = u(x; 2\pi). \tag{25}$$

Rappelons que $u(x; 2\pi)$ est une fonction donnée, harmonique dans d, et que $U(x)$ est une fonction inconnue, qui doit être harmonique dans d. Rappelons aussi que le domaine d est une bande de la forme

$$a < x_2 < b,$$

a et b étant deux nombres réels, dont l'un peut être infini (on pose $x = x_1 + i x_2$).

Soit $f(x)$ une fonction holomorphe ayant $u(x; 2\pi)$ pour partie réelle. Nous allons montrer l'existence d'une fonction $F(x)$, holomorphe dans d et satisfaisant à l'équation

$$F(x + 2\pi) - F(x) = f(x). \tag{27}$$

Il suffira de prendre ensuite pour $U(x)$ la partie réelle de $F(x)$; on aura ainsi une solution de l'équation (25).

Pour résoudre l'équation (27), considérons deux suites infinies de nombres réels a_n et b_n, telles que les a_n décroissent et tendent vers a, et que les b_n croissent et tendent vers b. Supposons $a_n < b_n$ quel que soit n, et désignons par d_n la bande

$$a_n < x_2 < b_n.$$

Nous montrerons dans un instant qu'il existe, pour chaque valeur de n, une fonction $F_n(x)$ holomorphe dans d_n et telle que l'on ait

$$F_n(x + 2\pi) - F_n(x) = f(x). \tag{28}$$

Cela étant provisoirement admis, voyons comment on pourra former $F(x)$ par un passage à la limite. La différence

$$F_{n+1}(x) - F_n(x) = \Phi_n(x)$$

est holomorphe dans d_n et y admet la période 2π. Donc, si l'on pose

$$e^{ix} = z,$$

$\Phi_n(x)$ devient une fonction uniforme de z dans la couronne

$$e^{-b_n} < |z| < e^{-a_n};$$

elle y admet un développement de Laurent, procédant suivant les puissances positives et négatives de z. Prenons un nombre fini de termes de ce développement, et remplaçons z par e^{ix}; nous obtiendrons une fonction entière $\Psi_n(x)$ admettant la période 2π. Or, nous pouvons prendre un nombre de termes assez grand pour que l'on ait, dans d_{n-1},

$$|\Phi_n(x) - \Psi_n(x)| < \varepsilon_n,$$

ε_n étant le terme général d'une série convergente à termes positifs. Il est clair que la série

$$F_1(x) + \sum_{n=1}^{\infty}(\Phi_n(x) - \Psi_n(x))$$

représente une fonction $F(x)$ qui est holomorphe dans d et y satisfait à l'équation (27). C. Q. F. D.

Il nous reste donc à montrer comment on obtient une fonction $F_n(x)$ holomorphe dans d_n et satisfaisant à l'équation (28). Or c'est là un problème classique; aussi nous contenterons-nous d'en indiquer la solution sans démonstration.

L'intégrale

$$\frac{1}{2\pi}\int_{ia_n}^{ib_n} \frac{f(\xi)\,d\xi}{1 - e^{i(x-\xi)}},$$

prise de long de l'axe imaginaire, a un sens puisque la fonction $f(\xi)$ est continue et bornée sur le chemin d'intégration. Cette intégrale définit, dans le rectangle

$$0 < x_1 < 2\pi, \quad a_n < x_2 < b_n,$$

une fonction holomorphe $F_n(x)$, continue sur les côtés verticaux du rectangle. La fonction $F_n(x)$ se laisse prolonger analytiquement dans la bande d_n tout entière; on vérifie en effet que, x étant intérieur au rectangle

$$2\pi < x_1 < 4\pi, \quad a_n < x_2 < b_n,$$

l'expression

$$F_n(x-2\pi) + f(x-2\pi)$$

définit une fonction qui se raccorde avec $F_n(x)$ sur le côté $x_1 = 2\pi$; cette nouvelle fonction est donc le prolongement analytique de $F_n(x)$. On définit ainsi, de proche en proche, le prolongement analytique de $F_n(x)$ dans l'un quelconque des rectangles

$$2k\pi < x_1 < 2(k+1)\pi, \quad a_n < x_2 < b_n;$$

on obtient, en définitive, une fonction holomorphe dans d_n et satisfaisant à l'équation (28). C. Q. F. D.

Nous avons ainsi achevé la résolution de l'équation (27) et, en même temps, la démonstration du lemme 7.

(Eingegangen am 9. 8. 1931.)

Bibliographie.

[a] K. Reinhardt, Über Abbildungen durch analytische Funktionen zweier Veränderlichen, Math. Annalen **83** (1921), S. 211—255.

[a'] Kritikos, Über analytische Abbildungen einer Klasse von vierdimensionalen Gebieten, Math. Annalen **99** (1928), S. 321—341.

[b] H. Behnke, Die Abbildungen der Kreiskörper, Abh. Math. Sem. Hamburg. Univ. 7 (1930), S. 329—341.

[c] H. Welke, Über die analytischen Abbildungen von Kreiskörpern und Hartogsschen Bereichen, Math. Annalen **103** (1930), S. 437—449.

[d] H. Cartan, Les fonctions de deux variables complexes et le problème de la représentation analytique, Journ. de Math. (9) **10** (1931), p. 1—114.

[e] P. Thullen, Zu den Abbildungen durch analytische Funktionen mehrerer Veränderlichen, Math. Annalen **104** (1931), S. 244—259.

[f] E. et H. Cartan, Les transformations des domaines cerclés bornés, Comptes Rendus **192** (1931), p. 709.

[g] H. Cartan, Les transformations des domaines semi-cerclés bornés, Comptes Rendus **192** (1931), p. 869.

21.

Sur une classe remarquable de domaines

Comptes Rendus de l'Académie des Sciences de Paris 192, 1077–1079 (1931)

1. Je me propose de signaler ici une classe remarquable (Γ) de domaines *univalents* ([2]) de l'espace de deux variables complexes. Cette classe comprend des domaines simplement connexes ([3]); tous les domaines de cette classe jouissent des deux propriétés suivantes :

Propriété I. — *Étant donné un domaine quelconque* D *de la classe* (Γ), *il existe au moins une fonction* $f(x, y)$ *holomorphe dans* D *et non développable dans* D *en série uniformément convergente* ([4]) *de polynomes.*

Propriété II. — *Étant donné un domaine quelconque* D *de la classe* (Γ), *le plus petit domaine maximum contenant* D *n'est pas univalent.*

En ce qui concerne la propriété I, on connaît le théorème classique : « Étant donné, dans le plan d'une variable complexe x, un domaine univalent et simplement connexe quelconque, toute fonction holomorphe dans ce domaine y est développable en série uniformément convergente de polynomes. » On voit que *ce théorème ne s'étend pas aux fonctions de deux variables.*

En ce qui concerne la propriété II, rappelons qu'un domaine Δ est dit *maximum* si c'est le domaine total d'existence d'une fonction holomorphe. Or M. Thullen vient de me communiquer le théorème que voici : « Étant

---

([2]) C'est-à-dire tels que tout point de l'espace appartienne au plus une fois au domaine.

([3]) C'est-à-dire homéomorphes à une hypersphère.

([4]) Nous disons qu'une série converge uniformément dans un domaine D si elle converge uniformément dans tout domaine fermé complètement intérieur à D.

donné un domaine non ramifié [1] quelconque D, il existe un domaine non ramifié maximum Δ qui contient D et jouit de la propriété suivante : toute fonction holomorphe dans D est aussi holomorphe [2] dans Δ. On peut appeler Δ le *plus petit domaine maximum* contenant D. » Ce théorème, que j'avais d'ailleurs établi moi-même pour des classes particulières de domaines [3], ne dit pas si le plus petit domaine maximum contenant un domaine *univalent* est lui-même univalent. La propriété II des domaines de la classe (Γ) montre précisément qu'il n'en est pas toujours ainsi.

2. Définissons maintenant la classe (Γ) : c'est celle des *domaines semi-cerclés univalents dont la projection n'est pas univalente*. Cette définition nécessite quelques explications.

Rappelons que tout domaine semi-cerclé D, univalent ou non, peut être défini de la façon suivante [4] : on part d'un domaine quelconque d, univalent ou non, du plan de la variable complexe x ; à chaque point x, intérieur à d, on associe, dans le plan de la variable y, un domaine univalent $\delta(x)$ composé d'un cercle et de couronnes circulaires centrées à l'origine $(y = 0)$ [le cercle *ou* les couronnes peuvent d'ailleurs manquer]. Les domaines $\delta(x)$ doivent en outre satisfaire à la condition suivante : si le point y_0 est intérieur à $\delta(x)$, il est aussi intérieur à $\delta(x')$, pour tous les x' suffisamment voisins de x ; en outre, il doit exister au moins un domaine $\delta(x)$ contenant le point $y = 0$ à son intérieur.

L'ensemble des points x, y, où x désigne un point quelconque de d, et y un point quelconque de $\delta(x)$, définit précisément le domaine semi-cerclé D ; d s'appelle la *projection* de D.

Désignons, dans le plan y, par $\delta_1(x)$ le plus petit cercle centré à l'origine et contenant $\delta(x)$. Soit D_1 le domaine semi-cerclé défini en associant à chaque point x de d le domaine $\delta_1(x)$. Pour que D_1 soit univalent, il faut et il suffit que d soit univalent ; au contraire, D peut être univalent sans que d le soit, comme il est facile de s'en assurer sur un exemple : il suffit de choisir convenablement les domaines $\delta(x)$. La définition, donnée plus haut, de la classe (Γ) a maintenant un sens parfaitement clair.

---

(1) Un domaine est dit *non ramifié* s'il est univalent au voisinage de chacun de ses points, sans être forcément univalent dans son ensemble.

(2) Lorsque nous disons qu'une fonction est holomorphe dans un domaine, nous sous-entendons qu'elle est uniforme dans ce domaine.

(3) HENRI CARTAN, *Les fonctions de deux variables complexes*, etc (*Journal de Math.*, 9e série, 10, 1931, p. 1-114, Chap. V).

(4) Voir à ce sujet le Chapitre III de mon Mémoire cité plus haut.

3. *Démonstration des propriétés* I *et* II. — J'ai montré (¹) que le plus petit domaine maximum Δ contenant un domaine semi-cerclé D est semi-cerclé, a la même projection *d* que D, et contient D_1.

Si D appartient à la classe (Γ), D_1 n'est pas univalent; donc Δ n'est pas univalent : la propriété II est établie.

J'ai aussi montré (²) que si une série de polynomes converge uniformément dans D, elle converge uniformément dans Δ, et en particulier dans D_1. Or la somme d'une telle série prend évidemment la même valeur en deux points distincts de D_1, dès que ceux-ci ont les mêmes coordonnées x et y. Donc, si une fonction $f(x, y)$ holomorphe dans D (et par suite dans D_1) ne prend pas la même valeur en deux points de D_1 qui ont les mêmes coordonnées, elle n'est pas développable en série de polynomes uniformément convergente dans D. C'est ce qui arrive pour la fonction $\varphi(x)$, de la seule variable x, qui effectue la représentation conforme, sur un cercle, de la projection *d* du domaine D. La propriété I est donc bien établie.

(¹) HENRI CARTAN, *loc. cit.*

(²) Voir mon travail intitulé : *Sur les domaines d'existence des fonctions analytiques*, qui paraîtra dans le *Bulletin de la Société mathématique*, 1931, fasc. I et II.

22.

Sur les transformations pseudo-conformes des domaines cerclés bornés

Congrès International des Mathématiciens, Zürich vol. 2, 57–59 (1932)

Notations: 2 variables complexes $x = x_1 + ix_2$, $y = y_1 + iy_2$. Dans l'espace (x_1, x_2, y_1, y_2), on ne considère que des domaines *ouverts*, constitués de points à distance finie.

Une transformation *pseudo-conforme* d'un domaine D en un domaine D' est, par définition, une transformation de la forme

$$x' = f(x, y), \quad y' = g(x, y) \tag{1}$$

(f et g étant des fonctions analytiques holomorphes dans D), qui établit une correspondance biunivoque entre les points intérieurs de D et ceux de D'. (On ne suppose rien sur la correspondance entre les frontières.)

Problème fondamental (A). — Etant donnés deux domaines D et D', 1° reconnaître s'ils peuvent être mis en correspondance pseudo-conforme (c'est impossible, *en général*, même si D et D' sont bornés et simplement connexes); — 2° dans l'affirmative, déterminer *toutes* les transformations pseudo-conformes de D en D'. — Pour résoudre 2°, il suffit de résoudre le

Problème fondamental (B). — Etant donné un domaine D, déterminer *toutes* les transformations pseudo-conformes de D en lui-même.

Nous voulons indiquer ici la solution des problèmes (A) et (B) dans le cas où tous les domaines envisagés sont *cerclés* et *bornés*. Un domaine D est *cerclé* s'il admet les transformations suivantes en lui-même

$$x' = xe^{i\theta}, \quad y' = ye^{i\theta} \quad (\theta \text{ prenant toutes les valeurs réelles}); \tag{2}$$

ces transformations laissent fixe l'origine ($x = y = 0$) qui est supposée intérieure à D et s'appelle le *centre* du domaine D. La solution des problèmes (A) et (B), pour les domaines cerclés bornés, est constituée par la succession des théorèmes suivants, qui marquent l'aboutissement de travaux de Reinhardt, Carathéodory, Kritikos, Behnke, Welke, Thullen, E. et H. Cartan:

Théorème 1. — Toute transformation pseudo-conforme d'un domaine cerclé borné D en un domaine cerclé D', qui fait correspondre les centres de D et D', est nécessairement une affinité

$$x' = ax + by, \quad y' = a'x + b'y. \tag{3}$$

Théorème 1bis. — Toute transformation pseudo-conforme d'un domaine de Reinhardt borné [1]) D en un domaine de Reinhardt D', qui fait correspondre les centres de D et D', a nécessairement la forme

$$x' = ax, \quad y' = by \tag{4}$$

ou la forme

$$x' = ay, \quad y' = bx;$$

il y a exception si chacun des domaines D et D' peut se déduire de l'hypersphère

$$|x|^2 + |y|^2 < 1 \tag{5}$$

au moyen d'une transformation de la forme (4).

Théorème 2. — Un domaine cerclé borné D n'admet pas de transformations pseudo-conformes en lui-même, laissant fixe le centre, si ce n'est les transformations (2), éventuellement combinées avec un nombre fini de substitutions linéaires unimodulaires. Il y a exception si D peut se déduire d'un domaine de Reinhardt au moyen d'une transformation de la forme (3).

Théorème 2bis. — Un domaine de Reinhardt borné D n'admet pas de transformations pseudo-conformes en lui-même, laissant fixe le centre, si ce n'est les transformations de définition

$$x' = x e^{i\theta_1}, \quad y' = y e^{i\theta_2},$$

éventuellement combinées avec une transformation de la forme

$$x' = Ry, \quad y' = \frac{1}{R} x.$$

Il y a exception si D peut se déduire de l'hypersphère (5) par une transformation de la forme (4).

Théorème 2ter. — Les transformations pseudo-conformes de l'hypersphère (5) en elle-même, qui laissent fixe le centre, sont constituées par les substitutions linéaires, de la forme (3), qui laissent invariante la forme d'Hermite $x\bar{x} + y\bar{y}$; ces substitutions dépendent de 4 paramètres réels.

---

[1]) Un domaine de Reinhardt est caractérisé par le fait d'admettre les transformations suivantes en lui-même

$$x' = x e^{i\theta_1}, \quad y' = y e^{i\theta_2}$$

(θ_1 et θ_2 prenant indépendamment toutes les valeurs réelles); ces transformations laissent fixe l'origine $x = y = 0$ (centre du domaine) qui est supposée intérieure au domaine. Les domaines de Reinhardt sont donc des domaines cerclés d'un type particulier.

Théorème 3. — Pour que deux domaines cerclés bornés D et D' puissent être mis en correspondance pseudo-conforme, il faut et il suffit que l'on puisse établir entre eux une correspondance de la forme (3). Pour résoudre complètement le problème (A), il suffit alors de résoudre le problème (B).

Théorème 4. — Sauf les 2 cas d'exception ci-après, un domaine cerclé borné D n'admet pas de transformations pseudo-conformes en lui-même, si ce n'est celles qui laissent fixe son centre (pour ces dernières, voir les théorèmes 2, 2bis et 2ter).

Cas d'exception. — 1° D se déduit d'un domaine

$$(D_a) \qquad |x|^2 + |y|^a < 1 \qquad (a \text{ positif et fini})$$

par une transformation de la forme (3);

2° D se déduit d'un domaine

$$(\Delta_\alpha) \quad |x| < 1, \quad |y| < 1, \quad \left|\frac{y-x}{1-\bar{x}y}\right| < \alpha \; (\alpha \text{ positif, fini ou infini})$$

par une transformation de la forme (3).

Dans chacun de ces cas, le problème B peut se résoudre effectivement. Pour D_a il faut distinguer le cas $a = 2$ (*hypersphère,* dont les transformations sont homographiques et dépendent de 8 paramètres) et le cas $a \neq 2$ (les transformations de D_a en lui-même dépendent alors de 4 paramètres). Pour Δ_α, on distingue le cas $\alpha = \infty$ (*dicylindre,* dont les transformations, bien connues, dépendent de 6 paramètres) et le cas où α est fini (les transformations de Δ_α en lui-même dépendent alors de 3 paramètres).

23.
(avec P. Thullen)

Zur Theorie der Singularitäten der Funktionen mehrerer komplexen Veränderlichen

Mathematische Annalen 106, 617–647 (1932)

Das Ziel der vorliegenden Arbeit ist, die Ergebnisse zweier kürzlich erschienenen Arbeiten [1]) der beiden Verfasser, vor allem die Untersuchungen über die Regularitätshüllen zu vervollständigen und zugleich eine allgemeine Theorie aufzubauen, die sowohl die Theorie der Regularitätsbereiche [2]) und Regularitätshüllen, wie auch die der Bereiche des normalen Verhaltens analytischer Funktionsfamilien umfaßt (insbesondere also die Theorie der Bereiche der gleichmäßigen Konvergenz von Folgen und Reihen analytischer Funktionen). *)

Die Grundlage dieser Theorie — die natürlich noch keinen Anspruch auf Vollständigkeit machen kann — bildet ein Fundamentalsatz (siehe II, § 1), der zu dem Begriffe jener Bereiche führt, die *„in bezug auf eine Klasse $\mathfrak{K}$ von Funktionen konvex"* sind (die „$\mathfrak{K}$-konvexen" Bereiche). Dieser Begriff ermöglicht es uns, mit Hilfe des Fundamentalsatzes das sogenannte *Julia-Problem* zu lösen (III, § 4) und hiermit die oben ge-

*) Anm. von P. Th.: Herrn Prof. Behnke habe ich für manchen Rat bei dem von mir verfaßten Teile der Arbeit zu danken.

[1]) Vgl. a) H. Cartan, Sur les domaines d'existence des fonctions de plusieurs variables complexes, Bulletin de la Société mathématique 1931, S. 46–69. b) P. Thullen, Zur Theorie der Singularitäten der Funktionen zweier komplexen Veränderlichen. Die Regularitätshüllen, Math. Annalen **106** (1932), S. 64–76. Siehe auch c) H. Cartan, Les fonctions de deux variables complexes etc., Journ. de Math. (10) 9 (1931), S. 1–114, Kap. V.

[2]) Diese Bereiche werden in der älteren Literatur meist als „genaue Existenzbereiche analytischer Funktionen" bezeichnet.

nannten Theorien vollständig zu einer einzigen Theorie, die der 𝔎-konvexen Bereiche, zu verschmelzen.

Während wir uns in den beiden zitierten Arbeiten [1]) — deren Kenntnis hier nicht vorausgesetzt wird — auf zwei komplexe Veränderliche beschränkten, werden wir im folgenden stets Funktionen beliebig vieler komplexen Veränderlichen $z_1, z_2, \ldots, z_n$ zulassen.

Einen Bereich 𝔅 nennen wir einen *Regularitätsbereich* (*domaine d'holomorphie*), falls es eine in 𝔅 eindeutige und reguläre Funktion $f(z_1, z_2, \ldots, z_n)$ gibt derart, daß jeder 𝔅 enthaltende Bereich 𝔅′, in dem $f(z_1, z_2, \ldots, z_n)$ eindeutig und regulär ist, notwendig mit 𝔅 identisch ist. Entsprechend definiert man einen *Meromorphiebereich* (*domaine de méromorphie*).

In der Funktionentheorie einer Veränderlichen sind bekanntlich alle Bereiche (der Ebene) Regularitäts- und Meromorphiebereiche; im Falle mehrerer Veränderlichen dagegen besitzt nicht mehr jeder Bereich die Eigenschaft, Regularitäts- oder Meromorphiebereich zu sein (vgl. etwa die bekannten Arbeiten von Hartogs und E. E. Levi).

Wir werden nun zeigen, *daß man jedem Bereiche 𝔅 einen ihn umfassenden Regularitätsbereich* B *mit der Eigenschaft zuordnen kann, daß jede in 𝔅 reguläre Funktion auch in* B *regulär ist.* Wir nennen B die *Regularitätshülle* des Bereiches 𝔅 (*domaine d'holomorphie associé à* 𝔅) [3]).

Wir werden ferner beweisen, *daß der Bereich der gleichmäßigen Konvergenz einer gegen eine reguläre Funktion konvergierenden Folge regulärer Funktionen stets ein Regularitätsbereich ist* (konvergiert also eine solche Folge gleichmäßig in einem Bereiche 𝔅, so konvergiert sie auch noch gleichmäßig im Innern der Regularitätshülle B); der Bereich der gleichmäßigen Konvergenz einer gegen die Konstante „∞“ konvergierenden Folge regulärer Funktionen ist stets ein Meromorphiebereich. Hieraus läßt sich leicht folgern, *daß der Bereich des normalen Verhaltens einer regulären Funktionsfamilie stets ein Regularitäts- oder ein Meromorphiebereich ist,* letzteres nur dann, wenn die Familie eine gegen „∞“ konvergierende Folge enthält (dieser Satz gibt die Lösung des Julia-Problems).

Inhalt.

[3]) Die Regularitätshülle eines *schlichten* Bereiches ist *nicht* notwendig wieder *schlicht* (siehe III, § 5).

Fortsetzung des Inhaltes.

I. Allgemeines über Bereiche; Regularitätshüllen.

§ 1.

Bereiche.

Gegeben sei der Raum der n komplexen Veränderlichen $z_1, z_2, \ldots, z_n$. Einen Punkt $(z_1, z_2, \ldots, z_n)$ dieses Raumes bezeichnen wir kurz mit M.

Der Punkt M_0 habe die Koordinaten $z_1^0, z_2^0, \ldots, z_n^0$; die Gesamtheit der Punkte $(z_1, \ldots, z_n)$ mit

$$|z_1 - z_1^0| < r, \; |z_2 - z_2^0| < r, \ldots, |z_n - z_n^0| < r$$

nennen wir den *Polyzylinder mit dem Mittelpunkte* M_0 *und dem Radius* r und bezeichnen ihn mit $S(M_0, r)$.

Unter dem *Abstand*[4]) zweier Punkte $(z_1^1, \ldots, z_n^1)$ und $(z_1^2, \ldots, z_n^2)$ verstehen wir die größte der Zahlen $|z_1^1 - z_1^2|, |z_2^1 - z_2^2|, \ldots, |z_n^1 - z_n^2|$; der Polyzylinder $S(M_0, r)$ besteht also aus der Menge aller Punkte, deren Abstand von M_0 kleiner als r ist.

Definition. Eine zusammenhängende Punktmenge heißt ein *Bereich*, falls jeder Punkt der Menge Mittelpunkt eines Polyzylinders ist, dessen sämtliche Punkte der Menge angehören. Ein so definierter Bereich braucht weder schlicht noch beschränkt zu sein.

Es ist nun zweckmäßig, die vorstehende Definition eines Bereiches durch eine konstruktive zu ersetzen: Im Raume der $z_1, z_2, \ldots, z_n$ sei eine endliche oder unendliche Folge von Polyzylindern $S_1, S_2, \ldots, S_i, \ldots$ gegeben;

[4]) Vgl. IV, § 2.

jedem Paare S_i und S_j sei eine Zahl $\varepsilon_{ij} = \varepsilon_{ji}$ zugeordnet, die entweder 0 oder 1 ist. Eine solche Menge von Polyzylindern S_i und Zahlen ε_{ij} sei kurz mit $\{S_i; \varepsilon_{ij}\}$ bezeichnet. Die Punkte einer Menge $\{S_i; \varepsilon_{ij}\}$ denken wir uns dem Raume überlagert; dabei betrachten wir zwei Punkte M' aus S_i und M'' aus S_j als *identisch*, wenn sie die gleichen Koordinaten besitzen und zugleich $\varepsilon_{ij} = 1$ ist.

Eine Menge $\{S_i; \varepsilon_{ij}\}$ definiert dann und nur dann einen *Bereich* $\mathfrak{B}$ — wir sagen auch „die Menge $\{S_i; \varepsilon_{ij}\}$ bildet eine *Überdeckung* des Bereiches $\mathfrak{B}$" —, falls folgende Bedingungen erfüllt sind:

1. Ist S_i irgendein Polyzylinder der Menge und $i > 1$, so enthält diese mindestens einen Polyzylinder S_j mit $j < i$, so daß die Polyzylinder S_i und S_j Punkte (des Raumes) gemeinsam haben und $\varepsilon_{ij} = 1$ ist (d. h. $\mathfrak{B}$ ist zusammenhängend);

2. gehört ein Punkt des Raumes drei Polyzylindern S_i, S_j, S_k an und ist $\varepsilon_{ij} = 1$, so ist stets $\varepsilon_{ik} = \varepsilon_{jk}$ (diese Bedingung besagt, daß zwei Punkte, die einem dritten identisch sind, auch untereinander identisch sind).

Definition 1. Zwei Bereiche $\mathfrak{B}$ und $\mathfrak{B}'$ seien je durch eine Überdeckung definiert. *$\mathfrak{B}$ und $\mathfrak{B}'$ heißen identisch*, falls man zwischen den Punkten von $\mathfrak{B}$ und $\mathfrak{B}'$ eine *eineindeutige* Zuordnung mit folgenden Eigenschaften herstellen kann:

1. Zwei einander zugeordnete Punkte besitzen die gleichen Koordinaten;

2. ist M_0 ein Punkt aus $\mathfrak{B}$, M_0' der ihm zugeordnete Punkt aus $\mathfrak{B}'$, ist ferner M_i $(i = 1, 2, \ldots)$ eine gegen M_0 konvergierende[5]) Punktfolge aus $\mathfrak{B}$, so soll stets die Folge der den M_i in $\mathfrak{B}'$ zugeordneten Punkte gegen M_0' konvergieren, und umgekehrt.

Wir sagen ferner:

Definition 2. Ein Bereich $\mathfrak{B}'$ *liegt im Innern* eines Bereiches $\mathfrak{B}$ — oder $\mathfrak{B}$ *enthält* $\mathfrak{B}'$ —, falls man jedem Punkte aus $\mathfrak{B}'$ eindeutig einen Punkt aus $\mathfrak{B}$ zuordnen kann und diese Zuordnung folgende Eigenschaften besitzt:

1. Zwei einander zugeordnete Punkte besitzen die gleichen Koordinaten;

2. ist M_0' ein Punkt aus $\mathfrak{B}'$, M_0 der ihm zugeordnete Punkt aus $\mathfrak{B}$, ist ferner M_i' $(i = 1, 2, \ldots)$ eine gegen M_0' konvergierende Punktfolge aus $\mathfrak{B}'$,

---

[5]) Wir nennen hierbei eine Punktfolge M_i aus $\mathfrak{B}$ gegen den Punkt M_0 aus $\mathfrak{B}$ konvergent, falls — unter S sei ein beliebiger M_0 enthaltender Polyzylinder der Überdeckung von $\mathfrak{B}$ verstanden — von einem festen i ab alle M_i in S liegen und der Abstand von M_i und M_0 gegen 0 strebt.

so soll stets die Folge der den M_i' in $\mathfrak{B}$ zugeordneten Punkte gegen M_0 konvergieren.

Liegt $\mathfrak{B}'$ im Innern von $\mathfrak{B}$ und $\mathfrak{B}$ im Innern von $\mathfrak{B}'$, so sind $\mathfrak{B}$ und $\mathfrak{B}'$ identisch.

Definition 3. Ein im Innern von $\mathfrak{B}$ liegender Bereich $\mathfrak{B}'$ heißt *schlicht in bezug auf* $\mathfrak{B}$ — oder ein *Teilbereich von* $\mathfrak{B}$ —, falls ein Punkt aus $\mathfrak{B}$ nie zwei verschiedenen Punkten aus $\mathfrak{B}'$ zugeordnet ist.

Definition 4. Ein Bereich $\mathfrak{B}'$ *liegt ganz im Innern* eines Bereiches $\mathfrak{B}$, falls $\mathfrak{B}'$ im Innern von $\mathfrak{B}$ liegt und ferner, falls $M_1', M_2', \ldots$ eine beliebige Punktfolge aus $\mathfrak{B}'$, $M_1, M_2, \ldots$ die den M_i' zugeordnete Folge aus $\mathfrak{B}$ ist, in $\mathfrak{B}$ mindestens ein Punkt P und mindestens eine Teilfolge der M_i existiert, die gegen P konvergiert.

$\mathfrak{B}$ sei ein beliebiger Bereich, M ein Punkt aus $\mathfrak{B}$; unter allen Polyzylindern $S(M, r)$, die im Innern von $\mathfrak{B}$ liegen, gibt es einen mit dem *größten* Radius ϱ. Wir bezeichnen diesen Polyzylinder mit $S_{\mathfrak{B}}(M)$ und nennen ϱ *die Randdistanz*[6]) *von* M *in bezug auf* $\mathfrak{B}$. ϱ ist dann und nur dann unendlich, falls $\mathfrak{B}$ mit dem ganzen offenen Raum identisch ist.

Liegt der Bereich $\mathfrak{B}'$ im Innern von $\mathfrak{B}$ und ist M' ein Punkt aus $\mathfrak{B}'$, M der ihm zugeordnete Punkt aus $\mathfrak{B}$, so verstehen wir unter der Randdistanz von M' in bezug auf $\mathfrak{B}$ die Randdistanz von M in bezug auf $\mathfrak{B}$. Liegt der Bereich $\mathfrak{B}'$ *ganz* im Innern von $\mathfrak{B}$, so ergibt sich unmittelbar aus Definition 4, daß die Randdistanzen der Punkte aus $\mathfrak{B}'$ in bezug auf $\mathfrak{B}$ eine nicht verschwindende untere Grenze r besitzen. Wir nennen r die *Minimaldistanz von* $\mathfrak{B}'$ *in bezug auf* $\mathfrak{B}$.

Wir kommen nunmehr zu dem wichtigen Begriffe der kanonischen Überdeckung eines Bereiches $\mathfrak{B}$: M_0 sei ein beliebiger fester Punkt des gegebenen Bereiches $\mathfrak{B}$; $M_1, M_2, \ldots, M_{\nu_1}, \ldots$ sei eine abzählbare Punktfolge, die überall in dem zu M_0 gehörigen Polyzylinder $S_{\mathfrak{B}}(M_0)$ dicht liegt. Wir betrachten dann die Polyzylinder $S_{\mathfrak{B}}(M_1), S_{\mathfrak{B}}(M_2), \ldots, S_{\mathfrak{B}}(M_{\nu_1}), \ldots$; in jedem dieser Polyzylinder, z. B. in $S_{\mathfrak{B}}(M_{\nu_1})$ wählen wir wiederum eine dort überall dicht liegende Punktmenge $M_{\nu_1, 1}, M_{\nu_1, 2}, \ldots, M_{\nu_1, \nu_2}, \ldots$; und so fort. Wir erhalten so eine überall in $\mathfrak{B}$ dicht liegende abzählbare Punktmenge, von welcher jeder Punkt $M_{\nu_1 \nu_2 \ldots \nu_p}$ eine endliche Anzahl Indizes besitzt und Mittelpunkt eines Polyzylinders $S_{\mathfrak{B}}(M_{\nu_1 \nu_2 \ldots \nu_p})$ ist. Diese Polyzylinder ordnen wir in eine einzige Folge, die nur der Bedingung genügen muß, daß $S_{\mathfrak{B}}(M_{\nu_1 \ldots \nu_p})$ stets an einer auf $S_{\mathfrak{B}}(M_{\nu_1 \ldots \nu_{p-1}})$ folgenden Stelle steht; die Folge sei jetzt mit $S_1, S_2, \ldots, S_i, \ldots$ bezeichnet. Die ε_{ij} bestimmen wir wie folgt: Sind S_i und S_j zwei Polyzylinder, die mindestens

[6]) Diese Sprechweise besagt nicht, daß wir wissen, was unter dem „Rande" eines Bereiches zu verstehen ist.

einen Punkt P aus $\mathfrak{B}$ gemeinsam haben, so sei $\varepsilon_{ij} = 1$, in jedem anderen Falle $\varepsilon_{ij} = 0$. Die so konstruierte Menge $\{S_i; \varepsilon_{ij}\}$ nennen wir eine *kanonische Überdeckung* des Bereiches $\mathfrak{B}$.

Definition 5. Die Menge $\{S_i; \varepsilon_{ij}\}$ sei eine kanonische Überdeckung des Bereiches $\mathfrak{B}$. Lassen sich die ε_{ij} derart durch ein System von ε'_{ij} ersetzen, daß stets $\varepsilon'_{ij} \leqq \varepsilon_{ij}$ und daß ferner die dann entstehende Menge $\{S_i; \varepsilon'_{ij}\}$ wieder einen Bereich $\mathfrak{B}'$ definiert, so heißt $\mathfrak{B}'$ ein *Überlagerungsbereich von* $\mathfrak{B}$.

Kanonisches System von Randpunkten. $\{S_i; \varepsilon_{ij}\}$ sei eine kanonische Überdeckung eines Bereiches $\mathfrak{B}$. Auf dem Rande eines jeden Polyzylinders S_i gibt es wenigstens einen Punkt, der nicht dem gegebenen Bereiche $\mathfrak{B}$ angehört. Wir nennen ihn einen *Randpunkt* von $\mathfrak{B}$. Einen solchen Randpunkt wählen wir auf dem Rande jedes Polyzylinders S_i. Die so erhaltene Menge von Randpunkten heiße ein *kanonisches System von Randpunkten* des Bereiches $\mathfrak{B}$. Es gilt folgender Satz:

Satz 1. *$\mathfrak{B}$ sei ein im Innern von $\mathfrak{B}'$ liegender Bereich; sind sämtliche Punkte eines kanonischen Systems von Randpunkten des Bereiches $\mathfrak{B}$ zugleich Randpunkte von $\mathfrak{B}'$, so ist $\mathfrak{B}$ entweder mit $\mathfrak{B}'$ oder mit einem Überlagerungsbereich von $\mathfrak{B}'$ identisch.*

Es stimmt nämlich eine gewisse kanonische Überdeckung von $\mathfrak{B}$ bis auf die ε_{ij} mit einer kanonischen Überdeckung von $\mathfrak{B}'$ überein; da aber $\mathfrak{B}$ im Innern von $\mathfrak{B}'$ liegt, muß stets $\varepsilon_{ij} \leqq \varepsilon'_{ij}$ sein (ε'_{ij} seien zu $\mathfrak{B}'$ gehörig), w. z. b. w.

Definition 6. E sei eine endliche oder unendliche Menge von Bereichen, die einen Punkt M_0 gemeinsam haben. Der *Durchschnitt* $\mathfrak{B}$ dieser Bereiche wird durch eine kanonische Überdeckung wie folgt definiert: $S_{\mathfrak{B}}(M_0)$ sei der größte Polyzylinder mit M_0 als Mittelpunkt, der noch im Innern aller Bereiche der Menge E liegt. Wir wählen, wie früher, eine überall in $S_{\mathfrak{B}}(M_0)$ dicht liegende abzählbare Folge $M_1, M_2, \ldots, M_{\nu_1}, \ldots$; und so fort (vgl. S. 621). Die erhaltenen Polyzylinder $S_{\mathfrak{B}}(M_{\nu_1 \nu_2 \ldots \nu_p})$ ordnet man dann wieder in eine einzige Folge $S_1, S_2, \ldots, S_i, \ldots$; es sei $\varepsilon_{ij} = 1$, falls S_i und S_j als Polyzylinder des Raumes betrachtet ein Stück gemeinsam haben, und falls ferner in *jedem* der gegebenen Bereiche sich die diesem Raumstück überlagerten Teile von S_i und S_j aus denselben Punkten des Bereiches zusammensetzen; in jedem anderen Falle sei $\varepsilon_{ij} = 0$. Die so definierte Menge $\{S_i; \varepsilon_{ij}\}$ bestimmt einen Bereich $\mathfrak{B}$, den wir den *Durchschnitt* der gegebenen Bereiche nennen[6a]).

[6a]) Durch die Wahl des Punktes M_0 ist der Durchschnitt $\mathfrak{B}$ eindeutig bestimmt; dieser ändert sich nicht, wenn man einen beliebigen andern Punkt des (zunächst durch M_0 bestimmten) Bereiches $\mathfrak{B}$ zugrunde legt.

§ 2.

Regularitätsbereiche und Regularitätshüllen.

Ein Bereich $\mathfrak{B}$ sei durch eine Überdeckung $\{S_i; \varepsilon_{ij}\}$ gegeben. Unter *einer in $\mathfrak{B}$ regulären Funktion* verstehen wir eine Menge von Funktionen $f_1, f_2, \ldots, f_i, \ldots$ [7]) mit folgenden Eigenschaften:

1. f_i ist in S_i regulär $(i = 1, 2, \ldots)$;

2. sind S_i und S_j zwei Polyzylinder, für die $\varepsilon_{ij} = 1$, so stimmen f_i und f_j in dem gemeinsamen Teile von S_i und S_j überein.

Auf die gleiche Weise definiert man *eine in $\mathfrak{B}$ meromorphe Funktion.*

Wie man sieht, lassen wir nur solche Funktionen zu, die in $\mathfrak{B}$ eindeutig sind.

Ist f eine in einem Bereiche $\mathfrak{B}$ reguläre oder meromorphe Funktion, so bezeichnen wir mit $f(M)$ den endlichen oder „unendlichen" Wert der Funktion im Punkte M aus $\mathfrak{B}$; ist f in $\mathfrak{B}$ beschränkt, so bezeichnen wir mit $\max |f(\mathfrak{B})|$ die obere Grenze der Werte von $|f|$ in den Punkten von $\mathfrak{B}$.

Regularitätsbereich einer Funktion. f sei eine in der Umgebung eines Punktes M_0 reguläre Funktion. Die Methode der analytischen Fortsetzung führt dann, wie folgt, zu einer kanonischen Überdeckung eines gewissen Bereiches $\mathfrak{B}$: $S_{\mathfrak{B}}(M_0)$ sei der größte Polyzylinder mit dem Mittelpunkte M_0, in dem f noch regulär ist. Wir wählen in $S_{\mathfrak{B}}(M_0)$ eine überall dort dicht liegende Punktmenge $M_1, M_2, \ldots$; und so fort (vgl. S. 621 und Definition 6). Man erhält wieder eine unendliche Folge von Polyzylindern $S_1, S_2, \ldots, S_i, \ldots$; zu jedem S_i gehört ein Funktionselement f_i der gegebenen Funktion f. Wir wählen $\varepsilon_{ij} = 1$, falls S_i und S_j einen Teil (des Raumes) gemeinsam haben und f_i und f_j dort übereinstimmen; im anderen Falle sei $\varepsilon_{ij} = 0$. Den durch diese Überdeckung bestimmten Bereich $\mathfrak{B}$ nennen wir *den Regularitätsbereich der Funktion f.*

Entsprechend definiert man *den Meromorphiebereich einer Funktion.*

Ist eine Funktion f in einem Bereiche $\mathfrak{B}$ regulär (meromorph), so liegt $\mathfrak{B}$ im Innern des Regularitätsbereiches (Meromorphiebereiches) von f.

Satz 1 besagt jetzt folgendes:

Satz 1a. *Ist eine Funktion f in einem Bereiche $\mathfrak{B}$, aber in keinem Punkte eines kanonischen Systems von Randpunkten von $\mathfrak{B}$ regulär (bzw. meromorph), so ist $\mathfrak{B}$ mit dem Regularitätsbereich (bzw. Meromorphiebereich) $\mathfrak{B}'$ der Funktion f oder mit einem Überlagerungsbereich von $\mathfrak{B}'$ identisch.*

[7]) Mit f bezeichnen wir kurz die Funktion $f(z_1, z_2, \ldots, z_n)$ der n komplexen Veränderlichen $z_1, z_2, \ldots, z_n$.

Definition 7. Ein Bereich $\mathfrak{B}$ heißt ein *Regularitätsbereich* (*Meromorphiebereich*) schlechthin, wenn es mindestens eine Funktion gibt, die $\mathfrak{B}$ als ihren Regularitätsbereich (Meromorphiebereich) hat. Man überzeugt sich leicht, daß diese Definition mit der in der Einleitung gegebenen äquivalent ist.

Wir werden später (II, § 4) sehen, daß jeder Regularitätsbereich ein Meromorphiebereich ist (dies ist keineswegs trivial). Die Frage, ob umgekehrt jeder Meromorphiebereich ein Regularitätsbereich ist, steht noch gänzlich offen.

Die Regularitätshülle eines Bereiches. Gegeben sei ein beliebiger Bereich $\mathfrak{B}$. E sei die Gesamtheit der Regularitätsbereiche der in $\mathfrak{B}$ regulären Funktionen. *Der Durchschnitt* B *aller dieser Bereiche ist eindeutig bestimmt* (vgl. Definition 6). Nach Definition hat der Bereich B folgende Eigenschaften:

1. $\mathfrak{B}$ *liegt im Innern von* B [8]);

2. *jede in* $\mathfrak{B}$ *reguläre Funktion ist auch in* B *regulär.*

Nun werden wir später zeigen (II, § 4), daß der Durchschnitt einer endlichen oder unendlichen Anzahl von Regularitätsbereichen selbst ein Regularitätsbereich ist. *Nehmen wir diesen Satz vorläufig als richtig an!* Es ergibt sich dann als eine weitere Eigenschaft:

3. B *ist ein Regularitätsbereich.*

Wir nennen B die Regularitätshülle von $\mathfrak{B}$. Die drei gewonnenen Eigenschaften sind für die Regularitätshülle B des Bereiches $\mathfrak{B}$ charakteristisch, d. h. *jeder Bereich* B', *der diese drei Eigenschaften besitzt, ist mit* B *identisch.* Ist nämlich f eine Funktion, die B als ihren Regularitätsbereich hat, so ist f in $\mathfrak{B}$, also auch in B' (Eigenschaft 2) regulär, es liegt somit B' im Innern von B; ebenso zeigt man, daß B im Innern von B' liegt, w. z. b. w.

Bemerkt sei, daß man B auch durch eine gleichzeitige analytische Fortsetzung aller in $\mathfrak{B}$ regulären Funktionen definieren kann.

§ 3.
Haupteigenschaften der Regularitätshüllen.

Gegeben sei ein beliebiger Bereich $\mathfrak{B}$; *die Existenz der zu* $\mathfrak{B}$ *gehörigen Regularitätshülle* B *setzen wir voraus* (wir werden diese später beweisen können; II, § 4). Aus der zweiten charakteristischen Eigenschaft von B ergibt sich unmittelbar:

---

[8]) $\mathfrak{B}$ braucht keineswegs ein Teilbereich von B zu sein. Ist etwa $\mathfrak{B}$ ein nichtschlichter Kreiskörper, so ist B ein schlichter, sternartiger Kreiskörper; vgl. die unter [1]) zitierten Arbeiten und III, § 5 dieser Arbeit.

Satz 2. *Nimmt eine in $\mathfrak{B}$ meromorphe Funktion f dort den Wert a nicht an, so ist f auch in B meromorph und ihr Wert dort verschieden von a; insbesondere ist also* $\max|f(\mathfrak{B})| = \max|f(\mathsf{B})|$ *für jede in $\mathfrak{B}$ reguläre und beschränkte Funktion.*

Es ist nämlich die Funktion $\frac{1}{f-a}$ in $\mathfrak{B}$, also auch in B regulär, w. z. b. w.

Folgerung. *Ist $\mathfrak{B}$ beschränkt, so ist auch B beschränkt.* Die Absolutbeträge der Funktionen $z_1, z_2, \ldots, z_n$ liegen nämlich in $\mathfrak{B}$, also auch in B unterhalb fester endlicher Schranken.

Bei der Abbildung zweier Bereiche aufeinander gilt:

Satz 3. *Wird durch eine reguläre Transformation ein Bereich $\mathfrak{B}_1$ eineindeutig und analytisch auf einen Bereich $\mathfrak{B}_2$ abgebildet, so bildet dieselbe Transformation auch die zugehörigen Regularitätshüllen B_1 und B_2 eineindeutig und analytisch aufeinander ab.*

Wir beweisen zunächst den

Hilfssatz: *Der Bereich $\mathfrak{B}$ sei eineindeutig und analytisch auf einen Bereich $\mathfrak{B}'$ abbildbar; ist $\mathfrak{B}$ ein Regularitätsbereich, so ist auch $\mathfrak{B}'$ ein Regularitätsbereich.*

Es sei nämlich B' die Regularitätshülle von $\mathfrak{B}'$; die Transformation

$$(T) \quad z_1' = f_1(z_1, z_2, \ldots, z_n);\ z_2' = f_2(z_1, z_2, \ldots, z_n);\ \ldots;\ z_n' = f_n(z_1, z_2, \ldots, z_n)$$

bilde $\mathfrak{B}$ auf $\mathfrak{B}'$ ab; die zu T inverse Transformation sei

$$(T^{-1}) \quad z_1 = f_1^{-1}(z_1', z_2', \ldots, z_n');\ z_2 = f_2^{-1}(z_1', z_2', \ldots, z_n');\ \ldots;\ z_n = f_n^{-1}(z_1', z_2', \ldots, z_n').$$

Die Funktionen $f_i^{-1}(z_1', \ldots, z_n')$ $(i = 1, 2, \ldots, n)$ sind in $\mathfrak{B}'$, also auch in B' regulär. Da ferner die Funktionaldeterminante von T^{-1} in $\mathfrak{B}'$, also auch in B' nicht verschwindet, so wird durch T^{-1} der Bereich B' auf einen $\mathfrak{B}$ enthaltenden Bereich B abgebildet.

Es sei nun f eine Funktion, die $\mathfrak{B}$ als ihren Regularitätsbereich hat. Die Funktion $f(T^{-1})$ ist dann in $\mathfrak{B}'$ und somit auch in B' regulär, also $f \equiv f(T^{-1} \cdot T)$ in B noch regulär. Folglich liegt B im Innern von $\mathfrak{B}$; da umgekehrt $\mathfrak{B}$ im Innern von B liegt, ist $\mathfrak{B}$ mit B und damit auch $\mathfrak{B}'$ mit B' identisch, w. z. b. w.

Beweis von Satz 3. T sei die gegebene Transformation des Bereiches $\mathfrak{B}_1$ in den Bereich $\mathfrak{B}_2$; die Funktionen von T sind in B_1 noch regulär, und ihre Funktionaldeterminante ist dort verschieden von 0. B_1 wird also durch T auf einen Bereich B_2' abgebildet; B_2' enthält $\mathfrak{B}_2$ und ist nach dem Hilfssatz ein Regularitätsbereich. Ferner sind sämtliche in $\mathfrak{B}_2$ regulären Funktionen noch in B_2' regulär; ist nämlich f in $\mathfrak{B}_2$ regulär, so ist $f(T)$ in $\mathfrak{B}_1$, also auch in B_1, folglich $f \equiv f(TT^{-1})$ in B_2' noch regulär. B_2' besitzt somit die drei charakteristischen Eigenschaften der zu $\mathfrak{B}_2$ gehörigen Regularitätshülle B_2, w. z. b. w.

Folgerungen aus Satz 3. I. *Ein Bereich $\mathfrak{B}$ läßt nur solche eineindeutigen und analytischen Transformationen in sich zu, die auch seine Regularitätshülle B in sich überführen.* Die Gruppe aller eineindeutigen und analytischen Abbildungen von $\mathfrak{B}$ auf sich ist also stets eine Untergruppe der eineindeutigen und analytischen Abbildungen von B auf sich.

II. *Die Regularitätshülle eines Kreiskörpers* (bzw. Reinhardtschen Kreiskörpers) *ist wieder ein Kreiskörper* (bzw. Reinhardtscher Kreiskörper) — unter einem Kreiskörper mit dem Mittelpunkte $(a_1, a_2, \ldots, a_n)$ verstehen wir dabei einen Bereich, der durch sämtliche Transformationen

$$z_\nu' - a_\nu = (z_\nu - a_\nu)\, e^{i\vartheta} \qquad (\nu = 1, 2, \ldots, n;\ \vartheta \text{ beliebig reell})$$

auf sich abgebildet wird und den Punkt $(a_1, a_2, \ldots, a_n)$ als inneren Punkt enthält; ein Reinhardtscher Kreiskörper wird entsprechend durch die Transformationen

$$z_\nu' - a_\nu = (z_\nu - a_\nu)\, e^{i\vartheta_\nu} \qquad (\nu = 1, 2, \ldots, n;\ \vartheta_\nu \text{ beliebig reell})$$

definiert. Die Regularitätshüllen dieser Bereiche wurden schon früher im Falle $n = 2$ genauer untersucht [9]).

III. Als wichtigste Folgerung sei ein Verfahren genannt, das gestattet, beliebig viele — sogar beschränkte und einfach-zusammenhängende — starre Bereiche zu konstruieren, d. h. solche Bereiche, die außer der Identität keine eineindeutigen analytischen Abbildungen auf sich zulassen.

Beschränken wir uns auf zwei komplexe Veränderliche! Der Bereich $\mathfrak{B}$ sei ein Kreiskörper und selbst kein Regularitätsbereich, B sei seine Regularitätshülle (B ist wieder ein Kreiskörper). Nun sind sämtliche Abbildungen eines Kreiskörpers — mit Ausnahme von ganz speziellen Bereichen — mittelpunktstreu und ganz linear [10]). Ist also $\mathfrak{B}'$ ein Bereich, der $\mathfrak{B}$ enthält, aber noch im Innern von B liegt, und läßt ferner $\mathfrak{B}'$ keine der bekannten (ganz-linearen) Transformationen des Kreiskörpers B zu, so muß $\mathfrak{B}'$ ein starrer Körper sein.

---

[9]) Vgl. [1]), vor allem c).

[10]) Vgl. P. Thullen, Zu den Abbildungen durch analytische Funktionen mehrerer Veränderlichen, Math. Annalen **104** (1931), S. 244—259, und H. Cartan, Sur les transformations analytiques des domaines cerclés et semi-cerclés bornés, Math. Annalen **106** (1932), S. 540—573. Über die mittelpunktstreuen Abbildungen siehe auch H. Behnke, Die Abbildungen der Kreiskörper, Hamb. Abh. 7. Wir setzen voraus, daß B unter keinen der wenigen Ausnahmekörper fällt; es zeigt sich übrigens, daß, falls B ein Ausnahmekörper und zugleich $\mathfrak{B} \not\equiv \mathsf{B}$ ist, B einem Dizylinder äquivalent ist; vgl. auch IV, § 1.

II. Fundamentalsatz und $\mathfrak{K}$-konvexe Bereiche.

§ 1.

Der Fundamentalsatz.

Klassen von Funktionen. $\mathfrak{K}$ sei eine Menge von Funktionen, die in einem gegebenen Bereiche $\mathfrak{B}$ regulär (bzw. meromorph) sein mögen. $\mathfrak{K}$ heißt eine „Klasse in $\mathfrak{B}$ regulärer (meromorpher) Funktionen" oder kurz *eine in $\mathfrak{B}$ reguläre (meromorphe) Klasse,* falls $\mathfrak{K}$ folgende Bedingung erfüllt:

Ist f irgendeine Funktion aus $\mathfrak{K}$, so enthält $\mathfrak{K}$

1. *deren Ableitungen* $\frac{\partial f}{\partial z_i}$ $(i=1, 2, \ldots, n)$ $\left(\text{hiermit also auch sämtliche Ableitungen höherer Ordnung } \frac{\partial^{m_1+\ldots+m_n} f}{\partial z_1^{m_1}\ldots\partial z_n^{m_n}}\right)$ *und*

2. *sämtliche Funktionen* $A\{f\}^p$; hierbei bedeutet A eine beliebige komplexe Konstante, p eine beliebige positive ganze Zahl.

Als Beispiele seien einige wichtige Klassen genannt:

Die Gesamtheit der in $\mathfrak{B}$ regulären (meromorphen) Funktionen; die Gesamtheit der rationalen Funktionen; die Gesamtheit der Polynome oder die der homogenen Polynome; die Gesamtheit der Monome $a\, z_1^{m_1} z_2^{m_2} \ldots z_n^{m_n}$.

Definition der Bereiche $\mathfrak{B}_0^{(\varrho)}$. Der Bereich $\mathfrak{B}_0$ liege ganz im Innern des Bereiches $\mathfrak{B}$, r sei die Minimaldistanz von $\mathfrak{B}_0$ in bezug auf $\mathfrak{B}$; ferner sei $\varrho < r$ eine gegebene positive Zahl. Die Gesamtheit aller Punkte M aus $\mathfrak{B}$, zu denen es in $\mathfrak{B}_0$ mindestens einen Punkt gibt, dessen Abstand von M kleiner ist als ϱ, bildet einen Teilbereich von $\mathfrak{B}$, den wir mit $\mathfrak{B}_0^{(\varrho)}$ bezeichnen; $\mathfrak{B}_0^{(\varrho)}$ liegt ganz im Innern von $\mathfrak{B}$.

Fundamentalsatz. *$\mathfrak{B}_0$ sei ein ganz im Innern eines Bereiches $\mathfrak{B}$ liegender Bereich, r die Minimaldistanz von $\mathfrak{B}_0$ in bezug auf $\mathfrak{B}$, $\mathfrak{K}$ sei eine in $\mathfrak{B}$ reguläre Klasse. Gilt dann in einem Punkte M_0 aus $\mathfrak{B}$ für jede Funktion f aus $\mathfrak{K}$*

$$|f(M_0)| \leqq \max |f(\mathfrak{B}_0)|,$$

so ist

1. *jede Funktion f aus $\mathfrak{K}$ in dem Polyzylinder $S(M_0, r)$ noch regulär und*

2. $$\max |f(S(M_0, \varrho))| \leqq \max |f(\mathfrak{B}_0^{(\varrho)})|$$

für jedes $\varrho < r$.

Beweis. 1. f sei eine beliebige Funktion aus $\mathfrak{K}$; zur Abkürzung setzen wir

$$\max |f(\mathfrak{B}_0^{(r-\eta)})| = A(\eta).$$

Nach dem Cauchyschen Integralsatze gilt dann

$$\frac{1}{m_1!\,m_2!\ldots m_n!}\left|\frac{\partial^{m_1+m_2+\ldots+m_n} f}{\partial z_1^{m_1}\,\partial z_2^{m_2}\ldots\partial z_n^{m_n}}\right| \leqq \frac{A(\eta)}{(r-\eta)^{m_1+m_2+\ldots+m_n}} \tag{1}$$

in *jedem* Punkte M aus $\mathfrak{B}_0$.

Da die Ableitungen von f zu $\mathfrak{K}$ gehören, besteht nach Voraussetzung die Ungleichung (1) erst recht im Punkte M_0. Für die Potenzreihenentwicklung für f um $M_0 = (z_1^0, z_2^0, \ldots, z_n^0)$ gilt daher die Abschätzung

$$\left|\sum_{m_1 m_2\ldots m_n=0}^{\infty} \frac{1}{m_1!\,m_2!\ldots m_n!}\cdot\frac{\partial^{m_1+m_2+\ldots+m_n} f(M_0)}{\partial z_1^{m_1}\,\partial z_2^{m_2}\ldots\partial z_n^{m_n}}\,{}^{11)}\,(z_1-z_1^0)^{m_1}(z_2-z_2^0)^{m_2}\ldots(z_n-z_n^0)^{m_n}\right|$$

$$\leqq A(\eta)\sum_{m_1 m_2\ldots m_n=0}^{\infty}\frac{|z_1-z_1^0|^{m_1}\cdot|z_2-z_2^0|^{m_2}\ldots|z_n-z_n^0|^{m_n}}{(r-\eta)^{m_1+m_2+\ldots+m_n}}.$$

Die Potenzreihe konvergiert somit gleichmäßig und absolut, solange

$$|z_i - z_i^0| < r-\eta \qquad (i = 1, 2, \ldots, n).$$

f ist also in dem Polyzylinder $S(M_0, r-\eta)$ regulär und — für $\eta \to 0$ — noch regulär in $S(M_0, r)$. Hiermit ist der erste Teil der Behauptung bewiesen[12]).

2. Es sei $\varrho < r$ und $\eta < r - \varrho$ (also $\varrho < r - \eta$); aus (2) folgt für *jede* Funktion f aus $\mathfrak{K}$ die Abschätzung

$$\frac{\max|f(S(M_0,\varrho))|}{A(\eta)} \leqq \sum_{m_1 m_2\ldots m_n=0}^{\infty}\left(\frac{\varrho}{r-\eta}\right)^{m_1+m_2+\ldots+m_n} = \frac{1}{\left(1-\frac{\varrho}{r-\eta}\right)^n}. \tag{3}$$

Können wir zeigen, daß sogar stets

$$\frac{\max|f(S(M_0,\varrho))|}{A(\eta)} \leqq 1, \tag{4}$$

so ist auch (für $\eta \to r - \varrho$) der zweite Teil des Fundamentalsatzes bewiesen.

Nehmen wir an, die Ungleichung (4) wäre für ein gewisses $\eta_0 > 0$, ein $\varrho_0 < r - \eta_0$ und eine Funktion f aus $\mathfrak{K}$ nicht erfüllt, es wäre also

$$\frac{\max|f(S(M_0,\varrho_0))|}{A(\eta_0)} > 1!$$

Setzt man dann $\varphi_p = \left(\frac{f}{A(\eta_0)}\right)^p$, so würde $\max|\varphi_p(S(M_0,\varrho_0))|$ bei genügend großem p beliebig groß. Andererseits ist φ_p eine Funktion aus $\mathfrak{K}$ und ferner

$$\max|\varphi_p(\mathfrak{B}_0^{(r-\eta_0)})| = 1 \qquad \text{für } alle\ p,$$

[11]) Hierunter sei der Wert der betreffenden Ableitung im Punkte M_0 verstanden.

[12]) Man beachte, daß wir bisher nur die erste Klasseneigenschaft benutzt haben; es gilt also dieser Teil des Fundamentalsatzes auch für solche Funktionsfamilien, die nur die erste Klasseneigenschaft besitzen.

somit nach (3)

$$\max|\varphi_p(S(M_0, \varrho_0))| \leqq \frac{1}{\left(1-\frac{\varrho_0}{r-\eta_0}\right)^n},$$

also φ_p in $S(M_0, \varrho_0)$ für *alle* p beschränkt, was obigem widerspricht, w. z. b. w.

Ganz entsprechend beweist man für *meromorphe* Klassen:

Der Bereich $\mathfrak{B}_0$, *die Zahl* $r > 0$ *habe die im Fundamentalsatze vorausgesetzte Bedeutung*; $\mathfrak{K}$ *sei eine in* $\mathfrak{B}$ *meromorphe Klasse. Gilt dann in einem Punkte* M_0 *aus* $\mathfrak{B}$ *für jede (in* M_0 *und* $\mathfrak{B}_0$ *noch reguläre) Funktion* f *aus* $\mathfrak{K}$

$$|f(M_0)| \leqq \max|f(\mathfrak{B}_0)|,$$

so ist für ein beliebiges u *mit* $0 < u < r$

1. *jede in* $\mathfrak{B}_0^{(u)}$ *noch reguläre Funktion* f *aus* $\mathfrak{K}$ *auch im Polyzylinder* $S(M_0, u)$ *regulär und*

2. $\max|f(S(M_0, \varrho))| \leqq \max|f(\mathfrak{B}_0^{(\varrho)})|$ *für alle* $\varrho < u$.

Der Fundamentalsatz hat natürlich nur für solche meromorphe Klassen Sinn, in denen es mindestens eine in $\mathfrak{B}_0^{(u)}$ noch reguläre Funktion gibt.

§ 2.

$\mathfrak{K}$-konvexe Bereiche und $\mathfrak{K}$-konvexe Hüllen.

Der Bereich $\mathfrak{B}$ sei der Regularitätsbereich einer Funktion φ; $\mathfrak{B}_0$ sei ein ganz im Innern von $\mathfrak{B}$ liegender Bereich, r die Minimaldistanz von $\mathfrak{B}_0$ in bezug auf $\mathfrak{B}$. Es sei $\mathfrak{K}$ irgendeine in $\mathfrak{B}$ reguläre Klasse, welche die Funktion φ enthält; aus dem ersten Teil des Fundamentalsatzes folgt dann, daß zu jedem Punkte M aus $\mathfrak{B}$, dessen Randdistanz in bezug auf $\mathfrak{B}$ kleiner als r ist, mindestens eine Funktion f aus $\mathfrak{K}$ existiert, so daß $|f(M)| > \max|f(\mathfrak{B}_0)|$.

Diese Tatsache führt uns zu dem Begriffe der $\mathfrak{K}$-konvexen Bereiche.

Definition 8. $\mathfrak{K}$ sei eine in dem Bereiche $\mathfrak{B}$ reguläre (meromorphe) Klasse; B sei der Durchschnitt aller Regularitätsbereiche (Meromorphiebereiche) der Funktionen aus $\mathfrak{K}$; $\mathfrak{B}$ liegt im Innern von B. Der Bereich $\mathfrak{B}$ heißt „konvex in bezug auf die Klasse $\mathfrak{K}$" — oder kurz **$\mathfrak{K}$-konvex** —, wenn folgende Bedingungen erfüllt sind:

1. $\mathfrak{B}$ *ist ein Teilbereich von* B;

2. *ist* $\mathfrak{B}_0$ *irgendein ganz im Innern von* $\mathfrak{B}$ *liegender Bereich und* r *seine Minimaldistanz in bezug auf* $\mathfrak{B}$, *so existiert zu jedem Punkte* M *aus* $\mathfrak{B}$, *dessen Randdistanz in bezug auf* $\mathfrak{B}$ *kleiner als* r *ist, in* $\mathfrak{K}$ *min-*

destens eine Funktion f *(regulär und beschränkt in* $\mathfrak{B}_0$*), so daß*

$$|f(M)| > \max |f(\mathfrak{B}_0)|.$$ [13])

Die zu Anfang des Paragraphen gefundene Eigenschaft eines Regularitätsbereiches besagt jetzt:

Folgerung 1 des Fundamentalsatzes. *Ist der Bereich* $\mathfrak{B}$ *der Regularitätsbereich einer Funktion* f, *und* $\mathfrak{K}$ *eine* f *enthaltende, in* $\mathfrak{B}$ *reguläre Klasse, so ist* $\mathfrak{B}$ $\mathfrak{K}$*-konvex.*

Ebenso findet man:

Folgerung 2. *Der Durchschnitt* $\mathfrak{B}$ *einer endlichen oder unendlichen Anzahl von Regularitätsbereichen ist* $\mathfrak{K}$*-konvex;* $\mathfrak{K}$ *bedeutet hierbei die Klasse aller in* $\mathfrak{B}$ *regulären Funktionen* (folgt unmittelbar aus dem ersten Teile des Fundamentalsatzes).

Folgerung 3. *Ist der Bereich* $\mathfrak{B}$ *der Durchschnitt einer endlichen oder unendlichen Anzahl von* $\mathfrak{K}$*-konvexen Bereichen, so ist* $\mathfrak{B}$ $\mathfrak{K}$*-konvex;* $\mathfrak{K}$ *bedeute irgendeine in* $\mathfrak{B}$ *reguläre oder meromorphe Klasse.*

Beweis. B sei der Durchschnitt der Regularitätsbereiche (Meromorphiebereiche) der Klasse $\mathfrak{K}$; $\mathfrak{B}$ ist ein Teilbereich von B. Wir haben also nur die zweite Eigenschaft der $\mathfrak{K}$-konvexen Bereiche (Definition 8) nachzuweisen.

$\mathfrak{B}_0$ sei irgendein ganz im Innern von $\mathfrak{B}$ liegender Bereich, r sei die Minimaldistanz von $\mathfrak{B}_0$ in bezug auf $\mathfrak{B}$. Es sei ferner M ein Punkt aus $\mathfrak{B}$ mit der Eigenschaft, daß für jede (in $\mathfrak{B}_0$ beschränkte) Funktion f aus $\mathfrak{K}$ gilt:

$$|f(M)| \leqq \max |f(\mathfrak{B}_0)|.$$

Wir werden zeigen, daß die Randdistanz eines solchen Punktes M in bezug auf $\mathfrak{B}$ größer oder gleich r ist (woraus dann offenbar die Behauptung folgt).

Es ist nämlich die Minimaldistanz von $\mathfrak{B}_0$ in bezug auf irgendeinen der gegebenen $\mathfrak{K}$-konvexen Bereiche mindestens gleich r und daher nach Definition 8 die Randdistanz von M in bezug auf jeden dieser Bereiche mindestens r; es muß also der Polyzylinder $S(M, r)$ im Innern von $\mathfrak{B}$, des Durchschnitts aller dieser Bereiche liegen, w. z. b. w.

Die $\mathfrak{K}$-konvexe Hülle eines Bereiches $\mathfrak{B}$. $\mathfrak{K}$ sei eine in $\mathfrak{B}$ *reguläre* Klasse, B der Durchschnitt aller Regularitätsbereiche der Funktionen aus $\mathfrak{K}$. B enthält $\mathfrak{B}$ und ist $\mathfrak{K}$-konvex (Folgerung 1 und 3).

---

[13]) Hat f (bei einer meromorphen Klasse) in M einen Pol, so gibt es in beliebiger Nachbarschaft von M Punkte M', in denen f noch regulär, aber beliebig hohe Werte annimmt, also sicherlich auch $|f(M')| > \max |f(\mathfrak{B}_0)|$ erfüllt ist.

Der Durchschnitt $\mathfrak{B}'$ aller $\mathfrak{K}$-konvexen Bereiche, die $\mathfrak{B}$ enthalten (es existiert wenigstens ein solcher Bereich, nämlich B), ist selbst wieder $\mathfrak{K}$-konvex (Folgerung 3). $\mathfrak{B}'$ ist nach Definition *der kleinste* $\mathfrak{B}$ *enthaltende* $\mathfrak{K}$-*konvexe Bereich*; wir nennen $\mathfrak{B}'$ die $\mathfrak{K}$-*konvexe Hülle von* $\mathfrak{B}$ [14]).

Man erkennt leicht, daß für *jede in* $\mathfrak{B}$ *beschränkte Funktion* f *aus* $\mathfrak{K}$ *gilt*

$$\max|f(\mathfrak{B}')| = \max|f(\mathfrak{B})|.$$

§ 3.

Haupteigenschaft der $\mathfrak{K}$-konvexen Bereiche.

Wir werden jetzt die wichtige Umkehrung von Folgerung 1 des Fundamentalsatzes beweisen:

Satz 4. *$\mathfrak{K}$ sei eine in dem Bereiche $\mathfrak{B}$ reguläre (meromorphe) Klasse. Ist $\mathfrak{B}$ $\mathfrak{K}$-konvex, so ist $\mathfrak{B}$ ein Überlagerungsbereich eines Regularitätsbereiches (Meromorphiebereiches).*

Existiert ferner ein Bereich B, der $\mathfrak{B}$ als Teilbereich enthält und zugleich Durchschnitt von Regularitätsbereichen ist, so ist $\mathfrak{B}$ ein Regularitätsbereich (Meromorphiebereich).

Folgerung. *Ist $\mathfrak{K}$ eine in $\mathfrak{B}$ reguläre Klasse und $\mathfrak{B}$ $\mathfrak{K}$-konvex, so ist $\mathfrak{B}$ ein Regularitätsbereich.* (Als Bereich B wähle man den Durchschnitt aller Regularitätsbereiche der Funktionen aus $\mathfrak{K}$.)

Beweis von Satz 4. 1. Die Punktmenge $M_1, M_2, \ldots, M_i, \ldots$ sei ein kanonisches System $\mathfrak{S}$ von Randpunkten des Bereiches $\mathfrak{B}$. Wir werden zunächst eine in $\mathfrak{B}$ reguläre (meromorphe) Funktion f konstruieren, die in sämtlichen M_i wesentlich singulär wird, womit nach Satz 1a der erste Teil des Satzes bewiesen ist.

Hierzu wählen wir eine im Innern von $\mathfrak{B}$ liegende Punktfolge: $P_1, P_2, \ldots, P_\nu, \ldots$, die in $\mathfrak{B}$ keinen Häufungspunkt besitzt, sich aber gegen jeden Punkt M_i des kanonischen Systems $\mathfrak{S}$ häuft. Ferner sei $\mathfrak{B}_1, \mathfrak{B}_2, \ldots, \mathfrak{B}_m, \ldots$ eine Folge von Bereichen mit den beiden Eigenschaften: 1. jedes $\mathfrak{B}_m$ liegt ganz im Innern von $\mathfrak{B}$ und $\mathfrak{B}_{m+1}$ und ist ein Teilbereich von $\mathfrak{B}$ $(m = 1, 2, \ldots)$; 2. zu jedem ganz im Innern von $\mathfrak{B}$ liegenden Bereiche $\mathfrak{B}_0$ gibt es ein m_0, so daß alle $\mathfrak{B}_m$ mit $m \geqq m_0$ $\mathfrak{B}_0$ enthalten; bezeichnet man mit r_m die Minimaldistanz von $\mathfrak{B}_m$ in bezug auf $\mathfrak{B}$, so ist insbesondere $\lim\limits_{m\to\infty} r_m = 0$.

Es sei nun ϱ_ν die Randdistanz von P_ν $(\nu = 1, 2, \ldots)$ in bezug auf $\mathfrak{B}$ (es ist $\lim\limits_{\nu\to\infty} \varrho_\nu = 0$). Zu jedem ν (von einem gewissen ν_0 ab) existiert ein größtes m — es sei mit m_ν bezeichnet —, so daß $\varrho_\nu < r_{m_\nu}$. Wir setzen zur Vereinfachung $m_\nu = \nu$ voraus.

[14]) $\mathfrak{B}$ braucht nicht schlicht in bezug auf $\mathfrak{B}'$ zu sein.

Nach Definition 8 gibt es dann zu jedem P_ν eine [in $\mathfrak{B}_\nu$ und P_ν [15]) noch reguläre und beschränkte] Funktion f_ν der Klasse $\mathfrak{K}$, so daß

$$|f_\nu(P_\nu)| > \max |f_\nu(\mathfrak{B}_\nu)|.$$

Wir dürfen ohne Einschränkung der Allgemeingültigkeit annehmen, daß

$$(6) \qquad f_\nu(P_\nu) = 1,$$

also

$$(6\,a) \qquad \max |f_\nu(\mathfrak{B}_\nu)| < 1 \qquad (\nu = 1, 2, \ldots).$$

Dann aber lassen sich ganze positive Zahlen l_ν $(\nu = 1, 2, \ldots)$ so bestimmen, daß

$$\max |\{f_\nu(\mathfrak{B}_\nu)\}^{l_\nu}| < \frac{1}{\nu^2}.$$

Es konvergiert daher das unendliche Produkt

$$f \equiv \prod_{\nu=1}^{\infty} [1 - \{f_\nu\}^{l_\nu}]$$

gleichmäßig in jedem ganz im Innern von $\mathfrak{B}$ liegenden Teilbereiche, stellt also dort eine reguläre (meromorphe) Funktion f dar.

f verschwindet auf sämtlichen analytischen Flächenstücken $f_\nu = 1$. Es können höchstens endlich viele dieser „Nullstellenflächen“ zusammenfallen; sonst gäbe es nämlich eine unendliche Folge $\nu_1, \nu_2, \ldots, \nu_i, \ldots$, so daß z. B. der Punkt P_{ν_1} — nach (6) liegt P_{ν_1} sicher auf $f_{\nu_1} = 1$ — auch auf sämtlichen Flächen $f_{\nu_i} = 1$ $(i = 1, 2, \ldots)$ läge; d. h. es wäre $f_{\nu_i}(P_{\nu_1}) = 1$ für *alle* i und *festes* P_{ν_1}, was (6a) widerspricht.

Nun ist nach Annahme jeder Randpunkt M_i des Systems $\mathfrak{S}$ Häufungspunkt der P_ν; es wird also jede Nachbarschaft eines Punktes M_i durch unendlich viele (*verschiedene*) Nullstellenflächen $f_\nu = 1$ geschnitten. Da aber in einer genügend kleinen Umgebung eines regulären oder meromorphen Punktes eine Funktion nur auf *endlich* vielen solcher Flächenstücke verschwinden kann, ist f in sämtlichen M_i *wesentlich* singulär. Hiermit ist der erste Teil des Satzes bewiesen.

2. *Der Bereich $\mathfrak{B}$ sei als Teilbereich eines Bereiches* B, *des Durchschnitts der Regularitätsbereiche aller Funktionen einer gewissen Familie $\mathfrak{F}$ vorausgesetzt!*

Es ist keineswegs sicher, daß die oben konstruierte Funktion f stets in zwei verschiedenen Punkten M' und M'' von $\mathfrak{B}$, die gleiche Koordinaten haben, verschiedene Funktionselemente besitzt. Nun folgt aber aus der Konstruktion von f, daß auch jedes Produkt $f \cdot \varphi$ — φ sei irgendeine in

[15]) Vgl. Anm. [13]).

𝔅 reguläre Funktion — in sämtlichen Punkten $M_1, M_2, \ldots$ des kanonischen Systems 𝔖 wesentlich singulär wird; gelingt es uns daher, eine in 𝔅 reguläre Funktion Φ zu finden, so daß $f \cdot \Phi$ in allen übereinander gelagerten Punktepaaren M' und M'' von 𝔅 verschiedene Funktionselemente besitzt, so ist 𝔅 der Regularitätsbereich (Meromorphiebereich) dieser Funktion und somit der Satz dann vollständig bewiesen.

Hierzu gehen wir wie folgt vor:

Aus sämtlichen Paaren von Polyzylindern S_i und S_j einer festen kanonischen Überdeckung von 𝔅 greifen wir diejenigen heraus, die als Polyzylinder des Raumes betrachtet einen Teil gemeinsam haben, für die aber $\varepsilon_{ij} = 0$. Die Menge dieser Polyzylinderpaare ordnen wir in eine einzige Folge Σ.

Betrachten wir das l-te Paar dieser Folge, es sei S_i, S_j! In S_i und S_j wählen wir zwei Punkte M_l' und M_l'', die gleiche Koordinaten besitzen (aber verschiedene Punkte des Bereiches 𝔅 sind).

Hat nun die Funktion f in M_l' und M_l'' die gleichen Funktionselemente, so wählen wir aus der Familie 𝔉 eine Funktion φ_l, deren Elemente in M_l' und M_l'' verschieden sind — nach der über 𝔅 und B gemachten Annahme existiert mindestens eine solche Funktion —; besitzt dagegen f selbst schon in M_l' und M_l'' verschiedene Funktionselemente, so setzen wir $\varphi_l \equiv 1$. Wir können ohne Einschränkung voraussetzen — indem wir nötigenfalls M_l' und M_l'' durch zwei andere Punkte aus S_i und S_j ersetzen, die beide wieder gleiche Koordinaten besitzen —, daß $f\varphi_l$ in M_l' und M_l'' verschiedene Funktionswerte annimmt, daß also

$$f(M_l')\,\varphi_l(M_l') \neq f(M_l'')\,\varphi_l(M_l''). \tag{7}$$

Unser Ziel ist jetzt, mit Hilfe der φ_l eine Funktion Φ mit den zu Anfang verlangten Eigenschaften zu konstruieren.

Hierzu wählen wir eine Folge positiver Konstanten η_l, so daß die Reihe $\sum_{l=1}^{\infty} \eta_l \varphi_l$ im Innern von 𝔅 normal konvergiert[16]). Dann bestimmen wir eine weitere Folge positiver Zahlen $\varrho_l < \eta_l$ $(l = 1, 2, \ldots)$, die folgenden Bedingungen genügt:

1. Es sei $0 < \varrho_1 \leqq \eta_1$, sonst beliebig. Nach (7) ist

$$u_1 = \varrho_1 \,|\varphi_1(M_1')\,f(M_1') - \varphi_1(M_1'')\,f(M_1'')| \neq 0.$$

Die positiven Zahlen $\varrho_l^{(1)} \leqq \eta_l$ $(l \geqq 2)$ wählen wir dann derart, daß

$$\sum_{l=2}^{\infty} \varrho_l^{(1)}\,|\varphi_l(M_1')\,f(M_1') - \varphi_l(M_1'')\,f(M_1'')| < u_1.$$

16) Vgl. Definition in III, § 1.

Setzt man dann $\Phi = \sum_{l=1}^{\infty} \varrho_l \varphi_l$ mit $0 < \varrho_l \leqq \varrho_l^{(1)}$ für $l \geqq 2$, so nimmt die Funktion $f\Phi$ in M_1' und M_1'' verschiedene Funktionswerte an, besitzt dort also sicher verschiedene Funktionselemente.

2. ϱ_2 $(0 < \varrho_2 \leqq \varrho_2^{(1)})$ werde so gewählt, daß

$$u_2 = |\varrho_1[\varphi_1(M_2')f(M_2') - \varphi_1(M_2'')f(M_2'')] + \varrho_2[\varphi_2(M_2')f(M_2') - \varphi_2(M_2'')f(M_2'')]| \neq 0;$$

die positiven Zahlen $\varrho_l^{(2)} \leqq \varrho_l^{(1)}$ $(l \geqq 3)$ bestimme man dann derart, daß

$$\sum_{l=3}^{\infty} \varrho_l^{(2)} |\varphi_l(M_2')f(M_2') - \varphi_l(M_2'')f(M_2'')| < u_2.$$

Die Funktion $f\Phi$ — es sei $\varrho_l \leqq \varrho_l^{(2)}$ für $l \geqq 3$ — besitzt jetzt sowohl in den Punktepaaren M_1', M_1'' wie in M_2', M_2'' je verschiedene Funktionselemente.

Dieses Verfahren läßt sich beliebig fortsetzen. Man kann also die ϱ_l so wählen, daß $f\Phi$ in sämtlichen übereinander gelagerten Punktepaaren M' und M'' von $\mathfrak{B}$ verschiedene Funktionselemente besitzt, w. z. b. w.

§ 4.

Eine notwendige und hinreichende Bedingung für Regularitätsbereiche; Existenz der Regularitätshülle.

Satz 5. *$\mathfrak{B}$ sei ein beliebiger Bereich, $\mathfrak{K}$ die Klasse aller in $\mathfrak{B}$ regulären Funktionen. $\mathfrak{B}$ ist dann und nur dann ein Regularitätsbereich, falls $\mathfrak{B}$ $\mathfrak{K}$-konvex ist.*

Dieser Satz folgt unmittelbar aus Folgerung 1 des Fundamentalsatzes und der Folgerung von Satz 4.

Übrigens ergibt sich aus dem Beweise von Satz 4, daß *jeder Regularitätsbereich ein Meromorphiebereich ist* (die dort konstruierte Funktion f bzw. $f \cdot \Phi$ ist in sämtlichen Punkten eines kanonischen Systems von Randpunkten *wesentlich* singulär).

Wendet man hintereinander Folgerung 2 des Fundamentalsatzes und die Folgerung von Satz 4 an, so ergibt sich:

Satz 6. *Der Durchschnitt einer endlichen oder unendlichen Anzahl von Regularitätsbereichen ist selbst wieder ein Regularitätsbereich.*

Folgerung. *Zu jedem Bereiche $\mathfrak{B}$ existiert eine Regularitätshülle* B. (B ist der Durchschnitt aller Regularitätsbereiche der in $\mathfrak{B}$ regulären Funktionen.)

Hieraus ergeben sich jetzt sämtliche Eigenschaften der Regularitätshüllen, die wir bereits früher (I, §§ 2, 3) unter der Voraussetzung ihrer Existenz bewiesen haben.

III. Konvergenzbereiche und Normalitätsbereiche; Lösung des Julia-Problems.

§ 1.

Definitionen.

Bereiche der gleichmäßigen Konvergenz einer Folge. Gegeben sei eine Folge F von Funktionen $f_1, f_2, \ldots, f_\nu, \ldots$; die Funktionen f_ν seien in einer Umgebung eines Punktes M_0 regulär und mögen dort gleichmäßig gegen eine reguläre Funktion (bzw. gegen die Konstante „∞") konvergieren. Den Bereich $\mathfrak{B}$ der gleichmäßigen Konvergenz der Folge F definieren wir durch eine kanonische Überdeckung: $S_{\mathfrak{B}}(M_0)$ sei der größte Polyzylinder mit dem Mittelpunkte M_0, in dem die f_ν regulär und noch gleichmäßig konvergent sind; in $S_{\mathfrak{B}}(M_0)$ wähle man eine dort überall dicht liegende Punktmenge $M_1, M_2, \ldots, M_{n_1}, \ldots$; usw. (vgl. etwa Definition 6). Zu der dann erhaltenen unendlichen Folge von Polyzylindern $S_1, S_2, \ldots, S_i, \ldots$ bestimme man die ε_{ij} wie folgt: es sei $\varepsilon_{ij} = 1$, falls S_i und S_j ein Teil (des Raumes) gemeinsam haben und dort jede Funktion f_ν der Folge F in Punkten mit gleichen Koordinaten die gleichen Funktionselemente besitzt; im anderen Falle sei $\varepsilon_{ij} = 0$.

Der durch diese Überdeckung definierte Bereich $\mathfrak{B}$ heiße *der Bereich der gleichmäßigen Konvergenz der Folge F*. $\mathfrak{B}$ ist ein Teilbereich von B, des Durchschnitts der Regularitätsbereiche der Funktionen f_ν.

Ist die Grenzfunktion der Folge F in $\mathfrak{B}$ regulär, so nennen wir F *eine Folge erster Art*[17]; ist die Grenzfunktion unendlich, so heiße F eine *Folge zweiter Art*[17].

Wir sagen kurz „*$\mathfrak{B}$ ist ein Konvergenzbereich erster (zweiter) Art*", falls es in $\mathfrak{B}$ eine Folge erster (zweiter) Art gibt, so daß $\mathfrak{B}$ mit dem Bereiche der gleichmäßigen Konvergenz dieser Folge identisch ist.

Normalitätsbereiche. Gegeben sei eine Familie $\mathfrak{F}$ von Funktionen; die Funktionen aus $\mathfrak{F}$ seien in einer Umgebung eines Punktes M_0 regulär und die Familie $\mathfrak{F}$ dort normal[18]. *Den Normalitätsbereich $\mathfrak{B}$ der Familie $\mathfrak{F}$* definieren wir — wörtlich wie oben — durch eine kanonische Überdeckung: $S_{\mathfrak{B}}(M_0)$ sei der größte Polyzylinder mit dem Mittelpunkte M_0, in dem die Funktionen von $\mathfrak{F}$ regulär sind und $\mathfrak{F}$ sich normal verhält, usw.

---

[17]) Diese Bezeichnung hat stets nur in Verbindung mit dem Konvergenzbereiche Sinn; es ist etwa die Folge $z^1, z^2, \ldots, z^\nu, \ldots$ in $|z| < 1$ eine Folge erster Art, in $|z| > 1$ eine Folge zweiter Art.

[18]) Eine Familie regulärer Funktionen $\mathfrak{F}$ heißt in einem Bereiche $\mathfrak{B}$ normal, wenn man aus jeder von Funktionen der Familie $\mathfrak{F}$ gebildeten unendlichen Folge mindestens eine in $\mathfrak{B}$ gleichmäßig konvergente unendliche Teilfolge herausziehen kann.

Der Normalitätsbereich $\mathfrak{B}$ einer Familie $\mathfrak{F}$ ist ein Teilbereich von B, des Durchschnitts der Regularitätsbereiche der Funktionen von $\mathfrak{F}$.

Wir sagen, die gegebene in $\mathfrak{B}$ normale Familie $\mathfrak{F}$ ist *eine Familie erster Art*[19]), falls jede in $\mathfrak{B}$ gleichmäßig konvergente Folge von Funktionen aus $\mathfrak{F}$ eine Folge erster Art ist; existiert in $\mathfrak{F}$ mindestens eine Folge zweiter Art, so heißt $\mathfrak{F}$ *eine Familie zweiter Art.* Entsprechend definiert man einen *Normalitätsbereich erster* (bzw. *zweiter*) *Art.*

Es sei hier ein sich unmittelbar aus der Theorie der normalen Familien ergebender Satz angeführt:

Satz 7. *F sei eine unendliche Folge regulärer Funktionen; $\mathfrak{B}$ sei der Normalitätsbereich der aus den Funktionen der Folge gebildeten Familie. Existiert dann in $\mathfrak{B}$ ein Punkt M, in dessen Umgebung die Folge F gleichmäßig konvergiert, so ist $\mathfrak{B}$ mit dem Bereiche der gleichmäßigen Konvergenz der Folge F identisch.*

Der Bereich der normalen Konvergenz einer Reihe. Eine Reihe $\sum_{\nu=1}^{\infty} f_\nu$ heiße in einem Bereiche $\mathfrak{B}$ *normal konvergent*, falls alle f_ν in $\mathfrak{B}$ regulär sind und die Reihe $\sum_{\nu=1}^{\infty} \max |f_\nu(\mathfrak{B}_0)|$ für jeden ganz im Innern von $\mathfrak{B}$ liegenden Bereich $\mathfrak{B}_0$ konvergiert.

Gegeben sei also eine Reihe $\sum_{\nu=1}^{\infty} f_\nu$, die in der Umgebung eines Punktes M_0 normal konvergent sei. Wörtlich wie oben definiert man durch ein kanonische Überdeckung *den Bereich $\mathfrak{B}$ der normalen Konvergenz der Reihe Σ.*

$\mathfrak{B}$ braucht keineswegs mit $\mathfrak{B}'$, dem Bereiche der gleichmäßigen Konvergenz der Reihe Σ, zusammenzufallen — $\mathfrak{B}'$ wird bekanntlich als Bereich der gleichmäßigen Konvergenz der Folge der Partialsummen definiert. In gewissen wichtigen Fällen sind allerdings die beiden fraglichen Bereiche identisch, so bei den Potenzreihen

$$\sum_{m_1, m_2, \ldots, m_n = 0}^{\infty} A_{m_1, m_2, \ldots, m_n} z_1^{m_1} z_2^{m_1} \ldots z_n^{m_n},$$

oder bei den Reihen

$$\sum_{=0}^{\infty} P_l(z_1, \ldots, z_n) \qquad [P_l(z_1, \ldots, z_n) \text{ sei ein } \textit{homogenes} \text{ Polynom } l\text{-ten Grades}]\,,$$

oder auch bei Reihen der Form

$$\sum_{l=0}^{\infty} z_n^l f_l(z_1, z_2, \ldots, z_{n-1})$$

und ähnlichen Reihen.

---

[19]) Vgl. [17]).

§ 2.

Normalitäts- und Konvergenzbereiche erster Art.

Satz 8. *$\mathfrak{B}$ sei der Normalitätsbereich einer Familie erster Art $\mathfrak{F}$. Ist dann $\mathfrak{K}$ irgendeine in $\mathfrak{B}$ reguläre Klasse, welche sämtliche Funktionen aus $\mathfrak{F}$ enthält, so ist $\mathfrak{B}$ $\mathfrak{K}$-konvex.*

Beweis. $\mathfrak{B}$ ist ein Teilbereich von B, des Durchschnitts der Regularitätsbereiche der Funktionen aus $\mathfrak{F}$. Es genügt also, die zweite Eigenschaft der $\mathfrak{K}$-konvexen Bereiche (Definition 8) nachzuweisen.

$\mathfrak{B}_0$ sei irgendein ganz im Innern von $\mathfrak{B}$ liegender Bereich, r seine Minimaldistanz in bezug auf $\mathfrak{B}$. Ferner sei M ein Punkt aus $\mathfrak{B}$ mit der Eigenschaft, daß für jede Funktion f aus $\mathfrak{K}$

$$|f(M)| \leqq \max |f(\mathfrak{B}_0)|.$$

Nach dem Fundamentalsatze ist dann jede solche Funktion f in $S(M, r)$ regulär und

$$\max |f(S(M, \varrho))| \leqq \max |f(\mathfrak{B}_0^{(\varrho)})| \quad \text{für } alle\ \varrho < r. \tag{8}$$

Da nun $\mathfrak{F}$ in $\mathfrak{B}$ normal von erster Art ist, existiert zu jedem $\varrho < r$ eine positive Zahl $R(\varrho)$, so daß für eine beliebige Funktion φ aus $\mathfrak{F}$

$$\max |\varphi(\mathfrak{B}_0^{(\varrho)})| < R(\varrho).$$

Nach (8) gilt also auch

$$\max |\varphi(S(M, \varrho))| < R(\varrho) \quad \text{für alle } \varrho < r;$$

d. h. $\mathfrak{F}$ verhält sich in dem Polyzylinder $S(M, \varrho)$, also auch (für $\varrho \to r$) in $S(M, r)$ normal. Hieraus folgt sofort die Behauptung[20]).

In Verbindung mit Satz 7 ergibt sich:

Satz 9. *$\mathfrak{B}$ sei der Bereich der gleichmäßigen Konvergenz einer Folge erster Art F. Ist $\mathfrak{K}$ irgendeine die Funktionen von F enthaltende, in $\mathfrak{B}$ reguläre Klasse, so ist $\mathfrak{B}$ $\mathfrak{K}$-konvex.*

Ferner gilt (den Beweis führe man genau wie in Satz 8):

Satz 9a. *$\mathfrak{B}$ sei der Bereich der normalen Konvergenz einer Reihe Σ. Ist $\mathfrak{K}$ irgendeine die Funktionen von Σ enthaltende, in $\mathfrak{B}$ reguläre Klasse, so ist $\mathfrak{B}$ $\mathfrak{K}$-konvex.*

Folgerung 1. *Jeder Normalitäts- oder Konvergenzbereich erster Art* (bzw. *jeder Bereich der normalen Konvergenz einer Reihe*) *ist ein Regularitätsbereich.*

Folgerung 2. *Ist $\mathfrak{F}$ eine in $\mathfrak{B}$ normale Familie erster Art, $\mathfrak{K}$ eine F enthaltende, in $\mathfrak{B}$ reguläre Klasse, so ist $\mathfrak{F}$ auch in der $\mathfrak{K}$-konvexen Hülle von $\mathfrak{B}$ noch normal.* Entsprechend gilt:

---

[20]) Man vergleiche Beweis von Folgerung 3 des Fundamentalsatzes.

Ist F eine in $\mathfrak{B}$ gleichmäßig konvergente Folge (bzw. Σ *eine in* $\mathfrak{B}$ *normal konvergente Reihe*), $\mathfrak{K}$ *eine die Funktionen der Folge* F (bzw. *der Reihe* Σ) *enthaltende, in* $\mathfrak{B}$ *reguläre Klasse, so konvergiert* F (bzw. Σ) *noch gleichmäßig* (bzw. *normal*) *in der* $\mathfrak{K}$*-konvexen Hülle von* $\mathfrak{B}$.

Umkehrung von Satz 8, 9 und 9a. *Ist* $\mathfrak{K}$ *eine in dem Bereiche* $\mathfrak{B}$ *reguläre Klasse und* $\mathfrak{B}$ $\mathfrak{K}$*-konvex, so ist* $\mathfrak{B}$ *der Konvergenzbereich einer Folge erster Art* (bzw. *der Bereich der normalen Konvergenz einer Reihe*), *die nur von Funktionen der Klasse* $\mathfrak{K}$ *gebildet wird.*

Aus Satz 7 ergibt sich dann sofort:

$\mathfrak{B}$ *ist der Normalitätsbereich einer Familie erster Art, deren sämtliche Funktionen der Klasse* $\mathfrak{K}$ *angehören.*

Beweis. Man betrachte die im Beweise von Satz 4 (Seite 631) bestimmten Funktionen $\psi_\nu \equiv \{f_\nu\}^{l_\nu}$; die ψ_ν sind Funktionen der Klasse $\mathfrak{K}$. Aus der Konstruktion der ψ_ν ergibt sich unmittelbar, daß $\mathfrak{B}$ entweder mit $\mathfrak{B}'$, dem Bereiche der gleichmäßigen (bzw. normalen) Konvergenz der Folge $\psi_1, \psi_2, \ldots, \psi_\nu, \ldots$ $\left(\text{bzw. der Reihe } \sum_{\nu=1}^{\infty} \psi_\nu\right)$, oder aber mit einem Überlagerungsbereiche von $\mathfrak{B}'$ identisch ist.

Ist $\mathfrak{B}$ nicht identisch mit $\mathfrak{B}'$, so wähle man die Folge

$$\psi_1, \varrho_1\varphi_1, \psi_2, \varrho_2\varphi_2, \ldots, \psi_\nu, \varrho_\nu\varphi_\nu, \ldots$$
$$(\text{bzw. die Reihe } \psi_1 + \varrho_1\varphi_1 + \psi_2 + \varrho_2\varphi_2 + \ldots)$$

— die $\varrho_\nu\varphi_\nu$ [21]) seien die im zweiten Teile des Beweises (Seite 633f.) bestimmten Funktionen; $\mathfrak{B}$ ist dann notwendig mit dem Bereiche der gleichmäßigen (bzw. normalen) Konvergenz dieser Folge (bzw. Reihe) identisch.

Satz 10. *Genügt eine in dem Bereiche* $\mathfrak{B}$ *reguläre Klasse* $\mathfrak{K}$ *der Bedingung, daß jede in* $\mathfrak{B}$ *reguläre Funktion sich in eine im Innern von* $\mathfrak{B}$ *gleichmäßig konvergente Folge* (bzw. *normal konvergente Reihe*) *von Funktionen aus* $\mathfrak{K}$ *entwickeln läßt, so ist die Regularitätshülle mit der* $\mathfrak{K}$*-konvexen Hülle von* $\mathfrak{B}$ *identisch.*

Es sei nämlich B die $\mathfrak{K}$-konvexe Hülle von $\mathfrak{B}$; nach Folgerung 2 (Seite 637) ist jede in $\mathfrak{B}$ reguläre Funktion auch in B regulär. B besitzt also die drei charakteristischen Eigenschaften der Regularitätshülle, w. z. b. w.

Folgerung. *Der Bereich* $\mathfrak{B}$ *und die Klasse* $\mathfrak{K}$ *mögen den Voraussetzungen von Satz* 10 *genügen.* $\mathfrak{B}$ *ist dann und nur dann ein Regularitätsbereich, falls* $\mathfrak{B}$ $\mathfrak{K}$*-konvex ist* [22]).

---

[21]) Die $\varrho_\nu\varphi_\nu$ sind Funktionen der Klasse $\mathfrak{K}$. $\sum_{\nu=1}^{\infty} \varrho_\nu\varphi_\nu$ konvergiert normal in $\mathfrak{B}$, die Folge $\varrho_1\varphi_1, \varrho_2\varphi_2, \ldots, \varrho_\nu\varphi_\nu, \ldots$ konvergiert also — wie ja auch die Folge $\psi_1, \psi_2, \ldots, \psi_\nu, \ldots$ — gleichmäßig gegen Null.

[22]) Diese Aussage ist schärfer als die von Satz 5.

§ 3.

Konvergenzbereiche zweiter Art.

Satz 11. *Ist $\mathfrak{B}$ der Konvergenzbereich einer Folge zweiter Art, so ist $\mathfrak{B}$ $\mathfrak{K}$-konvex — $\mathfrak{K}$ bedeute die Klasse aller in $\mathfrak{B}$ meromorphen Funktionen.*

Beweis[23]). Es genügt zu zeigen, daß $\mathfrak{B}$ die zweite Eigenschaft der $\mathfrak{K}$-konvexen Bereiche erfüllt.

$\mathfrak{B}_0$ sei irgendein ganz im Innern von $\mathfrak{B}$ liegender Bereich, r seine Minimaldistanz in bezug auf $\mathfrak{B}$. Der Punkt M aus $\mathfrak{B}$ habe die Eigenschaft, daß für jede (in $\mathfrak{B}_0$ beschränkte) Funktion f aus $\mathfrak{K}$ gilt

$$|f(M)| \leqq \max |f(\mathfrak{B}_0)|.$$

Wir werden zeigen, daß die Randdistanz von M mindestens gleich r ist. $\varphi_1, \varphi_2, \ldots, \varphi_\nu, \ldots$ sei die gegebene gegen „∞“ konvergierende Folge; es sei $u < r$, sonst beliebig. Alle Funktionen $\psi_\nu = \frac{1}{\varphi_\nu}$ sind für $\nu \geqq \nu(u)$ in $\mathfrak{B}_0^{(u)}$ noch regulär und beschränkt; nach dem Fundamentalsatze (für meromorphe Klassen) gilt also

$$(9) \quad \max |\psi_\nu(S(M, \varrho))| \leqq \max |\psi_\nu(\mathfrak{B}_0^{(\varrho)})| \quad \text{für } alle\ \varrho < u \text{ und } \nu \geqq \nu(u).$$

Die ψ_ν konvergieren nach Voraussetzung in $\mathfrak{B}_0^{(u)}$, nach (9) also auch in $S(M, u)$ gleichmäßig gegen Null. Da ferner die φ_ν (nach dem ersten Teil des Fundamentalsatzes) in $S(M, r)$ regulär sind, konvergiert die gegebene Folge der φ_ν in $S(M, u)$ gleichmäßig gegen „∞“ (für *alle* $u < r$); d. h. der Polyzylinder $S(M, r)$ liegt im Innern von $\mathfrak{B}$, woraus sich die Behauptung ergibt.

Folgerung. *Ein Konvergenzbereich zweiter Art ist ein Meromorphiebereich.*

Es ist nämlich $\mathfrak{B}$ ein Teilbereich von B, des Durchschnitts der Regularitätsbereiche der Funktionen φ_ν ($\nu = 1, 2, \ldots$); nach Satz 4 folgt also die Behauptung.

§ 4.

Lösung des Julia-Problems.

Satz 12. *Der Normalitätsbereich einer regulären Funktionsfamilie $\mathfrak{F}$ ist ein Regularitätsbereich, falls $\mathfrak{F}$ eine Familie erster Art, ein Meromorphiebereich, falls $\mathfrak{F}$ eine Familie zweiter Art ist.*

Beweis. Für Familien erster Art ist der Satz bereits bewiesen (siehe Folgerung 1 auf Seite 637).

---

[23]) Vgl. Beweis von Folgerung 3 des Fundamentalsatzes und von Satz 8.

Es sei also $\mathfrak{F}$ eine Familie zweiter Art; $\mathfrak{B}$ sei der Normalitätsbereich von $\mathfrak{F}$; wir betrachten $\mathfrak{B}$ als Durchschnitt der Bereiche der gleichmäßigen Konvergenz aller konvergenten Folgen (erster oder zweiter Art), die man aus den Funktionen der Familie $\mathfrak{F}$ bilden kann. Jeder dieser Konvergenzbereiche ist nach Satz 8 bzw. Satz 11 $\mathfrak{K}$-konvex, also nach Folgerung 3 des Fundamentalsatzes auch ihr Durchschnitt $\mathfrak{B}$ ($\mathfrak{K}$ bedeute die Klasse aller in $\mathfrak{B}$ meromorphen Funktionen). Ferner ist $\mathfrak{B}$ ein Teilbereich des Durchschnitts aller Regularitätsbereiche der Funktionen von $\mathfrak{F}$, also nach Satz 4 ein Meromorphiebereich, w. z. b. w.

Dieser Satz gibt die Lösung eines bekannten Problems, das G. Julia durch seine Arbeit[24]) über die normalen Familien analytischer Funktionen gestellt hatte. In jener Arbeit zeigte G. Julia, daß die Punktmannigfaltigkeiten, in denen eine im Innern eines Bereiches $\mathfrak{B}$ normale Familie aufhört normal zu sein, den gleichen notwendigen Bedingungen genügen, wie sie bisher für die Singularitätenmannigfaltigkeiten analytischer und meromorpher Funktionen bekannt waren. Er hatte damit die Frage aufgeworfen, ob es stets zu einer solchen Mannigfaltigkeit $\mathfrak{M}$ eine in $\mathfrak{B}$ reguläre oder meromorphe Funktion f gibt, die in den Punkten von $\mathfrak{M}$ wesentlich singulär wird. Nach Satz 12 ist die Existenz einer solchen Funktion f stets gesichert.

Aus Satz 12 folgen jetzt unmittelbar die von G. Julia in der zitierten Arbeit bewiesenen Sätze.

§ 5.

Anwendungen auf Kreiskörper und Hartogssche Körper; der Rungesche Satz für mehrere komplexe Veränderliche.

I. Reihen homogener Polynome. Da jede in einem Kreiskörper (mit dem Nullpunkt als Mittelpunkt) reguläre Funktion sich in eine im Innern gleichmäßig konvergente Reihe homogener Polynome entwickeln läßt[25]), und umgekehrt der Bereich der gleichmäßigen Konvergenz einer Reihe homogener Polynome stets ein (sternartiger) Kreiskörper ist, so ergibt sich (vgl. Satz 9a und Umkehrung, Folgerung 1 und Satz 10), daß die folgenden drei Mengen identisch sind:

a) die Gesamtheit der Kreisbereiche, die zugleich Regularitätsbereiche sind;

b) die in bezug auf die Klasse der homogenen Polynome konvexen Bereiche;

c) die Bereiche der gleichmäßigen Konvergenz einer Reihe homogener Polynome. Jeder Bereich, der einer der drei Mengen angehört, gehört also notwendig auch den beiden anderen an.

---

[24]) Vgl. G. Julia, Sur les familles de fonctions analytiques de plusieurs variables, Acta Math. 47 (1926), S. 53—115.

[25]) Vgl. die unter [1]), c) zitierte Arbeit, S. 14—17.

Es folgt ferner (Satz 10 und Folgerung 2), daß die Regularitätshülle B eines Kreiskörpers 𝔅 mit der 𝔎-konvexen Hülle von 𝔅 identisch ist, falls 𝔎 die Klasse der homogenen Polynome bedeutet [26]). Jede in 𝔅 gleichmäßig konvergente Reihe homogener Polynome konvergiert also auch gleichmäßig in B; die Regularitätshülle B ist nicht nur ein Kreiskörper, sondern insbesondere *schlicht* und *sternartig*.

Schließlich gilt noch der Satz: *Der größte im Innern eines gegebenen Regularitätsbereiches liegende Kreiskörper mit beliebig gegebenem Mittelpunkte ist selbst wieder ein Regularitätsbereich und insbesondere schlicht und sternartig.*

II. Potenzreihen. Wie eben schließen wir, daß die folgenden Mengen identisch sind:

a) die Gesamtheit der Reinhardtschen Kreiskörper, die zugleich Regularitätsbereiche sind;

b) die in bezug auf die Klasse der Monomen $Az_1^{m_1} z_2^{m_2} \ldots z_n^{m_n}$ $(m_i \geqq 0)$ konvexen Bereiche;

c) die Konvergenzbereiche einer Potenzreihe

$$\sum_{m_1, m_2, \ldots, m_n = 0}^{\infty} A_{m_1, m_2, \ldots, m_n} z_1^{m_1} z_2^{m_2} \ldots z_n^{m_n}.$$

Aus b) und c) läßt sich übrigens folgendes ableiten: *Sind* $r_1, r_2, \ldots, r_n$ *assoziierte Konvergenzradien einer gegebenen Potenzreihe, und ist* $\varrho_i = \log r_i$ $(i = 1, 2, \ldots, n)$, *so ist die durch die* ϱ_i *im* n*-dimensionalen reellen Raume bestimmte* $(n-1)$*-dimensionale Fläche konvex* (im gewöhnlichen Sinne des Wortes) *in bezug auf die negativen Richtungen der* n *Koordinatenachsen.* Es ist dies der Inhalt des Satzes von Faber-Fabry-Hartogs für n komplexe Veränderliche.

Wie oben gilt ferner: *Der größte im Innern eines Regularitätsbereiches liegende Reinhardtsche Kreiskörper mit beliebig gegebenem Mittelpunkte ist ein Regularitätsbereich.*

III. Die Reihen $\sum_{l=0}^{\infty} z^l f_l(w)$. Beschränken wir uns auf zwei komplexe Veränderliche w und z! Wieder sind die folgenden Mengen identisch:

a) die Gesamtheit der Regularitätsbereiche, die zugleich Hartogssche Körper [27]) sind;

---

[26]) Hieraus ergibt sich eine Konstruktion der Regularitätshülle eines beschränkten Kreiskörpers (siehe z. B. die unter [1]) c) zitierte Arbeit, S. 100–101).

[27]) Ein Bereich heißt ein Hartogsscher Körper, wenn er durch sämtliche Transformationen $w' = w$, $z' = z e^{i\vartheta}$ (ϑ beliebig reell) in sich transformiert wird und (0, 0) als inneren Punkt enthält.

b) die in bezug auf die Klasse der Funktionen $z^l f(w)$ konvexen Bereiche (l durchläuft alle ganzen positiven Zahlen und $f(w)$ alle in dem Bereiche regulären Funktionen von w allein);

c) die Bereiche der gleichmäßigen Konvergenz der Reihen $\sum_{l=0}^{\infty} z^l f_l(w)$.

Die Regularitätshülle B eines Hartogsschen Bereiches $\mathfrak{B}$ ist mit der $\mathfrak{K}$-konvexen Hülle von $\mathfrak{B}$ identisch ($\mathfrak{K}$ bedeutet die Klasse der $z^l f(w)$); B ist ein Hartogsscher Bereich.

Bezeichnet man ferner mit k die Klasse aller in $\mathfrak{B}$ regulären Funktionen *von w allein* und mit $\overline{\mathsf{B}}$ die k-konvexe Hülle von $\mathfrak{B}$, so ist die Regularitätshülle B ein Teilbereich von $\overline{\mathsf{B}}$. Der Bereich $\overline{\mathsf{B}}$ setzt sich dabei aus sämtlichen Punkten (w, z) zusammen, *für die w im Innern eines gewissen Bereiches $b^{(w)}$* (der w-Ebene) liegt und z eine beliebige komplexe Zahl ist. Den so durch $\overline{\mathsf{B}}$ definierten Bereich $b^{(w)}$ nennen wir die *Projektion des Hartogsschen Körpers* $\mathfrak{B}$. Die Regularitätshülle B hat nach Definition die gleiche Projektion wie $\mathfrak{B}$.

Da B $\mathfrak{K}$[28])-konvex ist, enthält B andererseits mit einem Punkte (w_0, z_0) auch sämtliche Punkte (w_0, z) mit $|z| < |z_0|$. *Es ist daher* B *dann und nur dann schlicht, falls seine Projektion $b^{(w)}$ schlicht ist.*

Im Gegensatz hierzu ist es leicht, *schlichte* Hartogssche Körper (die *keine Regularitätsbereiche* sind) mit *nicht-schlichten Projektionen* anzugeben. Hiermit ergibt sich die interessante Tatsache, *daß schlichte Bereiche existieren, deren Regularitätshüllen nicht mehr schlicht sind.*

IV. Polynomreihen; der Rungesche Satz[29]). *Es sei $\mathfrak{K}$ die Klasse aller Polynome*! Jeder Bereich der gleichmäßigen Konvergenz einer Polynomreihe ist $\mathfrak{K}$-konvex; umgekehrt ist jeder $\mathfrak{K}$-konvexe Bereich der Bereich der gleichmäßigen Konvergenz einer gewissen Polynomreihe.

Es sei nun $\mathfrak{B}$ ein Bereich mit der Eigenschaft, daß jede in $\mathfrak{B}$ reguläre Funktion sich in eine dort gleichmäßig konvergente Polynomreihe entwickeln läßt; die Regularitätshülle B ist dann identisch mit der $\mathfrak{K}$-konvexen Hülle von $\mathfrak{B}$ (Satz 10); B *muß insbesondere schlicht sein.*

Auf Grund dieser Tatsache läßt sich leicht zeigen, daß der aus der Theorie einer komplexen Veränderlichen bekannte Rungesche Satz nicht mehr im Raume von n ($n > 1$) komplexen Veränderlichen gilt. Es sei nämlich $\mathfrak{B}$ ein schlichter, beschränkter und einfach-zusammenhängender Hartogsscher Bereich mit *nicht-schlichter* Projektion — solche Hartogssche

[28]) $\mathfrak{K}$ bedeutet die Klasse der $z^l f(w)$.

[29]) Der Rungesche Satz besagt: Ist $\mathfrak{B}^{(z)}$ ein schlichter und einfach-zusammenhängender Bereich der z-Ebene, so läßt sich jede in $\mathfrak{B}^{(z)}$ reguläre Funktion in eine dort gleichmäßig konvergente Reihe von Polynomen entwickeln.

Körper lassen sich beliebig viele angeben —; die Regularitätshülle B von $\mathfrak{B}$ ist dann ein nicht-schlichter Bereich, und es gibt daher mindestens eine in $\mathfrak{B}$ reguläre Funktion, die sich nicht in eine in $\mathfrak{B}$ gleichmäßig konvergente Polynomreihe entwickeln läßt, w. z. b. w.[30])

Man kann nun die Frage stellen: *Gilt der Rungesche Satz wenigstens für einfach-zusammenhängende, schlichte Regularitätsbereiche?* Dieses Problem ist bisher noch nicht gelöst.

IV. Verschiedene Fragen zur Theorie der Regularitätshüllen.

§ 1.

Eine notwendige Bedingung für echte Regularitätshüllen.

Bisher haben wir stets die zu einem gegebenen Bereiche $\mathfrak{B}$ gehörige Regularitätshülle B untersucht. Stellen wir uns jetzt die umgekehrte Aufgabe: *Gegeben sei ein Regularitätsbereich* B; *es ist ein von* B *verschiedener Teilbereich* $\mathfrak{B}$ *zu finden, so daß* B *die Regularitätshülle von* $\mathfrak{B}$ *ist*!

Existiert zu B ein solcher Bereich $\mathfrak{B}$, so wollen wir B eine *echte Regularitätshülle* nennen. Unser Ziel ist, eine notwendige Bedingung für echte Regularitätshüllen anzugeben, und damit zugleich die Existenz solcher Regularitätsbereiche nachzuweisen, die *keine echten* Regularitätshüllen sind. Hierzu beweisen wir zunächst

Satz 13. *Der Bereich* $\mathfrak{B}_0$ *sei ein ganz im Innern des Bereiches* $\mathfrak{B}$ *liegender Teilbereich,* B_0 *und* B *seien die Regularitätshüllen von* $\mathfrak{B}_0$ *bzw.* $\mathfrak{B}$. *Ist dann r die Minimaldistanz von* $\mathfrak{B}_0$ *in bezug auf* $\mathfrak{B}$, *so ist die Minimaldistanz von* B_0 *in bezug auf* B *mindestens gleich r.*[31])

Beweis. Ist M irgendein Punkt aus B_0, so gilt nach Satz 2 für jede in B reguläre Funktion f

$$|f(M)| \leqq \max |f(\mathfrak{B}_0)|;$$

es sind also nach dem ersten Teile des Fundamentalsatzes alle diese Funktionen noch in $S(M, r)$ regulär. Da B ein Regularitätsbereich ist, muß $S(M, r)$ im Innern von B liegen, w. z. b. w.

Es sei nun eine interessante unmittelbare Folgerung angegeben:

Satz 14. $\overline{\mathfrak{B}}_r$ *sei die Gesamtheit aller Punkte des Bereiches* $\mathfrak{B}$, *deren Randdistanz in bezug auf* $\mathfrak{B}$ *größer als die feste Zahl r ist.* $\overline{\mathfrak{B}}_r$ *ist entweder leer oder zerfällt in ein oder mehrere Teilbereiche* $\mathfrak{B}_r^{(1)}, \mathfrak{B}_r^{(2)}, \ldots, \mathfrak{B}_r^{(l)}, \ldots$ *von* $\mathfrak{B}$. *Ist* $\mathfrak{B}$ *ein Regularitätsbereich, so ist auch jeder Bereich* $\mathfrak{B}_r^{(i)}$ $(i = 1, 2, \ldots, l, \ldots)$ *ein Regularitätsbereich.*

---

30) Vgl. Compt. Rend. **192** (1931), S. 1077–1079.

31) Daß die Minimaldistanz von B_0 in bezug auf B *größer* r sein kann, läßt sich an einfachen Beispielen nachweisen.

Im folgenden setzen wir — um schlechthin von Randpunkten sprechen zu können — den *gegebenen Bereich als schlicht und beschränkt* voraus. Aus Satz 13 folgt dann sofort die gesuchte notwendige Bedingung für echte Regularitätshüllen.

Satz 15. *Der Regularitätsbereich* B *sei die Regularitätshülle eines von ihm verschiedenen Teilbereiches* 𝔅. *Ist M ein Randpunkt von* B, *ferner f eine beliebige in* B *reguläre, in M singuläre Funktion, so ist f notwendig auch in mindestens einem Randpunkte M' von* 𝔅 *singulär.*

Beweis. Ist M zugleich Randpunkt von 𝔅, so ist die Aussage des Satzes trivial — man setze $M \equiv M'$. Ist M kein Randpunkt von 𝔅 — solche Punkte existieren nach Voraussetzung sicher —, so betrachte man den Regularitätsbereich B′ der Funktion f. Wäre der Satz falsch, so hätte der Bereich 𝔅, nach Satz 13 also auch B, eine Minimaldistanz $r > 0$ in bezug auf B′, was der Voraussetzung widerspricht.

Folgerung. *Gibt es zu jedem Randpunkte M eines Regularitätsbereiches* B *eine in* B *reguläre Funktion f, die in M singulär, aber in jedem anderen Randpunkte von* B *regulär ist, so ist* B *keine echte Regularitätshülle.*

Beispiele solcher Bereiche sind die Hyperkugel $|z_1|^2 + |z_2|^2 + \dots + |z_n|^2 < 1$ oder — im Raume zweier komplexen Veränderlichen w, z — die Bereiche $|w|^\alpha + |z|^2 < 1$ (α reell), ferner alle vollkommen-konvexen Bereiche (konvex im gewöhnlichen Sinn des Wortes).

Bemerkt sei, daß sämtliche Sätze dieses Paragraphen ganz allgemein für 𝔎*-konvexe Hüllen gelten* — 𝔎 bedeute eine beliebige *reguläre* Klasse.

§ 2.

Eine Erweiterung der Theorie der 𝔎-konvexen Bereiche.

Der Theorie der 𝔎-konvexen Bereiche lag der zu Anfang mit Hilfe der Polyzylinder eingeführte Begriff des Abstandes zweier Punkte zugrunde (vgl. auch die Begriffe „Randdistanz" und „Minimaldistanz"). Wir werden bald sehen, daß sich ganz parallele Theorien aufbauen lassen, wenn man von einem Distanzbegriff ausgeht, der durch einen beliebig vorgegebenen, schlichten und beschränkten Kreiskörper — z. B. durch eine Hyperkugel — definiert ist, wenn man also etwa, wie üblich, $\sqrt{\sum_{i=1}^{n} |z_i^{(1)} - z_i^{(2)}|^2}$ als Abstand der Punkte M_1 und M_2 einführt. Die ganze Theorie der 𝔎-konvexen Bereiche läßt sich dann auf Grund einer Verallgemeinerung des Fundamentalsatzes ohne Schwierigkeit übertragen. Allerdings müssen wir dabei den Begriff der „Klasse" etwas verengen, indem wir eine neue Bedingung — wir nennen sie die „*Eigenschaft* [A]" — hinzufügen: Ist f eine Funktion der gegebenen Klasse, so sollen sämtliche Funktionen

$$\sum_{i=1}^{n} a_i \frac{\partial f}{\partial z_i} \qquad (a_i \text{ beliebige Konstante})$$

zur Klasse gehören. Diese Bedingung erfüllt z. B. die Klasse der homogenen Polynome, nicht aber die Klasse der Monome.

Bezeichnung. Ist $\varDelta$ irgendein beschränkter Kreiskörper mit dem Nullpunkt O als Mittelpunkt, so bezeichnen wir mit $\varDelta(M)$ den durch Parallelverschiebung $\overrightarrow{OM}$ aus $\varDelta$ entstehenden Bereich; insbesondere gilt $\varDelta(O) \equiv \varDelta$; $\varDelta(M)$ ist ein Kreiskörper mit M als Mittelpunkt.

Die Bereiche $\mathfrak{B}_0^{(\varDelta)}$ (vgl. S. 627). $\mathfrak{B}_0$ sei ein ganz im Innern des Bereiches $\mathfrak{B}$ liegender Bereich, $\varDelta$ irgendein schlichter, beschränkter Kreiskörper mit dem Mittelpunkte O, der nur der Bedingung genügt, daß sämtliche Bereiche $\varDelta(M)$ — M sei ein beliebiger Punkt aus $\mathfrak{B}_0$ — im Innern von $\mathfrak{B}$ liegen. Unter $\mathfrak{B}_0^{(\varDelta)}$ verstehen wir dann die Gesamtheit aller Punkte P aus $\mathfrak{B}$, zu denen es in $\mathfrak{B}_0$ mindestens einen Punkt M gibt, so daß P im Innern von $\varDelta(M)$ liegt. $\mathfrak{B}_0^{(\varDelta)}$ ist ein Teilbereich von $\mathfrak{B}$.

Satz 16. (Verallgemeinerung des Fundamentalsatzes.) *$\mathfrak{B}_0$ sei irgendein ganz im Innern des Bereiches $\mathfrak{B}$ liegender Bereich, $\mathfrak{K}$ sei eine in $\mathfrak{B}$ reguläre (meromorphe) Klasse mit der Eigenschaft [A]. Gilt dann in einem Punkte M_0 aus $\mathfrak{B}$ für jede (in M_0 und $\mathfrak{B}_0$ noch beschränkte) Funktion f aus $\mathfrak{K}$*

$$|f(M_0)| \leqq \max |f(\mathfrak{B}_0)|,$$

und ist ferner $\varDelta$ ein beliebiger Kreiskörper mit der Eigenschaft, daß der Bereich $\mathfrak{B}_0^{(\varDelta)}$ noch ganz im Innern von $\mathfrak{B}$ liegt, so gilt für jede (in $\mathfrak{B}_0^{(\varDelta)}$ beschränkte) Funktion f aus $\mathfrak{K}$:

1. *f ist in dem Bereiche $\varDelta(M_0)$ regulär und*
2. $\max |f(\varDelta(M_0))| \leqq \max |f(\mathfrak{B}_0^{(\varDelta)})|$.

Den Fundamentalsatz erhalten wir, wenn wir statt $\varDelta$ einen Polyzylinder $S(0, \varrho)$ wählen — es sei $\varrho < r$ und r die Minimaldistanz von $\mathfrak{B}_0$ in bezug auf $\mathfrak{B}$ —; es ist dann $\mathfrak{B}_0^{(\varDelta)} \equiv \mathfrak{B}_0^{(\varrho)}$ und $\varDelta(M_0) \equiv S(M_0, \varrho)$.

Wir führen den Beweis von Satz 16 zunächst für *sternartige* Kreiskörper.

Hilfssatz. *Ist P_0 ein beliebiger Punkt eines sternartigen Kreiskörpers $\varDelta$, so kann man stets durch eine homogene lineare Transformation*

$$z'_k = \sum_{i=1}^{n} a_{ki} z_i \qquad (k = 1, 2, \ldots, n)$$

$\varDelta$ so auf einen Bereich $\varDelta'$ [32]*) abbilden, daß der Bildpunkt P'_0 von P_0*

[32]) $\varDelta'$ ist selbst wieder ein sternartiger Kreiskörper.

im Innern eines Polyzylinders $S(0, \varrho)$

$$|z_1'| < \varrho, \; |z_2'| < \varrho, \; \ldots, \; |z_n'| < \varrho$$

und $S(0, \varrho)$ *selbst noch im Innern von* Δ' *liegt.*

Beweis. Der Punkt P_0 habe die Koordinaten $z_1^0, z_2^0, \ldots, z_n^0$. Wir dürfen $P_0 \not\equiv O$ voraussetzen (für $P_0 \equiv O$ ist der Hilfssatz trivial). Dann gibt es eine homogene lineare Transformation, die P_0 in einen Punkt P_0' mit den Koordinaten

$$(z_1')^0 = 1; \; (z_2')^0 = (z_3')^0 = \ldots = (z_n')^0 = 0$$

abbildet. Δ' sei der dabei aus Δ entstehende Bildbereich. Da Δ' den Punkt P_0' enthält und zugleich ein sternartiger Kreiskörper ist, liegen auch sämtliche Punkte $(z_1', 0, \ldots, 0)$ mit $|z_1'| \leqq 1$ im Innern von Δ'. Mit jedem dieser Punkte enthält Δ' zugleich seine volle Umgebung; da die Punktmenge abgeschlossen ist, gibt es also ein festes $\varepsilon > 0$, so daß noch sämtliche Punkte des Polyzylinders

$$|z_1'| < 1 + \varepsilon, \; |z_2'| < \varepsilon, \; \ldots, \; |z_n'| < \varepsilon$$

im Innern von Δ' liegen. Durch eine geeignete Streckung läßt sich dieser Polyzylinder in einen Polyzylinder der gewünschten Form $S(0, \varrho)$ überführen, w. z. b. w.

Beweis von Satz 16. Man beachte folgendes: *Geht bei einer homogenen linearen Transformation* L *der Bereich* Δ *in den Bereich* Δ' *über, so wird durch* L *der Bereich* $\Delta(M)$ *auf den Bereich* $\Delta'(M')$ *abgebildet, wobei* M *einen beliebigen Punkt,* M' *seinen durch* L *entstehenden Bildpunkt bedeutet.* Ferner geht bei einer homogenen linearen Transformation eine Klasse mit der Eigenschaft [A] wieder in eine solche Klasse über.

Ist demnach Δ ein *sternartiger* Kreiskörper, so läßt sich Satz 16 auf Grund des Hilfssatzes sofort auf den Fundamentalsatz zurückführen.

Es sei nun Δ ein beliebiger (nicht sternartiger) Kreiskörper, der die Voraussetzung von Satz 16 erfüllt. $\bar{\Delta}$ sei die Regularitätshülle von Δ, $\bar{\mathfrak{B}}$ die von $\mathfrak{B}$. Ist M irgendein Punkt aus $\mathfrak{B}_0$, so liegt $\bar{\Delta}(M)$ noch ganz im Innern von $\bar{\mathfrak{B}}$ und der Teilbereich $\mathfrak{B}_0^{(\bar{\Delta})}$ ganz im Innern von $\bar{\mathfrak{B}}$. Man wende jetzt auf den Bereich $\bar{\mathfrak{B}}$ und den *sternartigen* Kreiskörper $\bar{\Delta}$ Satz 16 an. Um dann die Behauptung des Satzes auch für den Kreiskörper Δ zu gewinnen, braucht man nur $\bar{\Delta}$ wieder durch Δ, $\bar{\mathfrak{B}}$ durch $\mathfrak{B}$ zu ersetzen, indem man zugleich beachtet, daß (nach Satz 2)

$$\max |f(\bar{\Delta}(M))| = \max |f(\Delta(M))|,$$

also auch

$$\max |f(\mathfrak{B}_0^{(\bar{\Delta})})| = \max |f(\mathfrak{B}_0^{(\Delta)})|.$$

Anwendung von Satz 16. $\varDelta$ sei ein beliebiger, aber im folgenden fester, beschränkter Kreiskörper mit dem Nullpunkt O als Mittelpunkt. Unter $\varDelta(M, r)$ verstehen wir den durch die Transformation $z_i' = r \cdot z_i$ $(i = 1, 2, \ldots, n)$ und die darauf folgende Parallelverschiebung $\overrightarrow{OM}$ aus $\varDelta$ entstehenden Bereich. Sind dann M_1 und M_2 zwei beliebige Punkte und ist r die untere Grenze aller Werte ϱ, für die $\varDelta(M_1, \varrho)$ den Punkt M_2 noch enthält, so wollen wir r den *Abstand des Punktes M_2 von M_1* nennen. Es ist klar, daß M_2 von M_1 den gleichen Abstand hat, wie M_1 von M_2. $\varDelta(M, r)$ können wir jetzt als die Gesamtheit aller Punkte betrachten, deren Abstand von M kleiner als r ist. Entsprechend definiert man die „*Randdistanz*" und „*Minimaldistanz*".

Auf den so eingeführten Distanzbegriff läßt sich die ganze Theorie der $\mathfrak{K}$-konvexen Bereiche ohne jede Änderung übertragen, wenn man nur verlangt, daß die betrachteten Klassen die Eigenschaft $[A]$ besitzen. Wählt man insbesondere für $\varDelta$ die Hyperkugel $|z_1|^2 + |z_2|^2 + \ldots + |z_n|^2 < 1$, so erhält man den gebräuchlichen Distanzbegriff. Es gilt also die ganze in dieser Arbeit aufgebaute Theorie auch dann noch, wenn man dem Worte „Abstand" den gewohnten Sinn beilegt.

(Eingegangen am 17. 11. 1931.)

24.

Sur les fonctions de plusieurs variables complexes. L'itération des transformations intérieures d'un domaine borné

Mathematische Zeitschrift 35, 760–773 (1932)

Dans un article récent[1]), je m'étais occupé des «transformations intérieures» d'un domaine borné D, c'est-à-dire des transformations (analytiques par rapport aux variables complexes) d'un domaine borné D en un domaine intérieur à D. Je m'étais d'ailleurs limité au cas de *deux* variables complexes. M. Carathéodory, dans un mémoire[2]) dont il a eu l'amabilité de me communiquer les épreuves, a repris l'étude de cette question en la simplifiant et en la complétant. Le mémoire de M. Carathéodory, qui est en somme un exposé systématique de la théorie de la convergence des suites de transformations analytiques, contient certains résultats qui m'ont amené à quelques réflexions faisant l'objet essentiel du présent travail (Satz 14 de M. Carathéodory, § 5 de ce travail).

L'étude de M. Carathéodory, valable pour n variables complexes, ne s'applique malheureusement qu'aux domaines univalents. J'ai cherché précisément à obtenir ici des énoncés valables aussi bien dans le cas des domaines multivalents que dans celui des domaines univalents. Aussi ai-je été conduit à placer d'abord (§§ 1—4) quelques considérations générales sur les domaines et les transformations analytiques. Sans chercher à développer complètement une théorie analogue à celle de M. Carathéodory pour les domaines univalents, je démontre quelques propositions qui sont vraies

[1]) Henri Cartan, Sur les fonctions de deux variables complexes. Les transformations d'un domaine borné D en un domaine intérieur à D (Bull. Soc. Math. de France **58** (1930), p. 199—219). Ce travail sera désigné ici par [a].

[2]) C. Carathéodory, Über die Abbildungen, die durch Systeme von analytischen Funktionen von mehreren Veränderlichen erzeugt werden, Math. Zeitschr. **34** (1932), p. 758—792. Ce travail sera désigné ici par [b].

aussi bien dans le cas multivalent que dans le cas univalent; signalons notamment le théorème 2 (§ 4), qui correspond au théorème 10 de M. Carathéodory, bien que la démonstration en soit toute différente.

Mais les paragraphes 1, 2, 3, 4 ne doivent être considérés que comme des préliminaires indispensables à l'exacte compréhension du paragraphe 5, qui constitue la partie essentielle de ce travail.

Tout ce qui suit s'applique aussi bien au cas d'une variable complexe qu'au cas de n variables complexes.

§ 1.

Généralités sur les transformations analytiques.

Plaçons-nous dans l'espace de n variables complexes $z_1, z_2, \ldots, z_n$, et considérons un système de n fonctions de ces variables, holomorphes dans une hypersphère Σ ayant pour centre un point O de cet espace. A chaque point M de Σ ces fonctions font correspondre un point que nous désignerons par $S(M)$; nous dirons aussi que ces n fonctions définissent, dans Σ, une *transformation analytique* S.

Si le jacobien de la transformation S est identiquement nul dans Σ, les n fonctions définissant S ne sont pas indépendantes; nous dirons alors que la transformation S est *dégénérée.* Si S est dégénérée, l'ensemble des transformés des points de Σ a moins de n dimensions complexes.

Envisageons maintenant une transformation S *non dégénérée.* Ou bien le jacobien de S n'est pas nul au point O, ou bien il est nul en O sans être identiquement nul. Dans le premier cas (jacobien non nul en O), on sait qu'il existe une hypersphère Σ' de centre O, intérieure à Σ, et un domaine univalent Σ_1' contenant à son intérieur le point $O_1 = S(O)$, tels que la transformation S établisse une correspondance biunivoque entre les points intérieurs de Σ' et ceux de Σ_1'.

Le cas où le jacobien de S s'annule en O sans être identiquement nul est plus compliqué. Le problème de l'inversion de la transformation S, dans ce cas, a été résolu par Osgood qui a montré ceci[3]): *ou bien* il existe, dans toute hypersphère de centre O si petite soit-elle, au moins un point, autre que O, dont le transformé par S coïncide avec $S(O)$; nous dirons alors que le point O est un point *exceptionnel* pour la transformation S, ou encore que la transformation S est exceptionnelle au point O; — *ou bien* l'hypothèse précédente est exclue, et l'on démontre alors l'existence d'une hypersphère Σ' de centre O, d'une hypersphère Σ_1' de centre $O_1 = S(O)$, et d'un entier $k \geqq 2$, tels que l'équation $S(M) = M_1$,

[3]) Osgood, Lehrbuch der Funktionentheorie 2 (2. Aufl.), p. 139 (Satz 2).

où M_1 désigne un point arbitraire de Σ_1', ait exactement k solutions M intérieures à Σ'; ces k solutions sont distinctes si M_1 ne se trouve sur aucune des variétés d'un certain ensemble E_1 de variétés analytiques à $n-1$ dimensions complexes[4]), en nombre fini, passant par O_1; au contraire, si M_1 vient en un point d'une variété de l'ensemble E_1, les k solutions M se confondent totalement ou en partie. L'ensemble E_1 n'est d'ailleurs autre que l'ensemble des transformés par S des points où s'annule le jacobien de S.

Il résulte de là que, lorsque O n'est pas un point exceptionnel pour la transformation S envisagée, S transforme un voisinage suffisamment petit du point O en un domaine à k «feuillets»; ces feuillets se raccordent suivant une ou plusieurs variétés de ramification, qui sont des variétés analytiques à $n-1$ dimensions complexes passant par le point $O_1 = S(O)$. Nous dirons dans ce cas (et aussi dans le cas $k=1$ qui est celui où le jacobien de S ne s'annule pas au point O) que la transformation S est *topologique* au point O.

En résumé, une transformation analytique quelconque, supposée définie dans une hypersphère Σ de centre O, est ou bien dégénérée, ou bien exceptionnelle au point O, ou bien topologique au point O.

Disons encore quelques mots sur les points exceptionnels d'une transformation analytique non dégénérée. D'après un théorème connu[5]), si O est un point exceptionnel pour la transformation S, l'ensemble des points M, voisins de O, dont l'image $S(M)$ coïncide avec $S(O)$, constitue une ou plusieurs variétés analytiques (en nombre fini) passant par O; ces variétés, qui n'ont pas toutes forcément le même nombre de dimensions (complexes), sont transformées par S en un point unique, le point $S(O)$, et tous les points de ces variétés sont des points exceptionnels pour la transformation S. Mais il se peut qu'il existe encore d'autres points exceptionnels dans un voisinage arbitraire du point O.[6]) Il ne semble pas que l'on ait étudié systématiquement la distribution de l'ensemble de *tous* les points exceptionnels voisins d'un point donné O. Je suis arrivé au résultat suivant, dont je ne donnerai pas ici la démonstration: étant donnée une

[4]) Relativement à la notion de variété analytique à p dimensions complexes, voir Osgood, loc. cit., p. 131–133.

[5]) Osgood, loc. cit., p. 132.

[6]) Par exemple, étant donnée la transformation $(n=3)$

$$z_1' = z_2 z_3, \quad z_2' = z_3 z_1, \quad z_3' = z_1 z_2,$$

les points z_1, z_2, z_3 ayant pour transformé le point $z_1' = z_2' = z_3' = 0$ remplissent trois variétés à une dimension complexe, savoir $z_2 = z_3 = 0$, $z_3 = z_1 = 0$ et $z_1 = z_2 = 0$; quant aux points exceptionnels, ils remplissent trois variétés à deux dimensions complexes, savoir $z_1 = 0$, $z_2 = 0$ et $z_3 = 0$.

transformation analytique non dégénérée dans une hypersphère Σ de centre O, ou bien il existe une hypersphère Σ' de centre O à l'intérieur de laquelle ne se trouve aucun point exceptionnel; — ou bien O est un point exceptionnel, et il existe alors une hypersphère Σ'' de centre O, intérieure à Σ, telle que l'ensemble des points exceptionnels intérieurs à Σ'' constitue une ou plusieurs variétés analytiques (en nombre fini) passant par O; chacune de ces variétés est définie par une ou plusieurs relations analytiques entre les variables complexes $z_1, \ldots, z_n$; ces variétés n'ont pas toutes forcément le même nombre de dimensions.

§ 2.

Domaines et transformations analytiques.

Nous considérerons seulement des domaines ouverts, constitués uniquement de points à distance finie. Les domaines que nous envisagerons pourront n'être pas univalents; ils pourront même contenir à leur intérieur des variétés de ramification analytiques à $n-1$ dimensions complexes, *à condition que le voisinage d'un point de ramification quelconque puisse être considéré comme transformé d'un voisinage univalent d'un certain point O par une transformation topologique en O.*

Un domaine Δ est dit *intérieur* à un domaine D s'il existe une correspondance continue qui associe à chaque point M de Δ un point M' de D et un seul ayant les mêmes coordonnées que M. On dit aussi que le domaine D *contient* le domaine Δ. Un domaine Δ est dit *sous-domaine* d'un domaine D si Δ est intérieur à D, et si en outre la correspondance précédente fait toujours correspondre deux points *distincts* de D à deux points distincts de Δ, ce que nous exprimerons en disant que Δ est *univalent par rapport à D* (par exemple, un domaine univalent, au sens ordinaire du mot, est un sous-domaine de l'espace, et réciproquement). Un sous-domaine Δ d'un domaine D est dit *complètement intérieur* à D si, étant donné un ensemble infini quelconque de points de Δ, les points correspondants de D ont au moins un point d'accumulation intérieur à D.

Un système de n fonctions holomorphes (uniformes) dans un domaine D définit une transformation S du domaine D. Si S est dégénérée au voisinage d'un point particulier de D, S est dégénérée au voisinage de tous les points de D; nous dirons simplement que S est *dégénérée.*

Si S n'est pas dégénérée, on peut se proposer d'étudier S au voisinage de chaque point de D. Au voisinage d'un point intérieur O qui n'est pas un point de ramification pour le domaine D, tout ce qui a été dit plus haut est applicable. Si le point O est un point de ramification, on se ramène au premier cas en considérant le voisinage de O comme transformé d'un voisinage univalent par une transformation topologique, ce qui permet d'étudier S comme plus haut.

En résumé, étant donnée, dans un domaine D, une transformation analytique S non dégénérée, les points de D qui sont exceptionnels vis-à-vis de S se répartissent sur des variétés analytiques, dont le nombre de dimensions complexes est d'ailleurs quelconque; ces variétés seront dites *exceptionnelles* vis-à-vis de la transformation S. Si le domaine D ne contient aucune variété exceptionnelle, la transformation S sera dite *topologique dans* D; dans le cas contraire, S sera dite *exceptionnelle dans* D.

D'après ce qui précède, si une transformation analytique S est topologique dans un domaine D, elle transforme biunivoquement l'intérieur de D en l'intérieur d'un certain domaine D_1; nous écrirons

$$D_1 = S(D), \qquad D = S^{-1}(D_1);$$

ou remarquera que la transformation inverse S^{-1} est topologique dans D_1.

Au contraire, soit S une transformation analytique exceptionnelle dans un domaine D, et soit D^S le domaine obtenu en retranchant de D les variétés exceptionnelles vis-à-vis de S. La transformation S est topologique dans D^S et transforme D^S en un domaine D_1:

$$D_1 = S(D^S). \tag{1}$$

La transformation S^{-1} transforme topologiquement D_1 en D^S; elle est *indéterminée* aux points transformés par S des points exceptionnels de D; ces points d'indétermination sont des *points frontières* de D_1.

Par extension, nous emploierons la notation (1) même dans le cas où S est topologique dans D, étant entendu que D^S est identique à D dans ce cas.

§ 3.

Limite d'une suite uniformément convergente de transformations.

Soit donné un domaine D; considérons une suite infinie de systèmes de n fonctions holomorphes dans le domaine D,

$$f_i^1(z_1, \ldots, z_n),\ f_i^2(z_1, \ldots, z_n),\ \ldots,\ f_i^n(z_1, \ldots, z_n) \quad (i = 1, 2, \ldots, k, \ldots),$$

et supposons que, pour chaque valeur de j $(j = 1, 2, \ldots, n)$ les f_i^j convergent uniformément[7]) vers une fonction holomorphe f_0^j quand i augmente indéfiniment. Soit S_i la transformation définie par les fonctions $f_i^1, \ldots, f_i^n$, et soit S_0 la transformation définie par $f_0^1, \ldots, f_0^n$. Nous dirons que *la*

[7]) Nous convenons de dire que la convergence est uniforme dans le domaine D si elle est uniforme dans tout sous-domaine complètement intérieur à D.

suite des transformations S_i $(i = 1, 2, \ldots, k, \ldots)$ *converge uniformément vers la transformation* S_0.

Une famille infinie F de transformations analytiques d'un domaine D sera dite *normale* dans ce domaine, si de toute suite infinie de transformations de F on peut extraire une suite infinie qui converge uniformément dans le domaine D. Il en est ainsi, par exemple, lorsque les ensembles des points transformés des points de D par une transformation quelconque de F sont uniformément bornés.

Théorème 1. *Soit D un domaine privé de variétés de ramification, et soit, dans ce domaine, une suite de transformations analytiques $S_1, \ldots, S_k, \ldots$ qui convergent uniformément vers une transformation analytique S. Supposons que:* 1° *S soit topologique dans D;* 2° *S transforme D en un domaine D' privé de variétés de ramification*[8]). *Alors, étant donnés arbitrairement deux sous-domaines Δ et Δ_1 complètement intérieurs à D, et tels que Δ soit complètement intérieur à Δ_1, on peut trouver un entier K qui jouit de la propriété suivante: pour toute valeur de k plus grande que K,*

1° *S_k est topologique dans Δ_1;*

2° *le domaine $S_k(\Delta_1)$ est un sous-domaine de D';*

3° *le domaine $S(\Delta)$ est un sous-domaine de $S_k(\Delta_1)$.*

La première partie du théorème résulte du fait que les jacobiens des transformations S_k convergent uniformément vers le jacobien de S; comme ce dernier ne s'annule pas dans D, le jacobien des S_k ne s'annule pas dans Δ_1 dès que k est plus grand qu'un certain nombre K_1. Donc, si $k > K_1$, non seulement S_k est topologique dans Δ_1, mais le domaine $S_k(\Delta_1)$ ne possède aucune variété de ramification. D'ailleurs, le domaine $S_k(\Delta_1)$ est intérieur à D' dès que k est plus grand qu'un certain nombre K_2 $(K_2 \geqq K_1)$, puisque le domaine $S(\Delta_1)$ est complètement intérieur à D' et que les transformations S_k convergent uniformément vers S.

Pour montrer la deuxième partie du théorème, il faut montrer l'existence d'un nombre K_3 $(K_3 \geqq K_2)$ tel que, pour tout $k > K_3$, le domaine $S_k(\Delta_1)$ soit non seulement intérieur à D', mais encore *univalent par rapport à D'*. Or, admettons qu'un tel nombre K_3 n'existe pas. On pourrait trouver une suite infinie croissante d'entiers $\lambda_1, \ldots, \lambda_k, \ldots$ et une suite correspondante de couples de points distincts M_{λ_k} et P_{λ_k} du domaine Δ_1 tels que les points $S_{\lambda_k}(M_{\lambda_k})$ et $S_{\lambda_k}(P_{\lambda_k})$ fussent confondus en un même point de D'. On pourrait, en extrayant au besoin de la suite $\lambda_1, \ldots, \lambda_k, \ldots$

---

[8]) Ces deux hypothèses équivalent à la suivante: le jacobien de S ne s'annule pas dans D.

une nouvelle suite, supposer que les points M_{λ_k} et P_{λ_k} tendent respectivement vers deux points M_0 et P_0, intérieur au domaine D. Les points transformés $S(M_0)$ et $S(P_0)$ seraient confondus en un même point de D', ce qui exigerait que P_0 fût confondu avec M_0. Cela posé, soit Σ une hypersphère complètement intérieure à D et dont le centre est en M_0; nous supposerons en outre le rayon de Σ assez petit pour que le domaine $S(\Sigma)$ soit univalent. Le nombre des solutions de l'équation en M

$$S_{\lambda_k}(M) = S_{\lambda_k}(M_{\lambda_k})$$

qui sont intérieures à Σ est au moins égal à *deux* si λ_k est assez grand; or ce nombre est égal à une certaine intégrale (intégrale de Kronecker) étendue à la frontière de Σ. Lorsque λ_k augmente indéfiniment, la valeur de cette intégrale tend, à cause de la convergence uniforme, vers la valeur de l'intégrale donnant le nombre des solutions de l'équation

$$S(M) = S(M_0),$$

c'est-à-dire vers *un*. Nous arrivons ainsi à une contradiction. C. Q. F. D.

La troisième partie du théorème 1 se démontre d'une manière analogue, toujours à l'aide de l'intégrale de Kronecker.

Corollaire du théorème 1. *Les notations du théorème* 1 *étant conservées, les transformations* S_k^{-1} *convergent uniformément vers* S^{-1} *dans le domaine* D'. Remarquons d'abord que la transformation S_k^{-1} n'est pas forcément définie dans le domaine D' tout entier; mais, étant donné arbitrairement un sous-domaine Δ' complètement intérieur à D', le théorème I montre que Δ' est un sous-domaine de $S_k(D)$ pour toutes les valeurs de k plus grandes qu'un certain nombre $K(\Delta')$; par suite, dès que $k > K(\Delta')$, la transformation S_k^{-1} est définie dans Δ'. Cela posé, le corollaire, tel qu'il est énoncé, signifie que, dans tout sous-domaine Δ' complètement intérieur à D', les transformations S_k^{-1} (qui sont bien définies à partir d'un certain rang) convergent uniformément vers S^{-1}.

§ 4.

Transformations intérieures et transformations biunivoques d'un domaine.

Définition. Nous dirons qu'une transformation S, analytique dans un domaine D, *transforme D en un domaine intérieur à D'* s'il existe une correspondance continue qui associe à chaque point M de D un point M' de D' et un seul ayant les mêmes coordonnées que $S(M)$.

La définition précédente s'applique aussi bien aux transformations exceptionnelles, *ou même dégénérées*, qu'aux transformations topologiques. Elle s'applique en particulier au cas où le domaine D' est identique au domaine D: toute transformation analytique S qui transforme D en un domaine intérieur à D sera dite, par abréviation, *transformation intérieure du domaine D.*

Lemme 1. *Soient D et D' deux domaines. Considérons une suite de transformations analytiques $S_1, \ldots, S_k, \ldots$ dont chacune transforme D en un domaine intérieur à D'; supposons que les S_k convergent uniformément dans D vers une transformation S non dégénérée. Alors on peut trouver un sous-domaine univalent Σ de D et un sous-domaine univalent Σ' de D', tels que S établisse une correspondance biunivoque (topologique) entre Σ et Σ'.*

En effet, les transformés par S des points de D, étant limites de points intérieurs à D', sont des points intérieurs à D' ou des points frontières de D'. Mais, S n'étant pas dégénérée, ces points ne sont pas tous des points frontières. Soit donc A un point de D dont le transformé $A' = S(A)$ est intérieur à D'; tous les points de D suffisamment voisins de A sont transformés par S en des points intérieurs à D'. Parmi eux, il en est au moins un, soit O, qui n'est pas un point de ramification pour D et en lequel le jacobien de S ne s'annule pas. Soit alors Σ un hypersphère de centre O et de rayon assez petit pour que la transformation S soit topologique dans Σ et transforme Σ en un domaine univalent Σ' intérieur à D'. L'existence de Σ et Σ' démontre le lemme. C. Q. F. D.

Lemme 2. *Soient D et D' deux domaines. Soient S une transformation analytique qui transforme D en un domaine intérieur à D', et S' une transformation analytique qui transforme D' en un domaine intérieur à D. Si la transformation $S'S$* [9]*) est une transformation biunivoque de D en lui-même, alors on a*

$$D' = S(D), \quad D = S'(D'). \text{ }^{10)}$$

Montrons d'abord que S est topologique dans D et transforme D en un sous-domaine de D'. Il suffit de montrer que deux points distincts M_1 et M_2 du domaine D sont toujours transformés par S en deux points distincts de D'. Or, supposons les points $S(M_1)$ et $S(M_2)$ confondus en un même point de D'; les points $S'S(M_1)$ et $S'S(M_2)$ seraient confondus en un même point de D; autrement dit, M_1 et M_2 seraient confondus en un même point de D. C. Q. F. D.

Cela posé, soit $D'_1 = S(D)$. La transformation S' est topologique dans D'_1 (pour la même raison qui veut que S soit topologique dans D); d'autre part, puisque $S'S$ est une transformation biunivoque de D en

[9]) La notation $S'S$ indique que la transformation S est effectuée d'abord, la transformation S' ensuite.

[10]) Au sujet de cette notation, voir la fin du paragraphe 2 de ce travail.

lui-même, S' transforme biunivoquement D'_1 en D. Je dis que D'_1 n'a aucun point frontière intérieur à D'; en effet, si un tel point M' existait, son transformé $S'(M')$ serait bien déterminé; d'autre part, à cause de

$$D = S'(D'_1),$$

le point $S'(M')$ serait un point frontière de D, ce qui est contraire au fait que S' transforme D' en un domaine *intérieur* à D. Ainsi, le domaine D'_1 est un sous-domaine de D' et n'a aucun point frontière intérieur à D'; il est donc identique à D', ce qui démontre le lemme.

Corollaire. Si le produit de deux transformations intérieures d'un domaine D est une transformation biunivoque de D en lui-même, chacune des transformations envisagées est une transformation biunivoque de D en lui-même.

Théorème 2. *Si une suite de transformations biunivoques $S_1, \ldots, S_p, \ldots$ d'un domaine borné D en lui-même converge uniformément vers une transformation limite S, et s'il existe dans D au moins un point intérieur A dont les transformés $A'_p = S_p(A)$ tendent vers un point intérieur à D, alors S est une transformation biunivoque de D en lui-même*[11]).

Montrons d'abord que la transformation S n'est pas dégénérée. Il existe, dans le domaine D, un certain voisinage V du point A, tel que, O étant un point quelconque de V, les transformés $O'_p = S_p(O)$ tendent vers un point O' intérieur à D. Cela étant, on peut choisir O de façon que O ne soit pas un point de ramification pour D, ni O'.

Pour montrer que S n'est pas dégénérée, il suffit de montrer que les modules des jacobiens des transformations S_p admettent, au point O, une borne inférieure non nulle (au moins à partir d'une certaine valeur de p). Or cela résulte du fait que les transformations S_p^{-1} forment une famille normale dans D (puisque D est borné); par suite, les jacobiens des S_p^{-1} admettent, au voisinage de O', une borne supérieure fixe. C. Q. F. D.

Ainsi, S n'est pas dégénérée. Avant d'aller plus loin, faisons une remarque: il résulte de ce qui précède que si une suite de transformations biunivoques d'un domaine borné D converge uniformément vers une transformation *dégénérée* S, S transforme D en une variété analytique tracée *sur la frontière* de D; donc, *s'il n'existe aucune variété analytique sur la frontière de D, S transforme D en un point unique.* C'est le cas, d'ailleurs connu, de l'hypersphère.

Terminons maintenant la démonstration du théorème 2. Il suffit de démontrer le lemme:

---

[11]) Cf. [b], Satz 10. Notre théorème 2 s'applique aux domaines non univalents, même s'ils contiennent des variétés de ramification.

Lemme 3. *Si une suite de transformations biunivoques $S_1, \ldots, S_p, \ldots$ d'un domaine borné D en lui-même converge uniformément vers une transformation limite S non dégénérée, la transformation S est biunivoque.*

D'après ce qui précède, il existe à l'intérieur de D un point O qui n'est pas un point de ramification et dont le transformé $O' = S(O)$ est intérieur à D et n'est pas un point de ramification. Désignons par Σ un sous-domaine univalent de D, contenant le point O, et assez petit pour que son transformé Σ' par S soit univalent. D'après le corollaire du théorème 1 (§ 3), les transformations S_p^{-1} convergent uniformément vers S^{-1} dans Σ'; comme elles constituent une famille normale dans D, elles convergent uniformément dans le domaine D tout entier [12]. Soit S' la transformation-limite; S' est définie dans D, et d'ailleurs identique à S^{-1} dans Σ'.

Si nous prouvons que S et S' sont des *transformations intérieures* du domaine D, alors la transformation $S'S$ sera bien définie dans D tout entier; comme $S'S$ n'est autre que la transformation identique dans Σ, $S'S$ sera aussi la transformation identique dans D; en particulier, $S'S$ sera une transformation biunivoque de D en lui-même. En vertu du corollaire du lemme 2, nous pourrons conclure que S est bien une transformation biunivoque du domaine D en lui-même.

Il suffit donc de montrer que S est une transformation intérieure du domaine D (le raisonnement sera le même pour S') [13]. Admettons que S ne soit pas une transformation intérieure: on pourrait trouver une courbe C, intérieure à D, partant de O et aboutissant en un point intérieur P, telle que la transformée C' de C par S fût intérieure à D, exception faite pour le point $P' = S(P)$ qui serait un point frontière de D. Nous allons montrer qu'une telle éventualité est à rejeter.

L'indice k restant fixe, et p augmentant indéfiniment, les transformations $S_k^{-1} S_p$ forment une famille normale dans D, et, dans Σ, elles convergent uniformément vers la transformation $S_k^{-1} S$; elles convergent donc uniformément dans D vers une transformation T_k qui est identique à $S_k^{-1} S$ dans Σ. Il résulte de là que le transformé $T_k(M)$ d'un point M qui décrit la courbe C tend vers une limite quand le point M tend vers P; d'ailleurs, S_k^{-1} étant une transformation biunivoque de D en lui-même, le point $T_k(P)$ est nécessairement un point *frontière* de D.

---

[12]) Ceci, en vertu du théorème connu: si une suite de fonctions, appartenant à une famille normale dans un domaine Δ, converge uniformément dans un sous-domaine de Δ, elle converge uniformément dans Δ.

[13]) La démonstration qui va suivre est calquée sur celle du théorème XXI (page 58) de mon mémoire: Les fonctions de deux variables complexes, etc., Journal de Math. (10) **9** (1931), p. 1–114.

Faisons maintenant croître k indéfiniment. Les transformations T_k forment une famille normale dans D, et, dans Σ, elles convergent uniformément vers $S^{-1}S$, c'est-à-dire vers la transformation identique. Donc T_k converge uniformément vers la transformation identique dans le domaine D; en particulier, le point $T_k(P)$ tend vers P. Mais nous arrivons à une contradiction, car un point P intérieur à D ne saurait être limite de points frontières $T_k(P)$.

Le lemme 3, et par suite le théorème 2, est donc complètement démontré.

§ 5.

Sur l'itération des transformations intérieures d'un domaine borné.

Théorème 3. *Soit S une transformation intérieure d'un domaine D. Si une suite de puissances de cette transformation, soit $S^{\lambda_1}, \ldots, S^{\lambda_k}, \ldots$ (les exposants positifs λ_k étant bornés ou non) converge uniformément dans D vers une transformation biunivoque T de D en lui-même, alors S est une transformation biunivoque de D en lui-même.*

Si les exposants λ_k sont bornés, il existe une puissance S^p qui est une transformation biunivoque de D en lui-même. Le lemme 2, appliqué à S et à $S' = S^{p-1}$, permet de conclure que S est biunivoque.

Dans le cas général, on peut raisonner de la façon suivante:

1° *S est topologique dans D et transforme D en un sous-domaine Δ de D.* Pour le prouver, il suffit de montrer que deux points distincts M_1 et M_2 du domaine D ont toujours deux transformés distincts $S(M_1)$ et $S(M_2)$. En effet, si $S(M_1)$ et $S(M_2)$ étaient confondus, $S^{\lambda_k}(M_1)$ et $S^{\lambda_k}(M_2)$ seraient confondus, et, à la limite, $T(M_1)$ et $T(M_2)$ seraient confondus; T étant biunivoque, M_1 et M_2 seraient confondus. C. Q. F. D.

2° *Le domaine Δ est identique à D.* Il suffit de montrer que tout point de D appartient aussi à Δ. Or, si un point M_0 de D n'appartenait pas à $\Delta = S(D)$, il n'appartiendrait pas aux domaines $S^{\lambda_k}(D) = S \cdot S^{\lambda_k - 1}(D)$. On serait donc en contradiction avec la troisième partie du théorème 1 (§ 3). C. Q. F. D.

Théorème 4 (théorème fondamental). *Soit S une transformation intérieure d'un domaine borné D. Si une suite de puissances $S^{p_1}, \ldots, S^{p_k}, \ldots$ $(p_1 < p_2 < \ldots p_k < \ldots)$ converge uniformément dans D vers une transformation T non dégénérée, alors la suite $S^{p_{k+1} - p_k}$ converge uniformément dans D vers la transformation identique. En particulier, S est une transformation biunivoque de D en lui-même* (en vertu du théorème 3), *et T également* (en vertu du lemme 3).

Corollaire. *La limite d'une suite uniformément convergente de puissances croissantes d'une transformation intérieure d'un domaine borné D*

est une transformation biunivoque de D en lui-même ou une transformation dégénérée.

Démonstration du théorème 4. En vertu du lemme 1, on peut trouver deux sous-domaines univalents Σ et Σ' du domaine D, tels que la transformation T soit topologique dans Σ et transforme biunivoquement Σ en Σ'. En vertu du corollaire du théorème I, les transformations $(S^{p_k})^{-1}$ convergent uniformément vers T^{-1} dans Σ'; par suite, les transformations

$$S^{p_{k+1}-p_k} = (S^{p_k})^{-1} \cdot S^{p_{k+1}}$$

convergent uniformément dans Σ vers la transformation identique. Comme ces transformations appartiennent à une famille normale dans D, elles convergent uniformément dans D vers la transformation identique. C. Q. F. D.

Le théorème précédent est tout à fait fondamental. Il peut servir dans bien des problèmes. Indiquons-en, à titre d'exemples, deux applications intéressantes.

Première application du théorème fondamental. Soit D un domaine borné, et soit O un point intérieur autre qu'un point de ramification. *Si une transformation S intérieure du domaine D laisse fixe O, et si le module, au point O, du jacobien de S est égal à un, S est une transformation biunivoque de D en lui-même.*

Cette proposition, qui faisait l'objet essentiel de l'article [a], peut maintenant se démontrer de la façon suivante: de la suite $S, S^2, \ldots, S^p, \ldots$, qui est normale, on peut extraire une suite uniformément convergente; le module, au point O, de la transformation limite T étant égal à *un*, T n'est pas dégénérée. Donc (théorème 4) S est biunivoque. C. Q. F. D.

Deuxième application du théorème fondamental. Bornons-nous, pour simplifier, au cas d'une seule variable complexe z. Soit, dans le plan z, un domaine *borné* D multiplement connexe (d'ordre fini ou infini). Soit d'autre part S une transformation intérieure de D. *Pour qu'on puisse affirmer que S est une transformation biunivoque du domaine D en lui-même, il suffit que l'une ou l'autre des deux circonstances suivantes se trouve réalisée:*

α) Il existe dans D une courbe fermée particulière C, non topologiquement équivalente à zéro et non réductible à un point[14]*), telle que la courbe C' transformée de C par S soit topologiquement équivalente à C;*

[14]) Nous disons qu'une courbe fermée Γ, intérieure à D et non topologiquement équivalente à zéro, est *réductible à un point*, s'il existe un point frontière M_0 du domaine D, tel que dans un voisinage arbitraire de M_0 on puisse trouver une courbe fermée intérieure à D et topologiquement équivalente à Γ. Si D n'admet aucun point frontière isolé, aucune courbe fermée non topologiquement équivalente à zéro n'est réductible à un point.

β) D n'admet aucun point frontière isolé, et il n'existe, dans le domaine D, aucune courbe fermée non topologiquement équivalente à zéro dont la transformée par S soit topologiquement équivalente à zéro.

Démonstration. Aucune suite uniformément convergente extraite de la suite $S, S^2, \ldots, S^p, \ldots$ ne peut avoir pour limite une transformation dégénérée, à cause de l'hypothèse α) ou de l'hypothèse β). Donc (théorème fondamental) S est biunivoque. C. Q. F. D.

Comme application, proposons-nous de retrouver un théorème de M. Carathéodory ([b], Satz 14). Soit D un domaine *borné* multiplement connexe (d'ordre fini ou infini), et soit O un point intérieur à D, autre qu'un point de ramification (nous pouvons supposer O à l'origine $z = 0$). Il existe alors un nombre positif Ω, *plus petit que un*, qui dépend seulement de D et du point O, et qui jouit de la propriété suivante: *toute transformation intérieure du domaine D*

$$(S) \quad z' = f(z),$$

pour laquelle on a

$$f(0) = 0, \quad |f'(0)| > \Omega,$$

est nécessairement une transformation biunivoque de D en lui-même (et, par suite, on a $|f'(0)| = 1$).

Supposons en effet qu'un tel nombre Ω n'existe pas. On pourrait alors trouver une suite de transformations intérieures *non biunivoques* $S_1, \ldots, S_p, \ldots,$

$$(S_p) \quad z' = f_p(z),$$

pour lesquelles on aurait

$$f_p(0) = 0, \quad \lim_{p \to \infty} |f_p'(0)| = 1.$$

Or, on peut supposer que les transformations S_p convergent uniformément vers une transformation limite S (sinon, il suffirait d'extraire de la suite des S_p une suite partielle uniformément convergente). Soit donc

$$(S) \quad z' = f(z)$$

la transformation limite; on a

$$f(0) = 0, \quad |f'(0)| = 1.$$

S, n'étant pas dégénérée, est topologique (car nous sommes dans le cas d'une seule variable complexe). Puisque S est topologique et est limite de transformations intérieures, S est une transformation intérieure du domaine D; S est donc une transformation biunivoque de D en lui-même.

Cela posé, de deux choses l'une. *Ou bien D* possède au moins un point frontière isolé M_0; dans ce cas la fonction f_p est holomorphe en M_0, puisqu'elle est holomorphe en tous les points voisins et bornée; comme, d'autre part, les transformations $S^{-1} S_p$ sont intérieures et convergent vers la transformation identique, elles laissent fixe le point M_0 à partir d'une certaine valeur de p. Or elles laissent aussi fixe le point O; elles sont donc *biunivoques* (on s'en assure en considérant les itérées de chacune d'elles et en appliquant le théorème fondamental 4). *Ou bien* il existe dans D au moins une courbe fermée C non topologiquement équivalente à zéro et non réductible à un point. Alors, à partir d'une certaine valeur de p, toutes les transformations $S^{-1} S_p$ se trouvent dans le cas α) (page 771); elles sont donc biunivoques, et l'on arrive encore à une contradiction.

L'existence du nombre Ω est donc démontrée dans tous les cas. La détermination effective de Ω semble assez facile dans le cas où D est une couronne circulaire.

Il va sans dire que, moyennant quelques précautions, les derniers énoncés qui précèdent peuvent être étendus au cas de plusieurs variables complexes.

(Eingegangen am 15. Dezember 1931.)

25.

Sur les zéros des combinaisons linéaires de p fonctions holomorphes données

Mathematica (Cluj) 7, 5–29 (1933)

Reçu le 3 septembre 1932.

Introduction.

Je me propose de développer ici le contenu d'une Note aux Comptes Rendus de l'Académie des Sciences de Paris (¹).

Rappelons d'abord une inégalité fondamentale de R. Nevanlinna. Cette inégalité concerne la théorie des fonctions méromorphes d'une variable complexe. Soit $f(x)$ une fonction méromorphe pour $|x| < R$ (R peut être infini), et soient $a_1, a_2, \ldots, a_q$ q nombres complexes distincts; on a, pour toute valeur de r inférieure à R,

$$(1) \qquad (q-2)\,T(r,f) < \sum_{i=1}^{q} N_1(r, a_i) + S(r).$$

Voici la signification des symboles utilisés: $T(r,f)$ désigne la fonction de croissance de Nevanlinna, définie par la relation

$$T(r,f) = \frac{1}{2\pi}\int_0^{2\pi} \overset{+}{\log}|f(re^{i\theta})|\,d\theta - \overset{+}{\log}|f(0)| + N\left(r, \frac{1}{f}\right) (^2).$$

Dans le second membre de (1), $N_1(r, a_i)$ est une abréviation pour $N_1(r, f-a_i)$ (²). Enfin, $S(r)$ désigne une fonction de r dont R. Nevanlinna (³)

(¹) 189, 1929, p. 727.

(²) $\phi(x)$ étant une fonction méromorphe, nous désignons par $N(r, \phi)$ la valeur de la somme

$$\sum_l \overset{+}{\log} \frac{r}{|\lambda_l|}$$

étendue aux *zéros* λ_l de $\phi(x)$, chaque zéro étant compté avec son ordre de multiplicité; la même somme, dans laquelle chaque zéro serait compté une seule fois quel que soit son ordre de multiplicité, sera désignée par $N_1(r, \phi)$. — Pour la commodité de l'écriture, nous avons ajouté $-\overset{+}{\log}|f(0)|$ à la fonction $T(r,f)$ de R. Nevanlinna; nous supposons d'ailleurs, pour simplifier, que $x = 0$ n'est pas un pôle pour $f(x)$.

(³) Voir le livre de R. Nevanlinna, Le théorème de Picard-Borel et la théorie des fonctions méromorphes (Collection Borel, Paris, 1929), p. 141–144. Dans la suite du présent travail, je désignerai ce livre par [a].

a indiqué les propriétés; il nous suffira de savoir ici que la quantité $S(r)$ est, en général, négligeable devant $T(r, f)$; d'une façon précise, on a, dans le cas où R est infini,

$$S(r) < O[\log T(r, f)] + O(\log r), \tag{2}$$

à condition d'exclure éventuellement des valeurs de r qui remplissent des intervalles dont la somme des longueurs est finie; ces intervalles ne dépendent que de la fonction $f(x)$, et non des valeurs $a_1, \ldots, a_q$ intervenant dans l'inégalité (1). Dans le cas où R a une valeur finie, on a

$$S(r) < O[\log T(r, f)] + O\left(\log \frac{1}{R-r}\right), \tag{2'}$$

avec des intervalles exceptionnels dans lequels la variation totale de $\log \frac{1}{R-r}$ est finie.

L'inégalité (1) limite la croissance de la fonction $f(x)$, dès qu'on connaît les racines de q $(q > 2)$ équations $f(x) - a_i = 0$. R. Nevanlinna en a tiré des conclusions fort importantes, qui lui ont notamment permis de préciser la portée du théorème de Picard-Borel relatif aux valeurs „exceptionnelles" d'une fonction méromorphe dans tout le plan. Or, envisageons l'inégalité (1) du point de vue suivant: mettons $f(x)$ sous la forme du quotient de deux fonctions $g_1(x)$ et $g_2(x)$, holomorphes pour $|x| < R$ et sans zéros communs (on sait qu'une telle opération est toujours possible); les racines des équations $f(x) - a_i = 0$ se présentent alors comme les zéros des combinaisons linéaires $g_1(x) - a_i g_2(x)$. Ainsi, le second membre de (1) fait intervenir les zéros de q combinaisons linéaires distinctes de deux fonctions holomorphes $g_1(x)$ et $g_2(x)$ sans zéros communs. On est alors amené à se demander s'il n'existe pas une inégalité analogue à (1), et relative aux systèmes de p fonctions holomorphes données et aux zéros de q $(q > p)$ combinaisons linéaires distinctes p à p, de ces p fonctions. Une telle inégalité est à prévoir, car on sait, par exemple, que la somme de p fonctions entières sans zéros, linéairement indépendantes, a nécessairement une infinité de zéros (4).

Effectivement l'inégalité (1) est susceptible d'être généralisée, comme nous le montrerons au cours de ce travail. Voici le résultat précis que nous établirons: désignons par $g_1(x), \ldots, g_p(x)$ p fonctions *holomorphes* pour $|x| < R$ et *linéairement indépendantes* (c'est-à-dire telles qu'il n'existe aucune identité de la forme

$$\sum_{j=1}^{p} c_j g_j(x) \equiv 0,$$

(4) E. Borel, Sur les zéros des fonctions entières (Acta Mathematica, 20, 1897).

les c_j étant des constantes non toutes nulles). Supposons qu'il n'existe aucune valeur de x annulant simultanément ces p fonctions. Relativement à un tel système de fonctions, nous définirons (§ 1) une fonction de croissance $T(r)$. Considérons d'autre part q ($q > p$) combinaisons linéaires homogènes à coefficients constants de ces p fonctions; désignons ces combinaisons par $F_i(x)$ ($i=1, 2, \ldots, q$), et supposons-les linéairement distinctes p à p. Désignons enfin par $N_{p-1}(r, F_i)$ la somme

$$\sum_k \overset{+}{\log} \frac{r}{|\lambda_k|}$$

étendue aux zéros λ_k de la fonction $F_i(x)$, chaque zéro étant compté autant de fois qu'il y a d'unités dans son ordre de multiplicité si celui-ci est inférieur à $p-1$, et $p-1$ fois dans le cas contraire. Cela posé, nous établirons (§ 2) l'inégalité fondamentale

$$(3) \qquad \boxed{(q-p)\,T(r) < \sum_{i=1}^{q} N_{p-1}(r, F_i) + S(r)} \quad (r < R),$$

dans laquelle le reste $S(r)$ jouit des mêmes propriétés que plus haut, à condition de remplacer, dans les inégalités (2) et (2)', $T(r, f)$ par $T(r)$.

Pour $p=2$, cette inégalité se réduit à l'inégalité (1). Pour $p > 2$, l'inégalité (3) est appelée à rendre, dans la théorie des systèmes de p fonctions holomorphes, les mêmes services que l'inégalité de Nevanlinna dans la théorie des fonctions méromorphes. Nous l'appliquerons notamment au cas où les fonctions $g_j(x)$ sont *entières* (voir § 4). Auparavant, nous nous occuperons des fonctions *algébroïdes* „du type général" (§ 3), pour lesquelles l'inégalité (3) fournit une inégalité plus précise que celles connues auparavant. Les paragraphes 5 et 6 seront consacrés à quelques applications de l'inégalité (3) à des problèmes d'unicité.

1. La fonction de croissance T(r).

Soient données p fonctions $g_1(x), \ldots, g_p(x)$ holomorphes pour $|x| < R$. Supposons une fois pour toutes qu'*il n'existe aucune valeur de x annulant simultanément toutes ces fonctions*; supposons en outre, dans le but de simplifier les calculs qui suivront, qu'aucune de ces fonctions ne s'annule pour $x=0$ [5]. Désignons par $u(x)$ la fonction réelle qui, pour chaque valeur de x, est égale à la plus grande des p quantités $\log|g_j(x)|$ ($i=1, 2, \ldots, p$), et posons, pour $r < R$,

$$(4) \qquad T(r) = \frac{1}{2\pi}\int_0^{2\pi} u(re^{i\theta})\,d\theta - u(0).$$

[5] Cette hypothèse n'a rien d'essentiel, et il serait facile de s'en affranchir.

La fonction $T(r)$ ainsi définie est une *fonction convexe de* $\log r$; en effet, elle est égale à la valeur moyenne, sur la circonférence $|x| = r$, d'une fonction sous-harmonique [6], à savoir la fonction $u(x)$. Il est clair, d'autre part, que $T(r)$ ne change pas si l'on multiplie toutes les $g_j(x)$ par une même fonction holomorphe sans zéros $\omega(x)$; en effet $u(x)$ se trouve remplacé par

$$u(x) + \log|\omega(x)|,$$

et $T(r)$ se trouve augmenté de

$$\frac{1}{2\pi}\int_0^{2\pi} \log|\omega(re^{i\theta})|\, d\theta - \log|\omega(0)| = 0.$$

C. Q. F. D.

On peut donc dire que $T(r)$ *dépend seulement des quotients mutuels des fonctions* $g_j(x)$.

Plus généralement, étant données p fonctions $\phi_1(x), \ldots, \phi_p(x)$ *méromorphes* pour $|x| < R$, il est possible de trouver une fonction $\Phi(x)$, méromorphe pour $|x| > R$, de façon que les p fonctions

$$\Phi(x)\,\phi_j(x) \equiv g_j(x)$$

soient *holomorphes* pour $|r| < R$, et qu'il n'existe aucun zéro commun à toutes les $g_j(x)$. Comme fonction de croissance attachée à l'ensemble des $\phi_j(x)$, nous prendrons la fonction $T(r)$ définie plus haut pour les $g_j(x)$; cette fonction est parfaitement déterminée et dépend seulement des quotients mutuels des $\phi_j(x)$.

Revenons aux fonctions $g_j(x)$ considérées au début de ce paragraphe, et à la fonction $T(r)$ définie par (4). Je dis que *si l'on effectue sur les* g_j *une substitution linéaire homogène à coefficients constants, de déterminant non nul, la nouvelle fonction de croissance* $T_1(r)$, *attachée au système des p nouvelles fonctions* G_j, *ne diffère de* $T(r)$ *que par une quantité qui reste inférieure à un nombre fixe* M *quel que soit* r. (M dépend seulement des coefficients de la substitution envisagée).

En effet, soit

$$G_j(x) \equiv \sum_{k=1}^{p} A_j^k\, g_k(x)$$

la substitution envisagée, et soit

$$g_j(x) \equiv \sum_{k=1}^{p} a_j^k\, G_k(x)$$

la substitution inverse. Remarquons tout d'abord qu'il n'existe aucun

(6) On invoque ici un théorème de P. Montel (Sur les fonctions convexes et les fonctions sous-harmoniques, *Journal de Math. pures et appliquées*, 9e série, 7. 1928, p. 29—60).

zéro commun à toutes les $G_j(x)$. Cela étant, soit A une borne supérieure du module des a_j^k et des A_j^k. Si l'on désigne par $U(x)$ la plus grande des quantités $\log|G_j(x)|$, on a évidemment les deux inégalités

$$U(x) < \log(pA) + u(x),$$
$$u(x) < \log(pA) + U(x),$$

d'où

$$|U(x) - u(x)| \leq \log(pA),$$

et, en prenant la valeur moyene de $U(x) - u(x)$ le long de la circonférence $|x| = r$,

$$|T_1(r) - T(r)| < 2\log(pA),$$

ce qui suffit à établir la proposition annoncée.

Nous allons maintenant justifier le nom de *fonction de croissance* donné à $T(r)$. Montrons d'abord que, dans le cas $p = 2$, $T(r)$ se confond avec la fonction $T(r, f)$ de NEVANLINNA (7), en désignant par $f(x)$ le quotient $\frac{g_1(x)}{g_2(x)}$ (8). On a en effet, dans ce cas,

$$u(x) = \overset{+}{\log}\left|\frac{g_1(x)}{g_2(x)}\right| + \log|g_2(x)|,$$

et, par suite,

$$(5)\quad T(r) = \frac{1}{2\pi}\int_0^{2\pi} u(re^{i\theta})d\theta - u(0) = \frac{1}{2\pi}\int_0^{2\pi} \overset{+}{\log}|f(re^{i\theta})|d\theta - \overset{+}{\log}|f(0)|$$
$$+ \frac{1}{2\pi}\int_0^{2\pi} \log|g_2(re^{i\theta})|d\theta - \log|g_2(0)|.$$

Or on a (9)

$$\frac{1}{2\pi}\int_0^{2\pi} \log|g_2(re^{i\theta})|d\theta - \log|g_2(0)| = N(r, g_2) = N\left(r, \frac{1}{f}\right),$$

ce qui donne, en portant dans (5),

$$T(r) = T(r, f).$$

C. Q. F. D.

Si maintenant on effectue la substitution linéaire

$$G_1(x) = \alpha g_1(x) + \beta g_2(x)$$
$$G_2(x) = \gamma g_1(x) + \delta g_2(x) \qquad (\alpha\delta - \beta\gamma \neq 0),$$

(7) Voir l'Introduction.

(8) J'ai signalé ce fait pour la première fois dans une Note aux *Comptes Rendus* (188, 1929, p. 1374).

(9) *[a]*, p. 3, formule C.

on aura, d'après ce qui a été vu plus haut,

$$|T_1(r) - T(r)| < M,$$

ce qui donne

$$\left| T\left(r, \frac{\alpha f + \beta}{\gamma f + \delta}\right) - T(r, f) \right| < M.$$

Nous retrouvons ainsi un théorème de R. NEVANLINNA. [10]

Revenons au cas où p est quelconque, et montrons que la fonc tion $T(r)$ fournit une limite supérieure de la croissance de tous les quotients mutuels $\dfrac{g_h(x)}{g_k(x)}$; d'une façon précise, on a

$$T\left(r, \frac{g_h}{g_k}\right) < T(r) + K,$$

K étant une constante qui dépend seulement des valeurs des $g_i(x)$ pour $x = 0$. En effet, on peut mettre $g_h(x)$ et $g_k(x)$ sous la forme

$$g_h(x) = G_h(x)\, \omega_{hk}(x)\ , \quad g_k(x) = G_k(x)\, \omega_{hk}(x)\ ,$$

$\omega_{hk}(x)$ étant holomorphe, G_h et G_k étant aussi holomorphes et n'ayant aucun zéro commun. On a alors

$$T\left(r, \frac{g_h}{g_k}\right) = T\left(r, \frac{G_h}{G_k}\right) = \frac{1}{2\pi}\int_0^{2\pi} [u_1(re^{i\theta}) - \log|\omega_{hk}(re^{i\theta})|]\, d\theta$$

$$- u_1(0) + \log|\omega_{hk}(0)|,$$

en désignant par $u_1(x)$ la plus grande des quantités $\log|g_h(x)|$ et $\log|g_k(x)|$. On a de plus

$$u_1(x) \leqq u(x),$$

$$\frac{1}{2\pi}\int_0^{2\pi} \log|\omega_{hk}(re^{i\theta})| - \log|\omega_{hk}(0)| = N(r, \omega_{hk}), \text{ (9)}$$

d'où

$$T\left(r, \frac{g_h}{g_k}\right) \leqq T(r) - N(r, \omega_{hk}) + u(0) - u_1(0); \tag{6}$$

d'ailleurs

$$N(r, \omega_{hk}) \geqq 0,$$

ce qui démontre la proposition annoncée.

Plus généralement, soient $F_1(x)$ et $F_2(x)$ deux combinaisons linéaires homogènes distinctes, à coefficients constants, des p fonctions $g_i(x)$. On aura

$$T\left(r, \frac{F_1}{F_2}\right) < T(r) + K, \tag{6'}$$

---

(10) *[a]*, p. 14.

K étant indépendant de r (K dépend des coefficients des deux combinaisons F_1 et F_2 envisagées.).

L'inégalité (6) limite la *croissance des quotients mutuels* des $g_j(x)$ à l'aide de $T(r)$. On peut également limiter la *croissance de la suite des zéros* de chaque $g_j(x)$ et, plus généralement, la croissance de la suite des zéros d'une combinaison linéaire quelconque

$$F(x) \equiv \sum_{j=1}^{p} a_j\, g_j(x) ,$$

les a_j étant des constantes. On a en effet [9]

$$N(r, F) = \frac{1}{2\pi}\int_0^{2\pi} \log |F(re^{i\theta})|\, d\theta - \log |F(0)| \ (^{11}) ;$$

d'ailleurs

$$\log |F(x)| \leqq u(x) + \log (pA),$$

en désignant par A une borne supérieure des quantités $|a_j|$. D'où

$$(7) \qquad N(r, F) \leqq T(r) + u(0) - \log |F(0)| + \log (pA).$$

C. Q. F. D.

Des inégalités (6) et (7), il résulte en particulier que si les $g_j(x)$ sont entières, et si $T(r)$ est inférieur à un nombre fixe quand r augmente indéfiniment, alors les quotients mutuels des $g_j(x)$ sont des constantes, et les $g_j(x)$ ne s'annulent pas.

Maintenant que nous avons établi les principales propriétés de $T(r)$, nous allons démontrer un lemme très élémentaire qui nous servira plus loin.

Lemme. — *Considérons q ($q > p$) combinaisons linéaires homogènes, à coefficients constants, des fonctions $g_j(x)$,*

$$F_i(x) \equiv \sum_{j=1}^{p} a_i^j\, g_j(x) \qquad (i = 1, 2, \ldots, q).$$

Supposons que tous les déterminants d'ordre p du tableau des a_i^j soient différents de zéro. Rangeons, pour chaque valeur de x, les fonctions $F_i(x)$ par ordre de modules non croissants, $F_{\alpha_1}(x), \ldots, F_{\alpha_q}(x)$ [$\alpha_1, \ldots, \alpha_q$ sont donc des entiers qui dépendent de x]. *On a alors quel que soit $j \leqq p$, et quel que soit $i \leqq q - p + 1$,*

$$|g_j(x)| \leqq K\, |F_{\alpha_i}(x)| ,$$

K étant un nombre positif qui dépend des constantes a_i^j, mais non de x ni des fonctions $g_j(x)$ envisagées.

(11) On suppose, pour simplifier, $F(0) \neq 0$.

En effet, considérons, pour chaque valeur de x, les $p-1$ fonctions $F_{\alpha_{q-p+2}}, \ldots, F_{\alpha_q}$. Si i désigne l'un quelconque des $q-p+1$ premiers nombres entiers, on peut exprimer les $g_j(x)$ linéairement à l'aide de $F_{\alpha_i}, F_{\alpha_{q-p+2}}, \ldots, F_{\alpha_q}$; comme les coefficients qui interviennent ainsi dépendent seulement des a_i^j, le lemme se trouve démontré.

COROLLAIRE I. — *Pour chaque valeur de x, il y a au moins $q-p+1$ fonctions F_i qui ne sont pas nulles.*

COROLLAIRE II. — *Désignons par $\beta_1, \beta_2, \ldots, \beta_{q-p}$ $q-p$ entiers distincts pris d'une façon quelconque parmi les q premiers entiers, et soit $v(x)$ la plus grande de toutes les quantités*

$$\log |F_{\beta_1}(x) . F_{\beta_2}(x) \ldots F_{\beta_{q-p}}(x)|.$$

On a

$$(q-p)\,T(r) < \frac{1}{2\pi}\int_0^{2\pi} v(re^{i\theta})\,d\theta + O(1). \tag{8}$$

En effet, on a, d'après le lemme,

$$(q-p) \log |g_j(x)| < v(x) + (q-p) \log K,$$

et cela quel que soit j. D'où

$$(q-p)\,u(x) < v(x) + (q-p) \log K,$$

et, en intégrant,

$$(q-p)\,T(r) < \frac{1}{2\pi}\int_0^{2\pi} v(re^{i\theta})\,d\theta + (q-p)\,[\log K - u(0)].$$

C. Q. F. D.

2. Démonstration de l'inégalité fondamentale.

Conservons toutes les hypothèses faites plus haut sur les p fonctions $g_j(x)$ (début du § 1) et sur leurs q combinaisons linéaires $F_i(x)$ (voir le *lemme*). *Supposons en outre qu'il n'existe aucune relation linéaire homogène à coefficients constants entre les $g_j(x)$* ([12]). Cette dernière hypothèse est essentielle pour ce qui suit, et sera faite jusqu'à la fin du présent travail. Proposons - nous, dans ces conditions, d'établir l'inégalité fondamentale (Voir l'introduction)

$$(q-p)\;T(r) < \sum_{i=1}^{q} N_{p-1}(r, F_i) + S(r). \tag{3}$$

([12]) Nous supposons donc, en particulier, qu'aucun des quotients $\frac{g_h(x)}{g_k(x)}$ n'est constant.

Pour cela, partons de l'inégalité (8), et cherchons une borne supérieure de l'intégrale

$$\frac{1}{2\pi}\int_0^{2\pi} v(re^{i\theta})\, d\theta .$$

Dans ce qui va suivre, la notation

$$\| \phi_1 \ \phi_2 \ldots \phi_p \|$$

désignera le *wronskien* de p fonctions $\phi_1(x)$, $\phi_2(x), \ldots, \phi_p(x)$, c'est-à-dire le déterminant d'ordre p dont l'élément appartenant à la i^e ligne et à la j^e colonne est la dérivée d'ordre i - 1 de la fonction $\phi_j(x)$.

Cela étant, soient $\alpha_1, \alpha_2, \ldots, \alpha_p$ p entiers distincts quelconques pris parmi les q premiers entiers, et soient $\beta_1, \beta_2, \ldots, \beta_{q-p}$ les $q-p$ entiers restants. Puisque les $F_i(x)$ sont des combinaisons linéaires homogènes, *distinctes p à p*, des fonctions $g_j(x)$, on a

$$\text{(9)} \qquad \| F_{\alpha_1} \ F_{\alpha_2} \ldots F_{\alpha_p} \| \equiv \frac{1}{c(\alpha_1, \alpha_2, \ldots, \alpha_p)} \| g_1 \, g_2 \ldots g_p \| ,$$

$c(\alpha_1, \alpha_2, \ldots, \alpha_p)$ désignant une constante (c'est-à-dire une quantité indépendante de x) finie et non nulle, qui dépend seulement du groupe des entiers $\alpha_1, \ldots, \alpha_q$ pris parmi les q premiers entiers. D'après l'hypothèse faite plus haut, le second membre de (9) n'est pas identiquement nul. On peut donc écrire

$$\text{(9')} \qquad \frac{F_{\beta_1} \quad F_{\beta_2} \quad \ldots \quad F_{\beta_{q-p}}}{c(\alpha_1, \alpha_2, \ldots, \alpha_p)\begin{vmatrix} 1 & 1 & \ldots & 1 \\ \frac{F'_{\alpha_1}}{F_{\alpha_1}} & \frac{F'_{\alpha_2}}{F_{\alpha_2}} & \ldots & \frac{F'_{\alpha_p}}{F_{\alpha_p}} \\ \frac{F''_{\alpha_1}}{F_{\alpha_1}} & \frac{F''_{\alpha_2}}{F_{\alpha_2}} & \ldots & \frac{F''_{\alpha_p}}{F_{\alpha_p}} \\ \ldots & \ldots & \ldots & \ldots \\ \frac{F^{(p-1)}_{\alpha_1}}{F_{\alpha_1}} & \frac{F^{(p-1)}_{\alpha_2}}{F_{\alpha_2}} & \ldots & \frac{F^{(p-1)}_{\alpha_p}}{F_{\alpha_p}} \end{vmatrix}} \equiv \frac{F_1 \, F_2 \ldots F_q}{\| g_1 \, g_2 \ldots g_p \|} .$$

On voit que le premier membre de (9′) est une fonction qui ne dépend pas du groupe $\alpha_1, \alpha_2, \ldots, \alpha_p$; désignons-le par $H(x)$. Soit alors, pour chaque valeur de x, $w(x)$ le plus grand des log des modules de tous les dénominateurs tels que celui du premier membre de (9′). On a évidemment

$$v(x) \equiv \log | H(x) | + w(x) ,$$

$v(x)$ ayant la même signification que plus haut [inégalité (8)].

On aura donc

$$\frac{1}{2\pi}\int_0^{2\pi} v(re^{i\theta})\,d\theta = \frac{1}{2\pi}\int_0^{2\pi} \log |\,H(re^{i\theta})\,|\,d\theta + \frac{1}{2\pi}\int_0^{2\pi} w(re^{i\theta})\,d\theta\,;$$

d'autre part (9)

$$\frac{1}{2\pi}\int_0^{2\pi} \log |\,H(re^{i\theta})\,|\,d\theta \leq N(r, H) + \log |\,H(0)\,| \text{ (13)}$$

Nous sommes donc conduits, dans le but de trouver une borne supérieure de $\frac{1}{2\pi}\int_0^{2\pi} v(re^{i\theta})\,d\theta$, à chercher une limitation de N(*r*, H). Or, soit x_0 un zéro de H(x); d'après le Corollaire I du Lemme, il existe au moins un groupe d'entiers $\beta_1, \beta_2, \ldots, \beta_{q-p}$, tel que le produit $F_{\beta_1} F_{\beta_2} \ldots F_{\beta_{q-p}}$ ne soit pas nul pour $x = x_0$; l'ordre de multiplicité de x_0, considéré comme zéro de H(x), est donc égal à l'ordre de multiplicité de x_0, considéré comme pôle du dénominateur du premier membre de (9'). On en déduit facilement

$$N(r, H) \leq \sum_{i=1}^{q} N_{p-1}(r, F_i).$$

(Pour la signification du symbole $N_{p-1}(r, F)$, voir l' Introduction).

Pour achever de démontrer l'inégalité fondamentale (3), il reste à faire voir que l'on a

$$\text{(10)} \qquad \frac{1}{2\pi}\int_0^{2\pi} w(re^{i\theta})\,d\theta < S(r) + O(1).$$

Or $w(x)$ est inférieur à la somme des $\overset{+}{\log}$ des modules de tous les dénominateurs tels que celui du premier membre de (9'). Etudions donc ces dénominateurs: ils ne changent pas de valeur si l'on multiplie toutes les $F_i(x)$ par une même fonction, $\frac{1}{F_1(x)}$ par exemple. Par suite chacun de ces dénominateurs peut se mettre sous la forme d'un polynome entier par rapport aux quantités $\frac{d}{dx}\left(\log \frac{F_i(x)}{F_1(x)}\right)$ et à leurs $p-2$ premières dérivées. On a donc

$$w(x) < K + K \sum_{i=2}^{q} \sum_{h=1}^{p-1} \overset{+}{\log} \left| \frac{d^h}{dx^h}\left(\log \frac{F_i(x)}{F(x)}\right) \right|,$$

(13) Nous supposons, pour simplifier, H(0) fini et différent de zéro, ce qui ne restreint pas la généralité.

K étant une certaine quantité indépendante de x. On aura par suite ([14])

$$(11)\qquad \frac{1}{2\pi}\int_0^{2\pi} w(re^{i\theta})\,d\theta < \mathrm{K}+\mathrm{K}\sum_{i=2}^{q}\sum_{h=1}^{p-1} m\left(r, \frac{d^h}{dx^h}\left(\log\frac{\mathrm{F}_i}{\mathrm{F}_1}\right)\right).$$

Or, $\phi(x)$ désignant une fonction méromorphe quelconque, R. NEVANLINNA ([15]) a donné pour la quantité $m\left(r, \frac{\phi'}{\phi}\right)$ une limitation à l'aide de $\mathrm{T}(r, \phi)$, limitation dont nous ne donnerons pas ici la forme précise. Il nous suffit en effet de savoir que de cette limitation on déduit aussitôt une limitation analogue pour

$$m\left(r, \frac{d^k}{dx^k}\left(\frac{\phi'}{\phi}\right)\right)\quad (k=1, 2, \ldots).$$

Appliquant à $\phi(x) = \frac{\mathrm{F}_i(x)}{\mathrm{F}_1(x)}$, on voit que le second membre de (11) se limite à l'aide des quantités $\mathrm{T}\left(r, \frac{\mathrm{F}_i}{\mathrm{F}_1}\right)$; tenant enfin compte des inégalités ([16])

$$\mathrm{T}\left(r, \frac{\mathrm{F}_i}{\mathrm{F}_1}\right) < \mathrm{T}(r) + \mathrm{O}(1)\qquad (i=2, \ldots, q),$$

on obtient l'inégalité (10), où $\mathrm{S}(r)$ désigne une fonction de r que l'on peut limiter à l'aide de $\mathrm{T}(r)$ comme il a été dit d'une façon précise dans l'Introduction.

L'inégalité fondamentale (3) est donc entièrement démontrée. Elle fournit une limitation de la fonction de croissance $\mathrm{T}(r)$ à l'aide des quantités $\mathrm{N}_{p-1}(r, \mathrm{F}_i)$, qui sont elles-mêmes respectivement au plus égales aux quantités $\mathrm{N}(r, \mathrm{F}_i)$. Il importe de remarquer que l'on a inversement, d'après (7),

$$\mathrm{N}(r, \mathrm{F}_i) < \mathrm{T}(r) + \mathrm{O}(1).$$

3. Application aux algébroïdes méromorphes.

Une fonction $y(x)$ est dite *algébroïde méromorphe d'ordre* ν dans le cercle $|x| < \mathrm{R}$, si elle est racine d'une équation

$$(12)\qquad \psi(x, y) \equiv \mathrm{A}_\nu(x)\,y^\nu + \mathrm{A}_{\nu-1}(x)\,y^{\nu-1} + \cdots + \mathrm{A}_0(x) = 0,$$

([14]) Rappelons que, $\phi(x)$ désignant une fonction méromorphe quelconque, on a l'habitude de poser

$$\frac{1}{2\pi}\int_0^{2\pi}\overset{+}{\log}\,|\phi(re^{i\theta})|\,d\theta = m(r, \phi).$$

([15]) *[a]*, Chap. IV.

([16]) Voir plus haut l'inégalité (6').

les coefficients $A_j(x)$ $(j=0, 1, \ldots, \nu)$ étant holomorphes pour $|x| < R$. On peut évidemment supposer qu'il n'existe aucune valeur de x annulant simultanément toutes les fonctions $A_j(x)$; c'est l'hypothèse que nous ferons désormais. Nous supposerons aussi que l'équation (12) définit effectivement une seule fonction $y(x)$ à ν branches, et non plusieurs fonctions distinctes ayant respectivement $\nu_1, \nu_2, \ldots, \nu_k$ branches $(\nu_1+\nu_2+\cdots+\nu_k=\nu)$; autrement dit, nous supposerons que l'équation (12) ne se décompose pas en plusieurs équations de la même forme et de degrés moindres.

Cela posé, la valeur x_0 sera dite racine d'ordre α de l'équation

$$y(x) = a$$

si l'une au moins des ν déterminations de $y(x)$ prend la valeur a pour $x = x_0$, et si la surface de Riemann engendrée par $y = y(x)$ possède exactement α feuillets recouvrant $y=a$ et correspondant à $x=x_0$. On vérifie que α est aussi l'ordre de multiplicité de x_0 considérée comme racine de l'équation en x

$$\psi(x, a)=0.$$

Désignons alors par $N_\nu(r, a)$ la somme

$$\sum_i \overset{+}{\log} \frac{r}{|\lambda_i|}$$

étendre aux racines λ_i de l'équation $y(x)=a$, chaque racine étant comptée autant de fois qu'il y a d'unités dans son ordre de multiplicité si celui-ci est inférieur à ν, et ν fois dans le cas contraire. Envisageons alors q $(q > \nu+1)$ nombres complexes distincts $a_1, \ldots, a_q$, et les expressions $\psi(x, a_1), \ldots, \psi(x, a_q)$ correspondantes. Ce sont q combinaisons linéaires homogènes, distinctes $\nu+1$ à $\nu+1$, des lettres A_j. Donc, *si les fonctions* $A_j(x)$ *ne sont liées par aucune relation linéaire homogène à coefficients constants*, nous pourrons appliquer à ces q combinaisons l'inégalité fondamentale (3), où p serait remplacé par $\nu+1$, et $N_{p-1}(r, F_i)$ par $N_\nu(r, a_i)$. Il vient ainsi

$$(13) \qquad \boxed{(q-\nu-1)\,T(r) < \sum_{i=1}^{q} N_\nu(r, a_i) + S(r)}\,.$$

Lorsque l'hypothèse que nous venons de faire relativement aux $A_j(x)$ est remplie, nous dirons que l'algébroïde définie par (12) est du *type général*. Remarquons en passant que si un ou plusieurs des coefficients $A_j(x)$ est identiquement nul, l'algébroïde n'est pas du type général.

Pour interpréter l'inégalité (13), il reste à chercher la signification de la quantité $T(r)$, qui se trouve définie par la relation

$$T(r) = \frac{1}{2\pi}\int_0^{2\pi} u(re^{i\theta})\, d\theta - u(0)\,,$$

$u(x)$ désignant, pour chaque valeur de x, la plus grande des quantités $\overset{+}{\log} \mid A_j(x) \mid$. Or on peut montrer ([17]) que l'on a

$$\mid T(r) - T_1(r) \mid < O(1),$$

en posant

$$T_1(r) = \frac{1}{2\pi}\int_0^{2\pi} \sum_{j=1}^{\nu} \overset{+}{\log} \mid y_j(re^{i\theta}) \mid d\theta + N(r, \infty)\,;$$

la somme qui figure au second membre est étendue aux ν déterminations de $y(x)$; quant à l'expression $N(r, \infty)$, elle désigne la somme

$$\sum_k \overset{+}{\log} \frac{r}{|\mu_k|}$$

étendue aux pôles μ_k de $y(x)$, chacun d'eux étant compté avec son ordre de multiplicité.

Pour $\nu = 1$, l'inégalité (13) se réduit à l'inégalité fondamentale (1) de R. Nevanlinna (Voir l'Introduction). Toutes les propriétés des fonctions méromorphes uniformes, que l'on peut déduire de l'inégalité (1), s'étendent donc, avec les modifications nécessaires, aux algébroïdes méromorphes d'ordre ν du type général. En particulier, une telle algébroïde, si elle est méromorphe dans tout le plan ne peut admettre plus de $\nu + 1$ valeurs exceptionnelles au sens de Picard (résultat déjà connu).

Il serait intéressant de rechercher des inégalités analogues à (13) relativement aux algébroïdes qui ne sont pas du type général ; mais une telle recherche est moins facile qu'on ne pourrait le croire tout d'abord. On peut espérer démontrer l'inégalité suivante

$$(q-\nu-\lambda-1)\, T(r) < \sum_{i=1}^{q} N_{\nu-\lambda}(r, a_i) + S(r)\,,$$

λ désignant le nombre de relations linéaires homogènes distinctes qui

---

([17]) Voir par exemple G. Valiron, *Sur la dérivée des fonctions algébroïdes* (Bull. de la Soc. Math. de France, tome LIX, 1931, p. 17—39).

existent entre les $A_j(x)$. J'ai pu démontrer cette inégalité dans le cas $\lambda = \nu - 1$; il vient alors

$$(q - 2\nu)\,T(r) < \sum_{i=1}^{q} N_1(r, a_i) + S(r) .$$

G. VALIRON ([18]) a d'ailleurs montré que cette dernière inégalité vaut pour toutes les algébroïdes sans exception, au moins si l'on remplace, au second membre, $N_1(r, a_i)$ par $N(r, a_i)$, c'est-à-dire si l'on tient compte des ordres de multiplicité des racines de $y(x) = a_i$.

4. Cas où les fonctions données sont entières.

Revenons aux p fonctions holomorphes $g_j(x)$ considérées plus haut ; conservons, relativement à ces fonctions et aux q combinaisons linéaires $F_i(x)$, les hypothèses faites tant au paragraphe 1 qu'au début du paragraphe 2 ; moyennant ces hypothèses, l'inégalité (3) est valable.

Supposons maintenant de plus que les $g_j(x)$ soient *entières ;* il en sera alors de même des $F_i(x)$. On aura (Voir l'Introduction) la relation

$$\lim_{r\to\infty} \frac{S(r)}{T(r)} = 0,$$

à condition toutefois d'exclure éventuellement des valeurs de r qui remplissent des intervalles I de longueur totale finie. On aura donc, en vertu de (3),

$$\text{(14)} \qquad \overline{\lim_{(r\to\infty)}} \sum_{i=1}^{q} \left[1 - \frac{N_{p-1}(r, F_i)}{T(r)}\right] \leqq p ,$$

et, *a fortiori,*

$$\text{(14')} \qquad \sum_{i=1}^{q} \left[1 - \overline{\lim_{(r\to\infty)}} \frac{N_{p-1}(r, F_i)}{T(r)}\right] \leqq p .$$

Rappelons, d'autre part, que l'on a (fin du § 2)

$$\text{(15)} \qquad \overline{\lim_{(r\to\infty)}} \frac{N(r, F_i)}{T(r)} \leqq 1 .$$

Voici quelques conséquences des inégalités précédentes. *Supposons d'abord qu'à chaque $F_i(x)$ soit attaché un entier m_i tel que les*

([18]) *Comptes Rendus*, 189, 1929, p. 623—625.

zéros de $F_i(x)$ soient tous d'ordre m_i au moins. On aura évidemment

$$N_{p-1}(r, F_i) \leqq \frac{p-1}{m_i} N(r, F_i),$$

d'où, en tenant compte de (15) et en portant dans (14'),

$$\boxed{\sum_{i=1}^{q} \frac{1}{m_i} \geqq \frac{q-p}{p-1}} . \tag{16}$$

Cette inégalité généralise l'inégalité connue

$$\sum_{i=1}^{q} \frac{1}{m_i} \geqq q-2.$$

correspondant au cas $p=2$, et relative aux ordres de multiplicité des racines de q équations $f(x) - a_i = 0$, en désignant par $f(x)$ une fonction méromorphe dans tout le plan. On peut appliquer l'inégalité (16) aux algébroïdes, méromorphes dans tout le plan, d'ordre ν et du type général; il suffit pour cela d'y remplacer p par $\nu+1$.

Appliquons l'inégalité (16) au cas particulier où $q=p+1$, et où

$$m_1 = m_2 = \cdots = m_p = \infty$$

(ce qui exprime que les fonctions $F_1(x), \ldots, F_p(x)$ n'ont pas de zéros). Il vient

$$m_{q+1} \leqq p-1. \tag{16'}$$

Remarquons que $F_{p+1}(x)$ se présente sous la forme d'une combinaison linéaire homogène, à coefficients constants, de p fonctions entières $F_1(x), \ldots, F_p(x)$ dépourvues de zéros. On a en outre supposé que ces p fonctions sont linéairement indépendantes, et que la combinason F_{p+1} les fait toutes intervenir effectivement. Or l'inégalité (16) exprime que $F_{p+1}(x)$ possède au moins un zéro dont l'ordre de multiplicité est au plus égal à $p-1$ [19]; en particulier, $F_{p+1}(x)$ ne saurait être la puissance p^e d'une fonction entière. D'où:

1°. Une fonction entière sans zéros ne peut être identique à la somme de plusieurs fonctions entières, sans zéros, et linéairement indépendantes (c'est le théorème de Borel cité dans l'Introduction);

2°. *La puissance k^e d'une fonction entière qui a des zéros ne peut être la somme de moins de $k+1$ fonctions entières sans zéros.*

---

(19) On a même le résultat plus précis suivant, qui se déduit des inégalités (14) et (15),

$$\lim_{r \to \infty} \frac{N_{p-1}(r, F_{p+1})}{T(r)} = \lim_{r \to \infty} \frac{N(r, F_{p+1})}{T(r)} = 1,$$

r restant extérieur aux intervalles I.

Ce dernier résultat est intéressant, parce quelà fonction $(1+e^x)^{k\tau}$ se présente effectivement sous la forme de la somme de $k+1$ fonctions entières sans zéros.

Revenons maintenant aux inégalités (14) et (14′), et tirons-en une proposition analogue au théorème de R. NEVANLINNA sur les *défauts* ([20]).

$F(x)$ désignant une combinaison linéaire homogène, à coefficients constants quelconques, des p fonctions entières $g_j(x)$, nous appellerons *défaut* de la combinaison $F(x)$ la quantité

$$\delta(F) = 1 - \overline{\lim_{(r\to\infty)}} \frac{N_{p-1}(r, F)}{T(r)}$$

(r restant, bien entendu, extérieur aux intervalles I).

Le défaut est un nombre compris entre *zéro* et *un* (bornes inclues) il est d'autant plus grand que les zéros de $F(x)$ sont moins nombreux ou d'ordres de multiplicité plus élevés. Nous allons voir d'ailleurs que, pour la combinaison linéaire des $g_j(x)$ la plus générale, le défaut est *nul*. Une combinaison de défaut positif sera dite *exceptionnelle* (au sens de NEVANLINNA).

THÉORÈME. — *Les fonctions entières $g_j(x)$ étant données, on peut choisir un nombre fini ou une infinité dénombrable de combinaisons exceptionnelles $F_i(x)$ $(i = 1, 2, \ldots)$, linéairement distinctes p à p, de façon que:*

1°. *la série $\Sigma\, \delta(F_i)$ soit convergente et de somme $S \leq p$;*

2°. *toute combinaison exceptionnelle puisse s'exprimer par une combinaison linéaire homogène de moins de p parmi les combinaisons $F_i(x)$*

En effet, si grand que soit l'entier k, il est impossible de trouver plus de k combinaisons linéaires, distinctes p à p, et telles que le défaut de chacune d'elles soit plus grand que $\frac{p}{k}$, sinon l'inégalité (14′) ne serait pas vérifiée. Cette remarque conduit facilement à la démonstration de notre théorème; nous laissons au lecteur le soin de l'achever.

On peut compléter ce théorème de la façon suivante:

Si la somme S de l'énoncé est égale à p, alors on a, pour toute combinaison $F(x)$ qui n'est pas une combinaison de moins de p fonctions $F_i(x)$ ([21]),

$$\lim_{(r\to\infty)} \frac{N_{p-1}(r, F)}{T(r)} = 1.$$

(r reste toujours extérieur aux intervalles I).

([20]) Voir *[a]*, p. 80.

([21]) Les $F_i(x)$ désignent toujours les combinaisons exceptionnelles envisagée au 1° de l'énoncé du Théorème.

En effet, ε étant un nombre positif donné arbitrairement, on peut trouver un entier n tel que

$$\sum_{i=1}^{n} \delta(F_i) > p - \varepsilon.$$

Soit alors $F(x)$ une combinaison des g_j qui ne soit pas une combinaison de moins de p fonctions F_i; on aura, d'après (14),

$$\overline{\lim}\left[1 - \frac{N_{p-1}(r, F)}{T(r)}\right] + \sum_{i=1}^{n}\left[1 - \overline{\lim}\,\frac{N_{p-1}(r, F_i)}{T(r)}\right] \leqq p\,;$$

d'où

$$\overline{\lim}\left[1 - \frac{N_{p-1}(r, F)}{T(r)}\right] < \varepsilon.$$

C. Q. F. D.

5. Application à des problèmes d'unicité.

Rappelons d'abord le théorème de NEVANLINNA [22]:

Etant données deux fonctions distinctes $f_1(x)$ et $f_2(x)$, non constantes, partout méromorphes à distance finie, il ne peut exister cinq nombres complexes distincts $c_1, \ldots, c_5$ tels que, pour chaque valeur de i ($i = 1, \ldots, 5$), les équations

$$f_1(x) = c_i \quad \text{et} \quad f_2(x) = c_i$$

aient les mêmes racines. Dans cet énoncé n'interviennent pas les ordres de multiplicité des racines envisagées.

On peut encore énoncer ce théorème de la façon suivante: „étant donnés deux couples de deux fonctions entières,

$$g_1^1(x)\ ,\ g_1^2(x)\ ,$$
$$g_2^1(x)\ ,\ g_2^2(x)\ ,$$

telles que le quotient $\frac{g_i^2(x)}{g_i^1(x)}$ de deux fonctions d'un même couple ne soit pas constant, et telles en outre que le déterminant formé avec ces quatre fonctions ne soit pas identiquement nul, il est impossible de trouver 5 systèmes de deux constantes a_1^k, a_2^k ($k=1, \ldots, 5$), telles que tous les déterminants d'ordre deux du tableau des a_i^k soient différents de zéro, et telles que, pour chaque valeur de k, les deux fonctions

$$a_1^k g_1^1 + a_2^k g_1^2$$
$$\text{et } a_1^k g_2^1 + a_2^k g_2^2$$

aient les mêmes zéros".

[22] Voir [a], p. 109.

Sous cette forme, le théorème de Nevanlinna est susceptible de généralisation. Considérons p systèmes de p fonctions entières $g_i^j(x)$ $(i=1,\ldots,p\,;\ j=1,\ldots,p)$; supposons que, pour chaque valeur de i, les p fonctions g_i^j $(j=1,\ldots,p)$ ne soient liées par aucune relation linéaire homogène à coefficients constants ; supposons en outre que le déterminant des g_i^j ne soit pas identiquement nul. Je dis *qu'il est impossible de trouver* $2p+1$ *systèmes de p constantes* a_j^k $(j=1,\ldots,p\,;\ k=1,\ldots,2p+1)$ *telles que tous les déterminants d'ordre p du tableau des* a_j^k *soient différents de zéro, et telles que, pour chaque valeur de k, les p combinaisons*

$$(17)\qquad \sum_{j=1}^{p} a_j^k\, g_i^j(x) \qquad (i=1,2,\ldots,p)$$

aient toutes les mêmes zéros avec les mêmes ordres de multiplicité ([23]).

Ce résultat peut encore s'énoncer ainsi :

Soient donnés $2p+1$ *systèmes de* p *constantes* a_j^k, *telles que tous les déterminants d'ordre* p *du tableau des* a_j^k *soient différents de zéro. Soient d'autre part* $g^1(x),\ldots,g^p(x)$ p *fonctions entières inconnues, assujetties à la condition d'être linéairement indépendantes. Si les zéros de chacune des* $2p+1$ *combinaisons linéaires*

$$\sum_{j=1}^{p} a_j^k\, g^j(x) \qquad (k=1,\ldots,2p+1)$$

sont donnés, alors le problème de la détermination des $g^j(x)$ *ne peut admettre p solutions distinctes* (par p systèmes *distincts* de p fonctions, nous entendons p systèmes de p fonctions dont le déterminant n'est pas identiquement nul).

Avant de démontrer notre théorème, et pour mettre son intérêt en évidence, donnons l'exemple de p systèmes de p fonctions entières $g_i^j(x)$ satisfaisant aux conditions énumérées plus haut, et de $2p$ systèmes de p constantes a_j^k, telles que tous les déterminants d'ordre p du tableau des a_j^k soient différents de zéro, et telles que pour chaque valeur de k $(k=1,\ldots,2p)$; les p combinaisons

$$F_i^k(x) \equiv \sum_{j=1}^{p} a_j^k\, g_i^j(x) \qquad (i=1,\ldots,p)$$

aient les mêmes zéros avec les mêmes ordres de multiplicité.

([23]) La démonstration qui suivra prouve même qu'il suffit de faire, relativement aux ordres de multiplicité, l'hypothèse moins restrictive que voici : „étant donné un zéro des p combinaisons (17), ou bien ce zéro admet le même ordre de multiplicité pour ces p combinaisons, ou bien son ordre de multiplicité est au moins égal à $p-1$ pour chacune d'elles".

Il suffit de prendre

$$g_i^j(x) \equiv \begin{cases} e^{(j-1)x} & \text{si} \quad j \leqq p-i+1, \\ e^{(j-1-p)x} & \text{si} \quad j > p-i+1; \end{cases}$$

$$a_j^k = 0 \quad \text{si} \quad k \leqq p \quad \text{et} \quad j \neq k;$$

$$a_j^k = 1 \quad \text{si} \quad k \leqq p \quad \text{et} \quad j = k;$$

$$a_j^k = (\alpha)^{kj} \quad \text{si} \quad k > p,$$

en désignant par α une racine p^e primitive de l'unité.

Dans cet exemple, p parmi les $2p$ combinaisons (à savoir celles qui correspondent à $k \leqq p$) n'ont pas de zéro ; il est probable qu'il s'agit là non d'une coïncidence fortuite, mais d'une loi générale; on sait du reste qu'une telle loi existe effectivement pour le cas $p=2$ (théorème de NEVANLINNA) ([24]).

Arrivons maintenant à la démonstration du théorème d'unicité énoncé plus haut. Considérons donc nos p systèmes de p fonctions entières $g_i^j(x)$, dont le déterminant n'est pas identiquement nul, et telles que, pour chaque valeur de i, les p fonctions $g_i^j(x)$ soient linéairement indépendantes. Posons

$$F_i^k(x) \equiv \sum_{j=1}^{p} a_j^k \, g_i^j(x), \qquad (k=1, 2, \ldots, 2p+1).$$

Pour chaque valeur de i, appliquons l'inégalité fondamentale (3) aux p fonctions $g_i^j(x)$ et à leurs $2p+1$ combinaisons $F_i^k(x)$. Il vient

$$(p+1)\, T_i(r) < \sum_{k=1}^{2p+1} N_{p-1}(r, F_i^k) + S_i(r).$$

Soit alors $F^k(x)$ une fonction entière qui aurait pour zéros les zéros communs à toutes les $F_i^k(x)$ (k fixe, $i = 1, \ldots, p$), chaque zéro de $F^k(x)$ ayant pour ordre de multiplicité le plus petit des ordres de multiplicité qu'il possède relativement aux $F_i^k(x)$. On peut écrire

(18) $$(p+1) \sum_{i=1}^{p} T_i(r) < p \sum_{k=1}^{2p+1} N_{p-1}(r, F^k) + $$

$$+ \sum_{k=1}^{2p+1} \sum_{i=1}^{p} [N_{p-1}(r, F_i^k) - N(r, F^k)] + \sum_{i=1}^{p} S_i(r).$$

([24]) Voir [a], p. 112.

Or évaluons $\sum_{k=1}^{2p+1} N_{p-1}(r, F^k)$. Considérons pour cela la fonction

$$\Delta(x) \equiv \begin{vmatrix} g_1^1 & g_1^2 & \cdots & g_1^p \\ g_2^1 & g_2^2 & \cdots & g_2^p \\ \cdot & \cdot & & \cdot \\ \cdot & \cdot & & \cdot \\ \cdot & \cdot & & \cdot \\ g_p^1 & g_p^2 & \cdots & g_p^p \end{vmatrix}.$$

On s'assure sans difficulté que l'on a ([25])

$$\sum_{k=1}^{2p+1} N_{p-1}(r, F^k) \leq N(r, \Delta).$$

Mais $\Delta(x)$ n'est pas identiquement nul par hypothèse, et l'on a ([25])

$$N(r, \Delta) = \frac{1}{2\pi}\int_0^{2\pi} \log |\Delta(re^{i\theta})| \, d\theta - \log |\Delta(0)| \text{ ([26])}.$$

Soit d'autre part $u_i(x)$ la plus grande des quantités $\log |g_j(x)|$ $(j = 1, \ldots, p)$; on a

$$\log |\Delta(x)| < \log(p!) + \sum_{i=1}^{p} u_i(x),$$

et, par suite, en posant $x = re^{i\theta}$, et en intégrant de 0 à 2π par rapport à θ,

$$N(r, \Delta) < \sum_{i=1}^{p} T_i(r) + O(1).$$

Portons dans (18); il vient

$$(19) \qquad \sum_{i=1}^{p} T_i(r) < \sum_{k=1}^{2p+1} \sum_{i=1}^{p} [N_{p-1}(r, F_i^k) - N_{p-1}(r, F^k)] + S(r).$$

Pour obtenir le théorème annoncé, il suffit de remarquer que si l'on avait, quels que soient i et k,

$$N_{p-1}(r, F_i^k) - N_{p-1}(r, F^k) = 0,$$

([25]) Pour mettre en évidence, dans l'expression de $\Delta(x)$, les zéros de $F^k(x)$, il suffit de multiplier les éléments des première, ..., p^e colonnes respectivement par $a_1^k, \ldots, a_p^k$ et ajouter. Il importe en outre de remarquer qu'une valeur x_0 ne peut annuler plus de $p-1$ parmi les $2p+1$ fonctions $F^k(x)$

([26]) On suppose, pour simplifier, $\Delta(0) \neq 0$.

alors, en vertu de (19), les fonctions $T_i(r)$ resteraient bornées quand r augmente indéfiniment, et par suite, pour chaque valeur de i les quotients mutuels des $g_i^j(x)$ seraient des constantes; or on a supposé les $g_i^j(x)$ linéairement indépendantes. On arriverait donc à une contradiction. C. Q. F. D.

Le théorème précédent conduit immédiatement à un théorème d'unicité relatif aux algébroïdes d'ordre ν, du type général, partout méromorphes à distance finie. On obtient la proposition suivante: *Soient $\nu+1$ telles algébroïdes, telles que le déterminant des coefficients des équations qui les définissent ne soit pas identiquement nul; alors ces $\nu+1$ algébroïdes „prennent ensemble" au plus $2\nu+2$ valeurs distinctes.* (Nous disons que $\nu+1$ algébroïdes $f_i(x)$ $(i=1,\ldots,\nu+1)$ „prennent ensemble" la valeur a, si les équations $f_i(x)-a=0$ ont les mêmes racines, avec les mêmes ordres de multiplicité).

Il serait intéressant de savoir si l'on peut effectivement trouver $\nu+1$ algébroïdes, satisfaisant aux conditions précédentes, et prenant ensemble $2\nu+2$ valeurs distinctes.

6. Application à des problèmes d'unicité (Suite).

Nous allons, pour terminer, nous occuper du problème suivant: étant données deux fonctions *entières* $f_1(x)$ et $f_2(x)$, non constantes, *dépourvues de zéros*, et telles que $f_1(x) \not\equiv f_2(x)$ et $f_1(x)\cdot f_2(x) \not\equiv 1$, comparer l'ensemble des zéros de $f_1(x)-1$ à l'ensemble des zéros de $f_2(x)-1$.

On sait (Pólya et Nevanlinna) (27) que ces deux ensembles ne peuvent pas coïncider, même si l'on fait abstraction des ordres de multiplicité des zéros de $f_1(x)-1$ et de $f_2(x)-1$. Nous allons ici démontrer une proposition beaucoup plus précise, et cela en application de l'inégalité fondamentale (3).

Posons

$$N(r)=\sum_i \overset{+}{\log}\frac{r}{|\alpha_i|},$$

$$N'(r)=\sum_j \overset{+}{\log}\frac{r}{|\beta_j|}, \qquad N''(r)=\sum_k \overset{+}{\log}\frac{r}{|\gamma_k|},$$

α_i désignant les zéros communs à $f_1(x)-1$ et $f_2(x)-1$, β_j les zéros de $f_1(x)-1$ qui n'annulent pas $f_2(x)-1$, et γ_k les zéros de $f_2(x)-1$ qui n'annulent pas $f_1(x)-1$; dans les sommes précédentes, chaque

(27) Voir, par exemple, R. Nevanlinna, *Einige Eindeutigkeitssätze in der Theorie der meromorphen Funktionen* (Acta Mathematica, 48, 1926).

zéro est compté une seule fois quel que soit son ordre de multiplicité. Nous allons montrer que *l'on a l'inégalité importante*

$$(20) \qquad \overline{\lim_{(r \to \infty)}} \frac{N(r)}{N'(r) + N''(r)} \leqq 1 ,$$

à condition d'exclure éventuellement des valeurs de r qui remplissent des intervalles de longueur totale finie.

Un énoncé vulgaire, mais frappant, de ce théorème, serait le suivant: *les zéros communs à* $f_1(x) - 1$ *et à* $f_2(x) - 1$ *constituent tout au plus la moitié de l'ensemble total des zéros de* $f_1(x) - 1$ *et de* $f_2(x) - 1$.

Avant de démontrer l'inégalité (20), remarquons que si l'on prend

$$f_1(x) \equiv e^x , \quad f_2(x) \equiv e^{2x} ,$$

on a exactement

$$N''(r) = N(r) , \quad N'(r) = 0 ,$$

et, par suite

$$\frac{N(r)}{N'(r) + N''(r)} = 1 ;$$

il est donc impossible d'améliorer la limite fournie par (20).

Démonstration. — Soit $\phi(x)$ une fonction entière ayant pour zéros les zéros communs à $f_1(x) - 1$ et $f_2(x) - 1$, pris respectivement avec le plus petit des deux ordres de multiplicité correspondants. Remarquons tout d'abord les égalités et inégalités évidentes

$$(21) \quad \begin{cases} N_1(r, f_1 - 1) = N(r) + N'(r) \leqq N\left(r, \dfrac{f_1 - 1}{\phi}\right) + N(r, \phi) = N(r, f_1 - 1) , \\ N_1(r, f_2 - 1) = N(r) + N''(r) \leqq N\left(r, \dfrac{f_2 - 1}{\phi}\right) + N(r, \phi) = N(r, f_1 - 1) . \end{cases}$$

On a d'autre part, $f_1(x)$ et $f_2(x)$ étant *holomorphes*,

$$T(r, f_1) = m(r, f_1) , \quad T(r, f_2) = m(r, f_2) ,$$

et, par application de l'inégalité(1) (Voir l'Introduction) à $f_1(x)$ (ou à $f_2(x)$), en prenant $a_1 = 0$, $a_2 = \infty$, $a_3 = 1$,

$$(22) \quad m(r, f_i) < N_1(r, f_i - 1) + 0(\log m(r, f_i)) + 0(\log r), \ (i = 1, 2)$$

les inégalités (22) étant valables si r est extérieur à certains intervalles I de longueur totale finie.

On a d'ailleurs inversement [28]

$$(23) \qquad N(r, f_i - 1) < m(r, f_i) + 0(1),$$

([28]) Voir *[a]*, Premier théorème fondamental, p. 12.

inégalité, qui, jointe à (22), entraîne

(24) $$N(r, f_i - 1) - N_1(r, f_i - 1) < 0(\log m(r, f_i)) + 0(\log r) \quad (i=1,\ 2),$$

r restant toujours extérieur aux intervalles I. Si l'on tient compte, en outre, des inégalités (21), on trouve

(25) $$\begin{cases} 0 \leqq N(r, \phi) - N(r) < 0(\log m(r, f_i)) + (\log r)\ , \\ 0 \leqq N\left(r, \dfrac{f_1 - 1}{\phi}\right) - N'(r) < 0(\log m(r, f_1)) + 0(\log r)\ , \\ 0 \leqq N\left(r, \dfrac{f_2 - 1}{\phi}\right) - N''(r) < 0(\log m(r, f_2)) + 0(\log r)\ . \end{cases}$$

Ces préliminaires étant posés, écrivons l'identité

(26) $$f_1 \frac{f_2 - 1}{\phi} - f_2 \frac{f_1 - 1}{\phi} + \frac{f_1 - 1}{\phi} - \frac{f_2 - 1}{\phi} \equiv 0\ .$$

Le premier membre de (26) est la somme de quatre fonctions entières, et il n'existe aucun zéro commun à ces quatre fonctions. D'autre part, nous montrerons tout à l'heure qu'il n'existe aucune relation linéaire et homogène, à cofficients constants, entre les trois premières de ces quatre fonctions. Admettons ce fait pour un instant: nous pouvons alors appliquer l'inégalité fondamentale (3) à ces trois fonctions et à leur somme qui, d'après (26), est égale à $\dfrac{f_2 - 1}{\phi}$. On aura donc ($p=3$, $q=4$)

(27) $$T(r) < 2\,N_2\left(r, \frac{f_1 - 1}{\phi}\right) + 2\,N_2\left(r, \frac{f_2 - 1}{\phi}\right) + \\ + 0(\log T(r)) + 0(\log r)\ ,$$

à condition que r reste extérieur à certains intervalles I' de longueur totale finie.

Avant d'aller plus loin, étudions $T(r)$; on a, d'après la définition de $T(r)$,

$$T(r) = \frac{1}{2\pi} \int_0^{2\pi} u(re^{i\theta})\, d\theta - u(0)\ ,$$

avec

$$u(x) = v(x) - \log|\phi(x)|,$$

$v(x)$ désignant la plus grande des trois quantités

$$\log|f_1(x)| + \log|f_2(x) - 1|\ , \quad \log|f_2(x)| + \log|f_1(x) - 1|, \quad \log|f_1(x) - 1|.$$

Or on a évidemment

$$v(x) < \overset{+}{\log} | f_1(x) | + \overset{+}{\log} | f_2(x) | + 0(1),$$

d'où

$$T(r) < m(r, f_1) + m(r, f_2) - \frac{1}{2\pi}\int_0^{2\pi} \log | \phi(re^{i\theta}) | \, d\theta + 0(1),$$

d'où enfin

$$(28) \qquad T(r) < m(r, f_1) + m(r, f_2) - N(r, \phi) + 0(1) \leqq m(r, f_1) + m(r, f_2) + 0(1).$$

Cette inégalité fournit une limite supérieure de $T(r)$. Nous aurons une limite inférieure en appliquant l'inégalité (6) (§ 1), où g_h serait remplacé par $f_1 \frac{f_2 - 1}{\phi}$, g_k par $\frac{f_2 - 1}{\phi}$, ω_{hk} par $\frac{f_2 - 1}{\phi}$ ce qui donne,

$$m(r, f_1) = T\left(r, \frac{f_1 \frac{f_2 - 1}{\phi}}{\frac{f_2 - 1}{\phi}}\right) < T(r) - N\left(r, \frac{f_2 - 1}{\phi}\right) + 0(1);$$ [29]

or (23) peut s'écrire

$$N\left(r, \frac{f_1 - 1}{\phi}\right) + N(r, \phi) < m(r, f_1) + 0(1),$$

de sorte que l'on trouve

$$(29) \qquad N\left(r, \frac{f_1 - 1}{\phi}\right) + N\left(r, \frac{f_2 - 1}{\phi}\right) + N(r, \phi) < T(r) + 0(1).$$

Remarquons en passant que l'inégalité (28), jointe à (22), entraîne

$$(30) \qquad T(r) < N\left(r, \frac{f_1 - 1}{\phi}\right) + N\left(r, \frac{f_2 - 1}{\phi}\right) + N(r, \phi) + 0(\log T(r)) + 0(\log r),$$

r étant extérieur aux intervalles I. Ainsi, les inégalités (29) et (30) fournissent l'ordre de grandeur exact de $T(r)$.

Comparons maintenant (27) et (29) ; il vient

$$(31) \qquad N\left(r, \frac{f_1 - 1}{\phi}\right) + N\left(r, \frac{f_2 - 1}{\phi}\right) + N(r, \phi) < 2N_2\left(r, \frac{f_1 - 1}{\phi}\right) + $$
$$+ 2N_2\left(r, \frac{f_2 - 1}{\phi}\right) + 0(\log T(r)) + 0(\log r).$$

---

[29] On a donc, en particulier,

$$m(r, f_i) < T(r) + 0(1) \qquad (i = 1, 2),$$

et, par suite, on peut remplacer $m(r, f_i)$ par $T(r)$ dans les inégalités (24) et (25).

D'ailleurs

$$N_2\left(r, \frac{f_i - 1}{\phi}\right) \leq N\left(r, \frac{f_i - 1}{\phi}\right) \qquad (i = 1, 2).$$

Tenons compte des inégalités (25); alors (31) donne

$$(32) \qquad \boxed{N(r) < N'(r) + N''(r) + O(\log T(r)) + O(\log r)}\ .$$

Telle est l'inégalité fondamentale à laquelle nous voulions arriver, et qui est valable si r est extérieur aux intervalles I et I'. Il est facile d'en déduire l'inégalité (20) annoncée plus haut. En effet, on a vu (inégalités (29) et (30)) que $T(r)$ est de l'ordre de $N(r) + N'(r) + N''(r)$, de sorte que (32) peut s'écrire

$$(32') \qquad N(r) < N'(r) + N''(r) + O(\log [N'(r) + N''(r)]) + O(\log r),$$

ce qui entraîne immédiatement l'inégalité (20).

Notre démonstration est donc achevée, à cela près que nous avons admis que les trois fonctions

$$f_1(f_2 - 1)\ , \quad f_2(f_1 - 1)\ , \quad f_1 - 1$$

sont linéairement indépendantes. Montrons qu'il en est bien ainsi et, pour cela, raisonnons par l'absurde. Supposons une identité

$$(33) \qquad A\, f_1(f_2 - 1) + B\, f_2(f_1 - 1) + C(f_1 - 1) \equiv 0,$$

A, B, C étant des constantes non toutes nulles. Alors aucune des trois constantes A, B, C ne serait nulle, sinon $f_2(x)$ serait constante, ou bien $\dfrac{f_1(x) - 1}{f_2(x) - 1}$ serait entière et sans zéros (ce qui est impossible, d'après le théorème de Pólya et Nevanlinna rappelé plus haut).

L'identité

$$f_1(f_2 - 1) - f_2(f_1 - 1) + (f_1 - 1) - (f_2 - 1) \equiv 0,$$

jointe à (33), donnerait

$$(33') \qquad (A - C)\, f_1(f_2 - 1) + (B + C)\, f_2(f_1 - 1) + C(f_2 - 1) \equiv 0\ ,$$

et l'on aurait, pour la même raison que plus haut, $A - C \neq 0$, $B + C \neq 0$. Mais alors, d'après (33), $\dfrac{f_2 - 1}{f_1 - 1}$ serait entière, et, d'après (33'), $\dfrac{f_1 - 1}{f_2 - 1}$ serait aussi entière, ce qui est encore en contradiction avec le théorème de Pólya-Nevanlinna.

C. Q. F. D.

26.

Détermination des points exceptionnels d'un système de p fonctions analytiques de n variables complexes

Bulletin des Sciences Mathématiques 57, 333–344 (1933)

1. Considérons n variables complexes $x_1, \ldots, x_n$ comme les coordonnées d'un point dans un espace à $2n$ dimensions réelles. Soient données p fonctions $f_1, \ldots, f_p$ des n variables $x_1, \ldots, x_n$, fonctions supposées holomorphes au voisinage d'un point O que nous pouvons toujours prendre pour origine ($x_1 = \ldots x_n = 0$). Étant donné un point $(a_1, \ldots, a_n)$ voisin de O, considérons le système d'équations

$$(1) \qquad f_i(x_1, \ldots, x_n) = f_i(a_1, \ldots, a_n) \qquad (i = 1, \ldots, p);$$

il arrivera en général (au moins si $p \geqq n$. *ce que nous supposerons désormais*) que la solution $x_j = a_j$ $(j = 1, \ldots, n)$ est une solution *isolée* de ce système. Il en sera notamment ainsi pour tout point $(a_1, \ldots, a_n)$ suffisamment voisin de l'origine, dans le cas où le tableau

$$\left\| \frac{\partial f_i}{\partial x_j} \right\|$$

est de rang n à l'origine. Dans d'autres cas il pourra arriver, au contraire, que pour certains points particuliers $(a_1, \ldots, a_n)$, les équations (1) admettent une infinité de solutions dans tout voisinage, si petit soit-il, du point $(a_1, \ldots, a_n)$; nous dirons alors que le point $(a_1, \ldots, a_n)$ est un point *exceptionnel* du système des p fonctions f_i. Il pourra même arriver que *tous* les points voisins de O soient exceptionnels.

Lorsque le système (1) admet une infinité de solutions dans tout voisinage, si petit soit-il, du point $(a_1, \ldots, a_n)$, on sait que les équations (1) définissent, au voisinage de ce point, un nombre *fini* de *variétés analytiques irréductibles passant par ce point* [1]; nous les appellerons *variétés associées* au point exceptionnel $(a_1, \ldots, a_n)$. Il est clair que *chaque point de l'une quelconque des variétés associées à un point exceptionnel est aussi un point exceptionnel.*

En particulier, si l'origine O est un point exceptionnel, les variétés associées à O sont des lieux de points exceptionnels [2]. Il est naturel de se demander si l'on obtient ainsi *tous* les points exceptionnels voisins de O. Un exemple simple $(p=n=3)$ montre qu'il n'en est rien; si l'on prend en effet

$$f_1 = x_2 x_3, \qquad f_2 = x_3 x_1, \qquad f_3 = x_1 x_2,$$

les variétés associées à O sont les trois variétés à *une* dimension (complexe)

$$x_2 = x_3 = 0, \qquad x_3 = x_1 = 0, \qquad x_1 = x_2 = 0,$$

tandis que l'ensemble de tous les points exceptionnels constitue trois variétés à *deux* dimensions

$$x_1 = 0, \qquad x_2 = 0, \qquad x_3 = 0.$$

Dans ce cas, les points exceptionnels se répartissent sur des variétés *analytiques*.

Cette dernière circonstance n'est pas fortuite. Je me propose, dans ce petit article, d'indiquer une méthode permettant, une fois données les p fonctions $f_1, \ldots, f_p$, de rechercher systématiquement *tous* les points exceptionnels suffisamment voisins de O. Le calcul nous montrera que, en dehors de deux cas extrêmes (celui où il n'y a aucun point exceptionnel voisin de O, et celui où tous les points voisins de O sont exceptionnels), *l'ensemble de tous les points exceptionnels suffisamment voisins de* O *constitue toujours une*

---

(1) Voir par exemple Osgood, *Lehrbuch der Funktionentheorie*, t. II, 1re partie, 2e édition, p. 132.

(2) Les variétés associées à un point exceptionnel n'ont pas forcément toutes le même nombre de dimensions, comme le montre l'exemple $(p=n=3)$

$$f_1 = x_1 x_2 x_3, \qquad f_2 = x_1 x_2, \qquad f_3 = x_1 x_3;$$

les variétés associées à l'origine sont ici : 1° la variété $x_1 = 0$ (à 2 dimensions complexes); 2° la variété $x_2 = x_3 = 0$ (à une dimension complexe).

ou plusieurs variétés analytiques irréductibles (en nombre fini) *passant par* O; ces variétés n'ont pas forcément toutes le même nombre de dimensions [1].

Le problème de la recherche de tous les points exceptionnels voisins de O ne se pose que dans le cas où le point O est lui-même exceptionnel. En effet, *si* O *n'est pas exceptionnel, il n'y a aucun point exceptionnel dans un voisinage suffisamment petit du point* O. En d'autres termes, *tout point-limite de points exceptionnels est lui-même un point exceptionnel* [2].

---

[1] Prenons par exemple ($p = n = 3$)

$$f_1 = x_1(x_2 + x_3), \qquad f_2 = x_1(x_2)^2, \qquad f_3 = x_1(x_3)^3;$$

les points exceptionnels se répartissent sur deux variétés passant par l'origine; l'une, $x_1 = 0$, est à deux dimensions; l'autre, $x_2 = x_3 = 0$, est à une dimension.

[2] Voici comment on peut établir cette proposition. Elle va évidemment résulter du théorème plus général que voici :

Théorème. — *Soient p fonctions $f_1(x_1, \ldots, x_n), \ldots, f_p(x_1, \ldots, x_n)$, holomorphes dans une hypersphère Σ centrée à l'origine, et nulles à l'origine. Soit Σ' une hypersphère concentrique, intérieure à Σ. Supposons que, dans Σ' (frontière comprise), le système d'équations*

$$f_i(x_1, \ldots, x_n) = 0 \qquad (i = 1, \ldots, p)$$

n'ait pas d'autre solution que $x_1 = \ldots = x_n = 0$. Alors il existe un nombre $\varepsilon > 0$, jouissant de la propriété suivante : quels que soient les nombres complexes ε_i, satisfaisant à $|\varepsilon_i| < \varepsilon$, le système

$$f_i(x_1, \ldots, x_n) = \varepsilon_i$$

n'a, dans Σ', qu'un nombre fini de solutions.

Pour démontrer ce théorème, établissons d'abord un

Lemme. — *Soient p fonctions $g_1(x_1, \ldots, x_n), \ldots, g_p(x_1, \ldots, x_n)$, holomorphes dans une hypersphère Σ' et sur sa frontière. Si le système d'équations $g_i = 0$ $(i = 1, \ldots, p)$ a une infinité de solutions dans Σ', il a au moins une solution sur la frontière de Σ'.*

Sinon, en effet, on pourrait trouver une hypersphère Σ'', concentrique à Σ' et intérieure à Σ', qui jouirait de la propriété suivante : les solutions du système $g_i = 0$ auraient un point d'accumulation M sur la frontière de Σ'', et le système n'aurait qu'un nombre fini de solutions extérieures à Σ'' et intérieures à Σ'. Mais alors les équations $g_i = 0$ définiraient, au voisinage de M, une ou plusieurs variétés analytiques irréductibles passant par M, et dont tous les points voisins

La détermination effective des points exceptionnels d'un système de p fonctions de n variables a un intérêt particulier dans le cas $p = n$; si l'on considère la transformation analytique (ou encore *pseudo-conforme*, suivant la terminologie actuelle)

$$(2) \qquad y_i = f_i(x_1, \ldots, x_n) \qquad (i = 1, \ldots, n)$$

elle établit une correspondance entre les points de l'espace ($x_1, \ldots, x_n$) et ceux de l'espace ($y_1, \ldots, y_n$). On sait que, au voisinage de chaque point *non exceptionnel* du système des f_i, les formules (2) établissent une correspondance *biunivoque* entre le voisinage du point envisagé de l'espace ($x_1, \ldots, x_n$), et un voisinage *à un ou plusieurs feuillets* du point correspondant de l'espace ($y_1, \ldots, y_n$) [1]. En un point exceptionnel, les choses se passent tout autrement. On conçoit donc qu'il soit intéressant d'étudier de plus près la nature de l'ensemble des points exceptionnels. C'est ce que nous allons faire, en nous plaçant d'ailleurs tout de suite dans le cas général $p \geqq n$.

2. Rappelons d'abord comment on peut écrire les équations d'une variété analytique V à k dimensions (complexes), passant par l'origine, et irréductible à l'origine [2]. Il est toujours possible, en effectuant sur les coordonnées $x_1, \ldots, x_n$ une substitution linéaire convenable, de faire en sorte que la variété V soit définie par $n - k$ relations de la forme

$$(3) \quad \begin{cases} P(x_{k+1}; x_1, \ldots, x_k) = 0, \\ x_i \dfrac{\partial P(x_{k+1}; x_1, \ldots, x_k)}{\partial x_{k+1}} = Q_i(x_{k+1}; x_1, \ldots, x_k) \qquad (i = k+2, \ldots, n). \end{cases}$$

---

de M seraient intérieurs à Σ'' ou sur sa frontière; Σ'' étant une *hypersphère*, on sait qu'une telle éventualité est impossible. Le lemme est donc établi.

Le théorème en résulte de la façon suivante : si les équations

$$f_i(x_1, \ldots, x_n) = \varepsilon_i$$

avaient une infinité de solutions dans Σ', elles auraient au moins une solution sur la frontière de Σ'. Si cette circonstance se présentait pour des valeurs des ε_i de plus en plus petites, on trouverait, en passant à la limite, un point, situé sur la frontière de Σ', et où les f_i s'annuleraient simultanément. Or ceci est contraire à l'hypothèse. C. Q. F. D.

(1) Pour plus de précision, voir par exemple OSGOOD, *loc. cit.*, p. 139-140.

(2) Voir par exemple OSGOOD, *loc. cit.*, p. 113-120.

P désigne un polynome en x_{k+1}

$$P = (x_{k+1})^{\alpha} + A_1(x_1, \ldots, x_k).(x_{k+1})^{\alpha-1} + \ldots + A_{\alpha}(x_1, \ldots, x_k),$$

où $A_1, \ldots, A_{\alpha}$ sont des fonctions holomorphes au voisinage de $x_1 = \ldots = x_k = 0$, nulles pour $x_1 = \ldots = x_k = 0$; en outre, le polynome P est supposé irréductible [1]. Quant aux Q_i, ce sont des polynomes en x_{k+1}, de degrés inférieurs à α, à coefficients holomorphes en $x_1, \ldots, x_k$, nuls pour $x_1 = \ldots = x_k = 0$. Les points de la variété V où $\frac{\partial P}{\partial x_{k+1}} = 0$ constituent une ou plusieurs variétés à $k-1$ dimensions; en ces points, les formules (3) sont illusoires, mais cela n'a pas d'importance pour ce qui suit. Au voisinage d'un point de V où $\frac{\partial P}{\partial x_{k+1}} \neq 0$, $x_{k+1}, \ldots, x_n$ sont des fonctions holomorphes (uniformes) de $x_1, \ldots, x_k$.

3. Soient données p fonctions $f_1, \ldots, f_p$ de n variables complexes $x_1, \ldots, x_n$, holomorphes au voisinage de l'origine O. Proposons-nous d'abord de trouver des conditions *nécessaires* pour qu'un point $(a_1, \ldots, a_n)$ voisin de O soit un point exceptionnel pour le système des f_i. Si $(a_1, \ldots, a_n)$ est exceptionnel, il existe au moins une variété analytique, passant par ce point, et sur laquelle les fonctions f_i sont constantes; donc le système

$$(4) \qquad \sum_{j=1}^{n} \frac{\partial f_i}{\partial x_j} dx_j = 0 \qquad (i = 1, \ldots, p),$$

où l'on fait $x_1 = a_1, \ldots, x_n = a_n$, peut être considéré comme un système de p équations linéaires homogènes à n inconnues $dx_1, \ldots, dx_n$, qui admet une solution autre que $dx_1 = \ldots = dx_n = 0$. Il en résulte que tous *les déterminants d'ordre n du tableau*

$$\left\| \frac{\partial f_i}{\partial x_j} \right\|$$

sont nuls au point $(a_1, \ldots, a_n)$ [1]. Ces déterminants sont des fonctions de $x_1, \ldots, x_n$, holomorphes au voisinage de l'origine, et que nous désignerons par $\varphi_1, \ldots, \varphi_q$.

---

(1) Osgood, p. 103-105.

Considérons le système d'équations

$$\varphi_1 = 0, \ldots, \varphi_q = 0. \tag{5}$$

Il doit être vérifié en chaque point exceptionnel voisin de l'origine. Deux cas sont possibles :

1° Le système (5) n'est pas vérifié identiquement. Réservons l'examen de ce cas pour tout à l'heure;

2° Les équations (5) sont toutes vérifiées identiquement. Dans ce cas, je dis que *tout point voisin de* O *est exceptionnel*. En effet, on pourra évidemment trouver n fonctions holomorphes $F_1(x_1, \ldots, x_n), \ldots, F_n(x_1, \ldots, x_n)$, non toutes identiquement nulles, telles que le système (4) soit vérifié lorsqu'on y fait

$$\frac{dx_1}{F_1(x_1, \ldots, x_n)} = \ldots = \frac{dx_n}{F_n(x_1, \ldots, x_n)}. \tag{6}$$

Supposons par exemple F_1 non identiquement nulle, et montrons que tout point où F_1 est différente de zéro est un point exceptionnel; il en résultera que tout point où $F_1 = 0$ est aussi exceptionnel ([2]). Au voisinage d'un point $(a_1, \ldots, a_n)$ tel que $F_1(a_1, \ldots, a_n) \neq 0$, le système (6) peut s'intégrer et donne

$$x_j = \lambda_j(x_1) \qquad (j = 2, \ldots, p), \tag{7}$$

les $\lambda_j(x_1)$ étant des fonctions holomorphes au voisinage de $x_1 = a_1$, et telles que $\lambda_j(a_1) = a_j$ (ceci, en vertu d'un théorème classique sur les systèmes d'équations différentielles du premier ordre). Les équations (7) représentent une variété analytique (à une dimension complexe) passant par le point $(a_1, \ldots, a_n)$, et sur laquelle $f_1, \ldots, f_n$ sont constantes, puisque le système (4) s'y trouve vérifié. Donc le point $(a_1, \ldots, a_n)$ est exceptionnel. C. Q. F. D.

4. Nous devons nous occuper maintenant du cas où le système (5) n'est pas vérifié identiquement. Écartons tout de suite le cas

---

([1]) En particulier, si $p = n$, on obtient la proposition connue : en un point exceptionnel d'une transformation pseudo-conforme, le déterminant fonctionnel de la transformation est nul.

([2]) On a vu, en effet, que tout point limite de points exceptionnels est un point exceptionnel.

où le système (5) n'admettrait pas de solution voisine de l'origine en dehors, éventuellement, de l'origine. Dans ce cas, en effet, aucun point voisin de l'origine O n'est exceptionnel; par conséquent, le point O lui-même n'est pas exceptionnel, et le problème de la recherche des points exceptionnels voisins de O est résolu.

Si le système (5) admet une infinité de solutions voisines de l'origine, les équations (5) définissent une ou plusieurs variétés analytiques irréductibles passant par O, et *c'est sur ces variétés que doivent être cherchés les points exceptionnels voisins de* O, s'il y en a. Désignons ces variétés par $V_1, V_2, \ldots, V_r$.

Soit d'abord M un point qui appartienne à V_1 mais n'appartienne à aucune des variétés $V_2, \ldots, V_r$. Si M est exceptionnel, les variétés associées à M font partie de V_1, puisqu'elles sont constituées de points exceptionnels, et que ceux-ci doivent se trouver sur l'une au moins des variétés $V_1, \ldots, V_r$. Cette circonstance va nous permettre de trouver de nouvelles conditions *nécessaires* pour qu'un point de V_1, qui n'appartient à aucune des variétés $V_2, \ldots, V_r$, soit exceptionnel. En effet, représentons la variété V_1 par des équations de la forme (3). On en tire

$$\frac{\partial P}{\partial x_{k+1}} dx_i = \sum_{j=1}^{k} u_i^j \, \partial x_j \qquad (i = k+1, \ldots, p),$$

les u_i^j étant des fonctions de $x_1, \ldots, x_k, x_{k+1}$, holomorphes au voisinage de $x_1 = \ldots = x_k = x_{k+1} = 0$. Tirons de là les dx_i $(i=k+1, \ldots, n)$, portons-les dans les équations (4), et chassons le dénominateur $\frac{\partial P}{\partial x_{k+1}}$; on obtient un système de la forme

$$(8) \qquad \sum_{j=1}^{k} g_i^j \, dx_j = 0 \qquad (i = 1, \ldots, p);$$

les g_i^j étant holomorphes en $x_1, \ldots, x_n$ au voisinage de l'origine. En exprimant que ces équations en $dx_1, \ldots, dx_k$ sont compatibles, on trouve un système d'équations

$$(9) \qquad \psi_1 = \ldots = \psi_{q'} = 0,$$

les ψ étant des fonctions de $x_1, \ldots, x_n$, holomorphes à l'origine;

ces équations doivent être vérifiées en tout point exceptionnel qui appartient à V_1 et n'appartient à aucune des variétés $V_2, \ldots, V_r$. Ici encore, deux cas sont possibles :

1° Le système (9) n'est pas vérifié identiquement sur V_1. Réservons l'examen de ce cas pour tout à l'heure;

2° Le système (9) est vérifié pour tous les points de V_1. Je dis que, dans ce cas, *tout point de* V_1 *est effectivement un point exceptionnel.* Il suffit de faire la démonstration pour les points de V_1 où $\frac{\partial P}{\partial x_{k+1}}$ est $\neq 0$ [1]. Soit $(a_1, \ldots, a_n)$ un tel point; au voisinage de ce point, $x_{k+1}, \ldots, x_n$ sont, sur V_1, des fonctions holomorphes (uniformes) de $x_1, \ldots, x_k$. Remplaçons, dans les équations (4), $x_{k+1}, \ldots, x_n$ en fonction de $x_1, \ldots, x_k$, et $dx_{k+1}, \ldots, dx_n$ en fonction de $dx_1, \ldots, dx_k$; il vient

$$(8') \qquad \sum_{j=1}^{k} h_i^j \, dx_j = 0 \qquad (i = 1, \ldots, p),$$

les h_i^j étant holomorphes en $x_1, \ldots, x_k$ au voisinage de $(a_1, \ldots, a_k)$. Mais, d'après la façon même dont ont été introduits les systèmes (8) et (9), le système (8)' est compatible en $dx_1, \ldots, dx_k$, *et cela quelles que soient les valeurs de* $x_1, \ldots, x_k$. On peut donc trouver k fonctions $G_1(x_1, \ldots, x_k), \ldots, G_k(x_1, \ldots, x_k)$ non toutes identiquement nulles, holomorphes au voisinage de $x_1 = a_1, \ldots, x_k = a_k$, telles que le système (8)' soit vérifié dès qu'on y fait

$$(10) \qquad \frac{dx_1}{G_1(x_1, \ldots, x_k)} = \ldots = \frac{dx_k}{G_k(x_1, \ldots, x_k)}.$$

Soit par exemple $G_1 \not\equiv 0$; on peut supposer $G_1(a_1, \ldots, a_k) \neq 0$, sinon l'on remplacerait le point $(a_1, \ldots, a_k)$ par un point arbitrairement voisin, ce qui, on l'a vu, ne change rien au résultat. Le système (10) peut alors s'intégrer de la façon suivante :

$$x_j = \mu_j(x_1) \qquad (j = 2, \ldots, k),$$

les $\mu_j(x_1)$ étant des fonctions holomorphes au voisinage de $x_1 = a_1$,

---

[1] En effet, rappelons, une fois de plus, que tout point limite de points exceptionnels est exceptionnel.

et telles que $\mu_j(a_1)=a_j$. Les équations de la variété V_1 donneront ensuite pour $x_{k+1}, \ldots, x_n$ des fonctions holomorphes de x_1, se réduisant respectivement à $a_{k+1}, \ldots, a_n$ pour $x_1=a_1$. Finalement, on voit qu'il existe une variété analytique (à une dimension complexe) passant par le point $(a_1, \ldots, a_n)$, et sur laquelle les fonctions $f_1, \ldots, f_p$ sont constantes. Donc le point $(a_1, \ldots, a_n)$ est exceptionnel. C. Q. F. D.

5. Il nous reste à examiner le cas où le système (9) n'est pas vérifié pour tous les points de V_1. Alors l'ensemble des points de V_1 où il est vérifié constitue des variétés analytiques irréductibles, en nombre fini (soient $V'_1, V''_1, \ldots$), *dont chacune a un nombre de dimensions moindre que le nombre de dimensions de* V_1. Tout point exceptionnel voisin de O doit appartenir à l'une de ces variétés, ou bien à l'une des variétés $V_2, \ldots, V_r$.

Comparons la situation à ce qu'elle était au début du paragraphe 4; au lieu d'avoir à envisager les variétés $V_1, V_2, \ldots, V_r$, nous n'avons plus maintenant à envisager que les variétés $V_2, \ldots, V_r$ (ceci dans le cas où il aurait été reconnu que tous les points de V_1 sont exceptionnels) ou bien nous devons envisager, outre les variétés $V_2, \ldots, V_r$, les variétés V'_1, V''_1, etc., dont le nombre de dimensions est plus petit que le nombre de dimensions de V_1; certaines d'entre ces variétés peuvent d'ailleurs faire partie de V_2, ou de $V_3, \ldots,$ ou de V_r.

Il est clair qu'en recommençant, sur les variétés restantes, les mêmes opérations que plus haut, et cela autant de fois qu'il le faudra, on arrivera, au bout d'un nombre fini d'opérations, à épuiser la recherche de tous les points exceptionnels suffisamment voisins de l'origine. On voit aussi que ces points exceptionnels se répartissent sur un nombre fini de variétés analytiques irréductibles passant par O, — en dehors, bien entendu, des deux cas extrêmes : celui où il n'y aurait pas de points exceptionnels, et celui où tous les points seraient exceptionnels.

6. Pour mieux faire comprendre la méthode précédente, nous allons l'appliquer à deux des exemples qui ont été cités au paragraphe 1. Soit d'abord

$$f_1=x_2x_3, \qquad f_2=x_3x_1, \qquad f_3=x_1x_2.$$

Les conditions de comptabilité du système (4) se réduisent ici à la relation $x_1 x_2 x_3 = 0$. Cette relation définit trois variétés analytiques à deux dimensions

$$x_1 = 0, \qquad x_2 = 0, \qquad x_3 = 0.$$

Prenons la variété $x_1 = 0$. Si l'on fait $x_1 = 0$, $dx_1 = 0$ dans le système (4), il se réduit à l'équation

$$x_3\, dx_2 + x_2\, dx_3 = 0,$$

qui admet une solution autre que $dx_2 = dx_3 = 0$. Donc tous les points de la variété $x_1 = 0$ sont exceptionnels; de même les points des variétés $x_2 = 0$ et $x_3 = 0$ sont exceptionnels.

Appliquons encore notre méthode au cas

$$f_1 = x_1(x_2 + x_3), \qquad f_2 = x_1(x_2)^2, \qquad f_3 = x_1(x_3)^3.$$

Les conditions de compatibilité du système (4) donnent

$$(x_1)^2\, x_2 (x_3)^2 (3x_2 + 4x_3) = 0;$$

ce qui définit quatre variétés

$$(V_1)\ x_1 = 0, \qquad (V_2)\ x_2 = 0, \qquad (V_3)\ x_3 = 0, \qquad (V_4)\ 3x_2 + 4x_3 = 0.$$

La première est évidemment un lieu de points exceptionnels, puisque f_1, f_2 et f_3 sont nulles sur cette variété. Pour la variété $x_2 = 0$, faisons $x_2 = 0$, $dx_2 = 0$ dans le système (4); il vient

$$x_3\, dx_1 + x_1\, dx_3 = 0,$$
$$(x^3)^2 (x_3\, dx_1 + 3x_1\, dx_3) = 0,$$

les conditions de compatibilité donnent

$$x_1 (x_3)^3 = 0.$$

Donc tout point exceptionnel qui n'appartient pas à V_1 et appartient à V_2 fait aussi partie de V_3 et de V_4; on verrait, de même, que tout point exceptionnel qui n'appartient pas à V_1 et appartient à l'une des trois variétés V_2, V_3, V_4, appartient nécessairement aux deux autres. Ainsi, les points exceptionnels qui n'appartiennent pas à V_1 appartiennent à la variété (à une dimension)

$$x_2 = x_3 = 0.$$

Effectivement, si l'on fait $x_2 = x_3 = dx_2 = dx_3 = 0$ dans le système (4), celui-ci est vérifié identiquement, et, par suite, la variété $x_2 = x_3 = 0$ est un lieu de points exceptionnels.

7. Il resterait à résoudre encore plusieurs questions relativement à la distribution des points exceptionnels d'un système de p fonctions holomorphes de n variables complexes. Par exemple, peut-on se donner arbitrairement un ensemble de variétés analytiques irréductibles passant par l'origine, et déterminer un système de p fonctions, holomorphes en O, admettant pour points exceptionnels tous les points de ces variétés, et n'en admettant pas d'autres au voisinage de O ? Encore faudrait-il voir si l'on ne peut pas limiter supérieurement le nombre p des fonctions inconnues.

Voici un autre problème : dans le cas particulier où $p = n$, considérons la transformation pseudo-conforme

$$y_i = f_i(x_1, \ldots, x_n) \qquad (i = 1, \ldots, n).$$

Elle transforme l'ensemble des points exceptionnels voisins de O en un ensemble de points dont il serait intéressant de préciser la nature. Malheureusement, il ne semble pas que cet ensemble soit toujours constitué par des variétés analytiques : prenons en effet le cas particulier où le déterminant fonctionnel de la transformation est identiquement nul ; dans ce cas, tous les points sont exceptionnels ; or on sait que l'ensemble des valeurs prises par n fonctions holomorphes non indépendantes de n variables complexes ne constitue pas toujours une variété analytique dans l'espace des n variables transformées $y_1, \ldots, y_n$ (1).

(1) Osgood, *loc. cit.*, p. 155.

27.

Sur les groupes de transformations pseudo-conformes

Comptes Rendus de l'Académie des Sciences de Paris 196, 669–671 (1933)

Considérons, dans l'espace de p variables complexes $z_1, \ldots, z_p$, un groupe G de transformations pseudo-conformes dépendant de r paramètres réels $t_1, \ldots, t_r$,

$$(G) \qquad z'_j = \varphi_j(z_1, \ldots, z_p; t_1, \ldots, t_r) \qquad (j = 1, \ldots, p),$$

sur lequel nous ferons les hypothèses suivantes :

1° Les fonctions φ_j sont définies et *uniformément bornées* au voisinage de $z = t = 0$;

2° Pour chaque système de valeurs des paramètres t, les φ_j sont *holomorphes* en $z_1, \ldots, z_p$; pour chaque système de valeurs des z, les φ_j sont *continues* par rapport à l'ensemble des variables $t_1, \ldots, t_r$;

3° La transformation identique correspond à $t_1 = \ldots = t_r = 0$, et la *structure* du groupe G est *de Lie ;* autrement dit, on peut choisir les paramètres t de façon que la loi de composition des paramètres soit *analytique*.

Je vais démontrer que, dans ces conditions, *les φ_j sont des fonctions analytiques de toutes les variables z et t*. En d'autres termes, *si l'on a un groupe* G *de transformations pseudo-conformes, et si le groupe des paramètres est un* *groupe de Lie, le groupe* G *est lui-même un groupe de Lie*. Toutefois nous avons fait l'hypothèse primo, qui paraît d'ailleurs naturelle ; elle se trouve évidemment vérifiée si les transformations de G laissent invariant un domaine *borné*.

Lemme (¹). — Moyennant les hypothèses 1° et 2°, les φ_j et leurs dérivées $\partial\varphi_j/\partial z_k$ sont *continues par rapport à l'ensemble* des variables z et t.

Ce lemme étant admis, tout revient à montrer qu'à chaque transformation infinitésimale du groupe des paramètres correspond une transformation de G; il suffit donc d'envisager le cas d'un *groupe à un paramètre*

$$z'_j = \varphi_j(z_1; \ldots, z_p; t), \tag{1}$$

et de prouver que chaque φ_j admet, pour $t = 0$, une *dérivée* $\partial\varphi_j/\partial t$ égale à une fonction *holomorphe* de $z_1, \ldots, z_p$. C'est ce que nous allons faire voir.

La loi de composition pour t étant supposée être l'addition, on a

$$\varphi_j[\varphi_1(z; t), \ldots, \varphi_p(z; t); \theta] = \varphi_j(z; t+\theta); \tag{2}$$

ces identités sont valables si t, θ et les z sont assez petits ; mais on peut, en multipliant le paramètre par une constante réelle, se ramener au cas où t et θ peuvent être pris entre -2π et $+2\pi$.

Les φ_j et les $\partial\varphi_j/\partial z_k$, étant continues par rapport à l'ensemble des variables z et t, sont uniformément continues; il en résulte que toute intégrale

$$\int_0^{2\pi} \varphi_j(z; t)\, u(t)\, dt,$$

où $u(t)$ est continue, est une fonction *holomorphe* des z, à laquelle on peut appliquer la règle de différentiation sous le signe somme.

Écrivons les développements de φ_j et de $\partial\varphi_j/\partial z_k$ des séries de Fourier pour $0 \leqq t \leqq 2\pi$:

$$\varphi_j(z; t) = \sum_{n=-\infty}^{+\infty} e^{int} \frac{1}{2\pi} \int_0^{2\pi} \varphi_j(z; \theta)\, e^{-in\theta}\, d\theta. \tag{3}$$

$$\frac{\partial\varphi_j(z; t)}{\partial z_k} = \sum_{n=-\infty}^{+\infty} e^{int} \frac{1}{2\pi} \int_0^{2\pi} \frac{\partial\varphi_j(z; \theta)}{\partial z_k}\, e^{-in\theta}\, d\theta. \tag{4}$$

(¹) La démonstration de ce lemme est fort simple et repose sur le théorème classique : « Si une suite de fonctions holomorphes et uniformément bornées converge, elle converge uniformément » ; il suffit alors d'appliquer les propositions de Weierstrass relatives à la convergence uniforme des suites de fonctions holomorphes.

On voit que l'on passe de (3) à (4) en différentiant terme à terme par rapport à z_k. Posons

$$\frac{1}{2\pi}\int_0^{2\pi} \varphi_j(z;\,\theta)\, e^{-in\theta}\, d\theta = \psi_j^n(z).$$

Les $\psi_j^n(z)$ sont holomorphes et le déterminant fonctionnel des φ_j par rapport aux z_k est égal, pour $t=0$, à

$$\sum_{n_1}\cdots\sum_{n_p} \frac{d(\psi_1^{n_1}, \ldots, \psi_p^{n_p})}{d(z_1, \ldots, z_p)};$$

comme il est identique à *un* pour $t=0$, *il existe p entiers $n_1, \ldots, n_p$ tels que le déterminant fonctionnel de $\psi_1^{n_1}, \ldots, \psi_p^{n_p}$, par rapport à $z_1, \ldots, z_p$ soit différent de zéro pour $z=0$*. Posons alors

$$f_j(z) = \psi_j^{n_j}(z) = \frac{1}{2\pi}\int_0^{2\pi} \varphi_j(z;\,\theta)\, e^{-in_j\theta}\, d\theta.$$

Effectuons maintenant sur les z la transformation (1); il vient

$$f_j(z') = f_j[\varphi_1(z;\,t), \ldots, \varphi_p(z;\,t)] = \frac{1}{2\pi}\int_0^{2\pi} \varphi_j[\varphi_1(z,\,t), \ldots, \varphi_p(z,\,t);\,\theta]\, e^{-in_j\theta}\, d\theta;$$

l'identité (2) et un calcul élémentaire donnent

$$f_j(z') = e^{in_j t}\left\{f_j(z) + \frac{1}{2\pi}\int_0^t [\varphi_j(z;\,\theta+2\pi) - \varphi_j(z;\,\theta)]\, e^{-in_j\theta}\, d\theta\right\}.$$

Or le second membre est une fonction de t qui admet, pour $t=0$, une *dérivée* égale à une fonction *holomorphe* des variables z. Donc, si l'on effectue le changement de variables

$$Z_j = f_j(z),$$

ce qui est permis au voisinage de $z_j=0$ puisque le jacobien des f_j n'est pas nul, les équations (1) prennent la forme

$$Z'_j = \Phi_j(Z_1, \ldots, Z_p;\,t),$$

et chaque Φ_j admet, pour $t=0$, une dérivée $\partial\Phi_j/\partial t$ égale à une fonction de $Z_1, \ldots, Z_p$, holomorphe au voisinage du système de valeurs

$$Z_j = f_j(0).$$

C. Q. F. D.

28.

Sur les groupes de transformations pseudo-conformes

Comptes Rendus de l'Académie des Sciences de Paris 196, 993–995 (1933)

1. Dans une Note récente, j'ai établi la proposition suivante [2] :

Si la structure d'un groupe continu G *de transformations pseudo-conformes est celle d'un groupe de Lie, le groupe* G *est lui-même un groupe de Lie.* Autrement dit, si les transformations de G ont la forme

$$z'_j = \varphi_j \quad (z_1, \ldots, z_p; t_1, \ldots, t_r), \tag{1}$$

les fonctions φ_j étant supposées *analytiques* par rapport aux variables *complexes* $z_1, \ldots, z_p$, et *continues* par rapport aux paramètres *réels* $t_1, \ldots, t_r$, et si en outre la loi de composition des paramètres est analytique, alors les φ_j sont analytiques par rapport à l'ensemble de toutes les variables z et t [3].

Il est naturel de se demander si l'hypothèse faite relativement à la structure de G est indispensable. En effet, on tend à croire aujourd'hui que tout groupe continu est un groupe de Lie (au point de vue structure), c'est-à-dire que l'on peut choisir les paramètres de façon à rendre analytique la loi de composition sur ces paramètres [4]. En attendant que cette importante propriété des groupes continus soit établie, si toutefois elle est exacte, il est intéressant de savoir que l'on peut, dès aujourd'hui, pour le cas des transformations *pseudo-conformes*, démontrer le théorème suivant :

Théorème 1. — *Tout groupe continu de transformations pseudo-conformes est un groupe de Lie.*

Il est bon de préciser ce que nous entendons par groupe continu de transformations pseudo-conformes. Partons d'un groupe continu abstrait g, à r paramètres $u_1, \ldots, u_r$, et à chaque transformation (s) de ce groupe, suffisamment voisine de la transformation identique ($u_1 = \ldots = u_r = 0$), faisons correspondre une transformation (S), dans l'espace de p variables

---

(1) Séance du 27 mars 1933.

(2) *Comptes rendus*, 196, 1933, p. 669.

(3) Pour plus de précision relativement aux hypothèses faites sur les transformations (1), voir la Note citée.

(4) Voir, à ce sujet, J. von Neumann, *Annals of Math.*, 34, 1933, p. 170-190; Cl. Chevalley, *Comptes rendus*, 196, 1933, p. 744.

complexes $z_1, \ldots, z_p$,

$$(\mathrm{S}) \qquad z'_j = f_j(z_1, \ldots, z_p; u_1, \ldots, u_r).$$

Relativement aux transformations (S), nous supposons :

1° Que les f_j sont définies et uniformément bornées au voisinage de $z = u = 0$;

2° Que, pour chaque système de valeurs des paramètres u, les f_j sont holomorphes en $z_1, \ldots, z_p$; pour chaque système de valeurs des z, les f_j sont continues par rapport à l'ensemble des variables réelles $u_1, \ldots, u_r$;

3° Qu'à la transformation identique de g correspond la transformation identique $z'_j = z_j$; qu'à deux transformations distinctes de g correspondent deux transformations distinctes de G; qu'au produit de deux transformations de g correspond le produit des transformations correspondantes de G.

C'est à de tels groupes que le théorème I s'applique.

2. Voici une autre proposition, relative à des groupes non supposés continus *a priori* :

Théorème 2. — *Étant donné, dans l'espace de* p *variables complexes* $z_1, \ldots, z_p$, *un domaine borné quelconque* D, *le groupe* G *de toutes les transformations pseudo-conformes biunivoques de* D *en lui-même est un groupe de Lie, à moins que* G *ne soit proprement discontinu* [1] *dans* D. D'une façon précise, celles des transformations de G qui sont suffisamment voisines de la transformation identique se confondent avec celles d'un groupe de Lie.

Jusqu'ici, le théorème 2 avait été vérifié expérimentalement pour des classes particulières de domaines (domaines cerclés et domaines analogues, dans le cas de deux variables complexes). On voit maintenant que, pour déterminer, dans l'espace de p variables complexes, tous les domaines bornés qui admettent un groupe non proprement discontinu de transformations pseudo-conformes, il suffit de déterminer tous les groupes de Lie à p variables complexes (ce qui est possible, au moins théoriquement), puis de chercher les domaines bornés invariants par ces groupes. M. Élie Cartan, dans un travail non encore publié, avait déjà entrepris cette étude pour les groupes de Lie transitifs à deux variables complexes; ses résultats, combinés avec le théorème 2, conduisent à la proposition suivante :

---

(1) G est proprement discontinu dans D si les transformés d'un point quelconque de D par toutes les transformations de G n'ont aucun point d'accumulation intérieur à D.

Si un domaine borné de l'espace de deux variables complexes x et y admet un groupe transitif de transformations pseudo-conformes, ce domaine peut se représenter soit sur l'hypersphère $|x|^2+|y|^2<1$, soit sur le dicylindre $|x|<1$, $|y|<1$.

3. Les théorèmes 1 et 2 sont des cas particuliers d'un théorème plus général qu'il serait trop long d'exposer ici, et qui sera publié dans un autre Recueil, ainsi que la démonstration des théorèmes 1 et 2. Je signale qu'au cours de la démonstration intervient une proposition intéressante en elle-même, et que voici :

Théorème 3. — *Étant données, dans l'espace de p variables complexes, deux hypersphères concentriques Σ et Σ' (Σ' intérieure à Σ), il existe un nombre positif α qui jouit de la propriété suivante : il n'existe, dans Σ, aucune transformation pseudo-conforme* T *telle que toutes ses puissances soient pseudo-conformes dans Σ', et que chacune d'elles, y compris la transformation* T *elle-même, déplace chaque point de Σ' d'une distance plus petite que α.* On peut effectivement donner une expression de α en fonction des rayons de Σ et Σ'.

Le théorème 3 peut encore s'énoncer brièvement de la façon suivante : *un groupe de transformations peudo-conformes ne peut pas contenir de sous-groupes arbitrairement petits.*

29.

Sur l'itération des transformations conformes ou pseudo-conformes

Composition Mathematica 1, 223–227 (1934)

Dans un Mémoire [1]) consacré à l'étude des groupes de transformations *pseudo-conformes* (c'est-à-dire définies par n fonctions *analytiques* de n variables *complexes*), j'ai eu l'occasion d'établir qu'un groupe de transformations pseudo-conformes ne peut pas contenir de sous-groupes arbitrairement petits, et, à ce sujet, j'ai annoncé sans démonstration le théorème suivant [2]):

THÉORÈME 1. *Soit, dans l'espace de n variables complexes, un polycylindre Σ de centre O et de rayon R, et soit ϱ un nombre positif quelconque inférieur à R. Si une transformation T est pseudo-conforme dans Σ, ainsi que toutes ses puissances $T^2, \ldots, T^k, \ldots$, et si l'écart de T et de chacune de ses puissances est, dans Σ, au plus égal à ϱ, alors T est nécessairement la transformation identique.*

Cet énoncé demande quelques explications et précisions. Par *distance* de deux points, de coordonnées complexes $z_1, \ldots, z_n$ et $z'_1, \ldots, z'_n$, nous entendons la plus grande des n quantités

$$|z'_i - z_i| \qquad (i = 1, \ldots, n).$$

Par *polycylindre de centre P et de rayon r*, nous entendons l'ensemble des points de l'espace dont la *distance* au point P est inférieure à r. En particulier, pour $n = 1$ (transformations *conformes*), les polycylindres ne sont autres que les *cercles* du plan.

Par *écart* d'une transformation T dans un polycylindre Σ, nous entendons la borne supérieure de la *distance* d'un point M à son transformé $T(M)$ lorsque M décrit Σ.

Pour achever de donner un sens précis à l'énoncé du théorème 1, il nous reste à expliquer ce que signifie la phrase: „T et toutes

---

[1]) Sur les groupes de transformations analytiques [doit paraître dans la Collection d'Exposés mathématiques publiés à la mémoire de J. Herbrand; Paris, Hermann].

[2]) Paragraphe 8 du mémoire cité.

ses puissances sont pseudo-conformes et d'écart au plus égal à ϱ dans Σ". Par définition, cela signifie: 1^0 que T est pseudo-conforme et d'écart au plus égal à ϱ dans Σ; 2^0 qu'il existe une transformation pseudo-conforme dans Σ, d'écart au plus égal à ϱ dans Σ, transformation que nous désignerons par T^2 et qui satisfait à la condition suivante: pour tout point M de Σ dont le transformé $T(M)$ est intérieur à Σ, le point $T^2(M)$ doit coïncider avec le transformé, par T, du point $T(M)$; 3^0 d'une façon générale, supposons définies de proche en proche les transformations $T^2, T^3, \ldots, T^{k-1}$; alors il doit exister une transformation T^k, pseudo-conforme et d'écart au plus égal à ϱ dans Σ, telle que les points $T^k(M)$ et $T(T^{k-1}(M))$ coïncident chaque fois que $T^{k-1}(M)$ est intérieur à Σ; — et cela, pour toutes les *valeurs positives de l'entier* k.

Si l'on désigne par Σ' le polycylindre de centre O et de rayon $R-\varrho$, il est clair que le point $T^k(M)$ est intérieur à Σ quel que soit M intérieur à Σ' et quel que soit l'entier k. En outre, on vérifie facilement la relation

$$T^k(T^j(M)) = T^{k+j}(M)$$

pour tout M intérieur à Σ'.

Cela posé, il suffit, pour établir le théorème 1, de démontrer le théorème plus général suivant:

Théorème 2. Soient toujours Σ un polycylindre de centre O et de rayon R, et ϱ un nombre positif quelconque inférieur à R. Soit Σ' le polycylindre de centre O et de rayon $R-\varrho$. *Soit T une transformation pseudo-conforme et d'écart au plus égal à ϱ dans Σ; supposons que la transformation*

$$T(T(M)),$$

qui est pseudo-conforme dans Σ', se laisse prolonger analytiquement dans Σ, et désignons par T^2 cette nouvelle transformation; supposons que l'écart de T^2 dans Σ soit au plus égal à ϱ, et que la transformation

$$T^2(T^2(M)),$$

qui est pseudo-conforme dans Σ', se laisse prolonger analytiquement dans Σ, et désignons par T^4 cette nouvelle transformation; d'une façon générale, supposons définies de proche en proche les transformations $T^2, T^4, \ldots, T^{2^{k-1}}$, d'écarts au plus égaux à ϱ dans Σ, et supposons que la transformation

$$T^{2^{k-1}}(T^{2^{k-1}}(M)),$$

qui est pseudo-conforme dans Σ', se laisse prolonger analytiquement dans Σ; désignons par T^{2^k} cette nouvelle transformation, et supposons son écart au plus égal à ϱ dans Σ. Dans ces conditions, si l'on peut continuer si grand que soit l'entier k, T est nécessairement la transformation identique.

Pour établir ce théorème, il suffit de démontrer que la transformation T laisse fixe le centre O du polycylindre Σ. En effet, si nous admettons ce résultat, nous pouvons démontrer le théorème 2 de la façon suivante: soit P un point de Σ dont la distance à O soit inférieure à $\frac{R-\varrho}{2}$; P est centre d'un polycylindre Σ_P de rayon $\frac{R+\varrho}{2}$, intérieur à Σ; en appliquant à ce polycylindre et à la transformation T le résultat qui vient d'être admis, on trouve que T laisse fixe le centre P du polycylindre Σ. On a donc

$$T(P) = P,$$

et cela quel que soit le point P dont la distance à O est inférieure à $\frac{R-\varrho}{2}$, d'où il suit (T étant analytique) que T est la transformation identique.

Il nous reste donc seulement à démontrer que si T satisfait aux conditions du théorème 2, T laisse fixe le centre O du polycylindre Σ. Or cela résulte du théorème suivant:

Théorème 3. *Soit toujours Σ un polycylindre de centre O et de rayon R. Soit S une transformation pseudo-conforme dans Σ, et d'écart au plus égal à ϱ ($\varrho < R$) dans Σ. On a l'inégalité*

$$(1) \qquad |S(S(O)) - O| \geqq \left(2 - \frac{\varrho}{R}\right) \cdot |S(O) - O|.\ [3]$$

Il suffira d'appliquer cette inégalité successivement aux transformations $T, T^2, \ldots, T^{2^k}, \ldots$ pour obtenir

$$|T^{2^k}(O) - O| \geqq \left(2 - \frac{\varrho}{R}\right)^k \cdot |T(O) - O|;$$

le premier membre devant rester borné, et la quantité $\left(2 - \frac{\varrho}{R}\right)^k$ augmentant indéfiniment avec k, il faut que

$$T(O) = O,$$

ce qui démontre le théorème 2.

En définitive, il nous reste seulement à démontrer le théorème 3.

---

[3]) La notation $|M_1 - M_2|$ désigne la *distance* des points M_1 et M_2.

Nous pouvons d'ailleurs supposer, pour simplifier, $R = 1$. Posons

$$S(M) - M = \varrho \cdot U(M)\ ^{4)};$$

on aura, lorsque M est intérieur à Σ,

$$|U(M)| \leqq 1.$$

L'inégalité (1) à établir s'écrit alors

$$(2) \qquad |U(S(O)) + U(O)| \geqq (2-\varrho) \cdot |U(O)|.$$

Or, soit $f_i(M)$ celle des n fonctions composantes de $U(M)$ dont le module, au point O, est égal à $|U(O)|$. On peut supposer $f_i(O)$ réel et positif (ou nul), car on peut toujours se ramener à ce cas en multipliant la i-ème coordonnée de l'espace par un nombre convenable ayant pour module l'unité.

Cela étant, soit

$$f_i(O) = u \qquad (0 \leqq u \leqq 1).$$

Si $u = 1$, alors $f_i(M) \equiv 1$, d'où il suit que la i-ème composante de

$$U(S(O)) + U(O)$$

est égale à 2, c'est-à-dire à $2\,|U(O)|$; on a donc, dans ce cas,

$$|U(S(O)) + U(O)| = 2\,|U(O)|,$$

et l'inégalité (2) est vraie *a fortiori*.

Supposons donc $0 \leqq u < 1$. Alors, d'après le lemme de Schwarz, on a

$$\left| \frac{f_i(M) - u}{1 - u f_i(M)} \right| \leqq |M - O|,$$

ce qui donne, pour $M = S(O)$,

$$\left| \frac{f_i(S(O)) - u}{1 - u f_i(S(O))} \right| \leqq \varrho u;$$

on en déduit facilement

$$|f_i(S(O)) + f_i(O)| \geqq u + \frac{u(1-\varrho)}{1 - \varrho u^2} \geqq u(2-\varrho),$$

et, *a fortiori*,

---

[4]) Notation abrégée pour désigner n égalités; $U(M)$ désigne n fonctions holomorphes des coordonnées du point M, respectivement égales aux quotients, par ϱ, des différences des coordonnées (de même nom) de $S(M)$ et de M. Par $|U(M)|$, nous entendons le module de la plus grande des n fonctions désignées par la notation $U(M)$.

$$|U(S(O))+U(O)| \geqq u(2-\varrho),$$

ce qui n'est autre chose que l'inégalité (2).

C. Q. F. D.

Pour terminer, signalons que tout ce qui précède reste valable si l'on remplace les polycylindres par des *hypersphères*, à condition d'appeler *distance* de deux points $(z_1, \ldots, z_n)$ et $(z_1', \ldots, z_n')$ la quantité

$$\sqrt{\sum_{i=1}^{n} |z_i' - z_i|^2}.$$

(Reçu le 10 novembre 1933.)

30.

Sur les transformations pseudo-conformes du produit topologique de deux domaines

Comptes Rendus de l'Académie des Sciences de Paris 199, 925–927 (1934)

Rappelons le résultat classique : dans l'espace de deux variables complexes x et y, le domaine

$$|x|<1, \qquad |y|<1$$

n'admet pas d'autre transformation pseudo-conforme ([2]) biunivoque en lui-même que les transformations

$$x \to S(x), \qquad y \to T(y),$$

combinées avec la transformation

$$x \to y, \qquad y \to x;$$

([2]) L'usage s'est établi d'appeler ainsi une transformation définie, dans l'espace de n variables complexes, par n fonctions analytiques des n variables complexes.

$S(x)$ [ou $T(y)$] désigne la transformation (homographique) la plus générale du domaine $|x| < 1$ [ou $|y| < 1$] en lui-même.

On peut généraliser de la façon suivante. Plaçons-nous dans l'espace de n variables complexes, et partageons ces variables en deux groupes $x_1, \ldots, x_p$ et $y_1, \ldots, y_q$ $(n = p + q)$. Toute transformation pseudo-conforme sera désignée par la notation

$$x \to f(x, y), \qquad y \to g(x, y),$$

f désignant p fonctions holomorphes des $p + q$ variables x_i et y_j, et g désignant q fonctions holomorphes des mêmes variables.

Considérons, dans l'espace des p variables (x), un domaine ([1]) *borné* D_x, et, dans l'espace des q variables (y), un domaine *borné* D_y. Le produit topologique de ces deux domaines est un domaine D de l'espace (x, y).

Théorème I. — *Toute transformation pseudo-conforme biunivoque de* D *en lui-même est le produit d'une transformation biunivoque de* D_x *en lui-même par une transformation biunivoque de* D_y *en lui-même. Du moins, cela est vrai pour toutes les transformations de* D *qui sont assez voisines de la transformation identique.*

Il résulte de là que le groupe du domaine D se compose d'un nombre fini ou d'une infinité dénombrable de familles, dont l'une est le produit direct du groupe de D_x par le groupe de D_y. En particulier, si le groupe de D est transitif dans D, le groupe de D_x est transitif dans D_x et le groupe de D_y est transitif dans D_y.

Le théorème I est un cas particulier du théorème suivant :

Théorème II. — *Soient toujours* D_x *un domaine borné de l'espace* (x), *et* D_y *un domaine borné de l'espace* (y). *Soit* Δ *un domaine de l'espace* (x, y) *qui contienne à son intérieur le produit topologique de* D_x *et* D_y, *mais qui soit intérieur au produit topologique de* D_x *par l'espace* (y) *tout entier. Alors si une transformation pseudo-conforme biunivoque de* Δ *en lui-même*

$$x \to f(x, y), \qquad y \to g(x, y)$$

est assez voisine de la transformation identique, $f(x, y)$ *est indépendant de* y, *et la transformation*

$$x \to f(x)$$

est une transformation biunivoque de D_x *en lui-même.*

Pour établir le théorème II, on utilise la métrique de M. Carathéodory.

([1]) Il s'agit de domaines univalents ou non, pouvant posséder des variétés de ramification.

Rappelons que, dans un domaine borné Δ, la pseudo-distance d'un point M à un point O peut être définie comme la borne supérieure, au point M, du module des fonctions nulles en O et de module inférieur à *un* dans Δ. Signalons que la démonstration du théorème II nécessite le lemme suivant :

Si Δ contient l'hypersphère de centre O *et de rayon r, mais est intérieur à l'hypersphère de centre* O *et de rayon* R, *la pseudo-distance d'un point variable* M *au point* O *est une fonction monotone sur chaque demi-droite issue de* O, *tant que* M *reste intérieur à une hypersphère de centre* O *et de rayon* ρ *assez petit; il suffit, pour cela, que l'on ait*

$$\frac{3\frac{\rho}{r} - 2\frac{\rho^2}{r^2}}{1 - \frac{\rho}{r}} < \frac{r}{R}.$$

Les démonstrations paraîtront dans un autre Recueil.

31.

Les problèmes de Poincaré et de Cousin pour les fonctions de plusieurs variables complexes

Comptes Rendus de l'Académie des Sciences de Paris 199, 1284–1287 (1934)

1. La question reste toujours posée de savoir quand une fonction de n variables complexes, méromorphe dans un domaine D, peut se mettre sous la forme du quotient de deux fonctions holomorphes dans D. Poincaré a le premier montré, dans le cas $n = 2$, qu'une fonction méromorphe partout à distance finie est toujours le quotient de deux fonctions entières. Étant donné un domaine quelconque D dans l'espace de n variables complexes, nous conviendrons de dire que *le théorème de Poincaré est vrai pour* D si toute fonction méromorphe dans D est le quotient de deux fonctions holomorphes dans D.

Dans le but de résoudre le problème de Poincaré, Cousin ([1]) a formulé deux problèmes plus généraux que voici :

Premier problème de Cousin. — On suppose que le domaine considéré D est recouvert à l'aide d'une infinité dénombrable de domaines partiels D_i intérieurs à D, et que, dans chaque D_i, on a défini une fonction *méromorphe* f_i; on suppose en outre que, chaque fois que deux domaines D_i et D_j ont une partie commune D_{ij}, la différence $f_i - f_j$ est *holomorphe* dans D_{ij}. *On se propose de trouver une fonction* F, *méromorphe dans* D, *et telle que, dans chaque* D_i, *la différence* $F - f_i$ *soit holomorphe.*

Deuxième problème de Cousin. — Mêmes hypothèses que pour le premier, sauf que les f_i sont remplacées par des φ_i *holomorphes* (dans D_i), et que, dans chaque D_{ij}, le quotient $\varphi_i : \varphi_j$ est supposé *holomorphe et jamais nul.* On se propose de *trouver une fonction* Φ, *holomorphe dans* D, *et telle que, dans chaque* D_i, *le quotient* $\Phi : \varphi_i$ *soit holomorphe et non nul.*

Si un domaine D est tel que le premier (ou le deuxième) problème de Cousin a une solution quelles que soient les données, nous dirons que « *le premier théorème de Cousin* (ou le deuxième) *est vrai pour le domaine* D ».

([1]) *Acta mathematica*, 19, 1895, p. 1-62.

Il est évident que si le *deuxième* théorème de Cousin est vrai pour un domaine, le théorème de Poincaré est vrai pour ce domaine. *Mais la proposition réciproque n'est pas exacte.*

Grâce à la terminologie précédente, nous pouvons résumer comme suit les résultats de Cousin :

Si D est le produit topologique de *n* domaines univalents, situés respectivement dans les plans des *n* variables complexes, le premier théorème de Cousin est vrai pour D. Si en outre tous les domaines composants sont simplement connexes (²') (sauf peut-être l'un d'entre eux), le deuxième théorème de Cousin est vrai, et, *a fortiori*, le théorème de Poincaré.

2. Bornons-nous désormais aux *domaines univalents à deux variables complexes x et y.*

Lorsqu'on cherche à résoudre les problèmes de Cousin pour des domaines plus généraux que ceux considérés par Cousin, on s'aperçoit que les théorèmes de Cousin ne sont pas vrais pour tous les domaines, même simplement connexes. Il est alors naturel de chercher des conditions nécessaires et suffisantes pour que les théorèmes de Cousin soient vrais. Commençons par le premier.

Théorème 1. — *Si le premier théorème de Cousin est vrai pour* D, D *est un domaine d'holomorphie* (c'est-à-dire le domaine total d'existence d'une certaine fonction holomorphe).

On a ainsi une condition nécessaire. Voici une condition suffisante :

Théorème 2. — *Si un domaine* D *est convexe* (¹) *par rapport aux polynomes ou aux fonctions rationnelles en x, y, le premier théorème de Cousin est vrai pour* D.

Ce résultat, qui dépasse de beaucoup celui de Cousin, s'obtient par une méthode analogue à la sienne ; mais il faut se servir de *l'intégrale d'André Weil* (²) (pour les fonctions de plusieurs variables) tandis que Cousin utilisait seulement l'intégrale classique de Cauchy (pour les fonctions d'une variable).

(²') C'est M. Gronwall qui a montré que cette restriction est nécessaire, fait qui semblait avoir échappé à l'attention de Cousin (*Amer. Math. Soc. Trans.*, 18, 1917, p. 50-64).

(¹) Voir H. Cartan et P. Thullen, *Math. Annalen*, 106, 1932, p. 617-647.

(²) *Comptes rendus*, 194, 1932, p. 1304.

Pour certains types de domaines [domaines cerclés ([3]), domaines de Hartogs ([4])], les conditions des théorèmes 1 et 2 sont équivalentes ([1]). On a donc, pour ces domaines, *une condition nécessaire et suffisante pour que le premier théorème de Cousin soit vrai.*

3. Passons au deuxième théorème de Cousin. La question est moins avancée; citons simplement le résultat suivant :

Théorème 3. — *Soit* D *un domaine pour lequel le premier théorème de Cousin est vrai* (voir théorème 2). *Si en outre* D *est étoilé, ou encore si* D *est un domaine de Hartogs, le deuxième théorème de Cousin est vrai pour* D.

Le théorème 3, combiné avec certaines propriétés des domaines de méromorphie, conduit au résultat suivant :

Théorème 4. — *Le théorème de Poincaré est vrai pour tous les domaines cerclés et tous les domaines de Hartogs*, même quand les théorèmes de Cousin ne sont pas vrais.

En particulier, le théorème de Poincaré est vrai pour l'*hypersphère*, ainsi d'ailleurs que les deux théorèmes de Cousin.

([3]) Un domaine est *cerclé* s'il contient $x=y=0$ et admet les transformations

$$x'=xe^{i\theta}, \qquad y'=ye^{i\theta} \qquad (\theta \text{ réel}).$$

([4]) Nous réservons le nom de *domaines de Hartogs* aux domaines de la forme : x intérieur à un domaine univalent δ, $|y|<R(x)$, $R(x)$ étant une fonction positive définie dans δ.

32.

Sur les groupes de transformations analytiques

Collection à la mémoire de Jacques Herbrand. Hermann, Paris, 1936

INTRODUCTION

Un des problèmes fondamentaux des mathématiques modernes est de savoir si tous les *groupes continus abstraits* (à *p* paramètres) sont des *groupes de Lie*, c'est-à-dire s'il est possible, étant donné un groupe abstrait, d'y choisir les paramètres de façon que la loi de composition s'exprime analytiquement par rapport aux paramètres. Dans cet ordre d'idées, J. von Neumann (1) a récemment démontré que tout groupe continu abstrait qui est *compact* est un groupe de Lie ; mais la démonstration fait intervenir les propriétés du groupe *dans son ensemble*, alors qu'on peut penser que seules les propriétés *locales* doivent jouer un rôle (autrement dit, seules les transformations voisines de la transformation identique devraient entrer en jeu, ce qui supprimerait, du même coup, la distinction entre groupes compacts et groupes ouverts). Précisément, Cl. Chevalley (2) a émis l'hypothèse que tout groupe continu abstrait qui ne contient pas de sous-groupes arbitrairement petits (3) est un groupe de Lie.

Le présent travail est une contribution à l'étude des problèmes précédents. Je n'ai pas borné mes recherches aux groupes abstraits ; par contre, je les ai bornées aux groupes de *transformations analytiques* ; plus particulièrement, dans le cas des

---

(1) *Die Einführung analytischer Parameter in topologischen Gruppen* (*Annals of Math.*, 2e série, **34**, 1933, pp. 170-190).

(2) *Comptes Rendus*, **196**, 1933, p. 744. Dans cette note, Cl. Chevalley donne le résultat comme démontré ; mais il m'a communiqué depuis que les démonstration sont insuffisantes. La proposition citée n'est donc encore qu'une hypothèse.

(3) C'est-à-dire : tout groupe continu abstrait dans lequel il existe un voisinage de la transformation identique qui ne contient aucun sous-groupe.

groupes de transformations *pseudo-conformes* (c'est-à-dire de transformations analytiques dans le domaine complexe), j'ai obtenu des résultats qui semblent à peu près définitifs. Je ne me sers ni des résultats de von Neumann, ni de ceux de Chevalley, et la lecture de ce mémoire suppose seulement la connaissance des éléments de la théorie de Lie.

Deux des résultats essentiels de ce travail ont déjà été publiés, sans démonstration, dans une note aux *Comptes Rendus* (¹). Ils s'énoncent ainsi :

1. — *Tout groupe continu de transformations pseudo-conformes est un groupe de Lie.*

2. — *Etant donné, dans l'espace de n variables complexes $z_1, \ldots, z_n$, un domaine borné* D, *le groupe* G *de toutes les transformations pseudo-conformes biunivoques de* D *en lui-même se compose d'un nombre fini ou d'une infinité dénombrable de familles continues, dont l'une est un groupe de Lie, invariant dans* G ; *il n'y a exception que si* G *est proprement discontinu (auquel cas* G *ne contient qu'un nombre fini ou une infinité dénombrable de transformations).*

Le sens précis qu'il faut donner à ces énoncés sera expliqué en temps utile.

Ces deux propositions résultent de théorèmes plus généraux. Voici d'ailleurs le plan de ce travail : les paragraphes 1, 2, 3 et 4 sont consacrés à une série de définitions, indispensables pour la compréhension exacte de ce qui suit. La notion de *groupe de transformations* (envisagé du point de vue *local*) est précisée au paragraphe 1 ; nous avons, on le verra, imposé des restrictions à la notion de groupe. Ces restrictions se trouveront justifiées par la suite. Après avoir défini ce qu'il faut entendre par groupe *localement fermé*, nous disons quelques mots des groupes de transformations envisagés du point de vue *global* (ceci dans le seul cas où il s'agit de transformations biunivoques d'un domaine en lui-même). Les définitions relatives aux groupes *continus* se trouvent au paragraphe 2 : groupes continus abstraits (point de vue global), groupes continus abstraits (point de vue local), groupes continus de transformations (point de vue

(¹) *Sur les groupes de transformations pseudo-conformes*, **196**, 1933, p. 993.

local, puis point de vue global); on remarquera qu'il y a deux définitions possibles (non équivalentes) d'un groupe continu de transformations envisagé du point de vue *global* : sens *restreint*, et sens *étendu*.

C'est au paragraphe 3 qu'on trouvera la notion de groupe *quasi continu* de transformations, plus générale que celle de groupe continu ; on a la proposition suivante : « Le groupe des transformations pseudo-conformes biunivoques d'un domaine borné en lui-même, envisagé du point de vue *local*, est *quasi continu.* » Au paragraphe 4 se trouvent toutes les définitions relatives aux *groupes de Lie* (point de vue local et point de vue global).

Les paragraphes 5, 6, 7, 8 sont consacrés aux groupes de transformations *analytiques*, envisagés du point de vue *local*. Aux paragraphes 5 et 6 il est question de « groupe admettant une transformation infinitésimale », et l'on donne une condition *suffisante* pour qu'un groupe admette une transformation infinitésimale donnée. On y montre aussi qu'un groupe *localement fermé* de transformations analytiques ne peut admettre deux transformations infinitésimales sans admettre leur crochet et leurs combinaisons linéaires (ce qui généralise une proposition de la théorie classique de Lie). Au paragraphe 7, on envisage les groupes qui jouissent d'une certaine propriété, dite *propriété* [P], et l'on montre que cette propriété est *nécessaire et suffisante* pour qu'un groupe *quasi continu* de transformations analytiques soit un *groupe de Lie* (point de vue local). On retrouve notamment ainsi deux théorèmes connus : « tout sous-groupe continu d'un groupe de Lie est un groupe de Lie »; et : « tout sous-groupe d'un groupe de Lie G, fermé dans G, est un groupe de Lie ». Enfin, au paragraphe 8, on montre que tout groupe de transformations *pseudo-conformes* (envisagé du point de vue *local*) possède la propriété [P], d'où résulte le théorème fondamental suivant (théorème 11) : *Tout groupe quasi continu de transformations pseudo-conformes est un groupe de Lie* (point de vue *local*). Les deux théorèmes énoncés plus haut sont des conséquences de ce théorème fondamental.

Le paragraphe 9 est consacré à l'étude *globale* du groupe des transformations pseudo-conformes d'un domaine borné en lui-même.

Un dernier paragraphe 10 porte le titre : « Applications et compléments ».

1. — Groupes de transformations

Nous nous bornerons à envisager des transformations continues dans un espace à un nombre fini de dimensions. Soit $\mathcal{E}$ un espace abstrait à n dimensions réelles (¹), et soit D un *domaine* dans cet espace, c'est-à-dire un ensemble connexe de points de $\mathcal{E}$, dont chacun est intérieur à un voisinage dont tous les points font partie de D. Désignons par une lettre chaque point de $\mathcal{E}$. Nous envisagerons des transformations

$$M' = \varphi(M), \qquad (1)$$

dont chacune fait correspondre à chaque point M *intérieur à* D un point bien déterminé M′ *de l'espace* $\mathcal{E}$, cette correspondance étant *continue*.

Il sera commode (²) d'introduire une *métrique* dans l'espace $\mathcal{E}$, c'est-à-dire une loi qui associe, à chaque couple de points de $\mathcal{E}$, un nombre positif ou nul, appelé *distance* de ces deux points, et satisfaisant aux deux conditions suivantes : 1° la distance est nulle lorsque les deux points sont confondus, et dans ce cas seulement ; 2° la distance de deux points est une fonction *continue* par rapport à l'ensemble de ces deux points.

Etant donnée une transformation de la forme (1), définie et continue dans le domaine D, et étant donné un domaine Δ complètement intérieur à D (³), la distance du point M à son transformé $\varphi(M)$ admet, lorsque M décrit le domaine Δ, une borne

(¹) C'est-à-dire un ensemble d'éléments, appelés *points*, dans lequel ont été définis des *voisinages* satisfaisant aux conditions de HAUSDORFF (y compris la séparabilité), chaque voisinage étant homéomorphe à une hypersphère de l'espace à n dimensions.

(²) Mais cela n'a pas une importance essentielle. On pourrait se passer de cette hypothèse, ce qui compliquerait l'exposé.

(³) C'est-à-dire tel que tout ensemble infini de points de Δ ait au moins un point d'accumulation intérieur à D.

supérieure finie, que nous appellerons l'*écart* de la transformation (1) dans le domaine Δ.

Plus généralement, étant données deux transformations

$$M' = \varphi(M) \quad \text{et} \quad M'_1 = \varphi_1(M),$$

nous appellerons *écart mutuel* de ces deux transformations dans Δ, la borne supérieure de la distance des points $\varphi(M)$ et $\varphi_1(M)$ lorsque M décrit Δ.

Condition (a). — Etant donné un ensemble E de transformations de la forme (1), définies et continues dans D, nous dirons que cet ensemble satisfait à la condition *(a)* si, de quelque façon qu'on se donne deux domaines Δ et Δ' complètement intérieurs à D, l'écart mutuel dans Δ' tend vers zéro avec l'écart mutuel dans Δ ; d'une façon précise : *à chaque nombre* $\varepsilon' > 0$ *on doit pouvoir associer un nombre positif* $\varepsilon(E, \Delta, \Delta', \varepsilon')$ *qui jouit de la propriété suivante : chaque fois que deux transformations de l'ensemble* E *ont, dans* Δ, *un écart mutuel plus petit que* ε, *elles ont, dans* Δ', *un écart mutuel plus petit que* ε'.

Si un ensemble E de transformations remplit la condition (*a*), il satisfait, en particulier, à la condition suivante : deux transformations de E ne peuvent être identiques dans un domaine partiel (intérieur à D) sans être identiques dans le domaine D tout entier.

Etant donné un ensemble E de transformations qui contient la transformation identique $M' = M$, et satisfait à la condition (*a*), nous choisirons une fois pour toutes un domaine Δ_0 complètement intérieur à D, et nous dirons qu'un sous-ensemble E' de E constitue un *voisinage de la transformation identique* si E' contient toutes les transformations de E dont l'écart (dans Δ_0) est plus petit qu'un certain nombre, — et peut-être d'autres transformations. Le domaine particulier Δ_0 ne joue aucun rôle essentiel dans cette définition.

Nous arrivons maintenant à la définition d'un *groupe de transformations*. Nous appellerons *groupe* tout ensemble G de transformations (définies et continues dans D) *qui satisfait à la condition (a)*, contient la transformation identique, et satisfait, en outre, à deux conditions *(b)* et *(c)* que voici :

(b) Il existe, dans G, un voisinage $\overline{G}$ de la transformation identique, dans lequel a été définie une *loi de composition* ; cette

loi associe, à deux transformations quelconques S et T de l'ensemble $\overline{G}$, une transformation de G, appelée *produit* de S par T, et désignée par TS. La loi de composition doit satisfaire à la condition suivante: à chaque domaine Δ complètement intérieur à D on peut associer un nombre positif $\eta(\Delta)$, tel que toute transformation S de G, dont l'écart est inférieur à $\eta(\Delta)$ dans Δ, jouisse des trois propriétés suivantes : 1° S fait partie de $\overline{G}$; 2° le point S(M) est intérieur à D quel que soit M intérieur à Δ ; 3° le point TS(M) (transformé de M par la transformation-produit TS) est identique au point T[S(M)], et cela quel que soit M intérieur à Δ et quelle que soit la transformation T de $\overline{G}$.

(*c*) Il existe un voisinage $\overline{\overline{G}}$ de la transformation identique, contenu dans $\overline{G}$, et qui jouit de la propriété suivante : quelle que soit la transformation S de $\overline{\overline{G}}$, on peut trouver, dans $\overline{G}$, au moins une transformation, désignée par S^{-1}, telle que le produit $S^{-1}S$ soit la transformation identique.

Relativement aux conditions (*a*), (*b*), (*c*), faisons les remarques suivantes. Tout d'abord, si I désigne la transformation identique, et S une transformation quelconque du groupe G, le produit SI est identique à S ; il en est de même du produit IS, au moins si l'écart de S est assez petit. En second lieu, soit S une transformation quelconque de $\overline{\overline{G}}$, et soit T une transformation de $\overline{G}$ qui jouisse de la même propriété que S^{-1}, à savoir que le produit TS soit la transformation identique ; alors T est nécessairement identique à S^{-1}, au moins si l'écart de S est assez petit [1]. La transformation S^{-1} porte le nom de *transformation inverse* de S. On vérifie que l'écart de S^{-1} tend vers zéro avec l'écart de S ; donc, si l'écart de S est assez petit, S^{-1} possède à son tour une transformation inverse, et on voit facilement que l'inverse de S^{-1} n'est autre que S.

---

[1] En effet, si l'écart de S (de $\overline{\overline{G}}$) est plus petit que η (Δ_0) dans Δ_0, les transformés des points de Δ_0 par S sont tous distincts, puisque le produit S^{-1} S est la transformation identique ; par suite, d'après un théorème de topologie, S transforme Δ_0 en un *domaine* Δ_1, d'ailleurs intérieur à D. Cela étant, s'il existe dans G une transformation T telle que le produit TS soit la transformation identique, T et S^{-1} sont identiques entre elles dans Δ_1, donc, d'après la condition (*a*), dans le domaine D tout entier. C.Q.F.D.

Au sujet de la loi de composition (*b*), remarquons encore ceci : lorsque l'écart de deux transformations de G est suffisamment petit, leur produit appartient à $\overline{G}$. Par conséquent, si trois transformations S, T, U de $\overline{G}$ ont leurs écarts assez petits, les produits UT et TS appartiennent à $\overline{G}$; on peut donc envisager le produit de S par UT, et le produit de TS par U ; en outre, on a

$$U(TS)=(UT)S,$$

au moins si les écarts de U, T, S sont assez petits ([1]).

Etant donné un groupe G, tout voisinage de la transformation identique constitue à son tour un groupe de transformations. Comme on le voit, les groupes, tels qu'ils viennent d'être définis, sont uniquement envisagés du point de vue *local* : seules, les transformations voisines de la transformation identique (c'est-à-dire d'écart assez petit) nous intéressent.

Groupes localement fermés. — Soit toujours l'espace $\mathcal{E}$ et un domaine D de cet espace. Etant donnée une suite infinie de transformations S_1, ..., S_k, ..., définies et continues dans D (appartenant ou non à un groupe), nous dirons que ces transformations *convergent dans* D *vers une transformation* S si, dans chaque domaine complètement intérieur à D, l'écart mutuel de S et de S_k tend vers zéro lorsque k augmente indéfiniment. Cela étant, nous dirons qu'un groupe de transformations G est *fermé, si, de toute suite infinie de transformations de* G, *on peut extraire une suite partielle qui converge dans* D *vers une transformation faisant également partie de* G. On déduit de là que si une suite infinie de transformations de G converge, *dans un domaine partiel intérieur à* D, vers une transformation limite, celle-ci fait partie de G et la convergence a lieu dans le domaine D tout entier.

Un groupe G sera dit *localement fermé* s'il existe, dans G, un voisinage de la transformation identique qui soit *fermé* ([2]).

Cas des groupes de transformations pseudo-conformes. — Plaçons-nous dans le cas particulier où l'espace $\mathcal{E}$ est celui de n

---

([1]) Il ne s'agit pas là d'une condition nouvelle, mais d'une conséquence logique des conditions (*b*) et (*a*).

([2]) On n'exclut pas *a priori* le cas où il existerait, dans G, un « voisinage de la transformation identique » qui ne contiendrait pas d'autre transformation que la transformation identique. Tout groupe qui est dans ce cas sera considéré comme « localement fermé ».

variables *complexes* $z_1, \ldots, z_n$; nous dirons qu'une transformation

$$M' = \varphi(M)$$

est *pseudo-conforme* dans un domaine D de l'espace $\mathcal{E}$ si les n coordonnées complexes du point M' sont, dans D, des fonctions *holomorphes* des coordonnées *complexes* du point M.

Pour exprimer qu'un ensemble E de transformations *pseudo-conformes* satisfait à la condition (a), il suffit d'exprimer que E satisfait à la condition plus simple suivante :

$(a)'$ *Les transformations de l'ensemble* E *sont uniformément bornées dans tout domaine complètement intérieur à* D ; d'une façon précise : à chaque domaine Δ, complètement intérieur à D, on peut associer une hypersphère Σ de rayon fini, telle que le point $\varphi(M)$ reste intérieur à Σ quel que soit M intérieur à Δ, et quelle que soit la transformation de E.

Si la condition $(a)'$ est vérifiée, la condition (a) le sera aussi ; en effet, de $(a)'$ il résulte que les fonctions (holomorphes) qui définissent les transformations de l'ensemble E envisagé forment une famille *normale* dans D (au sens de P. Montel) ; la condition (a) n'est alors que l'expression d'un théorème classique sur la convergence des suites de fonctions holomorphes qui appartiennent à une famille normale.

Groupes envisagés du point de vue global. — Soit G un groupe de transformations de l'espace $\mathcal{E}$ définies et continues dans D (le mot *groupe* étant toujours pris dans le sens défini plus haut). Supposons cette fois que le point $M' = \varphi(M)$ soit *intérieur à* D quel que soit le point M de D, et quelle que soit la transformation de G. Supposons en outre que :

1° On puisse choisir pour $\overline{G}$ et $\overline{\overline{G}}$ le groupe G lui-même ;

2° Le point TS(M) soit identique au transformé, par T, du point S(M), et cela quel que soit M intérieur à D, et quelles que soient les transformations S et T du groupe G.

Dans ces conditions, nous dirons que G constitue un *groupe du point de vue global*. On remarquera que chaque transformation de G est nécessairement une transformation *biunivoque* du domaine D en lui-même (conséquence de l'existence d'une transformation inverse). Ainsi, la notion de *groupe envisagé du point de vue global* ne s'applique qu'à des groupes de transformations biunivoques d'un domaine en lui-même.

Il est clair que tout groupe envisagé du point de vue global peut aussi être considéré comme un groupe du point de vue local.

2. — Groupes continus

Rappelons quelques notions bien connues.

Groupes continus abstraits (point de vue global). — Considérons un *groupe abstrait* [1] g, c'est-à-dire un ensemble d'éléments satisfaisant aux trois conditions suivantes :

1° Il a été défini une loi de composition, qui, à chaque couple d'éléments s et t de g, rangés dans un ordre déterminé, associe un élément de g, appelé produit de s par t, et désigné par ts ; cette loi satisfait à la condition suivante : s, t, u désignant trois éléments quelconques de g, on a

$$u(ts)=(ut)s\,;$$

2° L'ensemble g contient au moins un élément i tel que l'on ait

$$is=s$$

pour tout élément s de g ;

3° A chaque élément s de g on peut associer au moins un élément de g, désigné par s^{-1}, et tel que

$$s^{-1}s=i.$$

On sait que l'unicité de l'élément-unité, l'unicité de l'élément inverse d'un élément donné, les relations $si=s$ et $ss^{-1}=i$, etc..., sont des conséquences logiques des conditions précédentes.

Ceci rappelé, soit g un groupe abstrait dans lequel les éléments seraient les points d'un espace abstrait $\mathcal{V}$ à p dimensions (réelles). Supposons en outre que la loi de composition satisfasse à la condition suivante : le produit ts (qui est un point de $\mathcal{V}$) est une fonction *continue par rapport à l'ensemble des variables s et t.* Dans ces conditions, nous dirons que g est un *groupe continu abstrait à p paramètres* (point de vue *global*).

A un tel groupe g on peut associer un groupe G de transformations biunivoques de l'espace $\mathcal{V}$ en lui-même (point de vue

---

[1] Voir, par exemple, Van der Waerden, *Moderne Algebra* (Springer 1930), 1. Teil, pp. 15 et suivantes.

global). En effet, à un élément s de g on peut associer la transformation S qui, à chaque point t de $\mathcal{V}$, fait correspondre le point st. L'ensemble des transformations ainsi obtenues satisfait à la condition (*a*) du § 1 (l'espace $\mathcal{E}$ et le domaine D étant ici représentés tous deux par $\mathcal{V}$). En outre, cet ensemble constitue un *groupe*, si l'on convient que le produit de deux transformations S_1 et S_2 n'est autre que la transformation associée au produit (dans le groupe abstrait g) des transformations correspondantes s_1 et s_2.

Nous donnerons également le nom de groupe continu abstrait au groupe G. Le groupe G est *simplement transitif* dans $\mathcal{V}$; en d'autres termes, G contient une transformation et une seule qui amène un point arbitraire de $\mathcal{V}$ en un point arbitraire de $\mathcal{V}$. $\mathcal{V}$ porte le nom de *variété* du groupe abstrait G.

Deux groupes continus abstraits G et G' doivent être regardés comme identiques (globalement) si l'on peut établir, entre les points des variétés $\mathcal{V}$ et $\mathcal{V}'$ de ces groupes, une correspondance biunivoque et continue dans laquelle les transformations identiques se correspondent, et qui respecte la loi de composition.

Etant donné un groupe continu abstrait G (tel qu'il vient d'être défini, c'est-à-dire envisagé du point de vue *global*), on peut avoir intérêt à ne considérer, dans G, que les transformations d'*écart assez petit* (cf. § 1) ; d'ailleurs, tout voisinage de la transformation identique, dans un groupe continu abstrait, constitue encore un groupe de transformations (envisagé du point de vue *local*), définies et continues dans la variété $\mathcal{V}$, ou même seulement dans un domaine partiel de $\mathcal{V}$. En outre, étant donné un voisinage G_1 de la transformation identique, chaque transformation de G peut se mettre sous la forme du produit d'un nombre fini de transformations de G_1.

Mais, pour définir, du point de vue *local*, un groupe continu abstrait, il n'est pas nécessaire de passer d'abord par le point de vue global. C'est ce que nous allons indiquer maintenant.

Définition d'un groupe continu abstrait (point de vue local). — Soit g un groupe de transformations (point de vue local), au sens du § 1, l'espace $\mathcal{E}$ étant ici représenté par l'espace euclidien à p dimensions réelles, et le domaine D par une hypersphère Σ de cet espace. Supposons que g contienne une transformation et une seule amenant le centre i de Σ en un point arbitraire s de Σ, et que, cette transformation étant désignée par

$$m' = \varphi(m\,; s) \text{ (}^1\text{)},$$

la fonction φ soit *continue par rapport à l'ensemble des variables m et s* lorsque m et s sont intérieurs à Σ. Nous dirons qu'un tel groupe g définit un groupe continu abstrait à p paramètres (point de vue local). On remarquera que, chaque transformation de g étant caractérisée par le point s en lequel elle amène le point i, le point i est représentatif de la transformation identique ; l'*écart* d'une transformation de g tend vers zéro lorsque le point représentatif s tend vers i, et dans ce cas seulement ; par suite, si les points représentatifs s_1 et s_2 de deux transformations de g sont assez voisins de i, ces transformations ont un produit dans g, et le point représentatif $\varphi(s_1\,; s_2)$ de ce produit est une fonction continue par rapport à l'ensemble des variables s_1 et s_2.

Soient donnés deux groupes continus abstraits g et g' (envisagés soit du point de vue local, soit du point de vue global). Nous dirons qu'ils sont *localement identiques* si l'on peut trouver, dans g et g', deux voisinages de la transformation identique, et établir, entre les points représentatifs des transformations de ces deux voisinages, une correspondance biunivoque et continue qui respecte la loi de composition (et dans laquelle, par conséquent, les transformations identiques se correspondent).

Groupes continus de transformations (point de vue local). — Soit de nouveau, comme au § 1, un groupe G de transformations d'un espace $\mathcal{E}$, définies et continues dans un domaine D de cet espace. Nous dirons que G est un groupe *continu à p paramètres* (du point de vue *local*) si on peut établir, entre les transformations de G qui appartiennent à un certain voisinage de la transformation identique, et les points d'une hypersphère fermée ([2]) σ de l'espace euclidien à p dimensions réelles, une correspondance biunivoque ([3]), dans laquelle la transformation identique correspond à

([1]) m désigne un point variable de Σ, et m' le point (de $\mathcal{E}$) transformé de m par la transformation envisagée (celle qui amène i en s).

([2]) Par hypersphère *fermée*, nous entendons l'ensemble des points intérieurs à une hypersphère et des points frontières.

([3]) Le mot *biunivoque* signifie, en particulier, que les transformations associées à deux points *distincts* de σ ne sont jamais identiques entre elles.

un point i intérieur à σ, et qui satisfait à la condition suivante : si

$$M' = \Phi(M\,; m)$$

désigne la transformation de G qui correspond au point m de σ, la fonction Φ est *continue par rapport à l'ensemble des variables* M *et* m.

On remarquera que tout groupe continu abstrait peut être considéré comme un groupe continu de transformations. Inversement, à tout groupe continu de transformations G (envisagé du point de vue local), on peut associer un groupe continu abstrait g (point de vue local). En effet, dès qu'un point m de σ est assez voisin de i, l'écart de la transformation correspondante de G est petit. Donc il existe une hypersphère Σ, de centre i, intérieure à σ, et qui jouit de la propriété suivante : étant donnés deux points quelconques m_1 et m_2 de Σ, les transformations correspondantes de G ont un produit ; à ce produit correspond un point m' de σ, et on démontre facilement que m' est une fonction $\varphi(m_1\,; m_2)$ continue par rapport à l'ensemble des variables m_1 et m_2. Les transformations

$$m' = \varphi(m\,; s),$$

considérées comme faisant correspondre à chaque point m de Σ un point m' de σ (s étant considéré comme un paramètre) définissent un groupe continu abstrait g à p paramètres (point de vue local); le groupe g est isomorphe au groupe G ; on l'appelle parfois le *groupe des paramètres* du groupe G.

Groupes continus de transformations (point de vue global).— Soit G un groupe de transformations biunivoques d'un domaine D (à n dimensions) en lui-même, G étant envisagé du point de vue *global* (Cf. § 1). Nous dirons que G est un *groupe continu à p paramètres* (point de vue *global*) si on peut établir, entre les transformations de G et les points d'un espace abstrait $\mathcal{V}$ à p dimensions réelles, une correspondance biunivoque qui satisfasse aux deux conditions suivantes :

1° Si l'on désigne par :

$$M' = \Phi(M\,; m)$$

la transformation de G qui correspond au point m de $\mathcal{V}$, la fonction Φ est continue par rapport à l'ensemble des variables M

2° Il existe, dans G, un voisinage de la transformation identique (au sens du § 1) tel que les points associés de $\mathcal{V}$ constituent un ensemble *fermé* dans $\mathcal{V}$.

Tout groupe continu abstrait (point de vue global) peut être considéré comme un groupe continu de transformations biunivoques de la variété des paramètres (point de vue global). Inversement, à tout groupe continu de transformations G (point de vue global) on peut associer un groupe continu abstrait g (point de vue global), isomorphe à G. Le lecteur fera lui-même la démonstration, qui exige notamment que l'on utilise la condition 2° (formulée quelques lignes plus haut). De ce qui précède, on déduit aussi la proposition suivante : étant donné, dans G, un voisinage arbitraire de la transformation identique (soit G_1), chaque transformation de G est le produit d'un nombre fini de transformations appartenant à G_1.

On pourrait donner d'un groupe continu de transformations (point de vue global) une autre définition, non équivalente à la précédente. Pour éviter toute confusion, nous réserverons le nom de « groupes continus (point de vue global) au *sens restreint* », aux groupes continus tels qu'ils ont été définis plus haut.

Définition. — Un groupe de transformations G (point de vue global) sera dit *continu à p paramètres au sens étendu*, si l'on peut, entre les transformations de G et celles d'un groupe continu abstrait g à p paramètres (point de vue global), établir une correspondance biunivoque satisfaisant aux conditions suivantes :

1° Si l'on désigne par

$$M' = \Phi(M\,;\,s)$$

la transformation de G qui correspond à la transformation s de g, la fonction Φ est continue par rapport à l'ensemble des variables M et s ;

2° Au produit de deux transformations de g correspond le produit des transformations correspondantes de G (en particulier, à la transformation identique de g correspond la transformation identique de G).

Il est clair que tout groupe continu au sens étendu est continu au sens restreint ; la réciproque n'est pas vraie, comme le prouve le groupe continu à un paramètre t (réel)

$$x' \equiv x + t \pmod{1}, \qquad y' \equiv y + at \pmod{1},$$

a désignant un nombre réel irrationnel : ce groupe de transformations d'un tore [1] en lui-même est continu au sens étendu, mais non au sens restreint, car la condition 2° du sens restreint n'est pas remplie.

On remarquera que tout groupe continu au sens restreint est *localement fermé* (au sens du § 1) ; il n'en est pas toujours de même pour un groupe continu au sens étendu.

Notons que la distinction entre le sens restreint et le sens étendu [2] n'a lieu d'être faite que pour les groupes continus envisagés du point de vue *global*.

Signalons, sans démonstration, le théorème suivant :

« Soit g un groupe continu (point de vue local) de transformations biunivoques d'un domaine borné D en lui-même. Plus exactement, désignons par g l'ensemble des transformations du groupe qui sont associées aux points d'une hypersphère de l'espace des paramètres, cette hypersphère contenant le point représentatif de la transformation identique. Etant donné un nombre quelconque de transformations quelconques de g, soient s_1, s_2, ..., s_k, effectuons successivement, sur le domaine D, ces transformations ; le résultat est encore une transformation biunivoque de D en lui-même. *L'ensemble de toutes les transformations que l'on peut obtenir ainsi constitue un groupe continu* G (point de vue global). » En général, on pourra seulement affirmer que G est continu *au sens étendu* ; néanmoins si on sait par ailleurs que toutes les transformations de G, dont l'écart est plus petit qu'un nombre fixe, font partie de g, alors il est clair que G est un groupe continu *au sens restreint*.

Groupes continus de transformations analytiques. — Si un groupe G (envisagé soit du point de vue local, soit du point de vue global) est à la fois un groupe de transformations *analytiques*, et un groupe *continu* de transformations (sens restreint ou sens étendu), nous dirons que G est un groupe continu de transformations analytiques. On définirait de même ce qu'il faut entendre par *groupe continu de transformations pseudo-conformes*.

---

(1) Le *tore* en question est le lieu des systèmes de deux nombres réels x, y, définis *modulo* 1.

(2) J'ai été amené à faire cette distinction à la suite d'une conversation avec M. E. Cartan.

3. — Groupes quasi-continus de transformations

Définition. — Soit G un groupe de transformations d'un espace $\mathcal{E}$, définies et continues dans un domaine D de cet espace (Cf. § 1); G peut être envisagé soit du point de vue local, soit du point de vue global, mais la quasi-continuité qui va être définie est une propriété *locale* de G. Nous dirons que G est *quasi-continu d'ordre au plus égal à q*, si on peut établir, entre les transformations de G qui appartiennent à un certain voisinage de la transformation identique, et les points d'un certain ensemble (ε), intérieur à l'espace euclidien à q dimensions (réelles), *borné* et *fermé* dans cet espace, une correspondance *biunivoque* [1] satisfaisant à la condition suivante : si l'on désigne par

$$M' = \Phi(M\,;\,m)$$

la transformation de G qui correspond au point m de l'ensemble (ε), la fonction Φ doit être *continue par rapport à l'ensemble des variables* M *et* m, lorsque M varie dans D et m dans (ε).

On n'exclut pas le cas où l'ensemble (ε) serait réduit à un seul point.

Il est clair qu'un groupe quasi-continu de transformations est *localement fermé* (§ 1). Il est clair aussi que tout groupe continu (point de vue local) est quasi-continu.

On a le théorème important suivant :

Théorème 1. — *Etant donné, dans l'espace de n variables complexes* $z_1, \ldots, z_n$, *un domaine borné* D, *le groupe* G *de toutes les transformations pseudo-conformes biunivoques de* D *en lui-même est quasi-continu d'ordre au plus égal à* $2\,n(n+1)$ [2].

Démonstration. — Chaque transformation S de G est définie par n fonctions $z'_1, \ldots, z'_n$ holomorphes en $z_1, \ldots, z_n$ dans le domaine D. A une telle transformation on peut attacher un système de $2\,n(n+1)$ nombres réels, en procédant de la façon suivante : choisissons une fois pour toutes un point O intérieur à D ; puis,

[1] Voir la note 3 de la page 14.

[2] Cet énoncé n'a rien de définitif ; nous verrons en effet plus loin (§ 8) que G est un groupe *continu* (et même un groupe de Lie) à $n\,(n+2)$ paramètres au plus, — à moins que G ne contienne qu'une infinité dénombrable de transformations.

étant donnée la transformation S de G, considérons d'une part les valeurs (complexes) de $z'_1, \ldots, z'_n$ au point O, d'autre part les valeurs (complexes) des n^2 dérivées partielles de $z'_1, \ldots, z'_n$ par rapport à $z_1, \ldots, z_n$, prises au point O. Cela fait bien $2n(n+1)$ nombres réels, ou, si l'on veut, un point bien déterminé de l'espace euclidien $\mathcal{E}$ à $2n(n+1)$ dimensions.

Cela posé, choisissons une hypersphère fermée (1) Σ de centre O, complètement intérieure à D. Désignons par g l'ensemble des transformations de G qui amènent O en un point de Σ ; il est clair que g constitue un « voisinage de la transformation identique » dans G. Je dis que deux transformations distinctes de g ont toujours pour associés dans l'espace $\mathcal{E}$ deux points *distincts* ; en effet, cela résulte d'une proposition connue de la théorie des fonctions de plusieurs variables complexes (2). Soit alors (ε) l'ensemble des points de $\mathcal{E}$ associés aux transformations de g. L'ensemble (ε) est *borné* et *fermé*, comme cela résulte d'un autre théorème connu (3). Enfin, si l'on désigne par

$$M' = \Phi(M\,;\,m)$$

la transformation de g à laquelle est associé le point m de l'espace $\mathcal{E}$, la fonction Φ est continue par rapport à l'ensemble des variables M et m, lorsque M varie dans D et m dans (ε) ; on le démontre facilement comme conséquence des deux théorèmes qui viennent d'être rappelés [(2) et (3)]. Il est donc établi que G est quasi-continu d'ordre au plus égal à $2n(n+1)$.

La démonstration vaut pour tout domaine D borné, que D soit univalent ou ne le soit pas ; dans ce dernier cas, il suffit d'avoir soin de prendre pour O un point qui ne soit pas un point de ramification (4) pour le domaine D.

---

(1) C'est-à-dire l'ensemble des points intérieurs à l'hypersphère et des points frontières.

(2) Voir, par exemple, H. Cartan, *Les fonctions de deux variables complexes*, etc. (*Journal de Math.*, 9e série, t. 10, 1931, pp. 1-114), théorème VII, p. 30. La démonstration vaut pour n variables.

(3) H. Cartan, *Sur les fonctions de plusieurs variables complexes*, etc. (*Math. Zeitschrift*, **35**, 1932, pp. 760-773) ; théorème 2, p. 768.

(4) Voir par exemple, dans l'article cité à la note (3) de cette page, les §§ 1 et 2.

4. — Groupes de Lie

Commençons par le point de vue *local.*

Cas d'un groupe de transformations analytiques. — Un groupe G de transformations analytiques est un *groupe de Lie* (point de vue *local*) si c'est un groupe *continu* (à p paramètres) du point de vue *local*, et si en outre on peut choisir la loi de correspondance entre les transformations de G et les points de l'hypersphère σ (de l'espace à p dimensions) de façon que les coordonnées du point

$$M' = \Phi(M ; m)$$

soient des fonctions *analytiques par rapport à l'ensemble de toutes les variables* : les coordonnées de M et celles de m.

Dans le cas particulier d'un groupe de transformations *pseudo-conformes*, il s'agira de choisir la loi de correspondance de façon que les coordonnées *complexes* du point

$$M' = \Phi(M ; m)$$

soient des fonctions analytiques par rapport à l'ensemble de toutes les variables, à savoir les coordonnées *complexes* de M et les coordonnées *réelles* de m.

Cas plus général d'un groupe de transformations continues.— Supposons simplement que les transformations d'un groupe G soient continues. G sera nommé *groupe de Lie* (point de vue *local*) si G est un groupe *continu* du point de vue *local*, et si en outre on peut choisir, au voisinage de chaque point de l'espace $\mathcal{E}$ dans lequel opère G, un système de coordonnées convenable, et choisir la loi de correspondance entre les transformations de G et les points de l'hypersphère σ, de façon que les coordonnées du point

$$M' = \varphi(M ; m)$$

soient analytiques par rapport à l'ensemble de toutes les variables: les coordonnées de M et celles de m.

On a vu que tout groupe *continu abstrait* (point de vue *local*) peut être considéré comme un groupe de transformations. En conséquence, un groupe continu abstrait sera un groupe de

Lie s'il est localement identique à un groupe continu abstrait dans lequel les transformations

$$m' = \varphi(m\,;\,s) \quad (^1)$$

seraient *analytiques* (par rapport à l'ensemble des coordonnées des points m et s).

Dans la théorie classique de Lie, on démontre la proposition suivante : *Si un groupe de transformations* G *est un groupe de Lie du point de vue local, le groupe des paramètres* (²) *du groupe* G (qui est un groupe continu abstrait *g*) *est aussi un groupe de Lie.* En particulier, si un groupe de transformations *analytiques* est un groupe de Lie, le groupe des paramètres est un groupe de Lie. Il est naturel de se demander si cette dernière proposition admet une réciproque :

« Si un groupe G de transformations *analytiques* est tel que le groupe des paramètres soit un groupe de Lie, G est un groupe de Lie. » Cette réciproque n'a jamais été démontrée ; on n'a jamais non plus, du moins à ma connaissance, trouvé un exemple la mettant en défaut. Il y a donc là un problème intéressant. Je signale simplement que ce problème est résolu dans le cas particulier des groupes de transformations *pseudo-conformes* ; on peut en effet démontrer facilement (³) la proposition suivante :

Soit G *un groupe continu de transformations pseudo-conformes (point de vue local); si le groupe des paramètres de* G *est un groupe de Lie, le groupe* G *est lui-même un groupe de Lie.*

Malgré la simplicité de la démonstration, nous ne la reproduirons pas ici ; nous établirons en effet plus loin une proposition encore plus générale, à savoir :

Tout groupe continu de transformations pseudo-conformes (point de vue *local*) *est un groupe de Lie.*

Comme nous l'avons rappelé dans l'Introduction, la question

(¹) Se reporter à la définition d'un groupe continu abstrait (point de vue local).

(²) Cf. § 2.

(³) H. Cartan, *Sur les groupes de transformations pseudo-conformes* (*Comptes Rendus*, **196**, 1933, p. 669). Au sujet de la démonstration donnée dans cette note, je signale un défaut d'exposition qui pourrait faire croire que les fonctions envisagées doivent être supposées développables en séries de Fourier, alors qu'il suffit de les supposer *continues* ; de toute façon, les coefficients de Fourier existent.

est toujours pendante de savoir s'il existe des groupes continus abstraits (point de vue local) qui ne soient pas des groupes de Lie. Mais, comme conséquence de notre théorème, nous pouvons affirmer ceci : *s'il existe un groupe continu abstrait g qui ne soit pas un groupe de Lie, il est impossible de trouver un groupe de transformations pseudo-conformes dont g soit le groupe des paramètres.*

Abordons maintenant le point de vue *global.*

Définition. — Un groupe de transformations G (point de vue *global*) est un *groupe de Lie du point de vue global* si : 1° G est *continu du point de vue global* ; 2° G est un *groupe de Lie du point de vue local.* Suivant que G est continu au sens restreint, ou au sens étendu, nous dirons que G est un groupe de Lie au sens restreint, ou au sens étendu.

En particulier, un groupe *continu abstrait* (point de vue *global*) est un groupe de Lie, si, envisagé du point de vue local, c'est un groupe de Lie.

Comme conséquence d'une proposition signalée à la fin du § 2, nous pouvons signaler ceci : « Soit *g* un groupe (point de vue *local*) de transformations analytiques biunivoques d'un domaine D en lui-même ; supposons que *g* soit un groupe de Lie du point de vue local, et, plus précisément, désignons par *g* l'ensemble des transformations du groupe qui sont associées aux points de l'hypersphère σ. Etant donné un nombre quelconque de transformations de *g*, effectuons successivement, sur le domaine D, ces transformations : le résultat est encore une transformation analytique biunivoque de D en lui-même. *L'ensemble de toutes les transformations ainsi obtenues constitue un groupe de Lie du point de vue global.* »

5. — Transformations infinitésimales d'un groupe de transformations analytiques

Dans ce paragraphe, ainsi que dans les trois suivants, il ne sera question que de groupes de transformations *analytiques* envisagés du point de vue *local.*

Définition. — Soit G un groupe de transformations *analytiques.* Nous ne supposons pas que G soit un groupe de Lie, ni même que G soit continu. Nous dirons que G *admet la transformation infinitésimale*

$$\frac{dM}{dt} = \psi(M) \quad (\psi \text{ étant analytique}) \tag{2}$$

si G contient les transformations finies engendrées par cette transformation infinitésimale, tout au moins celles qui correspondent à des valeurs assez petites de $|t|$.

Cette définition appelle quelques explications. Par hypothèse, G est un groupe de transformations analytiques dans un domaine D de l'espace à n dimensions (réelles ou complexes). La notation $\psi(M)$ désigne n fonctions des n coordonnées (réelles ou complexes) du point M, fonctions supposées définies et analytiques lorsque M est intérieur à D. La notation

$$\frac{dM}{dt} = \psi(M)$$

désigne un système de n équations différentielles à n fonctions inconnues (réelles ou complexes) de la variable t. Cela posé, choisissons arbitrairement un domaine Δ_0 complètement intérieur à D; les théorèmes classiques d'existence nous apprennent que le système différentiel

$$\frac{dM'}{dt} = \psi(M')$$

admet une solution et une seule

$$M' = \Psi(M\,;t) \tag{3}$$

qui satisfasse aux conditions suivantes :

1° Les coordonnées du point M′ sont *analytiques* par rapport à l'ensemble de toutes les variables (savoir : les coordonnées de M et le paramètre réel t) lorsque M est intérieur à Δ_0, et t inférieur, en valeur absolue, à un nombre assez petit (soit τ ce nombre) ;

2° On a l'identité

$$\Psi(M\,;0) = M$$

pour tout point M intérieur à Δ_0.

Si nous revenons à notre groupe G, les transformations de G sont analytiques dans Δ_0, puisqu'elles sont, par hypothèse, analytiques dans D. Dire que G admet la transformation infinitésimale (2), c'est dire qu'il existe un nombre positif $\tau' \leqq \tau$ tel que, pour chaque t satisfaisant à

$$|t| < \tau',$$

la transformation (2) fasse partie de G. Il est clair que le domaine particulier Δ_0 qui a été choisi ne joue aucun rôle essentiel dans cette définition.

On sait que les transformations (3), envisagées dans le domaine Δ_0, y forment un groupe (au sens du § 1), la loi de composition étant l'*addition* pour le paramètre t.

Remarque : Pour que G admette la transformation infinitésimale (2), il suffit que G admette les transformations (3) qui correspondent aux valeurs *positives* assez petites du paramètre t. En effet, G, étant un groupe, admet, avec chaque transformation d'écart assez petit, l'inverse de cette transformation.

La notion de *groupe admettant une transformation infinitésimale* gagne encore en clarté si l'on démontre le théorème suivant :

Théorème 2. — *Soit* D *un domaine dans l'espace de n variables (réelles ou complexes), et soit* $\psi(M)$ *une fonction analytique* (¹) *dans* D. *Soient*

$$M' = \Psi(M\,;t) \qquad (3)$$

les transformations engendrées par la transformation infinitésimale

$$\frac{dM}{dt} = \psi(M). \qquad (2)$$

Δ_0 désignant un domaine quelconque complètement intérieur à D, la fonction Ψ est analytique par rapport à l'ensemble des variables M et t, lorsque M est intérieur à Δ_0 et $|t|$ inférieur à un certain nombre τ.

Soit d'autre part G *un groupe de transformations analytiques dans* D. *Supposons que les transformations* (3), *qui sont analytiques en* M *dans* Δ_0 *lorsque* $|t| < \tau$, *fassent partie de* $\overline{G}$ [Cf. § 1, con-

(¹) C'est-à-dire l'ensemble de n fonctions analytiques des coordonnées du point M.

dition (*b*)] *pour* $|t| < \tau' \leqslant \tau$. *Alors la fonction* Ψ *est analytique par rapport à l'ensemble des variables* M *et* t *pour*

$$\begin{cases} \text{M intérieur à D}, \\ |t| < \tau'. \end{cases}$$

Au lieu de démontrer ce théorème, nous allons démontrer un théorème plus général :

Théorème 2*bis*. — *Soient p fonctions* $\psi_1(\mathrm{M}), \dots, \psi_p(\mathrm{M})$ *analytiques dans un domaine* D. *Supposons qu'aucune combinaison linéaire* $a_1\psi_1 + \dots + a_p\psi_p$, *à coefficients réels constants, ne soit identiquement nulle, et désignons par*

$$\mathrm{M}' = \Psi(\mathrm{M}\,; a_1 t, \dots, a_p t)$$

le groupe à un paramètre engendré par la transformation infinitésimale

$$\frac{d\mathrm{M}}{dt} = a_1\psi_1(\mathrm{M}) + \cdots + a_p\psi_p(\mathrm{M})\,.$$

Si on pose $a_i t = t_i\,(i = 1, \dots, p)$ on sait que, Δ désignant un domaine quelconque complètement intérieur à D, la fonction

$$\Psi(\mathrm{M}\,; t_1, \dots, t_p)$$

est analytique par rapport à l'ensemble des variables M, $t_1, \dots, t_p$, lorsque M est intérieur à Δ et que $|t_1|, \dots, |t_p|$ sont inférieurs à un certain nombre qui dépend en général de Δ. Cela étant, choisissons un domaine fixe Δ_0, complètement intérieur à D, et supposons Ψ analytique par rapport à l'ensemble des variables M, $t_1, \dots, t_p$ pour

$$\begin{cases} \text{M intérieur à } \Delta_0\,, \\ |t_i| < \tau\ (i = 1, \dots, p). \end{cases}$$

Supposons en outre que, pour $|t_i| < \tau$, *les transformations*

$$\mathrm{M}' = \Psi(\mathrm{M}\,; t_1, \dots, t_p) \tag{4}$$

forment un groupe (de Lie) Γ *dans le domaine* Δ_0.

Soit d'autre part G *un groupe de transformations analytiques dans* D. *Supposons que les transformations* (4) *fassent partie de*

$\overline{G}$ [1] *pour* $|t_i| < \tau' \leqq \tau$. *Alors la fonction* Ψ *est analytique par rapport à l'ensemble des variables* M, $t_1, \ldots, t_p$ *pour*

$$\begin{cases} \text{M intérieur à D}, \\ |t_i| < \tau'. \end{cases}$$

Démonstration. — $t_1, \ldots, t_p$ étant fixés ($|t_i| < \tau'$), la transformation (4) fait, par hypothèse, partie de $\overline{G}$, et *a fortiori* de G; donc Ψ est une fonction analytique de M lorsque M est intérieur à D. En particulier, nous définissons ainsi la fonction $\Psi(M; t_1, \ldots, t_p)$ pour

$$\begin{cases} \text{M intérieur à D}, \\ |t_i| < \tau'. \end{cases} \tag{5}$$

Il reste à montrer que Ψ est analytique par rapport à toutes les variables dans le domaine (5). Soit donc Δ un domaine quelconque, complètement intérieur à D, et soient $u_1, \ldots, u_p$ p nombres réels quelconques, mais fixes, inférieurs à τ' en valeur absolue. Il suffit de montrer que Ψ est analytique en M, $t_1, \ldots, t_p$ lorsque M est intérieur à Δ, et lorsque $t_1, \ldots, t_p$ sont respectivement voisins de $u_1, \ldots, u_p$. On peut d'ailleurs supposer que Δ contient Δ_0.

Choisissons un domaine Δ_1 complètement intérieur à Δ_0. Puisque les transformations (4) forment, dans Δ_0, un groupe de Lie Γ, la théorie classique nous apprend que la transformation

$$M' = \Psi[\Psi(M; v_1, \ldots, v_p); u_1, \ldots, u_p], \tag{6}$$

qui a un sens si M est intérieur à Δ_1 et si $|v_1|, \ldots, |v_p|$ sont petits, fait partie de Γ si $|v_1|, \ldots, |v_p|$ sont assez petits; il existe donc p nombres $t_1, \ldots, t_p$, respectivement voisins de $u_1 \ldots, u_p$, tels que l'on ait la relation

$$\Psi[\Psi(M; v_1, \ldots, v_p); u_1, \ldots, u_p] = \Psi(M; t_1, \ldots, t_p) \tag{6'}$$

lorsque M est intérieur à Δ_1. Inversement, à chaque système de nombres $t_1, \ldots, t_p$, suffisamment voisins de $u_1, \ldots, u_p$, correspond un système (unique) de nombres $v_1, \ldots, v_p$, voisins de zéro, tels que la relation précédente soit vérifiée pour tout M intérieur à Δ_1; en outre, $v_1, \ldots, v_p$ sont des fonctions *analytiques* de $t_1, \ldots, t_p$ au voisinage de $t_i = u_i$.

Or on sait (voir l'énoncé) que $\Psi(M; v_1, \ldots, v_p)$ est analytique

[1] Cf. § 1, condition (*b*).

par rapport à l'ensemble des variables M, $v_1, \ldots, v_p$ lorsque M est intérieur à Δ, et que $|v_1|, \ldots, |v_p|$ sont suffisamment petits ; d'ailleurs, quand les $|v_i|$ sont assez petits, l'écart de la transformation

$$M' = \Psi(M ; v_1, \ldots, v_p)$$

est plus petit que $\eta(\Delta)$ dans Δ [Cf. § 1, condition (*b*)]. Dans ces conditions, la transformation (6) fait partie de G ; or, lorsque M est intérieur à Δ_1, cette transformation est identique à

$$M' = \Psi(M ; t_1, \ldots, t_p),$$

transformation qui fait aussi partie de G. Donc la relation (6′) a encore lieu lorsque M est intérieur à Δ. Elle montre que $\Psi(M ; t_1, \ldots, t_p)$ est analytique par rapport à l'ensemble des variables M, $v_1, \ldots, v_p$ lorsque M est intérieur à Δ, et que $t_1, \ldots, t_p$ sont suffisamment voisins de $u_1, \ldots, u_p$. Comme $v_1, \ldots, v_p$ sont eux-mêmes des fonctions analytiques de $t_1, \ldots, t_p$, le théorème 2*bis* est démontré.

Revenons maintenant aux transformations infinitésimales d'un groupe de transformations analytiques. Nous allons indiquer une condition *suffisante* pour qu'un groupe G admette une transformation infinitésimale donnée :

Théorème 3. — *Soit* G *un groupe localement fermé* (Cf. § 1) *de transformations analytiques. Si l'on peut trouver, dans* G, *une suite infinie de transformations* $S_1, \ldots, S_k, \ldots$ *qui convergent vers la transformation identique, et s'il existe une suite infinie d'entiers positifs* $m_1, \ldots, m_k, \ldots$ *tels que la suite des fonctions*

$$m_k(S_k(M) - M) = \psi_k(M)$$

converge uniformément vers une fonction analytique $\psi(M)$ *non identiquement nulle, alors le groupe* G *admet la transformation infinitésimale*

$$\frac{dM}{dt} = \psi(M).$$

Donnons d'abord quelques précisions sur les notations employées. Soit D le domaine dans lequel les transformations de G sont, par hypothèse, analytiques. Par la notation $S_k(M)$, nous désignons *n* fonctions des *n* coordonnées (réelles ou complexes) de M, analytiques lorsque M est intérieur à D : à savoir les *n* coordonnées du point transformé de M par la transformation S_k. De même, la notation

$$S_k(M) - M$$

désigne n fonctions des n coordonnées de M ; si nous multiplions ces fonctions par l'entier m_k, nous obtenons n nouvelles fonctions qui sont désignées par la notation $\psi_k(M)$ de l'énoncé. Nous supposons que ces n produits (qui dépendent de l'indice k) tendent respectivement vers n fonctions analytiques dans D, et nous désignons l'ensemble de ces n fonctions-limites par la notation $\psi(M)$; nous supposons que la convergence est uniforme dans tout domaine complètement intérieur à D.

Par hypothèse, G opère dans un espace à n dimensions (réelles ou complexes). Par *distance* de deux points M $(x_1, \ldots, x_n)$ et $M'(x_1', \ldots, x_n')$ de cet espace, nous entendrons la plus grande des quantités

$$|x_i' - x_i| \qquad (i = 1, \ldots, n) ;$$

nous désignerons cette distance par $|M' - M|$. De même, lorsque nous désignons n fonctions des coordonnées d'un point M par une notation unique, telle que $\psi(M)$, nous désignerons par

$$|\psi(M)|$$

la plus grande des valeurs absolues (ou des modules) des n composantes de cette fonction.

Cela posé, arrivons à la démonstration du théorème 3. G, étant localement fermé, contient un voisinage de la transformation identique qui est fermé. Ce voisinage est aussi un groupe ; désignons-le à nouveau par G.

Prenons arbitrairement, une fois pour toutes, deux domaines Δ et Δ' complètement intérieurs à D, le domaine Δ étant complètement intérieur à Δ'. Il existe alors un nombre r qui jouit de la propriété suivante : P désignant un point quelconque de Δ, tout point M dont la *distance* à P est inférieure à r est intérieur à Δ'. On peut supposer en outre que r a été choisi inférieur au nombre $\eta(\Delta)$ [Cf. § 1, condition (*b*)]; en conséquence, si deux transformations S et T de G ont, dans Δ, un écart inférieur à r, on a l'égalité

$$TS(M) = T[S(M)]$$

pour tout M intérieur à Δ.

$\psi(M)$ ayant la signification de l'énoncé, désignons par

$$M' = \Psi(M, t) \tag{3}$$

le groupe à un paramètre engendré par la transformation infinitésimale

$$\frac{dM}{dt} = \psi(M). \tag{2}$$

On sait, d'après les théorèmes classiques d'existence, que Ψ est analytique en M et t pour

$$\begin{cases} M \text{ intérieur à } \Delta', \\ |t| < \tau, \end{cases}$$

τ étant un nombre positif convenable.

Désignons par A le maximum de $|\psi(M)|$ dans Δ', et par ρ le plus petit des nombres

$$\frac{r}{A} \text{ et } \tau.$$

Je dis que, *si t est compris entre* 0 *et* ρ, *la transformation* (3) (qui est analytique en M dans Δ) *fait partie de* G ; cela démontrera le théorème.

Soit donc t_0 un nombre tel que

$$0 < t_0 < \rho.$$

Désignons par q_k l'entier le plus voisin du produit $m_k t_0$ (on donne à m_k la signification qu'il a dans l'énoncé du théorème 3). L'entier q_k augmente indéfiniment avec k, et on a l'inégalité

$$\left| \frac{t_0}{q_k} - \frac{1}{m_k} \right| < \frac{B}{(m_k)^2}, \tag{7}$$

B étant indépendant de k. Nous allons montrer : 1° que, k étant fixé. les puissances successives de la transformation S_k, jusqu'à la q_k-ème, existent et font partie de G ; 2° que les transformations $S_k^{q_k}$ convergent, dans Δ, vers la transformation

$$M' = \Psi(M\,;t_0).$$

Le groupe G étant *fermé*, nous conclurons que cette dernière transformation fait partie de G. C. Q. F. D.

Démonstration de 1°. — On a, par hypothèse,

$$S_k(M) - M = \frac{1}{m_k}\Big(\psi(M) + \eta_k(M)\Big),$$

$|\eta_k(M)|$ tendant vers zéro avec $\frac{1}{k}$, et cela uniformément par rapport à M lorsque M décrit Δ'. En tenant compte de (7), il vient

$$S_k(M) - M = \frac{t_0}{q_k}\Big(\psi(M) + \eta'_k(M)\Big), \tag{8}$$

$\eta'_k(M)$ ayant une signification analogue à celle de $\eta_k(M)$. On aura donc, si k est assez grand,

$$|S_k(M) - M| < \frac{\rho}{q_k} A \leqslant \frac{r}{q_k}, \tag{9}$$

et cela quel que soit M intérieur à Δ'. Posons alors

$$M_1 = S_k(M);$$

si M est intérieur à Δ, M_1 est intérieur à Δ', d'après (9) ; d'autre part la transformation

$$M_2 = S_k[S_k(M)]$$

a un sens si M est intérieur à Δ, et elle appartient à G, puisque l'écart de S_k, dans le domaine Δ, est plus petit que r. Soit S_k^2 cette transformation de G. En appliquant (9) au point M_1 (qui est intérieur à Δ' si M a été pris intérieur à Δ), on trouve

$$|M_2 - M_1| < \frac{r}{q_k},$$

et par suite,

$$|M_2 - M| < \frac{2r}{q_k};$$

c'est dire que la transformation S_k^2 a, dans Δ, un écart inférieur à r (du moins si $q_k \geqq 2$). Donc la transformation

$$M_3 = S_k[S_k^2(M)]$$

fait partie de G, etc. En continuant le raisonnement de proche en proche, on voit que $S_k^{q_k} = S_k(S_k^{q_k - 1})$ fait partie de G, et que l'écart de $S_k^{q_k}$ dans Δ est au plus égal à r.

Démonstration de 2°. — Revenons aux transformations (3). On a

$$\Psi(M;t) - M = t[\psi(M) + \eta''(M,t)], \tag{10}$$

$\eta''(M, t)$ tendant vers zéro avec t, et cela uniformément par rapport à M, lorsque M est intérieur à Δ'. Appliquons cette relation à $t = \frac{t_0}{q_k}$, et comparons avec l'inégalité (8); il vient

$$\left| \Psi\left(M ; \frac{t_0}{q_k}\right) - S_k(M) \right| < \frac{\varepsilon_k}{q_k}, \tag{I}$$

inégalité valable pour tout point M intérieur à Δ'; le nombre positif ε_k tend vers zéro lorsque k augmente indéfiniment.

D'autre part, désignons par M et M' deux points quelconques de Δ'; la relation (10) donne

$$|\Psi(M'; t) - \Psi(M; t)| < |M' - M| (1 + Ct), \tag{II}$$

C désignant un nombre positif fixe, et t un nombre positif quelconque inférieur à τ.

L'indice k étant provisoirement fixé, prenons un point quelconque M dans le domaine Δ, et posons

$$M_1 = S_k(M), \qquad M'_1 = \Psi\left(M ; \frac{t_0}{q_k}\right),$$

. . . .

$$M_{i+1} = S_k(M_i), \qquad M'_{i+1} = \Psi\left(M'_i ; \frac{t_0}{q_k}\right),$$

. . . .

$$M_{q_k} = S_k\left(M_{q_k-1}\right), \qquad M'_{q_k} = \Psi\left(M'_{q_k-1} ; \frac{t_0}{q_k}\right).$$

Les points $M_1 .. M_{q_k}$, $M'_1 ... M'_{q_k}$ sont tous intérieurs à Δ' ([1]).

On a donc, d'après (I),

$$\left| \Psi\left(M_i ; \frac{t_0}{q_k}\right) - S_k(M_i) \right| < \frac{\varepsilon_k}{q_k} \quad (i = 1, \cdots, q_k),$$

et, d'après (II),

$$\left| \Psi\left(M'_i ; \frac{t_0}{q_k}\right) - \Psi\left(M_i ; \frac{t_0}{q_k}\right) \right| < |M'_i - M_i| \left(1 + C\frac{t_0}{q_k}\right);$$

en combinant ces deux inégalités, on trouve

$$\left| M'_{i+1} - M_{i+1} \right| < \frac{\varepsilon_k}{q_k} + \left| M'_i - M_i \right| \left(1 + C\frac{t_0}{q_k}\right),$$

(1) La démonstration a été faite plus haut pour $M_1, \ldots, M_{q_k}$; elle est analogue pour $M'_1, \ldots, M'_{q_k}$.

ce qui entraîne *a fortiori*

$$\frac{|M'_{i+1}-M_{i+1}|}{\left(1+C\frac{t_0}{q_k}\right)^{i+1}}<\frac{\varepsilon_k}{q_k}+\frac{|M'_i-M_i|}{\left(1+C\frac{t_0}{q_k}\right)^{i}}. \qquad \text{(III)}$$

D'ailleurs, d'après (I), on a

$$\left|M'_1-M_1\right|<\frac{\varepsilon_k}{q_k}.$$

En écrivant (III) successivement pour $i=1, \ldots, q_k-1$, on trouve

$$\left|M'_{q_k}-M_{q_k}\right|<\varepsilon_k\left(1+C\frac{t_0}{q_k}\right)^{q_k}<\varepsilon_k\cdot e^{Ct_0},$$

e désignant la base des logarithmes népériens.

Ainsi, lorsque l'indice k augmente indéfiniment, la distance du point

$$M_{q_k}=S_k^{q_k}(M)$$

au point

$$M'_{q_k}=\Psi(M\,;\,t_0)$$

tend vers zéro, et cela uniformément par rapport à M lorsque M décrit Δ. C. Q. F. D.

La démonstration du théorème 3 se trouve donc complètement achevée.

Complément au théorème 3. — Conservons aux notations Δ, Δ', r et A la signification qu'elles ont dans la démonstration précédente. D'après ce qui précède, la transformation

$$M'=\Psi(M\,;t) \qquad (3)$$

fait partie de G lorsque le nombre réel t, positif ou négatif, est inférieur à un nombre positif assez petit ; désignons ce nombre par τ'. Nous allons montrer maintenant *que la fonction* Ψ *est analytique en* M *et* t *pour*

$$\begin{cases} \text{M intérieur à D}, \\ |t|<\dfrac{r}{A}, \end{cases}$$

et que toutes les transformations (3) *correspondant à* $|t|<\dfrac{r}{A}$ *font partie de* G.

Il suffit de montrer qu'il en est ainsi pour toutes les valeurs de t satisfaisant à

$$|t| < \tau_1, \tag{11}$$

τ_1 étant un nombre fixe, inférieur à $\frac{r}{A}$, mais par ailleurs arbitraire. Or, soit q un entier positif assez grand pour que l'on ait

$$\frac{\tau_1}{q} < \tau'.$$

Quel que soit t satisfaisant à (11), la transformation

$$M' = \Psi\left(M ; \frac{t}{q}\right) \tag{12}$$

fait partie de G ; en outre, les puissances successives de cette transformation jusqu'à la $q^{-\text{ème}}$ font partie de G, au moins si q a été pris assez grand ; elles font même partie de $\overline{G}$, puisque leur écart dans Δ est au plus égal à r : on le vérifierait exactement comme on a fait plus haut pour les puissances de la transformation S_k.

Cela étant, désignons par

$$\Psi_1(M ; t)$$

le transformé de M par la puissance $q^{-\text{ème}}$ de la transformation (12) ; cette définition vaut pour tout t satisfaisant à (11) ; en outre, $\Psi_1(M ; t)$ coïncide avec $\Psi(M ; t)$ lorsque $|t| < \tau'$. Donc la fonction $\Psi(M ; t)$ est analytique en M et t pour

$$\begin{cases} M \text{ intérieur à } \Delta, \\ |t| < \tau_1 ; \end{cases}$$

mais alors, d'après le théorème 2, elle est analytique pour

$$\begin{cases} M \text{ intérieur à D}, \\ |t| < \tau_1 . \end{cases}$$

C'est ce que nous avions annoncé. Nous obtenons ainsi le théorème (en écrivant désormais Δ au lieu de Δ') :

Théorème 4. — *Soit donné un groupe* G *de transformations analytiques dans un domaine* D. *A chaque domaine* Δ *complètement intérieur à* D, *on peut associer un nombre* r *qui jouit de la propriété suivante : si* G *admet une transformation infinitésimale*

$$\frac{dM}{dt} = \psi(M),$$

et si l'on désigne par A *le maximum de* $|\psi(M)|$ *dans* Δ, *les transformations*

$$M' = \Psi(M\,;t),$$

engendrées par cette transformation infinitésimale, sont analytiques par rapport à l'ensemble des variables M *et* t *pour*

$$\begin{cases} \text{M intérieur à D}, \\ |t| < \dfrac{r}{A}; \end{cases}$$

en outre, toutes ces transformations font partie de G.

6. — Transformations infinitésimales d'un groupe *(suite)*

Théorème 5. — *Si un groupe localement fermé de transformations analytiques admet deux transformations infinitésimales*

$$\frac{dM}{dt} = \psi_1(M) \quad \text{et} \quad \frac{dM}{dt} = \psi_2(M),$$

il admet aussi le crochet de ces deux transformations infinitésimales, ainsi que toute combinaison linéaire à coefficients réels constants

$$\frac{dM}{dt} = a_1\,\psi_1(M) + a_2\,\psi_2(M).$$

Cette proposition, qui généralise un théorème classique de la théorie de Lie, va découler du théorème 3. Désignons en effet par $S_1(t)$ la transformation

$$M' = \Psi_1(M\,;t)$$

engendrée par $\psi_1(M)$, et par $S_2(t)$ la transformation

$$M' = \Psi_2(M\,;t)$$

engendrée par $\psi_2(M)$. Si $|t|$ est assez petit, le « résultat » [1] de $S_1(a_1 t)$ par $S_2(a_2 t)$ fait partie du groupe G ; soit

$$M' = S(M\,;t)$$

[1] Par *résultat* de deux ou plusieurs transformations, nous entendons la transformation obtenue en effectuant successivement ces transformations (ceci, pour éviter toute confusion avec le mot *produit* employé au § 1).

l'équation de cette transformation. Lorsque l'entier k augmente indéfiniment, la fonction

$$k\left[S\left(M;\frac{1}{k}\right)-M\right]$$

tend (uniformément) vers

$$a_1\psi_1(M)+a_2\psi_2(M);$$

mais alors, en vertu du théorème 3, le groupe G admet la transformation infinitésimale

$$\frac{dM}{dt}=a_1\psi_1(M)+a_2\psi_2(M).$$

De même, pour montrer que G admet le crochet de ψ_1 et ψ_2, il suffit de désigner par

$$M'=T(M;t)$$

la transformation-résultat

$$S_1(t).S_2(t).S_1(-t).S_2(-t),$$

et de remarquer que la fonction

$$k^2\left[T\left(M;\frac{1}{k}\right)-M\right]$$

tend (uniformément) vers le crochet $[\psi_1, \psi_2]$.

Théorème 6. — *Soit* G *un groupe localement fermé de transformations analytiques. Supposons que* G *admette* p *transformations infinitésimales* $\psi_1, \ldots, \psi_p$. Désignons par

$$M'=\Psi(M;a_1t,\ldots,a_pt) \qquad (13)$$

le groupe à un paramètre engendré par la transformation infinitésimale

$$\frac{dM}{dt}=a_1\psi_1(M)+\cdots+a_p\psi_p(M),$$

et posons

$$a_it=t_i \qquad (i=1,\ldots,p).$$

Si on choisit un domaine Δ complètement intérieur à D, on sait que

$$\Psi(M;t_1,\ldots,t_p)$$

est analytique par rapport à l'ensemble des variables $M, t_1, \ldots, t_p$ lorsque M est intérieur à Δ, et $|t_1|, \ldots, |t_p|$ inférieurs à un certain nombre positif τ.

Mais je dis qu'il existe un nombre positif $u \leqslant \tau$ qui jouit de la propriété suivante : *la transformation*

$$M' = \Psi(M\,; t_1, \ldots, t_p)$$

fait partie de G, *quels que soient* $t_1, \ldots, t_p$ *satisfaisant à*

$$|t_i| < u.$$

Démonstration. — D'après le théorème 5, G admet la transformation infinitésimale

$$\frac{dM}{dt} = a_1\,\psi_1(M) + \cdots + a_p\,\psi_p(M)$$

quelles que soient les constantes réelles $a_1, \ldots, a_p$. On peut du reste astreindre ces constantes à la condition que la plus grande des quantités $|a_1|, \ldots, |a_p|$ soit *égale à un*. Moyennant cette condition, le maximum de

$$|a_1\,\psi_1(M) + \ldots + a_p\,\psi_p(M)|$$

dans le domaine Δ est *plus petit qu'un nombre positif fixe* A, quels que soient $a_1, \ldots, a_p$.

Donnons alors à r la signification qu'il a au théorème 4 : on voit que, si

$$|\,t\,| < \frac{r}{A},$$

la transformation (13) fait partie de G. Cela étant, il suffit de prendre pour u le plus petit des nombres τ et $\frac{r}{A}$, et le théorème 6 est démontré.

Théorème 7. — *Soit* G *un groupe de transformations analytiques. Si* G *est quasi-continu d'ordre au plus égal à* q (cf. § 3), G *ne peut pas admettre plus de* q *transformations infinitésimales linéairement distinctes* [1].

---

[1] Nous disons que p transformations infinitésimales $\psi_1, \ldots, \psi_p$ sont linéairement distinctes, si aucune combinaison linéaire homogène des fonctions ψ_i, à coefficients *réels* non tous nuls, n'est identiquement nulle.

Supposons en effet que G admette p transformations infinitésimales linéairement distinctes $\psi_1, \ldots, \psi_p$, et montrons que $p \leqslant q$. En vertu du théorème 6, G admet une famille de transformations

$$M' = \Psi(M\,; t_1, \ldots, t_p), \qquad (|t_i| < u). \tag{14}$$

D'autre part, si les $|t_i|$ sont inférieurs à un nombre v assez petit, les transformations (14) sont toutes distinctes: en d'autres termes, à deux systèmes distincts de valeurs des paramètres $t_1, \ldots, t_p$, correspondent deux transformations non identiques entre elles dans Δ ([1]).

Mais G est, par hypothèse, quasi-continu d'ordre au plus égal à q. Donc, à chaque système de valeurs assez petites de $t_1, \ldots, t_p$, correspond un point bien déterminé de l'espace euclidien à q dimensions réelles ; en outre, à deux systèmes de valeurs distincts correspondent deux points distincts. D'après un théorème classique sur la conservation du nombre de dimensions, il faut que $p \leqslant q$. C. Q. F. D.

Théorème 8. — *Si un groupe quasi-continu* G *de transformations analytiques (dans un domaine* D*) admet au moins une transformation infinitésimale, l'ensemble de toutes les transformations infinitésimales de* G *engendre un groupe de Lie* Γ

$$M' = \Psi(M\,; t_1, \ldots, t_p)\,; \tag{14}$$

([1]) Rappelons comment on peut démontrer cela. Il existe au moins un point de Δ qui n'est pas invariant dans la transformation ψ_1 ; soit M_1 ce point. Celles des transformations infinitésimales $\sum_{i=1}^{p} a_i \psi_i$ qui laissent M_1 invariant sont des combinaisons linéaires de p_1 d'entre elles ($p_1 < p$). Choisissons-en une (en supposant $p_1 \neq 0$) ; il existe, dans Δ, un point M_2 qui n'est pas invariant par cette transformation. Les transformations infinitésimales qui laissent invariants M_1 et M_2 dépendent linéairement de p_2 d'entre elles ($p_2 < p_1$). Et ainsi de suite. Ces opérations ont une fin. On trouve ainsi k points $M_1, \ldots, M_k$, et chaque transformation infinitésimale $\Sigma a_i \psi_i$ déplace l'un au moins de ces points. Ecrivons

$$M_j' = \Psi\,(M_j\,;\, t_1, \ldots, t_p)\ (j = 1, \ldots, k)\ ; \tag{15}$$

$M_1, \ldots, M_k$ étant fixes, les coordonnées de $M_1', \ldots, M_k'$ sont des fonctions de $t_1, \ldots, t_p$ et le tableau des dérivées partielles de ces fonctions est effectivement de rang p pour $t_1 = \ldots = t_p = 0$. La théorie des fonctions implicites nous apprend alors qu'à chaque système de points $M_1', \ldots, M_k'$, suffisamment voisins de $M_1, \ldots, M_k$, correspond au plus un système de valeurs de $t_1, \ldots, t_p$ voisines de zéro, et satisfaisant aux relations (15). C.Q.F.D.

il existe en outre un nombre positif u qui jouit des deux propriétés suivantes :

1° *La fonction* Ψ *est analytique par rapport à l'ensemble des variables* M, $t_1, \ldots, t_p$ *lorsque* M *est intérieur à* D, *et*

$$|t_i| < u, \qquad (i = 1, \ldots, p);$$

2° *La transformation* (14) *fait partie de* G (et même de $\overline{G}$) *pour*

$$|t_i| < u.$$

Démonstration. — Des théorèmes 7 et 5, il résulte que les transformations infinitésimales de G sont des combinaisons linéaires (à coefficients réels constants arbitraires) d'un nombre *fini* d'entre elles, supposées linéairement indépendantes : soient $\psi_1, \ldots, \psi_p$. En appliquant le théorème 6 à $\overline{G}$ (qui est aussi un groupe), on trouve que $\overline{G}$ contient une famille de transformations

$$M' = \Psi(M; t_1, \ldots, t_p), \qquad (|t_i| < u), \tag{14}$$

et ces transformations sont analytiques en M, $t_1, \ldots, t_p$ pour

$$\begin{cases} \text{M intérieur à } \Delta, \\ |t_i| < u. \end{cases}$$

Mais les crochets de $\psi_1, \ldots, \psi_p$ deux à deux sont aussi des transformations infinitésimales de G, d'après le théorème 5 ; donc ces crochets sont eux-mêmes des combinaisons linéaires de $\psi_1, \ldots, \psi_p$. Dans ces conditions, on sait que la famille des transformations (14) constitue un *groupe* dans le domaine Δ : c'est là, en effet, un des théorèmes fondamentaux de Lie. Si enfin on applique le théorème 2 *bis*, on voit que le théorème 8 est entièrement démontré.

7. — Condition nécessaire et suffisante pour qu'un groupe de transformations analytiques soit un groupe de Lie

Définition. — Nous dirons qu'un groupe de transformations analytiques G *jouit de la propriété* [P], si, quelle que soit la suite infinie de transformations $S_1, \ldots, S_k, \ldots$ du groupe G, qui convergent vers la transformation identique, mais dont aucune n'est la transformation identique ([1]), on peut extraire de cette suite une suite partielle $\{S_{k_i}\}$, et trouver une suite correspondante d'entiers positifs m_i, de façon que la suite des fonctions

$$m_i[S_{k_i}(M)-M]$$

converge vers une fonction $\psi(M)$, *non identiquement nulle, analytique dans* D (la convergence étant uniforme dans tout domaine complètement intérieur à D).

Il est clair que si un groupe de transformations analytiques G est un groupe de Lie, il jouit de la propriété [P]; cela tient à ce que les fonctions qui définissent les transformations de G admettent, par rapport aux paramètres dont elles dépendent, des dérivées qui sont elles-mêmes des fonctions analytiques des coordonnées du point M. Il est clair aussi que tout sous-groupe d'un groupe de Lie jouit de la propriété [P].

Inversement, on a le théorème important que voici :

Théorème 9. — *Si un groupe quasi-continu* G *de transformations analytiques jouit de la propriété* [P], *c'est un groupe de Lie*, et, en particulier, un groupe *continu*. Il n'y a exception que si le groupe envisagé ne contient pas de transformations arbitrairement voisines de la transformation identique.

Avant de donner la démonstration, signalons tout de suite deux cas particuliers de ce théorème, déjà connus ([2]) :

Tout sous-groupe continu (point de vue local) *d'un groupe de Lie est un groupe de Lie ;*

Tout sous-groupe g d'un groupe de Lie G, *fermé dans* G, *est un groupe de Lie.*

Passons à la démonstration du théorème 9. Si le groupe G contient des transformations arbitrairement voisines de la transformation identique, il admet au moins une transformation infinitésimale (théorème 3); en vertu du théorème 8, l'ensemble de toutes les transformations infinitésimales de G engendre un groupe

$$M' = \Phi(M;\ t_1,\ \ldots,\ t_p), \tag{16}$$

([1]) Si un groupe ne contient pas de transformations arbitrairement voisines de la transformation identique, nous conviendrons de dire qu'il jouit de la propriété [P].

([2]) Voir E. Cartan, *La théorie des groupes finis et continus et l'Analysis Situs (Mémorial des Sc. Math.*, fasc. XLII, pp. 22-24).

la fonction Φ étant analytique par rapport à l'ensemble des variables M, $t_1, \ldots, t_p$ lorsque M est intérieur à D et

$$|t_i| < u, \quad (i = 1, \ldots, p).$$

Les transformations (16) appartiennent toutes à $\overline{G}$ pour $|t_i| < u$. Choisissons, ce qui est possible ([1]), un nombre positif $v < u$ assez petit pour que les transformations dont les paramètres satisfont à

$$|t_i| \leqslant v \tag{17}$$

soient toutes *distinctes*, et désignons par Γ l'ensemble de ces dernières transformations. L'ensemble Γ constitue un groupe *fermé.*

Nous allons montrer que *toutes les transformations de* G, *dont l'écart est assez petit, font partie de* Γ, ce qui démontrera notre théorème.

Pour cela, raisonnons par l'absurde. Supposons qu'on puisse trouver, dans G, une suite infinie de transformations $T_1, \ldots, T_k, \ldots$ qui convergent vers la transformation identique, et dont aucune n'appartienne à Γ. Pour chaque T_k, formons le « résultat » UT_k, en désignant par U une transformation variable de Γ ; ce produit fait encore partie de G, au moins si k est assez grand. Lorsque U décrit Γ, l'écart (dans un domaine fixe Δ, choisi une fois pour toutes) de la transformation UT_k admet une borne inférieure ε_k qui est atteinte au moins pour une transformation de Γ, transformation que nous désignerons par U_k. Puisque ε_k est au plus égal à l'écart de T_k, ε_k tend vers zéro lorsque k augmente indéfiniment. Posons

$$U_k T_k = S_k.$$

On a

$$U_k = S_k (T_k)^{-1},$$

ce qui montre que *l'écart de* U_k *tend vers zéro avec* $\frac{1}{k}$.

Cela étant, choisissons un nombre positif $v' < v$, et désignons par Γ' l'ensemble des transformations (16) pour lesquelles $|t_i| < v'$. *L'écart de la transformation* US_k *est au moins égal à l'écart de* S_k, *quelle que soit la transformation* U *de* Γ' ; du moins, cela est vrai dès que k est assez grand, comme le prouvent toutes les considérations précédentes.

([1]) Cf. la note (1) de la page 37.

Mais nous allons arriver, d'autre part, à une conclusion contraire. En effet, appliquons la propriété [P] à la suite des S_k. On peut en extraire une suite partielle (que, pour simplifier, nous appellerons de nouveau $S_1, \ldots, S_k, \ldots$) et trouver des entiers m_k de façon que les fonctions

$$m_k (S_k(M) - M)$$

convergent vers une fonction analytique $\psi(M)$ *non identiquement nulle* (la convergence étant uniforme dans tout domaine complètement intérieur à D). Soit A le maximum $|\psi(M)|$ dans Δ. *Le produit*

$$m_k \varepsilon_k$$

tend vers A. Or, désignons par $U(t)$ la transformation

$$M' = \Psi(M ; t)$$

engendrée par la transformation infinitésimale

$$\frac{dM}{dt} = \psi(M).$$

Si $|t|$ est assez petit, $U(t)$ fait partie de Γ'. Effectuons successivement, sur le domaine Δ, la transformation S_k, puis la transformation $U\left(-\frac{1}{m_k}\right)$; le « résultat » est une transformation S'_k ; désignons par ε'_k l'écart de S'_k dans Δ. Si nous montrons que

$$m_k \varepsilon'_k$$

tend vers zéro lorsque $k \to \infty$, nous aurons montré que ε'_k finit par être inférieur à ε_k, d'où la contradiction annoncée.

Il reste donc simplement à montrer que *$m_k \varepsilon'_k$ tend vers zéro*. Pour le voir, envisageons l'équation de la transformation S'_k

$$M' = \Psi\left(S_k(M) ; -\frac{1}{m_k}\right).$$

Le nombre ε'_k est égal au maximum de la distance de M' à M quand M décrit Δ. Or on a

$$\Psi\left(S_k(M) ; -\frac{1}{m_k}\right) - M = S_k(M) - M - \frac{1}{m_k}\psi[S_k(M)] + \frac{\lambda(M)}{(m_k)^2},$$

$|\lambda(M)|$ étant borné lorsque M décrit Δ. D'où

$$m_k \left\{ \Psi\left(S_k(M) ; -\frac{1}{m_k}\right) - M \right\} =$$
$$= \left\{ m_k [S_k(M) - M] - \psi(M) \right\} + \left\{ \psi(M) - \psi[S_k(M)] + \frac{\lambda(M)}{m_k} \right\}.$$

Lorsque k augmente indéfiniment, le maximum (dans Δ) de chacune des deux accolades du second membre tend vers zéro. Donc $m_k \varepsilon'_k$ tend vers zéro. C. Q. F. D.

8. — Etude des groupes de tranformations pseudo-conformes.

Dans ce paragraphe, comme dans les précédents, nous n'envisageons les groupes que du point de vue *local*. Annonçons tout de suite le théorème fondamental :

Théorème 10. — *Tout groupe de transformations pseudo-conformes jouit de la propriété* [P].

Comme conséquence immédiate de ce théorème et du théorème 9, nous avons le

Théorème 11. — *Tout groupe quasi-continu de transformations pseudo-conformes est un groupe de Lie.* Il n'y a exception que si le groupe envisagé ne contient pas de transformations arbitrairement voisines de la transformation identique.

En particulier :

Théorème 11*bis*. — *Tout groupe continu de transformations pseudo-conformes est un groupe de Lie.*

Combiné avec le théorème 1 (§ 3), le théorème 11 donne :

Théorème 12. — *Etant donné, dans l'espace de n variables complexes, un domaine borné* D, *le groupe* G *de toutes les transformations pseudo-conformes biunivoques de* D *en lui-même est un groupe de Lie* (du point de vue *local*, bien entendu), à moins que G ne contienne pas de transformations arbitrairement voisines de la transformation identique. Tout sous-groupe g de G, fermé dans G, est donc aussi un groupe de Lie, avec une restriction analogue. Ajoutons que *le groupe* G *dépend au plus de* $n(n+2)$ *paramètres (réels)* [1], la limite étant atteinte pour le groupe des transformations de l'hypersphère

$$|z_1|^2 + \cdots + |z_n|^2 < 1,$$

transformations qui, comme on sait, sont homographiques.

---

[1] Voici pourquoi. Supposons que G dépende de p paramètres $(p > 2n)$; alors celles des transformations de G qui laissent fixe un point intérieur O, choisi une fois pour toutes, dépendent au moins de $(p - 2n)$ paramètres. Mais ces transformations dépendent au plus de

Maintenant que nous avons vu l'importance du théorème 10, nous devons, avant d'aborder sa démonstration, établir une inégalité fondamentale que voici :

Lemme 1. — *Soient, dans l'espace de n variables complexes* $z_1, \ldots, z_n$, *deux polycylindres* (¹) *concentriques* Σ *et* Σ', *de rayons* ρ *et* ρ' $(\rho' < \rho)$. *Soient donnés d'autre part deux nombres positifs u et v, tels que* $u < 1 < v$. *Il existe alors un nombre positif* α *qui jouit de la propriété suivante : si une transformation*

$$M' = T(M)$$

est pseudo-conforme dans Σ, *et d'écart plus petit que* α *dans* Σ, *si en outre le carré* T^2 *de cette transformation est pseudo-conforme* (²) *dans* Σ *et d'écart plus petit que* α *dans* Σ, — *et ainsi de suite pour les puissances successives jusqu'à* T^{q-1} —, *si enfin* T^q *est pseudo-conforme dans* Σ, — *alors on a, pour tout point* M *de* Σ', *l'inégalité*

$$\frac{u}{q}\left| T^q(M) - M \right| \leqslant \left| T(M) - M \right| \leqslant \frac{v}{q}\left| T^q(M) - M \right|. \quad (18)$$

Démonstration. — Choisissons une fois pour toutes un nombre ρ'_1 compris entre ρ et ρ', et soit Σ'_1 le polycylindre concentrique à Σ et de rayon ρ'_1. Il existe un nombre positif β qui jouit de la propriété suivante : quelle que soit la transformation

$$M' = S(M)$$

---

n^2 paramètres, car leur groupe est isomorphe (holoédrique) d'un groupe de transformations linéaires, à n variables complexes, qui laissent invariante une forme d'Hermite définie positive. Voir H. Cartan, *Les fonctions de deux variables, etc...* (*Journal de Math.*, 9ᵉ série, **10**, 1931, pp. 62-64).

(¹) Rappelons que, par *distance* de deux points M $(z_1, \ldots, z_n)$ et M' $(z_1', \ldots, z_n')$; nous entendons la plus grande des quantités

$$|z_i' - z_i| \quad (i = 1, \ldots, n) ;$$

nous désignons cette distance par $|M' - M|$. Par *polycylindre de centre* O *et de rayon* ρ, nous entendons l'ensemble des points de l'espace dont la distance à O est inférieure à ρ.

(²) Par définition, nous dirons que le carré de la transformation T est pseudo-conforme dans Σ, s'il existe une transformation T^2, pseudo-conforme dans Σ, et telle que l'on ait

$$T^2(M) = T(T(M))$$

pour tout point M de Σ dont le transformé T(M) est intérieur à Σ. De proche en proche, on définit (si c'est possible) la transformation T^h par la condition d'être pseudo-conforme dans Σ et d'y satisfaire à la relation

$$T^h(M) = T^{h-1}(T(M))$$

en tout point M (de Σ) dont le transformé T (M) est intérieur à Σ.

pseudo-conforme dans Σ, et dont l'écart dans Σ est inférieur à β, on a, pour tout couple de points M_1 et M_2 intérieurs à Σ'_1, l'inégalité [1]

$$u < \frac{|M_1 - M_2|}{|S(M_1) - S(M_2)|} < v. \tag{19}$$

Cela étant, appelons α le plus petit des deux nombres $(\rho'_1 - \rho')$ et β. Supposons qu'une transformation T satisfasse aux conditions du lemme 1, et posons

$$\frac{1}{q}\Big(M + T(M) + \cdots + T^{q-1}(M)\Big) = S(M). \tag{20}$$

La transformation S est pseudo-conforme et d'écart inférieur à α dans Σ. D'autre part, si M est intérieur à Σ', le point T(M) est intérieur à Σ'_1, puisque $\alpha \leqq \rho'_1 - \rho'$. On peut donc appliquer l'inégalité (19) à la transformation S, en prenant $M_1 = M$ et $M_2 = T(M)$ [2]; il vient, lorsque M est intérieur à Σ',

$$u < \frac{|T(M) - M|}{|S[T(M)] - S(M)|} < v.$$

Or, d'après (20), on a

$$S[T(M)] - S(M) = \frac{1}{q}[T^q(M) - M],$$

d'où l'inégalité annoncée (18). Le lemme 1 est donc démontré.

Lemme 2. — *Soit Σ un polycylindre de l'espace de n variables complexes. Il existe un nombre α qui jouit de la propriété suivante: si une transformation* T *est pseudo-conforme et d'écart plus petit que α dans Σ, ainsi que toutes ses puissances, alors* T *est la transformation identique.*

En effet, choisissons un polycylindre Σ', concentrique à Σ et de rayon plus petit; choisissons aussi deux nombres positifs u et v tels que $u < 1 < v$, et donnons à α la signification qu'il a dans le lemme 1. Si une transformation T satisfait aux conditions du lemme 2, l'inégalité (18) est vérifiée pour tout point M de Σ', et

---

[1] C'est là une conséquence d'un théorème de WEIERSTRASS : « Si une suite de fonctions holomorphes dans un domaine Σ converge uniformément dans Σ vers une fonction limite f, les dérivées partielles de ces fonctions convergent vers les dérivées de même nom de la fonction f, la convergence étant uniforme dans tout domaine Σ'_1 complètement intérieur à Σ. »

[2] Ceci est permis si, pour le point M considéré, T(M) est différent de M. Si T(M) = M, l'inégalité (18) est évidemment vérifiée (elle se transforme en égalité).

pour toutes les valeurs de l'entier q. En particulier, l'inégalité de droite donne

$$|T(M) - M| < \frac{v\alpha}{q},$$

ce qui prouve que $T(M) = M$ dans Σ'. La fonction $T(M)$ étant analytique dans Σ, le lemme 2 est démontré.

Une conséquence du lemme 2 est la suivante : *Un groupe de transformations pseudo-conformes ne peut pas admettre de sous-groupes arbitrairement petits.* En effet, soit D le domaine dans lequel les transformations du groupe considéré G sont, par hypothèse, pseudo-conformes. Prenons un polycylindre Σ complètement intérieur à D, et donnons à α la signification qu'il a au lemme 2, en supposant toutefois $\alpha < \eta(\Sigma)$ [Cf. § 1, condition (*b*)]. Alors G ne contient pas de sous-groupe [1] dont toutes les transformations soient d'écart plus petit que α dans Σ. C. Q. F. D.

Relativement au lemme 2, remarquons que le choix de α semble dépendre du choix préalable de Σ', u et v. On peut se débarrasser de ces éléments qui ne jouent aucun rôle essentiel, et démontrer la proposition suivante (dont la démonstration sera publiée dans un autre recueil) [2] :

Soit, dans l'espace de n variables complexes, un polycylindre Σ de rayon ρ, et soit α un nombre positif quelconque inférieur à ρ. Si une transformation T *est pseudo-conforme et d'écart au plus égal à α dans Σ, et s'il en est de même, de proche en proche, pour toutes les puissances successives de* T, *alors* T *est la transformation identique.*

Arrivons maintenant à la *démonstration du théorème* 10. Soit D le domaine dans lequel, par hypothèse, les transformations du groupe G sont pseudo-conformes. Nous devons montrer que, étant donnée une suite infinie quelconque de transformations de G, soient $T_1, \ldots, T_k, \ldots$, qui convergent vers la transformation identique (et dont aucune n'est la transformation identique), on peut extraire de cette suite une suite partielle $\{T_{k_i}\}$, et déterminer des entiers m_i, de façon que les fonctions

$$m_i\,(T_{k_i}(M) - M)$$

(1) Par sous-groupe g d'un groupe G, nous entendons un groupe g, dont toutes les transformations font partie de G, et *tel en outre que le produit de deux transformations de g appartienne toujours à g.*

(2) *Compositio Mathematica*, 1934, pp. 223-227.

convergent, dans D, vers une fonction holomorphe $\psi(M)$ non identiquement nulle, la convergence étant uniforme dans tout domaine complètement intérieur à D. Pour cela, il suffit ([1]) de montrer que l'on peut attacher, à chaque transformation T du groupe G, un entier positif q_T de façon que la famille de toutes les fonctions

$$q_T\,(T\,(M) - M) \tag{21}$$

(T décrivant le groupe G) soit : 1° uniformément bornée dans chaque domaine complètement intérieur à D ; 2° sans fonction-limite identiquement nulle.

Pour définir les entiers q_T, choisissons arbitrairement, une fois pour toutes, un polycylindre fixe Σ' complètement intérieur à D, puis un polycylindre Σ, concentrique à Σ', de rayon plus grand, Σ étant lui-même complètement intérieur à D. Donnons-nous en outre deux nombres positifs u et v satisfaisant à $u < 1 < v$ $\left(\text{par exemple, } u = \frac{1}{2},\ v = 2\right)$. Donnons alors à α la signification qu'il a dans le lemme 1, et supposons en outre $\alpha < \eta(\Sigma)$.

Cela étant, à chaque transformation T du groupe G, dont l'écart dans Σ est plus petit que α ([2]), nous associons l'entier positif q_T défini par la condition suivante : $T^2, \cdots, T^{q_T - 1}$ *sont pseudo-conformes dans* Σ *et ont, dans* Σ, *un écart plus petit que* α, *mais il n'en est pas de même pour* T^{q_T}. D'après le lemme 2, un tel entier q_T existe toujours et est bien défini. D'autre part, on vérifie de proche en proche que les puissances successives de T, jusqu'à T^{q_T}, font partie de G ([3]). Il en résulte notamment que ces puissances sont pseudo-conformes dans D, et que, dans tout domaine complètement intérieur à D, les transformations T^{q_T} sont *uniformément bornées* (conséquence de la condition $(a)'$ des groupes).

Lorsque le point M est intérieur à Σ', on peut appliquer l'inégalité fondamentale (18) ; l'inégalité de droite montre que *la famille*

$$q_T\,(T\,(M) - M)$$

([1]) Cela suffit, en vertu des propriétés des familles uniformément bornées de fonctions holomorphes.

([2]) Si l'écart de T dans Σ est au moins égal à α, nous prendrons $q_T = 1$.

([3]) En effet, chacune d'elles est le « résultat » de la précédente, c'est-à-dire le résultat de deux transformations de G dont l'écart, dans Σ, est plus petit que $\eta(\Sigma)$.

est uniformément bornée dans Σ'. D'autre part, soit Σ'' un domaine complètement intérieur à Σ'. Puisque l'écart de T^{q_T} est au moins égal à α dans Σ, l'écart de T^{q_T} dans Σ'' est au moins égal à un nombre positif fixe ε (d'après la condition (*a*) des groupes). L'inégalité (18) de gauche montre alors que, pour chaque transformation T, le maximum de

$$q_T\,(T\,(M) - M),$$

lorsque M décrit Σ'', est au moins égal à $u\varepsilon$.

De tout cela, il résulte que la famille (21) est : 1° uniformément bornée dans Σ' ; 2° sans fonction-limite identiquement nulle.

Résumons ce que nous venons de faire ; nous avons choisi, une fois pour toutes, arbitrairement d'ailleurs, le polycylindre Σ' complètement intérieur à D ; puis nous avons défini, pour chaque transformation T, l'entier q_T. Ces entiers étant ainsi déterminés une fois pour toutes, il s'agit de montrer maintenant que la famille (21) est uniformément bornée dans tout domaine complètement intérieur à D.

Pour cela, imaginons que le domaine D ait été recouvert tout entier à l'aide d'une suite infinie de polycylindres $\Sigma'_1, \ldots, \Sigma'_k, \ldots$, et cela de façon que chacun d'eux soit complètement intérieur à D et ait une région commune avec l'un au moins des précédents. Un tel recouvrement est toujours possible ; on peut d'ailleurs supposer que Σ'_1 n'est autre que le polycylindre Σ' dont il vient d'être question. Cela étant, soit D_k le domaine constitué par l'ensemble des *k* premiers polycylindres. Nous allons démontrer, par récurrence, que s'il est établi que la famille (21) est uniformément bornée dans D_k, elle est uniformément bornée dans D_{k+1}. Pour cela, il suffit de démontrer qu'elle est uniformément bornée dans Σ'_{k+1}.

Supposons donc qu'on sache que les fonctions (21) sont uniformément bornées dans D_k. En raisonnant sur Σ'_{k+1} comme plus haut sur Σ', on voit qu'à chaque transformation T on peut associer un entier $\overline{q}_T$ tel que la famille

$$\overline{q}_T\,[T\,(M) - M]$$

soit : 1° uniformément bornée dans Σ'_{k+1} ; 2° sans fonction-limite identiquement nulle. Je dis que les quotients $\dfrac{q_T}{\overline{q}_T}$ sont inférieurs à un nombre fixe ; sinon, en effet, la famille

$$\overline{q}_T\,[T(M) - M] = \frac{\overline{q}_T}{q_T}\cdot q_T\,[T(M) - M]\,,$$

qui est uniformément bornée dans le domaine commun à D_k et Σ'_{k+1}, aurait, dans ce domaine, une fonction-limite identiquement nulle, ce qui n'est pas. Mais alors, puisque $\frac{q_T}{\overline{q}_T}$ est inférieur à un nombre fixe, la famille

$$q_T\,[T(M) - M] = \frac{q_T}{\overline{q}_T}\cdot \overline{q}_T\,[T(M) - M]$$

est uniformément bornée dans Σ'_{k+1}. C. Q. F. D.

La démonstration du théorème 10 est ainsi complètement achevée.

9. — Le groupe des transformations pseudo-conformes biunivoques d'un domaine borné en lui-même (étude globale)

Soit D un domaine borné dans l'espace de *n* variables complexes, et soit G le groupe de *toutes* les transformations pseudo-conformes biunivoques de D en lui-même. Il se peut d'abord que G ne contienne pas de transformations arbitrairement voisines de la transformation identique ; dans ce cas, G ne contient qu'un nombre fini ou une infinité dénombrable de transformations, et les transformés d'un point O de D (quel qu'il soit) par les transformations de G n'ont aucun point d'accumulation intérieur à D : le groupe G est *proprement discontinu dans le domaine* D.

Ecartons désormais ce cas. Alors, d'après le théorème 12, le groupe G est un *groupe de Lie* du point de vue *local*. Cela veut dire qu'il existe un groupe Γ

$$M' = \Psi(M\,;\,t_1, \cdots, t_p)\,, \qquad (\,|\,t_i\,| \leqq v)$$

(la fonction Ψ étant analytique par rapport à l'ensemble des variables M, t_1, ..., t_p) qui jouit des deux propriétés suivantes : 1° toute transformation de Γ fait partie de G ; 2° toute transformation de G dont l'écart (dans un domaine fixe Δ) est inférieur à un certain nombre fixe γ, fait partie de Γ.

Cela étant, prenons un nombre quelconque de transformations de Γ et effectuons successivement ces transformations sur le domaine D ; le résultat est encore une transformation de G. L'ensemble de toutes les transformations ainsi obtenues forme un groupe G' (point de vue *global*) qui fait partie de G. Le groupe G' est un *groupe de Lie du point de vue global* (Cf. la fin du § 4). Le groupe G' est même un groupe de Lie (point de vue global) au sens *restreint*, puisque toutes les transformations de G' dont l'écart (dans Δ) est plus petit que γ, font partie de Γ.

Je dis que G' est un *sous-groupe invariant* de G, et que le groupe-quotient G/G' n'a qu'un nombre *fini* ou une infinité *dénombrable* d'opérations. En effet, soit T une transformation quelconque de G ; le groupe $TG'T^{-1}$ est un groupe de Lie ; c'est, d'autre part, un sous-groupe de G, sous-groupe qui contient toutes les transformations de G suffisamment voisines de la transformation identique. Le groupe $TG'T^{-1}$ est donc identique à G', ce qui prouve que G' est invariant dans G.

Pour montrer que G se compose au plus d'une infinité *dénombrable* de familles de la forme

$$G',\ T_1G',\ \ldots,\ T_kG',\ \ldots$$

($T_1, \ldots, T_k, \ldots$ appartenant à G), choisissons une fois pour toutes un point O intérieur à D, et montrons ceci : étant donné arbitrairement un domaine Δ complètement intérieur à D, les transformations de G dans lesquelles O vient en un point intérieur à Δ peuvent toutes être obtenues à l'aide d'un nombre *fini* de familles

$$G',\ T_1G',\ \ldots,\ T_kG'$$

(l'entier k dépend en général de Δ). Nous démontrerons ceci par l'absurde : supposons qu'on puisse trouver, dans G, une suite infinie de transformations

$$T_1,\ \ldots,\ T_k,\ \ldots$$

dont chacune amène O en un point intérieur à Δ, et telle que chaque T_k n'appartienne à aucune des familles $G', T_1G', \ldots, T_{k-1}G'$. Les transformations T_k auraient au moins une transformation-limite T appartenant à G (1). On peut même supposer que T_k converge vers T (sinon, il suffirait d'extraire une suite partielle). Mais alors, la transformation

$$(T_k)^{-1} \cdot T_{k+1}$$

convergerait vers la transformation identique ; elle ferait donc partie de G' pour les valeurs assez grandes de k, ce qui est contraire à l'hypothèse. C. Q. F. D.

(1) Cf. la note (3) de la page 19.

Nous obtenons ainsi le

Théorème 13. — *Etant donné, dans l'espace de n variables complexes, un domaine borné* D, *le groupe* G *de toutes les transformations pseudo-conformes de* D *en lui-même se compose d'un nombre fini ou d'une infinité dénombrable de familles continues, dont l'une est un groupe de Lie (point de vue global, sens restreint). Il n'y a exception que si* G *est proprement discontinu.*

Il y a une petite difficulté que nous avons volontairement passée sous silence ; la voici : toute notre théorie, depuis le paragraphe 1 jusqu'au théorème 13, est valable pour des domaines D *univalents ou non*, pourvu toutefois que *chaque point de* D *possède un voisinage univalent.* Elle ne s'applique donc pas aux domaines *ramifiés.* Néanmoins, les théorèmes 12 et 13 sont valables même pour des domaines ramifiés (dans l'espace de *n* variables complexes), pourvu toutefois que le voisinage de chaque point intérieur puisse se représenter sur un voisinage univalent [1]. Sans entrer dans des détails trop techniques et fastidieux pour justifier cette affirmation, disons seulement que sa justification réside essentiellement dans le fait que le théorème 2*bis* (§ 5) est valable pour des domaines ramifiés.

10. — Applications et compléments

Il n'est peut-être pas inutile d'insister sur l'importance du théorème 13. Jusqu'ici, on avait seulement pu *constater* son exactitude dans des cas particuliers : par exemple, dans le cas d'*une seule* variable complexe, on savait, grâce à la théorie de la représentation conforme, que le groupe d'un domaine borné simplement connexe est toujours un groupe de Lie à 3 paramètres (car un tel domaine peut se représenter conformément sur un cercle, dont les transformations homographiques sont bien connues) ; de même, le groupe d'un domaine borné doublement connexe est un groupe de Lie à un paramètre (car un tel domaine peut se représenter conformément soit sur un cercle pointé, soit sur une couronne circulaire ; dans le cas de la couronne, le groupe

[1] Pour plus de précision, voir l'article cité à la note (3) de la page 19.

se compose de deux familles continues, dont l'une est un groupe de Lie à un paramètre.

Dès qu'on a affaire à *deux* variables complexes, on n'a plus rien pour remplacer la théorie de la représentation conforme, et l'on doit recourir à des stratagèmes : c'est ainsi que j'étais parvenu à déterminer, pour tous les types possibles de domaines *cerclés* ou *semi-cerclés bornés* (1), le groupe de toutes les transformations pseudo-conformes biunivoques du domaine en lui-même (2). On pouvait constater, *a posteriori*, que les groupes trouvés étaient tous des groupes de Lie.

A présent, grâce au théorème 13, nous avons la possibilité de raisonner en sens inverse, pour ainsi dire. On conçoit, en effet, que le problème de la classification des domaines bornés vis-à-vis des transformations pseudo-conformes (dans l'espace de n variables complexes) se ramène, dans une certaine mesure, à celui de la classification des groupes de Lie à n variables complexes (et à paramètres réels).

Sans rester dans d'aussi vagues généralités, indiquons que la détermination des domaines bornés qui admettent un groupe *transitif* de transformations pseudo-conformes en eux-mêmes, se ramène purement et simplement à la détermination de tous les types (3) de groupes de Lie transitifs à n variables complexes. C'est là un problème que l'on sait théoriquement résoudre ; M. ELIE CARTAN (4) l'a effectivement résolu pour $n=2$ et $n=3$. Ainsi, pour $n=2$, on arrive au résultat suivant : *Si un domaine borné* (dans l'espace de *deux* variables complexes) *admet un groupe transitif de transformations pseudo-conformes biunivoques en lui-même, il peut se représenter* (au moyen d'une transformation pseudo-conforme) *soit sur le dicylindre*

$$|z_1|<1, \quad |z_2|<1,$$

(1) Henri CARTAN, *Sur les transformations analytiques des domaines cerclés et semi-cerclés bornés* (*Math. Annalen*, **106**, 1932, pp. 540-573).

(2) Encore mon raisonnement était-il incomplet dans l'article cité, car j'avais admis implicitement, sans démonstration, le théorème 5 du présent travail.

(3) Nous dirons que deux groupes appartiennent au même type si l'on peut passer de l'un à l'autre par une transformation pseudo-conforme.

(4) Ses résultats n'ont pas encore été publiés.

soit sur l'hypersphère

$$|z_1|^2+|z_2|^2<1 \quad (^1).$$

Quittant le sujet précédent, nous voulons, pour terminer, signaler une généralisation possible du théorème établi, au § 8, dans le cas particulier des transformations pseudo-conformes : il s'agit de l'*inexistence de sous-groupes arbitrairement petits* ([2]). La démonstration donnée au § 8 peut en effet s'étendre au cas plus général des groupes G de transformations continues

$$M'=\varphi(M)$$

qui possèdent les deux propriétés suivantes :

(A) Les coordonnées de M′ admettent des dérivées partielles du premier ordre par rapport aux coordonnées de M, et ces dérivées sont des fonctions continues de M ;

(B) Si une suite de transformations de G converge vers la transformation identique, les dérivées partielles de ces transformations convergent respectivement vers les dérivées partielles de la transformation identique (la convergence étant uniforme dans tout domaine complètement intérieur à D ; D désigne le domaine dans lequel sont envisagées les transformations du groupe G).

Il est clair que tout groupe de transformations pseudo-conformes satisfait aux conditions (A) et (B). De même, soit un groupe *continu* de transformations continues

$$M'=\varphi(M\,;\,t_1,\,\ldots,\,t_p),$$

telles que la fonction φ admette des dérivées partielles du premier ordre (par rapport aux coordonnées de M), elles-mêmes continues par rapport à l'ensemble des variables M, t_1, ..., t_p; un tel groupe satisfait aux conditions (A) et (B).

Cela posé, on a le

Théorème 14. — *Si un groupe satisfait aux conditions* (A) *et* (B), *il ne contient pas de sous-groupes arbitrairement petits.*

Voici le principe de la démonstration : on établit d'abord,

([1]) P. Thullen avait déjà démontré (*Mat. Annalen*, **104**, 1931, pp. 373-376) : « Si une domaine borné admet un groupe transitif de transformations pseudo-conformes en lui-même, c'est un domaine d'holomorphie. »

([2]) Cf. la note (2) de la page 3.

comme conséquence de la condition (B) et de la formule des accroissements finis, une inégalité semblable à l'inégalité (18), avec cette différence que le nombre α dépend non seulement du choix de u et v, mais aussi, *a priori*, du groupe G envisagé.

Cela fait, étant donnée une transformation quelconque S du groupe G, autre que la transformation identique, il est impossible que toutes les puissances de S fassent partie de G et que l'écart de S et de ses puissances soit plus petit que α dans le domaine Σ [nous avons conservé les notations relatives à l'inégalité (18)].

33.

Sur les fonctions de *n* variables complexes: les transformations du produit topologique de deux domaines bornés

Bulletin de la Société mathématique de France 64, 37–48 (1936)

1. Je me propose de développer ici le contenu d'une Note aux *Comptes rendus de l'Académie des Sciences* ([1]).

Il s'agit essentiellement de généraliser, pour n variables complexes, le théorème classique : dans l'espace de *deux* variables complexes x et y, le domaine

$$|x| < 1, \quad |y| < 1$$

n'admet pas d'autre transformation pseudo-conforme ([2]) biunivoque en lui-même que les transformations

$$(1,1) \qquad x \to S(x), \quad y \to T(y),$$

combinées avec la transformation

$$(1,2) \qquad x \to y, \quad y \to x;$$

$S(x)$ ou $T(y)$ désigne la transformation homographique la plus générale du domaine $|x| < 1$ ou $|y| < 1$ en lui-même.

Pour généraliser ce résultat, partageons les n variables complexes envisagées en deux groupes $x_1, \ldots, x_p$ et $y_1, \ldots, y_q$ $(p + q = n)$, et désignons la transformation pseudo-conforme la plus générale par la notation

$$x \to f(x, y), \quad y \to g(x, y);$$

$f(x, y)$ désigne p fonctions holomorphes des $p + q$ variables x_i

---

([1]) T. 199, 1934, p. 925-927.

([2]) Suivant l'usage, nous donnons, dans l'espace de n variables complexes, le nom de *pseudo-conforme* à toute transformation définie par n fonctions analytiques des n variables complexes.

et y_j, et $g(x, y)$ désigne q fonctions holomorphes des mêmes variables. Cela étant, nous démontrerons plus loin le

THÉORÈME I. — Soit, dans l'espace des p variables (x), un domaine [1] borné D_x, et, dans l'espace des q variables (y), un domaine borné D_y; soit D le produit topologique de ces deux domaines (D est un domaine borné dans l'espace des n variables x_i et y_j). Dans ces conditions : *toute transformation pseudo-conforme biunivoque de* D *en lui-même est le produit d'une transformation biunivoque de* D_x *en lui-même par une transformation biunivoque de* D_y *en lui-même; autrement dit, une telle transformation a nécessairement la forme*

$$x \rightarrow f(x), \quad y \rightarrow g(y);$$

ou du moins il en est ainsi pour toutes les transformations de D *qui sont assez voisines de la transformation identique.*

Cette dernière restriction est essentielle, comme le montre l'exemple de la transformation (1,2) citée plus haut. D'ailleurs, au sujet de cette restriction, on peut préciser de la façon suivante : le « groupe » d'un domaine D (c'est-à-dire le groupe de toutes les transformations pseudo-conformes biunivoques de D en lui-même) se compose, on le sait [2] (au moins dans le cas où D est borné), d'un nombre fini ou d'une infinité dénombrable de familles continues et connexes, dont l'une est un groupe de Lie qui peut d'ailleurs se réduire à la seule transformation identique. Le théorème I peut alors s'énoncer ainsi :

Le groupe de Lie connexe du domaine D *est le produit direct du groupe de Lie connexe de* D_x *par le groupe de Lie connexe de* D_y. En particulier, le groupe de D n'est *transitif* que si les groupes de D_x et de D_y sont tous deux transitifs.

---

(1) Il s'agit aussi bien de domaines multivalents que de domaines univalents; on n'exclut pas le cas où les domaines envisagés posséderaient des variétés de ramification intérieures.

(2) *Voir* H. CARTAN, *Sur les groupes de transformations analytiques* (Collection d'exposés mathématiques publiés à la mémoire de J. Herbrand, fasc. IX, Hermann, Paris 1935).

2. Pour démontrer le théorème I, nous établirons le résultat plus général que voici :

THÉORÈME II. — *Soient* D_x *un domaine borné de l'espace* (x) *et* D_y *un domaine borné de l'espace* (y). *Soit* Δ *un domaine de l'espace* (x, y) *qui contienne à son intérieur le produit topologique de* D_x *et de* D_y, *mais qui soit intérieur au produit topologique de* D_x *par l'espace* (y) *tout entier. Alors, pour toute transformation pseudo-conforme biunivoque de* Δ *en lui-même*

$$(2,1) \qquad x \to f(x, y), \qquad y \to g(x, y),$$

$f(x, y)$ *est indépendant de* y, *et la transformation*

$$x \to f(x)$$

est une transformation biunivoque de D_x *en lui-même. Du moins, tout cela est vrai pour toutes les transformations* (2,1) *assez voisines de la transformation identique.*

3. Pour la démonstration du théorème II, nous utiliserons la *métrique de Carathéodory*. Étant donné, dans l'espace de n variables complexes, un domaine borné Δ et deux points M et M′ intérieurs à Δ, on désigne par

$$d_\Delta(M; M')$$

la borne supérieure, au point M′, du module des fonctions holomorphes dans Δ, de module inférieur à *un* dans Δ, et nulles en M. On a

$$d_\Delta(M; M') = d_\Delta(M'; M) < 1.$$

Cette pseudo-distance d_Δ reste *invariante* par toute transformation pseudo-conforme de Δ en lui-même; d'autre part, si Δ est intérieur à Δ_1, on a évidemment

$$d_\Delta(M; M') \geqq d_{\Delta_1}(M; M').$$

Nous aurons à nous servir du lemme suivant :

LEMME I. — *Soit* Δ *un domaine qui contient l'hypersphère de centre* O *et de rayon* r, *mais est intérieur à l'hypersphère de centre* O *et de rayon* R (O désigne un point fixe quelconque de Δ). *Tant que la distance euclidienne d'un point variable* M *au point* O *reste au plus égale à un certain nombre* ρ (*qui ne dépend que de* r *et* R), *la pseudo-distance*

$$d_\Delta(O; M)$$

est une fonction monotone (*au sens strict*) *quand* M *décrit une demi-droite quelconque issue de* O.

Prenons en effet O comme origine des coordonnées, et choisissons les axes de façon que, sur la demi-droite OM envisagée, toutes les coordonnées (complexes) soient nulles sauf une, que nous appellerons z, et que nous supposerons réelle et positive sur la demi-droite OM. Posons

$$d_\Delta(o; M) = \varphi(z),$$

fonction définie pour $o \leqq z < r$. On a

$$\varphi(z) \geqq \frac{z}{R}, \tag{3,1}$$

car la fonction $\frac{z}{R}$ est nulle en O, et de module inférieur à *un* dans Δ.

Soit z_0 un point fixe de la demi-droite ($z_0 < r$). Il existe une fonction holomorphe dans Δ, de module inférieur à *un* dans Δ, et qui est égale à $\varphi(z_0)$ pour $z = z_0$. En effet la borne supérieure, pour $z = z_0$, du module des fonctions nulles en O et de module inférieur à un dans Δ, est *atteinte* pour au moins une de ces fonctions, parce qu'elles forment une famille normale. Si on annule toutes les coordonnées sauf z, cette fonction se réduit à une fonction de la variable z, soit

$$f_{z_0}(z),$$

qui est certainement holomorphe et de module inférieur à un pour $|z| < r$; d'autre part

$$f_{z_0}(o) = o, \qquad f_{z_0}(z_0) = \varphi(z_0).$$

Soit

$$f_{z_0}(z) = z\, a(z_0) + \sum_{n=2}^{\infty} z^n a_n(z_0) = z a(z_0) + g_{z_0}(z);$$

on a

$$|a_n(z_0)| \leqq \frac{1}{r^n};$$

d'où

$$|g_{z_0}(z)| \leqq \frac{\frac{z^2}{r^2}}{1-\frac{z}{r}},$$

et par suite, pour $z = z_0$ [1],

$$\mathcal{R}[z_0 a(z_0)] \geqq \varphi(z_0) - \frac{\frac{z_0^2}{r^2}}{1-\frac{z_0}{r}},$$

c'est-à-dire, si z_0 est inférieur ou égal à un certain nombre ρ (à déterminer ultérieurement),

$$\mathcal{R}[a(z_0)] \geqq \frac{\varphi(z_0)}{z_0} - \frac{\frac{\rho}{r^2}}{1-\frac{\rho}{r}},$$

ou enfin, en tenant compte de (3, 1),

$$\mathcal{R}[a(z_0)] \geqq \frac{1}{\mathrm{R}} - \frac{\frac{\rho}{r^2}}{1-\frac{\rho}{r}}. \tag{3,2}$$

Soit z_1 un autre point de la demi-droite ($0 < z_1 \leqq \rho$). Nous voulons montrer que

$$\frac{\varphi(z_1)-\varphi(z_0)}{z_1-z_0} > 0,$$

ce qui établira le lemme. Supposons par exemple $z_1 > z_0$. On a alors

$$\varphi(z_1) \geqq |f_{z_0}(z_1)|;$$

il suffit donc de montrer

$$\mathcal{R}\left(\frac{f_{z_0}(z_1)-f_{z_0}(z_0)}{z_1-z_0}\right) > 0. \tag{3.3}$$

Or le premier membre de cette inégalité est égal à

$$\mathcal{R}\left(a(z_0) + \sum_{n=2}^{\infty} a_n(z_0)\frac{z_1^n - z_0^n}{z_1 - z_0}\right),$$

et l'on a

$$\left|a_n(z_0)\frac{z_1^n - z_0^n}{z_1 - z_0}\right| \leqq \frac{n\rho^{n-1}}{r^n};$$

---

[1] Par $\mathcal{R}(u)$, nous désignons la partie réelle d'un nombre complexe u.

d'où

$$\left|\sum_{n=2}^{\infty} a_n(z_0)\frac{z_1^n - z_0^n}{z_1 - z_0}\right| \leqq \frac{2\frac{\rho}{r^2} - \frac{\rho^2}{r^3}}{\left(1 - \frac{\rho}{r}\right)^2},$$

et par suite, en tenant compte de (3,2),

$$\mathcal{R}\left(\frac{f_{z_0}(z_1) - f_{z_0}(z_0)}{z_1 - z_0}\right) \geqq \left(\frac{1}{R} - \frac{\frac{\rho}{r^2}}{1 - \frac{\rho}{r}}\right) - \frac{2\frac{\rho}{r^2} - \frac{\rho^2}{r^3}}{\left(1 - \frac{\rho}{r}\right)^2} = \frac{1}{R} - \frac{\frac{3\rho}{r^2} - \frac{2\rho^2}{r^3}}{\left(1 - \frac{\rho}{r}\right)^2}.$$

Si $\rho (\rho < r)$ a été choisi assez petit pour que

$$(3,4) \qquad \frac{\frac{3\rho}{r} - \frac{2\rho^2}{r^2}}{\left(1 - \frac{\rho}{r}\right)^2} < \frac{r}{R},$$

alors l'inégalité (3,3) est vérifiée; cela démontre le lemme en le précisant.

4. Abordons maintenant la démonstration du théorème II. Tout revient à démontrer que, si la transformation T

$$x \to f(x, y), \qquad y \to g(x, y)$$

est « assez voisine de la transformation identique » (et il faudra préciser le sens de cette locution), alors la fonction $f(x, y)$ ne dépend pas des variables y. En effet, une fois ce point acquis, la transformation inverse T^{-1}

$$x \to f_1(x, y), \qquad y \to g_1(x, y)$$

aura la même forme, pour la même raison. Nous aurons donc deux transformations

$$x \to f(x) \quad \text{et} \quad x \to f_1(x),$$

définies dans D_x, et dont le produit sera la transformation identique $x \to x$. Il en résultera que chacune d'elles est une transformation biunivoque de D_x en lui-même, ce qui achèvera d'établir le théorème II.

Ainsi tout revient à montrer que $f(x, y)$ ne dépend pas de y. Pour cela, choisissons une fois pour toutes, dans le domaine Δ.

un point (x_0, y_0) tel que x_0 appartienne à D_x sans en être un point de ramification, et que y_0 appartienne à D_y sans en être un point de ramification. Dans ces conditions, il existe deux nombres positifs r et r', tels que l'hypersphère de centre x_0 et de rayon $2r$ soit intérieure à D_x, et que l'hypersphère de centre y, et de rayon $2r'$ soit intérieure à D_y. Pour simplifier l'écriture, désignons par

$$|x - x'|, \quad \text{ou} \quad |y - y'|,$$

la distance euclidienne de deux points x et x' de l'espace (x), ou de deux points y et y' de l'espace (y). Nous allons démontrer le lemme suivant :

LEMME II. *Les hypothèses et notations précédentes étant conservées, il existe deux nombres positifs* α *et* β $(\alpha < r, \beta < r')$ *jouissant de la propriété suivante : si la transformation* T *est telle que l'on ait*

$$(4,1) \qquad |f(x, y) - x| < \alpha, \qquad |g(x, y) - y| < \beta$$

pour tout point (x, y) *du domaine*

$$(4,2) \qquad |x - x_0| < r, \qquad |y - y_0| < r',$$

et si en outre la transformation inverse jouit de la même propriété, alors on a

$$f(x, y) = f(x, y_0)$$

quel que soit le point (x, y) *du domaine*

$$(4,3) \qquad |x - x_0| < \alpha, \qquad |y - y_0| < \beta.$$

Une fois le lemme II établi, on pourra conclure, par prolongement analytique de $f(x, y)$ dans le domaine Δ, que $f(x, y)$ ne dépend pas de y ; le théorème II sera donc démontré, et le sens de la locution « si T est assez voisine de la transformation identique » se trouvera précisé.

5. Avant le lemme II, nous établirons le

LEMME III. — *Si* x *et* x' *appartiennent à* D_x, *si en outre l'un au moins des points* y *et* y' *appartient à l'hypersphère*

$$|y - y_0| < r',$$

on a

$$d_\Delta(x, y; x', y') = d_x(x; x') \tag{5,1}$$

dès que le quotient

$$\frac{|y'-y|}{|x'-x|}$$

est inférieur à un certain nombre positif K.

Dans cet énoncé, $d_x(x; x')$ désigne la pseudo-distance des points x et x' dans le domaine D_x, et $d_\Delta(x, y; x', y')$ désigne la pseudo-distance des points (x, y) et (x', y') dans le domaine Δ. Pour démontrer (5,1) on remarque d'abord que l'on a

$$d_\Delta(x, y; x', y') \geqq d_x(x; x'). \tag{5,2}$$

En effet, si l'on désigne pour un instant par D le produit topologique de D_x par l'espace (y) tout entier, et qu'on observe que Δ est intérieur à D, on a

$$d_\Delta(x, y; x', y') \geqq d_D(x, y; x', y');$$

or

$$d_D(x, y; x', y') = d_x(x; x'),$$

car toute fonction de x et y, holomorphe et de module inférieur à un dans D, se réduit à une fonction de x seul, holomorphe et de module inférieur à un dans D_x.

Il reste donc à démontrer l'inégalité

$$d_\Delta(x, y; x', y') \leqq d_x(x; x'). \tag{5,3}$$

Pour cela, supposons x, y, x', y' fixés; au moyen d'une transformation linéaire sur les coordonnées (conservant les distances), on peut se ramener au cas où toutes les coordonnées de x et de x' sont égales sauf une; de même pour y et y'. On aura donc

$$x'_i - x_i = 0 \quad (2 \leqq i \leqq p),$$
$$y'_j - y_j = 0 \quad (2 \leqq j \leqq q).$$

Cela étant, à chaque point $\xi(\xi_1, \ldots, \xi_p)$ de D_x, je fais correspondre le point $\eta(\eta_1, \ldots, \eta_q)$ défini par les formules

$$\left\{\begin{aligned} \eta_1 &= y_1 + \frac{y'_1 - y_1}{x'_1 - x_1}(\xi_1 - x_1), \\ \eta_j &= y_j \quad (2 \leqq j \leqq q). \end{aligned}\right. \tag{5,4}$$

On a par hypothèse

$$\left|\frac{y'_1 - y_1}{x'_1 - x_1}\right| < K,$$

et par suite

$$|\eta_1 - y_1| < K\,|\xi_1 - x_1| < KM,$$

M étant un nombre fixe; en effet, le domaine D_x est *borné* par hypothèse. Par hypothèse aussi, le point y est intérieur à l'hypersphère de centre y_0 et de rayon r'. Nous serons donc sûrs que le point η reste intérieur à D_y si

$$|\eta_1 - y_1| < r'$$

car alors le point η sera intérieur à l'hypersphère de centre y_0 et de rayon $2r'$. En définitive, il suffit que

$$KM < r'$$

pour que le point (ξ, η) (dont les coordonnées sont des fonctions holomorphes de coordonnées de ξ lorsque ξ décrit le domaine D_x) reste intérieur à Δ.

K étant choisi de façon à satisfaire à cette condition, je vais construire une fonction $G(\xi)$, holomorphe et de module inférieur à un dans D_x, nulle pour $\xi = x$, et égale à $d_\Delta(x, y; x', y')$ pour $\xi = x'$. L'inégalité (5,3) en résultera.

Or il existe précisément une fonction $F(\xi, \eta)$, holomorphe et de module inférieur à *un* dans Δ, nulle au point (x, y) et égale à $d_\Delta(x, y; x', y')$ au point (x', y'). Si, dans cette fonction, nous remplaçons η en fonction de ξ d'après les formules (5,4), nous obtiendrons la fonction $G(\xi)$ annoncée. Le lemme III est donc démontré.

6. Nous arrivons à la démonstration du lemme II. Soit R un nombre positif assez grand pour que toute hypersphère de rayon R, dont le centre ξ appartient à l'hypersphère

$$(6,1) \qquad |\xi - x_0| < r,$$

contienne le domaine D_x à son intérieur. D'après la définition de r (§ 4), l'hypersphère de rayon r et de centre ξ est intérieure à D_x quel que soit ξ satisfaisant à (6,1). Si nous voulons appliquer le lemme I au domaine D_x et au point ξ de ce domaine, nous sommes conduit à choisir un nombre positif $\rho (\rho < r)$ satisfaisant à

$$(3,4) \qquad \frac{\frac{3\rho}{r} - \frac{2\rho^2}{r^2}}{\left(1-\frac{\rho}{r}\right)^2} < \frac{r}{R};$$

nous ajouterons la condition

$$(6,2) \qquad \rho < \frac{r}{2}.$$

ρ étant ainsi choisi, choisissons un nombre positif α satisfaisant à

$$(6,3) \qquad \alpha < \frac{\rho}{2},$$

et enfin un nombre positif β satisfaisant à

$$(6,4) \qquad \beta < r'$$

et à

$$(6,5) \qquad \beta < K\left(\frac{\rho}{2} - \alpha\right),$$

K ayant la même signification qu'au lemme III.

α et β étant ainsi choisis, il nous reste à démontrer l'exactitude du lemme II. Soit donc (x, y) un point du domaine (4,3). Nous voulons démontrer que, dans le domaine D_x, les points $f(x, y_0)$ et $f(x, y)$ coïncident. Or, qu'ils coïncident ou non, on a, d'après l'hypothèse (4,1),

$$(6,6) \qquad |f(x, y) - f(x, y_0)| < 2\alpha < \rho.$$

On peut donc trouver, dans l'espace (x), un point ξ situé à une distance ρ du point $f(x, y_0)$ et tel que le point $f(x, y)$ appartienne au segment de droite qui joint $f(x, y_0)$ à ξ. L'inégalité (6,1) est bien vérifiée par ξ, et par suite le lemme I est applicable au domaine D_x et à la demi-droite qui joint le point ξ au point $f(x, y_0)$. Pour s'assurer que ξ satisfait à (6,1), on écrit

$$|\xi - x_0| \leqq |\xi - f(x, y_0)| + |f(x, y_0) - x| + |x - x_0|$$
$$< \rho + \alpha + \alpha < 2\rho < r.$$

Appliquons maintenant l'hypothèse (4,1) à la transformation inverse T^{-1}; soit (x', y') le transformé de (ξ, y_0) par T^{-1}. On aura

$$(6,7) \qquad |\xi - x'| < \alpha, \qquad |y_0 - y'| < \beta.$$

Nous allons appliquer le lemme III au deux points (x, y_0) et (x', y'). Pour cela, nous devons nous assurer que

$$|y' - y_0| < K|x' - x|;$$

or on a

$$|x' - x| > |\xi - f(x, y_0)| - |f(x, y_0) - x| - |\xi - x'| > \rho - 2\alpha$$

et

$$|y' - y_0| < \beta;$$

comme on a effectivement, d'après (6,5),

$$\beta < K(\rho - 2\alpha),$$

les conditions du lemme III sont bien remplies. D'où

$$(6,8) \qquad d_\Delta(x, y_0; x', y') = d_x(x; x').$$

Appliquons de même le lemme III aux deux points

$$[f(x, y_0), g(x, y_0)] \quad \text{et} \quad [f(x', y'), g(x', y')],$$

c'est-à-dire en définitive aux points

$$[f(x, y_0), g(x, y_0)] \quad \text{et} \quad (\xi, y_0).$$

Il faut vérifier que

$$|g(x, y_0) - y_0| < K|f(x, y_0) - \xi|.$$

Or, d'après l'hypothèse (4,1), on a

$$|g(x, y_0) - y_0| < \beta,$$

et, par construction,

$$|f(x, y_0) - \xi| = \rho;$$

comme on a effectivement, d'après (6,5),

$$\beta < K\rho,$$

le lemme III est applicable. D'où

$$(6,9)\quad d_{\Delta}[f(x, y_0), g(x, y_0); f(x', y'), g(x', y')] = d_x[f(x, y_0); \xi]$$

Comparons maintenant (6,8) et (6,9). Les premiers membres sont égaux, puisque la pseudo-distance d_{Δ} reste invariante par la transformation T. On en déduit

$$(6,10)\qquad d_x[f(x, y_0); \xi] = d_x(x; x').$$

Maintenant, on pourrait appliquer pareillement le lemme III aux deux points (x, y) et (x', y'), puis à leur transformés par T; le lecteur s'assurera facilement que les conditions d'application du lemme III sont remplies chaque fois. Il viendra finalement

$$(6,11)\qquad d_x[f(x, y); \xi] = d_x(x; x').$$

Comparons enfin (6,10) et (6,11), ce qui donne

$$d_x[f(x, y_0); \xi] = d_x[f(x, y); \xi].$$

En vertu du lemme I, *les points* $f(x, y_0)$ *et* $f(x, y)$, qui sont situés sur une même demi-droite issue de ξ, et à une distance de ξ au plus égale à ρ, *doivent coïncider*. Tout est donc démontré.

34.

Sur le premier problème de Cousin

Comptes Rendus de l'Académie des Sciences de Paris 207, 558–560 (1938)

Soit D un domaine de l'espace de n variables complexes $z_1, \ldots, z_n$. Une distribution de Cousin de première espèce consiste dans la donnée d'un recouvrement de D avec des ensembles ouverts D_α (en nombre fini ou infini), et, dans chaque D_α, d'une fonction f_α *méromorphe*, de manière que, dans chaque intersection $D_\alpha \cap D_\beta$ non vide, la différence $f_\alpha - f_\beta$ soit *holomorphe*. Le premier problème de Cousin consiste alors à trouver une fonction f *méromorphe* dans D et telle que, dans chaque D_α, la différence $f - f_\alpha$ soit *holomorphe*.

On dit que le premier théorème de Cousin est vrai pour un domaine D si, quelle que soit la distribution de Cousin de première espèce donnée dans D, le premier problème de Cousin admet au moins une solution.

On sait ([1]), dans le cas de *deux* variables, que le premier théorème de Cousin ne peut être vrai que pour un « domaine d'holomorphie » ([2]). On n'est pas parvenu à étendre ce résultat au cas de plus de deux variables. Je me propose de montrer ici qu'il cesse effectivement d'être exact pour *trois* variables. Il suffira pour cela de démontrer le théorème :

Théorème. — *Le premier théorème de Cousin est vrai pour le domaine* Δ *suivant*

$$(\Delta) \qquad |z_1| < 1, \qquad |z_2| < 1, \qquad |z_3| < 1, \qquad |z_1| + |z_2| + |z_3| > 0.$$

([1]) H. Cartan, *Comptes rendus*, 199, 1934, p. 1284.

([2]) K. Oka a démontré que le premier théorème de Cousin est effectivement vrai pour tous les domaines d'holomorphie univalents (*Journal of Science of the Hiroshima University*, série A, 7, 1937, p. 115-130).

Ce domaine n'est autre que le *tricylindre*

$$|z_1| < 1, \qquad |z_2| < 1, \qquad |z_3| < 1$$

qu'on a privé de son centre $z_1 = z_2 = z_3 = 0$; on sait que ce n'est pas un domaine d'holomorphie.

Pour montrer que le théorème de Cousin est néanmoins vrai pour Δ, considérons les trois domaines

$$(\Delta_1) \qquad 0 < |z_1| < 1, \qquad |z_2| < 1, \qquad |z_3| < 1,$$
$$(\Delta_2) \qquad |z_1| < 1, \qquad 0 < |z_2| < 1, \qquad |z_3| < 1,$$
$$(\Delta_3) \qquad |z_1| < 1, \qquad |z_2| < 1, \qquad 0 < |z_3| < 1,$$

dont la réunion est Δ. Le premier théorème de Cousin est vrai pour chaque $\Delta_i (i = 1, 2, 3)$, comme cela résulte des travaux de Cousin lui-même. Étant donnée une distribution de Cousin de première espèce dans Δ, on en déduit une distribution dans chaque Δ_i; soit f_i une solution du problème de Cousin correspondant. Les différences $f_i - f_j$ sont holomorphes dans $\Delta_i \cap \Delta_j$. Pour obtenir une f qui soit solution du problème de Cousin relatif à Δ, il suffit de trouver trois fonctions h_i, *holomorphes* respectivement dans Δ_i, et telles que l'on ait, dans $\Delta_i \cap \Delta_j$,

$$f_i - h_i = f_j - h_j;$$

on prendra alors pour f la fonction égale, dans chaque Δ_i, à $f_i - h_i$.

Tout revient donc à prouver l'existence de trois telles fonctions h_1, h_2, h_3, sachant que

$$f_2 - f_3 = g_1 \quad \text{est holomorphe dans} \quad \Delta_2 \cap \Delta_3,$$
$$f_3 - f_1 = g_2 \quad \text{est holomorphe dans} \quad \Delta_3 \cap \Delta_1,$$
$$f_1 - f_2 = g_3 \quad \text{est holomorphe dans} \quad \Delta_1 \cap \Delta_2.$$

Écrivons les développements de Laurent

$$g_1 = \sum_{m,n,p} a_{mnp} z_1^m z_2^n z_3^p, \qquad g_2 = \sum_{m,n,p} b_{mnp} z_1^m z_2^n z_3^p, \qquad g_3 = \sum_{m,n,p} c_{mnp} z_1^m z_2^n z_3^p.$$

On a

$$(1) \qquad a_{mnp} = 0 \ \text{si} \ m < 0, \qquad b_{mnp} = 0 \ \text{si} \ n < 0, \qquad c_{mnp} = 0 \ \text{si} \ p < 0,$$

et

$$(2) \qquad a_{mnp} + b_{mnp} + c_{mnp} = 0,$$

puisque

$$g_1 + g_2 + g_3 = 0 \quad \text{dans} \quad \Delta_1 \cap \Delta_2 \cap \Delta_3.$$

De (1) et (2) on déduit que a_{mnp} *n'est* $\neq 0$ *que si l'un au plus des exposants n et p est négatif;* car si $n < 0$ et $p < 0$, on a $b_{mnp} = c_{mnp} = 0$, donc $a_{mnp} = 0$. On a des propositions analogues pour b_{mnp} et c_{nmp}, et on en déduit, par un partage convenable des termes à exposants négatifs dans g_1, g_2, g_3, que ces fonctions peuvent se mettre sous la forme

$$g_1 = h_2 - h_3, \qquad g_2 = h_3 - h_1, \qquad g_3 = h_1 - h_2,$$

les h_i étant holomorphes respectivement dans Δ_i. On a alors, dans $\Delta_i \cap \Delta_j$,

$$f_i - h_i = f_j - h_j,$$

ce qui achève la démonstration.